박테리아에서 바흐까지,
그리고 다시 박테리아로

박테리아에서 바흐까지, 그리고 다시 박테리아로

무생물에서 마음의 출현까지

대니얼 C. 데닛

신광복 옮김

From Bacteria to Bach and Back

바다출판사

브랜든, 새뮤얼, 애비게일, 아리아에게

일러두기

1. 본서는 국립국어원 한국어 어문 규범을 따랐고, 외래어의 경우 외래어 표기법(문화체육관광부 고시 제2017-14호)을 따랐다. 단, 외래어의 경우 이미 익숙한 지명 및 기관 명칭은 관례에 따랐다.
2. 본서에서 단행본과 정기간행물 등은 겹꺾쇠(《 》)로 표기했으며, 논문·기사·단편·시·장절 등의 제목은 홑꺾쇠(〈 〉)로 표기했다.
3. 본서에서 언급되는 해외 저작명은 국내에 출간된 제목을 따랐으며, 국내에 번역되지 않은 저작의 제목은 직역하거나 독음을 그대로 적었다.
4. 본문의 각주 중 숫자로 표시된 것은 원서와 동일한 각주이며, 알파벳 소문자로 표시된 각주는 옮긴이가 설명을 보충하기 위해 작성한 것이다.
5. 생물명 중 라틴어 학명은 기울임체로 표시하였다.

차례

3부 우리 마음을 안팎으로 뒤집기

서문

내가 인간 마음의 진화에 관해 진지하게 생각해보기 시작한 것은 1963년, 옥스퍼드대학교의 철학 전공 대학원생으로 있을 때였다. 그때 나는 인간의 마음에 대해서도, 진화에 대해서도 아는 것이 거의 없었다. 당시에는 철학자들이 과학을 알 것이라 기대되지도 않았고, 심지어는 가장 저명한 심리철학자들마저 생리학, 신경해부학, 신경생리학(인지과학cognitive science, 신경과학neuroscience이라는 용어가 만들어진 것도 그로부터 10년 이상 지난 후였다)의 작업에 대체로 무지했다. 1956년에 존 매카시John McCarthy가 인공 지능Artificial Intelligence이라 명명한 신생 분야가 관심을 끌긴 했으나, 컴퓨터(에어컨이 가동되는 감옥 안에서 테크니션들의 경비 아래 수상쩍게 돌고 있는 기계)를 만져본 적이 있는 철학자도 거의 없었다. 따라서 그때야말로, 나처럼 전혀 훈련받지 않은 아마추어들도 이 모든 분야에 대한 교육을 받을 수 있는 완벽한 시기였다. 선구적 연구자였던 그 훌륭한 대가들은 자신들이 하는 것에 대해 좋은 질문을 하는 철학자가 매우 새롭고 신선하다고 생각했는지, 나를 받아들이고 비공식적인 학습 지침을 제공했으며, 누구의 저작을 진지하게 공부해야 하고 무엇을 읽어야 하는지 알려주었다. 그리고 그들의 도움을 받아 연구하는 내내, 순진할 정도로 어처구니없었을 나의 오해나 착오도 너그럽게 용서해주었다. 아마 내가 그들의 동료나 대학원생이었다면 그렇게 용서받지는 못했을 것이다.

오늘날에는 인지과학과 신경과학, 컴퓨터과학에 대한 온전한 학제적 교육을 받은 젊은 철학자들이 수십, 수백 명은 있으며, 그들은 당연히 내가 따랐던 것보다 훨씬 더 높은 기준을 따르고 있다. 그중에는 나의 학생들도 있고, 심지어는 내 학생의 학생들도 있다. 반면에, 깊은 곳으로 (종종 나보다 더 많이 훈련하면서) 뛰어든 내 세대의 다른 철학자들도 있다. 그들 휘하에는 최첨단에서 학제간 철학자로서, 혹은 자신의 실험실에서 연구하는 철학적 훈련을 받은 과학자로서 전진 중인 일군의 걸출한 학생들이 포진해 있다. 그들은 전문가들이고 나는 아직도 아마추어지만, 그래도 이제는 많은 것을 아는 아마추어가 되었기에 워크숍에 초대받거나 강연을 의뢰받고, 또 세계 이곳저곳의 실험실들을 방문할 수 있게 되었다. 그런 곳들에서 나는 교육을 계속하고 있고, 학계 생활이 내게 줄 수 있을 것이라고 생각했던 것보다 더 많은 즐거움을 얻는 중이다.

나는 이 책을 다른 그 무엇보다, 그동안 내가 받은 그 모든 가르침에 감사하며 그에 대한 학비를 지불하는 시도라고 여긴다. 이 책의 내용은 그동안 배웠다고 내가 생각하는 것들이다. 비록 아직 많은 것들이 매우 사변적이고 철학적이며 다른 사람들의 지지를 받지 못하는 것이긴 해도 말이다. 나는 이것이 우리의 마음이 어떻게 존재하게 되었는지에 대한, 그리고 우리 뇌가 그 모든 경이로운 일들을 어떻게 해내는지에 대한, 또 특히 우리를 유혹하는 철학적 함정에 빠지지 않고 우리 마음과 뇌에 관해 생각하는 방법에 대한 현재까지의 최고의 과학 이론의 중추이자 스케치라고 주장한다. 물론 이는 논란의 여지가 있는 주장이며, 나는 이 책에 실린 내용들이 과학자들과 철학자들 양측 모두로부터의 반응, 그리고 종종 가장 통찰력 있는 논평을 내놓는 아마추어들로부터의 반응과 논쟁을 이끌어 낼 수 있기를 간절히 고대하고 있다.

많은 분이 이 책의 집필에 도움을 주었지만, 여기서는 이 책에 실린 아이디어들을 창출해냄으로써 내게 특별히 도움을 준 분들께 감사하는 것에 집중하고자 한다. 그리고 물론, 내가 저지른 실수에 대해 나를 설득할 수 없었던, 그래서 그 오류들에 책임이 없는 분들께도 감사드린다. 감사드릴 분들에는 2014년 5월에 문화적 진화를 연구하기 위해 내가 조직했던 산타페연구소Santa Fe Institute 연구진도 포함된다. 그들은 다음과 같다. 수전 블랙모어Susan Blackmore, 로브 보이드Rob Boyd, 니콜라 클레디에르Nicolas Claidière, 조 헨리히Joe Henrich, 올리버 모린Olivier Morin, 피터 리처슨Peter Richerson, 피터 고드프리스미스Peter Godfrey-Smith, 댄 스퍼버Dan Sperber, 킴 스티렐니Kim Sterelny, 그리고 그 외의 산타페연구소 연구원들, 그중 특히 크리스 우드Chris Wood, 탠모이 브하타카리아Tanmoy Bhattacharya, 데이비드 울퍼트David Wolpert, 크리스 무어Cris Moore, 머리 겔만Murray Gell-Mann, 데이비드 크라카워David Krakauer에게 감사한다. 이 워크샵을 지원해준 실비아헤세재단의 루이스 고드부트Louis Godbout에게도 감사함을 전하고자 한다.

2015년 터프츠에서 진행한 봄 세미나에서 이 책 첫 초고의 거의 모든 장을 다루었는데, 그때 참여했던 터프츠의 내 학생들과 청중, 즉 알리샤 아르미조Alicia Armijo, 에드워드 보쳇Edward Beuchert, 데이비드 블라스David Blass, 마이클 데일Michael Dale, 위페이 두Yufei Du, 브렌던 플라이그골드스타인Brendan Fleig-Goldstein, 로라 프리드먼Laura Friedman, 엘리사 해리스Elyssa Harris, 저스티스 쿤Justis Koon, 루넨코 러벨Runeko Lovell, 로버트 마타이Robert Mathai, 조너선 무어Jonathan Moore, 서배너 펄먼Savannah Pearlman, 니콜라이 레네도Nikolai Renedo,

토머스 라이언Tomas Ryan, 하오완Hao Wan, 칩 윌리엄스Chip Williams, 올리버 양Oliver Yang, 그리고 세미나에 방문하여 자신의 새 책에 대해 논의해준 대니얼 클라우드Daniel Cloud에게 감사한다. 또한 5월에 페라테모라 현대사상학회Ferrater Mora Chair of Contemporary Thought에서 초빙 강연을 했을 때, 나는 다행히도 후안 베르헤스기프라Joan Vergés-Gifra, 에릭 슐리저Eric Schliesser, 페파 토리비오Pepa Toribio, 마리오 산토스 소자Mario Santos Sousa, 그리고 그 외의 사람들로 이루어진 팀을 만났다. 이들은 헤로나대학교에 모여, 내게 아주 많은 것들을 집중적으로 가르쳐주며 그야말로 빡빡한 배움의 일주일을 보내게 해주었다. 앤서니 그레이링Anthony Grayling과 그가 런던의 뉴칼리지오브휴머니티New College of the Humanities에서 소집한 교수들과 학생들은 내게 또 다른 시험대를 제공해주었으며, 나는 이 책이 나오기 직전의 4년 동안 그곳에서 이 아이디어들의 여러 버전들을 시도해볼 수 있었다.

수 스태퍼드Sue Stafford, 머리 스미스Murray Smith, 파울 오펜하임Paul Oppenheim, 데일 피터슨Dale Peterson, 펠리페 드 브리가드Felipe de Brigard, 브라이스 휴브너Bryce Huebner, 에녹 램버트Enoch Lambert, 앰버 로스Amber Ross, 저스틴 융게Justin Jungé, 로사 차오Rosa Cao, 찰스 라트코프Charles Rathkopf, 로널드 플래너Ronald Planer, 길 션Gill Shen, 딜런 보웬Dillon Bowen, 숀 심슨Shawn Simpson은 나의 초고와 씨름하며 오류들을 찾아내고 내 생각을 바꾸게 했으며 훨씬 더 명확하게 내 생각을 표현하도록 독려했다. 스티븐 핑커Steven Pinker, 레이 재킨도프Ray Jackendoff, 데이비드 헤이그David Haig, 닉 험프리Nick Humphrey, 폴 시브라이트Paul Seabright, 매트 리들리Matt Ridley, 마이클 레빈Michael Levin, 조디 아조우니Jody Azzouni, 마르텐 버드리Maarten Boudry, 크리스 돌레가Krys Dolega, 프랜시스 아널드Frances Arnold, 존 설리번John

Sullivan은 더 깊고 좋은 조언들을 해주었다.

나의 전작《직관펌프Intuition Pumps and Other Tools for Thinking》(2013; 노승영 옮김, 2015, 동아시아)에서와 마찬가지로, 이번에도 노턴출판사의 편집자 드레이크 맥필리Drake McFeely와 브렌던 커리Brendan Curry는 더 명확하게, 더 단순하게, 더 압축적으로, 더 확장적으로, 더 설명적으로 글을 쓰도록, 그리고 때로는 삭제도 하도록 원고를 꼼꼼하게 검수해주었다. 그들의 전문적인 조언이 있었기에 이 책의 완성본이 훨씬 더 통일적이고도 효과적인 독서 경험을 제공할 수 있게 되었다. 늘 그래 왔듯이, 존 브록먼John Brockman과 카틴카 맷슨Katinka Matson은 완벽한 저작 에이전트로서, 국내외에서 조언을 하고 격려를 해주고 즐겁게도 해주었으며 물론 판매도 훌륭하게 해주었다. 인지연구센터의 프로그램 코디네이터인 테리사 살바토Teresa Salvato는 수년 동안 내 학계 생활의 모든 물류를 다루어왔으며, 집필과 연구를 위한 황금시간대의 수천 시간을 마련해주었고, 도서관의 책과 기사들을 찾아내고 참고문헌들을 정리하는 등 이 책에 더 직접적인 도움을 주었다.

그리고 마지막으로, 반세기 이상 나의 지주이자 조언자이자 비평가이자 가장 친한 친구가 되어준 나의 아내 수잔은 그 오랜 세월 동안 스토브의 온기를 지켜 냄비가 행복하게 끓을 수 있게 하며 나와 함께 그 모든 성쇠와 부침을 함께 겪어왔고, 그러므로 우리의 합작에 기여한 공로를 인정받아 마땅하다.

2016년 3월 28일

매사추세츠 노스앤도버에서

대니얼 데닛

역자 서문

최고의 마음 설명가와 함께 하는
황홀한 시간여행

이 엄청난 책을 일독한 직후의 소감은 '잘 읽었다'가 아니라, '아, 무사히 돌아왔구나'였다. 그도 그럴 것이 이 책 자체가 시간선을 왔다 갔다 하는 거대한 스케일의 여행인데다, 데닛이 경고한 대로 여정 또한 녹록지 않았기 때문이다. 등산화 끈을 단단히 묶고 과학적 도구들도 몸에 단단히 고정해야 한다. 발을 옮길 때마다 몸이(사실은 마음이) 자꾸만 휘청거린다. 하지만 겁먹을 필요는 없다. 세계 최고의 길잡이, 대니얼 데닛이 시종일관 함께하니까. 그는 중요한 현장들로 실수 없이 독자들을 데려가고, 독자들을 가로막거나 뒤집으려는 (그래서 과학적 도구들을 놓치게 하려는) 힘들과 마주했을 때 그것에 저항하는 법도 몸소 보여준다. 게다가 그는 최고의 마음 해설가이기도 해서 익숙한 것들을 새로이 보게 함으로써 눈이(사실은 마음이) 번쩍 뜨이는 놀라운 경험들을 선사한다.

인간의 마음에 대한 연구의 결정판

대니얼 데닛은 생물철학, 심리철학, 인지과학철학 등의 분야에서 세계 최고의 반열에 오른 대가이자 가장 독창적인 사상가다. 그는 이론과 실험을, 그리고 여러 학문 분야의 연구 성과와 온갖 예술의 산물들을 자유로이 넘나들며, 수많은 사람의 마음에 크고 작은 충격을 안겨준 약 20권의 책과 수백 편의 논문을 써 왔다.

데닛이 쓴 단행본들만 보아도 그가 얼마나 많은 분야에서 종횡무진 활약했는지 알 수 있다. 저서들의 내용이 꽤 (또는 많이) 겹쳐 있으므로 정확한 분류는 어렵고 또 분류한다는 것 자체가 그에게도 실례가 될 테지만, 독자들의 편의를 위해 거칠게라도 한번 분류해보겠다. 의식 및 심리철학 문제를 다룬 책으로는 《내용과 의식Content and Consciousness》, 《브레인스톰Brainstorms》, 《의식의 수수께끼를 풀다Consciousness Explained》, 《마음의 진화Kinds of Minds》, 《의식이라는 꿈Sweet Dream》 등이 있으며, 자유의지 문제를 다룬 책으로는 《활동의 여지: 추구할 가치가 있는 여러 종류의 자유의지The Elbow Room: The Varieties of Free Will Worth Wanting》, 《자유는 진화한다Freedom Evolves》, 종교 문제를 다룬 책으로는 《주문을 깨다Breaking the Spell》, 《과학과 종교는 양립할 수 있는가?Science and Religion: Are They Compatible?》(앨빈 플랜팅가Alvin Plantinga와 공저) 등이 있고, 자연선택에 의한 진화라는 다윈의 통찰을 집요하게 확장시킨 책으로는 《다윈의 위험한 생각Darwin's Dangerous Idea》이, 그리고 데닛 자신이 사용하는 생각 도구들을 한데 모은 책으로는 《직관펌프》가 있다.

이 책은, 역시 거칠게 말하자면, 그 많은 책 중 자유의지와 종교를 다룬 책들을 뺀, 나머지 책들의 정수들을 모은 종합본이라고 할 수 있다. (물론 자유의지와 종교를 다룬 책들과 겹치는 내용도 있다.) 데닛은 마음 연구에 많은 시간을 보냈다. 마음 연구를 어렵게 하는 것들, 즉 마음이라는 것에 겹겹이 덧씌워지고 주름과 틈새마다 채워진 신비주의의 허물과 잔재를 꼼꼼히 벗겨내는 데 학자 인생의 대부분을 바쳤다고 해도 과언이 아닐 정도다. 그리고 이 책은 '그 주제에 대한 반세기에 걸친 연구의 절정'(본문 각주 3)이라고 데닛 자신이 표현할 만큼, 그간의 많은 연구 결과가 종합되어 있다.

그러나 종합이라고 해서 여러 책을 요약하여 게으르게 나열한 것은 결코 아니다. 이 책을 좀 덜 거칠게 소개하자면, 《다윈의 위험한 생각》에서 얻은 '알고리즘으로서의 자연선택에 의한 진화'라는 통찰 및 함의들을 손에 단단히 쥔 채 전前 생명 세계에서 출발하여, 다른 책과 논문들에서 데닛이 점찍어 놓았던 주요 현장들을 모두 찾아가 박테리아로부터 인간의 것과 같은 마음과 문화가 생겨나는 과정을 꼼꼼하게 관찰하고, 곳곳에서 마주치는 곤경은 《직관펌프》의 도구들을 사용하여 헤쳐나가는 만만찮은 여정을 독자와 함께 완주하는 책이라 할 수 있다.

따라서 완독하고 나면 자신의 마음과 다른 이들의 마음을, 그리고 생명계를 보는 관점이 완전히 달라졌음을 깨닫게 될 것이다. 그리고 기꺼이 인정하게 될 것이다. 이 책은 그간 데닛이 해왔던 수많은 시도와 그 결과들이 완전하고도 아름답게 맞물린, 인간 마음 연구의 장엄한 결정판이라고.

과학적 이미지와 현시적 이미지를 구분하기

이 대장정은 "마음은 어떻게 해서 존재하게 되었을까? 마음이 이런 걸 묻고 답하는 건 어떻게 가능할까?"라는 소박한 질문에서 시작된다. 이 책을 읽고 번역하면서 같은 경로로 여러 번 여행해본 사람으로서 그 답을 포함한 여정을 최대한 간단하게 요약하면 다음과 같다.

전前 생명 세계에서 있었던 사이클들의 무수한 반복으로 최초의 자기복제자가 생겼으며, 있을 법하지 않은, 아주 낮은 확률로 일어난 일들의 증폭으로 인해 생명체가 생겼고, 자연선택에 의한 진화라는 무목적적이고 무마음적인 과정에 의해 다양한 생물들이 생겼고 인간도 생겨났다.

물론 인간만이 의식을 지닌 것은 아니다. 인지 능력은 점진적으로 진화해왔고 우리는 그것을 크게 네 단계 정도로 정리할 수 있다. 마지막 단계의 능력을 지닌 생물, 즉 능력에다 이해력까지 갖춘 것은 물론이고 부유하던 합리적 근거를 포착하여 표상할 수 있는 생물은 지구에서는 아직 인간밖에 없다. 인간이 그렇게 될 수 있었던 것은 밈이 잘 침투할 수 있는 뇌를, 그리하여 결국 밈에 절여진 뇌를 가질 수 있게 되었기 때문이다. 그랬기 때문에 인간은 밈의 가장 대표적인 것이라 할 수 있는 언어를 지닐 수 있게 되었다.

인간의 문화 역시 진화해왔고 문화적 대물림과 유전적 대물림은 공진화했다. 문화적 진화의 가속에 언어가 큰 역할을 했음은 물론이다. 그리고 언어를 비롯한 다양한 생각 도구들 덕분에 인간은 마음에 관해 묻고 대답할 수 있는 존재가 되었다. 문화적 진화가 시작되기 전까지는 주로 하의상달식 설계가 개발되고 전달되었으나, 우리 인간이 진화의 현장에 나타나 문화적 진화가 생겨나면서 상의하달식 설계가 가능해지게 되었다. 진화 자체도 다윈주의적이기만 했던 것에서 점점 감減 다윈화된 것이다.

그리고 무목적적이고 무마음적이며 하의상달식인 자연선택에 의한 진화로 탄생한 우리 인간이 컴퓨터 같은 뛰어난 기계들을 만들었고, 그 기계들이 또 놀라운 소산물들을 만들었으므로, 자연선택에 의한 진화가 컴퓨터를, 그리고 컴퓨터가 만든 놀라운 산물들을 간접적으로 만들었다고 볼 수 있다. 그런 산물들이 눈부시게 발전하는 미래에도, 미래가 우리가 밟아 온 과거의 궤적과 크게 다르지 않다면, 인공지능도 우리에게 계속 의존할 것이다.

이러한 요약은 이 여행에서 들르게 될 경유지들만 언급한 것에 불과하다. 각 지점에서 어떤 일들이 벌어지는지, 그리고 한 지점에서 다음 지점까지는 어떻게 연결되며 또 어떻게 가야 하는지는 윌프리드 셀러스가 '과학적 이미지scientific image'라 불렀던 것을 이용해야 제대로 이해할 수 있다. 여기서 과학적 이미지란 현시적 이미지manifest image와 대조되는 것이다.

현시적 이미지란 보통 인간이라면 매우 이른 시기부터 누구나 공유하는 거대한 중심핵으로, 보통 모국어와 함께 제공된다. 우리가 일상적인 대화를 할 때 사용하는 어휘들이 가리키는 것들은 대부분 현시적 이미지에 해당한다. 과학적 이미지는 학교에서 과학 시간에 따로 배워야만 하는 것으로, 대부분의 사람은 그에 대해 매우 피상적인 지식만을 획득하는 데 그친다. 그런 만큼 우리의 여정에서도, 생각하고 사용하기 힘든 과학적 이미지를 버리고 익숙한 현시적 이미지만으로 대충 생각하라는 (달리 말하자면, 과학적으로 설명하려고 애쓰지 말라는) 유혹과 협박들이 곳곳에 도사리고 있다.

'데카르트 중력'을 극복하는 도구와 개념

마음, 마음의 진화, 문화 등을 과학적으로 탐구하려고 시도할 때마다 그런 것들은 과학과는 별개인 어떤 신비로운 것으로 남겨두라는 맹렬한 공격을 받는데, 그 공격의 대표적인 것이 심신이원론이다. 이 교조는 고대부터 전승되어왔지만 이 기본 가정을 정제하여 실증적 이론으로 만든 최초의 인물은 르네 데카르트다.

그래서 데닛은 제대로 된 관점을 가지지 못하도록, 또는 과학적 도구들을 쓰지 못하도록 우리를 다른 방향으로 잡아끄는 방해력을 '데카르트 중력Cartesian Gravity'이라 명명한다. 데닛은 데카르트 중력이 작용하여 나타나는 현상들(이들을 '데카르트 중력에 의한 왜곡력'이라 불러도 좋을 것이다. 이것들은 통념 속에 교묘하게 숨어 우리에게 강한 영향력을 행사하고 있다)을 하나씩 드러내는데, 여기서 그것들을 미리 일람해보면 이 책을 읽어가는 데 조금은 도움이 될 것이다.

- 마음이 사물보다 먼저 있었고, 마음이 사물을 만들었다는 관점
- 이해가 능력보다 먼저 생겼다는(이해가 능력의 원천이라는) 관점
- 생물을 말하면서 기능, 목적을 거론하면 안 된다는 관점
- 우주가, 의식이 있는 것(100퍼센트의 의식을 지닌 것)과 없는 것(0퍼센트의 의식을 지닌 것)으로 양분된다는 관점
- 천재 개인에게 과도한 이해력을 귀속시키는 통념
- '박쥐가 된다는 것은 어떤 것인가'를 사람은 알 수 없듯, '무언가가 된다는 것이 어떤 것인지'를 3인칭으로 연구할 수 없다는 관점
- 내 의식에는 나만 특권적으로 접근할 수 있다는 관점(1인칭 현상학)
- 나는 느낄 수 있지만 다른 사람은 그것에 접근할 수 없으며, 철학적 좀비는 가질 수 없지만 인간은 가질 수 있는, 특수하고 주관적이고 주체에 고유한 느낌 같은 경험으로서의 감각질qualia이라는 것이 있다는 생각
- 외부 세계에서 인과가 생성된 후 마음이 그것을 인지한다는

생각
- 데카르트 극장Cartesian Theatre이 있다는 생각: 뇌에 호문쿨루스(소인) 같은 내적 자아가 존재하며, 그 자아는 뇌 안 특정 장소에 설치된 스크린 앞에 앉아 스크린에서 상영되는 것, 즉 뇌에서 일어나는 일들을 관찰·종합하고 명령을 내리는 역할을 한다는 통념
- 성차별

데닛에 따르면 위의 것들은 잘못된 관점이므로 완전히 뒤집혀야 하며, 그 '뒤집기'는 다음 세 사람의 통찰에 의해 주어진다.

첫째는 찰스 다윈이다. 다윈은 상의하달식top-down, 적하적trickle-down 창조 이론을 하의상달식bottom-up, 포상적bubble-up 창조 이론으로 뒤집었다. 이에 따르면 마음이 마음 없는 것들을 창조한 것이 아니라, 마음은 진화의 나중 단계에서 생긴 것이 된다.

둘째는 앨런 튜링이다. 튜링은 완벽한 계산 기계가 되기 위해 계산(산수)을 알아야 할 필요는 없다는 전제하에 연구함으로써, 이해력-먼저 관점을 이해력-나중 관점으로 뒤집었다(이해력 없는 능력이 가능함을 보인 것이다).

마지막으로, 데이비드 흄이다. 흄은 인과 판단에서, 외부에서 발생한 인과가 먼저라는 관점을 우리 마음속에서의 기대가 먼저라는 관점으로 뒤집었다.

데닛은 이 세 가지 뒤집기를 소개하는 데 그치지 않는다. 그는 이 뒤집기로 얻은 소중한 관점들을 단단히 유지하는 데 도움을 주는 도구들과 개념들도 충분히 제공한다. 책의 이곳저곳에 흩어져 있는 것들을 모아 보면 대략 다음과 같다.

- 역설계reverse engineering: 설계에 의해 이미 만들어진 산물을, 그 설계도(설계 프로그램, 설계에 사용된 데이터) 없이 다시 거꾸로 설계해보는 것. 적응주의적 접근의 주요 관점이며. 진화 탐구는 이것 없이는 진행될 수 없다.
- 지향적 태도intentional stance: 이해하려는 대상을 욕구, 동기 등에 의해 추동되는 지향계로 간주하고 그 대상의 행위 이유를 찾고 이를 설명하거나 행위를 예측하는 것이다.
- 누구에게 이득인지 묻기: 때로는 행위자의 행위가 행위자 자신이 아닌 다른 것에 이득이 될 수도 있다. 그렇다면 역설계를 할 때 관점을 다르게 잡아야 하므로 이 질문을 하고 또 제대로 답하는 것이 매우 중요하다. '유전자의 눈' 관점이나 '밈의 눈' 관점 등은 이것을 묻지 않으면 획득할 수 없다.
- 크레인 비유: 설계공간 안의 한 지점에서 좀더 환경에 적합한 다른 지점까지 이동하는 것은 자연선택에 의한 진화에 의한 것으로, 신에 의해 허공에 기적처럼 떠 있는 스카이후크에 매달려 이동하는 것이 아니라, 땅에 발붙인 비기적적인 크레인에 의해 더 높은 곳에 다져진 기초 위로 들어올려지는 것과 같다. 하나의 크레인이 다져 놓은 기초 위에 또 다른 크레인이 놓여 더 높은 기초를 다질 수 있고, 그러면 진화의 산물은 더 높은 곳까지 들어올려질 수 있다. 이런 과정은 그 어떤 기적도 없이 계속 누적될 수 있다.
- '이유reason 묻기'를 두려워하지 말 것: '왜why'라는 질문은 원인cause을 답하라는 질문과 이유를 답하라는 질문으로 나뉜다. 이때 이유, 즉 기능이나 목적을 물어도 신으로 귀결되는 목적론이 부활하지는 않으니 이유를 적극적으로 물어야 한다. 진화 연구에서는 오히려 이유 찾기가 더 중요할 때가 많다.

- 부유하는 합리적 근거free floating rationale: 이해력을 갖추지 않은 생물들의 행동이나 그것들을 생겨나게 한 설계에도 합리적인 이유가 있지만, 그 이유들이 그 생물들'의' 이유는 아니다. 이처럼 생물들에게 포착되지 못하는 이유, 자연선택 자체만이 가지는 이유를 '부유하는 합리적 근거'라 한다. 그러나 인간은 그 이유들을 포착하여 표상할 수 있으므로, 인간에게 포착된 이유들은 더이상 부유하는 것이 아니게 된다.
- 능력과 이해력의 진화는 단계적으로 일어난다. 데닛의 명명에 따르면, 다윈 생물, 스키너 생물, 포퍼 생물, 그레고리 생물 순으로 출현한다.
- 의미론적 정보: '정보'라는 용어도 매우 다양한 맥락에서 사용되는데, 여기서는 의미론적 정보를 말하는 것으로 이해해야 한다. 이 책에서 갑자기 정보의 종류에 관한 논의를 하는 것은 밈이 정보적인 것이기 때문이다.
- 타자현상학heterophenomenology: 1인칭이 아닌 3인칭으로 마음을 연구하는 것을 말한다. 나의 마음에는 나만이 특권적 접근 권한을 지닌다는 1인칭 현상학의 전제를 부정하는 것으로, 과학적 방법들을 사용할 수 있다.
- 사용자-환각user-illusion: 실제 컴퓨터나 스마트폰 안에는 아이콘이나 폴더 모양의 물체가 없음에도, 화면에는 아이콘이나 폴더 모양의 것들이 나타나고, 또한 그런 것들을 마우스나 손으로 '잡아끌면' 위치가 변하거나 다른 폴더 안으로 들어가는 것처럼 보이는 것 같은 현상들을 말한다. 데닛은 의식도 자아도 자유의지도 이와 비슷한 사용자-환각이라고 말한다.
- 다윈주의에 대한 다윈주의: 다윈주의적 과정도 시간이 지나고 진화가 계속 일어나면서 그 양상이 변한다. 따라서 다윈주의

에 대해서도 다윈주의적 관점을 취해야 최초 복제자부터 지성적 설계의 시대에 이르는 과정을 무리 없이 이해할 수 있다.

테런스 디컨Terrence Deacon은 심신이원론이 마음이라는 것을 물질, 즉 몸으로부터 억지로 뜯어내는 견해라고 보고, 그 두 가지가 분열된 것을 가리켜 '데카르트 상처Cartesian Wound'라 불렀다.

데카르트 상처가 회복되기를 원하지 않는 사람, 즉 마음이 물질로는 설명될 수 없으며 설명되어서도 안 되는 신비한 어떤 것이길 바라는 사람이 아직도 많긴 하지만, 그래도 20세기부터는 이 상처를 기워보려는 시도들이 많이 이루어져왔다. 그리고 데닛은 이 책에서 그 상처를 제대로 봉합하는 완전한 이야기를 해보겠다고 말한다. 따라서 이 책의 여정은 데카르트 상처를 기우는 바느질이 한 땀 한 땀 진행되는 과정이라고 볼 수도 있다.

그런데 이 책에서 데닛이 봉합하는 것은 데카르트 상처만이 아니다. 그는 문화를 자연선택에 의한 진화에서 뜯어낸 상처도 봉합한다. 이는 문화를 자연선택에 의한 진화의 직·간접적 산물로 보는 관점에 의해 성취되며, 데닛은 그것이 어떻게 가능한지를 잘 보여준다.

데닛은 또한 동떨어진 것으로 보였던 현시적 이미지와 과학적 이미지 간의 밀접한 관계도 설명한다. 그에 따르면 현시적 이미지는 과학적 이미지에 속하는 것들의 활동으로 만들어진 유용한 사용자-환각이다. 무지개, 사랑, 노을 등은 우리가 잘 아는 현시적 이미지이며, 의식, 자아, 자유의지 역시 현시적 이미지, 즉 사용자-환각이다. 현시적 이미지는 실재하므로, 무지개, 사랑, 노을이 실재하는 것처럼 의식과 자아와 자유의지도 실재한다고 그는 주장한다.

1부 우리 세계를 아래위로 뒤집어 보기

지금까지는 우리의 과학적 탐구를 위협하는 것들과 그것들에 대응할 수 있게 해주는 세 가지 뒤집기, 그리고 과학적 탐구의 도구, 데닛이 봉합하기를 원했고 또 봉합했던 것들을 요약했다. 이런 것들은 책의 시작부터 끝까지 여기저기 산발적으로 출현하므로, 앞에서 정리한 것들을 미리 숙지하고 있으면 여정이 조금 더 수월해질 것이다. 그럼 이제 이 책의 서술 순서를 간단하게 정리해보자.

1부 '우리 세계를 아래위로 뒤집어 보기'에서는 풍부한 실제 사례들 및 사고실험을 통해 상상력의 기초를 다진다. 1장은 장비 점검과 준비운동이라 할 수 있는데, 데카르트 중력이 어떤 것인지를 설명하고 몇 가지 저항 도구들을 소개한다. 본격적인 여행은 2장부터 시작된다. 출발점은 아직 생명은 없고 여러 화학적 사이클들만 있었던 전前 생명 세계다. 여기서는 역설계를 장착한 적응주의의 시점으로 이 현장을 보아야만 최초의 재생산자가 생겨날 때의 갬빗(최초의 재생산자는 가장 단순한 것이 아니라 복잡하고 커다란 것이었을 수 있음)을 알아챌 수 있음을 배운다.

3장은 2장의 좀더 철학적인 버전이라 할 수 있는데, 특히 '이유'를 집중적으로 논의한다. 앞서 말했듯, '왜'라는 질문은 원인을 답하라는 '어떻게 해서how comes' 질문과 이유를 답하라는 '무엇을 위해what for' 질문으로 나뉜다. 후자는 최종 이유로 신神을 거론할 수밖에 없는 질문으로 치부되어, 과학(특히 생물학)에서는 이를 묻는 것을 암묵적으로 금기시해왔다. 그러나 데닛에 의하면, 다윈이 추론 뒤집기를 통해 목적론을 자연화했으므로 '이유'의 최종 원인도 신이 아닌 자연의 작용이 되며, 따라서 아무리 집요하게 이유를 물어도 신을 끌어들이는 목적론이 부활하지는 않는다. 그리고 지구의 역사를 생각해보면, '왜'라는 질문도 전생명 세계에서는 '어떻게 해서'의 답만 가능한 것이었지만, 시간이 흘러 최초의 박테리아가 생길 무렵에는 '이유'도 생겼으므로 '무엇을 위해' 질문으로 진화되었음을 알 수 있다. 이는 또한, 유기체의 행위를 탐구할 때 지향적 태도를 취할 수 있음을 의미한다. 그러나 이 시기의 이유는, 그것이 박테리아를 위한 것이라 해도 박테리아가 알아채지도 표상하지도 못하므로 '부유하는 합리적 근거'에 머문다고 할 수 있다.

4장에서는 다윈과 튜링의 추론 뒤집기를 각각 설명하며, 진화 역사에서 먼저 출현하는 것과 나중 출현하는 것의 순서를 그것들이 어떻게 통념에 반反하도록 뒤집었는지를 설명하고(그래서 1부의 제목이 "우리 세계를 아래위로 뒤집어 보기"다), 이해력 없는 능력을 각각 어떤 식으로 보여주는지 그 실제 사례들을 소개한다. 그리고 이 두 뒤집기가 있으면 이해력을 좀더 갖춘 유기체가 출현하는 것도 신에 의한 스카이후크가 아닌, 자연선택에 의한 진화, 또는 그 진화의 산물에 의해 비非 기적적으로 생성된 크레인에 의한 들어올림으로 충분히 설명될 수 있음도 알려준다. 우리의 세계라 할 수 있는 우리의 온톨로지, 그리고 현시적 이미지와 과학적 이미지, 동물로 하여금 어떤 반응을 보이게 하는 행위 유발성affordance, 그리고 행위유발성들로 가득 찬 환경세계Umwelt 등의 개념도 여기서 설명한다.

4장이 생물의 행동과 진화를 탐구할 때 필요한 개념들을 다룬 장이었다면, 5장은 그 개념들을 진화에 직접 적용해보는 곳이라 할 수 있다. 데닛은 우선 자연선택의 '설계철학'이 무엇인지 알아본 후, 비인간 동물의 행동을 탐구함에 있어 (동물을 지향계로 놓는 것이 좋으므로) 그들을 의인화하는 것은 괜찮지만 필요 이상의 이해력을 그들에게 귀속시키는 것은 경계해야 한다고 말한다. 이해의 진화는 점진적이지만 단계적으로 일어나며, 부유하던 합리적 근거를 포착하여 그것을 자신의 이유로 표상할 수 있을 정도의 이해력을 갖춘 동물, 즉 이해력 진화의 가장 최근 단계에 나타난 그레고리 생물은 인간뿐이기 때문이다. 이렇게 하여 그레고리 생물의 진화가 보이는 특성을 탐구할 현장들로 갈 정당한 구실을 마련하는 것으로 1부가 마무리된다. 유일한 그레고리 생물인 인간의 진화가 보여주는 가장 두드러진 특징은 말(단어들)과 함께 하는 마음이고 말은 밈이므로, 2부에서는 밈과 밈학을 중점적으로 다룬다.

2부 진화에서 지성적 설계까지

2부 '진화에서 지성적 설계까지'에서는 다윈과 튜링에 힘 입어 데카르트 중력을 이기고 제대로 뒤집힌 관점으로 바라보면 인간의 마음과 언어의 진화가 어떻게 드러나는지, 그 경험적 세부 사항을 집요하게 파헤친다.

이 책을 관통하는 데닛의 주장은 '이 모든 놀라운 것들의 생성은 다윈이 말한 알고리즘으로서의 자연선택에 의한 진화에 따른 것, 또는 그에서 파생된 것으로 설명할 수 있다'이지만, 그것을 말하면서 궁극적으로 발전시키고자 하는 학문은 '밈학memetics'이다. 유전적 진화를 제대로 탐구하려면 '유전자의 눈' 관점으로 보아야 하듯, 문화적 진화를 제대로 파악하려면 '밈의 눈' 관점으로 보아야 한다고 데닛은 주장하므로, 이는 당연한 일이다. 그런데 밈이란 정보적인 것이므로 2부를 여는 6장에서는 일단 정보에 관해 논의하며, 우리가 다룰 정보는 의미론적 정보이고, 특히 중요한 것은 '베끼거나 훔칠 가치가 있는 설계로서의 정보'라는 것을 강조한다.

문화적 진화의 단계로 들어가면 감減 다윈화 현상, 즉 순수다윈주의적 과정에서 멀어지는 현상을 논의하게 될 수밖에 없다. 이때 원proto 다윈주의적 과정, 준다윈주의적 과정, 순수 다윈주의적 과정, 감다윈화 과정, 전혀 다윈주의적이지 않은 과정 등이 설계공간Design Space 내에서 점하는 위치 및 그 위치들의 변화 궤적들을 한눈에 쉽게 파악할 수 있게 하는 도구가 필요하다. 데닛은 그 도구로 피터 고드프리스미스Peter Godfrey-Smith의 '다윈공간Darwinian Space'을 택했고, 이를 7장에서 소개한다.

8장에서는 다시 밈으로 돌아간다. 그렇지만 밈학에 대한 본격적인 논의를 시작하는 대신, 인간의 뇌에 어떻게 밈이 침투할 수 있었는지부터 살핀다. 인간의 뇌와 컴퓨터의 차이에 관한 통념들과 그에 관한 심화 논의를 한 후, 인간의 뇌에, 특히 신경세포에 어떤 일이 벌어졌기에 밈이 침투했는가를, 그리고 밈이 침투함에 따라 신경세포는 또 어떤 영향을 받았는지를 자세히 알아본다.

밈 중 가장 대표적이면서 문화적 진화에 가장 결정적인 역할을 한 것은 말(단어들)이다. 그래서 9장에서는 단어들을 면밀하게 살펴보고, 단어들이 어떻게 재생산(번식)되는지를 알아본다. 그는 인간언어에서의 가장 중요한 설계 특성으로 디지털화를 꼽는데, 디지털화는 이해력이 부재한다 해도 음성언어와 문자언어를 통해 정보가 믿을 만하게 전달됨을 보장하기 때문이다. 이처럼 디지털화된 음소 또는 부호로 단어들이 전달될 수 있기 때문에, 단어가 문화적 진화에서 하는 역할이 DNA가 유전적 진화에서 하는 역할과 비슷해진 것이라고 데닛은 주장한다.

단어가 문화적 진화에서 DNA와 비슷한 역할을 한다는 것까지 설명했다면 다음 수순은 '밈의 눈으로 본다는 것'이 어떤 것인지를 설명하는 것일 테다. 데닛은 이를 10장에서 다루는데, 도킨스와 자신의 밈 논의가 서로 어떻게 다른가를 보여준 후, 문화에 대한 전통

이론의 난점 네 가지를 열거하고 그 난점들이 밈학으로 어떻게 해결되는지 실제 사례들을 들어가며 설명한다. 그리고 11장에서는 드디어 밈학에 대한 통념에 기인한 반대 의견(오해)들을 열거하고 그것들을 조목조목 비판한다.

6장에서 11장까지, 밈학을 논하기 위한 기초를 세세한 부분부터 성실하게 다지고 밈학이 언어와 문화적 진화를 모순 없이 설명하는 거의 유일한 이론임(자칭 '밈 반대자'라는 학자 중 몇몇도 '밈'이라는 용어만 쓰지 않을 뿐, 밈학과 똑같은 해석을 하고 있다고 데닛은 지적한다)을 납득시킨 후, 12장에서는 밈학의 관점에서 언어의 기원을 설명한다. 아직 원原 언어도 아닌 밈에서 원언어가 생성되고 인간의 언어라고 할 수 있는 것이 출현하기까지의 과정을 여러 가지 흥미로운 예시들을 섞어가며 풍부하게 논의한다.

밈은 행위하기의 한 방식 또는 생각하기의 한 방식이다. 비인간 동물도 종 특유 또는 집단 특유의 행위 방식을 지니기도 하고 또 그것이 대물림되기도 하므로 그들에게도 밈 및 밈적 진화가 있다고 보아야 한다. 그러나 인간의 경우와는 달리, 그들의 밈적 진화에서는 세대가 거듭되어도 축적되는 것이 별반 없다. 더 많은 밈을 생산하게 하고 그리하여 축적물들을 눈덩이처럼 불려가는 밈은 인간의 언어밖에 없다. 따라서 '문화적' 진화라고 불릴 만한 것도 인간의 것밖엔 없다, 인간의 문화적 진화가 바로 13장의 주제다. 인간의 문화는 분명 다원주의적으로 시작되었지만, 언어라는 밈을 습득하면서 문화적 진화의 양상도 조금씩 달라졌다고 데닛은 주장한다. 언어를 습득한다는 것은 상당한 위력을 갖춘 소프트웨어 앱이 인스톨되는 것과 비슷하여 우리의 능력을 엄청나게 향상시키고, 그 향상된 능력은 자기 모니터링과 반성reflection을 유도한다. 마침내 스스로에게 질문하기 모드mode로까지 들어가면 이제 R&D의 많은 부분들이 상의하달식이 되며, 우리의 지성을 이용한 직접적 탐색에 더 의존하게 되고, 무작위적인 변동과 유지에는 덜 의존하게 된다. 문화적 진화는 그것 자체의 생성물들에 의해 감다윈화되고, 그리하여 우리는 지성적 설계의 시대를 살아가게 된 것이다.

3부 우리 마음을 안팎으로 뒤집기

2부에서 데닛은 단어를 습득한다는 것은 강력한 앱이 뇌에 인스톨되는 것과 같다고 말했다. 14장에서는 이 논의를 더욱 발전시켜, 앱에 대해 전혀 모르는 사람도 앱의 사용자 인터페이스 덕분에 앱을 잘 사용할 수 있는 것처럼, 뇌에 인스톨된 앱의 사용자-환각도 바로 그와 같은 이유로 존재하는 것이라고 이야기를 시작한다. 사용자-환각은 의사소통을 위해 우리에게 접근 가능한 우리 인지 과정의 잘 연출된 버전이며, 이런 것이 바로 우리가 '의식'이라고 생각하는 것이다. 그런데 개인의 의식이 컴퓨터나 스마트폰 화면에 나타나는 사용자-환각 같은 것이라면, 그 묘사가 일어나는 곳엔 데카르트 극장 같은 것이 어쨌든 있다는 것이 아닐까? 데닛은 아니라고 잘라 말한다.

실제 인과 작용은 의식하부적, 신경 수준에서 일어나는 활동이며, 자기 진단이나 내성의 관점으로는 절대 드러나지 않는다. 자기가 본 것을 남에게 설명할 때, 눈에서 구두口頭 보고에 이르기까지의 모든 것에 관여하는 의식하부적 이야기가 있겠지만, 개인은 거기에 접근할 수 없으므로, 그 이야기에는 내부 스크린을 관찰하는 자아(호문쿨루스)가 행하는 발표 작용 같은 것은 있을 수 없다. 데닛은 데카르트극장에서 호문쿨루스가 수행한다고 여겨지는 모든 작업은 시간적, 공간적으로 다 해체되어 뇌 안의 더 작고 의식 없는 행위자에게로 나뉘어 분포되어야 한다고 주장한다.

이런 점들을 고려한다면, 1인칭 시점 자체가 사용자-환각에 의한 것이어서 현시적 이미지에 고박되어 있는 만큼, 1인칭 시점을 의식에 대한 인식적 접근법으로 삼았던 데카르트의 방식은 과학적 이미지의 자원들을 사용할 수 없게 하는 강력한 왜곡일 수밖에 없음을 알 수 있다. 그래서 데닛은 과학적 이미지들을 사용하는 3인칭 현상학인 '타자현상학'으로 마음을 연구해야 한다고 주장한다.

그런데 지금까지의 이야기를 제대로 잘 따라가도 여전히 우리 머릿속에 쇼가 상영되는 극장이 있는 것처럼 생각되는 것은 왜일까? 데닛에 따르면, 우리가 '우리 바깥에서 인과적으로 연결된 사건들이 있었기 때문에 우리 마음이 인과를 인지한다'는 잘못된 생각을 하고 있기 때문이며, 이 생각은 '모든 지각적 표상은 외부로부터 내부로 흘러들어와야 한다'는 데카르트 중력에 의한 것이다. 이 '밖에서 안으로' 관점을 '안에서 밖으로' 관점으로 뒤집은 사람이 바로 흄이다. (그래서 3부의 제목이 '우리 마음을 안팎으로 뒤집어 보기'다.) 흄은 우리가 직접 경험하는 것은 두 사건의 연쇄일 뿐이며, 우리가 경험하는 인과의 인상은 우리 내면의 '기대하는 습관'이 빚어낸 결과라고 주장한다. 인간의 의식은 뇌의 표상 활동과 그 활동에 대한 적절한 반응이 결부되어 구성되는 것이지, 외부에서 지각적 표상을 받아들여 그것이 내부의 데카르트 극장 같은 곳에서 렌더링되는 것은 아니라는 것이다. 그리고 흄의 뒤집기를 더욱 발전시키면 '주관적 느낌'이라는 통념도 그 정의가 잘못되어 있으며, 그런 잘못된 정의에서 파생된 '감각질' 역시 잘못 형성된 통념임을 알게 된다. 데닛은 여기서 한발 더 나아가, 감각질과 관련된 차머스의 '어려운 문제'가 잘못된 통념에서 비롯된 가짜 문제임을 주장한다.

15장에서는 드디어 지금 우리가 살고있는 시간과 공간으로(집으로) 돌아와, 지성적 설계의 시대를 살아간다는 것은 어떤 것인지, 그리고 우리 두뇌의 소산물이 만들어내는 소산물이, 그리고 또 그것들이 만들어내는 소산물들이 어떤 시대를 열어젖힐지도 논의한다. 여행을 마친 데닛은 여정을 한번 되짚어 정리해준 후, 근미래에 우리가 만든 인공지능의 지배를 받게 될까 봐 두려워하는 우리를 도닥여준다. 우리의 미래가 우리 과거 궤적의 연장선에 있다면, 우리가 조심스레 인공지능의 도움을 받는다 해도 인공지능은 지금처럼 우리에게 계속 의존하리라고.

폭포수 같은 지식의 세례로의 초대

데닛에 대해 이미 많은 것을 아는 상태가 아니라면 이 책을 읽어 내기가 결코 쉽지 않을 것이다. 한 부분 한 부분의 논의가 기발하고 대단하다는 것은 알겠는데 그 논의들이 연결되긴 하는 건지, 순서가 엉킨 건 아닌지 많이 혼란스러울 테고 말이다. 그런 혼란을 조금이라도 줄이기 위해, 논의가 왜 그런 순서로 진행되는지 정도는 감이 잡히도록 책 안에 흐르고 있는 '스토리'를 빈약하게나마 요약해보았다.

옮긴이의 요약은 빈약하나, 책은 절대 그렇지 않다. 오히려 빈약함과는 가장 거리가 먼 책 중 하나일 것이다. 데닛은 인류 대부분이 컴퓨터라는 기계를 본 적도 없었던 1970년부터 인공지능 연구실로 찾아가 배움을 구하는 등, 호기심을 자극하는 곳이라면 어디든 달려가 배움을 청했고, 그 모든 시도에서 매우 높은 수준의 성취를 이룬 사람이다. 게다가 직접 농사를 짓는 농부이기도 하고, 훌륭한 드러머이자 합창단원이고 항해 전문가이기도 하며 다방면에 걸친 서양 문화의 산물들을 두루, 그리고 깊게 섭렵한 흔치 않은 인물이다. 그가 쓴 다른 책들과 마찬가지로, 이 책 역시 주제에 관한 깊은 성찰 외에도 그의 넘쳐나는 지식에서 비롯된 수준 높은 농담과 기발한 사고실험이, 그리고 호기심을 자극하거나 충족시키는 실제 사례들이 페이지마다 깜짝 선물처럼 튀어나온다. 끝날 줄 모르는 선물들의 향연에 감탄하다 보면 어느새 여정의 험난함은 까맣게 잊고 이 지적 여행을 한껏 즐기게 될 것이다.

그러나 데닛의 박식함과 재기발랄하며 리듬감 가득하지만 재귀와 재귀가 반복되는 길고 긴 문장은 번역자에게는 커다란 짐이 되었다. 모든 일에는 트레이드 오프trade-off가 존재하는 법. 데닛의 학술적 주장과 가독성을 살리자면 그의 재귀와 문장의 리듬감 등을 포기해야 하고, 그의 문장이 주는 재미를 살리려면 가독성을 포기해야만 한다. 옮긴이는 여기서 전자를 택했다. 데닛 '문장'의 재미를 느끼는 것은 영어 원서를 읽는 독자들의 몫으로 남겨두고, 번역서에서는 정확한 의미와 가독성을 잡기로 한 것이다.

그러나 여기에서도 또 문제가 생겼다. 긴 문장들을 나누어야 할 때, 원래 문장의 단어들을 최대한 존중하여 그대로 나누기만 해서 번역하면 의미가 흐려지고, 의미를 또렷하게 전달하려면 원서에는 없는 텍스트를 보충해 넣을 수밖에 없다. 저자를 최대한 존중하려면 전자를 택해야 마땅하겠으나, 역시 의미의 공백이 없게 옮기자는 결심에 따라 저자에 대한 실례를 무릅쓰고 텍스트에 약간 개입하는 쪽을 택했다. 영어와 우리말의 문장 형식 차이도 텍스트에의 개입을 부추겼다.

데닛 특유의 서술이 주는 위트와 폭포수 같은 지식 세례를 조금이라도 살리고자 옮긴이 주를 넣은 곳이 많은데, 어떤 독자에게는 이것이 군말이 될 수도 있을 것이다. 그리고 옮긴이가 보충해 넣은 텍스트가 오히려 오독을 부추길 때도 있을 것이다. 그에 대한 비판과 비난은 오로지 옮긴이가 감내해야 할 몫이며, 옮긴이의 빈약한 요약과 짧은 식견과 실책들이 원저자 대니얼 데닛에게 누가 되지 않길 바랄 뿐이다.

2022년 9월
신광복

1부

우리 세계를
아래위로 뒤집어 보기

1 여정에 앞서

정글에 온 걸 환영해

마음은 어떻게 해서 존재하게 되었을까? 그리고 마음이 이런 걸 묻고 답하는 건 어떻게 가능할까? 간단한 답은, 마음이 진화하여 생각 도구thinking tool들을 만들었고, 그 생각 도구들 덕분에 마음이 어떻게 진화했는지를 알게 되었으며, 심지어는 마음이 어떤 것인지까지 알 수 있게 되었다는 것이다. 그렇다면 그 생각 도구들이란 무엇일까? 가장 단순한 도구인 동시에 다른 모든 것들이 다양한 방식으로 의존하고 있는 그 도구는 바로 구어口語(음성언어)다. 말하기가 있고 나서야 읽기, 쓰기, 셈하기가 가능해졌고, 또 그 후에야 길 찾기와 지도 만들기, 도제徒弟 제도의 관행 등이 가능해졌으며, 정보를 추출하고 가공하기 위해 우리가 창안해온 모든 구체적인 장치들—컴퍼스, 망원경, 현미경, 사진기, 컴퓨터, 인터넷 등—이 만들어질 수 있었다. 우리가 만들어낸 이러한 것들이 이제는 거꾸로 우리 삶을 기술과 과학으로 가득 채우며, 다른 어느 종species에게도 알려진 적 없는 많은 것들을 알게 해주고 있다. 박테리아가 존재한다는 사실을 우리는 알지만 개는 모른다. 돌고래도 모르고 침팬지도 모른다. 박테리아 자신조차도 박테리아가 존재한다는 것을 모른다. 그러나 우리의 마음은 다르다. 우리의 마음은 박테리아가 무엇인지 이해하기 위해 생각 도구를 사용한다. 우리는 정교한 생각 도구 상자를 갖도록 허락된 태고 이래로 유일한 종이다.

앞의 서술은 간단한 대답이며, 그 가장 기본적인 알맹이에 해당하는 일반론에는 이론의 여지가 없을 것이다. 그러나 세부적으로 들어가 보면, 아직 제대로 이해되거나 논의되지 못한, 놀랍고 경악스럽기까지 한 함의들이 존재한다. 과학과 철학의 정글을 뚫고 가는 험난한 여정은 우리 인간이 물리 법칙을 따르는 물리적 존재라는 평범한 초기 가정에서 출발하여 우리의 의식적 마음conscious mind에 대한 이해라는 종착역으로 우리를 이끈다. 이 경로는 경험적으로든 개념적으로든 온통 난관들로 뒤덮여 있으며, 이 문제들을 어떻게 다루어야 하는가에 관해서는 수많은 전문가의 의견이 극명하게 불일치하고 있다. 나는 50년 이상 이 덤불과 진창을 헤치며 싸워왔다. 그리고 마침내 마법의 힘을 빌리지 않고 어떻게 우리 마음의 "마술"이 성취되는가에 관한 만족스러운—그리고 흡족하기까지 한—설명에 우리 모두 함께 도달할 수 있는 길을 찾았다. 그러나 그 길은 결코 곧지도 쉽지도 않으며, 제안 가능한 유일한 경로도 아니다. 그렇지만 현재로서는 가장 전도유망한 최선의 길이며, 나는 이 책에서 그 사실을 보이려 한다. 이 길로 나서려는 사람은 몇몇 소중한 직관들을 버려야 할 테지만, 여정에 앞서 그 "명백한 진리들"을 버리는 일이 그저 감당할 만한 것을 넘어서서 즐거움이 되도록 만들 방법들을 찾았다고 나는 생각한다. 그 방법들은 독자의 머리를 안팎으로 뒤집어 놓을 것이며, 어떤 면에서는 현재 벌어지고 있는 일들에 대해 충격적으로 새로운 관점을 갖게 할 것이다. 독자들은 자신이 소중히 간직해온 몇몇 생각을 버려야만 한다.

나의 제안을 수년 이상 줄기차게 반대해온 저명한 사상가들도 있고, 그중 몇몇은 나의 새로운 시도들도 이전의 것들만큼 터무니없다고 여길 것이다. 그러나 나는 지금 내 여정에 동참할 좋은 길동무를 찾고 있으며, 내가 제안한 이정표들을 새롭게 뒷받침할 것들, 그리고 여러분도 직접 해보았으면 하는 다양하고도 낯선 추론 뒤집기 inversion of reasoning에 동기를 부여할 새로운 주제들을 찾기 시작하고 있다. 내 전작들을 읽은 독자라면 그중 몇 가지에는 이미 친숙할 테지만, 이 책에서는 그 생각들을 수리하고 강화하고 다시 설계하여, 훨씬 무거운 것들도 지탱할 수 있게 만들었다. 처음에는 이 새로운 아이디어들도 예전의 것들만큼 반직관적으로 들릴 것이다. 또한, 오랜 세월에 걸쳐 사람들을 조금씩 설득하려 노력했고 실패도 겪곤 했던 내 경험으로 미루어보아, 나의 복잡한 경로를 따르지 않으면서 그것들을 이해하려고 한다면 모든 노력이 헛수고가 될 것이다. 나와 함께하는 여정에서 만나게 될 몇 가지 난관(편하게 생각하려는 습관을 위협하는 것들)의 목록을 아래에 적었다. 물론 여러분이 첫 만남에서 이 모두를 다 "얻을" 수 있으리라 기대하지는 않는다.

1. 다윈의 기묘한 추론 뒤집기Darwin's strange inversion of reasoning
2. 이유추론자 없는 이유들Reasons without reasoners
3. 이해력 없는 능력Competence without comprehension
4. 튜링의 기묘한 추론 뒤집기Turing's strange inversion of reasoning
5. 훔칠 가치가 있는 설계로서의 정보Information as design worth

stealing

6. 다윈주의에 관한 다윈주의Darwinism about Darwinism
7. 야생화된 뉴런Feral neurons
8. 번식에 힘쓰는 말(단어들)Words striving to reproduce
9. 문화적 진화의 진화The evolution of the evolution of culture
10. 흄의 기묘한 추론 뒤집기Hume's strange inversion of reasoning
11. 사용자-환각으로서의 의식Consciousness as a user-illusion
12. 지성적 설계 다음의 시대The age of post-intelligent design

"훔칠 가치가 있는 설계로서의 정보라고? 정보에 관한 섀넌Shannon의 수학적 이론을 몰라?" "야생화된 뉴런? 뭐, 길들여진domesticated 뉴런과 대비되기라도 하는 거야?" "당신 지금 진심이야? 환각으로서의 의식이라니, 장난해?"

생각이 비슷한 이론가들, 그러니까 내 견해의 적어도 많은 부분에 동의하거나 그러한 작업에 깊이 공헌한 박식한 과학자와 철학자가 늘어나지 않았다면, 장담컨대 나는 주눅이 들어 끝까지 혼란스러워했을 것이다. 물론 서로의 의견에 동의한다고 말하는 우리 애호가들의 대담한 공동체가 서로를 속이고 있을 가능성도 있지만, 평결을 내리기 전에 내가 무슨 이야기를 하는지 한번 알아보는 것은 어떨까.

물론 나도 안다. 이 이상한 생각들을 처음 마주했을 때 무시하거나 듣지도 않고 묵살해버리는 것이 얼마나 쉽고 유혹적인가를. 나도 가끔 그렇게 해봤으니까. "에이, 그럴 리 없어"라며, 또는 진짜 가망 없으니 아예 생각도 하지 말자며 섣부른 판단으로 처음부터 묵살했던 바로 그것이 **돌이켜보면** 명백한 해결책이었던 그런 퍼즐들이 생각난다.[1] 상상력의 결함을 필연성에 대한 통찰로 오인하는 사람들을 힐난하곤 했던 독자들이라면, 나 자신도 이런 면에서 과실을 저질렀다는 내 고백에 매우 당황할 것이다. 그러나 문제를 풀 새로운 방법을 마주친 (또는 끈질기게 보아온) 나로서는, 마음에 관한 거대한 퍼즐들을 풀 수 있는 내 새로운 해법들을 건네주고 싶은 생각이 간절하다. 총 12가지의 그 아이디어와 그것들을 입맛에 맞게 다듬어줄 배경은 **대체로** 앞에서 나열한 순서를 따라 제시될 것이다. '대체로'라고 한 것은, 그중 몇 개는 직선적인 방식으로는 방어될 수 없음을 내가 알아차렸기 때문이다. 그것들이 독자에게 무엇을 선사할 수 있는지를 보기 전까지는 그것들의 진가를 알아볼 수 없겠지만, 그 진가를 알아보고 깊이 이해하지 않으면 그것들을 사용할 수 없다. 따라서 독자는 그 아이디어를 스케치하는 부분적인 설명에서 시작하여 그것이 실행되는 것을 보고 나서 다시 한 바퀴 돌아와야만 핵심에 다다를 수 있다.

이 책의 주장들은 다음의 제법 어려운 세 가지 상상 연습으로 구성된다.

다윈과 튜링을 따라 우리 세계를 아래위로 뒤집어 보기
그 후, 진화를 지성적 설계intelligent design 쪽으로 진화시키기
마침내 우리의 마음을 안팎으로 뒤집어 보기

---

1 내가 가장 좋아하는 퍼즐 중 하나를 소개한다. 네 사람이 밤에 강으로 왔다. 좁은 다리가 하나 놓여 있는데, 한 번에 두 사람만 건널 수 있다. 일행에겐 횃불이 하나뿐이고, 밤이기 때문에 횃불 없이는 다리를 건널 수 없다. 일행 중 A는 다리를 1분 만에 건널 수 있고, B, C, D는 건너는 데 각각 2, 5, 8분이 걸린다. 두 사람이 함께 다리를 건널 때는 느린 사람의 속도에 맞추어야 한다. 이 일행은 15분 안에 다리를 건널 수 있을까?

처음의 다섯 장章은 기초 단계인데, 두 번째 단계를 위한 상상력을 제 위치에 잘 고정시켜놓는다면 여기서 기초가 신중하게 다져질 것이다. 그다음의 여덟 장에서는 **우리의 뒤집힌 관점에서 드러나는** 마음과 언어의 진화에 대한 경험적 세부 사항들에 천착할 것이다. 이렇게 함으로써 우리는 새로운 질문들을 준비하고 새로운 대답들을 스케치할 수 있게 되며, 그럼으로써 가장 어려운 뒤집기를 위한 무대를 만들게 되고, 새로운 관점에서는 의식이 어떻게 보이는지를 마침내 보게 될 것이다.

이 경로는 분명 녹록하지 않지만, 여러분 모두가 같은 내용을 이해할 수 있도록 친숙한 자료들을 검토하는 단계도 거칠 것이다. 이 논제들에 대해 나보다 더 잘 알고 있는 독자라면 이 부분들을 건너뛰어도 되고, 나의 처방전을 살펴보면서 나중에 스스로 잘 모르는 논제들이 등장할 때 나를 얼마나 믿어야 할지를 가늠해도 된다. 자, 이제 시작하자.

여정 미리보기

이 행성에서 생명은 40억 년 가까운 시간에 걸쳐 진화해오고 있다. 처음 20억 년 정도는 자가 유지보수self-maintenance 및 에너지 획득과 번식을 위한 기초적 장치machinery들을 최적화하는 데 소요되었다. 이 시기에는 살아 있는 것이라고는 **비교적** 단순한 단세포 존재—박테리아 또는 그 사촌인 고세균류archaea—밖에 없었는데, 이들을 **원핵생물**prokaryotes이라 부른다. 그러다가 놀라운 일이 일어났다. **서로 다른** 종류의 두 원핵생물이, 그러니까 10억 년 이상 별개의 진화 과정을 통해 고유한 능력competences과 습성을 가지게 된

두 개체가 충돌한 것이다. 이런 충돌은 셀 수 없이 많이 일어났을 테지만, 그중 (적어도) 한 번, 매우 있을 법하지 않은 일이 일어났다. 하나가 다른 하나를 빨아들였으나, 흡입된 개체를 파괴하여 그 부분들을 연료나 구성 물질로 사용하지 않고 (달리 표현하자면, 먹어치우지 않고) 계속 살아 있게 한 것이다. 그 결과, 뜻밖의 행운처럼, 홀가분한 솔로일 때보다 훨씬 더 적합해졌다. 즉 문제가 되는 몇몇 측면에서 훨씬 편리해졌다.

아마도 이는 **기술 이전**의 첫 성공 사례였을 것이다. 이언eon[a]을 넘나드는 긴 세월에 걸친 독립적인 연구개발Research & Development(R&D)을 통해 갈고 닦인 독자적인 두 능력이 하나로 합쳐져 더 크고 더 나은 것을 만들었으니 말이다. 요즘 우리는 구글Google, 아마존Amazon, 제너럴모터스General Motors 등의 거대 기업이 몇몇 작은 신생 회사를 집어삼켰다는 기사를 거의 매일 접한다. R&D에서의 진보와 정통성, 기술 혁신 같은 것은 거대 기업보다는 비좁은 차고에서 더 잘 증진되는데, 대기업들은 작은 회사들을 합병함으로써 이런 것들까지 손에 넣는다. 이러한 수탈 전략은 무자비하지만, 사실 진화에서 최초의 대부흥은 바로 이렇게 생겨난 것이다. 물론 무작위 합병이 언제나 이렇게 성공적으로 작동하는 것은 아니다. 사실 이렇게 잘 작동하는 경우는 거의 없다. 그렇지만 진화라는 것은 거의 일어나지 않는 일들의 증폭에 의존하는 과정이다. 그 예로, DNA의 돌연변이는 대부분 절대 일어나지 않지만—10억 개 사본 중 하나꼴로도 일어나지 않는다—진화는 이 돌연변이에 의존한다. 게다가 돌

---

a 지질시대를 헤아리는 가장 큰 단위다. '누대'라고도 한다. 지구의 지질시대는 하데스이언, 시생이언, 원생이언, 현생이언으로 크게 나뉘며, 현생이언은 다시 고생대, 중생대, 신생대로 구분된다.

연변이의 대다수는 생존과 번식에 해롭거나 무관하며, 행운의 "좋은" 돌연변이는 정말로 거의, 결코 발생하지 않는다고 할 정도로 드물게 일어난다. 그러나 진화는 이 희귀한 사건들 중에서도 가장 희귀한 사건에 의존한다.

종 분화, 즉 새로운 종이 만들어지는 과정은 "부모 세대" 개체군으로부터 몇몇 개체들이 격리된 후 새로운 유전자 풀을 형성할 만큼 유전적 거리가 멀어질 때 일어나는 대단히 희귀한 사건이지만, 이 행성에 존재한 적 있는 수천만 또는 수억, 수십억 종 각각은 모두 이 종 분화라는 사건으로부터 시작되었다. 모든 계보 하나하나에서 일어나는 모든 출생 하나하나는 종 분화 사건의 잠재적인 시작점이지만, 종 분화는 거의 절대 일어나지 않는다. 출생 100만 건 당 한 건의 비율보다도 훨씬 드물게 일어난다.

우리가 주목하는 사례에서는, 박테리아와 고세균의 우연한 충돌로 생긴 그 희귀한 진보가 생명의 역사를 바꾼 속편으로 이어졌다. 이 듀오는 결합으로 인해 더 적합해짐으로써, 서로 경쟁할 때보다 더 성공적으로 번식했고, 둘로 나뉠(이분법은 박테리아의 번식 방법이다) 때마다 딸세포들에는 초기 세입자의 자손들도 포함되었다. 따라서 그들의 운명도 합쳐져—이것이 '공생'이다—진화 역사상 가장 생산적인 에피소드 중 하나를 만들었다. 이것이 **내공생**endosymbiosis인데, 한쪽 파트너가 말 그대로 다른 파트너의 안쪽에 존재하기 때문에, 지의류를 이루는 균류fungus와 조류algae 또는 흰동가리와 말미잘처럼 개체들이 나란히 존재하는 외부공생ectosymbiosis과는 구별된다. 막으로 둘러싸인 핵이 세포 내에 따로 존재하는 **진핵세포**eukaryotic cell는 이렇게 태어났으며, 그 조상—박테리아와 같은 단순한 **원핵세포**prokaryotic cell—보다 작동하는 부분도 더 많아졌고 기능도 다양해졌다.[2] 시간이 지남에 따라 이 진핵생물들은 점점 더 크고 복잡해졌고, 더 능력이 많아졌고 **더 나아졌다.** (진핵생물을 일컫는 영어 단어 "eukaryot"의 "eu"라는 접두사는 협화음의euphonious, 찬사eulogy, 우생학eugeneics의 "eu"와 같은 것으로, **좋다**는 뜻이다.) 진핵세포는 모든 형태의 다세포 생물을 가능하게 하는 핵심 재료다. 일단 어림잡아 맨눈으로도 보일 만큼 큰 생물은 모두 다세포 진핵생물이다. 우리도 진핵생물이며, 상어, 새, 나무, 버섯, 곤충, 벌레, 그리고 모든 다른 식물과 동물도 우리와 마찬가지로 최초 진핵세포의 후손이다.

진핵혁명Eukaryotic Revolution은 더 위대한 전환을 위한 길을 닦아 놓았다. 5억 년도 더 전에 일어난 캄브리아기 (생명) "대폭발"이 그 첫 사례인데, 이때 새로운 형태의 생물들이 "갑자기" 엄청나게 나타났다. 그 후 위대한 엔지니어 (그리고 고사머 앨버트로스Gossamer Albatross를 비롯하여 많은 친환경 발명품을 만든) 폴 맥크레디Paul MacCready(1925~2007)[a]의 이름을 따 내가 '맥크레디 폭발'이라 명명한 사건이 일어났다. 5억 3000만 년 전(Gould 1989)에 수백만 년에 걸쳐 일어난 캄브리아기 다양화와는 달리, 맥크레디 폭발은 단 1만 년 또는 인간의 500세대 정도라는 짧은 시간 동안 일어났다. 맥크레디의 계산(1999)에 의하면, 인류의 농경이 막 시작될 무렵인 1만 년 전쯤에는 전 세계의 사람과 그들의 가축 및 반려동물의 생물량biomass은 지구상 척추동물 총량의 0.1퍼센트 이하였다(곤충을 비롯

---

2 레인Lane(2015)은 내가 지난 20년 동안 전달해온 진핵생물의 내부공생 기원 이야기에 대한 매력적인 업데이트 버전(과 개정판)을 내놓았다. 나는 종종, 진화의 아담과 이브는 2개의 서로 다른 박테리아가 아니라 박테리아와 고세균이라고 말해왔는데, 이제는 이 말을 꽤 안전하게 할 수 있게 되었다.

a 미국의 항공기술자. '고사머 앨버트로스'는 그가 1979년에 만든 인력 비행 장치로, 약 35킬로미터를 활강하는 데 성공했다.

한 무척추동물과 해양동물은 제외했다). 그런데 지금은, 그의 어림짐작에 따르면, 그 비율이 98퍼센트에 달한다(그중 대부분은 가축이 차지한다)! 이 놀라운 발전에 대한 그의 숙고는 여기 인용해볼 만하다.

> 수십억 년 동안 우연은 이 특별한 행성의 표면을 얇은 생물층—복잡하고, 있을 법하지 않고, 놀라우며, 연약한—으로 칠해왔다. 갑자기 우리 인간이 …… 인구와 기술과 지능이 증대되어 가공할 힘을 지닌 위치에 오르게 되었다. 인간이 붓을 휘두르게 된 것이다.(1999, p.19)

우리 행성의 변화들 중에는 **비교적** 급작스럽게 진행된 것도 있는데, 6600만 년 전에 공룡을 절멸시킨 백악기-고제3기 멸종과 같은 대멸종이 그 좋은 사례다. 그러나 맥크레디 폭발은 지금까지 지구에 일어난 생물학적 변화 중 가장 신속하게 진행된 것들 중 하나임이 틀림없다. 이 변화는 지금도 진행 중이며 속도를 더욱 높이고 있다. 우리는 이 행성을 살릴 수도 있고 행성 위의 모든 생물을 절멸시킬 수도 있는, 다른 어떠한 종도 일찍이 상상조차 하지 못한 그러한 존재다.

앞 인용문에 등장하는 '인구, 기술, 지능'이라는 맥크레디의 삼요소는 그 순서가 바뀌어야 마땅한 것처럼 보일 수도 있다. 일단 우리 인간의 **지능**이 **기술**(농경 포함)을 창조했고, 기술이 또 **인구** 붐을 가능하게 했다고 생각하기 쉬우니까. 그러나 앞으로 보게 될 것처럼, 일반적으로 진화는 공진화적 고리들과 꼬임으로 만들어지는 직조물이다. 우리의 소위 '본유 지성native intelligence'이라는 것은 우리의 기술뿐 아니라 인구에도 매우 놀라운 방식으로 의존한다.

우리 인간의 마음은 다른 모든 종들의 마음과는 충격적일 만큼 다르며, 훨씬 더 강력하고 훨씬 다재다능하다. 우리가 어떻게 이런 남다른 마음을 가지게 되었는가에 대한 긴 대답은 이제야 선명해지기 시작하고 있다. 영국의 생물학자 다시 톰슨D'Arcy Thompson(1917)의 유명한 말이 있다. "모든 것은 그러했기 때문에 그렇다." 인간 의식의 많은 수수께끼(또는 "미스터리"나 "패러독스")는, 그것들이 어떻게 발생할 수 있었는가를 묻는 순간, 그리고 그 질문에 실제로 대답하려고 시도하는 순간! 증발해버린다. 내가 굳이 이런 말을 하는 것은, 그 질문에 놀라며 "그것은 꿰뚫을 수 없는 신비지요!"라거나 "신이 그렇게 하셨지!"라고 "대답"하는 사람들이 실제로 존재하기 때문이다. 물론 궁극적으로는 그들이 옳을지도 모른다. 그러나 우리의 처리 기제에 최근 부여되었고 또 아직 제대로 써먹은 적도 없는, 생각 도구라는 이 엄청난 포상을 받고도 그렇게 대답한다면, 그것은 성급하기 짝이 없는 항복이다. 어쩌면 항복이 아니라 방어일 수도 있다. 어떤 사람들은 무지의 환상보다 그것을 대체한 해결된 미스터리가 훨씬 매혹적임을 깨닫지 못한 채, 자신이 사랑하는 미스터리를 파헤치려는 사람들에게 손을 떼라고 설득하려고 한다. 그런가 하면 또 어떤 사람은 과학적 설명을 매섭게 노려보고는 그에 반대하기도 한다. 그들의 입맛에는, 무언가를 과학적으로 예측하는 지루한 모든 이야기들보다 전쟁하는 신들과 불의 전차, 뱀의 알에서 깨어나는 세계, 악마의 주문, 마법의 정원 같은 것들이 더 재미있고 주목할 가치가 있는 것이다. 그렇다. 모든 사람을 기쁘게 할 수는 없다.

미스터리를 향한 이 사랑은 마음이 어떻게 존재하게 되었느냐는 질문에 답하려고 시도할 때 우리를 가로막는 강력한 상상력 차단 장치들 중 하나에 불과하다. 그리고 내가 이미 경고했듯이 우리 여정에서는 대답이 미루어진 시작 단계의 질문들로 한 바퀴 빙 돌아오는 일을 몇 차례 겪게 될 텐데, 한 바퀴 돌아와야만 질문의 답을 찾을 수 있게 되는 이유는, 그 질문들에 대답하려면 적합한 배경지식이 필요하고, 그 배경지식은 적합한 도구들이 있어야 마련되며, 그 도구들은 그것들이 어디서 오는지를 알지 못하면 믿고 쓰지 못하기 때문이다. 이 사이클을 한 번씩 거칠 때마다 스케치에 불과하던 것에 점진적으로 세부 사항이 채워지고, 돌아보며 조망할 수 있는 유리한 고지에 올라서야만 믿고 쓸 수 있는 것들을 얻게 되며, 그렇게 해야만 비로소 모든 부분들이 어떻게 짜맞추어지는지를 볼 수 있게 될 것이다.

더글러스 호프스태터Douglas Hofstadter는 2007년에 출간된 책 《나는 이상한 루프다I Am a Strange Loop》에서 마음이란 그 루프를 따르는 과정들의 순환에 의해 스스로를 비틀고 먹으면서, 그리고 재평가에 대한 알림에 대한 반성reflection에 대한 생생한 반응을 생성하면서 스스로 구축하며 새로운 구조(아이디어, 판타지, 이론, 그리고, 그렇다. 더 많은 것을 창조하기 위한 생각 도구도 이에 속한다)를 생성하는 것이라고 기술한다. 이 책을 더 읽어보라. 그 새로운 구조들은 우리의 상상력을 롤러코스터에 태울 것이며, 우리는 놀라운 진실을 많이 배우게 될 것이다. 이 책에서의 내 이야기는 그보다 더 큰, 기묘한 루핑 프로세스(프로세스들로 구성된 프로세스들로 구성된 프로세스)이며, 이것은 오로지 분자들로 이루어진 호프스태터의 마음(그리고 바흐와 다윈의 마음)과 같은 것을 생성한다. 우리의 과제는 순환적이므로, 우리는 중간의 어딘가에서 시작하여 몇 번의 순환 고리를 돌아야만 한다. 이 과제는 다른 과정들에 대한 과학적 탐구(예를 들어 우주론, 지질학, 생물학, 역사 등)와 그 어떤 특성도 공유하지 않기 때문에 매우 난해하다. 사람들은 답변이 무엇인지에 굉장히 신경을 쓰기 때문에, 객관적인 대답의 후보를 현실적으로 고려하느라 힘들어한다.

예를 들어, 이미 어떤 독자들은 인간의 마음은 다른 모든 종의 마음과는 놀랄 만큼 다르며, 더 강력하고 더 다재다능하다는 나의 주장에 조용히 고개를 가로저을 것이다. 그런데 내가 정말로 그렇게 **편견에 사로잡혀 있나?** 나는 인류의 마음이 돌고래나 코끼리, 까마귀, 보노보의 마음보다, 그리고 최근 인지적 재능들이 밝혀지며 널리 알려진 똑똑한 종들의 마음보다 훨씬 아름답다고 진심으로 생각하는 "종 우월주의자species chauvinist"인가? 이것은 "인간 예외주의human exceptionalism"라는 **오류**의 뻔뻔스러운 사례가 아닌가? 이 책을 방 저쪽으로 던져버리려는 독자도 있을 테고, 내가 정치적으로 올바르지 않은 길을 가고 있다는 생각에 불안해할 독자도 있을 것이다. 인간 예외주의는 상반되는 두 방향에서 완전히 똑같은 분노를 불러일으키곤 하는데, (적어도 내게는) 이 현상이 꽤 흥미롭다. 몇몇 과학자와 많은 동물 애호가는 그것이 가장 나쁜 유형의 지적인 죄라고 비난한다. 과학적으로 잘못된 정보로 이루어져 있을 뿐 아니라, 끔찍한 옛 세월—모든 "멍청한" 동물들은 인간에게 사용당하고 인간에게 오락을 제공하기 위해 이 행성에 존재하게 됐다고 인간들이 생각하던 시기—의 불명예스러운 증표라고 말이다. 그들은 지적한다. 우리의 뇌와 새의 뇌는 똑같은 신경세포로 이루어져 있으며, 어떤 동물의 뇌는 우리 뇌만큼 크고, 그 종에 특정적인 방식으로 우리만큼 똑똑하다고. 그리고 야생에서 동물들의 실제 환경과 행동들을 공부하면 할수록 그들의 총명함에 감명받게 된다고. 그런가 하면 또 다른 사상가, 특히 예술, 인문학, 사회과학을 하는 사람들은 인간 예외주의를 **부정**하는 것이야말로 근시안적이고 교조주의적인 것이며 최악의 경우 **과학주의**scientism[a]라고 간주한다. 그들이 보기에 우리의

a 과학적 인식이 인간의 최고이며 유일한 인식 방법이라는 주장이다.

마음은 비인간 동물 중 가장 똑똑한 종의 마음보다 **두말할 필요 없이** 월등하게 강력하니까! 그리고 인간 외의 어떠한 동물도 예술 작품을 창조하지도, 시를 쓰지도, 과학 이론을 고안하지도, 우주선을 만들지도, 대양을 항해하지도, 심지어는 불을 다스리지도 못하니까. 이 주장에 반대하는 사람들은 이렇게 반박한다. 정원사새bowerbird가 짓는 우아한 장식의 정자亭子들은? 침팬지들의 그 정치적 미묘함은? 그리고 고래와 코끼리와 철새의 그 탁월한 길 찾기 능력은? 나이팅게일의 그 성악가 뺨치는 노래는? 버벳원숭이는 물론이고 심지어는 꿀벌도 가진 그 언어는? 물론 여기에도 또 반론이 제기된다. 인간 예술가, 엔지니어, 과학자의 천재성과 비교해보면, 동물의 경이로운 성취는 그저 부분적인 성과에 불과하다고. 몇 년 전, 나는 동물의 마음을 둘러싼 이 격렬한 결투의 양측을 지칭하는 용어를 만들었다.[3] **낭만주의**romantic와 **흥 깨기**killjoy가 바로 그것인데, 동물 지능에 관련된 주장들에 관한 이 양극단의 반응 중 내가 가장 좋아하는 일은 동물 지능에 관한 국제 과학 워크숍에서 일어났다. 매우 저명한 연구자 한 사람이, 낭만주의 진영과 흥 깨기 진영의 역할을 동시에, 그것도 똑같이 정열적으로 수행하고 있던 것이다. "하! 여러분은 곤충이 아주 멍청하다고 생각하는군요! 그들이 얼마나 똑똑한지 보여드리겠습니다. 이 결과를 고려한다면……" 그러고는 같은 날 이런

---

3 이 책은 이 주제에 대한 반세기에 걸친 연구의 절정이므로, 학계에서 사용되는 인용 규칙을 따른다면 "(Dennett 1971, 1991, 2013)"과 같은 주석을 한 페이지에서 열두 번도 더 마주치게 되어 독서에 방해를 받을 것이며 책의 장수도 그만큼 뻥튀기될 테지만, 그런 수많은 자기 인용은 잘못된 메시지를 전하게 될 것이다. 나의 생각은 수백 명의 사상가에 의해 다듬어져왔으며, 나도 모든 아이디어가 떠오를 때마다 그 생각들의 주요 출처들을 표시하고자 노력했고, 내가 어느 부분에서 이 지점들에 대한 생각을 스스로 확장시켰는가를 부록에 모아 놓았다. 논의가 어떻게 발전되어왔는지 궁금한 독자는 "부록 – 배경"(602쪽)을 보면 편하게 확인할 수 있을 것이다.

말도 했다. "그래, 여러분은 꿀벌이 그렇게 영리하다고 생각합니까? 그들이 **진짜로** 얼마나 멍청한지 제가 보여드리지요. 그들은 아무 생각 없는 작은 로봇들일 뿐입니다!"

그에게 평화를! 우리는 양측 모두가 어떤 면에서는 옳고 또 어떤 면에서는 그르다는 것을 보게 될 것이다. 우리는 가끔 자신이 신과 같은 천재라고 여기지만 절대 그렇지 않으며 동물들도 그다지 똑똑하진 않다. 그리고 인간과 (인간이 아닌) 동물들 모두 험난한—모든 순간이 다 잔인한 것은 아니라 해도—세상에서 그들 앞에 던져진 많은 도전에 "훌륭하게" 대처할 수 있는 경탄할 만한 장치들을 갖추고 있다. 그리고 우리 인간의 마음은, 그것들이 어떻게 그렇게 되었는지 한번 보기만 해도 이해가 가기 시작한다는 면에서 독특하게 강력하다.

우리는 왜 이렇게까지 신경을 쓰는가? 그것은 답해야 할 많은 질문 중 하나지만, 지금 당장은 가장 간략한 윤곽선을 잡는 것 외의 답을 낼 필요는 없다. 이런 신경을 쓰게 할 수 있는 과정의 기원은 수천 년을, 어떤 면에서는 수백만 년, 또는 수십억 년을 거슬러 올라가야 함에도, 근대 과학이 태동한 17세기에야 비로소 최초로 **토픽**—생각하고 신경을 쓸 대상—이 되었다. 그래서 나는 바로 그 지점에서 순환의 고리로 침투하여 이 이야기를 시작하려 한다.

데카르트 상처

그렇다, 우리는 영혼이 있지만 그 영혼이란 작디작은 로봇들이 매우 많이 모여 만들어진 것이다!

—줄리오 조렐로Giulio Giorello와 내가 나눈 대담의 헤드라인(이탈

리아 밀라노의 일간지 《코리에레 델라 세라Corriere della Sera》, 1997)

17세기 프랑스의 과학자이자 철학자였던 르네 데카르트René Descartes는 자신의 마음에 정당한 이유로 매우 깊은 인상을 받았다. 그는 이것을 **레스 코기탄스**res cogitans 또는 '생각하는 존재'라 불렀으며,[a] 반성reflection을 통해 이것이 기적적인 능력임을 알아차렸다. 만약 자신의 마음을 경외할 권리를 가질 누군가가 있다면, 데카르트가 바로 그런 인물이다. 그는 수학, 광학, 물리학, 생리학에서 빛나는 업적을 이룬, 의심의 여지 없이 인류 역사를 통틀어 가장 위대한 과학자 중 한 사람이다. 데카르트는 언제나 통용되는 가장 유용한 생각 도구 중 하나를 발명한 사람으로, 그가 고안한 생각 도구, 즉 "데카르트 좌표계"는 대수와 기하 간의 번역을 가능하게 했으며, 미적분학의 길을 닦았고, 우리가 탐구하고자 하는 거의 모든 대상을 좌표에 그릴 수 있게 해주었다. A부터 Z까지, 이를테면 땅돼지aardvark의 성장에서부터 아연zinc 산업의 미래까지 말이다. 데카르트는 최초의 "모든 것의 이론theory of everything(TOE)"을 제안했으며, 《르 몽드Le Monde》(세계)라는 자신만만한 제목으로 출간된 책에서는 대통합이론의 원형原形을 제시하기도 했다. 그 이론은 모든 것을 설명하고자 했다. 행성들의 궤도와 본성에서부터 밀물과 썰물까지, 화산부터 자석까지, 물은 왜 구형의 물방울을 만드는지, 부싯돌에 어떻게 불이 붙는지, 그리고 그 외의 많고 많은 것들을 말이다. 그의 이론은 대부분 완전히 틀렸지만, 그보다 훨씬 나중에 얻게 된 오늘날의 지혜에 비추어 보아도 이상하게 설득력이 있고 놀랍도록

---

a 이원론자로서 데카르트는 세계를 레스 코기탄스(사유하는 실체)와 레스 엑스텐사res extensa(공간적 외연을 가진 실체, 외연)의 두 가지로 나누었다.

조화를 잘 이룬다. 데카르트의 이론을 발판 삼아 아이작 뉴턴Isaac Newton은 유명한 《자연철학의 수학적 원리Philosophiae Naturalis Principia Mathematica》에서 그에 대한 명백한 논박을 통해 더 나은 물리학을 고안했다.

데카르트는 본인의 마음만이 유일하게 놀라운 것이라고 생각하지는 않았다. 그는 모든 보통 사람의 마음 하나하나가 다 놀랍고, 다른 동물은 결코 따라올 수 없으며, 상상 가능한 그 어떤 **메커니즘**도—그것이 제아무리 복잡하고 정교하다 해도—도달할 수 없는 재주를 부릴 수 있다고 생각했다. 따라서 그는 자신의 (그리고 여러분의) 것과 같은 마음은 폐와 뇌 같은 것들을 구성하는 물질적인 존재자들로 만들어진 것이 아니라, 제2종의 물질, 즉 물리 법칙을 따르지 않는 어떤 것들로 만들어졌다고 결론지었고, **이원론**, 특히 **데카르트의 이원론**이라 알려진 견해를 상술했다. 마음은 물질이 아니며 물질은 마음이 될 수 없다는 생각이 데카르트 고유의 것은 아니다. 수천 년 동안, 성찰적인 사람들에게는 우리의 마음이 "외부" 세계의 도구들과는 다르다는 것이 명백해 보였다. **우리 한 사람 한 사람은 물질적인 육체에 깃들어 그 육체를 조종하는 비물질적인 (그리고 불멸의) 영혼을 가지고 있다**는 교조는 오랜 세월 공유되는 지식으로 전승되어왔는데, 이는 교회의 가르침에 힘입은 바 크다. 그러나 이 기본적인 가정을 정제하여 실증적 "이론"으로 만든 사람은 데카르트였다. 그에 따르면, 비물질적인 마음, 내성introspection을 통해 우리가 이미 내밀하게 알고 있는 의식적인 **생각하는 존재**는 물질적인 뇌와 어떻게든 소통을 하고 있으며, 뇌는 모든 입력을 제공하지만 **이해나 경험은 전혀 제공하지 못한다.**

데카르트 이래 이원론이 가진 문제는, 마음과 육체 사이에서 벌어지는 이 가상 거래의 상호작용이 어떻게 물리 법칙들을 위배하지 않으면서 일어날 수 있는지를 그 누구도 믿을 만하게 설명한 적이 없다는 것이다. 오늘날 제시되는 후보들을 보면, 우리는 두 가지 중 하나를 선택할 수 있을 것처럼 보인다. 그 한 가지는 기술하기도 불가능할 정도로 너무 급진적인, 과학에서의 혁명 같은 것(평론가들이 덮칠 준비를 하고 대기하고 있다는 점에서 편리함)이고, 다른 한 가지는, 어떤 것들은 인간의 이해를 초월하는 미스터리일 뿐이라는 선언(당신이 아무 생각이 없고 그저 신속히 탈출하고 싶다면 이쪽이 편리하다)이다. 그러나 내가 몇 년 전에 지적했던 것처럼, 이원론이 적수를 밀어버릴 절벽으로 간주되는 경향이 있음에도 불구하고, 절벽 위 고원에 남은 사람들은 변장한 이원론이 아닌 이론을 구축하는 미완의 많은 일을 하고 있다. "마음과 물질" 간의 신비로운 연결은 17세기 이래 과학자와 철학자의 격전장이 되어 왔다.

DNA 공동 발견자들 중 최근에 작고한 프랜시스 크릭Francis Crick 역시 역사상 가장 위대한 과학자 중 한 명인데, 마지막 역작 《놀라운 가설: 영혼의 과학적 탐구The Astonishing Hypothesis: The Scientific Search for the Soul》(1994)에서 그는 이원론은 거짓이라고, 즉 마음은 그저 뇌일 뿐, 다른 생물들에게서는 찾아볼 수 없는 불가사의한 추가적 속성 따위는 없다고 주장한다. 물론 그가 이원론을 이렇게 부정한 최초의 인물은 절대 아니다. 이원론에 대한 부정은 20세기 대부분의 기간 동안 과학자와 철학자들 모두에게서 우세한—만장일치는 아니었지만—견해였다. 사실, 이 분야에 종사하는 우리 중 다수는 그 책의 제목에 반대했다. 이원론이 거짓이라는 그 가설에는 놀라운 무언가가 전혀 없기 때문이고, 우리는 이미 수십 년 동안 그 가설을 전제로 연구해왔기 때문이다! 오히려 이원론의 부정을 **부인**하는 쪽이 더 놀라울 것이다. 금이 원자로 이루어지지 않았다거나 화성에서는 중력이 작용하지 않는다고 말하는 것만큼이나 말이다. **생명**과 **번식**마저 물리-화학적으로 설명된다고 믿으면서, 왜 유독 **의식** 문제에서만 우주가 극적으로 이분될 것이라 기대해야 한단 말인가? 그러나 크릭이 과학자와 철학자를 위해 그 책을 쓴 것은 아니었다. 그는 비전문가들에게는 이원론에의 호소가 매우 강력한 힘을 지닌다는 것을 알고 있었다. 일반인에게는 자신의 사밀한 생각들과 경험들이 신경세포에서 일어나는 스파이크 연쇄(그들의 뇌 속에서 돌아다닌다고 과학자들이 알아낸)에 **추가로 더해진** 어떠한 매질에서 모종의 방식으로 수행되는 것임이 명백해 보였을 뿐 아니라, 이원론을 부정하는 전망은 끔찍한 결과를 동반하는 위협으로 여겨졌다. 그래서 그들은 이런 불만의 질문을 퍼부을 수 있다.— 만약 "우리가 그저 기계"라면 자유의지와 책임감은 어떻게 되는가? 만일 우리가 화학과 물리 법칙을 따라 소모되는 단백질을 비롯한 분자들의 거대한 집합체에 불과하다면 우리의 삶은 어떻게 의미를 가질 수 있는가? 만약 도덕적인 가르침들이 우리 두 귀 사이에 존재하는 미생물학적 나노 머신 집합체로 만들어진 압출물壓出物에 지나지 않는다면, 도덕군자들을 존경받게 할 차이점은 어떻게 만들어질 수 있겠는가?

크릭은 "그 놀라운 가설"을 그저 이해되는 것을 넘어 일반 대중의 입맛을 사로잡을 수 있는 것으로 만들기 위해 최선을 다했다. 그러나 명확하고도 정력적인 저술과 비길 데 없는 진지함에도 불구하고, 그가 많은 진보를 이룩하지는 못했다. 실패의 요인은 대부분, 책 제목으로 경종을 울리긴 했어도, 그 아이디어가 촉발할 감정적인 혼란을 그 자신도 과소평가했다는 데 있는 것 같다. 크릭은 비과학자들에게 과학을 이해시키는 데 뛰어난 설명가였지만, 그것만으로는 부족했다. 이 분야의 교육적 문제들은 일상적인 것, 즉 반쯤 혼란스러워하거나 겁먹은 일반인들의 주의를 계속 집중시키며 수박 겉핥

기식 수학으로 이해시키는 그런 것들이 아니기 때문이다. 의식이라는 토픽이 부상할 때의 난제는, 사람들을 현혹시키는 불안과 의심에 뚜껑을 씌워두어야 한다는 것이다. 그 불안과 의심은 사람들—많은 과학자를 포함하여—로 하여금 우리가 아는 것들을 왜곡시키도록, 그리고 그들이 어렴풋이 눈치채고 있는 위험한 생각들을 겨냥하여 선제공격을 하도록 유혹한다. 설상가상으로, 이 토픽에서는 **모두 전문가다.** 사람들은 칼슘의 화학적 성질이나 암의 미생물학적 세부 사항에 관해서는 차분히 설득될 준비가 되어 있지만, 자기 자신의 의식 경험에 관해서만큼은 자기가 특정한 개인적 권리를 가지므로 자신이 수용할 수 없는 이론은 모두 꺾을 수 있다고 생각한다.

크릭은 혼자가 아니었다. 테런스 디콘Terrence Deacon이 "근대 과학의 탄생기에 몸으로부터 마음을 잘라낸 데카르트 상처the Cartesian wound"라 부른 것(2011, p. 544)을 기워보려는 시도가 많은 이들에 의해 꾸준히 이루어져왔다. 이러한 노력은 종종 매혹적이고 유익하며 수긍이 되기도 했지만, 아직 그 누구도, 그 어떤 방식으로도 완전한 **설득력**을 얻지는 못했다. 나 역시 이 프로젝트에 반세기를, 그러니까 내 학술적 인생의 전부를 바쳤고 10여 권의 책과 수백 편의 논문을 통해 이 퍼즐의 다양한 조각들과 씨름해왔지만, 그 많은 독자를 모두 의심의 불가지론에서 차분한 확신으로 이주시키지는 못했다. 그러나 나는 의연하게, 한 번 더 시도할 것이다. 그리고 이번에는 완전한 이야기를 해보고자 한다.

나는 왜 이것이 시도할 가치가 있다고 생각할까? 그 이유는, 우선, 지난 20년간 우리가 어마어마한 과학적 진보를 이루어냈다고 생각하기 때문이다. 옛날 옛적에는 전반적인 인상에 지나지 않았던 직감 중 많은 것이 지금은 잘 연구된 세부 사항으로 대체될 수 있다. 나는 다른 이들이 최근에 제공한 풍부한 경험적·이론적 작업에 크게 의존할 계획이다. 그리고 두 번째로, 이제는 나도 우리 상상력을 저해하는 다양한 저항의 저류를 더 잘 감지하게 되었다고 생각하기 때문이다. 그래서 나는 이 작업을 하면서 그것들을 드러내고 무장 해제시키려 한다. 이렇게 하면 의심하던 자들도 자신의 마음에 관한 과학적이고 유물론적인 이론의 전망을 처음으로 **진지하게 생각해보게** 될 것이다.

데카르트 중력

수년간 많은 교전을 치르며 전장을 종횡무진 누빈 결과, 나는 점차 상상력—나 자신의 것도 포함하여—을 왜곡하며 우리를 이리저리 잡아당기는 강력한 힘이 작동한다는 것을 **볼** 수 있게 되었다. 그 힘들을 보는 방법을 배운다면, 독자들도 많은 것이 새로운 방식으로 딱 맞아떨어짐을 볼 수 있을 것이다. 우리는 자신의 생각을 끌어당기는 힘들을 식별할 수 있게 될 것이고, 경고 신호를 울릴 경보기와 우리를 보호할 완충대도 마련할 수 있게 될 것이다. 그럼으로써 우리는 그 힘들에 효과적으로 저항함과 동시에 그것들을 알차게 이용할 수 있게 될 것이다. 그 힘들은 한편으로는 우리의 생각을 왜곡하지만, 다른 한편으로는 상상력을 증강하기도 하고 생각을 새로운 궤도에 올려놓을 수도 있기 때문이다.

30년 전의 어느 춥고 별이 빛나던 밤, 나는 터프츠대학교의 내 학생 몇 명과 함께 하늘을 올려다보고 있었고, 내 친구인 과학철학자 폴 처칠랜드Paul Churchland는 황도면[a]을 보는 방법을 가르쳐주고 있었다. 황도면을 알아보는 방법을 배운다는 것은 밤하늘에서 볼 수 있는 행성들을 찾고 머릿속에 그리는 방법을 배우는 것일 뿐 아니라, 우리 자신까지도 그 안 보이는 가상의 평면 위에 올라앉아 태양 주위를 공전하는 존재라고 상상하는 방법을 배운다는 것이다. 머리를 기울이고, 나 자신이 태양이 있어야 할 위치, 즉 지금의 내 뒤에 있다고 생각하면 도움이 된다. 그러다 보면 갑자기 공간 안에 방위orientation가 자리 잡고, 수리수리마수리! 우리는 그걸 **보게** 된다![4] 물론 우리는 우리 태양계 행성들이 그렇게 공전한다는 것을 오래전부터 알고는 있다. 그러나 폴이 우리에게 이걸 보게 만들어주기 전까지는, 이는 그저 관성적인 지식의 한 조각에 지나지 않았다. 이 사례에 영감을 받아, 나는 눈이 번쩍 떠질 (사실 **마음**이 번쩍 떠질) 몇 가지 경험을 선사하려 한다. 그리고 이 경험들이 우리의 마음을 새롭고 신나는 어떤 곳으로 데려다주길 바란다.

내가 **데카르트 중력**Cartesian gravity이라 이름 붙인 원래의 왜곡력은 실제로 몇 가지 다른 힘을 낳는 원천이기도 한데, 여러분도 그 힘들을 명확하게 볼 수 있게 될 때까지 나는 여러분을 이 힘에 계속 노출시킬 것이다. 반복하고 반복해서, 그리고 그때마다 모습을 변화시키면서. 그 힘이 작용함을 알려주는 가장 쉽게 "눈에 보이는" 징후들은 사실 대부분의 사람들에게 이미 익숙하다. 너무 익숙해서, 우리가 이미 그것들에 어떤 조치를 취했다고 생각할 정도다. 그러나 우리는 그것들을 과소평가하고 있다. 그것들이 우리의 생각을 어떻게 주무르고 있는지를 보려면, 우리는 그것들의 뒷면과 윗면도 보아야만 한다.

---

a 하늘에서 태양이 1년 동안 지나가는 길을 포함하는 평면을 말하며, 이 면은 곧 지구의 공전궤도면과 천구가 만나는 커다란 원이 된다.

4 이 즐거운 경험을 돕기 위한 처칠랜드의 지시문과 도표는 그의 1979년 저작《과학적 실재론과 마음의 가소성》(Scientific Realism and the Plasticity of Mind) 에 수록되어 있다.

크릭의 "놀라운 가설"을 돌아보는 것으로 여정을 시작하자. 그 가설이 하나도 놀랍지 않다고 주장하는 우리는, 잘 풀린 퍼즐들과 잘 조사된 발견들, 그리고 이제는 모두에게 당연한 것으로 받아들여지는 잘 입증된 현대적이고도 유물론적인 과학 이론들의 장엄한 배열을 우리 자신에게 상기시킴으로써 우리의 확신에 연료를 공급하고 있다. 데카르트 이후 단 두어 세기 만에 우리 인간이 얼마나 많은 것을 알아냈는지 생각해보면 그저 경이롭기만 하다. 우리는 원자가 어떻게 이루어졌는지 알고 있고, 화학 원소가 어떻게 상호작용하는지도 알고 있으며, 식물과 동물이 어떻게 번식하는지, 눈에 보이지 않는 병원균이 어떻게 번식하고 퍼지는지, 대륙이 어떻게 떠다니는지, 허리케인이 어떻게 생겨나는지도 알고 있고, 그 외의 많고도 많은 것을 알고 있다. 우리는 우리 뇌도 이미 설명된 다른 모든 것과 똑같은 재료로 만들어져 있다는 것을 알고 있고, 우리가 진화된 계보에 속해 있다는 것도 알고 있으며, 그 진화의 역사를 생명의 여명기까지 되짚어갈 수도 있다. 우리가 **박테리아의 자가 수선**과 **올챙이의 호흡**, 그리고 **코끼리의 소화**를 설명할 수 있다면, 호모 사피엔스의 의식적 생각의 그 비밀스러운 작동 원리 역시 끊임없이 개선되고 자가 향상하는 과학적 거대 조직의 작동 원리와 동일하다는 사실만이 끝끝내 폭로되어서는 안 될 이유가 뭐가 있겠는가?

이 질문은 수사적인 것이긴 하지만, 수사적 질문들에 주눅 드는 것보다는 질문에 **대답**하려고 노력하는 습관을 들이는 편이 훨씬 좋다. 뭐, 의식이 자가 수선이나 호흡, 소화보다 좀더 힘든 탐구 과제일 수 있다. 그런데, 만일 그렇다면, 왜 그럴까? 어쩌면 의식이 너무 다르고, 너무 사밀private하고, 살아 있는 육체에서의 다른 현상들과는 달리 우리 각자에게 너무 내밀하게 **이용 가능한 것으로 보이기** 때문일 수도 있다. 요즘에는 세부 사항을 모른다고 해도 호흡이 어떻게 이루어지는지를 어렵지 않게 상상할 수 있다. 대부분의 사람들이 알다시피, 우리는 몇 가지 기체가 혼합된 공기를 들이마시고, 우리가 사용할 수 없는 기체인 이산화탄소를 뱉어낸다. 폐는 어떻게 해서든 우리에게 필요한 것(산소)을 걸러서 잡아 두고, 폐기물(이산화탄소)을 배출한다. 이런 윤곽을 잡는 것은 어렵지 않다. 그러나 이와는 대조적으로, 쿠키 냄새에 갑자기 어린 시절의 사건을 떠올리는 것은 전혀 기계적이지 않아 보인다. "노스탤지어 기계를 만들어 줘!"라는 요청에는 "뭐라고? 기계 부품들로 뭘 할 수 있다는 거야?"라는 대꾸가 돌아올 것이다. 가장 교조적인 유물론자라 해도, 이런 문제, 예를 들어 노스탤지어나 아쉬움, 성적 호기심이 생길 때 뇌의 활동이 어떻게 이루어지는지에 관해서는 프로그래밍 방식의 어렴풋한 아이디어밖에 없다고 시인할 것이다.

많은 사람이 인정할 것이다. 눈이 휘둥그레질 가설이라거나 손을 흔들며 기대할 가설이라고 할 만큼 놀랍진 않다고. 그럼에도, 이것은 유지하기에 편한 입장이며, 이에 동의하지 않는 사람들—자칭 과학으로부터의 의식 수호자—을 치욕스러운 결함(들)의 희생자라고 진단하는 것도 솔깃한 일이긴 하다. 그 결함의 예는 이런 것들이다. 자기도취("나는 **나의** 숭고한 마음이 과학이라는 덫에 사로잡히는 것을 거부한다!"), 두려움("내 마음이 그저 나의 뇌에 불과하다면, 나는 내 행동에 책임지지 않을 거야. 인생은 아무런 의미가 없어지겠지!"), 또는 경멸("이런 단순한 **과학주의적** 환원론자들 같으니라고! 의미의 세계를 음미하겠다는 자기들의 보잘것없는 시도가 얼마나 금세 주저앉을지 전혀 모르고 있어!").

이런 진단은 종종 보증되기도 한다. 수호자들의 입에서 나오는 애처로운 푸념은 많고 많지만, 그들에게 동기를 부여하는 관심사는 게으른 공상이 아니다. 크릭의 가설이 놀랍기만 한 것이 아니라 몹시 혐오스럽기까지 하다고 생각하는 사람들은 뭔가 중요한 것에 몰두해 있다. 게다가 반反 이원론을 주장하긴 하지만 아직 유물론을 편하게 받아들이지 못한 채 그 중간의 무언가를, 양쪽 어디로도 기울지 않으면서 의식의 과학에 어떤 진보를 실제로 가져올 수 있는 무언가를 궁리하고 있는 철학자와 과학자의 수도 부족하지 않다. 문제는, 그러한 이들이 그것을 심오하고 형이상학적인 무언가로 부풀리며 잘못 묘사하는 경향이 있다는 것이다.[5]

그들이 느끼는 것은, 우리의 심리 안에 너무도 잘 침투하여 의식이라는 것을 부정하거나 버리는 것을 말 그대로 생각할 수조차 없게 만드는 사고방식이자 과도한 습관이다. 이것의 징후 중 하나는 "다른 진영"이 표출하던 과학적 태도의 변화다. 그들은 처음에는 자신감 넘치는 태도를 보인다. 그러나 과학자들이 의식을 다루는 특정 주제들에 가까이 다가갈수록 덜덜 떨기 시작한다. 그리고 금세, 자신들의 원래 의도와는 다르게, 외면당하던 수호자들의 관점을 채택하고 있음을 발견하게 된다. 나는 이 역동적인 과정을 처음에는 은유적으로 묘사할 것인데, 이렇게 함으로써 실제 벌어지고 있는 일들에 관한 덜 은유적이고 더 분명하며 더 사실적인 이해를 구축할 수 있는 간단한 얼개framework를 제공할 것이다.

자, 이제 은유를 시작하자. 마음설명사mind-explainer 지망생이

5 몇 년 전, 당시 '다중인격장애'라 불리던 것에 관해 닉 험프리와 함께 연구하면서, 나는 닉과 나마저 머릿속에 떠오른 건 무엇이든 중요하면서도 기괴한 것이라고 과장하려는 유혹에 거의 속수무책으로 시달린다는 것을 깨닫게 되었다. 추측하건대, 우리 인간은 정말로 이상하고 결론지어지지 않은 무언가와 조우할 때면, 겪고 있는 것을 우리 자신에게 설명할 때 과장하여 묘사하는 경향을 보이며, 이는 어쩌면 그 무언가를 무시할 경우 큰 위협을 무릅써야 할 테니 그것의 원인을 반드시 밝혀내야만 한다고 스스로에게 명령함으로써 우리 자신을 감동시키려는 잠재의식적 욕망에서 비롯된 것일지도 모른다.

그녀 **자신의** 마음을 지니고 시작한다고 가정하자. 그녀는 행성 '데카르트'에 있는 자신의 집에 서서 "1인칭 시점"으로 외부 우주를 바라보며 앞에 놓인 과제에 대해 명상하는 중이다. 이 유리한 고지에서, 그녀는 자신의 태도를 견지하기 위해 자기 마음속의 친숙한 모든 도구에 의존한다. 이때 "내부로부터의" 자기중심적 관점에 그녀를 묶어 놓는 힘은 행성 데카르트의 중력이다. 행성 데카르트에 울려퍼지는 그녀의 독백은 아마도 이럴 것이다. "나 여기 있어, 의식하며 생각하는 존재, 내 마음속의 생각들을 내밀하게 알고 있는 존재가. 내 생각들은 나 자신의 것이니까 그 누구보다도 내가 더 잘 알아." 그녀는 어쩔 수 없이 자기 고향 행성의 수호자다. 그러던 어느 날, 의식을 연구하는 과학 탐험가가 도구와 지도, 모형, 이론 등으로 무장하고 멀리서부터 찾아와 정복의 승전보를 울리고자 이 행성에 대담하게 접근하기 시작한다. 그러나 이 행성에 가까워질수록 탐험가는 점점 더 불편해짐을 느낀다. 절대로 가면 안 된다는 것을 알고 있는 바로 그 방위로 끌려가고 있는데, 그 힘이 거부하기에는 너무 강하기 때문이다. 행성 데카르트에 착륙했을 때, 그녀는 자신이 갑자기 1인칭 시점[a]으로 뒤집혀버렸음을, 따라서 땅에 발을 딛고 있긴 하지만 임무 완수를 위해 챙겨온 도구를 도저히 잡지도 쓰지도 못하게 되었음을 깨닫는다. 행성 데카르트의 표면에 가까이 갈수록 데카르트 중력은 저항할 수 없을 정도로 강해진다. 그녀는 어떻게 거기 도착했을까? 그리고 혼란스러운 막판 **뒤집기**(기묘한 뒤집기는 이 책의 주요 주제가 될 것이다)에서는 어떤 일이 벌어졌을까? 여

---

a 바로 앞 문장의 '방위'와 여기의 '시점'을 데닛은 'orientation'이라는 동일한 단어로 표현했다. 따라서 영어로는 행성 데카르트의 중력이 잡아당기는 방향으로 가면 시점이 바뀐다는 것이 무리 없이 서술될 수 있다.

그림 1-1 오리-토끼

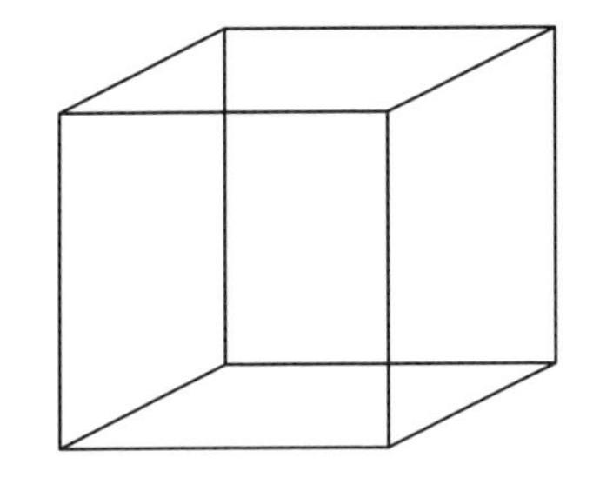

그림 1-2 네커 큐브

기에는 경쟁하는 두 시점이 있다. 하나는 수호자의 1인칭 시점이고, 다른 하나는 과학자의 3인칭 시점인데, 이 두 시점의 관계는 철학자들이 좋아하는 착시 사례인 오리-토끼와 네커 큐브를 보는 방식들과 매우 닮아 있다. 당신은 두 시점을 동시에 취할 수 없다.

데카르트 중력에 의해 생기는 문제는 때때로 설명적 간극Explanatory Gap(Levine 1983)이라 불리기도 한다. 그러나 이 이름 아래 벌어지는 논의들은 내가 보기엔 대부분 소득이 없는데, 그 논의에 참여한 사람들이 이 '간극'을 자기 상상력의 결함이 아니라 골(틈)로 보는 경향이 있기 때문이다. 그들은 그 "간극"을 **발견할** 수는 있겠지만, "그것이 어떻게 그렇게 되었는지"를 묻지 않았기 때문에 그것이 실제로 무엇을 위한 것인지를 보지는 못한다. 그 간극을 안전하게 가로지르거나—그에 상응하게—소멸시킬 방법을 배우려면 새로운 방식의 생각이 필요하다. 그것을, 합당한 이유로 생겨난 동역학적 상상 왜곡자로 보는 것이다.

물리학의 중력과는 달리, 우리 은유에서의 데카르트 중력은 사물에 작용하지도 않고, 그 크기가 사물들의 질량과 근접도[b]에 비례하지도 않는다. 데카르트 중력은 사물 그 자체에 작용하는 것이 아니라 생각이나 사물의 표상에 작용하며, 힘의 크기는 생명체의 유지에 특권적인 역할을 하는 다른 아이디어와 해당 표상(또는 아이디어) 간의 **내용상의** 근접도에 비례한다. (바라건대, 이것이 의미하는 바는 점점 명확해질 것이다. 그렇게 되면 이 은유적 말하기 방식은 우리가 밟고 올라갈 사다리가 되고, 올라가고 나면 더는 의존할 필요가 없어지므로 한편으로 치워버릴 수 있을 것이다.) 지금까지 제시한 데카르트 중력이라는 **아이디어**는 은유일 뿐이지만, 이 은유적 이름으로 내가 지칭한 그 현상은 완벽하게 실재하면서 우리의 상상력을 매우 괴롭히는 (그리고 때로는 돕기도 하는) 파괴적인 힘이다. 게다가 물리학의 힘과는 달리, 이 힘은 그 자체로 진화해온 현상이다. 이것을 이해하기 위해서는, 이 힘이 어떻게 그리고 왜 지구에서 생겨나는지를 질문할 필요가 있다.

이 질문에 답하려면 동일한 역사를 여러 번, 그러나 시행할 때마다 다른 세부 사항을 강조하며 거쳐 가야 할 것이다. 우리는 우리 상상력을 왜곡하는 그 힘들의 강도를 과소평가하는 경향이 있다. 화해할 수 없지만 "부정할 수도 없는" 통찰들과 마주하게 될 때 특히 그렇다. 이는 우리가 그것들을 부정**할 수 없다**는 말이 아니라, 우리가 그것을 부정하려 **하지 않을** 것이고, 심지어 부정하려는 **시도조차 하지 않으리라는** 뜻이다. 작동 중인 좀더 섬세한 힘들을 인식할 준비를 하려면, 쉽게 확인할 수 있는 힘들—종 우월주의, 인간 예외주의, 성차별주의—로 연습해보아야 한다. 다음 장에서는 지구에서 생명이 시작된 맨 처음 순간으로 잠시 돌아가, 앞으로 마주칠 이야기들의 간략한 개요를 (세부 사항들은 다소 제거하고) 제공할 것이다. 그리고 (예언하건대) 그 개요를 접하는 독자들이 마음속에 품게

---

b 뉴턴의 보편중력 법칙을 빌어 말하자면, 근접도는 두 물체 간 거리의 제곱 분의 1에 해당한다.

될 첫 번째 반론도 다룰 것이다. 나는 진화의 과정을 **설계**design 과정(연구 개발, 또는 R&D 과정)으로 그리고 있는데, 이 **적응주의적** adaptationist 관점 또는 **역설계**reverse-engineering 관점은 부당한 의혹의 그림자 속에서도 오래 살아남아 왔다. 곧 보게 되겠지만, 널리 알려진 신념과는 반대로, 적응주의는 진화생물학에서 여전히 살아 있고 또 잘 작동되고 있다.

2 바흐와 박테리아, 그전에는

왜 바흐인가?

우리 역사에 대한 건전한 관점을 가지려면, 우리는 박테리아 전으로, 그러니까 어떠한 형태의 생명도 존재하기 전의 시간으로 실제로 거슬러 가보아야만 한다. 생명의 시작에 요구되는 것들 중 몇몇이, 오늘날의 우리 마음이 지닌 특성을 설명할 중요한 메아리를 수 이언에 걸친 시간을 관통하여 들려주기 때문이다. 그 이야기로 선회하기 전에, 잠시 멈춰 서서 하나의 단어에 주목해보자. 그 단어는 바로 “바흐Bach”이다. 나는 제목으로 “시생대Archaea에서 셰익스피어Shakespeare까지” 또는 “대장균*E. Coli*부터 아인슈타인Einstein까지”를 선택할 수도 있었고, 어쩌면 “원핵생물Prokaryotes에서 피카소Picasso까지”를 쓸 수도 있었다. 그러나 “박테리아Bacteria에서 바흐Bach까지”라는 두운에는 도저히 저항할 수가 없었다.

위대한 마음들을 모신 나의 만신전에서 내가 고려했던 후보가 모두 남성이라는 이 놀라운 사실에 대해 여러분은 어떻게 생각하는가? 출발선에서부터 이리 꼴사납게 비틀거리다니! 나는 진정 처음부터 많은 독자를 소외시키길 바라나? 난 도대체 무슨 생각을 하고 있나? 나는 고의로 이렇게 했다. 우리가 다룰 데카르트 중력에 의한 힘들의 비교적 온건하고 단순한 **한 가지** 예시를 제공하기 위해서 말이다. 내가 읊은 천재들의 명단이 모두 남성으로 채워져 있음을 알아채고 당신이 성을 낸다면, 잘된 일이다. 이는 내가 당신의 인내심에 빚지고 있으며, 따라서 이 책의 뒷부분에서 그 빚을 꼭 갚아야 한다는 것을 당신이 잊지 않고 있음을 뜻하니까. 성낸다는 것은 (공포부터 즐거움까지, 예민하고 또렷한 여러 가지 감정적 반응과 마찬가지로) 어떤 대상을 불쾌한 항목으로 만들어 덜 잊히게 하는 것이므로, 기억을 돕는 일종의 굵은 글씨 메모에 해당한다. 그러니 지금 당장은 선제공격을 하려는 충동을 잠시 참아주시길 부탁드린다. 여정 내내 우리는 불편한 사실들을 직면하게 될 테고, 미숙한 반박이나 설명에 빠지지 않으면서 그 사실들을 규명해야 한다. 세심하게 주의를 기울이면서도 나보다 앞서 나가기까지 하는 독자들이 있다면 분명 기쁠 것이다. 그러나 침착하게 객관적으로 설명하려는 나의 시도를 당신의 섣부른 예감을 이유로 좌절시키려 하거나 나를 너무 몰아붙이지 말고 적당한 때를 기다려주면—괜찮다면, 내 멋대로 하게 내버려두면서 지켜봐주면—더 좋겠다.

그럼 설명과 반박은 차후로 미뤄 두고 잠시 물러나서, 뻔한 사실 두어 가지를 검토해보자. 위대한 성취를 이루어낸 훌륭한 여성이 많음에도 불구하고, 그들 중 누구도 아리스토텔레스, 바흐, 코페르니쿠스, 디킨스, 아인슈타인 등과 같은 상징적 지위에 오르지 못했다는 것은 명백한 사실이다. 그 지위의 남성들은 지금 당장 여남은 명이나 더 이름을 댈 수 있는데도 말이다. 그런데 여성 쪽은 어떨까? 이 책의 제목으로 사용되어 상징적 역할을 할 이 남성들의 이름 대신 기꺼이 넣을 수 있는 위대한 여성 사상가들의 이름을 한번 떠올려 보라. (내가 좋아하는 이들은 제인 오스틴Jane Austen, 마리 퀴리Marie Curie, 에이다 러브레이스Ada Lovelace, 알렉산드리아의 히파티아Hypatia of Alexandria이다. 내가 명백한 후보들을 놓친 것인지 의심스럽긴 한데, 시간이 지나면 알 수 있을 것이다.)

여성 천재 슈퍼스타가 **아직은 없다**. 이 사실은 어떻게 설명할 수 있을까? 정치적 억압? 어린 소녀들에게 영감을 줄 롤모델을 빼앗아가는 자기충족적인 성차별적 예언들? 수 세기에 걸친 매체들의 편향? 유전자? 답이 명백해 보인다 해도(내겐 명백하지 않다), 결론으로 성급히 비약하지는 마시라. 우리는 곧 보게 될 것이다. 유전자가, 비록 마음의 역사에서 필수적인 역할을 하긴 하지만, 많은 이들의 생각만큼 중요하지는 않다는 것을. 유전자는 동물의 기본적인 능력을 설명하긴 하지만, **천재성을 설명하지는 않는다**! 게다가, 위대한 인류 사회들이 그 사회 구성원(몇몇)의 창조적 탁월함에 빚지고 있다는 전통적인 견해는 회고적인 것일 뿐이며, 나는 이 점을 보여주려 노력할 것이다. 인류의 문화는 **그 스스로** 어느 젠더의 어떤 천재 집단들보다도 더 풍부하게 찬란한 혁신들을 생성하는 주체다. 이는 **문화적** 진화라는 과정에 의해 성취되는데, 문화적 진화야말로 어떠한 개별 사상가들에 못지않은, 우리의 가장 위대한 업적들의 "저자"다.

인류의 문화를 이해할 때 자연선택에 의한 진화가 근본적인 역할을 하고 있다는 바로 그 생각은, 어떤 사람들—현명하고 사려 깊은 사람들까지도—의 마음에 혐오감을 가득 불러일으키기도 한다. 그들은 인류의 문화를 초월적이며 기적적인 선물 같은 어떤 것, 인간을 짐승과 구분시켜주는 것, 포복해 들어오는 환원주의를 저지하는 마지막 보루이자 현대 과학의 속물적 근성과 유전자 결정론에 대항하는 것으로 본다. 반면에 또 어떤 강경한 과학자들은, 이러한 "문화 탐닉자들culture vultures"에 대한 반작용으로, 문화라는 것에 호소하는 사람은 그 누구든 신비주의 전파자이거나 그보다 더 나쁜 이들이라고 간주하기도 한다. 그들은 이렇게 말할 것이다.

"문화"라는 말만 들어도 난 총에 손이 가.[6]

이제 나는 "양측" 모두에게 총을 집어넣고 좀 참으라고 요청해야만 한다. 인류 문화를 이야기하면서 인문학과 과학을 동시에 공평하게 대할 수 있는 중간 지대도 존재하기 때문인데, 그것은 바로 인류 문화가 어떻게 일어났고 또 내달렸는지를 문화적 항목의 진화 과정으로 설명하는 것이다. 바이러스가 인간의 몸에 침투하듯 우리 뇌에 침투한 그 문화적 항목은 바로 **밈**meme이다. 그렇다. 밈은 나쁜 아이디어라고 밝혀진 바가 **없으며**, 이 책에서 자기 변론의 시간을 갖게 될 것이다. 밈 아이디어를 비웃고 야유하는 이들은 양 진영 모두에 존재하는데, 이들은 이 책에서 밈에 대한 **좋은** 반대 의견—그 아이디어를 견딜 수 없던 사람들이 무비판적으로 받아들인 흠결 있던 "논박"이 아니라—이 있긴 하지만, 그것들 역시 밈 논변을 개선하여 결국은 밈이라는 개념을 구제하는 쪽을 향하고 있음을 보게 될 것이다.

그래서 나는 어느 진영이냐고? 이 문제를 이러한 용어들로 프레이밍하려는 독자들은 요점을 놓치고 있다. 투사들을 부추기며 환

---

6 흔히들 헤르만 괴링Hermann Göring의 말로 알고 있는데, **그렇지 않다**. (하인리히 힘러Heinrich Himmler도 아니다.) 위키피디아에 따르면, 종종 잘못 전가되곤 하는 이 선언은 한스 요스트Hanns Johst가 쓴 친나치 희곡의 대사에서 나온 것이다.

호성과 야유를 쏟아내도록 관중의 편을 가르고 관점을 이렇게 양극화하는 것이야말로, 내가 모두에게 가시화하고 중화하고자 노력하고 있는 힘들의 더없이 명백한 첫 번째 징후이다. 물론 이것 말고도 과학자와 철학자, 일반인의 생각에 똑같이 가해지는 더 교묘하고 더 음험한 압력들이 많이 있다. 자, 이제 이야기의 첫 통과점으로 돌아가자.

전前 생명 세계의 탐색과 체스의 유사성

가장 단순한, 그리고 스스로 재생산할 수 있는 가장 초기의 생명체는 박테리아와 비슷한 것으로, 이미 숨 막힐 정도로 복잡하고 탁월하게 설계된 자기 보존계self-maintaining system다. (아직 책을 덮지 마시라. 내가 지적설계론Intelligent Design 신봉자들에게 도움을 주고 그들을 이롭게 하는 것 같다고? 그렇지 않다. 그런데 나 같은 괜찮은 유물론자이자 무신론적 다윈주의자가 태초의 번식하는 생명체들이 **탁월하게 설계되었다**고 선언하면서 어떻게 웃지 않고 계속 진지한 표정을 할 수 있느냐고? 아, 사격을 중지하라니까!)

지적설계론 신봉자들이 사랑한 유명한 닭-달걀 문제, 즉 닭이 먼저냐 달걀이 먼저냐 하는 문제는 생명 기원의 "패러독스"를 풀라며 우리에게 도전장을 내민다. **번식(재생산)하는**reproducing 존재가 생기기 전까지 자연선택에 의한 진화는 시작될 수조차 없다. 최적의 설계를 대물림할 자손이 없을 테니까. 그러나 가장 단순한 번식하는 존재라 해도 단순한 우연에 의해 생겨나기에는 너무 복잡하다. 이러한 점에서 닭-달걀 문제는 패러독스처럼 보인다. 따라서, 이들의 논지에 의하면 신과 같은 지적설계자Intelligent Designer의 손이 도와주지 않는다면 진화는 시작될 수조차 없다는 주장이 나온다.[7] 나중에 보게 되겠지만 이는 상상력의 실패와 눈속임이 조합된, 결함 있는 논증이다. 그러나 지적설계론에 반대하는 우리도, 자신을 확실하게 재생산할 능력이 있었던 첫 분자 조합물이 극도로 단순한 것이 아니라 함께 작동하는 수천 개의 복잡한 부품들로 이루어진 "공학적" 경이"engineering" marvel였다는—그리고 그래야만 했다는—진정으로 놀라운 사실을 인정해야만 한다.

이 사실은 생명의 기원을 연구하는 사람들에게 직설적인 도전 과제를 던진다. 기적 없이 이것이 어떻게 생겨날 **수 있었을까**? (어쩌면 다른 은하에서 온 지성적인 설계자intelligent designer[a]가 한 일일 수도 있겠지만, 이런 대답은 그저 질문을 유예하는 것에 불과하며 결과적으로 책임 소재를 더욱 어렵게 만들 뿐이다.) 진행 방식은 명확하다. 살아가고 번식하는 존재를 위한 최소 사양—그것이 **할 수 있어야만 했던** 모든 것들의 목록—에서 출발하여, 되짚어가며 연구한다. 즉 이용 가능한 원자재(종종 '전前 생물적 화학의 공급원료feedstock 분자'라 불리는) 목록을 작성하고, 가능한 사건들이 어떻게 연쇄되었기에 필요한 모든 부품들parts이 제 자리에서 제 역할을 하는 일이 점진적으로, 그리고 비非 기적적으로 일어날 수 있었는지를 묻는 것이

7 나는 인간에 의한 지성적 설계에 관하여 이 책에서 할 말이 매우 많지만, 창조론 프로파간다의 최근 흐름인 '지적설계론'에 대해서는 더 말할 것이 거의 없다. 지적설계론은 더이상 반박할 가치도 없다.

a 전지전능하여 모든 것을 탁월하게 설계하는 신을 말하는 Intelligent Designer는 띄어쓰기 없이 고유명사처럼 '지적설계자'로 번역했고, 신은 아니지만 설계 능력이 있는 존재(예를 들면 인간)가 설계를 한 경우 그 주체를 일컫는 intelligent designer는 '지성적 설계자'로 번역하였다. 비인간 동물도 지능이 있으므로, '지능적 설계자'라고 번역하면 현재 진정한 intelligent designer는 인간밖에 없다는 데닛의 주장이 또렷하게 전달되지 않을 위험이 있기 때문이다. Intelligent Design과 intelligent design도 이와 마찬가지 이유에서 각각 '지적설계(론)' '지성적 설계'라 번역하였다.

다. 이때, 사물들이 해야만 하는 것에 관한 이 최소 사양 목록이 부품과 물질들의 목록이 아니라 기능들의 목록임에 주의해야 한다. 쥐덫은 쥐를 잡아야 하고, 캔 따개는 캔을 따야 하며, 생물은 에너지를 포획하고 번식이 가능할 때까지 자신을 충분히 오래 보호(또는 수리)해야 한다.

이런 사양을 갖춘 생물은 어떻게 생겨날 수 있었을까? 당신이 이 질문에 답할 수 있다면 당신이 **이긴다**. 마치 체스에서 체크메이트를 달성한 것처럼 말이다. 이 질문에 답하는 것은 그 자체로 거대한 프로젝트다. 이 프로젝트에는 아직 메워야 할 틈이 많긴 하지만, 과업을 완수하고 게임에 이길 수 있으리라는 믿음을 치솟게 하는 획기적인 발전 또한 매년 이루어지고 있다. 무생물에서 생물이 생겨날 수 있는 방식이 실제로는 많이 있을지도 모르지만, (더 나은 대안이 발견될 때까지) 과학적 충성을 바칠 만한 방식을 한 가지만 찾아내도, "원리적으로 불가능해"라고 합창하는 성가대의 입을 영원히 틀어막을 수 있을 것이다. 그러나 한 가지 방식을 찾는 것마저도 매우 힘에 부치는 과제인 탓에, 연구자들은 잘못된 확신에 연료를 소모하기도 했다. 그 잘못된 확신이란, 최종 산물을 창조하기 위해 발동되어야만 하는 과정들이 완전히 맹목적이고 무목적적임에도 불구하고 산물 자체는 그다지 복잡하지 않으면서도 놀랄 만큼 효율적으로 작동하리라는—즉 탁월한 설계를 지니리라는—믿음이다. 이 산물들이 어떻게 조립될 수 있었는지를 알아내려면, 인간 역설계자reverse engineer들이 발휘할 수 있는 독창성을 모두 끌어모아야만 한다. 잭 쇼스택Jack Szostak은 최근 가장 유력한 돌파구를 찾고 있는 주도적 연구자 중 한 사람인데(Powner, Gerland, and Sutherland 2009), 그의 논평은 태세를 다음과 같이 완벽하게 묘사하고 있다. (화학적 세부 사항들이 언급되어 있다 해서 겁먹을 필요는 없다. 내가 강조한 부분들만 눈여겨보며 연구가 어떻게 진행되는지 파악하기만 하면 된다.)

> RNA를 이루는 **리보뉴클레오타이드 블록들**의 전前 생물적 합성을 이해하려는 40년에 걸친 노력들은, **리보뉴클레오타이드가 세 가지 구성요소 분자들의 조합에서 나왔다는 가정에 기초해왔다.** 그 세 가지 구성요소란 핵염기(아데닌, 구아닌, 시토신 또는 우라실)와 리보스당, 그리고 인산이다. 이 분야에서 봉착해온 많은 난관 중 가장 좌절감을 안겨준 것은 **피리미딘 계열의 염기—시토신과 우라실—와 리보스가 어떻게 해도 딱 맞게 결합되지 않는다**는 것이었다. …… 그러나 파우너Powner와 동료들은 공통 전구체에서 당과 핵염기를 출현시키는 피리미딘 리보뉴클레오타이드 합성법을 탐구함으로써 "RNA 먼저" 모형의 전망을 부활시켰다. 이어진 일련의 혁신들과 결합된 이 핵심 통찰로 말미암아, **전생물적 리보뉴클레오타이드 합성 문제에 대한 현저하게 효율적인 해법이 제시되었다.**(Szostak 2009)

진화생물학자 그레그 메이어Greg Mayer(2009)는 이에 대해 언급하며 다음의 요점을 강조했다.

> 연구는 파우너의 공저자들 중 한 명인 존 서덜랜드John Sutherland의 연구실에서 진행되었는데, 서덜랜드는 답을 찾기 12년 전부터 이 문제를 연구해왔다. 만일 그가 연구를 10년만 하고 그만두었더라면 어떻게 되었을까? 우리는 어떠한 합성도 불가능하다는 결론을 내릴 수 있었을까? 그렇지는 않다. 이 작업은 무지를 주된 전제로 삼아 그에 의존하는 다양한 모든 종류의 논변들—설

계 논변, 틈새의 신the God of the gaps 논변, 개인적 불신 논변—이 무용지물임을 보여준다.

이 책 전체에서 나는 **역설계**라는 관점을 적극 활용할 것이다. 이 작업을 위해 채택한 전제는, 모든 생물은 비非 신비적 물리 과정들의 산물이며, 그 과정들은 모든 요소를 점진적으로 한데 모으고 조금씩 개선하여 마침내 우리가 관찰하는 작동 체계에 이르렀거나, 그 단계까지는 아니라 해도, 우리가 알고 있는 생물로 **진보**해갈 것임을 명백히 보여주는 디딤돌 같은 어떤 가정적 중간 단계에 이르렀다는 것이다. 이렇게 되려면, 출현하는 체계들의 역사를 돌이켜보았을 때 체계의 설계가 **향상**되었다고 회고적으로 판단할 수 있을 만한 차이가 과정들의 연쇄에 의해 만들어져야만 한다. (우리는 지금 체크메이트를 향해 가고 있다. 그런데 우리가 진보를 만들고 있나?) **번식 체계**라고 엄밀하게 불릴 수 있는 체계가 나타나기 전까지는, 작동 중인 과정들은 기껏해야 원진화적proto-evolutionary이고 반다윈주의적semi-Darwinian이며, 자연선택에 의한 참된 진화의 부분적 **유사체**analogues일 뿐이다. 이 과정들은 공급원료 분자들을 집중시켜, 성분들이 다양한 조합을 이루고 그 조합들이 지속될 가능도likelihood를 끌어올린다. 그 조합들이 마침내 생명의 기원을 이끌 때까지 말이다. 생명체는 **충분한** 에너지와 물질들을 포획해야만 하고, 자신의 충분히 좋은 복제품을 구축할 수 있을 만큼 **충분히 오랫동안** 자신의 파멸을 막아내야만 한다. 생물학에서 역설계 관점은 곳곳에 편재하며, 생명의 기원을 탐구할 때는 필수적으로 채택된다. 다음의 질문들에서 볼 수 있듯이, 역설계 관점은 언제나 최적화에 관한 고려 사항들을 어느 정도 포함하고 있다. x를 할 **수 있**던 **가장 단순한** 화학적 구조는 무엇인가? 현상 x는 과정 y를 지속 가능하게 할 정도로 **충분히 안정**

적인가?

매우 영향력 있던 한 논문에서 스티븐 제이 굴드Stephen Jay Gould와 리처드 르원틴Richard Lewontin(1979)은 "팡글로스 패러다임"이라는 말을 만들었다. 이는, 달리 증명되지 않는 한 유기체의 모든 부분들은 **무언가에 좋은** 것이라고 가정하는 방법론적 원리에 기대는 생물학의 한 브랜드—적응주의—를 비웃을 의도로 만들어진 용어이다. 적응주의는 유기체의 모든 부분에 수행해야 할 유용한 역할들이 있다고 가정한다. 혈액을 펌프질한다든가, 이동 속도를 향상시킨다든가, 감염을 막는다든가, 음식을 소화시킨다든가, 열을 분산시킨다든가, 짝을 유혹한다든가 등등. 이 가정은 모든 생명체를 기능을 지닌 부분들의 효율적인 구성체로 보는 역설계 관점에 잘 들어맞게 만들어진 것이다. (여기에는 잘 알려진 예외도 존재한다. 그 예로, 과거에는 어떤 것에 유익**했지만**, 그리고 유지비가 너무 많이 들지 않았더라면 계속 작동되었겠지만, 지금은 흔적으로만 남은 특성들이 있다. 그리고 실질적인 기능은 없지만 우연히 "부동"되어drifted "고정fixation"되어버린 특성들도 있다.)

굴드와 르원틴의 농담에 등장하는 캐리커처는 재활용된 것이다. 볼테르Voltaire는 《캉디드Candide》에서 철학자 고트프리트 라이프니츠Gottfried Leibniz의 캐리커처에 해당하는 사악하고 우스꽝스러운 인물 팡글로스 박사를 창조했다. 팡글로스는 우리 세계가 모든 가능한 세계 중 **최선의** 것이라고 주장한다. 그의 과도한 상상력에 따르면, 우리 세계에는 기벽도, 기형도, 보이지 않는 자연의 재앙도 없으며, 돌이켜보면 모든 것이 기능을 가지고 있고, 완벽한 세계의 복 받은 거주민인 우리를 위해 자비로우신 하느님이 예비하신 축복이다. 예를 들어 성병性病도 "이 세계의 최선을 위해서는 필수 불가결하다. 콜럼버스가 서인도제도를 방문했을 때 생식生殖의 원천을 오염시키고 심지어 생식을 자주 방해하기까지 함으로써 대자연의 위대하고 궁극적인 목표에 명백히 반대하는 이 병에 걸리지 않았더라면, 우리는 초콜릿도 코치닐cochineal[a]도 가질 수 없었음이 명백하다."(인용부호는 굴드와 르원틴의 1979년 논문 151쪽에 있던 것이다.) 라이프니츠 연구자들은 볼테르의 패러디가 라이프니츠에게 매우 부당하다고 주장할 것이며 이 주장은 어느 정도 온당하지만, 이 문제는 차치하기로 하자. 지금 생각해볼 문제는 이것이다. 굴드와 르원틴이 이 아이디어를 재활용한 것은 생물학에서 최적화 가정optimality assumptions을 사용하는 것을 부당하게 희화화한 처사인가? 그렇다. 게다가 두 가지 불행한 결과도 가져왔다. 우선, 적응주의에 대한 그들의 공격은 진화론을 두려워하는 몇몇 이들에 의해 자연선택 이론에 대한 논박이라도 되는 양 잘못 해석되어왔다. 또한 이 공격은 역설계가 마치 가능한 한 피해야만 하는 무슨 부정행위라도 되는 것처럼 보이게 함으로써, 많은 생물학자에게 자신의 언어뿐 아니라 생각까지도 검열하도록 압력을 행사해왔다.

그러나 생명의 기원을 연구하는 이들은 자신들의 방법에 가해진 "팡글로스" 비판을 무시해왔는데, 자신들의 전략적 가정이 탐구의 방향을 헛된 방황에서 멀어지는 쪽으로 잡아준다는 것을 알고 있기 때문이다. 필요한 구성요소라고 추정되는 표적 구조target structure를 생산할 가능성이 없는 화학 반응들을 살펴보는 것은 아무런 의미가 없다. 인정하건대, 이 전략에는 위험이 따른다. 쇼스택이 지적했듯이, 수년 동안 연구자들은 핵염기를 리보스에 직접 결합시

---

a 중남미 대륙의 선인장에 서식하는 곤충의 수컷 또는 그것으로 만드는 붉은색 색소의 이름이다. 콜럼버스가 아메리카 대륙을 발견하고 돌아가면서 유럽에 전해졌다고 알려져 있으며, 매독도 이때 유럽 대륙에 상륙했다고 여겨진다.

키는 것이 가장 효율적인 방법임이 틀림없다는 잘못된 가정을 해왔다. 그리고 이 때문에 그들은 필요해 **보이는** 중간 단계들을 포함시키지 않았으며, 공통 전구체로부터 리보뉴클레오타이드가 나타나는 더 우회적인 경로를 무시해왔다.

체스에서 **갬빗**gambit은 더 향상된 위치에서 더 나은 다음 수를 두기 위해 기물을 포기하는—후퇴하는 것처럼 보이는—오프닝 전략이다. 상대가 무엇을 할지 계산하고자 시도할 때는 갬빗 전략을 좀처럼 쓰지 않는다. 상대가 그렇게 멍청할 리는 없을 테니, 애당초 그 수는 무시해도 좋을 만큼 질 게 뻔한 행마로 보이기 때문이다. 이와 동일하게, 생물학에서는 결실은 풍부해 보이나 우회적인 길을 무시하는 데 따르는 위험 부담이 역설계자reverse engineer들을 괴롭힌다. 프랜시스 크릭이, 자신이 오겔의 제2규칙Orgel's Second Rule이라 부른 것을 천명하며 한 유명한 말처럼 말이다. "진화는 당신보다 똑똑하다."[b] 맹목적이고 무목적적인 진화(전前 생물적 화학적 진화도 포함하여)의 좌충우돌은 문제에 대한 특이한 해법을 이상한 방식으로 내놓곤 하는데, 이는 신과 같은 지적설계자에 대한 증거도, 역설계를 **거부**할(이는 모든 연구를 다 포기함을 뜻한다) 근거도 아니다. 오히려 그것은 역설계 게임을 견지하고 향상시킬 기반이 된다. 체스를 둘 때와 마찬가지로, 포기하지 마시라. 실수에서 배우고 탐구를 계속하시라. 가능한 한 상상력을 발휘하시라. 단, 당신의 가설들이 아무리 그럴듯하다 해도 양심적으로 추구해야 한다는 것과 그것이 여전히 반입증disconfirmation될 위험이 있다는 것을 마음에 새기고서.

---

b '오겔의 제2규칙'은 학술 용어가 아니라 일종의 농담이다. 크릭은 유명한 분자생물학자이자 자신의 친구인 레슬리 오겔Leslie Orgel의 이름을 따, 진화의 특성을 설명하는 농담을 만든 것이다.

여기, 생명의 기원 이슈에서 있었을 법한 갬빗의 예가 하나 있다. 누구나 처음에는, 번식이 가능했던 최초의 생물은 (그 당시 이 행성에 존재했던 조건들 아래서) **가능했던 것들 중 가장 단순한** 생물이었음이 틀림없다고 가정하고 싶어 한다. 자, 제일 중요한 것부터 먼저 해보자. 당신이 상상할 수 있는 가장 단순한 복제자를 만들고, 그것을 기초로 쌓아올려라. 그러나 실제 과정이 반드시 그랬으리라는 보장은 없다. 최초의 복제자는 우아하지 못하게 복잡하고 비싸고 느린, 분실물 센터의 잡동사니를 모아 만든 골드버그 장치 같은 덩어리였는데, 그 후로 복제의 공이 굴러가면서 이 꼴사나운 복제자가 친족과의 경쟁을 통해 계속해서 단순화되었을 가능성이 있고, 그쪽의 가능성이 더 높다고 나는 생각한다. 어안을 벙벙하게 하는 최상의 마술 트릭들 중 많은 것의 성패는, 그 혼을 쏙 빼놓는 효과를 얻기 위해 마술사들이 거쳐 가야만 하는 터무니없이 긴 과정을 관객이 상상하지 않게 할 수 있느냐에 달려 있다. 마술을 역설계하고 싶다면 당신은 늘 되새겨야만 한다. 마술사들은 활용할 수 있는 "작디작은" 효과를 얻기 위해 기괴할 만큼 많은 지출을 하는 것에 대해 어떠한 혐오감도 부끄러움도 느끼지 않는다는 것을. 마술사들과 마찬가지로, 자연도 부끄러움이 없다—예산도 없다. 가진 건 시간뿐이다.

생물발생biogenesis이라는 느리고 불확실한 과정에서 향상이나 진보를 말하는 것은 금기시된 가치 판단(과학에는 가치 판단이 설 자리가 없다—이것엔 동의하자)에 탐닉하는 것이 아니라, 생명을 가진 모든 것은 언제나 안정성과 효율성을 필요로 해왔음을 인정하는 것이다. 원한다면 당신은 '최후의 날' 장치doomsday device나 자기 복제하는 죽음의 광선 같은 **끔찍하기** 짝이 없는 무언가가 어떻게 생겨날 수 있는지를 연구하는 생화학자들을 상상할 수도 있다. 그들은 이 공포를 구축할 가능한 경로들을 상상함으로써 탐색 훈련을 해야 할 것이며, 마침내 그 설계를 알아내고는 설계의 탁월함에 경탄할 수도 있을 것이다. 생물학에서 역설계가 지니는 함의들과 전제들에 관해서는 나중에 더 이야기할 예정이다. 여기서는 굴드와 르원틴의 프로파간다가 적응주의에 치명상을 입힌다고 직접적으로 또는 풍문으로 듣고 설득된 이들에 의해 내 프로젝트가 조기 해체되는 것을 막고자 한다. 그들의 유명한 논문에 의해 널리 양산된 그 의견과는 반대로, 적응주의는 살아남았고 또 건재하다. 위험과 의무를 주지한 상태에서 수행되는 역설계는 여전히 생물학에서의 왕도이고 생명 기원의 전前 생물적 세계라는 까다로운 곳에서 발견에 이르게 하는 유일한 길이다.[8]

다음 장에서는 생명 기원 현상을 좀더 철학적인 관점에서, 즉 **이유**reasons의 기원이라는 측면에서 살펴보고자 한다. 자연에는 정말로 설계가 있는가? 아니면 그저 설계처럼 보이는 것들뿐인가? 진화생물학을 역설계의 일종으로 본다면, 이것은 생물을 이루는 부분들의 배열에 이유가 있음을 의미하는 것일까? 그 이유란 누구의 이유일까? 아니면, 그 누구의 이유도 아닐 수 있을까? 이유추론자reasoner 없는 이유, 즉 이유를 생각하는 주체가 없는 이유가, 그리고 설계자 없는 설계가 있을 수 있을까?

---

8 니콜라이 레네도는, 굴드와 르원틴의 그 유명한 논문이 전하는 진짜 메시지는 "갬빗이 있는지 세심하게 살피라는 것"이라고 내게 제안한 적이 있는데, 이는 적응주의자라면 마땅히 따라야 할 좋은 조언임이 확실하다. 그러나 그것이 굴드와 르원틴의 의도라면, 그들은 그것을 청중에게 —일반인과 과학자 모두에게— 전달하는 데 실패한 것이다. 그들의 논문이 진화적 사고의 중심적 특성으로서의 적응주의를 권위적으로 강등시켰다는 주장이 고집스레 계속되고 있으니 말이다.

3 이유의 기원에 관하여

목적론의 죽음인가, 부활인가?

다윈은 종종, 세상 모든 것에는 목적 또는 "끝"이 있다는(결과가 수단을 정당화한다는 의미에서), 지나치게 영향력 있는 아리스토텔레스의 교리들을 모두 타도한 사람이라고 여겨진다. 여기서 목적이나 끝은 프랑스어로 **레종 데트르**raison d'être, 즉 존재의 이유라 일컬어지기도 한다. 아리스토텔레스는 만물에 대해 우리가 물을 수 있는 네 가지 질문을 아래와 같이 정리했다.

1. 그것은 무엇으로 만들어졌는가, 또는 그것의 **질료인**material cause은 무엇인가?
2. 그것의 구조는 어떠한가, 또는 그것의 **형상인**formal cause은 무엇인가?

3. 그것은 어떻게 비롯되었는가, 또는 그것의 **작용인**efficient cause은 무엇인가?
4. 그것의 목적은 무엇인가, 또는 그것의 **최종인**final cause 혹은 **목적인**telic cause은 무엇인가?

네 번째 원인에 등장하는 단어 telic의 어원은 그리스어 **텔로스**telos이며, 목적론이라는 영어 단어 teleology는 여기서 유래했다. 우리는 종종, 과학이 **텔로스**를 추방했으며, 다윈에게 그 공을 돌리며 감사해야 한다는 말을 듣는다. 카를 마르크스Karl Marx(1861)가 다윈의 《종의 기원Origin of Species》을 읽고 남긴 유명한 소감처럼 말이다. "여기서 다뤄진 것은 자연과학에서 '목적론'에게 날린 최초의 치명타일 뿐 아니라, 그 합리적 의미에 대한 경험적 설명이다."

그러나 자세히 살펴보면 마르크스의 이 말은 계속 옹호되고 있는 두 가지 견해를 뭉뚱그리며 얼버무리는 것임을 알 수 있는데, 그 두 견해는 다음과 같다.

(1) 우리는 자연과학에서 모든 목적론적 형식화를 타도해야 한다.
(2) 이제 우리는 〔엔텔레키entelechy[a]나 지적설계자인 창조주 등과 같은〕 고대의 이데올로기 없이 자연 현상들의 "합리적 의미"를 "경험적으로 설명"할 수 있게 되었으니, 시대에 뒤처진 목적론을 새로운 후기다윈주의적post-Darwinian 목적론으로 대체할 수 있다.

---

a 아리스토텔레스가 처음 사용한 말로, 생명체의 활력의 일종이면서 정신 또는 영혼과 동일시되는 것을 말한다. 후에 기계론적 생명관에 대조되는 생기론이 제창될 때 그 중심 개념이 되었다.

이 얼버무림은 지금까지도 많은 신중한 과학자의 선언과 실천 안에 확고하게 직조되어 있다. 한편으로, 생물학자들은 **기능**이라는 말을 일상적으로 그리고 아주 흔하게 사용한다. 먹이 찾기나 영역 표시 등과 같은 행위들의 기능, 눈이나 지느러미 같은 기관들의 기능, 리보솜과 같은 세포내 "기계machinery"들의 기능, 크레브스 회로 Krebs cycle[a]와 같은 화학 회로들의 기능, 그리고 운동단백질과 헤모글로빈 같은 거대분자들의 기능을 거리낌 없이 거론하는 것이다. 그러나 사려 깊은 몇몇 생물학자들과 생물철학자들은 이러한 주장들을 불편해하며, 기능과 목적을 거론하는 이 모든 이야기는 실제로는 약칭이나 편리한 은유일 뿐, 엄밀하게 말하자면 이 세상에는 기능 같은 것은 없고, 목적도 목적론도 없다고 주장한다. 여기서 우리는 행성 데카르트의 중력이 낳은 상상 왜곡력의 또 다른 효과를 볼 수 있다. 데카르트적 생각의 유혹은 너무도 솔깃한 것이어서, 이에 저항하기 위해 어떤 이들은 과학 이전의 개념들—영혼이나 정기spirits, 아리스토텔레스의 목적론 등—에 **감염**될 위험이 조금이라도 생길 경우 반드시 절제의 원리를 따라야 한다고, 그리고 실수를 저지르려면 나무랄 데 없이 깨끗한 절대적 검역 구역 쪽에서 하는 것이 가장 좋다고 생각하기도 할 정도다. 이는 종종 훌륭한 원칙이 되기도 한다. 외과 의사가 종양을 제거할 때 의심스러운 조직 주변의 "가장자리"를 넉넉하게 잘라내는 것처럼, 그리고 정치 지도자들이 위험한 무기—또는 위험한 이데올로기—와 거리를 두기 위해 완충 지대를 설치하는 것처럼 말이다.

약간의 선전은 사람들이 경계를 늦추지 않게 도울 수 있다.

---

a 독일 태생의 영국 생화학자 한스 아돌프 크레브스가 규명한 탄수화물의 대사 과정을 일컫는 것으로, TCA 회로, 구연산 회로, 시트르산 회로라 불리기도 한다.

회개하지 않는 목적론자들에게는 "다윈주의적 편집증자"(Francis 2004; Godfrey-Smith 2009)나 "음모론자"(Rosenberg 2011) 같은 욕설이 퍼부어졌다. 특정한 목적론의 과잉은 금지하지만 기능에 관한 이야기 중 좀더 고루하고 제한된 것들에는 허가증을 발부하는, 그런 중간 위치를 방어할 길은 물론 열려 있으며, 철학자들은 이러한 관점들을 다양하게 고안해왔다. 그런데 나의 비공식적인 느낌으로는, 많은 과학자가 그런 건전한 중도적 자리가 마련되어 있으며, 그들이 몇 년 전에 읽은 책이나 논문에서 그 위치가 적절히 방어되어왔음이 틀림없다고 가정하고 있는 것 같다. 그러나 내가 아는 한, 그러한 합의된 고전 텍스트는 존재하지 않으며,[9] 자신이 연구하고 있는 것들의 기능을 죄책감 없이 내비치는 많은 과학자도 여전히 자신들이 목적론이라는 죄는 **절대** 범하지 않을 것이라 주장하고 있다.

여기에서 함께 작동 중인 또 다른 힘들 중 하나는, 창조론자들과 지적설계를 믿는 군중에게 안락함과 도움을 주지 않겠다는 열망이다. 어떤 이들은, 자연의 설계와 목적이라는 말을 하면 (겉보기에만 그렇다고 하더라도) 그들에게 얼마간의 여지를 주게 되므로 그러한 주제들에 엄격한 엠바고를 걸어 놓는 편이 더 낫다고 생각하며, 인간이 직접 설계하여 만든 것이 아닌 한, 생물권 안의 그 어떠한 것도 **엄밀히 말해서** 설계되지 않았다고 주장한다. 복잡한 체계들(기관들, 행위들 등)을 생성하는 자연의 방식은 인간이 무언가를 창

9 생물학자와 철학자는 기능에 관한 이야기를 종종 써왔다. 그리고 그것을 허가할 방법에 관해 지속적인 불일치가 있었지만, 그럼에도 자연의 기능을 말함에 있어 진화적 숙고가 어떤 방식으로든 효과가 있다는 모종의 합의가 있었고, 과거의 능력과 현재의 능력 양쪽 모두에 관한 사실들은 기능을 인공물들에 귀속시키는 것에 그 기반을 두고 있다. 생물학자들과 철학자들 모두에 의해 저술된 최고의 저작들을 모은 선집을 원한다면 Allen, Bekoff, and Lauder(1998)을 보라.

조하는 방식과는 매우 달라서, 우리는 그 두 방식을 같은 언어로 묘사할 수는 없다는 것이다. 이런 이유로 리처드 도킨스Richard Dawkins는 유기체들의 **디자이노이드**designoid[a] 특성들이라는 것을 (가끔—이를테면 1996, p.4) 입에 올리고, 《조상 이야기The Ancestor's Tale》(2004)에서는 "다윈주의적 자연선택에 의해 요술처럼 만들어지는 설계라는 환상은 숨이 턱 막힐 만큼 강력하다"고 말한다. 그러나 나는 나쁜 역효과를 초래할 수 있는 이 과도한 절제에 동의하지 않는다. 몇 년 전, 나는 한 술집에서 세포 내 단백질 기계들에서 발견되는 복잡함에 경탄하는 하버드 의대생들의 대화를 들었다. 그들 중 하나는 "이 모든 설계를 눈앞에 두고 누구든 어떻게 진화를 믿을 수가 있겠어!"라고 외쳤다. 다른 학생들도 (그들 자신의 개인적 생각이 무엇인지는 모르겠지만) 이의를 제기하지 않았다. 누가 됐든 왜 이런 말을 하는 것일까? 진화론자는 자연의 복잡함에 곤란해하지 않는데 말이다. 진화론자는 오히려 그것을 즐긴다! 최근에는 세포의 생명을 지배하는 세포내 복잡성의 진화를 설명하고 발견하는 것이 진화분자생물학의 영광 중 하나가 되었을 정도다. 그러나 이 의대생 친구의 발언만 듣자면, 공통의 이해에서 입지를 넓히고 있는 주제 중 하나가 "진화생물학자는 대자연에서의 명백한 설계를 '승인'하거나 '인정'하기 꺼린다"는 것이라도 되는 양 보인다. 사람들은 이보다는 더 잘 알아야만 한다. 특히나 의대생이라면 더욱 더!

이와 관련하여, 빈의 가톨릭 대주교 크리스토프 쇤보른Christoph Schönborn의 말을 생각해볼 필요가 있다. 쇤보른은 지적설계 신봉자들에게 미혹된 나머지, 모든 설계를 다 설명하지는 못한다는 이유로 자연선택 이론을 거부한 인물이다. 그는 《뉴욕타임스》의 특별기

a 우연히 생겨난 것이지만 특별한 설계에 의해 만들어진 것처럼 보이는 것을 뜻한다.

고 페이지(2005년 7월 7일자)에 실린 〈대자연의 설계를 찾아서〉라는 제목의 악명 높은 칼럼에서 이렇게 말했다.

> 가톨릭교회는, 지구상의 생명 역사에 관한 많은 세부 사항을 과학에 위임해 놓고서도, 인간의 지성이 이성의 빛에 힘입어 생물 세계를 포함한 자연 세계에서의 목적과 설계를 쉽고도 분명하게 알아볼 수 있다고 주장한다. 공통 조상이 존재한다는 의미에서라면 진화가 사실일 수도 있지만, 신다윈주의적 의미의 진화—자연선택과 무작위적 변화라는, 방향도 계획도 없는 과정—는 사실이 아니다. 생물학에서의 설계를 보여주는 넘치는 증거를 부정하거나 설명해 치우려 드는 모든 사고 체계는 이데올로기이지, 과학이 아니다.

우리는 어떤 전장에서 싸우고자 하는가? 그러니까, 일반인들에게 무엇을 납득시키고 싶은가? 생물학에서 모든 수준에 걸쳐 놀랍도록 명백히 나타나는 설계를 그들이 도무지 알아보지 못하고 있음을 깨닫게 하고 싶은가? 아니면, 다윈이 보여준 것은 신 같은 지적 설계자 없이도 설계—진짜 설계, 버젓이 실제로 존재하는 설계—가 가능하다는 것임을 설득시키고 싶은가? 우리는 더는 쪼개질 수 없다는 의미로 명명된 원자가 더는 쪼개질 수 없는 존재가 아님을, 그리고 지구가 태양 주위를 돌고 있음을 전 세계에 설득시켜왔다. 그런데 왜 설계자 없는 설계가 존재할 수 있음을 보이는 교육적인 과제 앞에서는 몸을 사리는가? 그래서 나는 여기서 (다시 한번, 새삼 강조하며) 다음의 주장을 사수한다.

생물권은 설계와 목적과 이유로 가득 차 있다. 내가 "설계적 태도"라 부르는 것은 (어느 정도) 지성적인 인간 설계자가 만든 인공물을 역설계할 때 잘 작동하는 가정과 동일한 가정을 사용하여 생물계 전반의 특성들을 예측하고 설명하는 전략이다.

어떤 현상들을 이해하고 설명하고 예측할 때, 우리는 상이하지만 밀접하게 관련된 세 가지 전략 또는 태도(자세)를 취할 수 있다. 그 세 가지란 물리적 태도physical stance, 설계적 태도design stance, 그리고 지향적 태도intentional stance다.(Dennett 1971, 1981, 1983, 1987, 그 외 다수) 물리적 태도는 위험도는 가장 낮지만 동시에 가장 어려운 전략으로, 문제의 현상을 물리 법칙을 따르는 물리적 현상으로 취급하고, 어렵사리 이해한 물리학 지식들을 이용하여 다음에 무슨 일이 벌어질지 예측하는 것이다. 설계적 태도는 설계된 것에 대해서만 쓸 수 있는 것인데, 여기서 설계된 것이란 인공물은 물론이고 생물 또는 생물의 부분들, 그리고 기능이나 목적을 가진 것들 모두를 일컫는다. 지향적 태도는 주로 자신의 기능을 수행하기 위해 정보를 사용하도록 설계된 존재들을 다룰 때 효과적인 것으로, 파악하고자 하는 존재를 합리적 행위자rational agent로 취급하며 "신념" "욕구" "합리성"을 그 존재에 귀속시킴으로써 그것이 합리적으로 행위할 것이라고 예측하는 전략이다.

자연선택에 의한 진화는 그 자체가 설계된 것도, 목적을 가진 행위자도 아니지만, 마치 그런 것처럼 행동한다(지적설계자가 빠지면서 공석이 된 자리를 채우는 역할을 한다). 자연선택에 의한 진화는 사물들이 다른 방식이 아닌 바로 그 방식으로 배열될 이유들을 "찾고" "추적하는" 과정들의 집합인 것이다. 진화가 찾아낸 이유reason들과 인간 설계자가 찾아낸 이유들의 가장 큰 차이점은, 후자는 일반적으로 (늘 그렇지는 않지만) 설계자의 마음속에 표상되는 반면,

자연선택에 의해 밝혀진 이유들은 대자연의 생산을 역설계하여 규명하는 데 성공한 인간 탐구자에 의해 처음으로 표상된다는 것이다. 《눈먼 시계공The Blind Watchmaker》(1986)이라는 도킨스의 책 제목은 이러한 과정들의 역설적인 성격을 멋지게 일깨워준다. 그 과정들은 한편으로는 맹목적이고 무심하며 목표도 없지만, 다른 한편으로는 설계된 존재자들을 풍성하게 산출하며, 산출된 것들 중 다수는 유능한 창조자(둥지 건축가, 거미줄 방적자 등)가 되고, 소수의 일부는 지성적인 설계자와 건축가, 즉 우리가 된다.

진화 과정들은 색각(색채 지각)color vision을(그리고 이에 따라 색color도) 생겨나게 한 것과 동일한 방식으로 목적들과 이유들을 생겨나게 한다. 점진적으로 말이다. 이유들로 가득한 우리 인간의 세계가 이유가 없던 더 단순한 세계로부터 성장해나온 방식을 이해한다면, 우리는 목적들과 이유들이 색깔만큼이나, 그리고 생명만큼이나 실재한다는 것을 알게 될 것이다. 다윈이 목적론을 추방했다고 주장하는 사람들이 일관성을 유지하려면, 과학이 색과 생명 자체의 비실재성 또한 실증해주었다고도 주장해야 한다. 생물과 색이 있는 사물은 모두 원자로 이루어져 있다. 그리고 원자는 색이 없고, 살아 있지도 않다. 색도 없고 살아 있지도 않은 이 존재들의 커다란 집합체에 불과한 것들이 어떻게 색을 지닐 수 있고 또 살아 있을 수 있을까? 이것은 (결국엔) 대답되어야 하고 또 대답될 수 있는 수사적 질문이다. 이제 나는 단백질이 하는 일에 이유가 있고, 박테리아가 하는 일에 이유가 있으며, 나무가 하는 일, 동물이 하는 일, 그리고 우리가 하는 일에 이유가 있다는 주장을 옹호하고자 한다. (그리고 이와 마찬가지로 색도 실재하고, 그렇다. 버지니아주도, 생명도, 실제로 존재한다.)

"왜"의 서로 다른 의미들

이유들이 실재함을, 정확히 말하자면 자연에 이유들이 편재함을 보는 가장 좋은 방법은 아마도 "왜"의 서로 다른 의미들에 대해 숙고해보는 것일 것이다. '왜'라는 단어는 다의적인데, '왜'의 자리를 **무엇을 위해**what for와 **어떻게 해서**how come라는 두 가지의 익숙한 어구로 대체해보면 주된 모호함이 잘 드러난다.

> "너 왜 네 카메라를 내게 건네는 거야?"는 당신이 **무엇을 위해** 그 행동을 하는지 묻는 말이다.
> "얼음은 왜 물에 뜨지?"는 이 현상이 **어떻게 해서** 벌어지는가를 묻는 말이다. 얼음의 구조가 어떻게 형성되었기에 액체 상태의 물보다 밀도가 낮은가를 답해야 한다.

어떻게 해서를 묻는 질문은 그것이 **무엇을 위해** 그렇게 되었는가에 관한 이야기가 배제된, 그 현상을 설명할 **과정 서사**process narrative를 요구한다. "하늘은 왜 파란가?" "해변의 모래는 왜 크기별로 분급되는가?" "방금 왜 땅이 흔들렸지?" "왜 우박은 뇌우를 동반할까?" "진흙이 마르면 왜 이런 모양으로 갈라지지?" "이 터빈의 날은 왜 고장이 났을까?" 등이 그 예다. 어떤 사람들은 얼음이 왜 물에 뜨냐는 질문을, 무생물계의 이러한 특성이 **무엇을 위해** 생겨난 것인가를 묻는 질문—아마도 그 답은 신의 이유일 것이다—으로 취급하길 원할지도 모른다. ("나는, 물고기들이 겨울에도 죽지 않기를 신께서 원하셨기 때문이라고 생각해. 얼음 아래의 물에서 지낼 수 있게끔 하신 거지. 연못이 밑바닥부터 얼어버리면 물고기들이 살 수 없을 테니까.") 그러나 **어떻게 해서**를 묻는 질문에 대한 답, 즉 물리학과 화학의 언어로 된 설명을 우리가 가지고 있는 한, 그 답 외의 것을 더 묻는 것은 진짜로 편집증에 가까운 무언가가 되어버릴 것이다.

다음의 네 질문을 비교해보라.

1. 당신은 행성들이 왜 구형인지 그 이유를 아는가?
2. 당신은 볼 베어링들이 왜 구형인지 그 이유를 아는가?
3. 당신은 소행성들이 왜 구형이 아닌지 그 이유를 아는가?
4. 당신은 주사위가 왜 구형이 아닌지 그 이유를 아는가?

"이유"라는 말은 위의 네 질문 모두에 적합(적어도 내 생각엔 그렇다—당신은 어떤가?)하지만, (1)과 (3)에 대한 답은 이유들을 제공하는 것이 아니라(거기엔 어떠한 이유도 없다), **원인**causes 또는 과정에 대한 서사를 제공한다. 어떤 맥락에서는 유감스럽게도 "이유"라는 말이 **원인**을 의미할 수 있다. 질문 (2)와 (4)에 대해 당신은 "글쎄, 볼 베어링들은 금속을 회전시키는 선반에서 만들어졌으니까…… 그리고 주사위는 상자 모양의 거푸집에서 찍어낸 거니까……"라는 식으로 말하며 과정 서사를 제공할 수도 있는 것이다. 그러나 이런 것들은 **이유**가 아니다. 사람들은 때때로 서로 다른 질문을 혼동한다. 1974년 웨스턴미시간대학교에서 스키너 행동주의의 열렬한 옹호자 잭 마이클Jack Michael[a]과 논쟁하며 주고받은 인상적인 대화가 그 좋은 예가 될 것이다. 당시 나는 〈탈탈 털린 스키너Skinner Skinned〉[b]라는 제목의 논문을 발표(1978년에 펴낸 책 《브레인스톰Brainstorms》에 실렸다)했고, 마이클은 특히 대담한 행동주의적

a 원서에는 루 마이클스Lou Michaels라고 되어 있으나, 출간 후 데닛이 만든 정오표에 따라 잭 마이클이라고 고쳐 번역하였다.

이데올로기를 주장하며 내 논문을 반박했다. 나는 이에 대해 "그런데 잭, 당신은 왜 그렇게 말하십니까?"라고 물었는데, 그는 즉각 "왜냐하면 나는 과거에 그렇게 말한 것에 대해 보상을 받았거든요."라고 응답했다. 나는 이유—**무엇을 위해**—를 요구했는데 그는 과정 서사—**어떻게 해서** 그렇게 되었는지—를 답으로 준 것이다. 이 두 가지 사이에는 분명한 차이가 있으며, 이 차이를 날려버리려 한 그 스키너주의자의 실패한 시도는 실증주의적으로 생각하는 과학자들에게 "무엇을 위하여"를 추방하려 한다면 이해에 있어 큰 대가를 치러야만 함을 알리는 경고가 되어야 한다.

이 책의 제일 처음에 나오는 두 문장은 "마음은 어떻게 해서 존재하게 되었는가? 그리고 마음이 이런 걸 묻고 답하는 건 어떻게 가능할까?"이다. 이 질문이 요구하는 것은 과정 서사이며, 바로 내가 제공하려는 것이다. 그러나 "무엇을 위해"를 묻는 질문들이 어떻게 해서 나왔는지에 대한 답 역시 과정 서사가 될 텐데, 그렇다면 "무엇을 위해?"라는 질문은 도대체 무엇을 위한 것일까?

"왜"의 진화: '어떻게 해서'에서 '무엇을 위해'로

자연선택에 의한 진화는 **어떻게 해서**에서 출발하여 **무엇을 위**

---

b 스키너는 행동주의 심리학을 주류 심리학의 지위에 올려놓음으로써 20세기 가장 영향력 있는 심리학자 중 한 명이 되었다. 그러나 스키너의 주장에 강한 반감을 표한 데닛은 이 논문에서 스키너의 오류와 잘못들을 가혹하다는 생각이 들 정도로 하나하나 지적하였다. 'skinned'라는 영어 단어는 '(과일 등이) 껍질이 벗겨진'이라는 뜻이지만, 다소 속된 의미로는 '본전도 못 찾고 다 잃은, 지닌 것이 없을 정도로 탈탈 털린'이라는 뜻도 있다. 이 제목은 전형적인 데닛의 언어 유희라 할 수 있다.

해에 이른다. 우리는 어떠한 이유도 어떠한 목적도 전혀 없는 무생명의 세계에서 출발하지만, 거기에도 벌어지는 과정들이 있다. 공전하는 행성들, 조석, 동결, 융해, 화산 분출, 그리고 어마어마한 수의 화학 반응들이. 그 과정 중 어떤 것들은 다른 과정들을 생성하기도 하고, 그로 인해 생성된 과정들도 또 다른 과정을 생성하며, 이런 일들이 계속되다 보면 마침내 어떤 사물들이 지금의 상태처럼 배열된 **이유들**을 기술하기에 **적절한** 때라고 **생각되는** 모종의 "지점"(그러나 선명한 경계선 같은 것은 기대하지 마시라)에 이르게 된다. (우리는 **왜** 그것이 적절하다고 보는가, 그리고 우리는 어떻게 그런 마음 상태에 이르는가? 인내하시라. 이에 대한 답이 곧 나올 것이다.)

인간 반응의 중심 특성이자 우리 종에게만 고유한 특성 중 하나는, 상대에게 스스로를 설명할 것을, 그리고 선택과 행동을 정당화할 것을 요구하며, 그렇게 얻은 설명과 정당화를 바탕으로 상대를 판단하고 보증하고 반박하는 활동을 한다는 것이다. 이 활동은 순환적인 "왜" 게임 안에서 이루어진다. 아이들은 자기 역할을 일찍 깨치고, 종종 그 역할을 과도하게 수행하면서 부모의 인내심을 시험하기도 한다. "널빤지를 왜 잘라요?" "문짝이 망가져서 새 문짝을 만드는 거란다." "새 문짝은 왜 만드는데요?" "그래야 우리가 외출할 때 잠그고 나갈 수 있으니까." "왜 외출할 때 잠그고 나가야 하는데요?" …… "모르는 사람이 우리 물건을 가져가면 왜 안 돼요?" …… "우리한테 물건이 왜 있어요?" 이 상호 이유 점검reason-checking에는 우리 모두 참여하며, 또 모두 능수능란하게 이것을 해낸다. 이 사실은 상호 이유 점검이 우리 삶을 영위하는 데 매우 중요하다는 증거가 된다. 이 이유 점검 활동에서 적절히 **대응**하는 우리의 능력은 **책임**의 뿌리다.(Anscombe 1957) 자기 자신을 설명하지 못하거나 타인이 제안한 이유들에 의거하여 행동하지 못하는 사람들, 그리고 충고자들의 설득에 "귀 막은" 사람들은 책임감이 적다고 판정되며, 그렇지 않은 사람들과는 법적으로 다른 취급을 받는다.

행동의 이유들을 서로 요구하고 평가하는 행위가 인간이 깨어 있는 모든 시간을 차지하는 것은 아니지만, 우리 활동들을 조직화하고 청소년들이 어른의 역할을 시작하게 하는 데, 그리고 우리가 서로를 판단할 규범을 확립하는 데 주된 역할을 한다. 이 연습은 우리 삶의 방식에서 매우 중심적인 것이어서, 다른 사회적 종—이를테면 돌고래, 늑대, 침팬지—은 어떻게 이것 없이 살아갈 수 있는지 상상하기조차 힘들 때가 종종 있다. 유년기의 비인간 동물들은 어떻게 "자기 자리를 배우는가?" 그들의 자리가 어디라고 누가 말을 해주는 것도 아닌데? 코끼리들은 다음 이동의 행선지와 시기에 관한 의견 불일치를 어떻게 해결하는가? 승인과 비승인의 미묘한 본능적 신호들은 충분해야 하고, 다른 그 어떤 종도 우리 인간이 성취한 것과 같은 복잡한 수준의 협동 행위에까지는 이르지 못했다는 것을 기억해야 한다.

피츠버그대학교의 철학자 윌프리드 셀러스Wilfrid Sellars는, 인간이 서로의 이유를 추론하는 이 행위를 "이유들의 논리적 공간the logical space of reasons"(1962)을 창조하거나 구성하는 것이라고 묘사했으며, 이로부터 영감을 얻은 한 세대의 피츠버그 철학자들(로버트 브랜덤Robert Brandom과 존 호지랜드John Haugeland가 이끌었던)은 이 주제를 자세하게 파고들었다. 허용될 수 있는 움직임(체스에 비유하자면 행마 또는 수)은 무엇이며, 왜 그런가? 새로운 고려 사항들은 '이유들의 논리적 공간'에 어떻게 진입하며, 위반 행위들은 어떻게 다루어지는가? 이유들의 공간은 규범들norms에 의해 제약된다. 여기서 규범이란, 이유 대기 게임reason-giving game을 진행할 때 틀린 길이 아닌 옳은 길을 어떻게 따라가야 하는가에 대한 상호 인식을 뜻한다. 이유가 존재한다면, 그때마다 일종의 **정당화**에 대한, 그리고 일이 잘못될 경우 **교정** 가능성에 대한 공간과 수요가 생긴다.

"규범성"은 윤리의 기초다. 이유 대기가 어떻게 **진행되어야 하는가**를 이해하는 능력은 사회에서 어떻게 살아야 하는가를 이해하기 위한 전제 조건이기 때문이다. 이 연습은 왜, 그리고 어떻게 이루어지는가? 그리고 그 규칙들은 왜, 그리고 어떻게 생기는가? 그것이 태곳적부터 존재했던 것은 아니지만 지금은 존재한다. 어떻게 해서? 그리고 무엇을 위해? 피츠버그 철학자들은 그것이 어떻게 "그렇게 되었는지"를 묻는 이 질문을 다루지 않았다. 따라서 우리는 이유 대기 게임의 진화에 관한 우리 자신의 신중한 추측을 이용하여 그들의 분석을 보충해야만 한다. 나는 피츠버그 철학자들이 이 질문을 무시함으로써, 상이한 두 가지 규범 및 그와 연관된 교정 유형들을, 즉 내가 **사회적 규범성**social normativity과 **도구적 규범성**instrumental normativity이라 부르고자 하는 것들을 구분할 수 없게 되었음을 드러내 보이려고 한다. 사회적 규범성은 피츠버그에서 분석되고 유명해진 것으로, 소통과 협력의 연습에서 생겨난 **사회적** 규범들과 관련된다(그래서 호지랜드는 1988년 책에서 사회 구성원들의 "까다로움censoriousness"이 실제로 교정을 행하는 힘이라고 말했다). 도구적 규범성은 품질 관리나 효율(당신은 이런 것들을 공학적 규범이라 부를 수도 있을 것이다)에 관련된 것으로, 자연발생적인 실패나 시장의 힘 등에 의해 드러난다. 선행good deed과 좋은 도구good tool를 구분해보면 이 점이 훌륭하게 묘사된다. 선한 행위라도 서툴게 실행될 수 있고 심지어는 목적을 이루지 못할 수도 있으며, 좋은 도구도 효과적인 고문 장비나 악마의 무기가 될 수 있다. 이와 동일한 대조가 부정적인 경우들에서도 이루어지는 것을 볼 수 있다. **버릇없다**와 **멍청하다**의 구분을 생각해보자. 사람들이 당신에게 벌을 준다면, 그것은 자기들의 판단에 비추어보아 당신이 버릇없기 때문일 것이다. 반면에 대자연이 당신에게 벌을 내린다면 당신이 멍청하기 때문일 수 있으며, 그때 대자연 자체에는 아무런 판단도 생각도 없을 것이다. 앞으로 보게 되겠지만, 대자연에서 이유를 식별해낼 수 있는 관점을 형성하려면 두 종류의 규범이 모두 필요하다.

색각은 색과 공진화해왔지만,[a] 이유 이해력Reason-appreciation과 이유는 그런 방식으로 공진화해오지 않았다. 이유 이해력은 이유보다 늦게 출현한, 그리고 더 발달된 진화의 산물이다.

이유가 있는 곳마다 암묵적인 규범이 호출될 수 있다. 실제 이유는 언제나 좋은 이유일 것이라고, 그러니까 논의되고 있는 특성을 정당화하는 이유일 것이라고 가정되는 것이다. (그 어떤 "어떻게 해서" 질문도 정당화에 대한 요구를 함축하지 않는다.) 예를 들어, 새로 발견된 인공물을 역설계할 때, "쓸모 있어" 보이지 않는 손잡이가 (물론 빛이 그 위로 떨어지면 그림자를 만든다든지, 인공물의 무게중심이 달라진다든지 하는 쓸모는 있겠지만, 실질적인 기능은 없어 보인다는 뜻이다) 왜 구석에 눈에 띄게 달려 있는지 물어볼 수 있다. 우리는 설계자가 그 손잡이를 만든 이유가, 그것도 좋은 이유가 있으리라 기대한다. 그렇지 않다는 것을 알게 되기 전까지는 말이다. 진짜로 좋은 이유가 있었을 수도 있지만, 그 이유는 사라져버리고 제조업체들은 이 사실을 망각해버렸다. 그래서 지금 그 손잡이는 기능

---

a 앞에서 데닛이 "진화 과정들은 색각(색채 지각)을 (그리고 이에 따라 색도) 생겨나게" 했다고 말한 것처럼, 그는 생물계에 색이 먼저 있었고 그것을 인식하고 분류하고 부호화하는 색채 지각이 생겼다는 생각이 틀렸다고 주장한다. 데닛에 따르면, 자연의 어떤 생물은 눈에 띌 필요가 있었고, 눈을 가진 다른 생물은 그것을 볼 필요가 있었으므로, 전자의 경우에는 돌출성을 높이는 방향으로, 후자의 경우에는 보아야 할 과제 부담을 최소화하는 색각 시스템을 갖추는 방향으로 공진화했다.

없이, 흔적처럼, 그리고 오로지 제조 공정의 관성 때문에 존재하고 있다. 이와 똑같은 기대가 생물체들에 대한 역설계 탐구를 추동하며, 생물학자들은 자연선택이 수수께끼 같은 특성을 "선택했을" 때, "대자연이 의도한" 것 또는 "진화가 염두에 둔 것"에 관해 말할 것을 종종 스스로에게 무심코 허락하기도 한다.[10] 생물학자들의 이러한 관행은 의심할 여지 없이, 인간이 설계하고 만든 인공물에 대한 역설계의 직계후손이며, 그 인공물 자체도 인간의 활동을 위해 그것의 이유를 요구하고 제공하는 사회 관습의 직계후손이다. 이는 이러한 관행이 시대에 뒤떨어진 전前 과학적 사고방식의 잔재임을 의미할 수도—그리고 많은 생물학자가 그렇게 짐작한다—있지만, 역설계가 생물의 영역으로까지 훌륭하게 확장된다는 것을 생물학자들이 발견했음을 의미할 수도 있다(이 발견은 자연이 우리에게 부여한 생각 도구들을 사용했기에 가능했다. 이 생각 도구들 덕분에 우리는 세계에 실재하는 패턴들을 발견할 수 있었고, 그 패턴들이 또 다른 실제 패턴들의 존재를 위한 이유라 불릴 수도 있음을 알게 되었다). 우리가 후자의 주장을 옹호하려면, 진화 자체가 어떻게 진행될 수 있었는지를 좀 살펴보아야 한다.

---

10 그 예로, 생물학자 셜리 틸그먼Shirley Tilghman은 2003년 왓슨강연Watson Lecture에서 이렇게 말했다. "그러나 명백히, 그간 비교되어온 이 두 유전체의 어떠한 부분을 보더라도, 진화가 정말로 힘겹게 이루어져왔다는 것이 즉각적으로 드러납니다. 우리가 유전자 및 그와 밀접하게 관련된 규제 요소들로 설명할 수 있는 것보다 훨씬 더 많은 유전체들을 보존하면서 말이죠. …… 과학자들은 진화가 DNA의 이 작은 조각들에 그렇게 큰 주의를 기울일 때 과연 진화의 마음속에는 무엇이 있었는지 알아내기 위한 현장 학습을 해야 합니다."

생육하고 번성하라

《다윈의 위험한 생각Darwin's Dangerous Idea》(1995)에서 나는, 자연선택이 **알고리즘**의 과정, 즉 정렬(분급)sorting 알고리즘들과 일종의 무심한 품질관리 시험 단계의 집합체라고 주장한 바 있는데, 이때 정렬 알고리즘들은 그 자체가 생성 단계에서 사용되는 무작위성(의사疑似 무작위성, 혼돈)을 이용하는 생성과 시험generate-and-test 알고리즘들로 **구성되고**, 품질관리 시험은 더 많은 자손을 가진 쪽이 토너먼트에서 승리하는 식으로 이루어진다. 생성 과정의 이 단계적 연쇄는 어떻게 시작될까? 바로 앞 장에서 지적했듯이, 생명의 기원을 이끌어낸 모든 실제 과정은 아직 알려지지 않았다. 그러나 늘 그렇듯, 다양한 점진적 개정revision 과정들이 공을 굴러가게 하는 데 이용될 수 있다는 것을 지적함으로써 우리는 안개를 조금 걷어낼 수 있다.

전前 생물 또는 비非 생물 세계는 움직이는 원자들로 이루어진 무작위적 콘페티confetti[a]의 세계 같은 완전한 혼돈은 아니었다. 특히 거기에는 다양한 시공간적 스케일의 **순환(사이클)**들—계절, 밤과 낮, 조석, 물의 순환, 그리고 원자와 분자 수준에서 발견할 수 있는 수천 가지의 화학적 순환들—이 있었다. 이러한 사이클들을 알고리즘의 do-루프라고 생각해보자, 무언가를 "성취"하고 나면—이를테면 무언가를 축적하기, 옮기기, 정렬하기 등을 수행하면—시작점으로 돌아와 행동을 반복하며 (그리고 반복하고 또 반복하며) 세계의 조건들을 점진적으로 변화시키고, **그럼으로써 무언가 새로운 일이 벌어질 확률을 높인다**. 비생물 세계에서 벌어지는 이 놀라운 일

a 공연이나 음악방송 등에서 꽃가루가 쏟아지는 것처럼 뿌리는 작은 종잇조각들이다.

들 중 한 가지 사례가 2003년 마크 A. 케슬러Mark A. Kessler와 브레들리 T. 베르너Bradley T. Werner에 의해 《사이언스Science》에 발표되었다.[b]

누구든 돌로 이루어진 이 원들을 보면, 땅에 흩어진 돌들이 자연적으로 이런 형태를 이루기는 거의 불가능하다고 생각할 것이다. 이 원들은 "인공적인"—앤디 골즈워디Andy Goldsworthy가 만들었음직한 우아한 야외 조각품을 연상시키는—것으로 보이지만, 실상은 북극해 주변의 스피츠베르겐Spitsbergen 지역에서 동결과 융해가 반복되어 만들어진, 그러니까 마음 없는 오로지 기계적인 순환이 수백 또는 수천 번 반복되어 만들어진 자연의 산물이다. 뉴잉글랜드의 농부들은 수백 년 전부터 매년 겨울 서리가 돌들을 토양 표면 위로 밀어 올린다는 것을 알고 있었다. 그래서 그들은 밭을 갈고 작물을 심기 전에 밭에 "새로 돋아난" 돌부터 치워야 했다. 지금도 뉴잉글랜드에서는 들판 가장자리를 따라 숲(과거에는 이 숲이 들판이었다)까지 내달리고 있는 유명한 돌 담장 "스톤월stone wall"을 볼 수 있는데, 이 담장은 무언가를 지키거나 침입을 막으려는 의도에서 만들어진 것이 아니다. 사실 스톤월은 벽이 아니라 자갈과 작은 돌멩이들을 좁게 쌓아 올린 것이며, 재료가 된 돌들은 모두 농부들이 경작지에서 파내어 밭 가장자리로 옮긴 것이다. 그것들은 명백히 어떤 목적에 따라 이루어진, 의도적이고 고단한 인간 활동의 결과물이다. 모순적이게도, 결빙과 해동의 수많은 주기가 지나는 동안 뉴잉글랜드의 농부들이 이 돌들을 파내지 않았다면 이 돌들 역시 케슬러와 베르너가 연구했던 것과 같은 "무늬 있는 땅"을 만들었을 것이다. 그 무늬가 항상 원은 아니고, 다각형일 경우가 훨씬 많으며 때로는 미

b 구글에 케슬러와 베르너의 논문 제목 Self-Organization of Sorted Patterned Ground를 검색하면 해당 논문과 관련 이미지를 볼 수 있다.

그림 3-1 스피츠베르겐의 원형 돌무더기 © Hannes Grobe

로를 비롯한 다른 형태로 나타나기도 하지만 말이다. 케슬러와 베르너는 돌의 크기와 토양의 습도, 밀도, 온도, 동결 속도, 그리고 언덕 경사의 구배를 매개변수로 하여 이 다양한 분급의 결과를 구하는 모형—알고리즘—을 만들어 이 과정을 설명했다. 이들의 연구 덕분에 우리는 이러한 현상들이 그곳에 **어떻게 해서** 존재하게 되었는가에 관한 꽤 좋은 아이디어를 얻었으며, 이러한 돌 원들과 마주하고는 그 뒤에 목적을 가진 제작자가 있을 거라고 결론짓는 사람, 즉 **무엇을 위해** 질문에 답하는 사람이 있다면 그가 누구든 틀렸다고 이야기할 수 있게 되었다.

비생물 세계에서는 많은 유사한 사이클이 동시에, 그러나 비동기적으로 일어난다. 서로 다른 반복 주기의 과정이 얽히고설키고 또 얽혀 화학적 가능성의 공간을 "탐험"하면서 말이다. 이는 여러 가지 병렬 처리일 것이며, 서로 다른 장소에서 다른 비율로 생산된 서로 다른 부품들을 한데 모아 조립하는 산업적 **대량 생산**과 약간 비슷할 것이다. 이 비생물적 대량 생산에는 계획도 동기도 없다는 점만 제외하면 말이다.

비생물 세계에는 차별적인(차등) **반복 생산**differential re-production은 없지만, 다양한 차등 **존속**persistence은 분명히 존재한다. 부분들의 어떤 조합은 다른 조합들보다 더 오래 지속되고, 그로 인해 개정되고 조정될 시간을 좀더 가질 수 있는 것이다. 간단하게 말하자면, 여기서도 빈익빈 부익부가 성립한다. 아직 이들이 자손에게 부를 물려줄 수는 없지만 말이다. 차등 존속은 어떻게 해서든 차등 **재생산**reproduction으로 점진적으로 변한다. 이 과정이 어떻게 전개되는지 살펴보자. 화학적 조합들의 차등적 "생존"이라는 원다윈주의적proto-Darwinian 알고리즘은 자기촉매 반응 사이클을 생겨나게 할 수 있고, 그것은 다시 차등 **복제**replication를 생겨나게 할 수 있다. 차등 복제는 차등 존속의 특별한 경우, 그것도 매우 특별한 경우이면서 특히 폭발적인 유형의 존속인데, 증식(!)에 의해 그 유리한 점을 증폭시킨다. 결국 복사본에 가까울 정도로 꼭 닮은 많은 존속자가 만들어지게 되며, 이들은 하나 또는 두 개의 개체가 할 수 있던 것보다는 훨씬 더 많은, 세계의 아주 약간씩만 다른 모퉁이들을 "탐험"할 수 있다.

광고 문구는 "다이아몬드는 영원히"라고 말하지만, 이것은 과장이다. 다이아몬드는 장구한 세월 동안 존속하며 대부분의 경쟁 물질보다 훨씬 잘 존속하긴 하지만, 이 광물의 존속성도 시간에 따라 선형적으로 감소한다고 모형화될 수 있다. 화요일의 다이아몬드는 그 선조, 즉 월요일의 다이아몬드와 거의 비슷하(지만 완전히 동일하지는 않)고, 월요일의 다이아몬드는 또 일요일의 다이아몬드와 거의 비슷하(지만 완전히 동일하지는 않)고 등등으로. 다이아몬드는 결코 증식하지 않는다. 하지만 닳고 쪼개지거나, 점점 딱딱해지는 진흙으로 뒤덮이는 등 그 존속성을 감소시키거나 증대시킬 변화를 축적할 수 있다. 존속 가능한 다른 것들처럼, 다이아몬드도 그 자신이 이런 저런 방식으로 포함되는 많은 do-루프들과 사이클들의 영향을 받는다. 이러한 효과들은 장시간 축적되기보다는 종종 후속 효과들에 의해 씻겨 나가곤 하지만, 때때로 장벽이 세워지기도 한다. 몇몇 종류의 벽이나 막이 만들어져 추가 보호를 제공하는 것이다.

소프트웨어의 세계에는 잘 인식된 두 가지 현상이 있는데, **세렌디피티**serendipity와 그 반대편의 **클로버링**clobbering이 바로 그것이다. 전자는 관계없던 두 프로세스가 우연히 충돌하여 좋은 결과를 만들어내는 것이고, 후자는 파괴적인 결과를 빚는 충돌을 말한다. 무슨 이유에서든 클로버링을 방지하는 경향이 있는 벽이나 막은 특히 존속성이 있을 것이며, 내부 사이클(do-루프)들을 허용하여 간섭 없이 작동하게 할 것이다. 따라서 우리는 화학적 회로들의 무리—크레브스 회로를 비롯한 **수천** 개의 회로들—를 둘러싸기 위해서는 공학적으로 막이 필요했으며, 이들이 함께 생명의 출현을 가능하게 했음을 알 수 있다. (세포 내 화학적 사이클들에 대한 이 알고리즘적 견해에 대한 가장 훌륭한 자료는 데니스 브레이Dennis Bray의 2009년 책 《웨트웨어Wetware》다.) 가장 단순한 박테리아 세포마저도 절묘한 효율성과 우아함을 갖춘 화학적 네트워크로 이루어진 일종의 신경계를 지니고 있다. 그렇지만 막들과 do-루프들의 올바른 조합이 전前 생물 세계에서 어떻게 생겨날 수 있었을까? 누군가 말한다. "100만 년으로는 어림없지!" 좋다. 그럼 1억 년 정도라면? 그 정도 시간이라면 한 번쯤은 그런 일이 생길 수 있지 않을까? 그리고 그런 일은 단 한 번만 일어나도 재생산(번식)의 도화선에 불을 댕길 수 있다.

존속성이 서서히 증식multiplication으로 변해가는 이 과정의 초기로 우리가 거슬러 올라가 있고, 이전에는 없었던 종류의 품목들이 우리 눈앞에서 급증proliferation하고 있다고 상상하자. 우리는 "왜 우리가 여기서 이 있을 법하지 않은 일을 목도하고 있는가?"라고 묻는다. 이 질문은 중의적이다! **어떻게 해서**를 설명할 답변인 과정 서사와 **무엇을 위해**에 관한 답변인 정당화가 모두 가능하기 때문이다. 우리 눈앞의 세계에서는 어떤 특정 화학 구조들은 존재하지만 화학적으로 가능한 다른 대안 구조들은 존재하지 않으며, 우리가 보고 있는 것은 국소적 환경에서 그 대안 구조들보다 더 **잘 존속된** 것들이다. **유능한 번식자가 생기려면, 그전에 유능한 존속자, 즉 개정 대상으로 선발될 때까지 충분히 오랜 시간을 버틸 수 있는 구조가 있어야 한다.** 이는 확실히, 그다지 인상적인 능력은 아니지만 다윈주의적 설명이 필요로 하는 바로 그것이다. 너무 화려할 것 없는, 단지 능력 있는 셈인sorta competent 그 어떤 것 말이다. 우리는 **비기능적인 것**들이 자동적(알고리즘적)으로 벗겨져 나가고 세계가 기능적인 것들로 가득 차는 것을 목격하고 있다. 그리고 우리가 번식하는 박테리아를 보게 될 때쯤이면 세상은 기능적인 기교들로 풍부해져 있을 것이다. 달리 말하자면 **왜** 생물체의 각 부분이 그렇게 생기고 조직되었는가에 대한 **이유들**이 존재한다는 것이다. 우리는 번식하는 그 어떤 개체라도 역설계할 수 있어서, 그것의 좋은 점과 나쁜 점을 가릴 수 있으며, 그것이 **왜** 좋거나 나쁜지도 이야기할 수 있다. 이것이 바로 이유들의 탄생이며, 글렌 애덜슨Glenn Adelson이 다윈주의에 대한 다윈주의(Godfrey-Smith 2009)라 적절히 이름 붙인 것의 사례 중 하나로 만족스럽게 일컬어질 수 있다. 단순한 원인들만 논해질 수 있었던 종種으로부터 이유가 논해질 수 있는 종이 점진적으로 출현하는 것이다.

이는 **어떻게 해서**로부터 **무엇을 위해**가 출현하는 것이며, 그 둘 사이에 "본질적인" 구분선은 없다. 마치 '최초의 포유류Prime Mammal'—자신은 포유류지만 제 어미는 포유류가 아닌, 그야말로 최초로 태어난 포유동물—가 없는 것처럼, '최초의 이유Prime Reason', 즉 무언가를 그 "경쟁 상대"보다 존재에 더 적합하게 만들기 때문에 그 무언가의 존재함을 돕는 생물권의 첫 번째 특징 또한 없다.

그러므로 자연선택은 자동 이유탐색기reason-finder다. 이것은 많은 세대에 걸쳐 이유를 "발견하고" "승인하며" 이유들에 "초점을 맞춘다". 글자 그대로 받아들이지 말라는 경고의 큰따옴표는, 자연선택은 마음이 없으며 그 자체로 어떤 이유를 가지지 않음을 우리에게 상기시키지만, 그럼에도 자연선택은 설계 개선이라는 "과업"을 수행할 능력이 있다. 이 경고의 따옴표들을 현금화할 방법을 확실히 알아두자. 많은 변이가 존재하는 딱정벌레 개체군이 있는데, 어떤 개체는 (번식을) 잘하지만 대부분의 개체는 그렇지 않다고 하자. 생식 면에서 (특징적으로) 잘하고 있는 소수 집단을 택하여 그 각 개체에 관해 그 개체는 **왜** 평균보다 잘하는가를 물어보자. 우리의 질문은 중의적이다. **어떻게 해서**로 해석될 수도 있고, **무엇을 위해**로 해석될 수도 있다. 많은 경우, 아니, 대부분 후자의 질문에 대한 대답은 이렇다—**전혀 이유가 없다**. 좋든 나쁘든, 그건 그저 운일 뿐이다. 이 경우 우리는 우리 질문에 대한 **어떻게 해서** 답변만 얻을 수 있다. 그러나 매우 소수이긴 하겠지만, **무엇을 위해** 질문에 대한 답이 존재하는 경우들이 포함된 부분집합이 존재한다면, 즉 **우연히 차이를 만들어내는 차이**가 존재한다면, 그러한 경우들은 이유의 싹을 공통적으로 갖게 된다. 원한다면 이를 원이유proto-reason라 불러도 좋다. 과정 서사는 그것이 어떻게 나오게 되었는지를 설명하고, 그 과정에서 이 개체들이 왜 저 개체들보다 더 나으며 왜 경쟁에서

이기는지를 설명한다. "최고의 개체에게 승리를!"은 진화 토너먼트의 슬로건이며 승자, 즉 더 나은 쪽은 그들의 향상이 정당하다는 증표를 옷소매에 부착한다. 모든 세대, 모든 계보에서 오직 몇몇 경쟁자만이 겨우 생식에 성공하며, 다음 세대의 각 후손은 그저 운이 좋거나, 어떤 측면에서 재능을 가질 운이 있거나 둘 중 하나다. 그리고 후자의 집단이 **선택되었다**(당신은 어떤 '**원인**cause'에서 선택된 것이라 말할지도 모르겠지만, 어떤 '**이유**'에서 선택되었다고 하는 것이 낫다). 이는 기능이 어떤 과정을 통해 축적되었는지를 설명해준다. 기능들의 축적은 목적들을 지니긴 하지만 그 목적들을 알 필요는 없는 것들을 만들어내면서 이유들을 무작정 추적하는 그런 과정에 의해 이루어졌다. 스파이 소설들에서 유명해진 필지 원칙Need to Know principle[a]은 생물권 역시 장악하고 있다. 한 생물이 자신에게 태생적으로 주어진 선물들이 왜 자신에게 이득인지 굳이 알아야 할 필요가 없는 것처럼, 자연선택 자체도 자기가 무엇을 하는지 알아야 할 필요가 없는 것이다.

다윈은 이를 이해하고 있었다.

> "자연선택"이라는 용어는 어떤 면에서는 나쁜 표현인데, 의식적인 선발choice을 의미하는 것처럼 보이기 때문이다. 그러나 논의에 조금 친숙해지면, 이 점은 무시하게 될 것이다. 화학자들이 "선택적 친화력elective affinity"을 말하는 것에는 누구도 반대하지 않는다. 그리고 확실히, 생명체가 새로운 형태의 선택이나 보존을 결정해야 하는 상황에서 선택권이 없듯이, 산이 염기와 결합할 때도 선택의 여지가 없다. …… 간략함을 위해 나는 때때로

a 알릴 필요가 있는 사람에게만, 필요한 정도까지만 정보를 공개한다는 원칙이다.

자연선택을 마치 지성적인 힘인 것처럼 이야기하곤 한다—중력에 의한 이끌림이 행성의 운동을 지배한다고 천문학자들이 말하는 것처럼. …… 또한 나는, 종종 자연Nature을 의인화하기도 한다. 이 애매성을 거부하기는 힘들다는 것을 알았기 때문이다. 그러나 나는 본성nature이라는 말로는 많은 자연법칙의 산물과 집합적인 반응만을 의미한다—그리고 법칙이라는 말로는 사건들의 확인된 연쇄만을 가리킬 것이다.(1868, pp. 6–7)

따라서 이유들은, 이유 표상자reason-representer—바로 우리—가 존재하기 오래전부터 있었다. 진화에 의해 추적된 이유들을 나는 "부유하는 합리적 근거free-floating rationales"라 불렀는데, 이 표현은 확실히 몇몇 사상가들의 신경을 거슬리게 했고, 그들은 내가 모종의 유령을 불러내려는 것은 아닐까 의심했다. 그러나 전혀 그렇지 않다. 부유하는 합리적 근거들은 수數나 질량중심이 그러하듯 전혀 문제적이지도 않고 유령 같지도 않다. 사람이 산수를 표현할 방식을 고안하기 전에도 육면체는 8개의 모서리를 지니고 있었고, 소행성들의 질량중심은 그 개념을 생각하고 계산해낼 물리학자들이 존재하기 전부터 존재해왔다. 이와 마찬가지로, 이유들은 이유추론자reasoner, 즉 이유를 생각하는 존재들이 존재하기 훨씬 전부터 존재해왔다. 어떤 이들은 이러한 사고방식이 우리를 불안하게 만들며 아마도 "불건전"하다고 생각하지만, 나는 수긍하지 않는다. 오히려 나는, 내가 그들의 두려움을 가라앉힐 수 있기를, 그리고 이유—인간 탐구자들 또는 그 어떤 마음들에 의해 표상되거나 표현되기 전에 존재했으며, 진화에 의해 밝혀진—에 대해 이야기하면서도 우리 모두 행복해질 수 있음을 확신시킬 수 있기를 바란다.[11]

흰개미 성과 안토니 가우디Antoni Gaudí의 사그라다파밀리아성당La Sagrada Familia의 놀랍도록 비슷한 구조를 떠올려보라. 둘은 형태 면에서는 매우 유사하지만, 기원과 건설의 측면에서는 전적으로 다르다. 흰개미 성의 구조와 형태에는 **이유들이 있**지만, 성을 건축한 그 어떤 흰개미도 그 이유를 표상하지 않는다. 그 구조를 계획한 건축가 흰개미는 없으며, 자신들이 왜 그러한 방식으로 성을 짓고 있는지를 조금이라도 눈치채는 흰개미 개체 또한 없다. 이것은 이해력 없는 능력competence without comprehension이며, 이에 대해서는 나중에 설명하겠다. 가우디가 남긴 걸작의 형태와 구조에도 물론 이유가 있는데, 이것들은 (주로) 가우디의 이유다. 가우디에게는 자신이 창조하기로 마음먹은 형태에 대한 이유가 **있다**. 반면에, 흰개미의 구조물은 그런 모양을 할 **이유가 있**지만, 흰개미에게 그 이유는 **없다**. 나무가 가지를 뻗는 데는 이유가 있지만, 그 이유는 어떻게 보아도 강한 의미에서 나무의 이유는 아니다. 해면Sponge도 이유가 있는 행동을 하고 박테리아도 이유가 있는 행동을 한다. 심지어 바이러스도 이유 있는 행동을 한다. 그러나 그들이 그 이유를 **가지는** 것은 아니다. 그들은 그 이유를 가질 필요가 없다.

그렇다면 **우리**가 유일한 이유 표상자인가? 이는 매우 중요한 질문이지만, 내가 여기서 제안하고 있는 관점 이동을 위해 더 폭넓은 설정들을 제시할 때까지는 이 질문에 대한 답을 미루고자 한다. 지금까지 내가 보여주고자 한 것은 다윈이 목적론을 소멸시키지 않았다는 것이다. 그는 목적론을 자연화시켰다. 그러나 이 평결은 응당 수용되었어야 할 만큼 널리 받아들여지지는 못했고, 막연한 거부

---

11 이 점에 대한 나의 비타협적 태도에 회의적인 철학자들은 스캔런T. M. Scanlon의 최근 저작인 *Being Realistic about Reasons*(2014)을 읽으면 좋을 것 같다. 이 책에는 공학적 이유들을 무시한 채 행동에 대한 도덕적 이유를 갖는 데만 집중할 경우 마주치게 될 문제들에 대한 진 빠지도록 철저한 조사가 수록되어 있다.

감은 몇몇 과학자로 하여금 설계 이야기와 이유 이야기를 극단적으로 기피하게 만들기에 이르렀다. 이유의 공간은 이유를 부여하는 인간의 실천에 의해 창조되고, 사회적·윤리적 규범과 도구적 규범 모두에 의해 제한된다('버릇없다'와 '멍청하다'의 차이를 상기하라). 생물학에서의 역설계는 이유 대고 평가하기reason-giving-judging의 후손이다.

어떻게 해서에서 **무엇을 위해**로의 진화는 생물들이 전前 생명 사이클들의 연쇄를 거쳐 점진적으로 출현했다고 해석하는 방식에서 볼 수 있다. 부유하는 합리적 근거는 왜 어떤 특성들이 존재하는가에 대한 이유로 드러난다. 드러난 설계들이 비상하게 뛰어날 경우라 해도, 그 특성들은 지성적 설계자를 전제하지 않는다. 예를 들어, 흰개미 군집이 그런 특성을 가지는 이유는 분명히 존재하지만, 가우디와 달리 흰개미는 이유를 표상하거나 가지지 않으며, 그들의 뛰어난 설계는 지성적 설계자의 산물이 아니다.

4 두 가지 추론이 기묘하게 뒤집히다

다윈과 튜링은 어떻게 주문을 깼는가

다윈 전의 세계는 과학이 아닌 전통에 의해 뭉쳐져 있었다. 가장 지위가 높은 것("인간")부터 가장 보잘것없는 것(개미, 조약돌, 빗방울)에 이르기까지 우주의 모든 것이, 훨씬 더 위대한 존재이자 전지하고 전능한 창조주, 즉 하느님—그다음으로 존귀한 존재와 놀랍도록 닮은 형상을 한—의 피조물이었다. 이러한 주장을 적하적 창조 이론trickle-down theory of creation이라 부르자. 다윈은 이를 포상적 창조 이론bubble-up theory of creation으로 대체했다. 다윈을 비판한 19세기 인물 중 하나인 로버트 매켄지 베벌리Robert MacKenzie Beverley[12]는 이에 대해 분명하게 말했다.

우리가 비판적으로 다루어야 할 이론에서는, 절대무지Absolute

Ignorance가 바로 창조자다. 그러므로 **완벽하고 아름다운 장치를 만들고자 할 때 그것을 어떻게 만드는지 알 필요가 없다**는 것이 그 체계 전체의 근본 원리라고 우리는 분명히 말할 수 있다. 주의 깊게 살펴보면, 이 명제가 **그 이론**의 본질적인 주장을 매우 압축된 형태로 표현하고 있으며, 몇 개의 단어만으로도 다윈 씨가 의미하는 바를 모두 나타내고 있음을 알 수 있다. 추론을 이렇게 기묘하게 뒤집어놓은 것을 보면, 다윈 씨는 창조 기술의 모든 성취에 있어 절대무지가 절대지Absolute Wisdom의 자리를 차지할 완전한 자격이 있다고 생각하는 듯하다.(Beverley 1868)

다윈의 생각은 실로 "추론을 기묘하게 뒤집은 것"이었다. 그리고 베벌리가 표출한 불신의 메아리는 21세기까지도 실망스러울 정도로 많은 이들에게서 울려 퍼지고 있다.

다윈의 포상적 창조 이론에 의지한다면, 모든 창조적 설계 작업은 내가 설계공간Design Space이라고 부른 것 안에서의 들어올림이라고 은유적으로 상상할 수 있다. 즉 우리가 3장에서 보았던 것과 같은 조야한 최초 복제자에서 시작하여, 연이은 자연선택에 의해 래칫ratchet[a]이 물려 돌아가듯 조금씩 점진적으로 증강되어 그 모든 형태의 다세포 생물에 이르렀으리라는 것이다. 이러한 과정이 정말로 우리가 관찰하고 있는 생물계의 모든 경이를 산출할 역량이 있을까? 다윈 이래로 회의론자들은 이 수고스러운 무지의 경로를 따라서는 그 어떤 경이로운 것도 성취될 수 없음을 증명해 보이려고 노

---

12 나는 지난 30년간 그를 로버트 베벌리 매켄지라고 잘못 말해왔다. 나의 오류를 바로잡아 준 노턴출판사의 검수자에게 감사한다.

a 한 방향으로만 회전하게 만들어진 톱니바퀴다.

력해왔다. 그들은 살아 있지만 **진화 불가능한** 무언가를 찾아내려 했다. 나는 이러한 현상을 **스카이후크**skyhook라는 용어로 부르는데, 도르래를 비롯하여 걸고자 하는 모든 것을 걸 수 있는 신화적 상상물이라 보면 된다.(Dennett 1995) 스카이후크는 설계공간 내의 허공 높은 곳에 조상들의 뒷받침 없이 떠 있는, 지성적 창조라는 특별한 행위의 직접적 결과물이다. 그러나 재삼재사 찾아보았음에도, 이 회의주의자들이 발견한 것은 기적의 스카이후크가 아니라 놀라운 **크레인**(기중기)이었다. 크레인은 설계공간 내에서 벌어지는 비기적적인 혁신으로, 설계공간 내에서 훨씬 더 강력한 들어올림을 가능하게 하며, 설계의 가능성을 훨씬 더 효율적으로 탐색할 수 있게 해준다. 세포 내 공생은 크레인이다. 세포 내 공생은 단순한 단세포들을 들어올려 훨씬 복잡한 영역으로 진입하게 했고, 바로 그 영역에서 다세포 생명이 출현할 수 있었다. 성性 역시 크레인이다. 유성생식은 유전자 풀을 뒤섞이게 했고, 그 결과 자연선택의 맹목적 시행착오에 의해 유전자 풀에서 훨씬 더 효율적인 추출이 일어나게 되었다. 언어와 문화도 크레인이며, 진화로 생성된 이 새로운 것들은 가능성들의 광대한 공간을 열어젖혔고, 그 공간을 채운 가능성들은 더욱 지성적인(그러나 신만큼 지적이지는 않은) 설계자들의 탐색 대상이 된다. 진화에 사용될 수 있는 R&D 도구의 무기고에 언어와 문화가 더해지지 않았더라면, 반딧불이의 발광 유전자를 지닌 야광 담배 같은 식물은 생겨날 수 없었을 것이다. 이런 것들은 기적이 아니다. 거미줄과 비버의 댐이 그렇듯, 이들 역시 명백히 생명의 나무에 열린 열매들이다. 그러나 호모 사피엔스와 우리의 문화적 도구들의 도움 없이 이러한 것들이 출현할 확률은 0이다.

이 모든 것들을 가능하게 한 생물학적 미시 기작들을 배우면 배울수록, 우리는 다윈으로부터 거의 한 세기 후에 또 다른 명석한 영국인이 성취해낸 두 번째 기묘한 뒤집기의 진가를 알아볼 수 있게 된다. 그는 바로 앨런 튜링Alan Turing이며, 베벌리의 표현을 빌리면, 튜링의 이상한 뒤집기를 다음과 같이 쓸 수 있다.

> 완벽하고 아름다운 계산 기계가 되고자 할 때, 산수가 무엇인지 그 기계가 반드시 알아야 할 필요는 없다.

튜링의 발명이 있기 전에도 컴퓨터는 있었고, 수백 또는 수천의 컴퓨터가 고용되어 과학과 공학 계산을 수행하며 일했다. 이때의 컴퓨터는 기계가 아니라 사람이었다. 그들 중 다수가 여성이었으며, 수학으로 학위를 받은 사람들이 많았다. 인간이, 그것도 산수가 무엇인지 잘 아는 인간들이 컴퓨터로 일하던 시대였음에도, 튜링은 위대한 통찰력을 지니고 있었다. 컴퓨터가 산수를 알 필요는 없다고 생각한 것이다! 그가 언급했듯이, "어떤 순간에서든 컴퓨터의 행위는 컴퓨터가 관찰하고 있는 기호와 그 순간 컴퓨터의 '마음 상태'에 의해 결정된다."(Turing 1936, 5) 그 "마음 상태"(튜링이 붙인 경고의 따옴표 안에서)란 if-then 명령어들로 이루어진 몹시 간단한 집합인데, 이 명령어들은 무엇을 할지, 그리고 다음 단계엔 어떤 "마음 상태"로 들어갈 것인지를 지시한다(그리고 이는 STOP 명령문을 볼 때까지 반복된다). 절대무지 상태지만 기계적인 시행을 통해 "명령들"을 따름으로써 산수 계산을 완벽하게 해내는, 마음 없는 기계를 설계하는 것이 가능함을 튜링은 보여주었다. 더 중요한 것은, 명령어가 **조건분기**conditional branching("당신이 0을 보고 있다면 그것을 1로 대체하고 왼쪽으로 이동하라, 1을 보고 있다면 그대로 두고 오른쪽으로 이동 후 상태 n으로 변경하라" 등과 같은 if-then 명령어)를 포함한다면, 그 기계는 명령어들에 의해 결정된 무한정 복잡한 경로들도 실행할 수 있다는 것이다. 이는 기계에 주목할 만한 능력을 선사한다. 기계들은 계산적인 것이면 **무엇이든** 할 수 있게 된 것이다. 달리 말하면, 프로그래밍이 가능한 디지털 컴퓨터는 범용튜링기계Universal Turing Machine, 즉 특수 목적의 컴퓨터를 소프트웨어로 구현한 명령어 집합을 따름으로써 그 어떤 특수 목적의 디지털 컴퓨터든 모두 흉내 낼 수 있는 장치다.[13] (스마트폰이 그 예다. 새로운 작업을 위해 스마트폰의 배선을 바꿀 필요는 없다. 그저 앱을 다운로드하면 스마트폰을 별자리 탐색기로 쓸 수도 있고, 번역기나 계산기, 철자 검색기 등으로도 사용할 수 있다.) 정보 처리의 거대한 설계공간은 튜링에 의해 접근 가능한 것이 되었고, 그는 절대무지에서 출발하여 인공지능까지 가로질러 갈 수 있는 경로(들어올림 단계들의 긴 연쇄)가 그 설계공간 안에 있음을 알아본 것이다.

많은 이들이 다윈의 기묘한 뒤집기를 견디지 못한다. 우리는 그런 이들을 창조론자라 부른다. 그들은 여전히 스카이후크를 찾고 있다. 생물권의 "환원 불가능하게 복잡한"(Bech 1996) 특성들이 다윈의 과정에 의해 진화되어왔을 수는 없다고 믿기 때문이다. 그리고 더 많은 사람이 튜링의 기묘한 뒤집기를 견디지 못하는데, 그들의 이유는 창조론자들의 이유와 놀랄 만큼 비슷하다. 그들은 마음의 경이들이 한낱 물질적인 과정으로는 접근 불가능한 것이라 믿고 싶어 하고, 그러한 마음은, 글자 그대로 기적은 아니라 해도, 자연과학

---

13 이를 주장하는 표준 용어는 처치-튜링 논제라고 알려져 있다. 논리학자 알론조 처치Alonzo Church가 형식화한 이 논제는 "모든 효과적인 절차는 튜링-계산 가능하다"는 것이다 —물론 그들 중 다수는 구동하기에는 너무 길어서 실제로 구현할 수 없다. 무엇을 효과적인 절차(기본적으로, 컴퓨터 프로그램이나 알고리즘)라고 간주할 것인가에 관한 우리의 이해가 어쩔 수 없이 직관적이기 때문에, 이 논제는 증명될 수는 없지만 거의 보편적으로 수용되고 있다. 튜링-계산 가능성이 유효성의 수용 가능한 조작적 정의라고 일반적으로 받아들여지고 있는 것만큼이나 말이다.

에 저항한다는 의미에서 불가사의한 것이다. 그들은 데카르트 상처가 치유되길 바라지 않는다.

치유되면 왜 안 될까? 그들의 속내에 있는 이유들을 우리는 이미 지적한 바 있다. 두려움, 자부심, 그리고 풀리지 않은 미스터리에 대한 잘못된 사랑. 그리고 이에 더해, 다른 이유(**어떻게 해서**일까, **무엇을 위해**일까?)도 있다. 다윈과 튜링 모두 사람의 마음에 있어 매우 불편한 것—**이해력 없는 능력**competence without comprehension—을 발견했다고 주장한다. 베벌리는 자신의 분노를 열정적으로 표출했다—"지능 없는 창조적 기술이라는 그 발상이라니!" 그도 그럴 만한 것이, 이 발상이 우리의 교육 정책과 관행에 새겨진 '**능력의 (최고) 원천은 이해력**'이라는 생각을 얼마나 충격적으로 거스르는지 생각해보라. 우리가 아이들을 대학에 보내는 것은, 세계가 작동하는 모든 방식을 이해하도록 하기 위해서이며, 우리가 그들에게 심어준 값진 이해력 저장소에서 필요한 능력들을 생성하도록 하기 위해서다. 그리고 그러한 이해가 그들의 일생 전반에 걸쳐 큰 도움이 될 것이라 믿기 때문이다. (내가 "이해력comprehension"과 "이해understanding"를 동의어로 사용하긴 했지만, 앞으로 반복해서 등장할 슬로건의 운율을 맞춘다는 점에서 이해력을 선호한다.) 요즘에는 왜 무턱대고 암기하기라는 방법을 폄훼할까? 아이들로 하여금 어떤 주제나 방법을 **이해**하게 하는 것이 그들이 그 주제나 방법에 대한 능력을 구비하게 만드는 길(유일한 방법인가, 아니면 단지 최선의 방법인가?)임을 우리가 보았기—그렇지 않나?—때문이다. 우리는 핵심이 무엇인지 알지 못한 채 모양틀의 빈 곳을 채우기만 하는 맹목적 암기자를 폄훼한다. '명화 따라 그리기' 키트가 창조적 예술가를 기르는 훈련이라는 생각을 우리는 비웃는다. 우리의 모토는 아마도 이렇게 쓸 수 있을 것이다.

이해력을 갖춘다면 능력이 따라올 것이다!

여기에는 미량의 이데올로기 그 이상의 것이 작동함에 주의하라. 우리의 신성한 원칙을 재앙에 가깝게 오적용한 몇몇 사례는 꽤 잘 알려져 있다. 아이들에게 덧셈과 뺄셈, 구구단, 분수, 나눗셈, 2씩 세기, 5씩 세기, 10씩 세기 등의 단순한 산수 연습을 반복시키는 대신, 집합론을 비롯한 추상적인 개념들을 먼저 가르치려고 시도한—성공하진 못했다—"새로운 수학"이 그 한 가지 사례다.

군대는 이 세상에서 가장 효율적인 교육을 시키는 기관으로, 평균적인 고등학생들을 믿을 만한 제트엔진 정비공으로, 레이더 기사로, 항해사로, 그리고 다양한 기술 전문가로 양성한다. 바로 "훈련과 반복연습"에 힘입어서 말이다. 일이 순조롭게 진행되면, 이러한 숙련된 현역병에게 주입된 능력으로부터 가치 있고 다양한 이해력이 발생한다. 그리고 우리는 능력이 이해력에 언제나 의존하지는 않으며 때로는 능력이 이해력의 전제조건이 되기도 한다는 좋은 경험적 증거를 얻는다. 다윈과 튜링의 작업은 이 요점의 가장 극단적인 버전을 그려낸다. 그들에 의하면, 이 세상의 **모든** 탁월함과 이해력은 궁극적으로는 이해력 없는 능력으로부터 발생하고, 이 이해력 없는 능력은 시간이 지남에 따라 한층 더 능력 있는—**따라서** 이해력을 갖춘—체계로 합성된다. 이는 실로 기묘한 뒤집기로서, 전前 다윈주의적인 창조론의 '마음 먼저mind-first' 관점을 전복시켜, 지성적 설계자는 가장 나중에 나온다고 말하는 우리의 궁극적 진화 이론인 '마음 **나중**mind-last' 관점으로 바꾸어버린 것이다.

이해력 없는 능력에 대한 회의론에는 원인은 있을지언정 이유, 즉 합당한 근거는 없다. 이해력 없는 능력이 있을 수 없다는 생각은 "합당한 이유에 따른 추론의 결과"가 아니라, 그저 옳은 듯 느껴지는 것일 뿐이고, 그것이 옳은 듯 느껴지는 것은 우리의 마음이 그렇게 생각하도록 형성되었기 **때문**이다. 이런 사고방식이 걸어둔 주문을 깬 사람이 바로 다윈이고, 곧이어 등장한 튜링이 그 주문을 다시 부숨으로써 새로운 생각을 열어주었다. 그 새로운 생각이란, 전통적인 순서를 뒤집어야 하며 능력의 연쇄로부터 이해력이 구축될 수 있다는 것이다. 무슨 일이 벌어지고 있는지 전혀 알지 못하는 자연선택에 의한 진화를 통해 훨씬 더 똑똑한 내부 배열과 기관과 본능이 구축된 것과 거의 같은 방식으로 말이다.

다윈의 기묘한 뒤집기와 튜링의 기묘한 뒤집기 사이에는 커다란 차이점이 하나 있다. 다윈은 절대무지의 과정들이 연쇄하여 어떻게 똑똑한 설계들이 만들어질 수 있는지를 보여주었지만, 튜링의 연쇄 과정들은 튜링이라는 매우 지성적인 설계자가 만들어낸 산물이라는 것이다. 어떤 이는 다윈은 자연선택에 의한 진화를 **발견**했고, 튜링은 컴퓨터를 **발명**했다고 말할 것이다. 그런가 하면 또 많은 이들은, 지적인 하느님이 자연선택에 의한 진화가 일어날 모든 조건을 설정해놓았고 튜링은 (물질적이고 살아 있지 않으며 이해력도 없는) 컴퓨터에 대한 근본 아이디어를 설정하는 역할을 맡기 위해 나타났으며, 진화와 약간 닮은 무언가에 의해, 즉 계산의 기초 구성요소(빌딩 블록building block)들이 섞여 만들어지는 설계상의 연쇄적 발전에 의해, 컴퓨터라는 것이 이해력이 생겨날 무대가 될 수 있었다고 말한다. 그렇다면 지성적 설계자로서 튜링의 역할은 다윈이 했던 기묘한 뒤집기의 범위를 **연장**한 것이라기보다는 그것에 **반대**한 것 아닌가? 그렇지 않다. 그리고 이 중요한 질문에 답하는 것이 이 책 나머지 부분의 주요한 과제이다. 간략하게 설명하자면, 튜링 자신도 생명의 나무의 잔가지 중 하나이고, 물질적인 것이든 추상적인 것이든 그가 만든 것은 눈먼(무목적적) 다윈주의 과정들의 간접적 산물(거미줄이나 비버의 댐과 같은 방식으로 만들어진 것)이며, 거기에는 어떠한 **근본적인** 불연속도 없다. 스카이후크 없이도 거미줄과 비버의 댐에서부터 튜링과 튜링 기계에까지 이를 수 있다. 물론 거미와 비버가 거미줄과 댐을 만드는 방식과 튜링의 방식은 현저하게 다르므로 아직 메워야 할 틈이 넓으며, 이 차이에 대한 좋은 진화적 설명이 필요하긴 하다. 이해력 **없는** 능력이 놀랍도록 다산적이라면(예컨대, 나이팅게일을 설계할 수 있다면), 왜 이해력(〈나이팅게일에 부치는 송가Ode to a Nightingale〉[a]와 컴퓨터를 설계할 수 있는 역량)이 필요한가? 인간의 것과 같은 유형의 이해력은 왜, 그리고 어떻게 이 현장에 도달했는가? 우선, 분명하고 생생한 대비를 보여주는 사례를 하나 보자.

흰개미가 이해력 없는 능력으로, 청사진이나 지휘관도 없이(여왕개미는 지휘관이라기보다는 왕실 보물에 가깝다) 튼튼하고 안전하며 공기 조절 기능까지 갖춘 집을 짓는 인상적인 예시라면, 가우디는 도면과 청사진, 그리고 열정적으로 연결된 이유로 가득 찬 선언문으로 무장하고 일을 시작한, 신과 같은 지휘관으로서의 지적설계자의 거의 완벽한 모델이다. 그가 바르셀로나에 세운 위대한 성당은 상의하달식top-down 창조의 사례, 그것도 뛰어넘기 힘들 만큼 대단한 사례지만, 튜링의 오리지널 컴퓨터 파일럿Pilot ACE(런던의 과학박물관에서 볼 수 있다)는 이를 누르고 1등의 자리를 차지할 수 있을 것이다. 파일럿 ACE는 진정으로 유용하게 사용된 최초의 컴퓨터 중 하나로, 1950년 잉글랜드의 국립물리연구소National Physical Laboratory(NPL)에서 가동되었으며, 독창성과 복잡함, 비용 측면에서 가히 사그라다파밀리아성당의 경쟁 상대가 될 만하다. 이 둘의 창조

---

a 영국의 시인 존 키츠John Keats가 1821년에 쓴 시의 제목이다.

자들은 모두 자신의 야심 찬 설계에 자금을 대도록 후원자들을 설득해야만 했으며, 보충 설명과 함께 정교한 도면을 만들었다. 따라서 각 경우 최종적으로 드러나는 실제 모습은, 천재의 마음속에 있는 선행 표상들의 존재와 설계 목적의 존재에 의존하며, 따라서 모든 부분(부품)의 **레종 데트르**raison d'être에 의존한다.[14] 인공물이 실제로 건설될 때, **상대적으로** 이해도가 낮은 작업자들, 즉 자신들의 노동에 대해 최소한의 이해만 하고 있는 작업자들이 존재한다. 물론 이해력은 분산되어 있었다. 가우디가 모르타르 혼합이나 석재 조각에 대해 석공들보다 더 잘 이해할 필요는 없었으며, 튜링도 납땜 장인이 되거나 진공관 제작 기술의 달인이 될 필요가 없었다. 이런 유형의 이해 분산 또는 전문 지식 분산은 인간의 창조적 프로젝트의 특징이며 현대 하이테크 인공물에 있어 명백히 본질적인 것이다. 그렇지만 과거의 인공물까지 모두 그러했던 것은 아니다. 개인 작업자가 창이나 카약, 또는 나무 마차나 초가지붕 오두막을 만드는 경우라면 그는 설계와 제작의 모든 측면을 이해할 것이다. 그러나 라디오와 자동차는, 그리고 핵발전소는 그런 식으로 만들어지지 않는다.

사람이 만든 인공물과 그것을 만들기 위해 고안한 기술을 자세히 들여다보면, 아무것도 모르는 박테리아에서 출발하여 바흐에 이르는 경로의 중간 기착지들이 분명해질 것이다. 그전에, 용어 하나를 소개하려고 한다. 이 용어는 처음에는 철학에서 시작되었지만 몇몇 과학 기술 산업으로 그 쓰임새가 확장되었다.

---

14 가우디는 1926년에 사망했으나 그가 남긴 그림들과 지시서와 모형들은 미완성의 성당을 완성하는 길잡이 역할을 지금도 하고 있다. 튜링도 파일럿 ACE가 완성되기 전에 NPL을 떠났지만, 그가 남긴 완성품의 표상들이 작업의 길잡이가 되었다.

온톨로지와 현시적 이미지

"온톨로지ontology"[a]는 "사물thing"을 나타내는 그리스어 '온토스ontos'를 어원으로 한다. 철학에서는 존재한다고 믿어지는 "것들"의 집합, 또는 어떤 이론에 의해 가정되거나 정의된 것들의 집합을 의미하기도 한다. 당신의 온톨로지에는 무엇이 있는가? 당신은 유령의 존재를 믿는가? 믿는다면 탁자, 의자, 노래, 방학, 눈[雪], 그리고 그 밖의 것들과 함께 유령도 당신의 온톨로지 안에 들어 있는 것이다. 최근에는 "온톨로지"라는 용어가 이 원초적인 의미 너머로 확장되고 있다. (동물이 신념을 가진다고 정확히 이야기할 수 있든 없든) 동물이 인식하고 그것에 관해 적절하게 행위할 수 있는 "사물들"의 집합을 나타내는 데 사용하기도 하고, 더 최근에는 (컴퓨터가 신념을 지닌다고 정확히 말할 수 있든 없든) 컴퓨터 프로그램이 작업을 수행하면서 적절하게 다룰 수 있는 "것들"의 집합을 나타내는 데 사용하기도 하는 것이다. 그리고 이러한 확장에는 편리함 이상의 장점이 있는 것으로 밝혀졌다. 북극곰의 온톨로지에 휴가는 없지만 눈은 있고, 바다표범도 있다. 매너티의 온톨로지에는 눈은 없지만, 선외 모터 프로펠러는 들어 있을 것이다. 다른 매너티들, 해조류, 물고기와 마찬가지로 말이다. 자동차의 GPS 시스템은 일방통행 도로와 좌회전, 우회전, 속도 제한, 차의 현재 속도(속도가 0이 아니면 도착지 검색 및 입력을 할 수 없게 만들어진 경우도 있다) 등을 다룬다. 그러나 GPS 시스템의 온톨로지에는 시스템의 역할 수행에 필요하지만 운

---

a 온톨로지는 존재 또는 존재자가 존재자로서 지니는 근본적이고 보편적인 모든 규정을 연구하는 철학의 한 분야를 일컬을 때는 '존재론'이라 번역된다. 그러나 최근의 인공지능 분야를 비롯하여 이 책의 본문에 언급된 것과 같은 용례로 사용될 때는 '온톨로지'라고 번역되는 경우가 많아, 여기서도 그 선례를 따랐다.

전자가 굳이 알 필요는 없는 것들, 즉 많은 인공위성과 그 인공위성에서 오는 신호도 포함되어 있다.

GPS의 온톨로지는 GPS를 만든 프로그래머에 의해 지성적으로 설계되어 있으며, 아마도 그 R&D 과정에는 상이한 계획들을 시도해보고 필요한 것을 찾는 수많은 시행착오가 포함되어 있을 것이다. 북극곰이나 매너티의 온톨로지는 개체의 경험과 유전적 진화가 구분하기 어려울 만큼 혼합되어 설계된 것이다. 매너티가 그들의 온톨로지 내에 해조류를 갖게 된 것은 장구한 세월에 걸쳐 본능적·유전적으로 설계된 덕분일 테고, 그와 동일한 방식으로 인간 아기는 자신의 온톨로지 안에 젖꼭지를 갖게 되었을 것이다. 온톨로지에 선외 모터 프로펠러가 들어 있는 매너티 개체들은 경험을 통해 그것을 얻었을 것이다. 우리 인간은 극단적으로 다채로운 온톨로지를 갖고 있다. 어떤 이들은 마녀의 존재를 믿고 어떤 이들은 전자electron의 존재를 믿으며 또 어떤 이들은 상태공명장morphic resonances과 설인雪人의 존재를 믿는다. 그러나 인간의 온톨로지에는 보통의 인간이라면 매우 이른 시기부터 누구나 공유하는 거대한 중심핵이 있으며, 여섯 살짜리도 이 핵의 거의 모든 것을 포착할 수 있다.

윌프리드 셀러스(1962)는 이 공통 온톨로지에 **현시적 이미지**manifest image라는 유용한 이름을 붙였다. 우리가 사는 세계를 생각해보라. 다른 사람들, 식물, 동물, 가구, 집, 자동차 …… 색, 무지개, 해넘이, 목소리, 이발, 홈런, 달러, 문제, 기회, 실수 등의 것들로 가득 찬 세계를. 이처럼 우리의 세계에는 우리가 쉽게 인식하고 가리키고 사랑하거나 증오할 수 있는, 그리고 많은 경우 우리가 다루거나 심지어 쉽게 창조할 수도 있는 무수한 "것들"이 있다. (해넘이는 사람이 만들 수 없지만, 물과 약간의 재주만 있다면 적절한 조건 아래서 무지개를 창조할 수는 있다.) 이것들은 우리가 일상생활에서 상호작용과 대화를 진행하기 위해 사용하는 것들이며, 거칠게 어림잡자면 우리가 매일 하는 말의 모든 명사에는 그 단어가 지시하는 종류의 것들이 존재한다. 이러한 의미에서 이 "이미지들"은 "현시적이다". 이 이미지들은 모두에게 명백하며, 모두에게 명백하다는 것을 모든 사람이 알고 있으며, 모든 사람이 알고 있다는 **그 사실** 또한 모든 사람이 안다. 이 이미지들은 모국어와 함께 제공된다. **우리**에게는, 이것이 세계다.[15] 셀러스는 현시적 이미지를 **과학적 이미지**scientific image와 대조시킨다. 과학적 이미지는 분자, 원자, 전자, 중력, 쿼크 등의 온갖 것들(암흑물질, 끈? 막?)로 채워진다. 그러나 과학자마저도 현실 생활의 대부분에서는 현시적 이미지로 진행되는 것들을 상상하며 행동을 수행한다. ("연필 좀 건네줘"는 현시적 이미지에 의존하는 의사소통의 전형적인 상황이며, 이러한 의사소통에는 현시적 이미지 외에도 의사소통에 참여하는 사람들과 그들의 요구와 욕구, 듣고 보고 이해하고 행동하는 능력, 연필임을 확인할 수 있게 하는 특성들 및 연필의 크기와 무게, 용도, 그리고 다수의 다른 것들이 함께 필요하다. 이것들을 이해하고 이러한 요구사항들에 응할 수 있는 로봇을 만드는 것은 전혀 쉬운 일이 아니다. "연필 좀 건네줘"를 포함한 두어 문장만을 "이해하는" 로봇을 만든다면 모를까.)

과학적 이미지는 학교에서 배워야만 하는 것이며, 대부분의 사람(일반인)은 이에 대해 매우 피상적인 지식만을 습득한다. 세계의

---

15 사실, 셀러스는 "이 세계 사람의 전前 과학적이고 무비판적이며 소박한 개념 작용conception을 '원초적original' 이미지라 부를 수 있을 것"이라고 말하며, 이러한 것들을 그가 현시적 이미지라 불렀던 것들과 구분했다. 그에 따르면 현시적 이미지는 원초적 이미지들의 "정제화 또는 세련화"다.(1962, p.6ff) 이렇게 구분하면서 그는 철학자들이 수천 년 동안 소박하고 천진한 개념들을 비판적으로 성찰해온 덕분에 현시적 이미지들이 통속 형이상학에 머무르지 않을 수 있었다고 주장한다.

이 두 가지 버전은 오늘날에는 상이한 두 생물종만큼이나 뚜렷이 구분되지만, 한때는 그 둘이 하나의 세계, 그러니까 "다들 알고 있는" 선조들의 세계 안에서 합병되거나 뒤얽혀 있기도 했다. 그 세계는 모든 국지적 동물군과 식물군, 무기들과 도구들, 거주자들과 사회적 역할들은 물론이고 삶의 징크스가 되거나 사냥의 성공을 보장할 도깨비와 신, 음침한 기운과 주문까지도 포함한다. 우리 선조들은 그들의 온톨로지에서 어떤 "것들"을 축출하고 또 어떤 새로운 범주들을 도입할 것인지를 점진적으로 배워나갔다. 마녀와 인어, 레프리콘leprechaun[a]은 온톨로지에서 쫓겨났고, 원자, 분자, 세균은 도입되었다. 아리스토텔레스와 루크레티우스 같은 초기 원과학proto-scientific 사상가들과 그 훨씬 후대의 갈릴레오는 일상생활의 온톨로지(현시적 이미지)와 과학의 온톨로지를 산뜻하게 구분하지 않은 채 연구를 수행했다. 그러나 이들은 새로운 유형의 것들을 대담하게 제안하기도 했으며 그중 가장 설득력 있던 것들이 인기를 끌었다. 이들이 저지른 가장 유혹적인 실수를 돌이켜 놓으면서 과학적 이미지의 온톨로지를 창조하는 것이 근대 과학자들의 주 과제가 되었다.

"온톨로지"라는 용어와는 다르게, "현시적 이미지"와 "과학적 이미지"는 아직 철학의 영역에서 다른 영역으로 이주하지 못했다. 그러나 나는 이 용어들을 철학의 영역 밖으로 끄집어내기 위해 최선을 다하고 있는데, 이것이야말로 "우리의" 세계와 과학의 세계 간의 관계를 명확하게 할 최선의 방법이라고 오랫동안 여겨왔기 때문이다. 전前 과학적인 현시적 이미지들은 어디에서 왔는가? 셀러스는 인간 또는 사회의 현시적 이미지에 집중한다. 우리는 이 개념을 다

a 아일랜드 신화에 나오는 작은 요정이다. 붉은 수염이 있고 초록 모자와 초록 옷을 입고 늘 한쪽 구두를 만들고 있으며, 무지개 끝에 금화 항아리를 숨겨둔다고 한다.

른 종들에게로 확장해야 하는가? 확장된 의미에서라면 그들도 온톨로지들을 가진다. 그렇다면 그들은 현시적 이미지들도 가지는가? 만약 가진다면 그들의 것은 우리의 것과는 어떻게 다를까? 이러한 질문들은 우리의 탐구에 매우 중요한데, 다윈의 기묘한 추론 뒤집기가 얼마나 위대한 것이었는지 이해하려면 다윈이 무엇을 뒤집었고 **그것이** 어떻게 그리되었는지를 이해할 필요가 있기 때문이다.

엘리베이터 자동화

의식consciousness과는 아무 관련 없는, 심지어 생명과도 아무런 관련이 없는, 끝내주게 간단한 예시로 시작하는 것이 도움이 될 것이다. 자동 엘리베이터를 제어하는 전자 장비를 생각해보자. 내가 아이였을 때만 해도 엘리베이터에 안내원이 있었다. 이들은 종일 엘리베이터를 타고 오르내리면서 정확한 층에 멈추어서 사람들을 싣고 내려주는 일을 했다. 초창기에는 안내원들이 신기한 핸들을 시계 방향 또는 반시계 방향으로 돌려서 엘리베이터를 오르내리게 했는데, 정확한 높이에서 엘리베이터를 멈추게 하려면 기술이 필요했다. 약간 높거나 낮게 발을 디디며 타고 내려야 하는 경우도 있었고, 안내원은 이 점을 늘 주의시켰다. 언제 어떤 안내를 해야 하는지, 몇 층으로 먼저 가야 하는지, 문은 어떻게 열어야 하는지 등에 대한 규칙도 엄청나게 많았다. 안내원 교육은 그 규칙들을 암기하고 연습하는 것이었다. 안내원들은 규칙들이 제2의 천성이 될 때까지 익히고 또 익혔고, 그 규칙들 자체는 수년간의 설계 과정을 통해 자잘한 변경과 개선을 수없이 거치며 정비되었다. 이 과정이 어느 정도 정리되고 그 결과물로 이상적인 규정집이 만들어졌다고 가정하자. 규

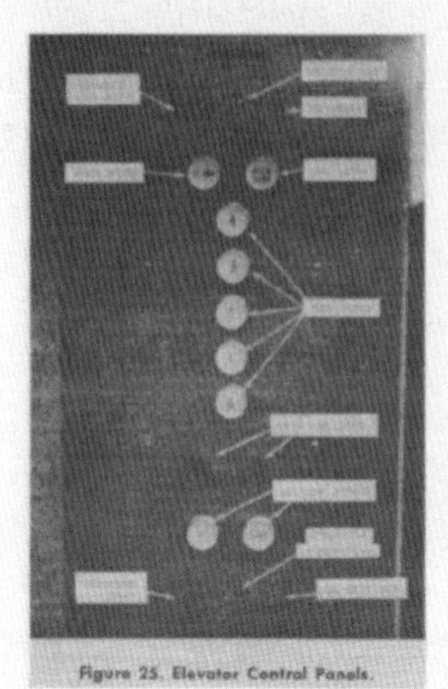

Figure 25. Elevator Control Panels.

numbers given. Be sure buttons for all stops requested are pressed before doors are closed.

(3) Say, "Next car, please," if more than maximum number of passengers attempt to enter car.

(4) Say, "Step back in car, please," in order to prevent crowding at car door.

(5) Ask passengers to, "Face front, please," if car is crowded and passengers are facing back or side of car.

4.2.2.2 Approaching Floor. As elevator approaches floor, operator should:

(1) Announce, "First floor," "Second floor," etc, as car slows to stop.

(2) Announce, "Street floor," as well as floor number, as, "First, street floor." This is necessary particularly in case of buildings on grade where street floor at one end is on different level from street level at other end of building.

4.2.2.3 As Car Stops. As car stops operator should:

(1) Say, "Please wait until car stops," if passengers attempt to alight from or enter while it is still leveling.

(2) Say, "Step up, please," or "Step down, please," if car does not stop level with landing sill. This is important as few people watch door sill when car stops.

4.2.3 Operating Procedures.

4.2.3.1 General:

(1) Parked elevator is never placed in service except under direction of supervisor.

(2) When at main floor, operator stands at attention well within the car.

(3) Operator never steps outside the car except when relieved from duty. Relieving operator steps into car and takes over control before dismissed operator leaves. Passengers are never allowed to remain in car without operator.

(4) When more than one car in bank is at main floor terminal, operators in cars other than next car to be loaded should close gates, and extinguish car lights.

(5) Cars should never be overloaded. Certificate of inspection is authority for weight load or number of persons permitted to ride in elevator.

(6) Floor signals are not passed without instructions from supervisor, unless car is full and signal "Transfer" switch is thrown.

(7) Passengers should not be hurried. It is both dangerous and discourteous.

(8) Operators never give information or make statements, either written or verbal, in connection with accidents occurring in the building. If statements are to be made, they must be given in presence of building manager or supervisor.

(9) When the car is out of service, the control mechanism is left inoperative by pulling "Emergency Switch." Where a motor generator is installed, supervisor shuts down set.

(10) Operators should make complete trips to top floor unless instructed otherwise

59

그림 4-1 엘리베이터 안내원 규정집의 한 페이지

정집은 매우 훌륭해서, 누구든 이 책의 규칙을 따르기만 하면 뛰어난 엘리베이터 안내원이 확실히 될 수 있다고 하자. (나는 골동품 규정집 하나를 온라인에 올려놓았다. 이 책은 미군이 출판했는데, 군대가 훈련과 연습에 얼마나 선구적인 역할을 하는지 생각해본다면 놀랄 일은 아니다. 그림 4-1은 그 규정집의 한 페이지다.)

이제, 단순한 컴퓨터 프로그램이 안내원의 제어 임무들을 모두 넘겨받는다면 어떤 일이 벌어질지 상상해보자. (이 과정은 실제로는 점진적으로 진행되었다. 다양한 자동화 기계 설비들이 도입되면서 숙련이 덜 필요한 업무부터 안내원에서 기계로 조금씩 이전된 것이다. 그러나 여기서는 엘리베이터 조작 업무가 인간 안내원에서 순전히 컴퓨터로만 제어되는 시스템으로 단번에 이전되었다고 가정한다.) 엘리베이터 제작사가 소프트웨어 기술자—프로그래머—팀을 불러, 인간 안내원이 따른 규정집을 건네주며 이렇게 주문한다고 가정하자. "자, 여기, **사양서**the specs입니다. 우리가 원하는 업무들의 명세서지요. 이 책의 모든 규칙을 최고의 인간 안내원만큼 수행할 수 있는 컴퓨터 프로그램을 만들어주시면 되겠습니다." 프로그래머들은 규정집을 살펴보면서 수행해야 할 모든 행동의 목록 및 작동을 지시하거나 금지할 조건의 목록을 작성한다. 규정집에 있던 군더더기를 이 과정에서 정리할 수도 있다. 예를 들어, 센서를 설치하여 엘리베이터가 항상 정확한 높이에서 멈출 수 있게 한다면, 안내원이 "올려 디디세요." 또는 "내려 디디세요"라고 주의를 주는 루프를 삭제할 수 있을 것이다. "[n]층입니다. 발밑을 조심하세요"라는 간단한 음성(녹음)만 남겨 놓고 말이다.

규정집에는 엘리베이터 탑승 정원에 대한 규칙이 있다. 이 문제에 직면한 프로그래머는 개찰구를 설치하듯 몇 명이 엘리베이터를 타고 내리는지 일일이 세는 프로그램을 만들어야 할까? 아마도 그건 좋은 생각이 아닐 것이다. 탑승객의 총 무게를 측정하는 편이 더 낫고 더 쉬우며, 방해 요소도 더 적다. 이것이 엘리베이터 온톨로지에 어떤 영향을 주는지 보자. "승객"이나 "탑승자" 같은, 셀 수 있는 "가산명사" 대신 "화물"이나 "선적물" 같은 "불가산명사"가 포함되었다. 은유적으로 표현하자면, 엘리베이터가 "탑승객이 몇 명인가?"가 아닌 "화물의 양은 얼마인가?"를 계속 묻게 되었다고 말할 수 있다. 이와 유사하게, 우리는 북극곰이 눈의 존재와 부재를 인식하긴 하지만 눈송이를 세려고 하지는 않는다고 말할 수 있으며, 곤충을 먹는 새는 각각의 벌레를 추적하는 반면 개미핥기는 혀를 이용하여 많은 개미를 한꺼번에 후루룩 먹는다고도 말할 수 있다. 이 구별을 도출하기 위해 엘리베이터의 **의식**에 대해 추측할 필요가 없었던 것과 마찬가지로, 동물들이 자신의 온톨로지를 의식하고 있는지, 아니면 단지 그런 온톨로지를 가진다고 (역설계자 또는 순방향설계자forward engineer들에 의해) 해석될 수 있는 설계의 수혜자일 뿐인지를 **결론짓지** 않고도 동물마다 서로 다른 온톨로지를 가진다고 취급할 수 있음에 주목하라.

엘리베이터 온톨로지로 돌아가자. 어떤 목적을 위해서는 "선적물"에 의존할 수도 있지만, 적절하게 대응해야만 하는 개별 요청들을 지속적으로 파악하는 것 역시 필요하다. 외부로부터의 개별 요청의 예는 "올라가라"와 "내려가라", 내부로부터의 요청은 "5층" 또는 "1층", "문을 열어 두라" 등이 있다. 또한 다양한 기관들이 정확하게 작동하고 마땅히 있어야 할 상태에 실제로 있는지 주기적으로 점검하는 자기 감시self-monitor도 안전을 위해 필요하다. 버튼을 누르면 버튼에 불이 들어오고, 버튼을 눌러 지시되는 작업이 완료되면 (또는 다른 이유로도) 불이 꺼지게 하는 것도 필요하다. 제어 장치가 얼마나 꼼꼼하게 (또는 강박적으로) 작동하게 할 것인가를 조절할 수는 있지만, 간섭이나 작업 실패마저 등한히 하도록 설계된 프로그램이라면 시간이 흘러도 좀처럼 기대 수준에 미치지 못할 것이다. (큰 사무실 빌딩이나 호텔에서처럼) 하나의 로비에 함께 설치된 다른 엘리베이터들이 있다면, 엘리베이터들끼리 소통하게 하**거나** 모든 명령을 내릴 수석 감독관 역할을 두는 것도 매우 중요할 것이다. (엘리베이터들이 "**지금 내 위치를** 기준으로 하면 너는 어디 있어?"와 같은 맥락의 "직시적" 지시deictic reference[a]를 할 수 있게 설계한다면, 개별 엘리베이터 간의 "협업"이 단순화되고 증진되므로 전지적 수석 감독관의 역할을 제거할 수 있다.)

제어 계획의 윤곽이 잡히면 그것을 **의사 코드**pseudo-code로 써보는 것이 유용하다. 의사 코드는 인간의 일상 언어와 엄밀한 소스 코드 체계의 중간쯤에 위치하는 일종의 잡종 언어다. 의사 코드 명령문은 다음과 같은 식으로 작성될 수 있다. "if CALLFLOOR 〉 CURRENTFLOOR, THEN ASCEND UNTIL CALLFLOOR=CURRENTFLOOR AND STOP; OPENDOOR. WAIT. …"

계획이 의사 코드로 명확하게 정리되고 또 원하는 바대로 구현된 것 같다면, 이제 의사 코드를 소스 코드로 변환하면 된다. 소스 코드는 변수, 서브루틴 같은 용어들의 정의가 포함된, 훨씬 까다롭고 구조화된 연산 체계다. 그렇지만 소스 코드도 인간이 비교적 쉽게 해독할 수 있는 것이어서—어쨌든 인간이 작성한 것이니까—소스 코드 읽는 법만 안다면 소스 코드에서도 규정집의 용어와 규칙들이 꽤 명시적으로 드러나 보일 것이다. 다음의 두 가지 특징을 이해한다면 소스 코드 읽기가 더 쉬워진다. 첫 번째, 변수와 연산의 이름은 원래 의도된 의미들을 드러내도록(예를 들면 CALLFLOOR, WEIGHTSUM, TELLFLOOR 등으로) 정해진다. 두 번째로, 프로그

---

a 화자가 '나' '너' '여기' '거기' '지금' 등의 단어를 사용하여 대상을 직접 지시하는 것으로, 같은 단어를 쓴다고 해도 화자를 중심으로 한 상황에 따라 지시 대상이 달라진다.

래머는 자신이 무엇을 염두에 두었고 각 부분은 무엇을 의도한 것인가를 부연 설명하는 **주석**comments을 달아, 소스 코드를 읽을 다른 사람들의 이해를 도울 수 있다. 프로그램을 짤 때는 작성자 자신을 위해서라도 주석을 달아두는 것이 현명하다. 코딩하면서 했던 생각들을 쉽게 잊어버릴 수 있기 때문이다. 코딩 후 오류 정정을 위해 다시 프로그램을 검토해야 할 때 이 주석들은 매우 유용하다. 소스 코드는 **컴파일러**compiler 프로그램이 읽어들일 것이기 때문에, 모든 요소가 제 자리에 놓이고 구두점도 모두 정확한 순서로 찍히도록 엄격한 문법을 따라 신중하게 작성되어야 한다. 컴파일러 프로그램은 소스 코드를 읽어 들여 실제 기계(또는 가상 기계)가 실행할 수 있는 일련의 근본적 연산들[a]로 번역하는 프로그램이다. 컴파일러는 프로그래머가 소스 코드를 작성하며 의도한 바를 짐작할 수 없다. 따라서 프로그래머는 어떤 연산이 수행되어야 하는가를 컴파일러에게 정확하게 말해주는 소스 코드를 만들어야만 한다. 그러나 컴파일러 프로그램은 다수의 상이한 방식으로 그 과제들을 수행할 수도 있으며, 상황에 따라 효율적인 방식을 골라낼 수 있을 것이다.

수천 개의 의사 코드 명령문 중에서 다음의 명령문을 찾았다고 하자.

> IF WEIGHT-IN-POUNDS 〉 n THEN STOP. OPEN DOOR.
> {최대 하중을 초과하면 엘리베이터가 움직이지 못하게 함. 누군가 내려서 하중이 감소하면 정상적으로 작동.}

{ }안의 문장은 소스 코드가 컴파일되면서 없어질 **주석**이다. 이와 마

a 이를 대상 코드object code라 한다.

찬가지로, 대문자로 표시된 용어들도 컴파일러가 컴퓨터 칩에 주입해 프로그램을 실행할 때는 살아남지 못한다. 그것들도 무슨 변수가 무엇을 뜻하는지 프로그래머들이 기억하기 쉽게 하기 위한 것이고, "IN- POUNDS"는 프로그래머들에게 허용 최대 하중을 의미하는 숫자를 파운드 단위로 입력해야 함을 환기시키기 위한 것이다. (1999년, NASA의 1억 2500만 달러짜리 화성기후궤도선Mars Climate Orbiter이 화성 표면에 너무 가깝게 다가가는 사고가 발생했다. 행성 표면으로부터의 거리를 나타낼 때 제어계의 한 부분은 미터 단위를 사용했고 다른 부분은 피트 단위를 사용했기 때문이었다. 이 우주선은 화성 표면에 너무 가까이 진입한 나머지, 결국 파괴되고 말았다. 사람은 실수를 한다.) 요컨대, 주석과 이름표label는 **우리**가 시스템의 합리적 근거rationale를 이해할 수 있도록 돕는 것일 뿐, 하드웨어에는 무시된다(보이지 않는다). 프로그램이 종료되고 시험 결과가 만족스럽다고 간주되면, 컴파일링된 버전은 롬ROM(읽기 전용 메모리read-only-memory)으로 구워져서 CPU(중앙 처리 장치)가 이에 접근access하게 된다. 설계 과정의 초기에는 그토록 명시적이고 도드라지던 "규칙들"이 이제는 하드웨어가 읽어 들일 0들과 1들 안에 그저 숨어 있게 되는 것이다.

이야기가 기초 프로그래밍 쪽으로 잠시 샜는데, 이 탈선의 요점은, 완성 후 작동하는 엘리베이터와 생물체 간에는 흥미로운 유사점들이 있긴 하지만 엄청난 차이 역시 존재한다는 것이다. 첫째, 엘리베이터의 활동은 현저하게 상황에 적합하다. 그것은 **옳은**right 움직임만을 행하는 **좋은**good 엘리베이터다. 거의 (옛날에 근무했던 최고의 인간 엘리베이터 안내원처럼) **똑똑하다**고 말해도 될 정도다. 둘째, 이 우수함은 엘리베이터의 설계가 **옳은 온톨로지**를 가진다는 사실에 기인한다. 엘리베이터는 세계의 특성들 중 직무 수행에 유관한 것들은 모두 추적하는 변수를 사용하지만, 작업과 무관한 것들(예를 들어 승객들이 어린지 나이 들었는지, 살아 있는지 죽었는지, 부유한지 가난한지 등)은 전혀 감지하지 못한다. 세 번째, 엘리베이터는 그 자신의 온톨로지가 무엇인지 또는 왜 그러한지 **알 필요가 없다**—프로그램의 **합리적 근거**를 이해해야만 하는 존재는 프로그램 설계자들뿐이다. 설계자들이 합리적 근거를 이해해야 하는 이유는 완료된 프로그램을 생산한 R&D 과정의 본성, 즉 그것이 (꽤) 지성적인 설계의 과정이라는 특성에 기인한다. 지성적 설계가 아닌 자연선택에 의한 진화의 산물인 단순한 생물들의 온톨로지로 논의를 옮기려면 이 심대한 차이점을 분명히 짚어야 한다.

박테리아마저도 살아남기와 옳은 움직임을, 그리고 그들에게 중요한 것을 계속 추적하는 일을 능숙하게 해낸다. 그리고 나무와 버섯도 똑같이 똑똑하다. 좀더 정확하게 말하자면, 옳은 때에 옳은 움직임을 하도록 똑똑하게 설계되어 있다. 그것들은 모두 승강기의 마음elevator's mind과 같은 유형의 "마음"을 가진다. 우리의 것처럼 상승된 마음elevated mind이 아니라.[16] 그들은 우리 마음과 같은 마음을 가질 필요가 없다. 그리고 그들의 승강기 유형 마음들은 시행착오 R&D 과정의 산물이—임에 틀림 없으—며, 그 R&D 과정은 한정적이지만 필수적인 이익을 충족시킬 법한—꼭 그렇다는 보장은 없지만—방식으로 이 상태에서 저 상태로 이동할 수 있게 하는 내부 장치들을 점진적으로 구성해왔다. 그러나 엘리베이터와는 달

16 이 주장은 다소 독단적으로 들릴 수 있음을 인정한다. 나는 나무나 박테리아가 엘리베이터 제어 시스템보다 우리의 마음과 더 가까운 제어 시스템을 가졌다고 믿을 이유가 없다고 생각하지만, 그들이 그럴 가능성이 있다는 것도 인정한다. 그러나 나는 그 가능성을, 0은 아니지만 무시할 수 있으며 대응 준비가 되어 있는 전략적 위험strategic risk으로 취급하고 있다.

리, 그들의 장치는 지성적 설계자, 즉 구성요소 부품 설계의 합리적 근거에 관하여 생각하고 논쟁하고 계산하는 존재에 의해 설계된 것이 아니다. 따라서 소스 코드 프로그램의 이름표나 주석 역할을 하는 것이 없다. 전혀, 그 어디에도. 이것이 바로 다윈과 튜링이 기묘한 추론 뒤집기를 통해 성취한 변환의 핵심이다.

엘리베이터는 놀랍도록 똑똑한 것들을 할 수 있다. 스스로의 궤적을 최적화하여 시간과 에너지를 절약할 수 있으며, 승객들의 불편을 최소화하도록 속도를 자동으로 조절할 수 있고, 생각해보아야만 하는 "모든 것들을 생각"하며, 지시에 복종할 뿐 아니라 자주 제기되는 질문들에 대답까지 한다. 좋은 엘리베이터는 제값을 한다. 뉴런, 감각 기관, 도파민, 글루타메이트 없이, 뇌의 다른 유기체적 요소들 없이도 말이다. 따라서 그들이 이처럼 "똑똑하게" 일하는 것을 가리켜 극미량의 의식이나 이해력도 없는 능력의 완벽한 사례라 말해도 좋을 것이다. 그렇게 말할 수 없다면, 이 제한된 능력을 그들에게 제공한 내부 장치에 이해력이 한두 방울은 깃들어 있다고 간주해야 한다. (만약 그렇게 간주한다면. 그 연장선상에서, 이 장치의 신중한 자기 감시는 의식을 향해 내디딘 초보적 첫걸음이라고 여길 수도 있을 것이다.)

무시 가능할 만큼 미미하고 사소한 이해력이나마 엘리베이터에 묻어 있다고 간주하고 싶든 아니든, 우리는 박테리아, 나무, 버섯과 같은 노선을 타야 한다. 이 생물들이 자신의 한정된 니치niche[a] 에서 살아남는 인상적인 능력을 보여줄 수 있는 것은 그들이 지닌 잘 설계된 장치들 덕분이며, 그들의 유전자 덕분이다. 그들의 장치

a 어떤 생물종이 먹이 활동을 하고 보금자리를 꾸리고 활동하고 생식하는 환경을 그 종의 니치라 부른다. 생태적 지위라고도 한다.

를 설계한 R&D 과정은 자연선택에 의한 것이다. 그렇기 때문에 그 R&D 과정에는 인간 설계자들이 알아볼 수 있는 이름표와 주석 역할을 하는 것들이 그 어느 곳 그 어느 시기에도 없다. 전체 계의 기능에 관한 것이든 각 부분의 구성요소별 기능에 관한 것이든, 그 기능의 **합리적 근거**를 표상하는 무언가가 전혀 없다는 뜻이다. 그럼에도 불구하고 거기에는 합리적 근거가 존재하며, 이는 역설계에 의해 발견된다. 여러분은 각 부분이 왜 그렇게 생겼고 행동은 **왜** 그렇게 조직되었는지에 대한 **이유**가 있으며, 그 이유가 설계를 "정당화"할 거라고 (또는 전前 단계의 설계—그 설계는 이후의 진화에 의해 흔적으로만 남았거나 더 새로운 기능을 수행하도록 변형되었다—를 정당화했다고) 어느 정도 믿을 것이다. 이를 공학적 용어들을 사용하여 "특정 요소를 제거하거나 모양을 바꾼다면, 시스템은 제대로 작동하지 않거나 아예 작동하지 않을 것이다"라고 써보면 정당화가 좀더 직선적으로 표현될 것이다. 이러한 부유하는 합리적 근거들에 관한 주장은 시험 가능해야만 하고, 시험될 수 있을 뿐 아니라, 합리적인 의심을 넘어 입증되는 경우가 많다.

이제, 성공적으로 자동화된 우리의 엘리베이터로 돌아가자. **짜잔!** 한 명의 사람—비유적인 호문쿨루스가 아닌 진짜 사람—이 기계로 대체되었다. 그리고 그 기계는 사람 안내원이 따랐던 것과 **똑같은 규칙들을 따른다**. 진짜로? 흠, 그렇지는 않다. 정확하게 말하자면, 기계는 똑같은 규칙들을 **따르는 셈**이다. 이는 인간(자신이 해야 할 행위를 명령하는 규칙들을 기억하고, 그럼으로써 규칙을 글자 그대로 자기 마음속에 표상하고 따르는 존재)과 행성(방정식들로 우아하게 기술되는 궤도를 "준수하는" 존재)의 중간에 해당하는 아주 훌륭한 사례다. 우리 인간도 종종 이 중간 레벨을 점유하곤 하는데, 연습을 통해 일군의 명시적 규칙들을 내재화 또는 일상화routinize시키고 나서 그 규칙을 버리거나 잊기까지 했을 때가 바로 그런 경우다. (e와 i를 붙여 써야 할 경우, c 다음에 올 때나 "neighbor"와 "weigh"처럼 "에이"로 발음될 때는 ei 순서이지만 그 외에는 모두 ie로 쓴다는 규칙도 그 사례 중 하나다.) 인간이 규칙을 따르는 셈인 경우는 또 있다. 따르고 있는 해당 규칙이 아직 명시화되지 못한 경우가 그에 해당하며, 그 사례로 영어 문법이 있다. 언어학자들은 영어 문법의 명문화에 끊임없이 도전하고 있다. 영어 말하기를 위한 만족스러운 "규정집"을 만들기 위해 그들은 지금도 분투하고 있는 것이다. 그러나 영어를 모국어로 하는 사람이라면 열 살짜리도 언어를 말하고 이해하는 제어 과제 수행에 필요한 실행 가능한 대상 코드를 설치 및 디버깅해놓고 있다. 그것도 꽤 좋은 버전으로.

동물들의 마음을 다루기 전에, 인공물 설계의 심화 사례를 먼저 살펴보고자 한다. 진화가 능력 있는 동물들을 설계할 때 어떤 문제들을 해결했는지가 좀더 또렷하게 드러날 것이다.

GOFAI와 오크리지의 지성적 설계자들

제2차 세계대전이 끝난 지 70년이 지났지만 아직도 드러나지 않은 비밀들이 있다. 브레츨리파크Bletchley Park에서 독일군의 에니그마 암호를 해독한 앨런 튜링의 영웅적인 업적은, 아직 일부 세부 사항들이 공개되기에는 너무 민감하다고 여겨지긴 해도, 이제는 받아 마땅한 찬사를 받고 있다. 반면에 맨해튼 프로젝트Manhattan Project를 성공으로 이끌었던 인물 중 하나인 레슬리 그로브스Leslie Groves 장군의 역할은 원자력공학사를 배우는 학생들 정도만이 제대로 알고 있을 것이다. 1939년 8월, 원자폭탄의 전망에 대한 정보를 담은 아인슈타인-실라르드의 편지[a]가 루스벨트 대통령의 책상에 도착했고, 그로부터 6년밖에 지나지 않은 1945년 8월 6일, 히로시마에 첫 번째 폭탄이 투하되었다. 그 6년의 첫 3년은 기초 연구와 "개념 증명"에 소요되었는데, 이 시기에 참여한 사람들은 모두 다 자신이 무엇을 성취하고자 하는지를 정확하게 알고 있었다. 그러나 후반 3년의 양상은 매우 달랐다. 1942년, 레슬리 그로브스가 맨해튼 프로젝트라 불리는 계획의 총책임자로 임명되었고, 심화된 R&D를 무기 수준의 농축 우라늄 정제라는 거대한 (그리고 완전히 새로운) 과업과 짜맞추는 일이 진행되었다. 믿기 힘든 압력이 가해진 이 3년 동안, 우라늄235(미리 정제된 우라늄238의 1퍼센트만을 차지하는 동위원소)의 분리를 위해 새로 발명된 기계들을 제어하는 데만 수천 명의 인원이 채용되어 훈련을 받고 작업에 투입되었다.

프로젝트 절정기에는 13만 명이 상근직으로 고용되어 일했지만, 자신이 무엇을 만들고 있는지 조금이나마 알고 있는 사람은 극소수에 불과했다. 그렇다. 나는 지금 이해력 없는 능력에 대해 말하고 있는 것이다! 프로젝트의 후반 3년 동안은 필지 원칙이 최대한 준수되었다. 테네시의 신생 도시 오크리지에 위치한 기체 확산 분리 공장 K-25에서는 수만 명의 남녀가 눈금을 살피고 버튼과 레버를 누르며, 프로젝트에 대한 어떠한 이해도 없는 채로 진정한 전문성을 발휘하여 주어진 임무를 온종일 수행했다. 이들이 히로시마 원자폭탄 투하의 여파에 대해 보인 반응을 보면, 자신이 만들던 것이 비행기 부품이었는지 잠수함에 사용될 크랭크케이스 오일이었는지 아

---

a 헝가리에서 미국으로 망명한 물리학자 레오 실라르드Leo Szilard는 독일보다 먼저 원자폭탄을 개발해야만 한다는 신념으로, 천연 우라늄 연쇄 반응으로 원자폭탄을 만드는 아이디어를 편지로 쓰고 아인슈타인의 서명을 빌려 루스벨트 대통령에게 보냈다.

니면 또 다른 무엇이었는지 전혀 모르고 있었음을 분명히 알 수 있다. 이처럼 이들을 전문가로 변신시키면서도 무엇에 관한 전문가가 되는지는 끝내 모르게 하는 훈련 시스템은 어떻게 계획되어야 할지 한번 상상해보자. 보안이 이런 수준으로까지 유지된 사례는 전에는 (아마 그 후에도) 없었다. 물론 레슬리 그로브스와 기획자는 모두 프로젝트에 관해 상당히 많은 것을 알아야만 했다. 그들은 과업의 명세를 정확히 이해하고 온갖 세부 사항으로 무장한 지성적 설계자들이었다. 그 이해를 사용해야만 이해력이 수반되지 않은 능력을 위한 차폐 환경을 창조할 수 있었으니까.

이 프로젝트는 한 가지 사실을 의심할 여지 없이 증명했다. 바로 상당히 고립된 작업의 경우, 작업에 대한 이해가 거의 없어도 고도의 능력을 매우 믿을 만한 수준으로 창조해내는 일이 가능하다는 것이다. 내가 알아낸 바에 의하면, 맨해튼 프로젝트의 전체 인력에게 이해를 어떻게 분산시켰는가에 관한 정확한 사항들은 오늘날까지도 극비로 취급되고 있다. K-25 건물을 설계한 공학자들과 건축가에게 허용된 정보는 어디까지였을까? 몇 달 만에 완성된 그 건물은 당시 세계 최대 규모였다. 설계자 중 몇몇은 수 킬로미터에 이르는 고도로 전문화된 파이프의 용도를 명확하게 알아야 했겠지만, 문이나 지붕, 기초공사 등을 설계한 사람들은 아무런 눈치도 채지 못했을 것이다. 대서양의 한편에서 그로브스와 그의 팀이 최소한의 이해력만을 탑재한 수천 명의 작업으로 이루어지는 시스템을 지성적으로 설계하는 동안, 바다 건너편에서는 튜링과 그의 팀이 아무것도 모르는 호문쿨루스들을 전자 장치로 대체할 시스템을 지성적으로 설계하고 있었다는 사실을 떠올리는 것은 학문적으로는 흥미로운 일이다. 몇 년 후, 이 획기적인 전시戰時 프로젝트의 이런저런 부분에 기여한 과학자와 공학자 대부분이 튜링의 발명품, 즉 이해력 없이 능력만 있는 기초 구성요소들을 착취하다시피 알뜰하게 이용하기 시작했고, 그리하여 인공지능이라는 대담한 분야가 창조되었다.

튜링 자신은, 20세기 말쯤이면 "일반적인 교육 내용과 언어 사용법이 많이 변화하여, 기계가 생각할 수 있는가의 주제에 관해 어떠한 모순됨도 없이 이야기할 수 있게 될 것"(1950)이라고 예언했다. 이 분야의 초기 작업들은 훌륭했고 기회주의적이었으며 순진하게도 낙관적이었다. 어쩌면 자만심으로 가득 차 있었다고 말할 수도 있을 것이다. 인공지능은 생각할 수 있어야 하지만, 확실히 볼 수도 있어야 한다. 그러니 우선 보는 기계를 설계해보자. 1960년대 중반 MIT에서 시행된 악명 높은 "서머 비전 프로젝트Summer Vision Project"는 한 차례의 여름방학 동안 "시각 인지 문제 풀기"를 해보려는 시도였다. 더 어려운 문제들은 뒤로 미뤄놓고 말이다! 초기 작업에 사용된 당시의 "거대한 전자 뇌"들은, 오늘날의 기준으로 본다면 작디작을 뿐 아니라 고통스러울 만큼 느렸다. 그리고 이 한계 때문에, 추구해야 할 목표들의 목록에서 효율성efficiency이라는 것이 높은 위치를 차지하는 부수효과가 생겼다. 컴퓨터의 유례없이 빠른 연산 속도를 이용하여 실세계의 실시간 문제들을 다루는 것이 목표라면, 현실적인 입력값들에 대응하는 데 며칠씩 걸리는 컴퓨터 모형은 그 누구도 굳이 만들고자 하지 않을 것이다.

초기 인공지능, 또는 GOFAI, 즉 구식 인공지능Good Old-Fashioned AI(Haugeland 1985)은 인공지능에 대한 "상의하달식"이고 "주지주의적intellectualist"인 접근법의 산물이다. 이 접근법은 다음과 같이 진행된다. 인간 전문가가 알고 있는 것들을, 컴퓨터가 **추론 기관**inference engines을 사용하여 조작할 수 있는 언어로 적어 놓는다. 이때 컴퓨터의 추론 기관은 인간이 손수 한 땀 한 땀 생산한 **세계의 지식들**이 축적된 "거대한" 메모리 뱅크들을 순찰할 수 있어야 할 뿐 아니라, 그와 동시에 지능체가 지닌 모든 수족이나 반응기들을 적절하게 제어하고 정보에 입각한 결정을 내리는 데 필요한 정리theorem들을 연역해낼 수 있어야 한다. 돌이켜 보면, GOFAI는 사뭇 데카르트적인 무언가를 창조하기 위한 연습이었다고 할 수 있다. 메모리 안에 저장된 수많은 **명제**들과 자신의 능력 안에 포함된 모든 **이해**를 총동원하여 유관한 공리들로부터 결론을 이끌어내고 세계의 지식에서 모순을 탐지하는—그것도 가능한 한 효율적으로—합리적 전문가를 구현하려 했다는 점에서 말이다. 요컨대, 지성적 행위자란 무엇인가? 어떠한 비상사태가 발생하더라도 그에 알맞은 행동을 계획할 수 있도록 알고 있는 명제들을 사용하여 충분히 빠른 속도로 생각할 수 있는, 충분한 정보를 가진 합리적 존재자가 아니겠는가? 이런 생각은 그 당시에는, 그리고 그 영역의 몇몇 연구자들에게는, 좋은 아이디어처럼 보였고, 지금도 그렇다.[17]

속도와 효율에 붙은 프리미엄 때문에, 전문가들은 "장난감 문제들toy problems"[a]을 먼저 풀어보아야만 했다. 독창적으로 축소된 이런 문제들 중 많은 것이 어느 정도는 풀렸고, 그 해답들은 제한된 환경 내의 컨트롤러들로 구성되는 그리 까다롭지 않은 세계(엘리베이터나 식기 세척기들에서부터 정유 공장과 비행기에 이르는)와 의료 진단, 게임 플레잉, 그리고 그 밖의 면밀하게 제한된 상호작용 및 탐구 영역에 적용되었다. 항공기 예약, 맞춤법 검사 등이 그 예이며, 심지어는 문법 검사 같은 것에도 적용되고 있다. 우리는 이러한 설

---

17 더글러스 레나트Douglas Lenat의 CYC 프로젝트는 이러한 인공지능을 만들려는 시도로, 지금도 진행되고 있다. 수백 명의 코더들(CYClist라 불린다)이 30년 동안 작업한 결과, 이 시스템은 수동적으로 정의된 100만 개 이상의 개념들을 메모리에 저장하게 되었다.

a 관심 사안을 매우 단순화시킨 문제들을 말한다.

계들을, 지성적 설계자들로 이루어진 그로브스의 엘리트 팀이 창조한 엄청나게 고립된 시스템들(직면할 문제들에 필요한 능력들을 미리 정확하게 갖춘 하위 시스템들로 구성된 시스템을 어떻게든 만들어내는 설계자들의 이해력에 의존하며 필지 원칙이 고수되는 시스템들)의 간접적 후손이라 생각할 수 있다. 그 모든 탁월함에도 불구하고, 초기 AI 설계자들이 전지全知하지는 않았기 때문에(그리고 시간이 그 본질적 원인이었다), 그들은 백치천재 작업자들(서브루틴들)을 보호하는 시스템이 갖추어진 수천 개의 작업장이 있는 프로그램을 만들면서, 각 하위 시스템이 수용하고 다루어야 할 입력들의 다양성과 범위를 제한했다.

많은 것이 학습되었고, 많은 모범 사례들과 기술들이 발명되고 정교해졌지만, 그럴수록 자유분방하고 상상력이 풍부하며 오픈 엔드open end[a]인 사람의 마음을 설계한다는 것이 진정 얼마나 어려운 과제인지가 더 극적으로 드러났다. 물론 사람 손으로 코딩되고 상의하달식으로 조직된, 관료적일 만큼 능률적인 만물박사를, 그러니까 걸어다니는 (또는 적어도 말을 하는) 백과사전을 만들겠다는 꿈이 아직 완전히 소멸된 것은 아니지만, 프로젝트의 규모가 명확해지면서 다른 전략으로 주의를 돌리려는 유익한 변화가 일어났다. 거대한 규모의 빅 데이터Big Data를 이용하고, 새로운 통계적 패턴 읽기 기술인 데이터마이닝datamining과 "딥러닝deep learning"을 사용하여 필요한 정보를 좀더 하의상달식bottom-up으로 내놓기 위해 노력하는 것 등이 바로 그 대표적인 변화다.

이러한 발전에 대해서는 나중에 훨씬 더 자세하게 이야기할 것

---

a 시스템 전체의 구성을 변화시키지 않고도 새로운 항목을 추가할 수 있는 상태를 말한다.

이다. 그전까지 우리가 인식해야 할 점은, 몇 년에 걸쳐 컴퓨터의 크기와 속도가 어마어마하게 증대되면서 정보 추출에 있어 "낭비적"이고 "무심"하며 덜 "관료적"인 과정, 그러니까 좀더 진화와 유사한 정보 추출 과정을 탐험할 전망이 열렸다는 것이다. 그리고 이 방식들은 현재 인상적인 결과를 성취하고 있다. 이 새로운 전망들 덕분에, 우리는 이제 박테리아와 벌레, 흰개미를 제어하는 **비교적** 단순한 시스템들이 하의상달적이고 선견지명도 없으며 무자비한 자연선택이라는 과정에 의해 어떻게 진화할 수 있었는가라는 질문을 꽤 자세하게 숙고할 수 있게 되었다. 바꾸어 말하자면, 우리는 레슬리 그로브스가 가졌던 이해 그리고 선견지명을 **가지지 않은** 진화 과정이 그로브스의 역할, 즉 아무것도 모르는 기계공들을 효율적인 팀으로 조절하는 일을 어떻게 수행할 수 있는지를 보고 싶다는 것이다.

상의하달식 지성적 설계는 분명 작동한다. 계획을 미리 세우고 문제를 명확히 하고 과제를 개선하고 각 단계의 이유를 분명하게 나타낸다는 행동 수칙은 수천 년 동안 발명가들과 문제 해결자들에게 확실해 보였던 방책이었을 뿐 아니라, 인간이 노력해온 모든 분야—과학과 공학에서부터 선거 운동과 요리, 농사, 항해에 이르기까지—에서 독창성과 선견지명이라는 무수한 승리를 통해 스스로를 증명해 보인 전략이기도 했다. 다윈 전에는 이것이 성취 가능한 유일한 설계 방식이라고 여겨졌다. 지성적인 설계자가 없는 설계는 불가능하다고 간주된 것이다. 그러나 실제로 그런 상의하달식 설계가 우리 세계에 기여한 바는 흔히 생각하는 것보다 훨씬 적다. 게다가 다시금 베벌리를 상기시키는 몇몇 "창조적 기교의 성취"에 대해 말하자면, 승리는 지금껏 그 방식을 피해 이루어져왔다. 다윈의 "기묘한 추론 뒤집기", 그리고 이와 동등하게 혁명적인 튜링의 뒤집기는 이해력 없는 능력이라는 한 가지 발견의 두 측면이라 할 수 있다. 이해력은, 모든 설계가 흘러나오는 원천이라는 신적인 재능과는 거리가 멀다. 오히려 그것은 이해력 없는 능력을 지닌 시스템들로부터 출현하는 결과다. 이해력 없는 능력의 한편에는 다윈의 아이디어인 자연선택이, 그리고 다른 한편에는 튜링의 아이디어인 무심한(무마음적인) 기계적 계산이 있다. 이 쌍둥이 아이디어는 합리적 의심의 여지를 남기지 않고 증명되었다. 그러나 아직 일부에서는 이 생각들에 대한 실망과 불신을 표하고 있으며, 나는 이 챕터에서 그것들을 축출하고자 했다. 창조론자들은 유기체 내부 작용에서 주석 달린 코드를 찾으려 하지 않고, 데카르트주의자들은 비물질적인 **레스 코기탄스**를 찾으려 하지 않는다. 거기가 바로 "모든 이해가 발생하는 곳"인데도 말이다.

5 이해의 진화

행위 유발성에 대처하도록 설계된 동물들

동물들도 물론 자연선택에 의해 설계되었다. 그렇지만 진화에 대한 확신으로 가득 찬 이러한 선언은 그리 유용한 정보를 제공하지 않는다. 특히, 진화가 어떻게 이 마술 같은 일을 할 수 있었을까 하는 것에 대해서 말이다. 엘리베이터 제어 설계와 그것의 인공물 친족에 관한 우리 막간극의 성과들 중 하나는, 그 덕분에 우리가 R&D 과정이 자연선택에 의한 진화와 어떻게 다른가에 관해 한층 날카로운 감각을 얻게 되었다는 것이다. 앞에서 알아보았듯이, 설계자들—프로그래머들—이 자신의 해법을 시험하고 구동할 때 사용하는 컴퓨터는 그것 자체가 지성적 설계의 산물이며, 그 빌딩 블록이 되는 능력들—산수와 조건 분기—의 초기 집합은 모든 프로그래머 지망자로 하여금 그들의 과제를 상의하달적 방식으로, 그러니까 그들의 통상적인 **문제 해결** 방식처럼 생각하도록 부추긴다. 그들은 문제에 대해 **자신들이** 이해한 것을 구축 중인 해법 안에 구현하려고 노력한다.

"그렇게 말고는 달리 어떻게 해?"라고 묻는 사람도 있을 것이다. 이런 종류의 지성적 설계는 설계자들에 의해 목표(일이 진행됨에 따라 더 정교해질 수도 있고 버려질 수도 있는)에서 시작하여 상의하달식으로 진행되며, 이때 설계자들은 설계 문제들(그리고 하위 문제와 하위-하위 문제들……)을 스스로의 힘으로 설정하고, 자신들이 알고 있는 모든 것을 사용하여 그 해법 탐색 작업을 이끌어간다. 이와는 대조적으로, 진화에는 미리 정의된 문제들도 없고 그 과업에 도입할 이해력도 없다. 진화는 진화에 의해 만들어진 것들과 함께, 방향성 없이 근시안적으로 뒤죽박죽 진행된다. 아무 생각 없이 비틀기와 변형을 시도하면서, 그리고 유용하거나 적어도 뚜렷하게 해롭지 않다고 판명된 것들을 고수하면서.

지적으로 복잡한 것, 예를 들어 디지털 컴퓨터 같은 무언가가 하의상달식의 자연선택에 의해 진화되는 것이 가능하기나 할까? 이는 거의 상상 불가능하거나 아예 진지하게 생각할 필요도 없는 일이다. 그래서 이에 영감을 얻은 몇몇 사상가들은, 진화가 컴퓨터를(또는 컴퓨터를 구동시킬 프로그램을) 만들 수 없으므로 인간의 마음도 자연선택만으로는 생산될 수 없으며, 인공지능에 대한 염원은 헛된 희망일 수밖에 없다는 결론을 내린다. 가장 유명한 인물이 바로 수학자이자 물리학자인 로저 펜로즈Roger Penrose(1989)다. 논증을 위해, 자연선택에 의한 진화가 살아 있는 디지털 컴퓨터(예를 들어 튜링기계 **나무**Turing machine tree또는 튜링기계 **거북**Turing machine turtle 같은 것들)를 **직접적으로** 진화시킬 수 없다는 것은 인정하자. 그러나 간접적 방법은 존재한다. 자연선택이 우선 인간의 마음들을 진화시키면, 인간의 마음들은 《햄릿》을, 사그라다파밀리아성당을, 그리고 컴퓨터를 비롯한 많은 놀라운 것들을 지성적으로 설계할 수 있다. 이 부트스트랩bootstrapping 과정[a]은 처음에는 거의 마술처럼, 심지어는 자기 모순적인 것처럼 보인다. 셰익스피어는, 또는 가우디는, 또는 튜링은 그들 두뇌의 소산물들보다 훨씬 엄청나고 뛰어난 "창조물" 아닌가? 물론 어느 정도로는 그렇다. 그러나 그들이 없었다면 그들 두뇌의 소산물들 역시 존재할 수 없었다는 것도 진실이다.

만약 여러분이 다른 행성에 착륙하여 그 행성의 해변에서 생명의 신호를 찾는 중이라면, 조개와 조개갈퀴 중 어느 것이 더 당신을 흥분시키겠는가? 조개에는 수억 개의 복잡한 구동 부품들이 있다. 그에 반해 조개갈퀴는 스스로 움직이지도 못하는 단 2개의 부분으로 이루어져 있지만, 살아 있는 어떤 존재에 의해 만들어진 인공물임에 틀림없으므로, 조개보다 훨씬, 훨씬 더 인상적인 무언가가 될 것이다. **느리고 무심한 과정이 느리고 무심한 과정만으로는 만들 수 없어 보이는 것을 어떻게 만들 수 있는가?** 이것이 답변 불가능한, 오로지 수사적인 질문으로 보인다면, 당신은 다윈이 깨어버린 그 주문에 아직 사로잡혀 있는 것이며, 아직 "다윈의 기묘한 추론 뒤집기"를 수용할 수 없는 상태다. 이제 우리는 그 뒤집기가 얼마나 기묘하고 급진적인지 알 수 있다. 신과 같은 지적설계자가 없는 과정이 지성적인 설계자를 만들 수 있고, 이 과정에 의해 만들어진 지성적 설계자는 우리로 하여금 지적설계자 없는 과정이 어떻게 지성적 설계자를 만들어 그가 사물을 설계하게 하는지를 이해하게 만들 수

---

a 외부의 작용 없이 스스로 동작하거나 시작하는 과정을 일컫는다. 컴퓨터를 켤 때, 사용될 수 있는 상태로 컴퓨터가 갖춰지는 과정을 '부팅'이라 하는데, 이 부팅이라는 말도 '부트스트래핑'에서 온 것이다.

그림 5-1 조개갈퀴 © Daniel C. Dennett

있다는 주장이니까.

이 중간 단계들은 매우 교훈적이다. 인공물의 지위를 드러내는 조개갈퀴는 어떠한가? 그것의 단순함을 보라. 열역학 제2법칙을 거스르려면 무언가에 의존할 수밖에 없었음을 말해주는, 불가능해 보일 만큼 병치된 원자들의 균일하고도 대칭적인 군집들로서 존치되는 그 단순함을. 필시 무언가가, 그것도 매우 복잡한 무언가가 이 군집들을 한데 모으고 다듬었을 것이다.

단순한 유기체들로 한번 더 돌아가보자. 모든 유기체는 그 자신의 온톨로지를 가진다는 아이디어(엘리베이터의 예시에서처럼)는 야코프 폰 윅스퀼Jakob von Uexküll(1934)이 유기체의 **환경세계**Umwelt라는 개념으로 먼저 그려낸 바 있다. **환경세계**란 어떤 유기체의 안녕과 관련된 모든 것들로 이루어진 행동적 환경을 말한다. 이와 매우 가까운 동류로는 심리학자 J. J. 깁슨J. J. Gibson(1979)의 **행위 유발성**affordances(어포던스) 개념이 있는데, 이를 한마디로 표현하면 "좋든 나쁘든 환경이 동물에게 제공하는 것" 정도가 될 것이다. 행위 유발성은 어떤 유기체의 환경에서 그 유기체와 유관한 기회를 말하며, 먹을 것, 짝짓기 상대, 걸어서 통과하거나 내다볼 틈새, 들어가 숨을 동굴, 밟고 설 수 있는 사물들 등이 다 여기에 포함된다. 동물이 행위 유발성들로 가득 찬 **환경세계**를 가질 때 거기에 의식(어느 정도는 아직 정의되어야 하는 개념으로서)이 관련되는가 하는 문제에 관해서는 폰 윅스퀼과 깁슨 모두 침묵하고 있다. 그러나 폰 윅스퀼의 사례 연구에 아메바, 해파리, 진드기 등이 포함된 것으로 보아 그도 깁슨과 마찬가지로 유기체들이 **직면하고 해결하는 문제들**을 특징짓는 쪽에—그 해결책들이 어떻게 내부적으로 수행되는가 하는 쪽보다는—더 흥미가 있었음이 명백하다. 태양은 꿀벌의 온톨로지 안에 들어 있다. 꿀벌의 신경계는 태양의 위치를 활동에 적극 이용하도록 설계되어 있다. 아메바와 해바라기도 그들의 **환경세계** 안에 태양을 포함하고 있다. 신경계는 없지만, 그들은 대체 장치를 이용하여 태양의 위치에 적절하게 대응한다. 따라서 지금 시작 단계에 있는 우리에게 필요한 것은 바로 엘리베이터 온톨로지에 대한 공학자의 개념이다. 유기체 또는 유기체 계보의 온톨로지가 내부 장치의 설계된 반응 안에 그저 **암묵적으로** 존재하는 것이 아니라 모종의 의식 안에서 **현시적**인 것으로 되는 일이 언제, 그리고 왜 일어나는지, 일어나기는 하는 것인지 등의 질문은 나중으로 미루어 놓을 수 있다. 달리 표현하자면, 유기체는 자신의 온톨로지들을 어떠한 강한 의미에서도 **표상**(의식적으로든, 반半의식적으로든, 무의식적으로든)하지 않는 존재, 즉 설계 특성들의 수혜자일 수 있다는 것이다. 새의 부리 모양은 다른 부수적인 해부학적 특징들과 더불어, 단단한 씨앗을 먹는지 벌레를 먹는지 아니면 물고기를 먹는지 등의 식습관을 **암시**하며, 그 덕분에 우리는 이 해부학적 특성들만을 토대로 식습관이 상이한 새들 각각의 **환경세계**를 종 특유의 **행위 유발성**으로 채워 넣을 수 있다. 물론 가능하다면 이들의 행동을 연구하여 그 함의를 뒷받침하는 것이 현명할 것이다. 그러나 부리의 모양은 어떠한 흥미로운 의미에서도 그 새가 선호하는 먹이나 먹이활동의 방식을 **표상**하지는 않는다.

고생물학자들은 이러한 형식의 추론을 통해 멸종된 종들의 포식 선호도 및 다른 행위들에 관한 결론을 이끌어낸다. 그런데, 이와 같은 연구 활동을 할 때 화석으로 남은 생물들의 설계에 관한 적응주의적 가정을 만들지 않으면 이런 추론이 불가능하다는 사실은 좀처럼 포착되지 않는다. 나일스 엘드리지Niles Eldredge(1983)가 제시한 피셔Fisher(1975)의 투구게 헤엄 속도 연구 사례를 보자. 엘드리지가 이 사례를 인용한 것은, 최적화를 가정하는 적응주의적 질문("무엇을 위해" 질문)을 하는 것보다 "무슨 일이 벌어졌는가?"("어떻게 해서" 질문에 해당)라는 역사적 질문을 하는 것이 더 나은 전략임을 증명하기 위해서였다. 그러나 엘드리지의 바람과는 달리, 지질시대의 투구게가 얼마나 빨리 헤엄쳤는가에 관한 피셔의 결론은 "어떻게 해서" 질문은 아닌 것으로 보인다.

> 피셔의 이론은 무엇이 좋은가에 관한 매우 안전한 적응주의적 가정에 의존한다. 그 가정이란, **더 빠른 것이 더 낫다—일정 한도 내에서는**—는 것이다. 쥐라기의 투구게가 더 빨리 헤엄쳤다는 결론은, 그들이 주어진 형태를 지닌 상태에서 특정 각도로 헤엄침으로써 최대 속력을 얻었을 것이라는 전제에, **그리고** 최대 속력을 얻을 수 있도록 헤엄쳤으리라는 전제에 의존한다. 따

라서 …… 1억 5000만 년 전에 "무슨 일이 벌어졌는지"를 **조금이라도 확실하게 알아내려면** 피셔는 진정으로 암묵적이면서도 전혀 논쟁의 여지가 없는 최적화 고려사항들을 사용해야 한다. (Dennett 1983)

기억하시라. 생물학은 역설계이고, 역설계는 최적화에 대한 고려를 방법론적으로 고수하고 있다는 것을. 역설계자들의 혀끝에는 "이 특성은 **무엇에 좋은가**—또는 좋았는가—?"라는 질문이 항상 매달려 있다. 그렇지 않다면, 역설계는 여러 가지 방해 요소들 속으로 녹아 없어져버린다.

이 책을 여는 첫 문단에서 말했던 것처럼, 박테리아는 자신들이 박테리아라는 것을 모르지만, 분명히 그들은 박테리아에게 적합한 방식으로 다른 박테리아들에 대응하며, 자신의 **환경세계** 내에서 그들이 식별하는 것들을 피하거나 추적하거나 끌고 갈 능력을 지닌다. 자기가 무엇을 하고 있는지 전혀 알 필요가 없으면서 말이다. 박테리아의 온톨로지 안에 박테리아가 존재하는 방식은 엘리베이터의 온톨로지 안에 층과 문이 존재하는 방식과 똑같다. 단지 박테리아 쪽이 훨씬 더 복잡할 뿐이다. 그리고 엘리베이터의 제어 회로들이 해당 방식으로 설계된 이유가 있듯이, 박테리아 내부의 단백질 제어 네트워크도 그렇게 설계된 이유가 있다. 두 경우 모두 대면하는 문제들을 효율적이고 효과적으로 다룰 수 있도록 설계가 최적화되어 있다.[18] 가장 큰 차이점은 엘리베이터의 설계는 지성적인 설계자에 의해 수행되었고, 설계에 앞서 엘리베이터가 직면할 문제들을 기술한 것도, **이유가 추론된**reasoned 해결책을 표상한 것도 바로 그 설계자이며, 이 모든 과정이 정당화와 함께 완성되었다는 것이다. 반면에 박테리아의 R&D 역사에는 소스 코드도 없고, 대자연의 의도에 대한 힌트를 줄 주석 또한 만들어진 적이 없다. 하지만 그렇다고 해서 진화생물학자들이 어떤 진화적 특성들에는 기능을 할당하고(물갈퀴가 있는 발은 물속에서 추진력을 얻기 위한 것이다) 다른 특성들은 자연의 실수(머리 둘 달린 송아지)라고 해석하는 일을 멈추지는 않는다. 오래전에 사망한 작가의 텍스트를 다듬는 편집자가 매우 이상한 구절들 중 어떤 것이 고의적인 오도이고 어떤 것이 식자 오류나 기억 착오에 의한 것인지 알아내기 위해 작가의 논문들에 남겨진 자서전적 발언에 기댈 필요가 없는 것과 마찬가지로 말이다.

소프트웨어의 발전은 인류 활동에서 비교적 새로운 영역이다. 그 초기 단계에서 많은 허점과 결함이 확인되고 수정되는 동안, 작업을 용이하게 만드는 저마다의 소프트웨어 저작 도구들이 수없이 제작되면서 새로운 프로그래밍 언어들의 바벨탑이 만들어졌다. 그래도 아직 프로그래밍은 "기술"이고, 최고의 공급업자들이 상업적으로 출시한 소프트웨어에서조차 언제나 "버그"들이 발견되어 출시 후의 업데이트를 통해 수정되고 있다. 디버깅을 자동화하면 비용이 많이 드는 이 오류들을 처음부터 제거할 수 있을 텐데, 왜 그러지 않았을까? 소프트웨어의 목적에 정통한 가장 똑똑한 인간 설계자마저도 코드 디버깅은 아직도 벅찬 업무라고 말한다. 엄격하게 관리된 최고의 작업 환경에서 만들어진, 세심한 주석이 달린 소스 코드를 검토할 수 있는 경우에서마저 그렇다.(Smith 1985, 2014) 디버깅이 완전히 자동화될 수 없는 데는 이유가 있다. 무엇을 버그로 간주할

---

18 자연선택의 "충분히 좋은" 산물을 가리킬 때 "최적화"라는 용어를 사용하는 것에 관해서는 많은 논쟁이 존재한다. 자연선택 과정은 "모든 것들을 고려"하지 못하며, 언제나 다시 설계하는 중에 있다. 따라서 주어진 어떠한 특정 설계 문제에 대해서도 **최적의** 해답을 찾는다는 보장은 없다. 그러나 그 과정은 놀랄 만큼 잘하고 있으며, 최적 설계에 목말라 있는 지성적인 인간 설계자들보다 일반적으로 더 잘하고 있다.

것인가는 소프트웨어의 모든 목적들(과 하위 목적과 하위-하위 목적들)에 달려 있으며, 그 목적들이 무엇인지를 (상상 속의 디버깅 프로그램에 전달하기 위해) 충분히 자세히 특정화하는 것은, 적어도 실천적인 목적에 관한 한, 처음부터 디버깅된 코드를 작성하는 것과 똑같은 과제이기 때문이다![19] 야심만만한 시스템을 위해 컴퓨터 코드를 쓰고 디버깅하는 것은 인간의 상상력을 시험하기 위해 지금까지 고안된 것들 중 가장 혹독한 것이며, 뛰어난 프로그래머가 나타나 코더들의 과중한 짐을 덜어줄 새로운 도구를 고안한다 해도, 코더가 만들 (그리고 시험할) 것이라 예상되는 결과물들의 기준치 또한 곧바로 더 높아질 것이다. 인류 활동에서 이러한 전례는 찾기 어렵지 않다. 음악과 시를 비롯한 예술 분야의 창작자 지망생들은 가능한 "행마들"의 열린 공간과 언제나 맞닥뜨려왔다. 음악 기보법이나 작법, 기성품 물감 등이 도입된 후에도 그 가능한 행마의 수는 줄어들지 않았고, 신디사이저 및 미디 파일, 워드 프로세싱, 맞춤법 검사기, 수백만 가지 색과 고해상도를 자랑하는 컴퓨터 그래픽 등이 추가되었다고 해서 예술의 창조 작업이 기계적 루틴이 되어버리지도 않았다.

자연은 자신의 설계를 어떻게 디버깅하는가? 거기에는 소스 코드도 없고 읽을 수 있는 주석 또한 없으므로, 훌륭한 지적 설명에 의한 디버깅은 있을 수 없다. 자연에서의 설계 변경은 많은 변이들을 방출하여 시운전을 해보고 패자는 **패인 분석 없이** 그냥 죽게 하

19 마이크로소프트 워드의 개발 총괄이었던 전설적인 프로그래머 찰스 시모니Charles Simonyi는, 이 문제 또는 이 문제들의 가치 있는 하위 집합을 이상적으로 풀어줄 소프트웨어, 즉 자신이 "지향적 소프트웨어"라고 부른 것을 개발하는 데 20년 이상을 바쳤다. 소프트웨어 엔지니어들로 이루어진 팀이 고품질의 작업을 20년 이상 수행했는데도 해결책이 나오지 않았다는 사실은, 이 문제가 얼마나 어려운지를 잘 보여준다.

는, 낭비적인 방식을 따를 수밖에 없다. 이 방식이 전 지구적으로 통용될 최적의 설계를 필연적으로 찾아준다고 할 수는 없지만, 현지에서 국지적으로 가장 접근 가능성 높은 버전들이 번성할 것이며, 승자들은 차후의 시운전으로 또 걸러져서 다음 세대에는 기준이 약간 더 높아지는 결과를 낳을 것이다.[20] 도킨스(1986)의 인상적인 책 제목이 강조하듯이, 진화는 눈먼 시계공이며, 사용된 R&D 방법이 주어졌을 때, 진화의 산물이 우발적이고 근시안적이지만 에둘러 가보면 효과적인 우여곡절들—효과적이지 않은 경우를 제외하고는 효과적인!—로 넘쳐난다는 것이 놀랄 일은 아니다. 컴퓨터 프로그래머의 관점에서 보자면, 버그가 가득하다는 것은 그것이 자연선택에 의한 설계임을 보증하는 특징 중 하나다. 여기서 버그란, 거의 일어날 것 같지 않은 조건 아래서만, 그러니까 오늘날까지 살아남은 설계를 이끌어낸 한정된 R&D의 과정 내에서는 결코 마주치지 않을 그런 조건들 아래서만 나타나며, 그래서 여러 세대가 필요한 땜질에 의한 패치나 극복이 아직 이루어지지 못한 설계 결함들을 말한다. 생물학자들은 자신들이 연구하고 있는 시스템에 극단적인 도전을 부과하여 거의 일어날 것 같지 않은 조건에 처하게 하면서, 시스템이 언제 어디서 그리고 **왜** 실패하는지 알아보는 데 매우 능숙하다.

생물을 역설계하면서 생물학자들이 일반적으로 발견하는 것은 초짜 프로그래머가 만들어 해독이 거의 불가능한 "스파게티 코드"[a] 같은 것들이다. 스파게티 코드를 해독하려고 노력하다 보면, 부과된 문제들에 대한 최선의 해결책을 근시안적으로 찾은 설계자들의 머

---

20 진화는 "인접한 가용 자원"을 탐구한다. 이에 대해서는 카우프만의 논의(2003)를 참고하라.

a 정상적으로 작동은 하지만, 사람이 해독해서 파악하기는 어려울 만큼 복잡하게 얽힌 코드를 말한다. 스파게티 면발이 얽힌 모습에 빗댄 표현이다.

릿속엔 **절대로 떠오르지 않았던**, 있을 법하지 않은 가능성이 무엇이었는지를 우리는 종종 알아챌 수 있다. **그들은 무엇을 생각하고 있었을까?** 똑같은 질문을 대자연을 향해 던져보면, 대답은 언제나 똑같다. 아무 생각 없었다. 그 어떠한 생각도 없었지만, 그럼에도 불구하고 자연은 어찌어찌 대충대충 꿰어맞춰서, 이 까다로운 세계에서 경쟁자들을 때려눕히고 오늘날까지 살아남을 만큼, 즉 영리한 생물학자가 출현하여 허점을 까발릴 때까지 생존할 만큼 효과적인 설계를 내놓는다.

많은 생물에게서 발견되는 설계 결함인 **초정상 자극**supernormal stimuli을 생각해보자. 갈매기에 대한 니코 틴베르헌Niko Tinbergen의 실험(1948, 1951, 1953, 1959)은 갈매기의 지각/행동 장치의 기이한 편향을 보여준다. 다 자란 암컷 갈매기의 부리에는 주황색 점이 있는데, 새끼 갈매기들은 본능적으로 이 점을 쪼아 어미가 먹이를 토해서 자신들에게 먹이도록 자극한다. 이 주황색 점이 더 커지거나 작아지면, 그리고 밝아지거나 덜 뚜렷해지면 어떻게 될까? 틴베르헌은 새끼 갈매기들이 과장된 주황색 점의 카드보드 모형을 더 열심히 쪼아대는 것을 보여준다. 초정상 자극이 초정상 행위를 유발한 것이다. 틴베르헌은 회색 얼룩무늬가 있는 푸른 알을 낳는 새들이 밝은 청색에 검은 물방울무늬가 찍힌 가짜 알을 더 선호한다는 것도 보여주었다. 그 가짜 알이 너무 커서 제대로 품지 못하고 자꾸만 미끄러지는데도 말이다.

프로그래머들의 유명한 항변이 있다. "이건 버그가 아니야. 특징이라고!" 이 말은 초정상 자극의 경우에도 유효할 것이다. 선명한 상상력으로 무장하고 인공 장치들을 사용하여 새들을 도발하는 비열한 생물학자들이 그 새들의 **환경세계**에 없는 한, 그 생물에게 (거의 언제나) 중요한 행위에 초점을 맞춘다면 그들의 시스템은 매우 잘 작동한다고 할 수 있다. 전체 시스템의 부유하는 합리적 근거는 실용적인 목적을 위해서라면 명백하게 충분히 좋고, 따라서 대자연은 훨씬 더 간단하게 계략을 탐지할 수 있는 것들에 자원을 낭비하지 않을 정도로는 현명하다. 이 "설계 철학"은 자연의 어디에나 존재하면서 하나의 종이 다른 종의 설계를 손쉽게 착취할 군비경쟁의 기회를 제공하고, 설계공간에서 쌍방대응 전략이 불붙도록 자극함으로써 두 종 모두가 훨씬 더 나은 공격과 방어를 개발하며 진화의 래칫을 돌아가게 만든다. 실제 사례를 하나 살펴보자. 암컷 반딧불이가 땅에 앉아 수컷 반딧불이를 보고 있다. 수컷은 암컷의 응답을 바라며 깜빡깜빡 불빛 패턴을 내보낸다. 암컷이 선택의 결정을 하고 수컷에게 승낙의 깜빡임을 보내면 수컷이 부리나케 날아 내려가 짝짓기를 한다. 그러나 이 천재적인 스피드 데이트 시스템은 다른 종의 반딧불이에게 침략당했는데, 포투리스Photuris 종의 반딧불이는 암컷인 척하며 응답의 깜빡임을 보내, 짝짓기 하러 온 수컷을 잡아먹는다. 포투리스는 더 길고 더 강한 신호를 보내는 수컷을 선호하기 때문에, 잡아먹히는 종의 수컷은 더 짧은 러브레터를 진화시키고 있다.(Lewis and Cratsley 2008)

지향계로서의 고등 동물: 이해력의 출현

이해력 없는 능력은 자연의 방식이다. 자연의 R&D 방법들에서 작동하는 방식임과 동시에, 자연의 가장 작고 가장 단순한 생산물—훌륭하게 설계된 운동 단백질, 교정 효소, 항체, 그리고 그것들로 인해 움직이는 세포 등—에서 작동하는 방식이기도 하다. 다세포 생물은 어떤가? 이해력은 언제 출현하는가? 자그마한 잡초에서 거대한 삼나무에 이르기까지, 식물은 똑똑한 능력을 보여주는 것으로 보인다. 식물은 곤충과 새를 비롯한 많은 동물을 속여서 번식에 도움을 얻고, 공생 관계의 생물과 유용한 동맹을 형성하고, 귀중한 수원水源을 탐지하고, 태양을 추적하며 다양한 침략자들(초식동물과 기생생물들)로부터 스스로를 방어한다. 몇몇 종의 식물은 침략이 임박했음을 근처의 친족들에게 경고하기도 한다는 주장까지도 제기되었다. (이를테면 Kobayashi and Yamamura 2003; Halitschke et al. 2008을 보라.) 그 주장들에 의하면, 이런 식물들은 공격을 받으면 조난 신호를 바람에 실어 보내 방어 메커니즘을 강화하게 한다. 그들이 내뿜은 신호를 받은 개체들이 공격을 미리 예측하여 독성을 높이기도 하고, 냄새를 내뿜어 침략자를 직접 내쫓거나 그 냄새를 맡은 공생체로 하여금 침략자를 내쫓게 하는 것이다. 이러한 반응은 너무도 느리게 펼쳐지기 때문에 저속 촬영의 힘을 빌리지 않으면 적절한 행위라고 보이지도 않지만, 개별 세포들의 현미경적 행위들과 마찬가지로 이들도 행위자에 의해 이해될 필요가 없는 합리적 근거들을 지니고 있다.

여기서 우리는 귀속의 이중 잣대 같은 것이 출현하는 것을 본다. 시기적절하게 조직화 되는 이러한 과정들을 기술하고 설명할 거의 유일한 방법은, 그것을 행위라고 부르며 우리 자신의 행위를 **설명하는** 방식으로 설명하는 것이다. 우리의 행위를 설명하는 방식이란, 응답을 촉발하고 조절하고 종료시키는 정보의 유입을 지각적으로 모니터링하는 듯한 어떤 것이 그 과정들을 인도한다고 가정하고 이유들을 대는 것을 말한다. 그리고 우리가 이렇게 할 때, 우리는 능력만을 귀속시키는 것이 아니라, (우리 안에서) 그러한 행위 능력과 "일반적으로 함께 가는" 이해력까지 귀속시키는 것으로 **보인다**. 우리는 박테리아와 식물을 이해하기 위해 그들을 의인화하고 있다.

이는 지적인 죄가 아니다. 생존을 위해 "투쟁"하는 그들의 능력에서 파생되는 이득을 설명할 합리적 근거를 댐으로써 그들의 존재를 설명하고, 이 작업을 위해 그들의 행동을 행위라고 부르는 것은, 그리고 그 생물의 능력들을 그 생물 자체에 귀속시키는 것은 **옳다**. 나는 지금, 내가 지향적 태도라 부르는 것을 채택하는 것이 옳다고 말하고 있는 것이다. 실수가 발생하는 유일한 경우는 생물에 또는 생물의 부분들에 **이해력**을 귀속시킬 때뿐이다. 식물과 미생물의 경우, 다행스럽게도, 상식이 개입하여 그런 식의 귀속을 가로막는다. 이런 생물들에 한해서라면 **정신**이 조금도 침투되지 않은 장치들이 어떻게 그들의 능력을 제공할 수 있는지를 충분히 쉽게 이해할 수 있다.

자기 행동의 합리적 근거를 이해할 필요가 전혀 없으면서도 탁월한 능력을 갖추고 있는 생물체를 **타고났다**gifted고 표현하기로 하자. 그런 생물들은 그들에게 수여된 재능의 수혜자이며, 그 재능들은 그 개체들이 직접 탐구하고 연습하여 얻은 산물이 아니다. 이 **타고남**gift을 가리켜 **축복받은**blessed 것이라 말할 수도 있을 것이다. 물론 그 축복을 내린 주체는 신이 아니라 자연선택에 의한 진화다. 우리의 상상력에 보행기나 지팡이가 필요하다면, '마음 없는 메커니즘으로서의 로봇'이라는 진부한 고정 관념에 의존할 수도 있다. 식물은 아무것도 이해할 필요가 없다. 그들은 살아 있는 로봇이다. (여기서 가능한 예측 하나: 앞으로 100년 안에, 이 생각은 **생물중심주의**biocentrism—이해력 있는 로봇들에 대한, 21세기까지도 잘 살아남은 약간의 편견—의 우스꽝스러운 화석으로 보이게 될 것이다.)

이 주제를 다루는 김에, 20세기에 제기된 GOFAI 반대 의견 중 가장 인기 있던 것이 아래와 같았음을 돌이켜 보는 것도 재미있을 것이다.

> 이러한 프로그램들에서 이야기되는 소위 지능이라는 것은 정말로 프로그래머들의 지능—이해—일 뿐이다. 프로그램은 아무것도 이해하지 않는다.

나는 그 주제를 채택하고 또 적응시키고 있지만 (아직) 그 누구 또는 무엇에게도 이해를 부여하지 않고 있다.

> 나무에서, 해면海綿에서, 그리고 곤충에서 이야기되는 소위 지능은 그들의 것이 아니다. 그들은 단지 제때 똑똑한 움직임을 보이도록 훌륭하게 설계된 존재들일 뿐이며, 설계는 탁월하지만 설계자는 나무, 해면, 곤충만큼이나 아는 것이 없다.

GOFAI 반대자들은, 이른바 지능형 기계에 대한 비판을 발표할 때, 자신들이 매우 명백한 것을 말하고 있다고 생각했다. 그러나 똑같은 관찰이 동물에 대해 이루어질 때면 감정의 이끌림이 어떻게 역전되는지 보라. 추측하건대, 대부분의 독자는 식물과 미생물이 그저 타고났을 뿐이라는 나의 관찰을, 그러니까 잘 설계된 능력이라는 축복을 받았을 뿐 아무것도 모른다는 것을 꽤 편하게 받아들일 것이다. 그러나 "고등" 동물에 대해 이와 똑같은 주장을 시도하면 나는 흥을 깨는 끔찍한 못된 놈이 되어버린다.

우리가 동물—특히 포유류나 새 같은 "고등" 동물—로 관심을 돌릴 때면, 그들의 능력을 묘사하고 설명하는 과정에서 이해력을 귀속시키고자 하는 열망이 훨씬 강해진다. 그리고 그것은—많은 사람이 주장하겠지만—전적으로 적절하다. 동물들은 자신이 하는 것을 정말로 이해한다. 그들이 얼마나 경이로울 정도로 똑똑한지를 보라! 좋다. 우리는 이때껏 이해력 없는 능력이라는 개념을 손아귀에 꽉 쥐고 있었는데, 이제 이 은혜로운 주장을 재고해볼 필요가 있다. 지금 이 행성의 생물 총중량—생물량—중 절반 이상은 박테리아를 비롯한 단세포 "로봇들"이 차지하고, "로봇 같은" 식물들이 그 나머지의 절반 이상을 차지하는 것으로 추산된다. 그리고 아무것도 모르는 흰개미와 개미를 포함한 곤충들마저 맥크레디의 축하를 받은 인간의 수를 능가한다. 우리와 우리 가축이 된 동물들은 **육상 척추동물** 총량의 98퍼센트를 차지하고 있지만, 육상 척추동물 자체가 지구 생명 중 아주 작은 부분일 뿐이다. 그러니 이해력 **없는** 능력이야말로 지구 생물의 압도적 다수가 살아가는 방식이며, 이것이 기본 전제가 되어야 한다. 어떤 생물 개체가 정말로, 어떤 의미로든, 자신이 하는 것을 **이해한다**고 우리가 증명할 수 있게 되기 전까지는 말이다. 이제 문제는 이것이다. 생물체들의 설계는 언제, 그리고 왜 자기 생존 기계의 부유하는 합리적 근거를 **표상**하기(아니면 지적으로 내장incorporating하기) 시작하는가? 이 문제를 다루려면 우리의 상상력을 개편해야 한다. "고등 동물"에서는 합리적 근거가 있다면 반드시 모종의 이해가 동반되리라 **가정**하는 것이 우리의 일반적 관행이기 때문이다.

특히 놀라운 사례를 하나 들어보자. 엘리자베스 마셜 토머스Elizabeth Marshall Thomas는 풍부한 지식과 통찰력으로 동물(인간을 포함해서)을 관찰해온 인류학자이자 소설가인데, 그는 1993년 저작 《사람들은 모르는 개들의 삶The Hidden Life of Dogs》에서 개들이 자기들이 하는 행위들을 현명하게 이해하고 있다고 상상했다. 그녀는 이렇게 썼다. "우리는 모르지만 개들에겐 알려진 어떠한 이유로, 많은 어미 개는 자기 새끼와는 짝짓기를 하지 않으려고 한다."(p. 76) 그들이 그런 근친 교배에 본능적으로 저항하고 있음에는 의심의 여지가 없다. 아마도 그들의 단서인 냄새에 주로 의존하겠지만, 그 밖의 무엇이 또 이에 기여하고 있는지는 아무도 모른다. 그것은 미래의 연구 주제이다. 그러나 개들이 자신들의 본능적 행위와 기질의 이유에 대해 우리가 우리에 대해 알고 있는 것보다 더 많은 통찰을 지니고 있다는 주장은 도를 넘은 낭만주의다. 물론 나는 그녀가 더 잘 알 것이라고 확신한다. 나의 논점은, 그녀의 이러한 실수는 지배적인 가정을 확장하는 과정에서 자연스럽게 생겨난 것이지, 개들의 특정한 자기 인식에 대한 대담한 제안은 아니라는 것이다. 이는 화성에서 온 인류학자가 이렇게 쓰는 것과 같다. "지구 인류들은 알고 있지만 우리는 모르는 어떠한 이유로, 인간은 졸리면 하품을 하고 지인을 만나면 눈썹을 찡긋 올린다." 이러한 행위들에는 이유가, **무엇을 위해**에 해당하는 이유가 **있다**. 그러나 그것이 **우리의** 이유는 아니다. 여러분은 가짜 하품을 할 **수도 있고** 모종의 이유로—의도적으로 신호를 보내거나, 매력적이지만 친하지 않은 사람을 마주쳤을 때 친숙함을 가장하기 위해—눈썹을 치켜올릴 **수도 있**지만, 일반적으로 당신은 당신이 그런 행위를 하고 있다는 것을 인식조차 하지 못하며, 따라서 왜 그러는지를 알 기회도 없다. (우리는 아직 우리가 왜 하품을 하는지 모른다—그리고 개들도 우리처럼 하품을 하지만, 이 논제에 관해 우리보다 딱히 더 잘 알지는 못한다.)

동물들에게서 찾아볼 수 있는 더 명백하게 고의적인 행위는 어떨까? 뻐꾸기는 제 둥지를 만들지 않고 **탁란**을 한다. 둥지를 만들고 새끼를 보살피는 대신, 암컷 뻐꾸기는 다른 종의 새가 자리 잡은 둥지에 몰래 알을 낳고, 저도 모르는 사이에 양부모가 된 둥지 주인이 알을 돌봐주길 기다린다. 종종—둥지 주인이 알의 수를 세는 종일 경우—암컷 뻐꾸기는 둥지 주인의 알 하나를 굴려 둥지 밖으로 밀어낸다. 뻐꾸기 새끼는 부화하자마자 (뻐꾸기 알이 둥지 주인의 알보다 먼저 품어지고 먼저 부화하는 경향이 있다) 온 힘을 다해 남아 있는 알들을 굴려서 둥지 밖으로 밀어낸다. 왜? 양부모로부터 얻을 보살핌을 최대화하기 위해서다. 알에서 갓 나온 뻐꾸기의 이 행위를 담은 비디오 클립은 효율적이고도 능숙하게 이루어지는 살해를 오싹하게 보여주지만, 거기에 범행 의도가 있었다고 가정할 이유는 없다. 아기 새는 무엇이 진행되는지 알지 못하지만, 그 행위의 명백한 수혜자다. 도둑질이 덜 심한 종의 둥지 짓기는 어떨까? 새의 둥지 짓기를 지켜보는 것은 매혹적인 경험이며, 고도로 숙련된 엮기 기술은 물론이고 심지어는 바느질 행동까지도 둥지 짓기에 포함된다는 것에는 의심의 여지가 없다.(Hansell 2000) 여기에는 품질 관리와 함께 약간의 학습도 존재한다. 알에 갇혀 있다가 부화하여 첫 짝짓기를 앞둔 새는 동종의 새가 둥지를 짓는 모습을 볼 기회가 없었음에도, 둥지를 만들어야 할 때가 되면 구할 수 있는 물질들을 사용하여 종 특유의 쓸 만한 둥지를 짓는다. 이는 둥지 짓기가 본능적 행위임을 보여준다. 그러나 그 개체는 다음 짝짓기 철이 되면 더 좋은 둥지를 지을 것이다.

둥지를 짓는 새들은 자신의 작업을 얼마나 많이 이해하고 있을까? 이는 충분히 캐물을 수 있고, 또 현재 연구자들이 조사하고 있는 주제다. 연구자들(Hansell 2000, 2005, 2007; Walsh et al. 2011; Bailey et al. 2015)은 새들이 얼마나 유연성versatility(두름성, 다재다능함)과 선견지명이 있는지 알아보기 위해 새들이 사용할 수 있는 물건들을 바꾸어보거나 조건들에 간섭해 보았다. 진화는 R&D에서 직면하는 도전들에 대한 근시안적 해결책만을 제공한다는 것에 유념한다면, 새의 **환경세계**에 가해지는 인위적 개입이 새로운 종류의 것일수록 새들은 그것을 덜 적합하게 해석할 것이라고 예측할 수 있다. 그 새의 혈통이 고도로 가변적인 선택 환경에서 진화한 덕분에 자연선택의 설계가 완전히 **고정 배선**hard-wired되지 않고 고도의 가소성plasticity 및 그와 함께하는 학습 메커니즘을 지니도록 정착된 것이 **아니라면** 말이다. 흥미롭게도, 선택 환경에서 자연선택이 미래를 정확하게 "예측"하기에 충분할 정도로 안정성이 오래 확보되지 못하는 경우라면, 자연선택이 (다음 세대를 위한 최고의 설계를 "선택"할 때) 다음 세대의 설계 일부를 고정시키지 않은 채로 내버려두는 편이 더 낫다. 구매자의 기호나 습관에 따라 여러 가지 방식으로 구성할 수 있도록 여지를 남겨둔 노트북 컴퓨터처럼 말이다.[21] 학습은 자연선택이 손을 뗀 지점에서 인수인계를 받아, 생물 개체가 조우하는 세계로부터 정보를 추출하고 그 정보를 이용하여 국소적 개량을 이룸으로써 그 개체를 살아 있는 동안 최적화시킨다. 이해에 이르는 이 경로를 우리는 곧 더 면밀히 조사해볼 것이다. 그러나 그 전에, 나는 부유하는 합리적 근거들에 의한 행위들과 그것들의 함의에 관한 사례 몇 가지를 더 탐구하려고 한다.

포식자들에게 쫓기며 평원을 가로지르는 영양들의 동영상을 본 적이 있을 것이다. 이때 어떤 영양들은 추적자로부터 도망치려고 시도하면서 다리를 곧게 펴며 공중으로 매우 높이 뛰어오른다. 이를 껑충뛰기라 부르자. 영양들은 왜 껑충뛰기를 할까? 분명히 그것이 이득을 주기 때문일 것이다. 높이 껑충껑충 뛰는 영양은 좀처럼 잡아먹히지 않을 테니까. 이는 면밀하게 관찰된 인과적 규칙성이며, **무엇을 위해** 설명을 필요로 한다. 모든 영양과 그들을 쫓는 포식자의 세포 안에 있는 단백질과 같은 것들의 행동으로는 이 규칙

21 선견지명이 없는 것으로 유명한 진화에 관해 말하면서, 무엇이 가능하다 또는 가능하지 않다 등의 **예측**을 어떻게 할 수 있을까? 진화 자체에 지향적 태도를 적용하면 매우 편리하게 활용할 수 있는데, 이 편리한 방식은 "고도로 변화무쌍한 환경들에는 자연선택이 (무심하게) 착취할 미래 환경에 관한 **어떠한 정보도 없다**"고, 덜 인상적이며 덜 유용하게 말함으로써 논의를 정리할 수 있다(6장을 보라).

성이 왜 존재하는지 설명할 수 없다. 이 문제에 답변하려면 진화 이론의 한 갈래인 값비싼 신호 이론costly signaling theory(Zahavi 1975; Fitzgibbon and Fanshawe 1988)이라 알려진 것이 필요하다. 추적자에게 자신의 체력fitness[a]을 광고하기 위해 껑충뛰기를 하는, 가장 강하고 가장 빠른 영양은 실제로는 포식자에게 이런 신호를 보내고 있는 것이다. "날 쫓느라 헛수고하지 마. 나는 잡히기엔 너무 강하거든. 껑충뛰기를 못 하는 내 사촌 중 하나를 골라잡으시지. 훨씬 쉬운 먹이일 테니까!" 그리고 추적자는 이를 정직한 신호, 즉 가짜로 꾸며낼 수 없는 신호라고 받아들이고, 껑충뛰기 하는 개체는 쫓지 않는다. 이는 **의사소통**의 행위인 동시에, 부유하는 합리적 근거들에 의해서만 진행되는 행위다. 영양도 사자도 이 합리적 근거들을 음미할 필요가 없는 것이다. 이는, 껑충뛰기를 할 수만 있으면 한다는 것이 왜 좋은 생각인지를 영양이 전혀 의식하지 못하고, 사자 역시 껑충뛰기 하는 영양이 왜 상대적으로 덜 매력적인 먹잇감인지를 전혀 이해하지 못할 수 있지만, 그 신호가 값비싸고 정직한 것이 아니었다면 포식자와 피식자 사이에서 벌어지는 진화의 군비경쟁에서 존속되지 못했을 것이라는 이야기다. (진화가 껑충뛰기 같은 하기 힘든 행동이 아니라 꼬리 흔들기와 같은 "값싼" 신호, 그러니까 아무리 늙었든 다리를 절든 상관없이 모든 영양이 보낼 수 있는 신호를 선택했다면, 그 신호는 사자의 주의를 끌지 못했을 것이다. 그러므로 영양들은 그런 시도는 하지 않았을 것이다.) 이런 이야기는 영양과 사자 양쪽 모두의 지능을 과도하게 회의적으로 강등시키는 **홍 깨기**로 보일 수 있지만, 뻐꾸기와 흰개미, 박테리아를 설명할 수 있는 역설계의 원칙을 똑같

a 진화에 있어 얼마나 잘 생존하고 번식할 수 있는가를 말하는 '적합도(적응도)'도 영어로는 fitness다. 저자는 중의적 의미로 이 단어를 사용했다.

이 엄격하게 적용한 결과일 뿐이다. 그렇다면 귀속의 규칙은 다음의 두 가지가 될 것이다. 첫째, 만일 관찰된 능력이 이해력에 호소하지 않고도 설명이 된다면 의인화를 남발하지 말 것. 둘째, 훨씬 더 지적인 행위의 시연에 의해 지지될 때만 이해력을 귀속시킬 것. 많은 논제에 있어서 껑충뛰기는 (표면적으로는) 종간 또는 종 내의 더 정교한 의사소통 체계의 요소가 아니기 때문에, 여기에서 의사소통과 같은 무언가의 필요성이 발견될 가능성은 매우 낮다. 이 판결이 너무 회의적이라는 생각이 든다면, 당신이 옳다는 것을 증명해줄 실험을 한번 구상해보라.

어떤 실험이 이루어져야 이해력의 귀속 여부에 대한 당신의 판결이 지지될까? 행동을 변화시킬 때 우리와 같은 이해자comprehender가 할 수 있는 것을 해당 동물들도 할 수 있음을 보이면 된다. 껑충뛰기는 일종의 과시 또는 자랑이며, 우리도 이런 행동을 할 수 있다. 그러나 우리는 행동을 더 부풀릴 수 있을 뿐 아니라, 그런 행동이 비생산적이거나 상황을 악화시키는 경우라면 삼가는 것 또한 할 수 있다. 우리는 자랑의 정도를 조절할 수 있고, 다른 청중을 향해 자랑할 수도 있으며, 투명하게 과장된 자랑을 함으로써 정말로 자랑하고 싶은 게 아니라 농담일 뿐이라는 의중을 전달할 수도 있다. 이런 예는 무수히 많다. 그런데 영양은 이들 중 하나라도 할 수 있는가? 상황이 새롭게 바뀌어 껑충뛰기가 부적절해질 때 껑충뛰기를 삼갈 수 있는가? 만일 그렇다면, 영양이 그 행동들의 합리적 근거에 대해 최소한의 어떤 이해를 하고—그리고 이용하고—있음을 보여주는 증거가 될 것이다.

사뭇 다른 부유하는 합리적 근거가 관장하는 경우로, 피리물떼새piping plover처럼 땅에 둥지를 트는 새들의 '다친 척하기'가 있다. 피리물떼새는 날개를 다친 것처럼 행동해서 포식자를 둥지로부터 멀어지게 꾀어낸다. 포식자가 둥지에서 충분히 멀어질 때까지, 잡힐락 말락 한 거리를 계속 유지하면서 말이다. 이러한 "의상행동 distraction display"은 땅에 둥지를 짓는 매우 다양한 종들에서 발견되었다.(Simmons 1952; Skutch 1976) 이는 새의 속임수처럼 보이고, 실제로도 흔히 그렇게 불리고 있다. 이 행동의 목적은 포식자를 **속이는** 것이다. 도킨스(1976)가 개발한 유용한 해설 전술인 "독백" 만들기를 채택한다면, 우리는 피리물떼새의 독백을 다음과 같이 구성할 수 있을 것이다.

> 나는 낮은 곳에 둥지를 트는 새야. 그래서 둥지가 포식자에게 발견된다면 새끼들을 지킬 수 없어. 다가오는 이 포식자를 내가 속이지 않는다면 둥지가 곧 발각되리라 **예상돼**. 나를 잡아먹으려는 포식자의 **욕구**를 이용한다면 속일 수 있을 테지만, 그건 어디까지나 포식자가 나를 정말로 잡을 수 있는 **합리적인** 기회가 있다고 **생각할** 때만이야. (포식자는 멍청이가 아니니까.) **내가** 더이상 날 수 없다는 **증거를 제공하면** 포식자는 그 **믿음**을 실행에 옮기겠지. 날개를 다친 척하거나 하면 그렇게 만들 수 있어.

이 얼마나 세련되었는가! 목표뿐 아니라 **기대**에 대한 **믿음**과 포식자의 **합리성**에 관한 **가설**, 그리고 그 가설에 기초한 **계획**까지 말이다. 그러나 그 어떤 깃털 가진 "사기꾼"도 이러한 정신적 표상을 가지기는 극도로 힘들어 보인다. 새의 "마음속에" 있는 것을 표상할 좀더 현실적인 독백은 아마도 이런 식일 것이다. "포식자가 온다. 갑자기 난 그 실없는 '다친 날개의 춤'을 추고 싶은 무시무시한 충동을 느낀다. 왜 이러지?" 그러나 이마저도 우리가 보증할 수 있는 것보다 훨씬 더 높은 수준의 **반성적** 역량을 새에게 부여하고 있다. 엘리베이터와 마찬가지로, 새도 몇 가지 중요한 구분을 하고 적절한 순간에 적절한 행동을 하도록 설계되어 있다. 초기 연구자들은, 앞서와 같은 세련된 독백은 새들의 실제 **생각**을 나타낸다고 하기에는 지나치게 매끄럽다고 생각했다. 그들은 이 옳은 의심에서 출발하여, 새들의 행동은 전혀 숙고의 산물이 아닌, 비유도unguided 경련들로 이루어진 일종의 공황 발작인데 포식자의 관심을 끄는 유익한 부수 효과를 지니는 것일 뿐이라는 가설을 세우고 싶어 했다. 그러나 이 견해는 상황을 포착하는 새의 능력을 극단적으로 **과소**평가한 것이다. 리스타우Ristau(1983, 1991)는 봉제 라쿤 인형을 태운 장난감 자동차를 원격 조종하는 영리한 실험을 실시하여, 피리물떼새가 포식자의 주의(시선 방향)를 면밀하게 감시할 뿐 아니라 다친 척하는 행동을 그에 따라 조절한다는 것을 보여주었다. 이 실험에서 물떼새는 포식자가 자신을 더이상 사냥하지 않으려 하는 신호를 보이면 다친 척하는 강도를 더 높여서 포식자가 자신에게 더 가까이 다가오게 만들었다. 물론, 포식자가 둥지에서 충분히 멀어지면 물떼새는 적절한 순간에 날아 도망간다. 새가 여기에 연루된 합리적 근거들을 전부 알 필요는 없지만, 그 합리적 근거 안에 암시된 조건들 중 몇 가지를 적절하게 인식하고 그에 대응한다는 것은 분명하다. 새의 이 행동은 "무릎반사"처럼 선조로부터 유전된 단순한 무조건 반사도 아니고, 새의 이성적인 마음이 그려낸 엉큼한 속셈도 아니다. 그것은 환경의 세부 사항들에 대응하는 변수들을 지닌, 진화가 설계한 루틴이며, 앞서의 세련된 독백에 등장하는 세부 사항들은 그 설계의 합리적 근거들을—과잉 없이—포착한다.

이 루틴은 **왜** 이렇게 조직되었는가? 세련된 독백에서 포착되는 부유하는 합리적 근거가 이 질문에 답한다. 만약 그 독백의 의인화에 비위가 상한다면, 좀 덜 "유심론적인mentalistic" 용어들로 대답을 내놓는 척할 수도 있다. 글자 그대로 받아들이지 말라는 경고의 큰따옴표를 자유롭게 사용해서, 다음의 두 문장처럼 말이다. 루틴은, 포식자의 "목표들"과 "지각들" 같은 것에 성공 여부가 달린, "주의를 끄는" 행동으로, 포식자가 물떼새에게 "접근"하게 자극하여 둥지에서 스스로 멀어지게 하도록 설계되어 있다. 포식자의 "주의"를 "감시"하고 포식자의 "흥미"가 유지되도록 스스로의 행위를 조절함으로써, 물떼새는 새끼들이 잡아먹히는 걸 막는 데 일반적으로 성공한다. (그러나 이 장황한 대답은 세련된 독백으로 표현된 지향적 태도 버전보다 오로지 피상적으로만 더 "과학적"일 뿐이다. 두 설명은 동일한 구분과 동일한 최적화 가정과 동일한 정보적 요구에 의존하고 있다.) 추가적인 경험적 연구는 더 적절한 민감도를 보여줄 수도 있고, 이 급조된 장치들의 약점을 드러낼 수도 있다. 육식동물이 다가올 때와는 달리, 암소가 다가올 때는 다친 척을 하여 꾀어내는 것이 아니라 암소에게 **덤벼들어서** 둥지에서 멀어지도록 쫓아낼 만큼은 피리물떼새가 "충분히 알고 있다"는 증거들도 존재한다. 진짜로 다친 다른 새나 다른 취약한 먹잇감이 이미 포식자의 주의를 끌고 있다는 사실을 볼 수 있다면, 이때 물떼새는 다친 척하려는 충동을 거부할 수 있을까? 아니면 데이비드 헤이그David Haig(2014, 개인 서신)의 아래 제안처럼 훨씬 더 놀랍게 전개될까?

> 실제로 날개가 부러진 새가, 포식자로부터 도망치려는 설득력 없는 시도를 하고 있다고 상상해보자. 그 새의 의도는, 포식자가 자신의 행동을 "이 새는 다친 척하고 있는 거야. 그러니까 쉬운 먹잇감은 아닐 테고 그 대신 둥지가 근처에 있을 거야"로 해석했으면 하는 것이다. 만약 포식자가 둥지를 찾기 시작한다면, 포식자가 새의 행동들을 텍스트라고 인식했지만 새의 동기는 오독한

것이라 할 수 있다. 텍스트에 대한 이 해석은 포식자에게는 "틀린" 것이지만, 새의 입장에서는 "옳은" 것이다. 그 텍스트는 새의 의도는 달성했지만, 포식자를 의도적으로 오도함으로써 포식자의 의도는 좌절시켰다.

헤이그는 새의 동기와 의도, 그리고 포식자의 "텍스트" "해석"이라는 말을 아무렇지 않게 한다. 그가 이렇게 말할 수 있는 것은, 더 많은 실험과 관찰이 행해질 이런 다양한 기회를 고안하는 과업이 두 가지 요건의 충족에 **의존한다**는 것을 인식하고 있기 때문이다. 그 두 가지 중 하나는 지향적 태도를 채택하는 것이고, 다른 하나는 동물의 행동에 대한 두 가지 해석 간에는 우아하고 점진적인 트레이드 오프trade-off가 있음을 깊이 이해하는 것이다. 그 두 가지 해석 중 하나는 동물(또는 이 사안에 대해서라면 식물, 로봇, 컴퓨터도) **자신이** 이유들과 이유 추론을 장악하고 있는 것처럼 해석하는 것이고, 다른 하나는 합리적 근거를 대자연에 이관하는 것(즉, 자연선택의 무심한 설계 채굴design-mining에 의해 노출된 부유하는 합리적 근거로 해석하는 것)이다.

다친 척하기 **신호**의 **의미**는 포식자가 그것을 의도적 **신호**로 **인식**하지 않고 **비의도적** 행동이라고 **해석**할 때만 **의도된** 효과를 거둘 수 있을 것이다—그리고 이는 새나 포식자가 그 상황을 우리가 이해하는 것처럼 이해하든 그렇지 않든 사실이다. 속이는 새가 더 잘 **행동**하도록 하는 선택압selection pressure은 포식자가 **덮칠** 수 있다는 **위험**이 있기에 형성된다. 이와 유사하게, 나비 날개에 있는 엄청나게 진짜 눈 같은 "안점"들은 나비 포식자들의 시력에 그 진리근접성(핍진성)verisimilitude을 빚지고 있지만, 두말할 필요 없이 나비는 아무것도 모르면서 이 속임수 장치로 이득을 얻는 수혜자일 뿐이다.

안점 속임수의 합리적 근거는 그 근거가 존재함을 누군가가 알든 모르든 동일하게 존재한다. 합리적 근거가 **존재한다**고 말하는 것은 그 합리적 근거를 통한 예측과 그에 따른 설명이 가능해지는 영역이 있다고 말하는 것과 같다. (관련 논의는 Bennett 1976, §§ 52, 53, 62.을 보라.) 우리가 이를 알아채지 못할 수도 있다. 우리가 예측할 수 있는 것의 명백함, 바로 그것 때문에 말이다. 예를 들어, 새가 아닌 박쥐로만 포식자가 구성된 환경적 니치가 있다면, 거기에서는 날개에 안점이 있는 나방을 기대할 수 없을 것이다. (이성적인 사기꾼이라면 누구나 알고 있듯이, 시각적으로 화려한 손기술은 맹인이나 근시 앞에서는 무용지물이다.)

이해력의 진화는 단계적으로 일어난다

이해력 없는 능력이라는 슬로건을 재고할 때가 왔다. 인지적 능력은 이해력의 산물이라고 종종 가정되기 때문에, 나는 이 익숙한 가정이 꽤 많이 거꾸로 되어 있음을 확고하게 해두기 위해 애를 썼다. 그렇다. 능력이 먼저다. 이해력은 능력의 원천이나 능력의 **유효 성분**이 아니다. 이해력은 능력으로 **구성되는** 것이다. 우리는 시스템에 아주 약간의 이해력 한두 방울을 부여할 가능성을 이미 고려해 보았다. 이때, 시스템이 그 능력을 결집시키고 정돈시킨다는 점에서는 특히 똑똑하다고 말할 수 있지만, 자칫 잘못하면 이해력에 대한 오도된 이미지—능력이 설치되면 어떻게든 점화되는, 분리 가능한 요소나 현상이라고 여기는 것—가 만들어질 수도 있다.

이해력이나 이해가 독립적으로 존재할 수 있는 별개의 정신적 경이라는 생각은 유구하지만 구식이다. (데카르트의 **레스 코기탄스**나

칸트의 《순수이성비판》, 또는 딜타이Dilthey[a]의 **이해**Verstehen 등을 생각해보라. Verstehen은 영어의 understanding에 해당하는 독일어일 뿐이지만, 여느 독일어 명사와 마찬가지로 대문자로 시작하기 때문에, 눈살을 찌푸리고 보면 환원주의와 실증주의에 대항하는 보루이자 과학에 대한 인문주의적 대안 같은 것을 쉬이 연상시킨다.) 이해가 부가적이고 분리 가능한 어떤 정신적인 현상이라는 (각각의 능력을 적절한 때에 시험하는 메타능력을 비롯한 유관한 능력들의 우위에 이해력이 있다는) 착각은 **아하!** 현상 또는 유레카 효과—지금까지 이해하지 못해 난감했던 무언가를 당신이 **정말로** 이해했다는 것을 갑자기 깨닫는 그 환희의 순간—에 의해 배양된다. 이 심리학적 현상은 완벽하게 실재하며 심리학자들에 의해 수십 년간 연구되어왔다. 갑작스러운 이해의 시작과 같은 그러한 경험은, 이해가 **일종의 경험**임을 보여주는 예시라고 잘못 해석되기 쉬우며 (사실, 이런 해석은 땅콩 알레르기가 있다는 것을 갑자기 알게 되었다고 해서 알레르기가 일종의 느낌이라고 생각하는 것과 마찬가지로 잘못된 것이다.) 이로 인해 몇몇 사상가들은 의식 없이는 진정한 이해란 결코 있을 수 없다고 주장하기에 이르렀다. [가장 영향력 있는 학자로는 설Searle(1992)을 꼽을 수 있다.] 그렇다면, 만일 여러분이 의식이라는 것이, 그것이 무엇이든, 우주를 둘로 분할한다고—모든 것은 의식이 있거나 의식이 없거나 둘 중 하나이고, 따라서 의식에는 단계라는 것도 있을 수 없다고—생각한다면, 이해력은, 그러니까 **진정한** 이해력은 의식 있는 존재들에 의해서만 향유될 수 있다고 해야 이치에 맞다. 로봇은 아무것도 이해하지 않고, 당근도 아무것도 이해하지 않으며, 박테리아도 아무것

---

a 독일의 철학자다. '생의 철학'의 창시자이며, "자연은 설명이고 정신적 삶은 이해Verstehen다"라고 주장했다.

도 이해하지 않고, 굴도, 글쎄, 우리가 아직 모르긴 하지만—굴에게 의식이 있는가 없는가에 모든 것이 달려 있을 것이다. 만약 의식이 없다면, 그들의 능력은, 그 능력이 아무리 경탄할 만하다 해도, 순전히 이해력 없는 능력이다.

나는 우리가 이런 사고방식을 폐기하길 바란다. 이는 쓸모라고는 없으며 실제 세계에서 적용할 수도 없는, 이해력에 대한 마법적 개념일 뿐이다. 그러나 이해력 있음과 이해력 없음의 구분은 아직 중요하고, 우리는 잘 시험된 다윈주의적 점진주의의 관점을 이용하여 이를 구제할 것이다. 이해력의 진화는 단계적으로 일어난다. 그 한쪽 극단에는 정족수 감지 신호quorum sensing signal[a]에 반응하는 박테리아의 이해력-비슷한 것, 즉 이해력인 셈인 것sorta comprehension과, 컴퓨터의 이해력-비슷한 것(이해력인 셈인 것, 이를테면 "ADD" 명령문 같은 것)이 있고, 다른 쪽 극단에는 개인적 영향력과 사회적 영향력의 상호작용이 사람의 정서적 상태에 미치는 영향에 대한 제인 오스틴의 이해력과 상대성이론에 대한 아인슈타인의 이해력이 있다. 그러나 이해력의 최고 수준에서마저 이해력은 결코 절대적이지 않다. 누구의 마음에서든, 개념이나 주제에 통달하는 데서 파악하지 못한 함축들과 인식하지 못한 가정들은 언제나 존재하기 마련이다. 따라서 어떤 관점에서 보자면, 모든 이해력은 다 이해력-비슷한 것, 즉 이해력인 셈인 것이다. 일전에 나는 일리노이에 있는 페르미연구소에서 세계 최고의 물리학자들 수백 명에게 내가 아인슈타인의 유명한 공식에 대해 그저 이해-비슷한 것만 하고 있을 뿐임을

---

a 주로 단세포 생물이 화학물질을 이용하여 세포 간에 신호를 주고받으며 자신이 속한 동종 집단의 밀도를 감지하는 것. 이렇게 하여 집단의 규모가 확인되면 곧 적절한 집단 행동에 나선다고 알려져 있다.

고백한 적이 있었다. 바로 이 공식 말이다.

$$E = mc^2$$

나는 간단한 대수적 재구성을 할 수 있고, 각 항들이 무엇을 지시하는지 말할 수 있고, 또 이 발견에서 무엇이 중요한지 (대략) 설명할 수도 있다. 그러나 분명히, 약삭빠른 물리학자라면 누구나 내가 몇몇 측면에서는 이 공식을 전혀 이해하지 못하고 있음을 쉽게 알아챌 수 있을 것이다. (우리 교수들은 시험이라는 것을 통해 우리의 학생들이 그저 이해-비슷한 것만 할 뿐임을 까발리는 데 매우 능숙한 사람들 아닌가.) 나는 청중 중 얼마나 많은 사람이 이 공식을 이해하고 있는지 물었다. 당연히 모두 손을 들었다. 그런데 한 사람이 벌떡 일어나 소리쳤다. "아니, 아니에요! 우리 이론물리학자들은 그걸 이해하는 사람들이지만, 실험물리학자들은 그저 자기들이 이해한다고 생각하고 있을 뿐이에요!" 정곡을 찔렀다. 이해와 관련된 곳이라면 그 어디서든 우리는 업무 분장과 같은 것에 기대어 살아간다. 매일의 삶을 지탱하는 어려운 개념들을 기껏해야 반절밖엔 이해하지 못하면서도 우리가 불안해하지 않는 것은, 그래도 전문가들은 그것들을 깊이 그리고 "완전하게" 이해하고 있으리라 믿고 있기 때문이다. 이는 사실, 곧 보게 되겠지만, 인간의 지능에 언어가 기여하는 것 중 핵심이다. 언어 덕분에 우리는, 이해-비슷한 것만 하고 있는 정보도 타인에게 충실하게 전달할 수 있다!

우리 인간은 이 행성의 이해하기 챔피언이며, 다른 종을 이해하고자 할 때는 상상력을 발휘하여 그 동물의 머릿속을 현명한 반성적 사고로 채우면서 우리의 경험을 본떠 그 종의 이해력을 모형화modeling하는 경향이 있다. 동물들이 털가죽으로 덮인 이상한 모습의 인간이라도 되는 것처럼 말이다. 내가 '비어트릭스 포터 증후군Beatrix Potter Syndrome'이라 이름 붙인 이 행태는 아동문학에만 국한되는 것이 아니다. 지구상의 모든 문화권에는 말하고 생각하는 동물들에 대한 민간 설화나 옛날이야기가 있다. 우리가 이런 이야기들을 하는 것은, 짐작건대, 어쨌거나 **그게 통하기** 때문이다. 이야기의 교훈인 합리적 근거들이 부유하는 것이든, 아니면 우리가 예측하는 행위자의 마음속에서 명시적으로 표상되는 것이든, 지향적 태도는 통한다. 아들이 아버지로부터 사냥감이 무엇에 주의를 기울이고 있는지 알아내고 사냥감의 경계를 굴복시키는 방법을 배울 때, 그들은 동물을 자신들과 두뇌 싸움 중인, 생각하는 똑똑한 녀석으로 취급한다. 그러나 이런 취급이 동물의 마음속에서 진행되는 것을 충실하게 표상하는가—뇌에서 진행되는 것이 무엇이든, 그것이 환경의 정보를 탐색하고 적절하게 대응할 능력이 있다는 정도를 제외하면—가 지향적 태도의 성공을 좌우하는 것은 아니다.

지향적 태도는 마음을 위한 "사양서"를 주고 구현은 차후로 미룬다. 이는 체스를 두는 컴퓨터의 경우에서 특히 명백하다. "내게 체스 프로그램을 만들어주세요. **규칙을 알고 모든 말을 추적할** 뿐 아니라 기회를 **알아차리고** 갬빗을 **인식**하며, 상대가 지능적인 행마를 할 거라는 **기대** 아래 말들의 가치를 제대로 **평가**하며 함정을 **조심할** 수 있는 그런 프로그램을요. 그걸 어떻게 완성할지는 댁의 문제고요." 우리는 인간 체스 선수를 대할 때도 이와 똑같은 모호한 전략을 채택한다. 체스 경기가 한창 진행되는 동안에는 상대 선수의 자세한 생각이 어떨지 거의 직감하지—또는 추측하려고 애써 노력하지—못한다. 우리는 그저 그녀가 거기서 보일 것들을 볼 것이며, 무슨 변화가 일어나든 그 중요한 함의를 알아챌 것이고, 우리가 선택한 행마에 대한 대응들을 공식화할 수 있는 좋은 방식을 갖고 있을 것이라 예상할 뿐이다. 우리는 모든 사람의 생각을 이상화idealize 할 뿐 아니라, 사실이 발생한 후에야 사전에는 하지도 않은 영리한 한바탕의 추론을 스스로에게 태평하게 귀속시키는 우리 자신의 이유 접근 방식마저도 이상화한다. 우리는 우리가 선택한 것(체스에서의 행마, 매물 구매, 주먹을 피하는 것 등)이 적절한 순간에 행해진 옳은 움직임이었다고 보는 경향이 있으며, 그것을 어떻게 미리 생각해 냈는지를 우리 자신과 남들에게 설명하는 데도 아무런 어려움이 없다. 그러나 이렇게 할 때 우리는 종종 허공에서 부유하던 합리적 근거를 낚아채서 우리의 주관적 경험에 소급하여 붙여넣곤 한다. "너 왜 그랬어?"라는 질문을 받았을 때, 가장 정직한 대답은 "나도 몰라. 그냥 그렇게 됐어"임에도, **휘그주의식 역사**whig history를 풀어놓고 싶은 유혹에 굴복하는 경우가 종종 있다. 그리고 이때의 역사는 **어떻게 해서**가 아닌 **무엇을 위해**로 정착된다.[22]

이해력의 구성요소로서의 능력을 모형화하는 우리의 과제로 돌아가자. 컴퓨터과학에서 "생성과 시험"이라 알려진 전술을 연속 적용하면, 우리는 능력에 따라 생물을 네 단계로 구분할 수 있다. 첫 번째로, 가장 하위 단계인 **다윈 생물**Darwinian creatures이 있다. 자연 선택에 따른 진화의 R&D에 의해 창조된 이 생물들은 그들이 "알아야" 할 모든 것들을 "아는" 상태로 태어났다. 그들은 타고난 존재이지 학습자는 아니다. 각 세대는 태어나 자연의 시험을 받고, 승자들은 다음 라운드에서 좀더 자주 복제된다. 그다음 단계는 **스키너 생물**Skinnerian creature로, 고정 배선된 기질에다 "강화reinforcement"되는

22 휘그주의 역사라는 유용한 용어는, 역사를 해석자의 특권적 조망 지점까지 이어지는 일련의 사건들을 정당화하는 진보의 이야기로 해석하는 것을 지칭한다. 이 용어가 진화생물학의 적응주의에 어떻게 우호적으로 그리고 비우호적으로 적용되는지 알고 싶다면 Cronin(1992)과 Griffiths(1995)를 보라.

반응 행동을 조정할 핵심 기질이 추가되어 있다. 이들은 세계에서 시험될 새로운 행동들을 어느 정도는 무작위로 생성한다. 강화(긍정적 보상을 하거나, 고통이나 배고픔 같은 혐오 자극을 줄여서)된 행동들은 나중에 비슷한 상황이 되면 더 잘 되풀이된다. 긍정적 자극과 부정적 자극의 표식을 잘못 붙이는 불행한 기질을 가지고 태어난 변이체들은 좋은 것들을 뿌리치고 달아나 나쁜 것들을 택하며 자손을 남기지 못한 채 곧 스스로를 삭제해버린다. 이것이 바로 스키너B. F. Skinner가 이야기한 조작적 조건형성operant conditioning이다. 이 생성과 시험 과정은 개체의 평생에 걸쳐 일어나며, 자연선택 그 자체를 초과하는 이해력은 요구되지 않는다(유심론mentalism 따위!). 행동주의의 태두 스키너는 바로 여기서 다윈 진화론의 반향을 읽어냈다. 조작적 조건형성에 의해 개체의 설계를 개선하는 역량은 많은 상황에서 적합도fitness[a]를 향상시키는 형질임이 명백하다. 그러나 이런 방식은 잔인한 세계에서 옵션을 맹목적으로 (진화가 맹목적인 것처럼) 시도하기 때문에 위험하기도 하며, 많은 개체가 무언가를 배우기도 전에 패배한다.

더 나은 다음 단계는 **포퍼 생물**Popperian creatures로, 잔인한 세계에 대한 정보를 추출하여 꺼내 쓰기 편한 곳에 보관하고, 실제 세계가 아닌 오프라인[b]에서 **가상의**hypothetical 행동들을 사전 테스트하는 데 그 정보를 사용할 수 있다. 과학철학자 칼 포퍼Karl Popper가 그랬던 것처럼 "그들 대신 가설을 죽게 하는" 것이다. 종국에는 그들도 실제 세계에서 행동해야 하지만, 그들의 첫 번째 선택은 무작위

---

a '적응도'라고 번역되는 곳이 많으나, 이 책에서는 '얼마나 잘 적응하였는가'보다는 주어진 환경에서 생존과 번식에 '얼마나 적합한가'의 뜻이 강조되는 경우가 많으므로 '적합도'로 번역하였다.

b 데닛은 '오프라인'이라는 말을 실세계와 단절off되었다는 의미로 사용한다.

가 아니라, 그들 내부의 환경 모형 안에서 시행착오 시험 가동을 거친 후 살아남은 선택지이다. 마지막 단계는 **그레고리 생물**Gregorian creatures로, 심리학자 리처드 그레고리Richard Gregory를 기리는 의미에서 명명되었다. 그는 자신이 "잠재적 지능"이라 이름 붙인 것이 사고자thinker에게 제공될 때 생각 도구들이 중요한 역할을 했음을 강조한 바 있다. 그레고리 생물의 **환경세계**는 생각 도구들로 가득 차 있는데, 이 생각 도구들에는 산수, 민주주의, 이중 맹검 연구 같은 추상적인 것도 있고, 현미경, 지도, 컴퓨터 같은 구체적인 것도 있다. 새장 속의 새는 (새장 밑바닥에 깔린 신문지에서) 사람이 보는 것만큼 많은 단어를 매일 보겠지만, 새의 **환경세계**에서 그 단어들은 생각 도구가 아니다.

다윈 생물은 "고정 배선"되어 있는 존재로 똑똑한 설계들의 수혜자일 뿐이며, 그들은 그 설계를 이해할 필요가 없다. 이 생물들이 다루도록 설계되어 있던 조건들에 새로운 변형을 가하여 변화된 환경에 직면하게 만들면, 이들은 아무것도 배우지 못하고 속수무책으로 허둥거리며 멍청함을 고스란히 드러낼 것이다. 스키너 생물은 어느 정도의 "가소성", 즉 행동 레퍼토리—태어날 당시에는 설계가 미완성으로 남겨져 있던—내의 몇몇 선택지들을 가지고 시작한다. 이들은 시행착오를 통해 학습하며, "강화되는" 결과를 산출하는 시행을 선호하도록 고정 배선되어 있다. 그들은 그런 행동을 하면서 자기가 왜 지금 바로 그 시행유효적tried-and-true 행동을 선호하는지 이해할 필요가 없다. 그들은 단순한 설계 개선 래칫의, 그러니까 그들 자신의 휴대용portable 다윈주의적 선택 과정의 수혜자일 뿐이다. 포퍼 생물은 행동하기 전에 생각하는 것처럼 보인다. 뇌에 그럭저럭 저장해둔 세계에 대한 정보에 비추어 보며 행동의 후보들을 시험해보기 때문이다. 이들의 선택 과정은 정보에 민감할 뿐 아니라 미래지향적이기까지 하다. 그러므로 이러한 양상들은 이해력에 더 가까워 보이지만, 포퍼 생물 역시 자신들이 왜, 그리고 어떻게 이 사전 시험에 종사하고 있는지를 이해할 필요가 없다. 세계에 관한 "앞으로의 모형들을 만들어" 그것을 결정에 사용하고 행위를 조절하는 당신의 "습관"은 행위 주체인 당신이 그것을 이해하든 그렇지 않든 좋은 습관이다. 당신이 과거에 놀랍도록 자기성찰적인 아이가 아니었던 한, 당신은 "자동적으로" 포퍼 생물식으로 앞을 내다보고, 스스로 그렇게 하고 있다는 것을 알아채기 훨씬 전에 그 행동으로 인한 이득의 일부를 누렸을 것이다. 생각 도구들의 의도적 도입과 사용, 문제를 풀 가능한 해결책들에 대한 체계적 탐구, 정신적 탐색의 고차원적 통제는 그레고리 생물 단계에 와서야 찾아볼 수 있다. 그리고 오직 우리 인간만이 그레고리 생물인 것으로 보인다.

여기가 바로 인간 예외주의라는 뜨거운 쟁점에 불이 붙는 지점이며, 어느 종의 동물이 또는 어떤 동물 개체가 얼마나 많은 이해력을 드러내느냐에 대해 낭만주의 진영과 흥 깨기 진영(1장을 보라) 간의 치열한 불일치가 발생하는 지점이다. 오늘날 동물 지능 연구자들에게 우세하지만 아직 잠정적인 결론은, 가장 영리한 동물들은 "한낱" 스키너 생물이 아니라 그들이 하리라고 관찰자들이 생각해온 선택지들 중 몇몇 똑똑한 것들을 계산해낼 능력이 있는 포퍼 생물이라는 것이다. 야생동물 중 까마귓과 동물들(까마귀와 큰까마귀, 그리고 그들과 가까운 친족들), 돌고래를 비롯한 고래목의 동물들, 그리고 영장류(유인원과 원숭이)는, 반려동물 퍼레이드의 선두를 차지하는 개, 고양이, 앵무새들과 함께, 지금까지 연구되어온 것들 중 가장 인상적인 동물들이다. 그들은 탐색 행동exploratory behavior을 한다. 지형과 지세를 살피고, 때로는 랜드마크를 만들어 기억의 짐을 덜기도 하고, 사용하기 편리한 국지 정보local information들로 머릿속을 채우는 행동을 하는 것이다. 그들은 자신의 행동에 합리적 근거가 있다는 것을 알 필요가 없지만, 불확실성을 줄이고 예측의 힘을 확장하고 ("행동하기 전에 생각하라!"는 그들 설계의 부유하는 격언이다) 그로 인해 자신들의 능력을 향상함으로써 이득을 얻는다. 그들은 자기의 이해의 기반을 이해하지는 못하지만, 이 사실이 그들의 이해를 이해라고 부르는 데 장벽이 되지는 않는다. 때때로 우리 인간도 우리가 어떻게 새로운 것들을 생각해내는지에 관해서는 동일한 무지의 상태에 있곤 하며, 이것이 바로 이해의 특징이기 때문이다. 이해는 우리가 교습 받은 것을 새로운 소재들과 새로운 주제들에 적용하는 역량이다.

우리와 같은 몇몇 동물들은 내부 작업장 같은 것을 가지고 있어서, 태어나기 전에 이미 조직되어 있었던 설계를 스스로do-it-yourself 이해하는 작업을 그곳에서 수행할 수 있다. 잔혹한 시행착오와 결과 감수보다 더 강력한 이동식 설계 향상 설비들을 개별 개체가 지니고 있다는 이 생각은, 제언컨대, 이해에 대해 우리가 하고 있는 통속적 이해의 핵심이다. 이는 기본 개념의 이데올로기적 증폭이라는 익숙한 양식임에도 불구하고, **의식 경험**에 관한 그 어떤 가정에도 의존하지 않는다. 우리는 이런 식의 사고 습관에서 천천히 벗어나고 있다. 부분적으로는 무의식적 동기들을 비롯한 여러 심리학적 상태들에 대한 프로이트의 옹호 덕분이기도 하고, 기억 탐색, 언어 이해 등 다양한 지각 추론perceptual inference의 무의식적 과정들에 대한 인지과학자들의 상세한 모델링들 덕분이기도 하다. **의식 없는 마음**unconscious mind은 더이상 "모순적 용어"로 보이지 않는다. 오히려 모든 문제를 일으키는 것은 **의식적인** 마음인 것 같다. 무의식적 과정들이 지각과 통제의 인지적 작동을 수행할 온전한 능력이 있다면, 오늘날 풀어야 할 퍼즐은 "마음은 무엇을 (그런 것이 있기는 하다면) **위한** 것인가?"이다.

요약하자면, 동물과 식물은, 그리고 심지어는 미생물까지도 자기 환경의 행위 유발성에 스스로 적절하게 대응하게 만드는 능력을 갖추고 있다. 이러한 능력들을 설명할 부유하는 합리적 근거들이 있지만, 생물들은 그것으로부터 이득을 취하면서도 그것의 진가를 알거나 그 과정을 이해할 필요도, 그것들을 의식할 필요도 없다. 더 복잡한 행동을 하는 동물에서는, 이해력이 능력의 징후가 아닌 원천이며 독립적으로 존재할 수 있는 재능이라고 생각하는 실수를 우리가 범하지 않는 한, 동물이 드러내는 유연성과 다양성의 정도가 일종의 행동적 이해력을 그들에게 귀속시키는 것을 정당화해줄 수 있다.

2부에서는 우리, 즉 생각 도구를 반성적으로 사용하는 그레고리 생물의 진화에 관심을 집중할 것이다. 그레고리 생물로의 발달은 인지 능력의 위대한 도약이며 이로 인해 인간 종이 유일무이한 니치 안에 위치하게 되었다. 그러나 모든 진화적 과정들과 마찬가지로, 이 발달 과정 역시 예측하지도 의도하지도 않았던 단계들의 연쇄로 구성되었음이 틀림없으며, "온전한" 이해는 이 과정을 이끌어온 것이 아니라, 이 과정이 진행되며 나중에 출현한 산물이다. 온전한 이해가 진화 과정을 이끌게 된 것은 극히 최근의 일이다.

2부

진화에서 지성적 설계까지

6 정보란 무엇인가?

중국인이 말하길,
1001개의 단어가 그림 한 폭보다 값지다.
—존 매카시

정보의 시대에 어서 오세요

우리가 분석의 시대에 살고 있다는 이야기를 듣는다면, 그렇게 기려지는 분석이란 도대체 어떤 종류의 것인지 다들 궁금해할 것이다. 정신 분석? 화학 분석? 통계 분석? 개념 분석? 분석이라는 단어는 이처럼 용처가 많다. 그런데 전문가들이 우리가 정보의 시대에 살고 있다고 말하면 대중은 동의한다. 정보라는 단어 역시 몇 가지 다른 의미를 지님에도, 그것에 신경을 쓰는 사람은 별로 없다. 어떤 정보의 시대를 말하는 것인가? 메가바이트와 대역폭의 시대? **그게 아니라면** 지성적이고 과학적인 발견의, 프로파간다와 **역**정보(허위 정보)disinformation의, 보편적 교육의, 그리고 사생활에 대한 도전의 시대를 말하는가? 정보의 이 두 가지 개념은 매우 밀접하게 연관되어 있으며 토론에서 종종 떼려야 뗄 수 없게 얽혀 있기도 하지만,

분명 구분될 수 있다. 다음의 몇 가지 사례를 보자.

1. 뇌는 정보 처리 기관이다.
2. 우리는 **정보식**情報食 동물이다.(심리학자 조지 밀러George Miller)
3. "정보가 조명을 받다."(생태심리학자 J.J. 깁슨, 1966)
4. 신경계의 임무는 환경에서 정보를 추출하여 행위를 조절하거나 성공적인 행위로 안내하는 데 사용될 수 있게 하는 것이다.
5. 우리는 정보의 홍수에 잠기고 있다.
6. 우리는 더이상 자신의 개인 정보를 통제할 수 없다.
7. 중앙정보국Central Intelligence Agency의 임무는 우리의 적들에 관한 정보를 수집하는 것이다.
8. **인간정보**Humint, 즉 다른 인간들과 비밀리에 상호작용하는 인간 행위자에 의해 수집된 지성 또는 정보는 인공위성 정찰이나 기타 첨단 기술로 수집 가능한 정보들보다 훨씬 더 중요하다.

클로드 섀넌Claude Shannon의 수학적 정보 이론(Shannon 1948; Shannon and Weaver 1949)은 우리를 에워싼 정보에 관한 모든 이야기를 정당화할 기초가 된 과학적 등뼈라고 여겨지고 있으며, 이는 합당한 취급이다. 그러나 그 이야기 중 일부는 섀넌의 이론으로는 간접적으로만 다루어질 수 있는 좀 다른 정보 개념을 포함하고 있다. 섀넌의 이론은, 그 가장 근본적인 수준에서는, 세계의 서로 다른 사건 상태 간의 통계적 관계에 관한 것이다. 상태 B에 대한 관찰로부터 상태 A에 관한 무엇을 (원리적으로) 주워 모을 수 있는가? 상태 A는 상태 B와 어떻게든 인과적으로 연관되어 있어야 하며, 그 인과적 관계는 풍부성richness 등의 측면에서 제각각 다를 수 있다. 섀넌은 정보가 무엇에 **관한**about 것인지에 상관없이 정보를 **측정**하는 방법을 고안했다. 액체의 종류에 상관없이 액체의 **부피**를 측정하는 것처럼 말이다. (수십, 수백 리터의 액체를 소유하고 있다고 뻐기면서 "당신은 도대체 수십, 수백 리터의 무얼 가지고 있다는 거요? 페인트? 와인? 우유? 아니면 가솔린?"이라는 질문에는 답하지 못하는 누군가를 상상해보라.) 섀넌의 이론은 정보를 균질한 양—비트bit, 바이트byte, 메가바이트megabyte—으로 분해하는 길을 제공했으며, 이는 정보를 저장하고 전달하는 모든 시스템에서 혁명을 일으켰다. 이는 컴퓨터에 의한 정보 **디지털화**의 위력을 보여주었으나, 와인이 균일한 부피의 병에 담겨 있는가와는 무관하게 값비쌀 수 있는 것처럼, 정보(예를 들면, 뇌 안의 정보)도 저장되고 전달되고 가공되기 위해 꼭 디지털화되어야만 하는 것은 아니다.

우리는 **디지털** 시대에 살고 있고, 이제 LP 레코드판과 아날로그 라디오, 전화기, 텔레비전 송출기 등을 CD, DVD, 휴대전화기 등이 대체하고 있다. 그러나 **정보의** 시대는 이보다 훨씬 더 오래전에, 이를테면 사람이 무언가를 쓰고 지도를 그리기 시작했을 때, 그러니까 머릿속에 충실도 높게 넣고 다닐 수 없는 값진 정보들을 또 다른 방식으로 기록하고 전달하기 시작했을 때 이미 태동했다. 정보의 시대가 시작된 시기를 그보다 훨씬 오래전으로 앞당겨 잡아볼 수도 있다. 사람들이 축적된 구전 설화와 역사, 신화를 말하고 전수했을 때로 말이다. 우리는 또한, 캄브리아기에 시력이 진화함으로써 빛으로부터 수집한 정보들에 신속하게 대응할 수 있는 기관들과 행위의 군비경쟁이 촉발되었으므로, 정보의 시대가 5억 3000만 년 전에 시작되었다고 말할 수도 있으며, 이는 어느 정도 정당한 주장이다. 심지어는, 생명이 시작되었을 때 정보의 시대가 시작되었다고 간주할 수도 있다. 그 생명이라는 것이 자기 복제를 하는 가장 단순한 세포에 불과해서, 그들 자신과 근접 환경 간의 차이점에 의해 기능하는 부품들 덕분에 살아남을 수 있는 것들일 뿐이라 해도 말이다.

이러한 현상들과 이 시대의 정보 인코딩(부호화) 시스템에 대해 우리 뇌리에 박혀 있는 생각들 사이에 거리를 두기 위해, 나는 그것들을 **의미론적**semantic 정보의 사례들이라 부를 것이다. 우리는 특정 정보가 무엇(사건, 상황, 대상, 사람, 스파이, 생산품 등)**에 관한** 것인지 명시함으로써 특정한 때에 우리에게 흥미로운 정보들을 식별하기 때문이다. 다른 용어들도 사용된 적이 있지만, 선택된 용어는 "의미론적 정보다." 톰이 키가 크다는 정보는 톰과 그의 신장에 관한 것이고, 눈이 하얗다는 정보는 눈과 그것의 색에 관한 것이다. 이것들은 의미론적 정보의 상이한 항목들이다. ("정보의 비트"라고 말하면 안 된다. "비트"는 완벽하게 좋은 단위지만, 정보라는 용어의 다른 뜻에, 그러니까 섀넌식 뜻에 속해 있는 것이기 때문이다.) 쓰기writing가 널리 퍼지기도 전에, 사람들은 의미론적 정보의 취급 방식을 향상시킬 방법들을 창안했다. 운율이나 리듬, 음악적인 성조 등을 사용하여 그 귀중한 공식들을 기억 속에 정박시키려 했던 것이다. 기억을 돕는 그 보행기나 지팡이들과는 오늘날에도 여전히 마주칠 수 있는데, 서양 음악에서 반올림표(#)가 붙는 순서인 파도솔레라미시(음 이름으로는 바다사라가마나), 주기율표를 외우기 위한 수헤리베붕탄질산플네, 우리 태양계 행성의 순서를 태양에 가까운 것부터 암기하기 위한 수금지화목토천해 등이 그 예다.

섀넌은 지점 A에서 지점 B로 의미론적 정보를 옮기는 과제를 단순화시키고 이상화시켰다. 그가 사용한 방법은 송신자와 수신자 간의 채널, 그리고 미리 정립되어 있었거나 동의 아래 약정된 코드(알파벳이나 허용된 신호들의 앙상블)를 이용하여 정보를 송신자와 수신자(두 합리적 행위자)에게로 분해시키는 것이었다. 채널은 **잡음**

noise(전달에 간섭하며 신호의 품질을 낮추는 것은 무엇이든 잡음으로 취급한다)의 영향을 받기 쉬웠고, 잡음을 극복하고 믿을 만하게 전달하는 것이 과제로 여겨졌다. 이를 성취하기 위한 설계 중 어떤 것은 섀넌의 이론이 고안될 무렵에 이미 잘 알려져 있었다. 이를테면 (영어로) 음성을 무선 전송할 때 끝 음이 똑같이 발음되는 글자들(B, C, D, E, G, P, T 등) 간의 혼동을 최소화하기 위해 미국 해군에서 알파벳 글자들을 Able, Baker, Charlie, Dog, Easy, Fox ……로 불렀던 것(그러나 이 체계는 Alpha, Bravo, Charlie, Delta, Echo, Foxtrot, ……로 구성된 북대서양조약기구NATO 음성 문자phonetic alphabet 체계에 밀렸다)처럼 말이다.

일상 언어의 단어들을 포함하여 모든 부호들을 이진 부호로 변환시킴(알파벳도 0과 1이라는 단 두 가지 부호들의 조합으로 나타냄)으로써, 섀넌은 잡음 감소가 어떻게 무한정 향상될 수 있는지를 보여주었고, 비용[코딩과 디코딩decoding(복호화, 해독)의 관점에서, 그리고 전송 속도를 늦춘다는 의미에서의 비용을 말함]도 비트로 정확하게 계량할 수 있게 되었다. 비트bit는 이진수를 말하는 영어 'binary digit'을 줄여서 만든 단위다. 모든 정보 전달은, '예/아니오'로 대답할 수 있는 질문만 허용되는 스무고개 같은 방식으로, 즉 '예 또는 아니오' '1 또는 0'의 이진 결정binary decisions 으로 분해될 수 있다. 그리고 메시지를 복구하는 데 필요한 의사결정(0과 1 중 무엇을 선택할 것인가 또는 예와 아니오 중 무엇을 선택할 것인가)의 수가 그 메시지에서의 (섀넌식) 정보량이며, 이 수는 비트 단위로 표시된다. "난 지금 0, 1, 2, 3, 4, 5, 6, 7 중 하나의 수를 생각하고 있는데, 그 수가 뭘까?" 이 스무고개 게임에서 답을 구하려면 당신은 몇 개의 질문을 해야 할까? 8개(0이야? 1이야? 2야? ……)가 아니다. 다음처럼 세 번만 물으면 충분하다. 4보다 큽니까? 예. 그럼 6보다 큽니까? (앞 질문의 답이 '아니오'였다면 '2보다 큽니까?'라고 물어야 할 것이다.) 예. 7입니까? 예. '예'를 1, '아니요'를 0이라고 쓴다면 이 대화의 숫자는 예, 예, 예=이진수 111=7이다. 0부터 7까지의 수 8개 중 하나를 특정하는 데는 3비트가 소요되었다. 1바이트는 8비트고, 1메가바이트는 800만 비트이므로, 이 게임의 형식으로 2.5메가바이트의 흑백 비트맵 그림 파일을 보내려면 200만 고개 게임(첫 번째 픽셀은 흰색입니까? ……)을 하면 된다.

섀넌의 정보 이론은 문명을 위한 일대 약진이다. 우리에겐 의미론적 정보가 너무도 중요해서 우리는 그것을 효과적으로 사용할 수 있기를, 그리고 손실 없이 저장하고, 옮기고, 변형시키고, 공유하고, 숨길 수 있기를 원하기 때문이다. 정보를 전달하는 인공물—전화기, 책, 지도, 조리법 등—은 많고도 많으며, 정보 이론 그 자체도 그러한 인공물들의 중요한 특성들을 연구하는 데 사용되는 또 하나의 인공물이 되기 시작하고 있다. 처음에는 공학적 훈련으로 시작되었지만, 물리학자와 생물학자를 비롯하여 정보적 인공물의 특성과는 관련이 없는 사람들에게도 유용하다는 사실이 후에 밝혀진 것이다. 우리는 섀넌 정보 이론이 이렇게 심화 적용되는 몇몇 사례들을 가볍게 건드려 볼 것이다. 그러나 우리의 주된 사냥감은 의미론적 정보임을 기억하자.[23]

섀넌이 기억을 돕기 위해 사용한 요령과 거기서 유래한 방식들은 정보를 한 행위자로부터 다른 행위자에게 보내는 데뿐 아니라, 현재의 행위자가 미래의 자신에게 정보를 "보내는" 데도 훌륭하다. 잡음으로 골치를 앓는 여느 전화선들처럼, 기억도 그러한 정보 채널

23 콜게이트와 지오크(Colgate and Ziock 2010)는 섀넌과 위버의 작업으로부터 발전해 나온 정보 개념들의 역사를 간략하고도 유용하게 정리했다.

로 간주될 수 있다. 원칙적으로는 디지털화하는 방법도 매우 다양해서, 하나의 알파벳을 구분되는 2개의 신호로 처리할 수도 있고, 3개, 4개, 17개, 또는 100만 개의 신호로 만들 수도 있으며, 아예 다른 방식(이에 대해서는 나중에 다른 장에서 다룰 것이다)으로도 처리할 수 있다. 그러나 대부분 이진 코딩이 많은 이유에서 우월하며 또 언제나 사용 가능한 것으로 드러났다. **무엇이든** 0들과 1들로, 또는 1들과 2들로, 또는 다른 숫자들로 (완벽하지는 않지만 당신이 원하는 정도가 어떠하든 그만큼의 정도로는) 코딩될 수 있으나, 이진 코드는 시행이 물리적으로 단순(온/오프, 고전압/저전압, 좌측/우측 등)하기 때문에, 인류 기술에서 거의 고정된 코딩 방식이 되었다. 물론 이진 코드로 구성된 이차 코드들 사이에서는 아직 경쟁이 있긴 하지만 말이다. (예를 들면, 인쇄 가능한 문자들을 위한 아스키ASCII 코드는 아스키 코드를 부분집합으로 갖는 UTF 8 코드에 추월당했고, 웹사이트에서 사용되는 HTML은 HEX와 RGB라는 서로 다른 2개의 컬러 코드를 사용하고 있다.)

의미론적 정보를 담지하고 있는 물리적 사건들, 즉 빛이나 소리 신호를 이진 비트열bit-string 형식(섀넌 정보로 직접적으로 계량 가능한 형식)으로 해석 또는 변환하는 과업은 이제 안정화된 기술이 되었고, 어떤 물리적 사건(마이크를 때리는 악기의 파동, 디지털카메라의 픽셀을 때리는 빛, 온도 변화, 가속, 습도, pH, 혈압 등)에서의 연속적 또는 아날로그적 변화를 비트열로 변환시키는 아날로그-디지털 변환회로analog-to-digital converters(ADC)들도 지금은 다양하게 나와 있다. 이러한 장치들은 신경계의 바깥쪽 입력 에지input edge들에 존재하며 변환을 수행하는 민감성 세포들에 비유될 수 있다. 자율신경계를 포함한 신경계에 입력을 제공하는 모든 방식의 내부 감시 세포들, 이를테면 눈의 간상세포와 원추세포, 귀의 섬모세포, 열수용체, 손상(고통)을 감지하는 통각 수용체, 근육의 이완 감지기 등이 이런 세포들에 해당한다. 뇌에서는 비트열로의 변환이 아니라 신경세포의 스파이크 트레인spike trains으로의 변환이 일어난다. 스파이크 트레인이란 뉴런(신경세포)에서 뉴런으로 비교적 천천히—컴퓨터에서의 비트열 전달보다 수백만 배 느리게—전달되는 전압 차이를 말한다. 1943년(디지털 컴퓨터가 등장하기 전) 신경과학자 워런 매컬러치Warren McCulloch와 논리학자 월터 피츠Walter Pitts는 이 뉴런 신호들의 작동 방식이라 여겨지는 것을 제안했다. 그들에 의하면, 하나의 뉴런에서 출발한 스파이크 트레인이 다른 뉴런에 도달할 때, 그 결과는 흥분excitatory(Yes!) 아니면 억제inhibitory(No!) 중 하나다. 그리고 신호를 받는 뉴런이 Yes 득표수 총합에서 No 득표수 총합을 뺄셈하여 그 최종 결과에 따라 자신의 신호를 촉발시키는 **역치** 기전threshold mechanism을 가지고 있다면, 그 뉴런은 간단한 논리 함수(가장 간단한 경우라면 "AND-게이트"나 "OR-게이트", 또는 "NOT-게이트"가 된다)를 계산할 수 있다. 또한 입력과 출력 이력에서 무언가에 의해 세포의 역치가 높아지거나 낮아진다면, 뉴런은 그 국소적 행위를 변화시키는 무언가를 "학습"할 수 있다. 매컬러치와 피츠는 이러한 유닛들의 네트워크가 입력에 대한 논리 연산에 기초하여 그 어떤 명제도 표상할 수 있도록 "훈련"되거나 배선이 연결될 수 있음을 증명했다.

이는 고무적인 이상화이며, 지나치게 단순화되었지만 위대한데, 상호작용하는 실제 뉴런들은 매컬러치와 피츠가 정의한 그 "논리적 뉴런들"보다 **훨씬** 더 복잡하다는 것이 드러났지만, 단순하고 비기적적이며 멍청이라도 할 수 있는 일들을 수행하는 유닛들로 이루어진 범용 표상-학습-제어 네트워크—이해력 없는 능력만 갖춘 부품들로 만들어졌음에도 이해력을 지니는 그런 것—의 논리적 가능성을 그들이 시연했기 때문이다. 그 이후로, 더 복잡한 네트워크들의 그 수없이 다양한 유형들 중 정확히 무엇이 신경계에서 실제로 작동하고 있는가를 밝히는 것이 계산신경과학computational neuroscience의 목표가 되어왔다. 302개의 뉴런과 118개의 뉴런 유형을 지닌 예쁜꼬마선충C.elegans의 배선도는 이제 완성을 앞두고 있고,[a] 그 작동 방식도 개별 뉴런 대 뉴런 반응의 수준에서 이해되고 있다. 인간커넥톰프로젝트Human Connectome Project[b]는 우리 뇌 속 수백억 개 뉴런에 대해서도 예쁜꼬마선충의 것과 동일한 수준의 지도를 작성하길 열망하고 있고, 유럽의 인간뇌프로젝트Human Brain Project는 "슈퍼컴퓨터로 인간의 뇌를 완전히 시뮬레이트"하기를 갈망하고 있으나, 이 초거대 프로젝트들은 아직 초기 단계다. 뇌가 이진 코드로 가동되는 디지털 컴퓨터가 아닌 것은 확실하지만, 뇌도 일종의 컴퓨터이긴 하며, 이에 대해서는 나중 장들에서 좀더 다룰 예정이다.

좀 덜 미시적인 수준에서라면, 다행스럽게도 우리 뇌의 계산 구조computational architecture를 이해하는 데 많은 진보가 이루어져왔지만, 이는 개별 뉴런의 연결성과 활동성의 믿을 수 없을 만큼 복잡한 세부 사항(예쁜꼬마선충에서의 엄격한 균일성과는 달리, 인간에서는 아마 어떤 경우라 해도 이 세부 사항들은 사람마다 극적으로 다를 것이다)에 관한 거의 모든 질문에 대한 답을 미루어왔기 때문에 가능한 것이었다. 예를 들어, 사람의 얼굴을 볼 때 뇌의 특정한 작은 영역이 특히 활성화된다는 사실(Kanwisher 1997, 2013)을 배우는 것

a 이 책이 처음 출판된 것은 2017년이고, 2019년 7월 《네이처Nature》에 미국 앨버트 아인슈타인의과대학 유전학부의 스콧 에모스 연구팀이 암컷 또는 자웅동체의 302개 뉴런과 수컷의 385개 뉴런의 배선도를 완성했다는 발표 자료가 실렸다.

b 커넥톰이란 뇌 신경세포들의 모든 연결을 나타낸 지도, 즉 일종의 뇌 회로도를 뜻한다.

은 값진 돌파구다. 우리는 **얼굴에 관한 정보가 방추얼굴영역**fusiform face area에 있는 뉴런의 활동에 의해 처리된다는 것을 알고 있다. 그 뉴런들이 무엇을 하는지, 그리고 그것을 어떻게 수행하는지를 거의 모른다 해도 말이다. "정보"라는 용어의 이러한 용례는, 인지과학에서는 (그리고 다른 곳에서도) 비일비재하며, 섀넌의 정보와는 관련이 **없다**. 가능성들의 앙상블을 디지털화하는 인코딩 구조encoding schem—굳이 0과 1로만 이루어진 이진 구조일 필요는 없다—가 제안되기 전에는 잡음과 신호를 구분할 근거도, 정보의 양을 계량할 방법도 없었다. 미래의 어느 날, 우리는 무엇이 전달되고 처리되고 저장되고 있는가에 상관없이 그 무언가의 **인코딩** 저장 용량이나 대역폭의 비트 단위 측도를 산출하는 신경계의 전달에 대한 자연스러운 해석이 있음을 알게 될지도 모른다. 그러나 그때가 되기 전까지는, 우리가 인지과학에서 사용하는 정보의 개념은 의미론적 정보, 즉 특정한 무언가(얼굴이나 장소, 글루코스 등)에 **관한** 것이라고 **식별되는** 정보다.

달리 말하자면, 오늘날의 인지과학자들은 DNA 구조가 분석되기 전의 진화 이론가들 및 유전학자들과 대략 비슷한 위치에 있다. 그들은 표현형적 특질들에 **관한** 정보들—몸 각 부분의 모양, 습성 같은 것들—이 세대를 관통하며 ("유전자"가 어떠한 것이든, 그것을 통해) 전달된다는 것은 알고 있었으나, **얼마나 많은** (섀넌식으로 계량된) 정보가 유전적 대물림으로서 부모에게서 자손으로 전달되는가를 알려줄 이중나선의 ACGT 코드는 확보하지 못했다. DNA에서 영감을 얻은 것으로 보이는 몇몇 사상가들은 신경계에도 DNA 코드 같은 인코딩이 **존재하는 것이 틀림없다**고 생각했지만, 나는 그에 관한 설득력 있는 논변을 본 적이 없다. 그리고 여러분은 오히려 그런 주장을 의심해보아야 할 근거들이 존재한다는 것을 곧 보게 될 것이다. 의미론적 정보는, 그러니까 우리 탐구의 시작점이 되어야 할 정보의 개념은, 다음과 같은 의미에서 인코딩과는 현저하게 무관하다. 두 명 이상의 관찰자가 채널을 공유하지 않고 접촉했어도 그들은 **동일한** 의미론적 정보를 획득할 수 있다.[24] 여기 다소 작위적인 사례가 있다.

> 자크는 트라팔가광장에서 삼촌을 쏘아 죽였고 현장에서 셜록이 그를 체포했다. 이 소식을 톰은 《가디언Guardian》에서, 그리고 보리스는 《프라우다Pravda》에서 읽었다. 자크와 셜록, 톰, 보리스는 완전히 다른 경험을 했지만, 그들이 공유하는 것이 있는데, 그것은 바로 트라팔가광장에서 한 프랑스인이 살인을 했다는 결과에 대한 의미론적 정보다. 그들 모두는 이것을 **말하지** 않았고, "혼잣말"조차 한 적이 없다. 우리가 가정컨대, 그 **명제**는 그 넷 중 어느 누구에게서도 "떠오르지" 않았으며, 그랬다 하더라도 자크와 셜록, 톰, 보리스에게 떠오른 것들은 제각기 매우 달랐을 것이다. 그들은 어떠한 인코딩도 공유하지 않았지만, 의미론적 정보는 공유했다.

---

24 줄리오 토노니Giulio Tononi(2008)는 "통합정보" 이론이라는 수학적 의식 이론을 제안했다. 이 이론은 섀넌의 정보 이론을 새로운 방식으로 활용하며, **겨냥성**aboutness에 매우 한정적인 역할만을 부여한다. 하나의 체계 또는 메커니즘이 그 자신의 이전 상태(모든 부분들의 상태)에 관해 가지고 있는 섀넌식 정보의 양을 계량한다. 내가 이해하기로는, 토노니의 이론은 출력 상태들의 가산 목록을 지니고 있다는 점에서 디지털(반드시 이진 체계일 필요는 없지만) 인코딩 체계를 전제로 하고 있다.

의미론적 정보를 어떻게 특징지을 수 있는가

우리 생활에서 아날로그-디지털 변환회로들이 편재한다는 사실은 이제 거의 모든 정보 전달에 있어 당연하게 여겨지고 있으며, 수많은 경계경보에도 불구하고, 섀넌의 수학적 정보 개념을 의미론적 정보에 대한 우리의 일상적 개념에 얽혀들게 하는 데 아마도 큰 역할을 했을 것이다. 길거리의 콘페티를 찍은 고해상도 컬러 사진은 800만 픽셀 정도로 분해될 수 있고, 그 사진 파일 한 장의 크기는 애덤 스미스의 《국부론》을 담은 텍스트 파일(이 파일은 2메가바이트로 압축될 수 있다)의 열 배는 될 것이다. 어떤 코딩 시스템(GIF, JPEG, Word, PDF, ……)을 사용했느냐에 따라 달라지겠지만, 그림은 비트 단위로 계량할 경우 "천 마디의 말보다 값질" 수도 있다. 그러나 그림이 천 마디 말보다 값질 수 있는 더 나은 방식이 존재한다. 그런 방식은 형식화될 수 있는가? 의미론적 정보도 정량화되고 정의될 수 있는가? 그리고 그에 대한 이론화도 가능한가? 과학소설 작가이자 과학 저술가인 로버트 안톤 윌슨Robert Anton Wilson은 예수Jesus라는 단위를 제안한다. 1예수는 예수의 생애 동안 알려진 (과학적) 정보의 양으로 정의된다. (과학적 정보란 의미론적 정보의 부분집합으로, 누가 어디에 살고, 누군가가 걸쳤던 가운이 무슨 색이었으며, 빌라도가 아침으로 무엇을 먹었는지 등에 관한 의미론적 정보들을 뺀 것이다.) 정의에 따라, 서기 30년에는 정확히 1예수의 과학적 정보가 있었다. 그리고 이 양은 (윌슨에 따르면) 1500년 후의 르네상스 시기에 이르러서야 두 배가 되었다. 1750년에는 다시 그 두 배인 4예수가 되었고, 1900년에는 또 두 배가 되어 8예수가 되었다. 1964년에는 64예수의 과학적 정보가 있었으며, 그동안 몇 예수('예수들'이라고 복수형으로 표시해야 할까?)의 정보가 축적되어왔는지는 신만이 알 것이다. 다행스럽게도 예수라는 단위는 크게 유행하지 않았다. 정보 폭발이라는 주제를 극적으로 보이게 주도한 이가 윌슨이었음에는 의심의 여지가 없지만, (과학적) 정보량을 재는 그 어떤 규모나 척도라 할지라도, 동료 평가를 거친 학술지 페이지 수나 온라인 학술지의 텍스트 및 데이터 양(메가바이트 등의 단위로 계량되는) 같은, 정밀하지만 곁다리 짚는 계량 방식을 개선시킬 수 있을지는 전혀 확실하지 않다.

루치아노 플로리디Luciano Floridi가 쓴 유용한 입문서(2010)에서는, **경제적** 정보economic information를 그것이 무엇이든 간에 **작업해볼 가치가 있는** 것으로 구별 짓고 있다. 자신의 소를 세고 우물의 수위를 점검하고 농장 일꾼들의 노동이 얼마나 효율적으로 이루어지는지를 기록하는 데 시간과 수고를 아끼지 않는 현명한 농부가 있다고 하자. 그가 이 감시 작업을 직접 하기 싫어한다면, 이 일을 할 누군가를 고용해야만 한다. 당신의 생산품과 원자재, 당신이 치르는 경쟁, 자본, 장소 …… 등에 관한 많은 것들을 찾아내고 그중 가장 명백한 범주들만을 취하는 작업은 "당신에게 보상을 준다." 당신은 시장과 트렌드에 대한 공적 정보를 조사할 수도 있고, 경쟁자의 상품을 구입하여 그것을 역설계해볼 수도 있으며, 당신 자신의 상품을 검증·시험해볼 수도 있고, 산업 스파이 짓을 시도할 수도 있다. 영업 비밀은 잘 확립된 법적 범주의 정보로서, 도둑맞을 수 (또는 부주의하게 새어나가거나 누설될 수) 있으며, 특허권과 저작권법은 개인 및 대규모 시스템의 R&D가 개발한 정보를 타인이 활용할 수 있는 용처에 제한을 가하고 있다. 경제적 정보는 값어치가 있고 때로는 매우 값지다. 경제적 정보를 보존하고 경쟁자의 정찰로부터 보호하는 방법은 같은 목표를 위해 자연에서 진화된 방법을 그대로 반영한다.

수학적 게임 이론(폰 노이만과 모르겐슈테른에 의해 1944년에 발표됨)은 전쟁이 탄생시킨 또 다른 눈부신 혁신으로, 상대편에는 알리지 않은 채 자신의 의도와 계획을 간직하는 것의 주요한 가치를 사상 최초로 강조하여 보여주었다. 포커 게임에서만 포커페이스가 필요한 것은 아니다. 이 잔인한 세계에서 경쟁해야만 하는 개체나 조직에게도 지나친 투명함은 말 그대로 죽음을 초래할 수 있다. 생존은, 짧게 말해서, 정보에 달려 있다. 특히 차등적 또는 비대칭적 정보, 즉 당신은 모르는 어떤 것을 나는 알고 있고, 내가 모르는 어떤 것을 당신은 알고 있는 그런 것에 말이다. 그리고 우리의 안위는 그것을 그렇게 유지할 수 있는가에 달려 있다. 박테리아마저도—심지어는 살아 있지 않은 바이러스까지도—서식지에 침투하는 성가신 경쟁자들과의 군비경쟁에서 자신을 은폐하거나 위장하는 기만적인 책략을 쓴다.[25]

자, 이제 의미론적 정보를 **가질 가치가 있는 설계**design worth getting라는 관점에서 정의해보자. 여기서 "설계"라는 용어는 당분간 정확하게 정의하지 않은 채, 제3장에서 강조한 방식으로, 그러니까 설계자(지성을 지닌 설계자라는 의미에서) 없는 설계가 실제로 존재할 뿐 아니라 중요한 범주이기도 하다는, 그런 방식으로만 사용할 것이다. 설계는 언제나 이런저런 종류의 R&D 작업을 포함하며, 이제 우리는 그 작업이 어떤 유형의 것인지 말할 수 있다. 그것은 무언가의 전망을 향상시키기 위해 가용한 **의미론적 정보**를 사용하는

---

25 예를 들어, 에볼라 바이러스는 사멸한 세포 조각을 흉내 내는데, 이는 식세포(쓰레기를 먹어치우는 세포)에게 "먹히기" 위해서이며, 잡아먹힘으로써 식세포에 무임 승차하여 몸 곳곳을 돌아다닌다.(Misasi and Sullivan 2014) 바이러스와 박테리아의 위장과 의태에 관해서는 매우 많은 사례들이 잘 연구되어 있으며, 생명공학자들은 이제 이 전략을 그대로 본떠, 면역 체계의 공격을 피할 수 있는 나노 인공물을 만들고 있다.

것이다. 이때 전망의 향상은 의미론적 정보를 사용하여 그 무언가의 **부품들을 어떤 적합한 방식으로 조절함**으로써 이루어진다. [유기체는 에너지나 물질—음식, 약, 새로운 껍데기 등—을 획득함으로써 자신의 전망을 향상시킬 수 있지만, 이것들은 **설계** 향상(개선)이 아니라, 기존 설계의 재구축 또는 연료 보급 사례에 해당한다.][26] 어떤 유기체는 **유용한 사실들**(어디서 낚시가 잘 되는지, 누가 친구인지 등)**을 학습**하는 것만으로도 세계 내 행위자로서의 자신의 설계를 개선시킬 수 있다. 낚싯바늘을 만드는 방법이나 적을 피하는 방법, 휘파람을 배우는 것 등은 다른 유형의 설계 개선이다. 모든 학습—무엇인지what를 배우는 것, 그리고 어떻게 하는지how를 배우는 것 모두—은 타고난 설계에 대한 값진 보충이나 수정이 된다.

정보는 때때로 짐이 되기도 한다. 어떤 유기체가 후천적으로 무언가를 습득했는데, 그것이 그 유기체의 기존 설계에 따른 최적 운동optimal exercise과 간섭을 일으킬 수 있는 것이다. 그럴 경우에는 그런 반갑지 않은 지식들로부터 자신을 보호하라고 우리는 배워왔다. 예를 들어 이중맹검 실험에서, 우리는 피험자의 행동이나 관찰자의 해석에 편향이 일어나지 않도록 어느 피험자가 어떤 조건에 있는지를 피험자와 실험자 모두에게 노출시키지 않기 위해 온갖 노력을 기울인다. 이는 우리가 어렵게 얻은, 그리고 미래의 우리 지식 수집 능력의 개선과 연결된 반성적 지식이 지닌 힘의 좋은 예다. 우리는 우리 합리성의 몇몇 한계—어떤 상황에서는 너무 많은 정보에 무의식적으로 휘둘릴 수밖에 없다든가 하는—를 발견했고, 그

26 어떤 유기체에게 더 큰 이빨이 설계 개선이 될 수 있다고 하자. 여기에는 원자재가 필요하고, 원자재를 적소로 옮길 에너지도 필요하다. 원자재와 에너지는 의미론적 정보로 취급되지 않지만, 이 설계를 이뤄내기 위한 개발 제어는 확실히 의미론적 정보로 볼 수 있다.

결함에 알맞은 시스템을 창조하는 데 그 지식을 사용했다. 이보다 보기 드물긴 하지만, 원치 않는 지식을 봉쇄하는 더 극적인 유형의 사례도 하나 들어보자. 그 정책은 바로 사격조에서 무작위로 몇 명에게 공포탄blank cartridge(또는 "훈련탄")이 장전된 탄창을 지급하고, 그것이 훈련 정책임을 사수들에게 알려주는 것이다. 그렇게 하면 사수들은 자신의 행동이 죽음을 초래할 것이라는 원치 않는 지식을 수용할 필요가 없게 된다. (모두에게 실탄을 지급한다면 반역을 위해 지휘관에게 총구를 돌리는 상황이 벌어질 수도 있다. 그러나 몇몇 사수에게 빈 탄창을 지급하고, 누군가에게는 실탄이 지급되지 않았다는 사실을 알리면 그런 원치 않는 상황으로 흘러가지 않게 할 수도 있다. 그러나 이 효용은 덜 알려져 있다. 자기에게 실탄이 있었다는 것을 알았다면 정보를 제공 받은 합리적 선택을 위해 그 기회를 사용할 수 있었을 것이다. 그러나 모르는 정보는 사용할 수 없다.)

(의도 없이) 발생할 수도 있는 오정보misinformation는 어떤가? 그리고 계획적으로 당신에게 심어진 역정보(허위정보)는 또 어떤가? 이러한 현상들은 언뜻 보면 우리가 제안한 정의들의 단순한 반례로 보인다. 그러나 곧 보게 될 것처럼, 실제로는 그렇지 않다. "의미론적 정보"와 "설계"의 정의는 순환적 정의로 얽혀 있지만, 그 순환은 선순환이지 악순환은 아니다. 환경의 몇몇 측면을 추려내고, 사물들의 체계 또는 현저한 집합의 설계를 향상시키는 데 그 추려낸 측면들을 사용하게 하는 어떤 과정들은, 미래의 번성/지속/번식을 위한 더 나은 장비를 챙기게 한다는 의미에서 R&D 과정으로 볼 수 있다.

그렇다면 의미론적 정보는 "차이를 만들어내는 구분짓기a distinction that makes a difference"다. 이 구절은 도널드 M. 매카이Donald M. MacKay가 처음 사용했고, 그 후 그레고리 베이트슨Gregory Bateson

(1973, 1980) 등이 **차이를 만드는 차이**a difference that makes a difference라고 말하면서 유명해졌다고 플로리디(2010)는 보고했다. 제2차 세계대전 당시의 강렬한 연구 성과로 두각을 나타낸 뛰어난 이론가인 매카이는 튜링, 섀넌과 (그리고 특히 폰 노이만, 존 매카시와) 어깨를 나란히 하는 인물이었다. 그는 선구적인 정보이론가이자 물리학자, 신경과학자, 심지어는 철학자이기도 했다(그리고 그의 깊은 종교적 신념에도 불구하고 그는 나의 영웅들 중 한 명[27]이다). 내가 제안하는 의미론적 정보의 정의는 1950년에 그가 제안한 "**표상적 행위를 정당화하는** 것으로서의 보편적 정보"라는 정의(MacKay 1968, p.158)와 가깝다. 이 시기 매카이는 우리가 섀넌의 정보라 부르는 것에 초점을 맞추고 있었으나, 다소 모험적인 시도를 감행했다. 좀 더 근본적이고 의미론적인 면에서의 정보를 현명하게 관찰하고, (어떠한 좁은 의미에서도) 표상을 가리키는 것으로서가 아니라 **형식을 결정하는 것으로서**의 정보를 정의했던 것이다.(1950, MacKay 1968, p. 159 표) 정당화나 가치라는 주제의 위치를 이탈시키지 않으면서 말이다.

정보가 차이를 알아보는 구분이라면, 우리는 이렇게 질문할 수밖에 없다. 누구에게 있어서의 차이인가? **쿠이 보노**Cui bono? 즉 누가 이익을 보는가? 이익의 수혜자는 누구인가? 이는 적응주의자adaptationist의 입술에 언제나 걸려 있는 질문이며, 그 답은 때때로 매우 놀랍다. 우리 인간의 일상생활의 경제적 정보를 생물학적 정보와 묶어주고, 의미론적 정보의 우산 아래 그것들을 연합시키는 것이 바

---

27 케임브리지대학교에서 신경학자 존 베이츠John Bates가 1949에 설립한 라티오클럽The Ratio Club에는 도널드 매카이, 앨런 튜링, 그레이 월터Grey Walter, 어빙 존 굿Irving John Good, 윌리엄 로스 애시비William Ross Ashby, 호러스 발로Horace Barlow가 가입해 있었다. 그들의 회동이 어땠을지 상상해보라!

로 이것이다. 오정보와 역정보(허위정보)를 단지 정보의 일종이라고만 여기고 넘어가는 대신, **의존적**dependent 정보 또는 심지어는 **기생적**parasitic 정보라고까지 특징지을 수 있게 해주는 것 또한 바로 이것이다. **유용한** 정보를 전달하고자—그리고 그것에 의존하고자—설계된 체계의 맥락에서만 무언가가 오정보로서 나타난다.

다른 유기체를 호도할 수 있는 (다른 유기체들의 설계에 해를 입힐 수 있는) 차이들을 그냥 무시해버리는 유기체는 오정보를 제공받지 않는다. 그 차이가 유기체의 신경계에 (헛되이) 등록되었음에도 말이다. 스티비 스미스Stevie Smith의 시 〈인사가 아니라 익사였어Not Waving but Drowning〉(1972)에서, 답례로 손을 흔들어준 해변의 구경꾼은 오정보를 얻은 것이지만, 머리 위를 빙빙 돌던 갈매기는 그렇지 않다. 우리는 우리가 만들 준비가 되지 않은 구분에 의해서는 오정보를 얻게 될 수 없다. 이제 **누가 이익을 보는가?** 질문을 역정보에 적용해보자. 무슨 역정보인지를 이해하는 역정보의 수혜자는 두 배의 이득을 얻는다. 역정보는 (역정보를 제공하는 행위자가 이득을 얻도록) 다른 행위자의 오정보 체계들을 착취하게끔 설계된 것이기 때문이다. 그 체계들은 스스로 유용한 정보들을 골라내고 **사용하도록** 설계된다. 에볼라 바이러스의 설계가 위장camouflage의 사례가 되는 것도 바로 이것 때문이다.

킴 스테렐니Kim Sterelny(2015, 사적인 서신)는 다음과 같은 중요한 반대 의견을 피력했다.

> 인간은 표상활동을 하는(표상들을 모으는) 넝마주이—먹이활동을 하는 동물군과 식물군이 얼마나 많은지 생각하세요—이며, 그들이 가진 자연사적 정보는 대부분 실용적인 가치가 없습니다. 정보를 일단 값싸게 (머릿속과 머리 밖에) 저장하면, 넝마주

이의 습성은 적응적으로 되는데, 그 이유는 자질구레한 정보 중 뭐가 값어치 있는 것인지 미리 가려내기가 굉장히 어렵기 때문이죠. 하지만 그렇다고 해서 그 정보들이 대부분 값어치 없다는 사실이 달라지지는 않아요.

그는, 누구나 아는 것들의 대부분은 "적응적으로 비활성adaptively inert이지만 저장 비용이 저렴하므로 이는 문제가 되지 않으며, 문제가 되는 것, 그러니까 **진짜로 중요한** 것은 비트"라고 주장했다. 여기서 "비트"라는 용어가 오도의 소지가 있게 사용되었다는 사실을 차치하면, 나는 그에게 전반적으로 동의한다. 그러나 나는 하나의 단서를 공표하고자 한다. 일상생활에서 우리를 폭격하는 정보의 홍수로부터 밀려들어와 우리 머릿속에 달라붙어 있는 찌꺼기마저도 효용 경로utility profile를 지니고 있다는 것 말이다. 그중 많은 것은 달라붙도록 설계되었기 때문에 달라붙는다. 광고주나 선전원이, 그리고 다른 행위자의 마음속에 인식의 전초기지를 세워야 이익을 얻는 행위자들이 그렇게 설계한 것이다. 그리고 스티렐니가 주목했듯이, 그 나머지 중 많은 것은 0이 아닌 확률(우리의 무의식적 계산에 따르면)로 언젠가는 적응적이 될 수 있기 때문에 달라붙어 있다. 진정한 "사진 기억photographic memory"을 가진 사람들—실존 인물이든 가공의 인물이든—은 쓸모없는 정보가 아니라 나쁜 것들로 머릿속이 꽉 차 심신을 쇠약하게 하는 병리적 고통에 시달린다.[28]

---

28 차이를 만드는 차이를 발견하는 우리의 능력은 과학 덕분에 엄청나게 확장되었다. 아이들도 나이테를 세어 나무의 나이를 알아볼 수 있고, 진화생물학자는 두 종의 새가 몇백 년 전에 공통조상을 공유하고 있었는지 그들의 DNA 차이를 분석하여 대략 알 수 있다. 그러나 기간에 대한 이런 정보 조각들은 나무나 새의 설계에서는 어떠한 역할도 하지 않는다. 그 정보는 그들을 위한 것이 아니라 지금 우리를 위한 것이다.

정보를 제공하거나 알아낸다는 뜻의 영어 단어 'inform'을 진화의 측면에서 분석해보자. 자연선택에 의한 진화는 표현형 phenotype(기관들을 다 갖춘 온전한 유기체)들과 그들을 둘러싼 환경 간의 상호작용으로부터 오는 정보 중 극소량(비트 단위가 아니라)을 자동적으로 추출하며 교반해나간다. 이런 일은 더 나은 표현형들이 덜 혜택 받은 표현형들보다 유전자를 더 빈번하게 재생산할 수 있게 함으로써 자동적으로 일어난다.[29] 시간이 지나면서 설계들은 정보와의 이런 조우에 힘입어 "발견되고" 개량된다. 설계들은 모두 차등 번식에서 "제값을 해야 하기" 때문에 R&D가 일어나고 설계가 개선된다. 그리고 다윈주의적 계보들은 그들의 form(형태, 방식, 상태 등)을 조절함으로써 새로운 요령들을 "배운다". 그럼으로써 그들은 form 안에 있게, 즉 in-formed 된다. 국소적 설계공간에서 값진 진전을 하는 것이다. 이와 동일한 방식으로, 스키너 생물과 포퍼 생물, 그리고 그레고리 생물은 자신의 환경들과 조우함으로써 일생 동안 자신들을 inform하게 하며, 이제 모든 방식의 새로운 것들(자신들을 한층 더 informing하게 할 새로운 방법들을 개발하는 것도 포함해서)을 하는 데 그들이 사용할 수 있는 정보들 덕분에 그들은 훨씬 더 효과적인 행위자가 된다. 부유한 자들은 더 부유해진다. 더 많이 부유해지고 더욱더 부유해진다. 그들이 무언가를 설계하기 시작했을 때 사용 가능했던 정보를 개선하기 위해 시스템을 설계하고, 그 시스템에 의해 정보를 얻고, 그렇게 하여 얻은 정보를 개량하는 데 정보를 사용하고, 그 정보를 개량하는 데 그들의 정보를 사용하는,

---

29 콜게이트와 지오크(Colgate and Ziock 2010)는 "선택된 것"이라는 정보의 정의를 방어한다. 그들의 정의는 나의 정의와 확실히 통하는 면이 있지만, 그들이 생각하고 있는 경우에 알맞게 만들기 위해서는 "선택된"이라는 말이 어느 정도 상이한 의미들로 사용되는 것을 허용해야만 할 것이다.

그런 과정을 계속 반복하면서 말이다.

유용한 정보에 대한 이런 개념은 5장에서 소개한 J. J. 깁슨의 행위 유발성 개념의 후손이다. 나는 그의 논의를 식물을 비롯한 비동물 진화자nonanimal evolver뿐 아니라 인간 문화의 인공물까지 포함하도록 확장하려고 한다. 깁슨은 동물이 세계를 지각하며 정보를 "선발"하는 것에 의해 정보가 노출된다고 말한다. 깁슨의 표현을 글자 그대로 옮기면 "정보가 빛 속으로 드러난다the information is in the light"인데,[30] 이 표현을 한번 곱씹어보자. 햇빛이 반사되어 나무줄기를, 그리고 줄기에 매달려 있는 다람쥐를 비춘다고 생각해보라. 빛 안에 있는 **잠재적**potetial 정보는 나무와 다람쥐 둘 다에게 동일하지만, 나무는 **빛 안에 담긴 정보**로부터 다람쥐만큼 많은 것을 얻어 들일 수 있는 설비를 (계보 안에서 선행된 R&D를 통해) 갖추지 못했다. 나무는 광합성을 하여 빛 속의 **에너지**를 이용해 당을 만든다. 그리고 나무(를 비롯한 다양한 식물들)도 빛으로 매개되는 정보를 잘 이용한다는 사실이 최근에 밝혀졌다. 이를테면, 이제 싹을 틔울지, 휴지기를 끝낼지, 잎을 떨굴지, 그리고 언제 개화할지 등을 결정하는 데 말이다.[31]

원한다면, 우리는 잠재적 효용에 관해 생각해볼 수도 있다. 톱을 든 남자가 다가오고 있다고 하자. 눈이 있는 유기체들이라면 모두 이를 볼 수 있지만 나무는 그렇지 않다. (도망쳐 숨지 못한다면 벌

---

30 악명 높게도, 깁슨은 이 선발 과정이 어떤 내부 기작에 의해 이루어지느냐는 물음을 무시할 뿐 아니라, 여기서 답해야 할 난제들이 존재한다는 것 자체를 아예 부정하는 모습도 종종 보여준다. 과격한 깁슨주의자들의 슬로건은 모두 이렇다. "그것은 당신의 머릿속에 들어있는 것이 아니다. 당신의 머리가 그 안에 들어 있는 것이다." 나는 이 견해를 지지하지 않는다.

31 이 사실들에 주목하도록 나를 이끌어준 킴 스티렐니와 데이비드 헤이그에게 감사한다.

목꾼 위로 무거운 나뭇가지를 떨어뜨리거나 톱에 엉겨 붙을 끈적한 수액을 분비하기라도 해야 할 텐데) 눈으로 알아챌 수 있는 정보를 사용할 방법이 없는 한, 눈은 나무에는 아무 쓸모가 없다. 빛이 담지하는 정보를 이용한 행위의 결실이 가까이 있었다면, 빛 안에 있는(즉 드러나 있는) 정보의 존재는 언젠가는 나무에게 시야를 갖게 하는 추세를 보이도록 "동기를 부여"했을 것이다! 그럼직하진 않지만, 그렇게 그럼직하지 않은 수렴들이 진화의 핵심이다. 차이를 만들 수 있는 차이점이 있어야만 한다. 어떤 것이 전적으로 그것에 의존하기 위해 존재하고 있었더라면 말이다. 앞에서 밝혔지만, 자연선택에 의한 진화는 건초더미에서 바늘—거의 보이지 않는, 그러나 우발적으로 대응이 발생하면 그 대응한 유기체에게 이득을 산출해주는 패턴—을 찾는 데 놀랄 만큼 능숙하다. 생명의 기원이 적절한 때 적절한 장소에 있었던 적절한 "공급원료" 물질의 획득에 의존하는 것처럼, 개체군에서의 변이variation에도 원자재가 있어야만 한다.[32] 여기서 '변이'라는 것에는 지금까지는 기능이 없었다가 (또는 활용되지 않

---

32 유용한 정보는 분자 수준에서도 나타날 수 있다. 데이비드 헤이그는 매우 흥미로운 논문 〈사회적 유전자The Social Gene〉(1997)에서, 자신이 전략적 유전자strategic gene라 불렀던 개념에 이르는 동안 행위자적 관점을 집요하게 활용했다. 그가 말했듯이, "자기와 매우 닮은 분자들과 자기 자신을 구분할 능력이 있는 분자들의 근원은 유전자들에게 가능한 전략들을 엄청나게 확장시켰고, 대형 다세포 유기체의 진화도 가능하게 했다." 착취할 정보가 없을 때는, 유전자는 떠나는 것에도 연합을 형성하는 것에도 성공하지 못한다. 성공 확률은 대자연에 의해 사격분대 원리firing squad principle[a]가 우연히 실현될 확률보다 낫지 않다.

a 사격분대 원리는 다음과 같다. 사격분대가 총살 집행을 앞두고 있다. 사격분대가 사형수를 죽일 의도를 지니고 총을 쏜다면 사형수가 죽을 확률은 99퍼센트고 죽이지 않을 의도로 사격한다면 사형수가 죽지 않을 확률이 99퍼센트다. 일제사격이 끝난 후 사형수가 생존했다면, 사격분대 논증에 따르면 사형수가 생존했다는 사실은 사격분대가 사형수를 죽일 의도로 사격했다는 가설보다 사형수를 죽이지 않을 의도로 사격했다는 가설을 더 지지하는 증거가 된다.

거나 불필요했거나 흔적기관이었다가) 나중에 유전 가능해진, 그리고 세계 안에 존재하는 잠재적으로 유용한 정보와 공변하게 된 특성들도 포함된다.

"원리적으로 가능한" 것이라고 해서 다 자동적으로 이용 가능한 것은 아니지만, 충분히 오랜 시간이 주어지고 충분히 많은 사이클이 거듭되면, "좋은 요령Good Trick"이 도출될 우연의 경로가 가까이에서 생길 **수도** 있다. 물론 항상 그런 것은 아니지만 말이다. 그럴듯한 "그리-됐다는-이야기들just-so stories"(Gould and Lewontin 1979)이 입증을 필요로 하는 설명 **후보**에 머물 뿐 설명이 되지 못하는 이유가 바로 이것이다. 잘 입증된 진화 가설들(여기에는 수천 개가 있다)도 시작 단계에서는 모두 지지 증거를 필요로 하는 "그리-됐다는-이야기"였다. 대부분의 유기체들이 후손을 남기지 못하고 죽는 것처럼. 머릿속에 **떠오른** "그리-됐다는-이야기" 중 다수는 재생산될 권리를 전혀 얻지 못한다. 적응주의의 죄는 "그리-됐다는-이야기"—이것 없이는 진화생물학을 할 수 없다—를 상상해낸 것이 아니라, 적합한 시험을 거치지 않은 "그리-됐다는-이야기"를 무비판적으로 재생산했다는 것에 있다.

눈을 가진 나무보다는 좀 덜 판타지 같은 가능성을 가진 것, 이를테면 가을날 멋지게 물든 나뭇잎들을 생각해보자. 이것은 나무에게 **적응**일까? 만약 그렇다면, 그건 누구에게 좋은 것일까? 흔히 이해되고 있기로는, 이것은 적응이 아니라 낙엽수의 나뭇잎들이 죽을 때 일어나는 화학적 변화에 따른 기능 없는 부산물일 뿐이다. 햇빛이 약해지는 시기가 되면 잎은 엽록소 생성을 멈추고, 엽록소가 분해되면서 나뭇잎에 있는 다른 화학물질—카로티노이드carotenoid, 플라보노이드flavonoid, 안토시아닌anthocyanin—이 드러나며 남아 있는 빛을 반사하게 된다고 알려져 있다. 그러나 오늘날 사람들은, 특히 뉴잉글랜드 사람들은 가을 단풍의 멋진 색들을 가치 있게 여기고, 가장 인상적인 나무들의 건강과 재생산을—대개 무의식적으로—독려한다. 다른 나무들을 우선 베어 없애고, 좋은 색을 지닌 나무를 다른 계절까지 살려 두고, 또 그들에게 재생산의 계절을 맞게 함으로써 말이다. 이렇게 본다면, 멋지게 단풍이 든다는 것은 북부 뉴잉글랜드의 나무들에게는 이미 적응이다. 아직 직접적으로 측정 불가능할 뿐이다. 적응은 이런 식으로, 눈 한 번 깜빡이지 않는 자연선택 과정을 제외한 그 누구에게도 감지되지 않으면서 시작된다. 낙엽수들이 가을에 얼마나 오래 잎을 매달고 있는지는 수종마다 현저하게 다르다. 뉴잉글랜드에서는 칙칙한 갈색의 떡갈나무 잎이 가장 나중에, 멋진 단풍나무가 벌거벗고도 한참 후에야 떨어진다. 무시할 수 없는 선택 효과(고의든 아니든)를 사람이 행사하는 지역에서라면, 단풍나무가 이파리를 더 오래 붙들고 있게 할 그 어떤 화학적 변화도 적응이 될 것이다. 이제 우리의 상상력을 몇 발짝 더 확장시켜보자. 이 나뭇잎 오래 붙들고 있기 역량이 그 자체로 에너지 면에서 비용이 꽤 많이 들고, 그 색깔의 가치를 알아보는 인간들이 주위에 있어야만 비용을 보상받을 수 있다고 가정하자. 인간존재 탐지기(시각 정보로 사람을 찾을 수 있는 기초적인 눈이라기보다는 페로몬 탐지기에 더 가까울 것이다)의 진화가 여기서 시작될 테고, 이는 나무의 계보에 의해 이루어지는 **자기 길들이기**self-domestication의 첫걸음이 될 것이다. 일단 그 자손이 우리의 호감을 산다면, 그리고 일단 우리에 의해 재생산이 장려되거나 금지된다면, 우리는 그 종을 길들이는 중에 있는 것이다. 진화라는 체스 게임의 오프닝 수opening move들이 반드시 우리가 행하는 (나무가 행하는 것은 확실히 아니다) 의식적이고 고의적이고 **지성적인** 선택choice의 결과여야 할 필요는 없다. 사실 우리는, 우리에게 속하거나 우리의 선호를 받지 않으면서도 인간과 함께해야 잘 자라도록 진화되어 인류친화적synanthropic이 된 종들의 계보를 전혀 의식하지 못한다. 빈대와 쥐는 인류친화 종이며, 바랭이crabgrass도 그렇다. 인간의 몸이라는 니치 안이나 표면에, 또는 그 근처에 살도록 적응되어, 가능하면 발각되지 않으려 우리의 레이더를 피하면서 우리 몸에 살고 있는 수조 개의 작은 유기체들은 말할 것도 없다.

이러한 모든 경우에서, 가장 좋은 적응 방법**에 대한 의미론적 정보**는 세대들의 주기가 거듭됨에 따라 무마음적으로mindlessly 모이는데, **실용적 함의**pragmatic implication 같은 것을 제외하면, 그 의미론적 정보가 그 유기체들의 신경계(그런 게 있긴 하다면)나 DNA 안에서 직접적으로 **부호화(인코딩)**되지 않음에 주의해야 한다. 언어학자들과 언어철학자들은 **화용론**pragmatics이라는 용어를, 단어들의 "어휘적lexical" 및 구문론syntax적 의미에 의해 담지되는 것이 아니라 특정 발화들의 상황에 의해, 즉 결과적으로는 발화의 **환경세계**에 의해 전달되는 의미의 측면을 지시하는 것으로 사용한다.

만일 내가 어떤 집으로 쳐들어가서 모여 있는 모든 사람에게 "Put on the kettle!(주전자를 들어!)"이라고 소리친다고 가정해보자. 나는 영어로 된 명령어 한 문장을 발화했지만, 어떤 사람들은 내가 차나 따뜻한 음료를 한 잔 마시고 싶어 하는 것이라고 추론할 것이고, 또 어떤 사람은 더 나아가, 내가 그곳에서 내 집처럼 편안해하는 것을 보니 사실은 내가 그 집의 구성원일 것이라고 추측할 수도 있다. 헝가리어만 할 줄 아는 다른 사람은 내가 영어를 썼다는 것만을 추론할 수 있을 것이고, 내가 말을 건(음, 그녀에게는 영어처럼 들렸을 것이다) 그 누구든 대략 이 정도 범위의 생각을 할 것이다. 그러나 **정말로** 잘 아는 사람이라면, 내가 봉인된 봉투에 김을 쐬고 봉투를 열어, 그 안에 든 편지(그 편지의 수신인이 내가 아님에도)를 훔쳐

보려고 마음먹었다는 것을 눈치채고, 범죄가 막 저질러지려 한다는 정보를 즉각적으로 얻었을 것이다. 그 사건으로부터 무슨 의미론적 정보를 모을 수 있는가는 정보 수집자가 어떤 정보를 이미 축적해 놓았는가에 달려 있다. 누군가가 영어를 말하고 있다는 사실을 배운다는 것은 당신의 세계지식에 값진 업데이트가 될 수 있고, 어느 날 당신에게 큰 배당금을 안겨줄 설계 개선이 될 수도 있다. 누군가가 범죄를 저지르려 한다는 것을 배운다는 것 역시 그것을 잘 이용할 수 있는 사람에게는 값진 향상이다. 이러한 상호작용의 기반 위에서 형성될 수 있는 국소적인 설계 개선들은 헤아릴 수 없을 만큼 다양하다. 따라서, 음파나 영어 문장으로서의(이를테면, "p-u-t-space-o-n-space……") 신호의 구조를 면밀히 들여다봄으로써 의미론적 정보를 추출할 수 있으리라고 생각하는 것은 크나큰 실수가 될 것이다. 학습되는 각양각색의 이 모든 수업들에 통용될 **코드는 없다**.

이와 유사하게, 양육철이 오면 매달림형 둥지hanging nest를 짓는 법을 "배운" 조류 계보의 DNA에는 둥지를 묘사하거나 건설 방법을 차근차근 설명하는 코돈이 들어 있는 것이 아니라, "그 후 리신lysine을 부착하고, 그다음에는 트레오닌threonine을, 그리고 트립토판tryptophan을 부착하라 ……"(이것은 아미노산 열들로 특정 단백질을 만드는 레시피이다) 또는 "fiddle-de-dee-count-to-three(시-시-해-셋-을-세)"(타이머로 사용되는 "정크junk" DNA 조각이 보유한 레시피는 아마도 이런 식일 것이다) 또는 그저 "어쩌고 저쩌고 어쩌고 저쩌고"(유전적 기생체 또는 다른 정크 DNA 조각이 지닌 레시피는 이런 것일 수도 있다)와 유사한 명령문의 서열들로 이루어져 있을 것이다. 어떠한 사건에서든, 어떤 코돈의 서열을 "둥지"나 "작은 가지" 또는 "찾아"나 "집어넣어" 같은 것으로 번역할 수 있을 것이라 기대하지 마시라. 그러나 부모 새에게서 대물림된 코돈의 특정 문자열 덕분에, 그리고 앞선 진화 단계에서 이미 그러한 코돈들을 해석하는 "학습이 이루어진" 발생 체계 덕분에, 매달림형 둥지를 건설하는 노하우가 부모에서 자식으로 전달되었을 것이다. 자손은 그 부모로부터 행위 유발성의 온톨로지에 관련된 현시적 이미지를 물려받고, 자신에게 중요한 사물들을 구분할 준비가 된 상태로 태어난다. 앞에서 예로 든 주전자 이야기에서 나의 메시지를 "완전히" 이해하기 위해 얼마나 많은 것을 알아야 하는지를 반추해보면, DNA를 경유하여 한 세대에서 다음 세대로 전달되는 노하우를 분석한다는 것이 얼마나 불가해한 일인지를 잘 알게 될 것이다.

언어학자와 언어철학자들은 난점들을 어느 정도 다스려줄 수 있을 것으로 보이는 구분법을 개발했다. 앞서의 발화 행동에 의해 **표현된**expressed 명제(이를테면, "주전자를 들어!")가 있고, **함축된**implicated 명제(이를테면 "나는 증기를 쐬어서 이 봉투를 열 것이다")도 있으며, **정당화된**justified 명제(이를테면 "그는 영어를 말한다")도 있다.[33] 그러나 나는, 언어학에서 사용되는 이 범주들을 DNA 정보 전달에도 부과하려는 유혹에 저항해야 한다고 생각한다. 왜냐하면 그 범주들은, 설사 적용될 수 있다 해도 단속적fitfully이고 회고적retrospectively(후향적, 소급적)으로만 적용되기 때문이다. 진화는 "버그"를 "특성"으로, 그리고 "잡음"을 "신호"로 전환시키는 것이 전부이며, 그 범주들 간의 경계는 불분명할 수밖에 없다. 어떠한 의도도 없이 오픈 엔드가 되는 자연선택의 특징은 이에 의존한다. 이는 사실 다윈의 기묘한 추론 뒤집기의 열쇠다. 창조론자들은 수사적인 질문을 한다. "DNA 안의 그 모든 정보는 어디서 오는가?" 다윈주의자들은 간단하게 대답한다. 잡음을 신호로 바꾼, 수십억 년에 걸친, 점

33 이 제안을 해 준 론 플래너Ron Planer에게 감사한다.

진적이고 무목적적이며 비기적적인 변형transformation에서 온다고, 혁신들은 그것들이 새로운 "인코딩"을 확립할 수 있는 것이 되려면 처음부터 적합도를 (우연히) 향상시키는 것이어야만 하며, 무언가가 의미론적 정보를 운반하는 능력이 그것이 이전에 지녔던 코드 소자code element의 자격에 의해 결정될 수는 없다.

어떤 특정 신호—유기체의 조상들로부터 온 유전적 신호든, 아니면 유기체의 감각 경험으로부터 온 환경적 신호든—에 얼마나 많은 의미론적 정보가 "담지"되는가를 말할 때 특권적인 단위법은 (내가 아는 한) 없다. 섀넌이 인식했듯이, 언제나 정보는 수령자가 이미 알고 있는 것에 상대적이며, 모형들 안에서는 우리가 신호와 수령자의 경계를 "꽉 맞물리게" 붙여 놓을 수 있다 해도, 현실 생활에서는 문맥을 둘러싼 그 경계들에 구멍이 숭숭 뚫려 있다. 내 생각에, 우리는 훈련받은 손 흔들기를 이용하여 임시변통해야만 할 것이다. **우리가** 무언가를 말하거나 행함으로써 동료 인간들과 그토록 많은 의사소통을 할 수 있게 해주는 방식들에 대한 그 일상적 익숙함에 기대면서 말이다. (그렇다. **훈련받은** 손 흔들기다. 의미론적 정보를 계량할 알고리즘은 존재하지 않을 수도 있다. 그러나 우리는 우리가 관심을 둔 토픽들의 정보 내용을 **어림잡기** 위한 임시 구조들의 수數는 확립시킬 수 있다. 상정된 온톨로지들—유기체들의 **환경세계**에 비치된 온톨로지들—에 의존해서 말이다.) 물론 우리는 이미 매일 이렇게 하고 있다. 우리 인간의 범주들과 온톨로지들을 임시변통의 방식으로 사용하면서 말이다. 동물들이 무슨 범주들을 구분하는지, 어떤 과제를 수행하는지, 무엇을 두려워하고 좋아하고 또 거부하고 추구하는지에 관한 꽤 엄격하게 통제된 것들을 말하기에는 조야한 방식이긴 하지만. 예를 들어, 약삭빠른 라쿤을 잡기 위해 덫 만들기에 착수한다면, 우리는 라쿤에게 차이점을 만들어줄 것 같은 차이점들에 세심한 주의를 기울이길 원할 것이다. 냄새는 걱정해야 할 분명한 범주지만, 덫에 접근하는 동물이 덫의 입구와 함께 독립적인 도주 경로(가 어떻게 보일지)를 볼 수 있도록 덫을 배치하는 것 역시도 그렇다. 라쿤을 꾀어 덫에 들어가게 하려면 어떤 냄새를 가리고 또 어떤 냄새를 흩어지게 해야 하는지, 그 냄새들을 화학적으로 분석하고 확인할 수 있기를 우리는 원할 수도 있다. 그러나 **도주 경로와는 독립적인** 행위 유발성의 특징들이 단순한 공식이나 화학식으로 쉽사리 환원되지는 않을 것이다.

우리는 많은 이론가가 상정하고 싶어 하는 것을 상정하지 않도록 자제할 필요가 있다. 어떤 유기체가 **포식자, 먹을 수 있는, 위험한, 거주지, 어미, 짝**, …… 등의 범주를 유능하게 사용하고 있다면 그들은 이러한 범주 각각을 위한 용어들에 대한 "사고언어language of thought"를 내부에 가졌음이 틀림없다는 가정이 바로 그것이다. "건설"이나 "둥지"에 관한 용어가 DNA 안에 없음에도 DNA는 둥지 짓는 법에 관한 정보를 운반할 수 있다. 그런데 그와 똑같이 불가해한 무언가를 신경계는 왜 할 수 없겠는가?[34]

자연선택에 의한 모든 진화는 설계 변경이며, 대부분의 면에서 설계 개선(또는 적어도 설계 유지)이다. 어떤 기관들을 유지하는 데

---

34 콜게이트와 지오크(Colgate and Ziock 2010)의 정의는 내가 분명하게 거부하고 있는 추가적 조건을 포함하고 있다. "유용한 정보 선택을 위해서는, 정보는 저장되어야(적혀야)만 한다. 그렇지 않으면 무엇이 선택되었는지를 가려낼 방법이 없다."(P.58) 이는 "저장된(적힌)"이라는 말이 무엇을 의미하는가에 따라 달라진다. 나는 둥지 건설에 관한 정보가 새의 계보 안에 저장되어 전달된다고 말할 테지만, 거기에 (둥지 건설에 관한 정보로서) 쓰여 있다고는 말하지 않을 것이다. 파울 오펜하임이 (개인적인 서신 교환에서) 내게 일깨워 주었듯이, F. C. 바틀렛 F. C. Bartlett은 고전 《기억하기 Remembering》(1932)에서, 기억한다는 것을 뇌 안의 어떤 장소("기억memory")에 저장된 무언가를 찾아 꺼내는 것(retrieving)이라 생각하지 말라고 경고했다.

도 비용이 든다는 것을 감안한다면, 기관과 그 기능들을 잃는 것마저도 개선으로 간주된다. 비용 절감의 유명한 사례로 시력을 포기한 동굴물고기가 있다. 회사 간부들이 이 물고기의 이야기를 알게 된다면 이 사례가 분명한 설계 개선이라고 말할 것이다. 들인 비용만큼 절약되지 않는 것은 획득하지도 유지하지도 말 것. 계보가 여러 세대에 걸쳐 그 본능적 행동을 "학습"한다고 생물학자들은 종종 말하는데, 이는 우연이 아니다. 모든 학습은 비슷하게 자기재설계self-redesign의 과정으로 볼 수 있으며, 이 학습에 드는 비용을 지불하지 않는 경우라면 (즉 디폴트 케이스default case에서는) 설계 개선으로 간주할 수 있기 때문이다. 우리는 노하우를 획득하는 것과 사실을 담은 정보를 획득하는 것을 모두 학습이라고 본다. 그리고 당신이 얻은 것의 품질 관리를 실행하는 것은 언제나 당신이 이미 지니고 있는 능력/지식의 기반을 사용하는 문제다. 폐기(포기)가 좀처럼 설계 개선으로 간주되지 않는 것처럼, 잊어버림 역시 대체로 학습이라 여겨지지 않는다. 그러나 때때로 (동굴물고기의 경우에서처럼) 포기는 설계 개선이다. 더 가지는 것이 항상 더 낫지는 않다. 표류 화물flotsam과 해양 폐기물jetsam의 법적 구분을 살펴보면 도움이 될 것이다. 표류 화물은 의도치 않게 또는 사고로 인해 배의 갑판에서 쓸려나가거나 선창 밖으로 빠져나간 화물인 반면, 해양 폐기물은 고의적으로 배 밖으로 버린—투하한—화물을 말한다. 의도적인 마음 비우기, 즉 누군가의 안녕을 위협하는 정보나 습성을 빼내어 투하하는 것은 드문 현상이 아니며, 때때로 학습 해소unlearning라 불리기도 한다.[35]

---

35 로버트 마타이Robert Mathai는 (개인적 서신 교환에서) 진화적 학습 해소는 절대 진정한 해양 폐기물이 아님에 주목했다. 그것은 오랜 시간에 걸쳐 해양 폐기물과 비슷하게 된 표류화물이다. 그것이 선견지명에 의해 선외 투하된 것이 아니라, 선외로 씻겨나가고 나니 그것이 배를 살리는 좋은 방법이었음이 증명된 것이다.

의미론적 정보가 그것을 담지하는 사람에게 언제나 가치 있는 것은 아니다. 사람들은 쓸모없는 사실들로 힘겨워하곤 한다. 그뿐 아니라, 정보의 특정 항목들도 종종 정서적 부담이 될 수 있다—당신이 경쟁자보다 많은 자손을 남기기만 하면 그뿐, 진화가 당신의 정서적 부담을 보살펴주지는 않는다. 그러나 이렇다고 해서 의미론적 정보의 정의에서 의미론적 정보와 효용 간의 연결을 지워버려야 하는 것은 아니다. 그러면 복잡해진다. (주머니에 금화를 가득 채우고 헤엄치면 제아무리 강인한 사람이라도 익사할 수 있다는 사실이 금화의 가치를 의심스럽게 만들지는 않는다.) 그럼에도, 의미론적 정보를 **"가질 가치가 있는 설계"**로 정의한다는 것은 위험해 보인다. 매일 우리 머릿속으로 흘러드는 의미론적 정보 중 많은 것이 가질 가치가 **없는** 것이며 실은 우리의 통제 체계를 꽉 막히게 함으로써 우리가 꼭 해야만 하는 일들에 집중하지 못하게 만드는 역겨운 골칫거리라는 사실에 맹렬히 저항하는 것처럼 보이기 때문이다. 그러나 정보 처리 시스템들의 존재 자체가 정보의 설계 가치design value(애당초, 그 시스템 구축에 드는 비용의 타당성이 이 정보의 설계 가치에 의해 정당화된다)에 의존한다는 점에 주목한다면, 우리 정의에서의 "버그"를 "특성"으로 바꿀 수 있다. 일단 자리를 잡으면, 정보 처리 체계들(한 쌍의 눈 또는 귀, 라디오, 인터넷 등)은 착취당할 수 있다—몇몇 종의 잡음이 거기에 기생하는 것이다. 그 잡음이란, 순수하게 의미 없는 "무작위" 백색 소음white noise(신호가 약할 때 트랜지스터 라디오가 내는, 치지직 거리는 "수신 잡음")이기도 하고, 수신자에게 해롭거나 무용한 의미론적 정보이기도 하다. 인터넷의 스팸 메일과 피싱 메일도, 먼지구름과 (고의적으로 내뿜은) 오징어 먹물 역시도 잡음의 명백한 사례다. 악의적인 항목들의 효과는 수신자가 매체에 투자한 신뢰에 의존한다. 이솝Aesop 이래로 우리는 늑대가 나타났다고 외치는 소년에 대한 주목도와 신뢰도가 금세 추락했음을 알고 있다. 베이츠 의태Batesian mimicry[a](독 없는 뱀이 독 있는 종을 흉내 낸 무늬를 갖게 되는 것 등)는 이와 유사한 유형의 기생으로, 독을 제조하는 비용을 들이지 않으면서 이익을 취하는 것이다. 그러나 흉내 낸 개체들이 원래 독이 있는 개체들보다 많아지면 이솝의 도덕률이 지배하게 되어 기만적인 신호는 효능을 잃는다.

그 어떤 정보 전달 매체(또는 채널)도 속이기와 속임수 찾기의 군비경쟁을 유발할 수 있지만, 특히 **유기체 내에서는** 그 채널들이 고도로 믿을 만해지는 **경향이 있**다. 모든 "당사자들"은 함께 가라앉거나 함께 헤엄치는 공동 운명체이므로, 신뢰가 지배한다.(Sterelny 2003) (몇몇 흥미로운 예외를 알고 싶다면 유전체 각인genomic imprinting에 대한 헤이그Haig의 2008년 저작을 보라.) 오류는 언제든 일어날 수 있다. 시스템의 단순한 고장—일상적 마손—이든, 아니면 시스템이 처리하기 적합하지 않은 환경으로 잘못 적용했든 말이다. 망상delusion과 환각illusion이 인지신경과학에서 매우 중요한 역할을 하는 것은 바로 이 때문이다. 정상적인 경우 유기체가 무엇에 의존하는가에 관한 힌트를 제공하는 풍부한 증거들이 망상과 환각을 연구함으로써 얻어지는 것이다. 지각에서 뇌의 역할은, 감각 기관을 때리는 에너지 흐름flux에서 주목할 만한 특성들을 제외한 모든 것을 걸러내고 버리고 무시하는 것이라고 종종 언급된다. (유용한) 정보의 광상을 지키고 제련하라, 그리고 잡음은 모두 빼내버려라. 흐름 내의 그 어떤 비무작위성nonrandomness도 어떤 가능한 생물 또는 행위자에게는 미래를 대비하여 착취할 **잠재적으로 유용한** 정보가 되는 실

a 잡아먹히지 않기 위한 피식자의 전략 중 하나로, 포식자가 기피하는 생물의 형태나 색 등을 모방하는 것이다.

제real 패턴이다. 그 어떤 행위자에게 있어서도, 행위자의 세계 안에서의 실제 패턴들 중 극히 작은 부분집합 하나라도 그 행위자의 **환경세계**를, 즉 행위 유발성의 집합을 구성한다. 이 패턴들은 행위자가 자신의 온톨로지 안에 가져야 하는 **것들**things이며, 돌봄 받고 추적되고 구별되고 공부되어야 하는 것들이다. 흐름의 실제 패턴들 중 그 나머지는, **그 행위자에 관한 한** 잡음일 뿐이다. 전지적 시점에서(우리는 신이 아니지만, 다른 생물들에 비하면 인지적으로 단연 뛰어나다) 본다면, 세계에는 의미론적 정보를 탐지할 장치를 갖추지 못한 생물들의 복지와 강력하게 유관한 의미론적 정보가 있음을 종종 볼 수 있다. 그 정보는 그야말로 (빛 속에 훤히) 드러나 있지만 그 생물들을 위한 것은 아니다.

기업 비밀, 독점권, 저작권, 그리고 비밥에 '새'가 끼친 영향

지금까지 나는 이런 것들을 주장했다.

1. 의미론적 정보는 가치가 있다—오정보와 역정보(허위정보)는 디폴트 케이스의 병리적 또는 기생적 왜곡이다.
2. 의미론적 정보의 가치는 수신자에 상대적이며 그 어떤 비非이진적 방식으로도 **계량**할 수 없지만 경험적 시험에 의해 **입증**될 수 있다.
3. 경계 지어진 에피소드나 항목의 의미론적 정보의 **양** 역시 어떤 **단위**로 편리하게 **계량**될 수는 없지만, 국소적 상황에서 거칠게 비교될 수는 있다.
4. 의미론적 정보는 전달되거나 저장되기 위해 **부호화(인코딩)**될

필요가 없다.

인간의 "경제적" 정보로 돌아가보면, 그리하여 인간 사회가 이 주장들을 그들의 법과 관습들에 어떻게 새겨 넣었는지를 생각해보면, 이 모든 주장은 명확해지고 지지를 얻게 될 것이다. 기업 비밀을 훔치는 경우를 생각해보자. 당신의 경쟁사인 유나이티드가젯 United Gadgets이 매우 강력한 새 스트림퓰라이저strimpulizer[a]의 구성요소인 새로운 위젯을 개발하여 그것을 X-선 불투과성 용기 안에 "심어" 놓았다. 그런데 용기를 파괴하면 그 과정에서 위젯이 녹거나 깨질 수밖에 없기 때문에 당신은 그것을 살펴볼 수가 없다. 그야말로 잘 보관된 비밀인 것이다. 당신은 유나이티드가젯에 스파이를 심기 위해 무엇이든 하고, 스파이는 마침내 용기에 들어 있지 않은 위젯과 조우한다. 자, 이제 그 정보를 어떻게 빼낼 것인가? 석고 반죽 거푸집이나 네거티브negative(음화, 사진 원판)는 훌륭하지만 쥐도 새도 모르게 빼돌리기에는 너무 부피가 크다. 도면이나 사진, 청사진 역시 좋지만 갖고 나오기 힘들다. 보안요원은 철저하고 전파 신호도 엄중하게 감시당하고 있을 테니까. 그 장치를 만들기 위한, 읽을 수 있는 언어로 된 매우 정확한 레시피(조립법)라면, 암호화하여 무해한 메시지들(이를테면 건강보험 선택사항과 그 규약 조항들 같은 것) 안에 은폐할 수 있을 것이다.

다른 레시피 체계로는 CAD-CAM 파일을 들 수 있다. 위젯을 전산화단층촬영computer-aided tomography(CAT) 스캐너 안에 넣고 적절한 고해상도의 단층촬영 표상representation을 층층이 얻을 수 있다면, 나중에 당신의 3D 프린터에 그 자료를 넣어 읽게 한 후 출력

a 데닛이 만든, 뚜렷한 뜻이 없는 단어다.

하면 된다. 단층촬영 자료가 3D 프린팅의 레시피로 사용되는 것이다. 충분한 해상도를 얻을 수 있다면, 극단적 경우에는, 이 방법으로 원자 단위까지 복제할 수 있는 이상적인 레시피를 얻을 수도 있다. (원자 단위까지 복제한다는 판타지는 텔레포테이션 팬들과 철학자들을 많이 매료시켜왔다.) 이 극단적인 변주의 한 가지 덕목은, 단언컨대 위젯의 최대한으로 자세한 세부 명세서를 비트 단위로 계량 가능한 크기의 파일에 넣을 수 있게 산출했다는 것이다. 당신은 위젯을 이루는 원자 하나하나를 모두 다 명시한, 위젯에 대한 "완벽한" 정보를 단지 수백만 제타바이트zetabyte[b]짜리 파일 하나로 보낼 수 있다. 이렇게 전송될 수 있는 것이 오늘은 위젯이지만, 내일은 이 세계가 될 수도 있다. 우주 스케일 비트맵 파일 하나 안에 모든 것이 속속들이 다(?) 기술되는 전全 우주에 대한 일반화된 아이디어는, 추측에 불과하지만 매혹적인 다양한 물리학적 제안들의 핵심에 놓여 있다. 그런데 원자는 오늘날의 실재를 다루기엔 너무 큰, 옛날 개념이 아니냐고? 그러니 원자 차원의 레시피는 상대적으로 "저해상도"인 것 아니냐고? 물론 그렇다. 그러나 복제에 대한 앞의 아이디어는 원자 차원에서 그치는 것이 아니다. 섀넌 정보 이론을 이렇게 응용할 경우, 특정 조개를 둘러싼 1세제곱미터의 대양과 대양저 안에 얼마나 많은 (섀넌) 정보가 들어 있는지 말하는 것이 (실천적으로는 절대 불가능하지만) "원리적으로는" 허용된다. 그러나 그것은 이 정보 중 얼마만큼—얼마나 없작은Vanishingly small 부분—이 조개를 위한 의미론적 정보인지에 대해서는 아무것도 말해주지 않는다.[36]

위젯 설계를 훔치는 이야기로 돌아가자. 적절한 고해상도의 CAD-CAM 파일은 당신의 스파이가 삼켜도 안전할 만큼 아주 작

b 1제타바이트는 약 1조 1000억 기가바이트에 해당한다.

은 디지털 메모리 장치에 저장할 수 있다. 그러나 그녀가 단층촬영을 위한 처리를 할 수 없다면, 그녀는 그저 위젯을 열심히, 이리저리 돌려보고 들어 올려보고 구부려보고 냄새 맡고 맛을 보아가며 공부할 수도 있다. 그리고 그녀 머릿속의 정보들을 어떻게든 기억하고 조형하여 가져올 수도 있을 것이다. (세심한 관찰과 기억. 이것이야말로 대부분의 비밀이 옮겨진 방식임에 주목하라.) 아마도 정보를 훔칠 최고의 방법은, 처벌받지 않는다면, 위젯을 빌려 집에 가지고 가서 원하는 어떠한 방법으로든, 요구사항에 부합할 수 있는 복제품을 만들 수 있을 정도로 샅샅이 조사하고 기록한 후 유나이티드가젯에 돌려주는 것이다. **당신이 취한 것은 당신이 원한 정보뿐이다.**

당신의 스파이가 좋은 위젯에 관해 이미 많이 알고 있을수록, 그녀가 유나이티드가젯에서 당신 회사의 R&D 부서로 전달하고 운반해야 할 섀넌 정보의 양은 적어진다. 어쩌면 그녀는 슬쩍 보기만 해도 이 상황에서 중요하고 새로운 사항은 출력구의 크기와 모양뿐이라는 것을 알아볼 수도 있다. 스파이 짓을 하며 훔칠 가치가 있는 설계 개선을 이루어낼 유일한 기회는 그 한 번뿐이고 말이다. 이 예시는 의미론적 정보와 섀넌 정보 간의 관계에 관한 명확한 그림을 제공한다. 섀넌은 자신의 정보 이론을 이상적으로 제한하여, 송신자와 수신자 사이에서만 이루어지는 것으로 국한시켰는데, 결과적으로 본다면 이는, 사실상 송신자가 이미 건초더미 안의 바늘을 찾았

---

36 나는 '천많다'(대문자 V로 시작하는 Vast)라는 용어를 '천문학적인 수보다 많다(Very much more than ASTronomically)'의 약자로 삼았는데, 이는 **유한**하지만 거의 상상할 수 없을 정도로 큰, 그저 천문학적 양보다 큰 수를 나타내는 데 사용된다. 이를테면 빅뱅 이후 지금까지의 시간을 마이크로초microseconds로 나타낸 수에 관측 가능한 우주의 전자 수를 곱한 양 정도를 말할 때가 이에 해당된다.(Dennett 1995, p. 109) '바벨의 도서관'(13장에서 다룬다)의 장서는 유한하지만 천많다. '없작다'(대문자 V로 시작하는 Vanishing)는 그 반대, 즉 **무한**에 대한 **극소량**의 관계에 해당한다.

고 그것이 수신자에게 가치가 있을 것임을 전제로 하고 있는 것이다. 바늘 찾기, 즉 착취할 수 있는 패턴을 탐색하는 일은 모형의 일부가 아니라 무대 뒤에서 이루어지는 것이며, 수신한 것의 적절한 용처를 찾는 수신자의 과제 역시 그러하다. 이 연구 개발이 모든 정보 전달의 "비용을 지불"하는 것이라 해도 말이다.

스파이가 성공했다고 하자. 스파이를 통해 획득한 정보는 당신 회사 스트림퓰라이저의 설계를 개선할 수 있고, 따라서 당신 회사의 시장 점유율을 향상시켜 생계를 꾸릴 수 있게 한다. 그렇지만 유나이티드가젯은 이를 알아내고 (알아낼 방법이 있었기에 위젯을 굳이 케이스 안에 심어 놓지 않았던 것이리라) 당신을 고소했다—또는 상황이 더 나빠져서, 당신은 산업 스파이로 체포되었다. 당신이 어떻게 그랬는지를 검찰 측이 확정할 수 없다 해도, 당신이 위젯 설계를 훔쳤다는 것은 합리적 의심의 여지를 넘어서는 것일 수도 있다. 그 위젯이 그토록 특이하다면, 당신의 사건은 설계 복제(그리고 개선과 변형)에만 기반하여 증명될 수 있는 표절 사건처럼 될 것이다. 사실, 유나이티드가젯이 처음부터 도난을 예상했다면, 두드러지지만 기능은 없는 손잡이나 구멍이나 슬롯 같은 것을, 즉 다른 사람의 버전에서 나타난다면 명명백백한 절도의 증거가 될 것들을 설계에 포함시켰어야 현명할 것이다. (이것이 바로 등재 항목들을 불법으로 베끼는 경쟁사들을 잡기 위해 백과사전들이 오랫동안 사용해온 방법이다. 가공의 동물이나 시인, 산의 이름이 두 출판사의 책에서 거의 동일한 서술과 함께 등장한다면, 베낀 쪽에서는 이 상황을 설명하기가 매우 어려울 것이다. 이에 대한 상세한 설명을 보려면 구글에서 'Virginia Mountweazel' 항목을 찾아보라.) 이런 고자질 항목은 원래의original 수신자가 그것을 의도된 신호(새의 의상행동 신호처럼)라고 인지하지 않는 한에서만 원래의 "송신자"에게 엄청난 효용이 있는 정보를 지닌다는 것을 알아 두라. 반면에 복사자copier는 원본에서 불법적으로 복사된 정보를 운반하면서 자신에게 해로운 메시지를 자기도 모르는 새에 송신자에게 "보낸다".

행위자들 간 상호작용에서의 이 규칙성, 이 전략 패턴은 **얼마나 많은** 정보가 복사되었는가에만 의존하는 것이 아니라 **무슨** 정보가 복사되었는가에 따라서도 달라진다. 따라서 섀넌의 계량은 극단적 조건에 적용될 수 있긴 하지만 계책과 그 대항계책counterploy의 부유하는 합리적 근거를 설명하지는 못한다. 생물학적 체계에서 고자질하는 정보를 찾는 것, 즉 우리가 아직 그 정보가 어떻게 "부호화"되거나 구현되는지에 대한 그 어떤 상세 지식을 갖지 못했음에도 **거기 있어야만 한다고** 결론 낼 수 있는 정보를 찾는 것은, 생물학의 많은 영역에서 응용되고 있다. 예를 들어, 나의 동료 마이클 레빈Michael Levin(2014; Friston, Levin, et al. 2015)은, "원시 인지적 행위자들로서의 패턴 형성 시스템"(단순한 지향적 체계들)을 다루는 형태발생학morphogenesis 모형을 개발했다. 뉴런이 "지식"과 "의제agenda"들을 지니는 유일한 세포는 아니다(8장을 보라).

내 생각에, 우리는 특허법과 저작권법에서 다른 교훈도 배울 수 있다. 일단 이 법들은 설계를 보호하기 위해 제정되었고, 이 경우 설계란 지성적인 설계자, 즉 사람에 의해 창조되는 것이다. 사람은 종종 설계자가 되며, 설계에는 시간과 에너지가 든다. (그리고 당신이 순전히 시행착오—시간에 의한 진화 외에는 흥미로운 결실은 거의 맺지 못하는 R&D 방법—에 의해서만 전진하는 작업자가 아니라면, 한 조각의 지성도 필요할 것이다.) 결과적으로 지성적 설계는 (누군가에게는) 일반적으로 가치가 있으므로, 그 설계들의 소유자/창조자들을 보호하는 법은 사리에 맞는 것이다.

이 법들에는 두드러지는 몇몇 특징이 있다. 당신은 우선, 당신

두뇌의 소산(당신이 고안한 것)이 특허를 얻을 만한 효용이 있음을 증명해보여야 한다. 그리고 당신이 고안하기 전에는 그 누구도 그것을 발명하지 않았다는 것도 증명해야만 한다. 그러려면 당신의 고안품은 얼마나 유용하고 또 얼마나 독창적이어야만 할까? 여기, 법에서 제거 불가능한 속임수가 존재하는 지점이 있다. 예를 들어, 캐나다 특허법은 **예상**anticipation이 존재하는 발명품들은 충분히(특허를 얻을 자격이 있을 정도로) 참신하지는 않다는 이유로 특허 대상에서 제외시킨다. 이때 예상이 존재한다 함은 8가지 조건들 중 하나라도 얻어짐이 실증될 수 있음을 말한다. (위키피디아의 "novelty [patent]" 항목을 보라.) 그 조건 중 두 가지는 공식적으로 다음과 같이 서술되어 있다.

> 예상은 동일한 문제를 해결하고자 노력하는 사람이 "예상하면 내가 원하는 것을 얻을 수 있어"라고 말할 수 있도록 정보를 운반할 수 있다.

> 예상은 상식을 지닌 사람이라면 그 발명품을 즉각적으로 인식할 수 있도록 정보를 제공할 수 있다.

특허법에서 새로움(참신함)을 정의하는 것이 이토록 까다로운 문제라는 사실은 그리 놀라운 것이 아니다. 일반적인 의미론적 정보와 마찬가지로, 새로움이라는 것은 그와 연관된 관여자들의 능력에 매우 직접적이고도 무겁게 의존한다. 멍청이들의 땅에서라면 당신은 벽돌을 문닫힘 방지 장치로 팔 수 있을 테지만, 공학자들의 천국에서는 햇빛에서 동력을 얻어 하늘을 나는 집도 그저 현존하는 지식과 관습의 사소한 연장선으로 치부될 것이다. "상식을 지닌 사람"

에게 "즉각적으로" 파악될 수 있는 것이 무엇인지는, 당신이 그 어떤 시각, 그 어느 곳에 있든지, 무엇이 상식으로 간주되느냐에 따라 달라진다.

특허를 신청할 때 스케치나 묘사를 뒷받침할 수 있도록 실제로 작동되는 원형 견본을 만들어 제출할 것이 확실히 권장되기는 하지만, 그런 것을 만들지 않고도 (과정이나 장치, 도구, 방법 등에 관한) 아이디어의 특허를 얻을 수 있다. 그러나 저작권은 좀 다르다. 당신은 아이디어의 저작권을 얻을 수는 없다. 오직 아이디어의 특정 표현에 관한 저작권을 얻을 수 있을 뿐이다. 노래는 저작권을 얻을 수 있지만, 음 4개의 진행은 저작권을 얻지 못한다. 베토벤이 오늘날 살아 있다면, 〈제5번 교향곡(운명)〉의 첫 네 음(빰빰빰빠암-)에 대한 저작권을 얻을 수 있을까? NBC 방송국은 3음 차임벨 소리[a]에 대한 저작권을 얻을 수 있었을까? 아니면 그것은 그저 트레이드마크—법적으로 보호받은 다른 종류의 정보적 항목—일 뿐일까? 책의 제목 자체에는 저작권이 없지만, 짧은 시 한 편에는 저작권이 있다. 그럼 이건 어떨까?

> 이 절은(This verse)
> 간결하다.(is terse.)

책 전체는 의심의 여지 없이 저작권의 보호를 받는다. 그럼 독립적인 "문학 작품"으로서는 어떨까? 나도 궁금하다. 저작권법은 여러

---

a 미국 NBC 방송은 1927년부터 특징적인 로고 음을 써왔다. 초기에는 7개의 음이었으나, 그 후 3개, 4개, 5개 등으로 수정되다가 지금은 G3-E4-C4의 세 음이 쓰이고 있다. 이 차임벨 로고 음은 매우 유명하여, 미국 대중문화에도 종종 등장한다. 궁금하면 동영상 사이트에서 'nbc chimes'를 검색해보라.

차례 개정되었고, 골치 아픈 문제들은 여전히 속을 썩이고 있다. 책과 논문, 음악, 회화, 소묘, 조형, 안무, 건축은 **고정된 표현물이 있어야만** 저작권을 획득할 수 있다. 공연에서의 즉흥 재즈 솔로 선율은 녹음되지 않았다면 저작권을 얻을 수 없고, 안무가 기록되거나 녹화되지 않은 율동도 마찬가지이다. 이는 정보에 대한 콜게이트와 지오크의 정의(196쪽의 29번 각주를 보라)와도 잘 맞아떨어지긴 하지만, 정보가 "저장되기"(쓰이기) 위한 자연적인 조건에 따른 것이 아니라, 증거의 법적 요건들에서 도출된 것으로 보이기도 한다. 찰리("버드") 파커Charlie ("Bird") Parker[b]는 그의 솔로 연주에 대한 저작권을 얻지는 못했지만, 그의 연주를 들은 많은 색소폰 연주자들과 재즈 음악가들은 그에게서 심대한 영향을 받았다. 말하자면, 가치 있는 의미론적 정보가 그의 연주에서 흘러나와 그들에게로 흘러들어간 것이다. (사용 가능해진 행위 유발성을 잡아낼 수 없는 청중들의 막귀로는 흘러 들어가지 않았다.) 당신은 아이디어나 발견에는 저작권을 얻을 수 없다. 그렇지만 "어디다 선을 그어야 하는가?" 미국 항소법원 판사로 유명한 러니드 핸드Learned Hand는 일찍이 이렇게 말했다. "명백히, 모방자가 '아이디어' 복사의 차원을 넘어서서 그 '표현'들을 차용했다고 할 수 있는 시점이 언제인지 선언해줄 원리는 없다. 따라서 그 결정은 불가피하게 임시방편적일 수밖에 없다."(Peter

b 이 절의 제목에 왜 '새'가 들어갔는지 이제 눈치챘는가? 제목에서 데닛이 말한 '새'는 바로 찰리 '버드' 파커다. 그러나 익숙한 '찰리 파커'라는 이름 대신 굳이 '새'라는 보통명사를 강조하여 쓴 이유도 있을 것이다. 찰리 파커가 창시하다시피 한 비밥bebop은 재즈의 한 장르로, 매우 빠른 즉흥연주와 "빕비비비빕빕" "바밥바밥"과 같은 의미 없는 스캣이 많이 들어가는 특징이 있다. 그런데 울새나 종다리 등의 울음소리도 영어로 'pip pip'이라고 쓰며, 실제로 들어보아도 '피피피피피피' 하는 빠른 소리가 비밥의 스캣과 비슷하다. 따라서 이 절의 제목은 음악에 관한 (약간의) 지식이 필요한 데닛식 유머가 유감없이 발휘된 곳이라 할 수 있다.

Pan Fabrics, Inc. v. Martin Weiner Corp., 274 F.2d 487 [2d Cir. 1960], 위키피디아 "copyright" 항목에서)

흥미롭게도, 어떤 항목이 저작권을 얻을 수 있는가의 여부를 고려할 때, 효용이나 기능은 창조물에 불리하게 작용하곤 하는데, 이는 저작권이 "예술적" 창조물을 보호하기 위한 것이기 때문이다. 이때 예술적 창조물이란 (더 엄격한 조건 아래서) 특허권이 적용되는 기능적 고려와는 "개념적으로 분리 가능"한 것이어야 한다. 이는 "기능"의 의미에서 일부를 잘라내고 남은 개념인데, 흥미롭게도 꽤 역설적이다. 전부는 아닐지라도 대부분의 맥락에서 **미학적** 효과는 명백하게 기능적이기 때문이다. 나는 이런 것들을 볼 때면 초기 진화론자들이 성선택에 관한 다윈의 아이디어를 근시안적으로 거부했던 것이 떠오른다. 그들의 눈에는 다윈의 생각이 '미美에 대한 지각이 기능적 역할을 할 수 있음을 함축하는 것'으로 보였고, 그들은 그 함축이 틀린 것이라 생각했다. 그러나 물론 틀린 것은 그들의 생각이었다. 암컷들은 장래 짝들의 좋은 특질들을 알아보는 능력을 높이며 진화해왔고, 수컷들은 훨씬 더 인상적인(미학적으로 인상적인, 쓸모는 없지만 보기엔 좋은) 과시 행위를 진화시켜왔다. 성공적인 짝짓기는 생에서 마음대로 선택할 수 있는 모험이 아니라 결승선이자 목표다. 결승 테이프를 끊는 데 필요한 것이라면, 그것이 담지자에게 얼마나 많은 비용과 부담을 부과하든 모두 기능적이다.[37] 저작권법은 "실용적" 기능과 심미적(미학적) 기능을 분리하려고 노력한다. 그리고 이를 명쾌하게 나눠줄 분명한 구분선을 만들어야 할 좋은 법적 이유도 있다. 그러나 이와 동시에, 그 구분을 임시방편적ad hoc 약속이라고 볼 좋은 이론적 이유 역시 존재한다. 러니드 핸드 판사가 "아이디어"/"표현" 구분에 관해 관찰하듯 말이다.

문화 진화로 돌아가 보면, 우리는 이와 같은 종류의 전달, 즉 코드(법률, 규준, 기호화 체계) 없는 전달이 대규모로 이루어지는 사례들과 접하게 될 것이다. 내가 종종 주목했듯이, 바큇살 있는 바퀴가 끼워진 마차는 곡물이나 화물만을 여기서 저기로 실어 나르는 것이 아니라, 바퀴에 바큇살이 있는 마차라는 훌륭한 아이디어[a]까지 운반한다. 다가오는 벌목꾼에 대한 정보를 햇빛이 나무에게 전달하지 않듯이 마차는 이 아이디어—정보—를 길 가던 개에게는 운반하지 않는다. 당신이 이 정보를 이용할 수 있으려면, 우선 당신이 정보를 받아야만 하고, 많은 능력이 당신에게 설치(인스톨)되어 있어야 한다. 그런데 그 정보는 거기, 굴러 지나가는 탈것에 구현되어 있다. 자, 그럼 우리에게 남은 과제 중 하나는 우리 인간이 환경에서 정보를 추출하는 일을 어떻게 다른 그 어떤 종보다도 잘하게 되었는지를 이해하는 것이다.

그런데 우리는 정말로 더 잘하는가? 많은 행위 유발성에서의 우리 기량을 계량한다면, 의심의 여지가 없다. 우리에게는 우리의 포유류 사촌 종들과 공유하고 있는 것들(마실 물, 먹을 음식, 들어가 숨을 동굴, 따라갈 오솔길, ……)뿐 아니라, 우리가 인식할 수 있고 우

---

37 평가 주체는 왜 암컷인지, 그리고 비용이 많이 드는 광고를 하며 잘난 척 걷는 것은 왜 수컷인지에 대해서는 뚜렷한 이유는 없지만 꽤 명백하고 합리적인 근거가 존재한다. 그러나 어떤 사람들은 그것에 반감을 보인다는 것도 나는 알고 있다. 그 부유하는 합리적 근거는 양육에 투자하는 것의 비대칭성에 기인한다. 새끼 한 마리를 낳고 기르는 데 들여야 하는 시간과 에너지(난자를 만드는 것 대 정자를 만드는 것, 젖을 주는 것, 알 품기, 양육 등등)가 수컷보다 암컷 쪽이 월등하게 큰 종에서는 짝짓기를 위한 선택에서 암컷이 더 까다롭게 군다. 암컷은 많은 알을 낳기만 하거나 많은 새끼를 낳기만 할 수도 있지만, 암컷이 2등급의 수컷을 선택한다면 자기 양육 능력의 모두 또는 대부분을 헛되이 낭비할 수도 있다. 반면에, 수컷의 경우, 2등급 암컷을 선택한다 해도 그저 자기의 귀중한 시간을 아주 약간만 소모할 뿐이다. 수컷은 언제나 정자를 더 만들 수 있으니까.

a 바큇살의 발명은 통짜 원반 바퀴로부터의 설계 개선이다.

리에게 익숙한 우리의 인공물들도 있다. 하드웨어 저장고는 행위 유발성의 박물관이며, 그 안에는 수많은 도구가 있다. 조이기, 열기, 닫기, 뿌리거나 바르기, 평탄하게 하기, 멀리 있는 것 집기, 쥐기, 자르기, 글씨 쓰기, 저장하기 등을 가능하게 하는, 저마다 수백 가지의 상이한 형태가 있을 정도로 다양한 도구가 있는 것이다. 이 도구들은 모두, 적합한 환경 조건에서 인식 가능하고 사용 가능하며, 그 환경 조건에는 아직 설계되거나 제작되지 않은 부품을 이용하여 우리가 새로운 행위 유발성을 고안하고 구축하는 그런 새로운 환경들도 포함된다. 리처드 그레고리는 설비가 지성으로 하여금 가위를 사용하게 했을 뿐 아니라, 가위가 그것을 사용하는 생물의 가용 능력을 크게 증대시켜줌으로써, 그 생물의 "지성"을 **향상시켰다**고 강조했다(나는 지성과 설비equipment에 관한 그의 성찰에서 영감을 받아, '그레고리 생물'이라는 말을 만든 바 있다). 이 도구는, 소라게의 껍데기처럼, 그리고 새의 둥지와 비버의 댐처럼, 획득된 설계 개선이지만, 우리의 **확장된 표현형**extended phenotypes(Dawkins 1982, 2004b)의 일부는 아니다. 그러한 것들을 인식하고 그것들을 잘 사용하는 보편적인 재능은 우리 유전자에 의해 전달된 표현형적 형질이다. 나는 학생들에게 때때로 자연선택에 의한 진화는 "보편적 표절"universal plagiarism일 뿐이라고 말하곤 한다. 자연선택에 의한 진화에 슬로건 같은 것이 있다면 아마 이렇게 기술될 수 있을 것이다. "만일 그것이 당신에게 쓸모가 있다면 사용하라. 환경설정configuring에 들어가는 모든 R&D는, 당신이 복사하는 것이 무엇이든 이제 당신이 누릴 유산의 일부분이다." 당신의 탈것을 생각해보자. 슬로건대로, 당신은 "바퀴를 다시 고안"하지 않고도 바퀴를 당신의 재산에 추가했다. 그것이 바로 자연이 수십억 년 동안 해온 일이다. 그렇게 해서 자연은 좋은 설계 특성들을 이 행성의 모든 곳으로, 구석구석 빠짐없이 확산시키고 명확히 하고 제련해왔다. 이 무시무시하게 엄청난 창조력은 상상도 못할 만큼 많은 베끼기가 없었다면 불가능했을 것이다. 대자연의 "좋은 요령"은 인간 세계의 규정에 비추어 본다면 법에 위배되는 것이며, 그렇게 여길 좋은 이유도 있다. 의미론적 정보는 창조하는 데 비용이 많이 들고 값비싸므로, 허락 없이 복사하는 것은 절도다. 이것이 부유하는 합리적 근거가 아니라는 사실은 알아둘 만하다. 최초의 특허법과 저작권법(그리고 기업 비밀과 트레이드마크에 관한 법)은 장기적이고 명시적이며 합리적인 논쟁과 토론이 이루어진 후에 고안되고 제정되었다. 그 법들 자체가 지성적 설계들을 보호하기 위해 설계된 지성적 설계의 산물인 것이다.

섀넌 정보는 잡음과 신호를 구분하고 그 용량과 신뢰도를 계량할 수학적 틀을 제공한다. 이는 모든 R&D가 일어날 물리적 환경을 명확하게 하지만, 그 R&D 자체, 즉 광석을 제련하고 바늘을 찾을 수 있는 패턴 탐지 "장치들"의 개발은 우리가 이제야 하의상달식으로 겨우 이해하기 시작하고 있는 과정이다. 지금까지 우리는, 다양한 목적에 (이를테면, 합리적 선택의 정보를 주기 위해, 조종하기 위해, 더 나은 쥐덫을 만들기 위해, 엘리베이터를 통제하기 위해 등) 필요한 의미론적 수준의 정보에 관해 추론해올 수 있었다. 이 의미론적 정보가 어떻게 물리적으로 구현되는가에 관한 고려와는 별개로 말이다. 사이버네틱스cybernetics의 아버지인 노버트 위너Norbert Wiener가 말했듯이(1961, p. 132), "정보는 정보다. 물질이나 에너지가 아니다. 이것을 인정하지 않는 유물론은 오늘날에는 살아남을 수 없다."

7 다윈공간: 간주곡

진화를 생각할 새로운 도구

자연선택에 의한 진화를 이해할 기본 틀은 일찍이 다윈이 《종의 기원》에서 제공한 바 있다. 다윈은 《종의 기원》 각 장의 끝 부분에 그 장의 내용을 짧게 요약해놓았는데, 지금 우리가 살펴볼 틀은 4장의 요약 부분에 기술되어 있다. 이를 다시 돌아보는 것은 분명 가치 있는 일이다.

> 논란의 여지조차 없겠지만, 만약 기나긴 시간이 흐르는 동안 생활 환경이 다양하게 변화하는 가운데 생물의 조직 일부에서 어쨌든 변화가 일어났다고 해보자. 이 역시 논란의 여지가 없다는 것이 확실하지만, 만약 각 종이 기하급수적으로 증가하는 매우 강력한 힘으로 인해 어떤 시기, 계절 또는 어느 해에 심한 생

존 투쟁을 겪었다고 해보자. 그리고 개체 상호 간, 개체와 환경 간에 존재하는 극도로 복잡한 관계가 개체의 구조, 체질, 습성을 극도로 다양하게 만들어 개체들에게 이득을 주는 경우를 생각해 보자. 이 모든 상황을 고려할 때, 인간에게 유용한 변이가 여러 차례 발생했던 것과 마찬가지의 방식으로 개체 자신의 생존에 도움이 될 만한 변이가 단 한 번도 나타나지 않았다고 한다면, 그것이야말로 참으로 이상한 일이라고 할 수 있다. 만일 어떤 개체들에게 유용한 변이들이 실제로 발생한다면, 그로 인해 그 개체들은 생존 투쟁에서 살아남을 좋은 기회를 가질 것이 분명하다. 또한 대물림의 강력한 원리를 통해 그것들은 유사한 특징을 가진 자손들을 생산할 것이다. 나는 이런 보존의 원리를 간략히 자연선택이라고 불렀다.[a]

이 위대한 통찰은 세월이 흐르면서 다듬어지고 보편화되었으며, 이 통찰을 간결하게 공식화하는 작업도 다양하게 이루어졌다. 그중 단순성과 보편성, 그리고 명확성 면에서 최고의 것은 생물철학자 피터 고드프리스미스Peter Godfrey-Smith(2007)가 제안한 다음의 3개 조항이다.

자연선택에 의한 진화는 개체군에서의 변화인데, 이 변화는
i 개체군 구성원들의 특징에 일어나는 변화에 의한 것이며,
ii 그 변이로 인해 번식률에 차이가 생기며,
iii 그 변이는 대물림된다.

---

a 이 부분은 장대익의 번역서 《종의 기원》(2019, 사이언스북스)의 해당 부분(198~199쪽)을 그대로 가져왔다.

이 세 가지 인자들이 존재하기만 하면 자연선택에 의한 진화는 피할 수 없는 결과가 된다. 개체군의 구성원이 생물이든 바이러스든 컴퓨터 프로그램이든 아니면 자기의 복제품을 생산하는 또 다른 어떤 종류의 것이든 상관없이 말이다. 시대에 좀 뒤떨어진 표현을 동원한다면, 우리는 다윈이 자연선택에 의한 진화의 근본적인 알고리즘을, 즉 여러 가지 물질 또는 매체에서 시행되거나 "인식되는" 절대적인 구조를 발견했다고 말할 수 있다.

우리는 자연선택에 의한 문화 진화—말(단어들), 방법, 의례, 유행 등의 진화—를 살펴볼 것이다. 이 화제는 꽤 위험할 수 있다. 그래서 나는 이 까다로운 지형에서 우리 자신의 좌표와 방위를 설정할 때 특히 요긴하다고 알려진 생각 도구를 하나 도입하려고 한다. 이 위험한 화제에 관해 생각할 때 우리의 상상력에 도움을 줄 그 생각 도구는 바로 다윈공간Darwinian Spaces으로, 고드프리스미스가 자신의 책《다윈주의적 개체군과 자연선택Darwinian Populations and Natural Selection》(2009)에서 소개한 것이다.

앞의 세 조건이 다윈의 자연선택의 **본질**essence을 정의한다고 말하는 것은 솔깃한 일이고, 자연선택 이론이 작동됨을 분명히 보여주곤 하는 고전적인 예들은 그 조건들에 완벽하게 들어맞는다. 그러나 다윈이 사고에 기여한 가장 중요한 것들 중 하나는, 그가 **본질주의**를 거부했다는 것이다. 본질주의는 고대의 철학적 교조로, 사물의 유형마다, 자연종마다 그 각각의 **본질**이, 즉 그 종이 되기 위한 필요충분 특성들이 있다는 주장이다. 다윈은 변이의 사슬에 의해 서로 다른 종들이 역사적으로 연결되어 있음을 보여주었는데, 이때 변이란, (예를 들어) 공룡은 왼쪽, 새들은 오른쪽 하는 식으로 구분할 간단한 원칙이나 방법 따위는 있을 수 없을 정도로 매우 점진적으로 달라진다는 것을 의미한다. 그렇다면 다윈주의Darwinism 자체는 어떤가? 다윈주의는 본질을 지니고 있는가? 아니면 다윈주의도 변이의 친척, 즉 다른 것과 섞여서 부지불식간에 비다윈주의적 설명으로 변할 수도 있는 그런 것인가? 다윈주의적 진화의 모범 사례paradigm case라고는 볼 수 없는 현상들은 어떠한가? 그런 것들은 많고, 고드프리스미스는 그것들을 조직화하는 방법을 보여주었다. 그의 방법을 사용하면 그 다양한 현상들 사이의 차이점과 유사점들이 명확하게 드러날 뿐 아니라, 각 현상들 자체에 대한 설명도 잘 나타낼 수 있다.

예를 들어, 모든 진화하는 개체는 부모 세대로부터 무언가—무언가의 복사본—를 "대물림" 받을 필요가 있는데, 어떤 복제들은 충실도가 낮아서 많은 부분이 손상되거나 손실되고, 또 어떤 복제들은 완벽에 가까운 복사본을 만들기도 한다. 우리는 그 상이한 경우들을 충실도가 낮은 것부터 높은 것까지 순서대로 줄 세우는 상상을 할 수 있으며, 이를 x축만 있는 간단한 그래프로 나타낼 수 있다.

(0,0)____ x

… 전해 들은 말 … 속기 기록 … 레코드판 … DNA … 디지털 파일 …

진화는 **완벽한** 복제가 아닌, 고충실도 복제에 의존하는데, 돌연변이(복제 **오류**)가 모든 새로운 것의 궁극적 원천이기 때문이다. 디지털 복제 기술은 모든 실용적 용도에서 완벽하다. 워드 파일의 복사본의 복사본의 복사본의 복사본을 만들어도, 그 복사본은 글자 하나하나까지 모두 다 원본과 동일할 것이며, 좋은 쪽으로든 나쁜 쪽으로든 돌연변이가 축적될 것이라 기대할 수 없다. DNA 복제 자체는 거의 완벽하지만, 매우 우연적인 오류들(뉴클레오타이드 10억 개 중 하나의 빈도보다 드물게 일어나는)이 없다면 진화는 서서히 멈출 것이다.

여기 변이의 또 다른 예가 있다. 개체군 구성원들 간의 적합도 차이는 "운"이나 "재능" 또는 그것들의 그 어떤 조합에도 의존할 수 있다. 번식하지 않은 개체들 대부분이 짝짓기 기회를 얻기 전에 벼락을 맞는 곳이 있다면, 그런 선택 환경에서는 그들 간의 기량 차이가 아무리 크다 해도 진화는 작동하지 못한다. 우리는 운과 재능의 다양한 혼합을 다른 축에 놓을 수 있다. 그리고 "잡음"을 복제하는 것(저충실도 복제)은 진화적 R&D를 저해하며, 환경적 "잡음" 역시 같은 역할을 한다(환경적 잡음이란, 벼락을 맞는 것과 같은 다양한 사고를 말한다. 그런 사고를 당하지 않았더라면 구성원은 번식 토너먼트에 참여해 경쟁했을 것이다)는 것도 알아두어야 한다. 앞의 좌표로 다시 돌아가서, 우리는 세 번째 차원을 추가하여 *x*, *y*, *z* 축으로 이루어진 육면체를 그릴 수 있고, 거기에 다양한 현상들을 위치시킬 수 있다. (불행하게도, 우리 대부분은 4차원과 그 이상의 차원을 우아하게 나타낼 수 없기 때문에 3차원에서 멈출 수밖에 없다. 한 번에 세 가지의 변화만을 다룰 수 있으므로, 우리의 목적에 부합하도록 변수들을 넣었다 빼는 작업을 해야 한다.)

이 3차원 배열들을 사용하여, 우리는 순수 다윈주의적pure Darwinian 현상, 준다윈주의적quasi-Darwinian 현상, 원다윈주의적proto-Darwinian 현상, 그리고 (불명확한 경계 너머) 전혀 다윈주의적이지 않은 현상을 나타낼 수 있다. 그 현상들이 서로 얼마나 닮았고 얼마나 다른지를 한눈에 알게 되는 것은 진화에 관해 생각하는 데 매우 유용하다. 여기서 우리는 의사다윈주의적pseudo-Darwinian 현상에 불과한 것과 자연선택의 세 가지 "본질적" 특성을 지니는 현상들을 나눌 뚜렷한 구분선을 그으려는 시도는 하지 않을 것이다. 그 대신, 이런저런 측면에서 다윈주의 비슷한 것들, 즉 다윈주의적인 셈인sorta Darwinian 것들을 위치시킬 수 있는 경사면gradients을 만들어보고자

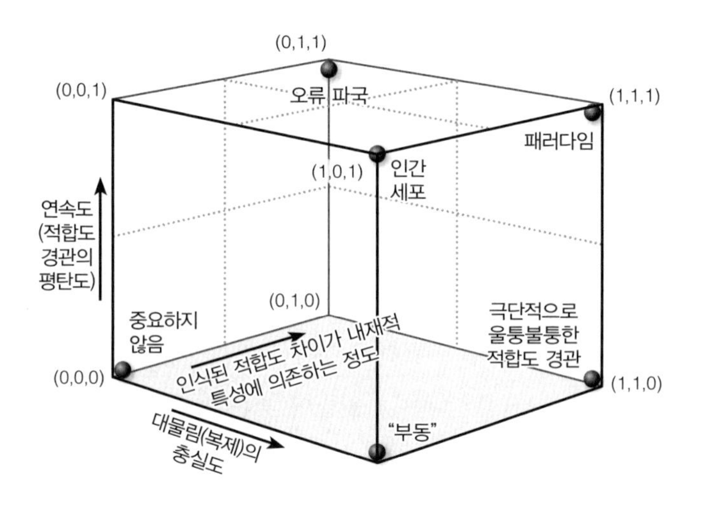

그림 7-1 다윈공간 ©Godfrey-Smith

한다. 그러면 그러한 현상들이 왜 그리고 어떻게 그렇게 나타나는지를 설명할 수 있는 상호작용과 트레이드오프trade-off들이 드러날 테고, 그것들을 봄으로써 우리는 다윈 이론이 중간적 경우들에 적용되는지 아닌지를 알아볼 수 있게 된다. "진화 과정들은 그 자체로 진화의 산물"이며, 결과적으로 점진적으로 출현하고 점진적으로 변형된다는 것을 고드프리스미스는 우리에게 상기시킨다. 짧게 말하자면, 그의 다윈공간들은 우리의 "다윈주의에 대한 다윈주의"(3장에서 밝혔듯이, 이 탁월한 표현은 글렌 애덜슨의 것이다)를 정교하게 만들고 유지하는 데 도움을 주는 값진 도구를 우리에게 제공한다.

이 모든 도해에서, 가로, 세로, 높이로 그려지는 3개의 차원은 0(전혀 다윈주의적이지 않음)부터 1(최고로 다윈주의적임)까지의 값을 가지는 것으로 간주하고, "가장 다윈주의적인" 모범(패러다임) 현상은 우측 위의 꼭짓점, 즉 세 차원에서 모두 최댓값을 지니는 점 (1, 1, 1)에 나타나며, 그 특성들을 완전히 결여하는 현상들은 모두

(0, 0, 0)에 속한다. 우리는 세 변수로 표현되는 그 어떤 특성들이라도 *x*, *y*, *z* 의 세 차원을 이용하여 다윈공간에 그 위치를 할당할 수 있다. 그림 7-1에서 H는 대물림 충실도Fidelity of heredity로, *x*축에 왼쪽에서 오른쪽으로 나타난다. H 값이 0에 가까우면, 즉 충실도가 너무 낮은 나머지 잡음 속에서 신호가 유지되지 못하면, 진화는 전혀 일어나지 못한다. 유용한 돌연변이가 일어날 수는 있으나, 진화가 그것을 뒤이은 발생으로 추동하기 전에 잡음 속에서 사라져버리기 때문이다. 그림에 나타난 다른 차원들이 높은 다윈주의 값(1에 가까운 값)을 지닌다 해도 마찬가지다. 그럴 경우라도 H 값이 0에 가까우면 왼쪽 벽 근처 꼭대기에 위치한 "오류 파국error catastrophes"[(0, 1, 1)]에 이를 수 있다. (바로 앞에서 주목했던 것처럼, 충실도가 완벽해도 새로운 변이가 전혀 일어나지 않으므로 진화는 멈춘다. 따라서 모범 사례들은 오른쪽 벽에 가깝긴 하지만, 그 **벽면에 있지는** 않다.) 수직인 *y* 차원은, 연속성 또는 "적합도(적응도) 경관fitness landscape의 평탄도smoothness"를 나타낸다. 자연선택은 **점진적** 과정이다. 자연선택은 맹목적으로 이루어지는 "작은 단계들"에 의존하며, 작은 단계들이 완만하고 평탄한 경사면에 나타나도록 (따라서 작은 한 단계가 어느 방향으로 기울었든 그 단계를 거치면서 적합도는 약간만 증감하거나 변하지 않도록) 선택 환경이 조직된다면, 작은 단계들의 연쇄는 "언덕 오르기"를 할 수 있을 것이고, 그 단계들이 근시안적(눈먼 시계공)임에도 불구하고, 마침내 정상에 도달할 수 있을 것이다. 비교적 평탄한 적합도 경관에서는 유일한 정점인 전역 최적값global optimum에 도달할 것이고, 여러 개의 정점이 있는 경관에서라면 국소적 최적값에 이를 것이다. 적합도 경관이 "울퉁불퉁"하다면, 작은 단계들이 진보와 관련되지 않거나 심지어는 현재의 적합도를 유지하는 것과도 연관되지 않으므로 진화는 거의 불가능하다.

고프리드스미스는 z축에 "내재적 특성들"에 대한 의존도를 나타내는 S(왜 "S"인지는 묻지 마시라)를 놓았는데, 이 형질은 '운 대 재능'의 차원을 포착한다. 테니스 토너먼트에서는, 더 뛰어난 선수들은 그들의 능력과 강인함 덕분에 어드밴스를 받는 경향이 있다. 그러나 동전 던지기 토너먼트의 결과는 참가자의 내재적 특질과는 전혀 상관이 없다. 단지 운이 결과를 결정하며, 모든 게임의 승자가 다음 게임에서도 다른 경쟁자들을 물리치고 승자가 되는 일이 일어날 것 같지도 않다. 예를 들어, 유전적 "부동drift"에서 ("표집 오류"가 비교적 큰, 작은 개체군에서 특히) 개체군 내에서 "승리하는" 형질은 그렇지 않은 형질에 비해 더 나을 것이 없다. 한쪽 방향으로의 축적은 단지 우연히 운이 그렇게 작용하여 하나의 형질이 그 개체군에서 고정되도록 촉진되었기 때문에 벌어진 결과일 뿐이다. 토끼들로 이루어진 작은 개체군에서 그들 중 몇 마리가 다른 개체들보다 더 어두운 회색이었는데, 어떤 원인이 작용해서가 아니라, 우연히 그 암회색 개체 중 몇 마리는 로드킬을 당해 죽고 몇 마리는 익사하고, 암회색을 띠게 하는 유전자를 지닌 마지막 개체는 짝짓기하러 가는 길에 절벽에서 떨어져 죽음으로써 그 국소 유전자 풀에서 그 유전자가 없어지는 것처럼 말이다.

다윈공간의 가장 값진 특성들은 모범적 다윈주의적 조건 아래서 세대를 거듭하며 진화해온 계보들이 새로운 환경(그 미래는 덜 다윈주의적인 과정에 의해 결정지어진다)으로 진입할 때 일어나는 "다윈주의의 감소(감다윈화)de-Darwinizing" 현상을 볼 수 있게 도와준다는 것이다. 도해에서 드러나듯, 인간의 세포가 그 좋은 사례다. 이 세포들은 모두 독립된 개체로서 혼자 살아가는 단세포 진핵생물("미생물" 또는 "원생생물protist")의 매우 먼 직계 후손이다. 이들의 먼 조상은 앞의 세 특성 모두에 의해 추동된 모범적 다윈주의 진화자들이었다. 현재 우리의 신체를 구성하고 있는 세포들은 그 전 세포들의 직계비속("딸세포")들이고, 그전 세포들은 또 그보다 더 오랜 세포들의 딸세포들이며, 그 세포들의 조상을 찾으려면 우리가 수정되는 순간 난자와 정자가 결합하여 형성된 접합자zygote로 거슬러 올라가야 한다. 어머니 자궁 속에 있을 때와 아기일 때 우리는 발달 과정을 거치는데, 그동안 세포들은 증식한다. 그런데 세포들이 우리의 기관들을 구성하는 데 필요한 것보다 많이 증식하므로, 남는 세포들을 가차 없이 도태시키는 선택 과정을 거쳐 패자들은 다음 "세대"를 위한 원자재를 만드는 데 재활용되고, 승자들만이 남아서 다양한 직무를 맡게 된다. 이는 특히 뇌에서 뚜렷하게 나타난다. 뇌에서는 완전히 새것인 뉴런들에게 유용한 배선을 이룰(이를테면 망막상의 한 지점에서 뇌의 시각피질visual cortex에 이르는 경로의 일부가 될) 기회가 주어진다. 이는 헨젤과 그레텔의 빵 부스러기처럼 길을 알려주는 분자 단서들을 따라 A 지점에서 B 지점까지 자라려고 애쓰는 많은 뉴런이 벌이는 경주와도 같다. 가장 먼저 도착한 것이 이겨서 살아남는다. 나머지는 죽어서 다음을 위한 공급원료가 된다. 승자들은 A에서 B로 자라는 방법을 어떻게 "아는"가? 그들은 모른다. 단지 (동전 던지기에서 이기는 경우처럼) 운이 좋았을 뿐이다. 많은 뉴런이 자라남의 여정을 시도하지만 대부분 실패한다. 올바른 연결을 한 뉴런만 살아남는다. 살아남은 세포들도 죽은 경쟁자들과 "내재적으로" 다를 바가 없다(더 강인하지도, 더 재빠르지도 않다). 그들이 단지 알맞은 시각에 알맞은 장소에 **있게 되었을** 뿐이다. 그러므로 우리의 뇌가 배선되는 발달 과정은 10억 년 전 진핵세포들이 결합하여 다세포 생물을 만드는 과정의 감다원화된 버전이다. 순전한 운의 결과로(인간 세포들의 경우와 마찬가지로) 어떤 형질이 고정되는 유전자 부동도 앞의 도해에서 언덕 올라가기가 부족한 곳에 위치함에 주목

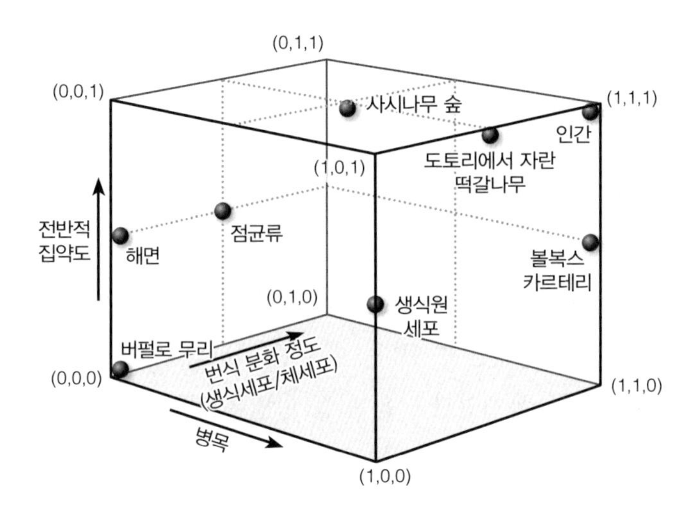

그림 7-2 축의 의미를 달리한 다원공간 ©Godfrey-Smith

하라. 인간 세포가 선택되는 이유는, 부동산 소개업자들이 하는 소리처럼, 첫 번째도 위치요, 두 번째도 위치요, 세 번째도 위치다. 그러나 유전자 부동에서의 승자들은 그저 운이 좋았을 뿐이다. 유전자 부동은 진화만큼이나 오랜 시간 동안 일어났고, 따라서 그것은 감다윈화의 경우가 아니다.

그림 7-2에는 고드프리스미스의 또다른 다원공간이 묘사되어 있다. 이번에는 x축이 병목bottleneck 정도를 나타내며 B로 표시되어 있다. 이 축은 재생산이, 마치 깔때기를 통과하는 것처럼, 이런저런 좁히기—극단적 경우로는 세포 하나—를 거쳐 이루어지는지를 나타낸다. 우리가 잉태될 시점에 우리의 아버지와 어머니를 이루고 있던 수조 개의 세포 중 정자 하나와 난자 하나가 연합하면서 우리의 세대generation가 개시됨을 알린다. 이럴 경우 B 값은 최대(1)가 된다. 이와는 대조적으로, 버펄로 무리는 단순히 갈라지면서 두 무리가 될 수 있다(이들은 더 나중에는 네 무리가 될 수도 있다). 혹은 한 쌍

의 버펄로가 어떤 식으로든 따로 떨어져 나와 새로운 무리의 시초가 될 수도 있다. 유전적 다양성이 매우 줄어들면서 말이다. 해면의 어떠한 일부분도 다음 세대의 해면이 될 수 있지만, 해면 개체 하나는 무리 하나보다는 좀더 집약적—더 독립적인 것—이다. 떡갈나무 한 그루는 고도로 집약적이며, 병목—도토리—을 통해 번식하기도 하지만 식물이 일반적으로 그렇듯 "어린 가지"를 땅에 심는 꺾꽂이 방식으로도 재배할 수 있다. (아직은) 인간의 귀나 발가락 조각에서 자손 인간—복제인간—을 만들 방법은 없다. 우리는 도해의 세 축 모두에서 높은 값을 지니는 위치에 있다. 사시나무 숲은, 땅속에서는 하나의 뿌리 시스템으로 모두 연결되어 있어, 나무들 각각이 유전적으로 상이한 개체가 아니라 수많은 동일한 쌍둥이의 연합, 즉 언덕 하나를 다 뒤덮은 하나의 "나무"라는 점에서 흥미롭다.

그림 7-3은 다윈공간을 앞의 4, 5, 6장에서 논의한 생명의 기원에 적용해본 것이다. 이는 전다윈주의적 현상에서 원다윈주의적 현상을 거쳐 다윈주의적 현상으로 우리를 데려가는 과정들의 집합임이 틀림없다.

우측 상단 꼭짓점의 박테리아(세균)bacteria에 이르면 완전히 발달한 번식과 에너지 포획, 그리고 많은 복잡성들을 지니게 된다. 아직 답을 얻지 못한 질문은, 어떤 경로를 거쳐 거기까지 갈 수 있는가에 관한 것이다. 이를 알아내기 위해 우리는 구성원들(막, 물질대사, 복제자 메커니즘 ……)의 궤적을 좌표에 찍을 수 있고, 어떤 것이 처음으로 합류되는지, 그리고 어떤 것이 나중에 더해지거나 다듬어지는지를 볼 수 있다. 물론 다른 차원들도 표시할 수 있으며, 그중 크기와 효율이라는 두 가지 차원도 중요함이 드러날 것이다. 2장에서 알아낸 바 있듯이, 복제된 (셈인) 최초의 것들/집합체들은 비교적 큰 골드버그 장치들이었다. 그 당시 이들은 가지치기나 간소화로

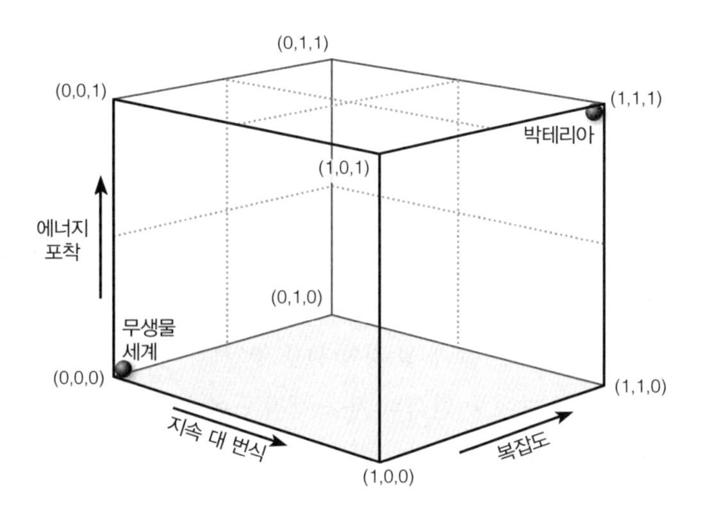

그림 7-3 다윈공간과 생명의 기원

의 자연선택이 이들에게 작용할 만큼 충분히 안정적이었으며, 그러한 자연선택 과정을 통해 고도로 효율적인, 조밀한 소형의 박테리아로 진화했다. 이 다윈공간을 구체적인 사례로 채우는 것은 이 지점에서는 시기상조다. 지금 나는 박테리아를 우측 상단 꼭짓점에 놓았는데, **고세균**archaea이(또는 박테리아가 아닌 다른 어떤 것이) 명백한 다윈주의적 복제자의 첫 사례였음이 밝혀진다면, 이 위치 선정도 사람들을 호도하는 것이 될 것이다.

문화적 진화: 다윈공간 뒤집기

이제 다윈공간을 문화적 진화 현상에 적용해보자. 세부적인 설명과 방어는 나중으로 미뤄놓고 말이다.

그림 7-4의 x축에는 '생장 대 번식'을 놓는다. 사시나무 숲은

(대개) "후손"을 만드는 대신 더 크게 "몸"을 불린다. 이는 "그저 자라는" 셈이지만, 번식하는 셈이기도 하다. 또 다른 예로 버섯이 있다. 그러나 동물에서는 이야기가 좀 다르다. 통상적인 번식 방법 대신 샴쌍둥이 모양으로 자신을 두 배로 불리는 동물이 있는지는 나는 아직 알지 못한다. *z*축에 나는 내부적 복잡도를 놓았고, 수직의 *y*축에는 문화적 진화 대 유전적 진화(그 두 가지의 중간에 해당하는 현상도 있느냐고? 있다. 곧 보게 될 것이다)를 놓았다. 사시나무 숲과 마찬가지로, 점균류는 차등 번식과 차등 생장—몸을 나누어 개별적인 후손들을 만드는 대신 점점 더 커지는 것—을 혼합한다. 문화에서 로마가톨릭교회는 (최근까지도) 점점 더 커지고 있지만, 오늘날에도 좀처럼 후예를 낳지는 않는다(16세기에는 극적으로 몇몇 후손이 나오기도 했다). 이와는 대조적으로, 후터파[a]는 공동체가 충분히 커지면 딸공동체들을 분리시키도록 설계되어 있다[후터파의 진화적 상세에 관해서는 윌슨과 소버의 저작(Wilson and Sober 1995)을 볼 것]. 종교(또는 종교 공동체)는 대규모의 복잡한 사회적 존재자다. 말(단어)은 바이러스와 더 비슷해서, 더 단순하며, 살아 있지 않고, 그들의 숙주에 자신들의 번식을 의존하고 있다. (모든 바이러스가 나쁘다는 보편적인 실수를 저지르지 마시라. 우리 몸 안에 있으면서 직접적인 해를 끼치지 않거나 우리에게 도움을 주거나 심지어는 우리 생존에 꼭 필요한 바이러스가 독성 바이러스의 수백만 배는 된다.)

신뢰는 (주로) 문화 현상—의심의 여지 없이 우리 유전자들로부터 힘을 얻는—이며, 우리가 숨 쉬는 공기처럼, 바닥나기 전에는

---

a 오스트리아에서 시작되었으나 박해를 피해 체코슬로바키아의 모라비아와 티롤 지역에 정착한 재세례파의 분파. 현재 미국과 캐나다 서부 지역에 주로 거주하며, 집단 농장을 운영하는 등 공유재산 제도를 따르고 있다.

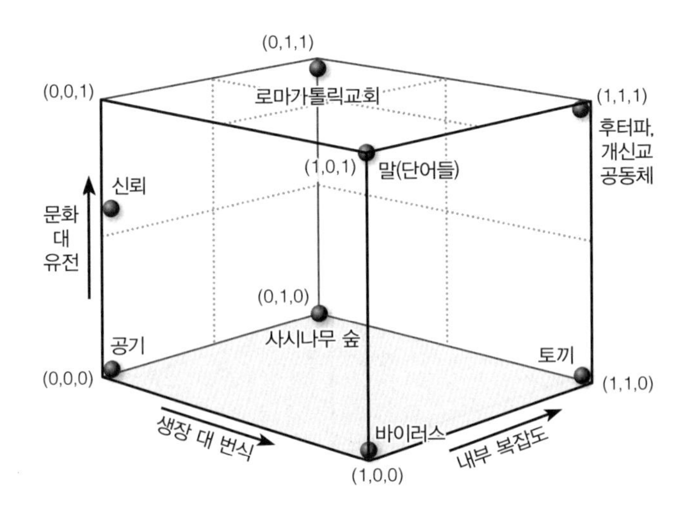

그림 7-4 다원공간과 종교

그것이 존재하는 그 무언가라는 생각조차 하지 않는다. 우리가 공기를 이용하여 숨 쉬는 것이 수십억 년에 걸친 유전적 진화의 산물인 것처럼, 신뢰는 (대부분) 문화적 진화의 산물이다. 생명이 시작되었을 때는 **혐기성**anaerobic(산소를 필요로 하지 않는) 유기체만 있었고 대기에는 산소가 거의 없었지만, 일단 광합성이 진화되고 나서는 살아 있는 것들이 산소(CO_2와 O_2 형태로)를 대기 중으로 뿜어내기 시작했다. 이에는 수십억 년이 걸렸으며, 상층 대기의 O_2 중 어떤 것들은 O_3 또는 오존으로 바뀌었는데, 오존이 없었다면 생물들에게 치명적인 방사선이 지표면까지 도달하여 우리와 같은 생물은 생겨나지 못했을 것이다. 6억 년 전에는 산소 농도가 지금의 10퍼센트에 불과했음을 생각하면, 변화가 알아차릴 수 없을 만큼 느리게 일어나긴 했지만, 긴 시간이 지나고 난 지금 돌이켜 보면 산소 농도가 극적으로 높아졌다고 할 수 있다. 진화가 일어나는 선택 환경에서 대기를 **고정된** 특성fixed feature으로 간주할 수도 있지만, 대기도 실

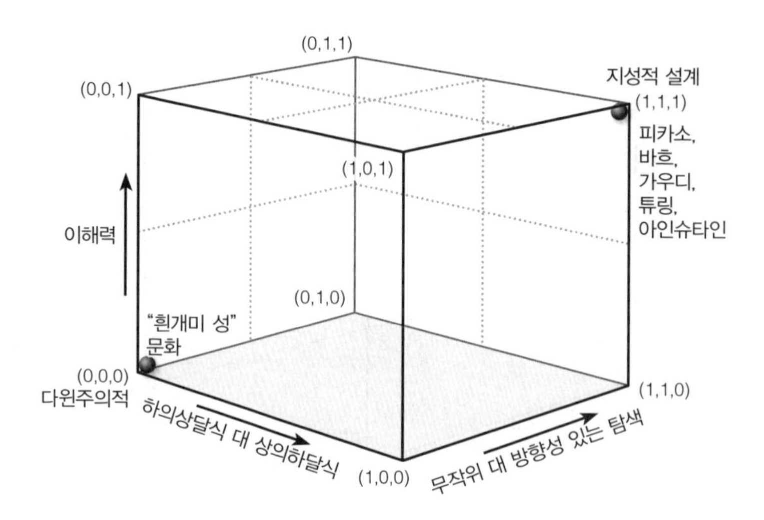

그림 7-5 다윈주의적 현상들을 (0,0,0)에 놓고 지성적 설계를 (1,1,1)에 놓은, 뒤집힌 다윈공간

제로는 진화해왔으며 이 행성에서 이루어진 과거 진화의 산물이다. 이러한 현상—우리는 이들을 진화가 일어날 수 있는 생물학적이고 문화적인 "대기"라 부를 수 있다—은 그 자체로는 번식(재생산)하지 않지만, 부분적으로 흥망성쇠를 거듭하며 시간이 지남에 따라 비非다윈주의적 방식으로 진화한다.

그림 7-5는 또 다른 미리보기다.

이 그림에서 나는 앞선 다윈주의 도해의 극pole들을 **뒤집었다.** 모범적으로 다윈주의적인 현상들은 (0, 0, 0) 꼭짓점에 놓이고, 모범적 비다윈주의 현상들, 즉 지성적 설계(조물주에 의한 지적설계가 아니다. 이 그림은 종교와는 아무 상관이 없다)의 사례들이 우측 상단 꼭짓점에 위치한다.

내가 옹호하는 주장은 이렇다. 인간의 문화는 완전히 다윈주의적으로, 즉 이해력은 동반되지 않지만 다양한 가치 있는 구조를 낳는 능력(거칠게 말하자면 흰개미가 자신들의 성을 짓는 것과 같은 방

식)으로 시작해서 그 후 점진적으로 감다윈화되어, 더욱더 이해력을 갖추게 되고 더욱더 상의하달식 조직화가 가능해지며, 설계공간을 더욱더 효율적인 방식으로 탐색하게 된다. 짧게 말하자면, 인간의 문화는 진화하면서 스스로의 진화로 얻은 열매를 다시 양분으로 삼으며 훨씬 더 강력한 방식으로 정보를 활용하여 자신의 설계 위력을 증가시킨다.

지성적 설계의 극단인 우측 상단 꼭짓점에는 실제로는 **절대** 도달할 수 **없는**, 그러나 잘 알려진 이상적 경우가 위치한다. 신과 같은 천재, 꼭대기에서 시작하여 아래로, 우리 필멸자에게 선물을 하사하신 지적설계자가 바로 그것이다. 모든 **실제** 문화 현상은 중간 지역을 차지한다. 불완전한 이해력과 불완전한 탐색, 그리고 매우 보통의 협업들을 포함하면서.

나는 피카소Picasso를 정점에 놓았는데, 다른 천재들보다 그가 더 똑똑하다고 생각해서가 아니라, 그가 "나는 탐색하지 않는다. 나는 발견한다"라고 말한 적이 있기 때문이다. 실로 천재성을 자랑하기에 완벽한 말이다. 이 몇 음절의 말에는 다음의 메시지가 축약되어 있다. "나는 시행착오를 하면서 구차하게 여기저기 뒤지며 찾아 헤매지 않는다! 나는 설계의 최정상으로 가기 위해 산비탈을 힘겹게 느릿느릿 걸어 올라가지 않는다. 나는 모든 순간 에베레스트산 꼭대기로 훌쩍 뛰어오를 뿐이다! 나는 모든 것을 이해한다. 심지어 나의 이해마저도 이해한다!" 이건 물론 헛소리다. 그러나 영감으로 가득 찬 헛소리다. 그리고 피카소의 경우, 새빨간 거짓말이다. 그는 종종 하나의 주제를 다양하게 변형시켜 가며 수백 장의 스케치를 하곤 했다. 자신의 여정을 멈출 좋은 지점이라고 생각되는 무언가를 발견할 때까지 설계공간을 야금야금 갉으며 탐색해나갔던 것이다. (그는 매우 위대한 예술가였지만, 그의 천재성 중 일부는 자신의 그 많은 시도를 버리는 대신 그것들을 노래하는—그리고 팔아먹는—데 있었다.)

이 문화적 진화의 진화에는, 그리고 우리 마음이 형성되는 데 문화적 진화의 진화가 한 역할에는 더 파헤쳐보아야 할 것들이 아직 매우 많지만, 우리가 가장 먼저 면밀하게 살펴보아야 할 것은 그것이 어떻게 시작되었는가 하는 것이다. 생명의 기원과 마찬가지로, 이것 역시 풀리지 않은 문제이고 또 매우 어려운 문제다. 우리의 마음은, 어떤 면에서는, 생물이 무생물과 다른 것만큼이나 다른 종의 마음들과 다르다. 그리고 침팬지와 우리의 공통조상에서 출발하여 지금의 우리에게로 이르는 옹호 가능한 경로 하나를 찾는 것은 도전적인 과제다. 경쟁하는 가설들은 결코 적지 않고, 우리는 그중 (내가 보기에) 최상의 것을 고려할 것이다. 무엇이 가장 먼저일까? 언어? 협동? 도구 제작? 불씨 보살피기? 돌 던지기? 다른 동물이 먹다 남긴 고기 쟁탈전? 거래? 아니면 ……? "마법의 특효약" 같은 단 하나의 대답은 없고 서로 영향을 주고받으며 기여하는 많은 인자가 작용한 공진화가 더 그럴듯한 대답이라는 것이 밝혀져도 놀라면 안 된다. 폭발적으로 축적된 문화—또 다른 복제 폭탄—를 발달시켜 온 종은 지금껏 우리가 유일하다는 사실엔 변함이 없는 만큼, 왜(**어떻게 해서**와 **무엇을 위해** 모두의 관점에서) 우리가 문화를 가지는가를 추측하여 설명하는 이야기는 그것이 무엇이든 왜 우리만 문화를 가지는지도 설명해야만 한다. 문화는 명백히 우리에게는 "좋은 요령"이다. 그러나 시력과 비행 역시 명백하게 "좋은 요령"이며, 그것들은 각각 다른 종들에서 몇 번씩 진화했다. 다른 진화 계보들의 방식에서는 무슨 장벽이 있었기에 똑같은 "좋은 요령"이 발달하지 못하고 가로막혔을까?

8 뇌로 만들어진 뇌

상의하달식 컴퓨터와 하의상달식 뇌

하나의 박테리아는 자신에게 중요한 인자들의 변화 정도를 감지하고 몇몇 필수적인 차이를 식별한 설비를 갖추고 있으며, 그 덕분에 자신이 자라고 번식하는 데 필요한 에너지와 물질을 포획하면서 자기의 작디작은 **환경세계**에서, 즉 익숙한 인근 환경 안에서 안온하게 살아갈 수 있다. 식물을 비롯한 고착성 생물들은 자신을 구성하는 세포들을 더 거대한 노예 무리로 조직하여 특정 업무들을 수행하게 한다. 이동하는 생물에게는 피해야 할 모든 것에 부딪히지 않게 하는 말단 지각 체계 같은 것이 필요하지만, 이들은 그런 것에 투자할 필요 없이 세포에게 감시와 원료 공급과 성장 조절 서비스를 제공하고, 세포들로 하여금 고착성 생물들을 먹이고 보호하는 업무를 수행하게 하는 것이다. 그러나 이동성 생물에게는 재빠른 제어가 핵심 능력이며, 따라서 본부를 갖춘 신경계가 필수적이다. (식물에게도 세상에서 일어나는 변화에 대한 자신들의 대응을 제어하는 정교한 정보 전달 체계가 있음에 주목하라. 식물의 그 체계는 중심이 되는 그 어떤 유형의 중추hub도 없는, 분산 체계다.) 뇌는 이동식 생활의 기회들과 위기들—행위 유발성—에 신속하고 적절하게 대처하는 제어 센터다.

앞서 주목한 바 있듯이, 자연선택에 의해, 뇌는 이 제어 임무에 필요한 의미론적 정보를 추출할 수 있는 장비를 가지거나 믿을 만하게 개발하도록 설계되었다. 곤충은 성숙된 능력 집합을 가지고 태어나는 생물의 전형적인 예로, 곤충의 "예상"은 그 조상들이 접했던 것들의 역사 안에 이미 설치(인스톨)되어 있다. 난생어류는 어릴 때 수영을 배울 시간도, 가르쳐줄 부모도 주변에 없다. 그들은 내장된 수영 "본능"을 지니고 있어야만 한다. 갓 태어난 영양은 세계를 탐험하고 그 경이들을 배울 기회가 없다시피 함에도, 거의 말 그대로 땅을 박차고 달린다. 무리를 따라가지 못하는 새끼 영양은 죽은 고기나 마찬가지다. 한편, 포유류와 조류 중에는 태어난 후 한동안 돌봄을 받을 수 있는 종들(이런 새들은 만성조晩成鳥라 부르며, 부화 후 바로 고도의 활동을 할 수 있는 조성조早成鳥와 대조된다)도 있다. 이들은 장시간의 유아기 동안 부모에게서 먹이와 보호를 받으면서 유전자를 통해서는 전해지지 않은 의미론적 정보를 획득하도록 설계되었다. 또한 이들은 위험한 세계에서 **보호받지 않은** 시행착오를 통해 무언가를 배울 필요도 없다. 이들이 순수한 스키너 생물이라 할지라도, 유아기가 거의 없는 종에 비해 좀더 안전하게 환경을 배울 수 있다. 부모들이 (능력을 발휘하여, 그러나 이해는 그다지 수반되지 않은 상태에서) 안전을 위해 선발한, 비교적 덜 위험한 선택지를 시험하며 학습할 수 있기 때문이다. 뇌는 이런저런 방식으로 능력을 발달시키며, 그 능력에는 추후의 심화 능력을 획득하고 연마하는 데 필요한 메타능력도 포함된다.

뇌가 의미론적 정보들을 추출할 수 있게 한 몇 가지 특수한 설계 방식으로 선회하기 전에, 지금은 뇌가 우리 세계를 가득 채운 컴퓨터와 얼마나 극적으로 다른가 하는 문제를 다룰 차례다. 예전에 인간의 뇌가 수행한 제어 과제를 최근에는 컴퓨터가 빼앗아가고 있으며, 오늘날 컴퓨터는 엘리베이터부터 비행기와 정유공장에 이르기까지 많은 업무를 맡고 있다. 병렬저장 프로그램 컴퓨터는 튜링이 그 이론적 아이디어를 제시했고 존 폰 노이만이 작동 가능하도록 완성한 것인데, 최근 60년간 기하급수적으로 증식하여 지금은 지구상의 모든 환경을 장악했을 뿐 아니라, 수천 혹은 수백만의 후손들을 우주 공간으로 보내 역사상 가장 멀리 여행한 발명품(인간 두뇌의 소산물)이 되게 했다. 섀넌, 튜링, 폰 노이만, 매컬로치와 피트의 탁월한 이상화에 힘입어 컴퓨터는 정보 처리 능력의 폭발을 이끌었고, 그 결과 오늘날에는 뇌가 모종의 유기질organic 디지털 컴퓨터라고 가정될 뿐 아니라, 실리콘 기반 컴퓨터들도 곧 "모든 창조적 기술의 성취에서" 인간의 뇌를 능가할 인공지능을 탑재할 것이라 여겨지고 있다. ('다윈은 "절대무지"가 동일한 기술을 발휘할 수 있다고 생각한다'며 베벌리가 분노에 차서 고발한 것이 떠오르지 않는가?) 나는 베벌리의 견해가 이것으로 논박된다고 생각한다. 베벌리는 절대무지가 지성적인 것을 만들 수 없다고 생각했지만, 자연선택에 의한 진화의 절대무지는 실제로는 데이지와 물고기들뿐 아니라 인간을 창조할 역량도 지니고 있으며, 자연선택에 의한 진화로 생겨난 인간은 도시와 이론과 시와 비행기와 컴퓨터를 만들 능력을 가진다. 그 다음 단계로, 인간이 만든 컴퓨터는 원리적으로 인공지능을 성취할 수 있으며, 인공지능은 그들의 창조자인 인간의 것보다 훨씬 더 높은 수준의 창조 기술을 지닌다.

그러나 원래 튜링과 폰 노이만의 놀라운 기계들—GOFAI—에 의해 실행되도록 개발된 종류의 인공지능은 이 중대한 과업을 성취하기에 알맞은 종류의 소프트웨어가 아닌 것 같고, 기저의 하드웨어—폰 노이만 기계와 수십억에 이르는 그 후손들[38]—도 최선의 플랫폼은 아님이 드러날 것이다. 4장에서 본 것처럼, 튜링은 상의하달식 지성적 설계자의 완벽한 전형이고, 그가 고안한 컴퓨터는 모든 유형의 상의하달식 설계를 시행할 이상적인 도구다. 엘리베이터 제어 체계 프로젝트는 문제풀이 측면에서 보면 상의하달식 활동이다. 프로그래머에게는 사전에 **사양서**가 주어진다. 따라서 그들은 일어날 수 있는 난관들을 예상하는 데 자신들의 지성을 이용할 수 있다. 상상 속에서 엘리베이터의 작동 사이클들을 조사하고, 긍정적이고 부정적인 행위 유발성을 찾아보면서 말이다. 올라가거나 내려갈 때, 엘리베이터는 경로의 어느 지점에서 멈추어 승객을 실어야 하는가? 요청이 동시에 들어올 때는 어떻게 해야 하는가? 어떤 조건이 만족되어야 모든 승객을 태운 채로 이동 방향을 바꿀 수 있는가? 프로그램 설계자들은 실제 상황과 연결(온라인)되기 전에 오프라인에서 가설들을 시도해보는 포퍼 생물이지만, 동시에 한 묶음의 생각 도구를 사용하여 자신의 능력을 끌어올리는 그레고리 생물이기도 하다. 이때 어떠한 도구도 그들이 골라 사용하는 프로그래밍 언어보다 강력하지 않다. 선택된 언어—말하자면 자바Java나 C++, 또는 파이선Python—로 명쾌하게 짜인 설계를 보유한다면, 당신은 거기서 컴파일러 프로그램이 그것을 읽어서 실행 가능한 기계 언어 파일을

38 물론, 인공물의 계보는 생물의 계보와 같지 않다. 그러나 그 두 계보 각각의 R&D는 놀라울 정도로 유사하다. 이 주제는 나중 장에서 다룬다.

만들어낼 것임을 확신할 수 있으며, 프로그래밍 언어의 영광은 여기에 있다.[39] 따라서 컴퓨터 프로그래밍은 위에서 아래로 향하는 설계이기는 하나, 꼭대기에서 단번에 아래로 가는 방식이라기보다는, 꼭대기에서 중간을 경유하여 더 아래로 가는top-halfway-down 설계라고 할 수 있다. 설계 "바닥bottom"의 지저분한 세부 사항들(원한다면, 엔진룸이라고 할 수도 있다)은 무시할 수도 있다. 당신이 작성하고 있는 프로그램이 새로운 컴파일러가 아니라면 말이다.

자연선택에 의한 진화에서는 **이만큼이나** 설계자 편의적인 것은 없었지만, 오래전 허버트 사이먼Herbert Simon이 그의 얇지만 탁월한 책《인공물의 과학The Sciences of the Artificial》(1969)에서 지적했듯이, 진화 가능한 복잡한 체계(기본적으로 살아 있으면서 진화 가능한 모든 체계)는 그것이 "위계적으로" 조직화되어 있음에 의존한다. 부분들이 모여 그보다 더 큰 체계를 구성하며, 그 부분들은 그 체계와는 독립적인 안정성을 어느 정도 지닌다. 그리고 그 부분은 또 그와 유사하게 안정적인 하위 부분으로 구성되고, 그 하위 부분은 다시 또 그보다 더 하위의 부분으로 구성된다. 하나의 구조—또는 과정—는 단 한 번만 설계되고, 그 후 반복하고 또 반복하여 사용되며, 복제되고 또 복제된다. 유기체와 그 후손들 **사이**에서뿐 아니라, 한

---

39 컴퓨터의 컴파일러식 언어compiled language와 해석식 언어interpreted language의 구분은 불가피해 보이곤 했지만, 여기서는 큰 문제가 되지 않으며, 지금은 대부분 하이브리드식을 사용한다. 컴파일러식 프로그램은 소스 코드 프로그램 전체를 입력으로 삼고 실행 가능한 기계 언어 프로그램을 출력으로 산출한다. 해석식 언어는 사실상 각각의 명령을 그것이 구성되자마자 컴파일하여[a] 프로그래머들이 각 명령문의 실행을 작성하자마자 테스트할 수 있게 해주며, 따라서 개발은 매우 편리하게 해주지만 (때때로) 궁극적인 프로그램 효율이 (때때로, 약간) 낮아진다는 비용을 감수해야 한다. 리스프Lisp는 원래 인터프리터식 언어였다.

a 원래 이 바로 다음에 '그래서 이를 "저스트인타임 컴파일러"라 부르기도 한다'는 말이 괄호 안에 들어가 있었는데, 정오표에 따라 삭제했다.

유기체가 발달 과정을 거칠 때 그 내부에서도 말이다. 리처드 도킨스가 잘 파악했듯이, 유전자는 컴퓨터의 도구상자 서브루틴과 같다.

> 매킨토시에는 롬ROM에 저장되거나 컴퓨터를 켤 때 붙박이로 로딩되는 시스템 파일들에 저장된 루틴들의 툴박스가 있다. 이 툴박스 루틴은 수천 가지나 된다. 각각은 특정한 작업을 하며, 프로그램마다 아주 약간씩 다른 방식으로 필요할 때마다 같은 일을 반복한다. 한 예로, 옵스큐어-커서Obscure-Cursor라 불리는 도구상자 루틴은 다음번에 마우스가 움직일 때까지 화면에서 커서를 감춘다. 당신에게 보이지는 않지만, 옵스큐어-커서 "유전자"는 당신이 타이핑을 시작할 때마다 불려나와서 마우스 커서를 없앤다.(Dawkins 2004, pp. 155-156)

이 위계적 체계성은 자연에서 두루 찾을 수 있다. 유전체에도 있고 유전체에 의해 지시되는 발달 과정에도 있다. 뱀을 만드는 중이라면 척추 만들기 서브루틴이 몇 번 더 호출될 수 있다.[a] 손가락이 6개인 사람—꽤 흔한 돌연변이다—의 손 만들기 서브루틴은 손가락 만들기 서브루틴을 통상의 경우보다 한 번 더 실행했다. 눈꺼풀 만들기 프로그램이 일단 디버깅되고 나면, 모든 동물의 눈꺼풀을 만드는 데 그 프로그램이 사용될 수 있다. 그때 변이들이 함께함은 물론이다. 이러한 점들을 보면, 어떤 "모듈적" 과제를 성취하기 위한 추가 명령문들의 연쇄에 방아쇠를 당기는 비교적 단순한 명령문이 있다는 점에서, 자연선택에 의한 진화에도 소스 코드와 약간 닮은 무언가가

---

a 사람의 등뼈는 25개지만, 뱀의 등뼈는 120개가 넘으며 보통 200~400개인 것으로 알려져 있다.

진짜로 있다고 할 수 있다. 그러나 컴퓨터에서와는 달리, 그것은 호출될 때마다 모두 "기계어로" 수행되므로 컴파일될 필요가 없으며, 그것을 이해하기 위해 연상을 돕는 장치(CALLFLOOR, WEIGHT-IN-POUNDS 등의 의사 코드가 그 예다. 4장을 보라)를 필요로 하는 독자도 없다. 발달 과정의 유기체는 자기 유전자들의 명령들을 (진정으로 이해하는 것이 아니라) 이해 비슷한 것을 하는 것, 즉 이해하는 셈이다. 폰 노이만 기계가 기계어로 된 명령문들을 정말로 이해하는 것이 아니라 이해하는 셈인 것처럼 말이다. 폰 노이만 기계는 명령문들을 따른다(따르는 셈이다).

뇌 안에서의 경쟁과 연합

자연선택에 의한 진화는, 그것이 무언가를 고안해낼 수 있으며 모듈을 과중하게 사용한다는 점에서는 컴퓨터 프로그래밍과 닮았다고 할 수 있다. 그러나 그럼에도 자연선택에 의한 진화는 컴퓨터 프로그래밍과는 달리 상의하달식 R&D가 아니다. 그것은 하의상달식 R&D, 즉 다윈의 기묘한 뒤집기다. 더구나 뇌는, 몇 가지 면에서 디지털 컴퓨터와는 다르다. 다음의 세 가지 차이점이 가장 빈번하게 인용되지만, 내가 판단하기로 이것들이 아주 중요하지는 않다.

1. 뇌는 아날로그인 반면 컴퓨터는 디지털이다: 이는 참이지만, 어쩌면 당신이 "아날로그"라는 말로 무엇을 의미하는가에 따라 달라질 수도 있다. 만약 당신이 **비이진적**인(0과 1만, 또는 온과 오프만을 사용하는 것이 아닌) 것을 의미한다면, 뇌는 아마도 (높은 확률로) 아날로그일 테지만, 그것이 아니라면 뇌도

디지털이라고 밝혀질 수도 있다. 알파벳 신호를 그 어떤 다른 방식으로 쓰든 동등한 한 유형의 집합이라고 놓는다면(A, a, *a*, **A**, A, **a**, …… 를 모두 A로 간주), 이것도 디지털화의 일종일 수 있다. **이것은 디지털화된 신호다**. 그리고, 9장에서 보게 될 것처럼, 이런 유형의 디지털화는 언어의 매우 중요한 특성이다.

2. 뇌는 병렬적(뇌는 그 직조된 구조 전체에 골고루 분산된 수백만 개의 "계산"을 동시에 수행한다)인 반면, 컴퓨터는 직렬적이다(하나의 간단한 명령을 수행한 후에 그다음 것을 수행하며, 이때 하나의 명령이란 일련의 계산으로 이루어진 흐름으로, 폭은 좁지만 눈부신 속도가 그 좁음을 보충한다): 예외도 있다. 특수 목적의 병렬 아키텍처 컴퓨터들도 몇 가지 만들어지긴 했지만, 오늘날 알람시계에서부터 토스터 오븐, 자동차에 이르기까지 모든 것에 내장된 그 컴퓨터는 모두 직렬 아키텍처의 "폰 노이만 기계"들이다. 아마 여러분도 스마트 기기 안에 숨어 기기의 전원을 아주 약간 사용하며 사소한 업무들을 처리하도록 만들어진 수백 개의 폰 노이만 기계를 보유하고 있을 것이다. (특수 목적의 하드웨어를 설계하는 것보다는 대량생산되는 칩에 컴퓨터 전체를 들이붓는 것이 훨씬 더 싸게 먹힌다.) 뇌의 아키텍처가 엄청나게 병렬적이라는 것은 사실이고, 그 예로 시각체계에는 수백만 개의 채널이 있다. 그렇지만 소위 의식의 흐름이라는 것에서는, 뇌의 가장 극적인 활동 중 많은 것이 (거칠게 말하자면) 직렬적이다. 그 흐름에서는 아이디어나 개념, 생각 등이 하나의 파일 안에서 둥둥 떠 지나가는 것이 아니라, 폰 노이만 병목 같은 것을 통과한다. 당신은 병렬 아키텍

처상에서 가상의 직렬 기계를 시뮬레이트—《의식의 수수께끼를 풀다Consciousness Explained》(1991)에서 내가 보인 바 있듯이, 이것이 바로 뇌가 하는 일이다—할 수 있고, 직렬 기계들로 가상의 병렬 컴퓨터들을 구현하는 것도 가능하다. 그것도 당신이 원하는 그 어떤 너비breadth로도 (작동 속도를 희생하면) 말이다. 위험으로 가득한 삶을 제어하는 데 뇌의 신속함이 필요하다는 점을 고려하면, 뇌의 아키텍처가 과중하게 병렬적인 것은 우연이 아니다. 그러나 오늘날의 폰 노이만 기계는 뉴런 반응 시간보다 수십억 배나 빠른 기본 사이클타임으로 작동하는 "구동부moving parts"를 보유하고 있어, 그야말로 불타는 속도를 낼 수 있다. 최근 몇 년 동안 인공지능 연구자들은 연결주의 네트워크를 개발했는데, 이는 뇌에서 이루어지는 신경세포 네트워크를 느슨하게 흉내 낸 것으로, 우리 뇌가 뛰어나게 잘 인식하는 종류의 패턴(예를 들면 이미지)들로 제시되는 것들을 매우 잘 식별해내는 것으로 드러났다. 연결주의 네트워크는 병렬 처리의 위력을 의심의 여지 없이 보여주지만, 사실 이 네트워크에 의해 이루어지는 병렬 처리는 직렬의 폰 노이만 기계들에서 거의 대부분 시뮬레이트된다. 폰 노이만 기계는 그 어떤 다른 아키텍처들도 시뮬레이트할 수 있는 범용 흉내쟁이다. 오늘날의 고속 폰 노이만 기계들은, 그 심각한 병목들에도 불구하고, 병렬 처리 신경세포 네트워크인 것처럼 행세할 수 있다. 처리 속도도 아주 빨라서, 자신들을 설계한 병렬 처리 뇌의 속도를 따라잡거나 능가할 정도다.

3. 뇌는 탄소를 기반(단백질 등)으로 하고, 컴퓨터는 실리콘을 기반으로 한다: 이는 당분간은 진실이다. 단백질로 컴퓨터를 만

들겠다는 나노기술자들에 의해 획기적인 발전이 이루어지고 있으며, 세포 내의 단백질 네트워크들이 계산computing을 정말로 하고 있는 것으로 보이긴 하지만 말이다(이에 대한 생생한 논의는 브레이의 2009년 저작을 참고). 그리고 기저의 화학적 차이가 정말로 탄소 쪽의 손을 들어주는지는 아직 그 누구도 제대로 보여주지 못하고 있다.

이건 어떤가?

4. 뇌는 살아 있지만 컴퓨터는 그렇지 않다.

어떤 이들은 인공 심장이 살아 있지는 않지만 기능은 잘 수행한다고 대응하려 할 것이다. 그리고 나도 실제로 종종 그렇게 대응하곤 한다. 엉덩이나 무릎, 또는 어깨의 대체물은 살아 있을 필요가 없다. 청신경도 마찬가지다. 당신은 양 끝에 꼭 맞게 부착된, 살아 있지 않은 와이어로 청신경을 교체하거나 이어 붙일 수 있다. 그런데 뇌의 나머지 부분은 왜 안 되겠는가? 뇌에는 기능을 수행하려면 반드시 살아 있어야만 하는 어떤 지극히 특별한 부분이라도 있는가? 인공지능 분야는 언제나, '그 어떤 살아 있는 기관이라도 그저 매우 정교한 탄소 기반 장치일 뿐이며, 이는 한 조각씩 또는 한꺼번에, 살아 있지는 않지만 똑같은 입력-출력 프로파일—동일한 시간 프레임 안에서 동일한 입력들을 가지고, 동일한 것을, 그리고 그것들 전부를 수행할 수 있는—을 지닌 대용물로 손실 없이 대체될 수 있다'는 것을 표준 작업 가정으로 삼아왔다. 뇌가 담즙을 분비하거나 혈액을 정화하기 위한 기관이었다면, 구동부의 화학과 물리학은 매우 중요한 문제가 되었을 것이고, 사용되는 물질들의 적합한 대체재를 찾기가 불가능했을 것이다. 그러나 뇌는 정보 처리기이며 정보는 매질 중립적medium-neutral이다. (경고나 사랑의 선언, 약속은 수취인이 그것을 선별해낼 방법을 알기만 한다면 "그 무엇으로도 만들어질 수 있다.")

그러나 마음이 어떻게 작동하는지를 이해하기 위한 우리의 탐구에서 매우 중요할 수 있는 생물의 특성이 한 가지 있는데, 이는 최근 테런스 디콘의 어렵지만 중요한 책《불완전한 자연 : 마음은 물질로부터 어떻게 출현하는가Incomplete Nature: How Mind Emerged from Matter》(2012)에서 조명되었다. 디콘에 따르면, 내가 단순화의 멋진 일격들이라고 묘사해오고 있는 바로 그 행마들이 반세기 이상 이론을 설계공간의 잘못된 영역으로 밀어 넣어왔다. 많은 것을 가능케 한 섀넌의 일격은 정보 개념을 열역학으로부터, 그리고 에너지(와 물질의) 개념으로부터 추상화해낸 것이다. 정보와 연루된 것이 전자든 광자든, 아니면 연기 신호든 자기장이든, 그것도 아니면 플라스틱 디스크의 미세한 구멍이든, 정보는 정보다. 정보를 전달하고 변형(무엇보다, 이것은 마술이 아니다)시키는 데는 에너지가 들지만, 거기에서 그 어떤 유형의 에너지를 고려해야 하든 관계없이, 우리는 정보 처리에 대한 우리의 이해를 따로 떼어내어 다룰 수 있다. 노버트 위너는 **사이버네틱스**cybernetics라는 용어와 분야를 창안했다. 그는 '조종하다, 통제하다'라는 뜻의 그리스어 퀴베르나오κυβερνάω—여기서 영어의 'govern'이라는 단어가 유래했다—에서 이 단어를 착안했고, (배, 도시, 몸, 정유공장 등의) 제어장치가 일부 (방향타를 밀고, 법령을 선포하고, 온도를 올리는) 인터페이스에서 에너지를 소모해야 하는 반면, 제어 체계를 구동시키는 데 필요한 에너지는 그리 많지 않으며 또 즉흥적ad lib—당신이 무엇을 좋아하든—이라는 것에 주목했다. 오늘날 전지로 동력을 얻는 스마트폰—어려운 일을 수행하기에 충분한 강도의 반응기effector와 변환기transducers가 더해진—이 거의 무엇이든 제어할 수 있게 된 것은 바로 물리적 제어의 동역학에서 계산computation을 이처럼 따로 떼어 고려할 수 있기 때문이다. 스마트폰으로 무거운 차고 문을 열라는 전파 신호를 보낼 때, 스마트폰 배터리에서는 극소량의 전기만 소모된다. 그러나 그 약한 신호에 의해 제어되는 전기 모터는 그 일을 수행하면서 상당한 양의 전류를 끌어다 쓴다. 디콘은 이것이 우리가 탐험해온 모든 하이테크의 지성적 설계를 꽃피울 수 있게 했다는 것을 인정하지만, 정보 처리를 열역학에서 떼어냄으로써, 우리가 우리 이론들을 기본적으로 **기생적**parasitical 체계—에너지, 구조 유지, 해석, **레종 데트르** 등을 이용자에게 의존하는 인공물—로 한정시키게 되었다고 주장한다. 이와는 대조적으로, 생물들은 자율적이고, 무엇보다 그들은 어느 정도 자율적인, 살아 있는 것들(세포들)로 이루어져 있다.

인공지능 연구자들은 자신들이 에너지 포획과 번식, 자가 수선, 오픈 엔드의 자가 변경self-revision 등과 같은 현상을 나중에 고려하도록 만들고 있다고 그럴싸하게 응답할 수 있을 것이다. 학습과 자가 유도self-guidance(일종의 자율성을 말한다. 아무리 불완전하더라도 말이다)라는 순수하게 정보적인 현상들부터 우선 명백하게 함으로써 이루어지는 이 단순화의 이익들을 수확할 것을 기대하면서 말이다. 그 누구도 체스를 두는 컴퓨터에게 샌드위치와 청량음료에서 에너지를 얻으라고 하지 않을 것이며, 시간뿐 아니라 가용 에너지 보유량의 감소까지 모니터링할 것을 의무화하면서 그 설계를 복잡하게 만들려는 꿈을 꾸지는 않을 것이다. 인간 체스 경기자는 공복으로 인한 통증이나 수치심, 두려움, 지루함 같은 정서를 통제해야 하지만, 컴퓨터들은 그런 것들에 시달리지 않고 모든 것을 잘 처리할 수 있다. 그렇지 않은가? 그렇다. 그러나 막대한 비용이 든다고 디콘은 말한다. 그러한 것들에 대한 고려에서 손을 떼어버림으로써,

시스템 설계자들은 불안정하고(예를 들어, 그것들은 자신을 수선하지 못한다) 취약한(그것을 설계한 이들이 예상했던 우발성의 집합이 무엇이든, 거기에 가두어지는), 그리고 처리자에게 순전히 의존하는 아키텍처를 창조했다는 것이다.[40]

이는 큰 차이를 만든다고 디콘은 주장한다. 정말 그런가? 나는 어떤 면에서는 그렇다고 생각한다. GOFAI가 절정이었던 1970년대로 거슬러 올라가보자. 이때의 AI 프로그램들은, 천재를 갈망하는 야망에 차 있으나 몸을 떠나 있는, "자리 보전하고 누운" 존재의 전형이었으며, 타이핑된 메시지들을 쓰고 읽음으로써만 의사소통을 할 수 있었다. (컴퓨터 시각vision 작업도 하나의 고정된 비디오카메라 눈으로 이루어지거나, 정지 이미지들을 시스템에 단순 로딩하는 방식으로 성취되곤 했다. 후자의 방식은 랩톱—어떠한 유형의 눈도 없는 시각체계—에 그림들을 로딩하는 방식과 유사하다.) 자신의 세계 안에 자신을 위치시키기 위해 감각 "기관들"을 사용하는 체화된embodied 이동 로봇은 어떤 문제들은 어렵고 또 어떤 문제들은 쉽다는 것을 알게 될 것이다. 1978년에 나는 "왜 온전한 이구아나가 아닌가Why not the whole iguana?"라는 제목의 짧은 논평을 썼는데, 여기서 나는 연구 방향을 바꾸어야 한다고 주장했다. 인간의 절단된 미시 능력들(야구에 관한 질문에 대답하기, 체커 게임 하기)을 연구하는 기존의 방향에서 벗어나, 온전하며 자기보호적이고 에너지를 포획하는 로봇 동물의 계산적 아키텍처를 모델링하는 시도로 선회해야 한다고 주장한 것이다. 당신이 원하는 만큼, 아무리 초보적이라도 말이다. (당신은

---

40 체스 두는 컴퓨터가 잘할 수 없는 한 가지가 가망 없는 게임을 접는 것임을 안다면 재미보다 더한 것을 느낄 수 있을 것이다! 대부분의 경우, 모든 것을 잃었을 때는 프로그램의 인간 "조작자들"이 개입하도록 허락되어 있다. 프로그램은 창피한 줄을 모르기 때문이다.

어딘가에서는 단순화를 해야만 한다. AI는 어렵다.) 그런 동물은, 과제를 더 쉽게 만들어줄 수 있다면, 상상 속의 것—이를테면 3개의 바퀴가 있는 화성 이구아나라든가—이어도 무방하다. 도전에 응한 로봇 연구자들도 있었다. 예를 들어, 오언 홀랜드Owen Holland는 민달팽이로봇SlugBot 프로젝트를 시작했다. 이 프로젝트는 곡식이 자라는 밭에서 민달팽이들을 거둬들이고 그것들을 소화하여 컴퓨터 칩의 전원에 필요한 전기를 얻는 로봇을 만들려는 시도로, 다른 기발한 설계들을 낳았다. 민달팽이로봇 프로젝트는 에너지 포획을 구현한 것에 해당한다. 그렇다면 자가 수선과 자가 유지는 어떤가? 이 두 가지를 비롯한 생물의 요구사항들에 대한 작업은 수십 년 동안 진행되어, 기본적인 생명 과정들을 어마어마하게 단순화한 다양한 버전들의 사례가 되는 "아니마트animat"들과 "나노봇nanobot"들을 만들어냈다. 그러나 "온전한 이구아나" 아이디어는, 인공지능 연구자들이 꼭 가져야 한다고 디콘이 주장했던 정도로는 그 누구도 채택하지 않았다. 그들의 본부 안에서 이러한 인공 피조물들은 여전히 CPU 칩—폰 노이만 하드웨어—에 의존하고 있다. 병렬 아키텍처로 시뮬레이트될 때마저도 말이다. 뇌가 의제agenda를 지닌 자율적인 작은 행위자인 세포들로 이루어져 있고, 그 우두머리가 살아 있으면서 일을 찾고 동맹자들을 찾는 추가 목표들을 낳는다는 사실은 중요하다고 디콘은 말한다. 살아 있는 신경세포(뉴런)들로 뇌(또는 뇌의 대체품들)를 만드는 것에 대한 디콘의 주장은, 처음에는 어떤 유형의 낭만주의—결과적으로는 단백질 쇼비니즘—처럼, 생기론에서 한두 발짝만 떨어진 치명적인 조치처럼 보이기도 하지만, 그의 이유들은 실용적이고도 흥미진진하다.

우리가 디콘의 요점을 조명해볼 수 있는 하나의 현상이 있는데, 그것은 바로 뇌의 놀랄 만한 가소성이다. 뇌의 한 영역이 손상되면, 인접 지역들이 손상된 조직의 임무를 재빨리, 그리고 우아하게 맡아 하는 일이 (늘 그런 것은 아니지만) 종종 있다. 한 영역이 충분히 활용되지 않으면, 그 인접 영역이 거기서 세포들을 꾸려 그 영역이 맡은 프로젝트를 수행하도록 돕는다. 피부 세포, 골세포, 혈액 세포(그리고 또 다른 세포들)와는 달리, 파괴된 신경세포는 대체되지 않는 것이 일반적이다. 신경 "재생"은 아직도 생명공학자의 꿈이지, 신경계의 일반적인 특성이 아니며, 따라서 많은 실험에서 관찰된 가소성은 신경세포가 새로운 업무에 **재할당**되거나 추가 업무량을 맡도록 요구됨에서 기인한 것임이 틀림없다. 이 새 일의 직무 분석표를 만들고 높은 곳에서 작업 현장을 내려다보면서, 굽실대는 신경세포에게 명령을 내릴 수석 인사 관리자라도 있는 것일까? 컴퓨터과학자 에릭 봄Eric Baum은 《생각이란 무엇인가?What Is Thought?》(2004)에서 이런 식의 배열을 "중앙위원회식 통제politburo control"라 부르고, 복잡한 과제들을 수행하기 위한 이 상의하달 방식이 뇌의 방식이 아님에 주목했다. 경제학자들은 중앙집권적 계획 경제가 왜 시장경제만큼 잘 작동하지 않는지 보여주었다. 그것과 거의 같은 이유에서, 중앙집권적으로 계획된 (상의하달식) 아키텍처는 비효율적인 뇌 구성자다.

로봇공학자 로드니 브룩스Rodney Brooks가 관찰한 바와 같이, 현존하는 디지털 컴퓨터들의 하드웨어는 수백만(또는 수십억)의 동일한 구성요소들에 결정적으로 의존하며, 서로의 완벽한 클론들은 거의 원자 레벨까지 똑같아서, 응답해야 할 때는 언제나 응답한다. 로봇처럼 말이다! 공학자들은 "비트 플립"[a] 명령을 (상부로부터) 받기 전까지는 제각각 믿을 만하게 0 또는 1을 저장하는 수백만 개의 동

a 0과 1의 정보가 바뀌는 것을 말한다.

일한 플립플롭flip-flop[a]들을 가지는 미시적 컴퓨터 회로들을 프린트하는 기술을 만들어내기 위해 애써왔다. 이것들은 컴퓨터의 궁극적인 구동부이고, 개별성을 지니지 않으며 어떠한 개별적 특이성도 없다. 이와는 대조적으로, 신경세포는 하나하나가 모두 다르다. 꽤 명확하게 정의되는 구조적 유형—피라미드세포, 바구니세포, 방추세포 등등—으로 분류될 수는 있지만, 이 유형들 내의 그 어떤 두 신경세포도 정확하게 똑같지는 않다. 이렇게 다양한 군집이 어떻게 무언가를 성취하도록 조직화될 수 있을까? 그것을 가능케 하는 것은 관료주의적 위계가 아니라, 많은 경쟁을 수반하는 하의상달식 연합 형성이다.

뉴런, 노새, 흰개미

신경세포(뉴런)는—우리 몸을 구성하는 다른 모든 세포와 마찬가지로—독립 생활을 하던 단세포 진핵생물, 즉 단세포 생물들의 잔인한 세계에서 야생생물로서 자립하여 스스로 잘 살아오던 생물들의 후손이다. 프랑수아 자코브François Jacob는 "모든 세포들의 꿈은 두 개의 세포가 되는 것"이라는 유명한 말을 했지만, 신경세포는 일반적으로 후손을 갖지 못한다. 그들도 노새처럼 부모가 (그리고 엄마와 할머니와 할머니의 엄마 등등도) 있지만, 그 자신은 후손을 얻지 못하므로, 그들의 **최고선**summum bonum은 그저 자신들의 감다원화된 니치에서 잘 살아남는 것이다. 필요한 에너지를 포획하려면 일을 해야 하며, 따라서 완전 고용상태가 아니라면, 할 수 있는 모든 것

---

a 1비트의 정보를 저장하는 회로를 말한다.

을, 그 어떤 잡일이라도 다 할 것이다.

이 생각의 여러 버전은 인지과학의 몇몇 다른 모퉁이에서 최근에 꽃피었고, 그들은 내가 오랫동안 방어해오던 생각을 버리도록 나를 설득했다. 그래서 나는 여기에서 나의 태도 변화를 강조하고자 한다. 나는 호문쿨루스 유혹, 즉 "뇌 속의 소인"을 인스톨하여 그를 보스로, 중앙 의미자Central Meaner로, 즐거움을 향유하고 고통을 겪는 자로 설정하려는 거의 저항 불가능한 충동을 어떻게 다룰지에 대한 견해를 바꾸었다. 《브레인스톰Brainstorms》(1978)에서 나는 라이칸(Lycan 1987) 덕분에 "호문쿨루스 기능주의"라 알려진 고전적인 GOFAI 전략을 기술하고 방어했다. 그 전략은 바로 **소인을 위원회로 대체하기다.**

> AI 프로그래머는 의도적으로 특징지어진 문제에서 시작하며, 따라서 솔직하게 말하자면 컴퓨터를 의인화해서 본다. 그가 문제를 해결하면, 그는 자신이 〔이를테면〕 영어로 된 질문을 이해할 수 있는 컴퓨터를 설계했다고 말할 것이다. 그가 하는 설계의 최초이자 최고의 레벨은 컴퓨터를 하위 시스템으로 분해하는 것이며, 그 하위 시스템 각각에는 의도적으로 특징지어진 과제들이 주어진다. 그는 평가자evaluator와 기억자rememberer, 식별자discriminator, 감독자overseer 같은 것들의 플로우차트를 구성한다. 이들은 맹렬히 일하는 호문쿨루스들이다. …… 각각의 호문쿨루스는 차례차례 더 작은 호문쿨루스로 분해되는데, 이때 더 중요한 것은 덜 영리한 호문쿨루스로 분해된다는 것이다. 분해가 계속 진행되다가 마침내 호문쿨루스가 가산기adder와 감산기subtracter에 다름 아닌 것이 되는 수준에 이를 때, 그러니까 오직 두 수 중 큰 것을 골라낼 정도의 지성만을 필요로 하게 될 때, 그

들은 "기계로 대체될 수 있는", 시키는 일만 하는 공무원으로 환원된 것이다.(Dennett 1978, p. 80)

나는 여전히 이것이 옳은 노선이라고 생각하지만, 내가 사용한 용어 두 개의 몇 가지 함의에 대해서는 후회하고 또 그것을 거부하게 되었다. 그 용어는 바로 "위원회"와 "기계"다. 전자에 의해 암시되는 협력적 관료 체제는, 그것의 분명한 보고 체계(고전적 인지과학 모형들의 허튼소리 없는 플로우차트에 의해 증대된 이미지)와 함께 상의하달식 GOFAI의 꿈을 잘 포착하지만, 완전히 비생물적 종류의 효율성을 암시한다. 튜링의 이상한 추론 뒤집기는 여전히 손상되지 않는다. 결국 우리의 분해 연쇄에서 우리는 "기계로 대체해도 될 만큼" 융통성 없고 규격화된 일만을 맡은 요소들—마치 튜링의 근면한 인간 컴퓨터(계산원) 같은—에 도달한다. 신경세포 내의 가장 단순한 구동부는 운동단백질motor protein과 미세소관microtubule 등의 것들로, 〈마법사의 제자The Sorcerer's Apprentice〉에 나오는 행진하는 빗자루[a] 같은, 정말로 목적 없는 자동자automata다. 그러나 수십억이나 되는 신경세포는, 내가 그것들의 모습으로 상상한 순종적인 직원보다는 좀더 진취적이고 각각 고유한 역할을 수행하며, 그 사실은 뇌의 계산주의적 아키텍처를 위한 주된 함축을 지닌다.

---

a 〈마법사의 제자〉는 1979년에 발표된 괴테의 시 제목이다. 마법사가 외출한 틈을 타 그의 제자가 빗자루에게 주문을 걸어 물을 길어 오게 했으나 멈추는 주문을 몰라 집은 물바다가 되고, 당황한 제자는 도끼로 빗자루를 조각냈지만 나누어진 조각들이 모두 빗자루로 변하여 저마다 물을 길어 오는 바람에 집이 물에 잠기려는 찰나, 외출했던 마법사가 돌아와 해결해주었다는 내용이다. 앙리 블라즈가 이 시를 프랑스어로 번역했고, 1897년 폴 뒤카가 여기에 곡을 붙여 교향시를 작곡했다. 뒤카는 이 곡으로 단번에 유명해졌고, 월트 디즈니의 애니메이션 〈환타지아〉에도 이 곡이 사용되었다. 이 책 15장에 이 내용이 다시 등장한다.

터컴서 피치Tecumseh Fitch(2008)는 신경세포들에서 표출되는 행위자를 기술하기 위해 "나노 지향성nano-intentionality"이라는 용어를 만들었고, 승현준Sebastian Seung은 2010년 뇌과학회에서 "이기적 뉴런selfish neurons"과 "쾌락주의 시냅스hedonistic synapses"(이것은 그의 2003년 논문에 등장한다)에 대한 기조연설을 했다. 신경세포가 "원할" 수 있는 것은 무엇일까? 잘 자라는 데 필요한 에너지와 원자재다. 그들의 조상 단세포 진핵생물들처럼, 그리고 먼 친척인 박테리아와 고세균이 그랬던 것처럼 말이다. 신경세포들은 일종의 로봇인 셈sorta robots이다. 그들은 그 어떤 풍부한 의미로 본다 해도 의식을 가지지 않았음이 확실하다—그들이 이스트 세포나 균류와 비슷한 진핵세포임을 기억하라. 개별 신경세포가 의식이 있다면 무좀 역시 그럴 것이다. 그러나 신경세포는, 이스트나 곰팡이처럼, 의식은 없지만 생사가 걸린 투쟁에서는 고도로 능력 있는 행위자들이다. 그들은 발가락 사이의 환경이 아니라 두 귀 사이, 즉 뇌라는 힘겨운 환경에서 경쟁하며, 그곳에서는 인간으로서 갖는 광범위한 목적과 충동을 식별할 수 있는 수준에서 더 영향력 있는 추세에 기여하면서 더 효과적으로 네트워크를 만드는 세포들에게 승리가 돌아간다.

튜링과 섀넌, 폰 노이만은 대단히 어렵고 새로운 공학 프로젝트와 씨름하면서, 요구사항들을 따라잡고 거의 전적으로 독립적인 업무 능력을 유지할 컴퓨터를 지성적으로 설계했다. 하드웨어 안에서 전력은 공평하고 충분하게 분배되어, 그 어떤 회로도 전력 부족의 위험을 겪지 않는다. 소프트웨어 레벨에서는 자애로운 스케줄러가 최우선 순위를 지닌 프로세스에게 기계 사이클을 분배한다. 이때 무슨 프로세스가 우선권을 가질 것인가를 결정하는 모종의 응찰 메커니즘이 있다 해도 이는 생존을 위한 경쟁이 아니라 질서 정연한 줄이다. (컴퓨터는 절대로 무언가를 "신경 쓸" 수 없다는 흔한 통속적 직관의 기저에는 아마도 이 사실에 대한 어렴풋한 감상이 놓여 있을 것이다. 그리고 이때 컴퓨터가 무언가를 신경 쓸 수 없는 것은 그것이 잘못된 물질—그런데 무언가를 신경 쓰기에 실리콘이 유기 분자들보다 덜 적합한 기질이라고 생각하는 이유는 무엇일까?—로 만들어졌기 때문이 아니라, 그 내부 경제에는 내장된 위험이나 기회가 없으므로 컴퓨터의 부품이 신경을 쓸 필요가 없기 때문이다.)

컴퓨터 소프트웨어의 상의하달식 위계적 아키텍처는 스케줄러를 비롯한 교통경찰로 가득 찬 운영체계에 의해 뒷받침되며, "각자 능력껏 (일하고), 각자 필요한 만큼 (가져간다)"라는 카를 마르크스의 격언을 멋지게 실현한다. 그 어떤 가산 회로adder circuit나 플립플롭도 자신의 임무를 수행하는 데 필요한 전력을 어디서 얻어야 할지 "걱정할" 필요가 없는 한편, 승진의 기회 또한 없다. 이와는 대조적으로, 신경세포는 언제나 일에 굶주려 있다. 신경세포는 나무처럼 가지를 뻗어 탐색을 하며, **자신에게** 이로운 방식으로 이웃과 네트워크를 이루려고 애쓴다. 따라서 신경세포는 자기조직화를 하여 팀을 편성할 수 있다. 이들이 팀을 이루는 것은 정보를 다루는 중요한 일을 장악하기 위함이며, 그 팀들은 약간의 시행착오 리허설을 거쳐 통달할 수 있는 새로운 일을 얻길 원하며 일할 준비 또한 되어 있다. 이는 오크리지의 정문 앞에 나타나 이해할 필요가 없는 일들을 얻고자 하던 수천 명의 실직 여성들과 **차라리 더** 비슷하다. 그러나 중대한 차이점도 있다. 뇌에는 설계를 담당하는 레슬리 그로브스 장군이 없으므로, 설계가 하의상달식으로 이루어져야 한다는 것이다.

이제 이러한 생각들이 암시하는 것의 품질을 점검할 시간이다. 고전적 컴퓨터의 상의하달식 지성적 설계가 만들어 낸 것들은 과도한 능력을 지닌 경이로운 존재들이었지만 몹시 비생물적이었다. 이는 컴퓨터가 잘못된 종류의 물질로 만들어졌기 때문이 아니라, 그

물질이 잘못된 종류의 위계—"기름칠 잘된 기계들"일 수도 있지만 구동부의 통제(모든 수준에서의 탐사와 즉흥성을 억제함)에 의존하는 종류의 계획적인 관료체제—로 조직화되어 있기 때문이다. 이 결론이 **원리적으로**는 실리콘 기반(또는 튜링 기반의. 물리적 매체가 무엇이든 간에) 뇌의 가능성으로 가는 문을 열어 놓고 있다는 것을 다시 한번 강조하는 것이 중요하다. **모의**simulated 뉴런이나 **가상**virtual 뉴런은 원리적으로는 가능하지만 계산상으로는 비용이 매우 많이 든다. 각각의 개별 뉴런을 본뜰 때 그 특유성과 습관, 선호, 약점 등을 모두 반영해야 하기 때문이다. 이 아이디어를 좀더 넓은 시야에 놓기 위해, 다음과 같은 상상을 해보자. 다른 은하의 과학자가 우리 행성을 발견하고, 아주 멀리서 우리 행성을 연구한다. 그들은 지구의 도시와 마을, 고속도로와 철도, 통신 체계 등의 "행동"에 대한 연구를 진행한다. 그것들이 모종의 유기체라도 되는 것처럼 말이다. 그 외계 과학자들은 컴퓨터 모형을 열광적으로 개발하면서, 뉴욕의 모든 움직임을 반영하여 시 전체의 시뮬레이션을 만들기로 하고, 이것을 뉴요커봇Newyorkabot이라 부른다. "어디 한번 해보시지" 회의주의자는 말한다. "하지만 좋은 예측 모형을 만들고 싶다면 수백만의 시민(그 움직이는 물컹물컹한 작은 것들 말이야)을 모두 상당히 상세하게 모형화해야 한다는 것을 깨달아야만 해. 그들은 다 달라. 정확히 똑같은 사람은 없다고. 게다가 호기심이 많을 뿐 아니라 진취적이기까지 하지."

상의하달식의 지성적 설계는 앞을 내다보는 통찰력에 의존하며, 이는 진화에는 전혀 없는 것이다. 자연선택에 의해 생성되는 설계는 모두, 어떤 면에서는 후향적(회고적)이어서, "이것이 바로 과거에 작동되어온 것이다"라는 식으로 표현된다. 어떤 설계가 미래에도 작동할 것인가는 그 설계가 기반하고 있는 규칙성이 지속적인가에 달려 있다. 나방의 설계는 태양과 달만이 광원인 환경에서 그 태양과 달의 규칙성에 의존했을 것이다. 따라서 "빛에 대해 일정한 각도 n을 유지하며 날 것"이라는 규칙은 나방에게 승리를 안겨주는 습관이었고, 나방 안에 고정 배선될 만한 것이었다. 촛불이나 전구가 나방의 환경에 등장하기 전까지는 말이다. 선택 환경에서 너무 많은 규칙성이 덫이 되어, 고정된 기술이나 성향 안에 계보를 가두어버리게 될 수 있는 지점이 바로 여기다. 그러한 고정된 기술과 성향은 조건이 바뀔 때는 독으로 변한다. 5장에서 알아보았듯이, 다양한 선택 환경은 완전한 설계보다는 주변 환경에 적합하도록 설계를 조정하는 기전—개발 가능exploitable 가소성이라 일컬을 수도 있고, 일상적인 용어로는 학습이라고도 말할 수 있는—을 지닌 불완전한 설계의 선택을 선호하는데, 이는 분명 그 예측 불가능성 때문일 것이다. 상의하달식 GOFAI 스타일의 체계는 조정 가능한 매개변수와 학습 능력을 갖출 수 있다. 그러나 위계적 제어 구조에서의 가소성은 고정된 영역에 머무는 경향이 있으며, 이는 무슨 일이 벌어질 것 같은가에 대한 "최악의 경우 시나리오" 추정치에 기초한다.

선견지명 없는, 회고적으로 뒤돌아 "보는", 자연선택에 의한 진화는 지성적 설계는 아니지만 여전히 위력적인 R&D이며, 충분히 식별력이 있다. 수십억 년의 이동 생활을 거치며 축적되고 개량된 유전적 레시피에 뇌 안에서의 일반적인 업무 분장이 저장될 수 있을 정도로 말이다. 또한, 우리가 이미 보았던 것처럼, 유전자에서의 그 개량과 변이들은 둥지 건설 같은 정교한 본능적 행위들이 세대를 거듭해도 반드시 존속되게 하기에 충분할 만큼의 매개변수들을 설정할 수 있다. 배선의 모든 세부 사항을 유전자가 일일이 지시하여 정하는 것은 불가능하다. 그러려면 한 개체의 유전체가 총동원되어 전달할 수 있는 것보다 몇 배나 더 많은 비트의 섀넌 정보가 필요할 것이다. 뉴클레오타이드 30억 쌍이라는 길이를 보유한 인간 유전체로도 어림없다. 이는 "이보디보evo-devo"[a]의 부인할 수 없는 메시지로, 그 어떤 생물이라도 다음 세대의 생산이 유전자에 의해 정해진 청사진이나 레시피를 그대로 따르는 단순한 문제는 아니라는 것을 강조한다. 다음 세대의 생산은 국소적 R&D에 의존하는 토건업이며, 그 R&D는 발달 과정 동안 주변 환경과 상호작용하며 거의 무작위적인 시도를 하는 (근시안적) 국소 행위자들의 활동에 달려 있다. 예를 들어 뉴런은, 운에 맡기는 시도들을 하고 자신에게 떨어진 기회를 최대한 이용하여 자신의 가소성을 착취하다시피 알뜰하게 활용하며 자신에게 보상이 되거나 강화되는 퍼포먼스를 향상시킨다는 면에서 스키너 생물과 유사하다. 그러나 그들이 따라야 할 길을 안내하며 그들의 노력을 돕는 몇몇 유용한 랜드마크는 유전자에 의해 결정된 것이다. **뇌는 지성적으로 설계된 기업이나 군대보다는 흰개미 군집에 더 가깝다.**

뇌는 어떻게 행위 유발성을 골라내는가?

지금껏 되풀이되어온 주제는, 박테리아에서 우리에 이르기까지 모든 유기체는 행위 유발성, 즉 문제가 되는 "것들"(넓의 의미의

---

a 진화발생생물학evolutionary developmental biology의 줄임말이다. 1970년대 중반까지 진화생물학은 통계학의 도움을 받아 정교해진 유전학을 중심으로 이루어졌고, 발생학은 상대적으로 추상적이고 난해하다는 이유로 진화 논의에서 소외되어왔다. 그러나 1970년대 후반에 분자생물학이 눈부시게 발전하여 발생생물학이 구체적 성공들을 이루어내면서 진화생물학의 중요한 부분으로 합류되기 시작했다. 진화발생생물학은 유전학과 발생학의 통섭으로 이루어진 학문이며, 이전까지 수수께끼로 남아 있던 많은 부분을 설명해나가는 획기적 발전을 이루고 있다.

"것thing"임)의 집합에 대처하도록 설계되었으며, 이 목록, 즉 유기체의 **환경세계**는 두 가지 R&D 과정으로 차 있다는 것이다. 그중 하나는 자연선택에 의한 진화이고, 다른 하나는 개체들의 이런저런 종류의 학습이다. 유기체는 자신이 주목할 필요가 있는 정보들을 어떻게 골라내고 확인하고 자신들의 행위 유발성을 추적할까? 깁슨은 이에 대해 지독하게 침묵했고, 나 역시 지금까지 이 질문을 계속 미루어두었다.

여기 우리가 유기체들의 곤경에 관해 그려왔던 것이 있다. 유기체는 차이점의 대양 안에서 부유하고 있으며, 그 차이점 중 극소수의 것만이 그 유기체에게 차이점을 만들 것이다. 그 유기체는 성공적인 복제자들의 긴 계보를 통해 태어났으며, 가장 값어치 있는 차이점을 걸러내 개량할 수 있는, 그리고 의미론적 정보를 잡음에서 분리해낼 수 있는 장비와 성향을 미리 갖추고 있다. 따라서 어떤 측면으로는, 그 유기체가 이미 대처할 준비가 되어 있다고도 말할 수 있다. 내장형(빌트인) 예측(조상들에게는 쓸모가 있었지만 언제든 수정될 필요가 있는)을 지녔다는 것이다. 유기체가 이러한 예측을 지니고 있다는 것은 그 유기체가 부분적으로 미리 설계된, 발사 준비가 모두 끝난 적합한 반응들을 갖춘 채로 태어났음을 뜻한다. 이러한 유기체는 A 또는 B 또는 C에 대해 해야 하는 일을 제1원리에서부터 도출해내느라 귀중한 시간을 낭비할 필요가 없다. 이는 입력과 출력을, 그리고 지각과 행동을 연관짓는, 익숙하며 이미 해결된 문제들이다. 감각 체계에 들어오는 자극에 대한 이 반응은 외부로 드러나는 행위일 수 있다. 이를테면, 젖꼭지는 빠는 행위를 유발하고, 팔이나 다리, 날개는 움직임을 제공하고, 고통스러운 충돌은 회피를 유발하는 식으로 말이다. 혹은 미래의 과제를 더 효율적으로 수행할 수 있도록 뉴런 군대를 정비하는 것 같은, 완전히 은닉된 내적 반응일 수도 있다.

이 훈련은 어떻게 일어나는가? 인지과학 초기의, 지금은 신빙성이 다소 떨어진 구분—능력 모형competence model 대 수행 모형performance model—을 부활시키는 것이 여기서는 꽤 도움을 줄 것이다. 능력 모형(문법이나 언어 같은 것)은 체계가 어떻게 작동**되어야 하는가**를 말한다(4장의 엘리베이터 사례에서처럼, 사양서를 주는 것이다). 설계 문제로서의 그 요구 사항—잠재적으로 많은 상이한 해법과 수행 모형이 가능한—을 어떻게 성취해야 하는가의 상세는 차치하고 말이다. 수행 모형(이를테면, 문법을 **실행**하고 문법에 맞게 영어를 하는 화자를 만들기 위한 모형)은 먼 미래에는 신경언어학자의 일이 될 수도 있다. 인지과학 초기에 이론언어학자들은 도대체 뇌가 어떻게 "규정집을 따를" 수 있는지에 관한 고려 없이 문법에 관한 논쟁을 벌였다. 그들은 일단 규정집을 만들고자 했을 뿐이다.

한편, 정신언어학자들은 어린이가 저지르는 문법적 오류의 패턴과 추론의 원천, 문법적 판단의 실패 등을 보여주는 기발한 실험을 고안했고, 이론가들이 그 패턴을 설명하지 못하자, 그들은 수행의 지저분한 세부 사항을 설명하기에는 아직 때가 너무 이르다고 말함으로써 손쉽게 자신들을 용서할 구실을 만들었다. 사람은 실수를 한다. 사람의 기억은 부실하다. 사람은 속단하고 지레짐작을 한다. 그러나 이런저런 경우들에서 사람들의 수행이 얼마나 엉성하든, 사람들은 자신의 문법 안에 새겨진 기본적인 능력을 여전히 지니고 있다. 수행 모형은 나중에 나올 것이다.

이것이 늘 유용한 업무 분장인 것은 아니다. 이 구분은 인지과학에서 지금도 여전히 긴장과 의사소통 오류를 유발하는 깊은 골짜기를 만들어놓았다. 언어를 지각하고 발화하는 방식에서 뇌가 무엇을 **할 수 있으며** 또 무엇을 **해야 하는가**에 관해 상당히 명확한 아이디어를 가지게 되기 전에는 뇌의 언어 처리 설비를 역설계하려는 노력은 잘못 판단된 문제들과 씨름하는 헛수고가 되기 쉽다고 언어학자들이 주장하는 것도 당연한 일이다. 그러나 역설계 탐구 사양서는 그 어떤 것이든 가용 설비의 한계와 강점을 명시하는 역할을 해야만 하고, 이론언어학자들은 뇌에 대한 질문을 미뤄둠으로써, 그리고 정신언어학자들이 어렵사리 이끌어낸 숨길 수 없는 수행의 중요성을 과소평가함으로써, 몇 가지 부질없는 시도들을 감행했다.

그 경고를 잘 간직한다면, 지금 인지과학에서 유행 중인 베이즈주의 계층적 예측 코딩Bayesian hierarchical predictive coding(이에 대한 뛰어난 설명은 다음을 볼 것: Hinton 2007; Clark 2013; Clark, Hohwy 2013에 대한 코멘터리)을 다룰 수 있다. 이는 뇌가 어떻게 가용 의미론적 정보를 골라 들이고 사용하는가에 대한 매우 전도유망한 대답이라 여겨지는 것으로, 그 기본 아이디어는 매우 신선하다. 레버런드 토머스 베이즈Reverend Thomas Bayes(1701-1761)는 계산자의 **사전 기대치**prior expectations를 바탕으로 확률을 계산하는 방법을 개발했다. 이에 의하면 각각의 문제는 이렇게 서술된다. "과거의 경험(조상들이 당신에게 물려준 경험도 포함된다고 덧붙일 수도 있다)에 기반한 당신의 기대치가 이러이러하게(각 대안에 대한 확률로 표현됨) 주어진다면, 따라 나오는 새로운 데이터는 당신의 미래 예측에 어떤 영향을 미치겠는가? 당신이 설정한 확률값을 어떻게 조정하는 것이 **합리적**이겠는가?" 그렇다면 베이즈 통계학은 확률에 대해 생각할 **옳은** 방식을 규정한다고 일컬어지는 규범적인 규율이며,[41] 따라서 뇌에 대한 두 모형 중 능력 모형의 좋은 후보다. 뇌는 그때그때 새로운 행위 유발성을 창조하며 기대 생성 기관expectation-generating organ으로 작동한다. 손으로 적은 신호(글자나 숫자)를 식별하는 과제를 생각해보자. 이러한 과제가 인터넷 사이트들에서 웹사이트를 공격하도록 프로그램된 봇들과 진짜 사람을 구별하는 테스트로 종종 사용되는 것은 우연이 아니다. 손글씨 지각은, 구어 지각과 마찬가지로, 사람에게는 쉽지만 컴퓨터에게는 유난히 힘든 과제다. 그러나 요즘 작동 중인 컴퓨터 모형은 손으로 쓴—정말로 휘갈겨 쓴—숫자를 잘 식별해낼 수 있도록 개발되고 있다. 레이어의 연쇄가 존재하며, 상위 레이어는 시스템의 다음 레이어가 다음 단계에 무엇을 "보게" 될지에 대한 베이즈 예측을 만든다. 예측이 틀리면 그 레이어들은 그에 대한 반응으로 에러 신호를 생성하여 베이즈 개정 Bayesian revision을 이끌어내고, 이 개정 사항이 피드백되어 입력된다. 시스템이 식별 사항을 결정할 때까지 이 과정이 반복된다.(Hinton 2007) 훈련이 완벽을 만든다는 격언은 여기서도 꽤 잘 통용된다. 시간이 지날수록 이 시스템들은 과제를 점점 잘 수행하게 된다. 우리가 그러하듯 말이다. 완벽해질 수는 없고, 계속 더 나아지는 것만 가능하지만(15장을 보라).

계층적 베이즈 예측 코딩은 풍부한 행위 유발성을 생산하는 방법이다. 우리는 고형 물체를 보면 그것의 뒷면도 있으리라 생각하고, 그 뒤쪽으로 걸어간다면 뒷면을 볼 수 있을 것이라 기대한다. 문은 열릴 것이라 기대하고, 계단은 우리를 위쪽으로 올라가게 해줄

---

41 베이즈주의 통계가 "주관적" 시작점에 의존한다는 점을 못마땅해하는 반反 베이즈주의 통계학자들도 있다. 그들은 그 주관적 출발점에 대해 이런 문제들을 제기한다. 지금까지의 **당신의** 경험이 주어진 상태에서, 당신은 이 경우 무슨 결론을 내려야 하는가? 당신은 당신의 사전확률을 어디서 얻는가? 그리고 나의 것과 다르면 어떻게 할 것인가? 겔만(Gelman 2008)은 이를 비롯한 반대 의견들에 대한 명확하고도 접근 가능한 검토 결과를 발표했다. 이런 반론들은 우리의 베이즈주의 사고 —사전확률을 지니는 은총(또는 저주)을 받고 태어나, 다음 단계엔 무엇을 할 것인가를 궁금해하는 행위자의 고충을 다루기 위해 특별히 설계된 —의 적용과는 무관하다. 행위자의 주관성은 직면하고 있는 설계 문제의 필요불가결한 부분이다.

것이라 기대하며, 컵은 액체를 담을 수 있기를 기대한다. 이런 것들을 비롯한 온갖 종류의 예측을 우수수 떨궈 주는 네트워크는, 물러나 앉아 정보가 들어오기를 소극적으로 기다리지 않는다. 그 대신, 방금 받아들인 것을 바탕으로 하여, 이번엔 어떤 것을 하위 레벨에서 입력받게 될지에 대한 끊임 없는 확률적 추측을 하며, 추측의 오류들에 대한 피드백을 다음번 추측을 위한 사전 예측을 수정하는데 사용될 새 정보의 주된 원천으로 취급한다.

뇌가 어떻게 학습하는가의 문제에 이렇게 베이즈주의적 생각을 적용할 때 드러나는 특히 매력적인 특성은, 단순하고도 자연스러운 설명이 제공된다는 것이다. 다른 방식으로 접근했다면 신경해부학의 사실들이 뒤얽힌 복잡한 설명이 되었을 것이다. 예를 들어 시각 경로들에는, **상향적**upward 경로보다는 **하향적**downward 경로가 많고, **인입**incoming 신호보다는 **송출**outbound 신호가 많다. 이러한 관점으로 본다면, 뇌의 전략은 "전향적forward 모형" 또는 확률적 예측을 끊임없이 만들어내는 것, 그리고 (필요하다면) 정확성을 위한 가지치기에 인입 신호들을 이용하는 것이다. 유기체가 굉장히 익숙한 영역 안에서 승승장구하고 있다면, 내부로 들어오는 수정 사항들은 감소하여 소량만 남는 반면, 뇌의 추측들은 별다른 문제 없이 통과되어 다음에 할 것에 대한 우선권을 쥐게 될 것이다.

이러한 베이즈주의 모형들은 인지과학 초창기의 "종합에 의한 분석analysis by synthesis" 모형들의 후손이다. 그 시기 인지과학에서는 인입 데이터를 시험할 가설들이 상의하달식 호기심("그것은 사슴deer인가?" "그것은 말코손바닥사슴moose인가?")의 유도 하에 형성되었다. (당신의 뇌는 추측을 하고 당신이 찾는 것의 버전을 **종합**하고 그것을 자료와 맞춰봄으로써 데이터를 **분석**한다.) 《의식의 수수께끼를 풀다》(10쪽 이하)에서 나는 종합에 의한 분석에 기반하여 꿈과 환각에 대한 사변적 모형을 제안하면서 그런 현상들의 내용을 정교화하는 것은 "무질서하거나 무작위적이거나 임의적인, 입증과 반입증의 (게임) 한 판"에 불과할 수도 있다고 주장했다(p.12), 나의 이 주장은 최근 구글 리서치Google Research 작업 덕분에 극적으로 지지되고 정련되었다.(이를테면, Mordvintsev, Olah, and Tyka 2015) 오늘날 나는 내 설명을 이렇게 단순화할 수 있게 되었다. 베이즈 네트워크에서는 침묵은 입증으로 간주된다. 높은 수준이 무엇을 추측하든, 반입증이 부재한다면 그것은 저절로 실재reality로 간주된다.

유리한 고지에 올라 잘 조망할 수 있게 된 우리의 관점에서 둘러보면, 베이즈주의 모형들을 채택할 때 얻을 수 있는 미덕을 알아볼 수 있다. 그것은 바로, 관료체제 내의 특별한 사무실을 상정하고 그 안에 수학자 호문쿨루스를 인스톨하지 않아도 유기체가 자연선택의 축복을 받아 영향력이 큰 통계 분석 엔진을 지니게 될 수 있다는 것이다. 이것들은, 뭐랄까, 주목할 만한 능력—그러나 그 능력을 발휘하는 주체가 그 능력을 이해할 필요는 없는—을 지닌 예측 생성 **직조물**expectation-generating fabrics이다. 초기 저작들에서 나는 뇌 안에 "마법의 조직wonder tissue"을 상정하지 말라고, 그리고 그 마법의 조직이 어떻게 그런 멋진 일을 할 수 있는지는 말하지 않은 채 어떻게든 행해져야 하는 어려운 일들을 그것들에게 미루어놓지 말라고 경고했다. 이러한 베이즈주의의 직조물들이 마법적이지 않음은 명백하다. 그것들은 신비로울 것 하나 없는 기성품 컴퓨터에서 잘 구동된다. 그런 계층적 예측 코딩 네트워크가 뉴런에서 어떻게 성취되는지 그 세부 사항들은 아직 확실히 알려져 있지 않지만, 우리의 손이 닿을 수 없는 무언가는 아닌 것으로 보인다.[42]

이는 동물 인지에서 매우 잘 작동하며, 클라크의 훌륭한 조사에 대해 많은 논평자는 "동물의 마음은 모든 행위를 유도하기 위해 시사 쇼passing show로부터 겨우겨우 얻어낸 확률에 의존하는 베이즈 예측 기계"라는 잠정적 결론을 조심스레 말한다. 그러나 만약 그렇다면, 다시 한번 말하건대, 동물들의 마음은 흰개미 군집이지, 지성적 설계자가 아니다. 물론 동물도 유능하다. 그들이 온갖 유형의 행동적 이해를 하고 있다고 우리가 인정할 만큼 말이다. 그렇지만 더 분명히 해두어야 할 몇몇 중요한 측면에서는, 우리가 가진 기교 중 하나가 그들에게는 없다. 우리는 이유를 **가진다**. 그리고 우리는 이런저런 이유에 따라 **행동**하는 것에 불과한 그런 수준에 머무르지 않는다. 반면, 베이즈 예측자(베이즈 예측 기계)들은 자신이 추적하는 이유를 표현하거나 표상할 필요가 없다. 진화 그 자체처럼, 그들은 겨에서 정보의 알곡을 "맹목적으로blindly" 분리하고 그에 따라 행동한다. 이유는 그들의 온톨로지 안에 없으며, 그들의 현시적 이미지 내에서 두드러지는 항목도 아니다.

이유는 우리를 위한 것이다. 그것들은 상의하달식 지성적 설계의 중요한 도구이자 대상이다. 이유는 어디서 오는가? 그리고 우리 뇌에 어떻게 인스톨되는가? 나는 이제야 마침내 꽤 자세하게 주장할 수 있게 되었다. 문화 진화라는, 완전히 새로운—아직 100만 년도 채 되지 않은—R&D 과정에 의한 것이라고. 그리고 그 새로운 R&D 과정은 우리 뇌 안의 (그리고 오직 우리만의 뇌 안의) 수천 가

---

42 회의적 시각도 있다. 도밍고스(Domingos 2015)는 베이즈주의 기대 생성의 성취는 MCMC(Markov Chain Monte Carlo) 알고리즘에 심하게 의존한다는 것을 지적했다. 이 알고리즘은 어려운 일을 하는 이른바 "무식하게 풀기brute force" 알고리즘으로, 과제는 완수하지만 "어떠한 실제 과정도 시뮬레이트하지 않는다."(p.164) "베이즈주의자들은, 그 자신은 아마도 자신들 방법의 인기를 다른 무엇보다 높인 것에 대해 MCMC에게 감사할 것이다."(p.165) 그러나 어쩌면, 그 모형들은 대량 병렬 아키텍처를 시뮬레이트하기 때문에, 그들이 MCMC를 사용하는 것은 거의 강제적인 행보일지도 모른다.

지 생각 도구를 설계하고 전파하고 인스톨하여 그것을 마음으로—그저 "마음들"이라 일컬어지기만 하는 것이나 마음인 셈인 것들sorta minds이 아닌, 제대로 된 마음들로—로 바꾸어 놓은 것이라고.

야생화된 뉴런?[a]

뉴런의 수준에 대한 논의는 이어지는 장으로 미루어두고자 한다. 그러나 그전에, 나는 한 가지 추측을 내놓고 싶어 견딜 수가 없는데, 그 추측은 우리가 다루는 주제를 하나로 묶어줄 것이며, 지금껏 이 지구상에서 제대로 된 마음을, 즉 생각 도구로 가득 찬 문화화文化化된 마음을 지닌 종은 호모 사피엔스가 유일하다는 사실을 설명하는 데도 한몫함이 드러날 것이다. 내가 주장해왔듯이, 뉴런은 사실상, 까마득한 옛날부터 아주 오랫동안 독립적으로 생존하는 미생물의 삶을 영위하던 진핵생물의 길든 후손이다. 박테리아 및 고세균과의 구분을 위해 그 진핵생물들은 종종 원생생물계Kindom Protista의 **원생생물**protists이라 불린다. 그들은 물론 잘 생존해왔다. 그렇지 않았다면 우리는 여기 없었을 것이다. 그리고 아메바와 단세포 조류 같은 오늘날의 원생생물은 그들의 많고도 다양한 재능 덕분에 지금까지 번성하고 있다. 원생생물이 처음으로 군집을 형성하기 시작했을 때, 그리고 마침내 다세포 생물이 형성되었을 때, 그들은 자신들의 유전체를, 그러니까 수십억 세대에 걸친 자연선택으로 그들이 획

---

a '야생wild 생물'과 '야생화된feral 생물'은 완전히 다르다. 전자는 인간에게 길든 적이 없는 생물을 가리키는 반면, 후자는 길들어 있다가 인간의 손에서 벗어나, 길들어 있을 때의 특성을 잃고 야생의 조상과 비슷한 특성을 갖게 된 생물들을 말한다.

득한 모든 능력에 대한 지시서를 가져왔다. 그 재능 중 많은 것들은 방패막이 생긴 새로운 환경에서는 더는 필요가 없는 것이었으므로 없어졌고, 없어지진 않았다 해도 그와 **유관한 유전자들의 발현**이 더는 되지 않았다. 발현에 필요한 비용이 더 지불되지 않았으니까. 그러나 유전자 자체를 지우는 것보다는 유전자는 그대로 두고 발달 과정에서 유전자(중 일부)가 발현되지 않도록 스위치를 끄는 것이 더 싸고 빠른 방법임이 드러났다. (시간이 많이 흘러도 전혀 이용되지 않는다면 유전자가 스스로 지워질 것이다.)

이는 소프트웨어 개발에서의 "레거시 코드legacy code" 전략과 매우 유사하다. 소프트웨어가 개정될 때 종종 그렇듯이, (나는 이 책을 WORD 14.4.8로 작업했는데, 이 소프트웨어는 이름에서 자신의 족보를 드러내고 있다. 새롭게 개선된 14번째 버전의 4번째 주主 개정판의 8번째 소규모 개정판이라는 뜻이다.) 프로그래머들이 크고 작은 개선 작업을 하면서 이전 세대 프로그래머들이 고되게 작업한 것들을 모두 버리는 것은 어리석은 일이다. 나중에라도 그것들이 무언가에 소용이 될지 누가 알겠는가? 그래서 그들은 한물간 과거의 코드를 그 대체 코드 곁에 그대로 내버려두고 그저 "주석 처리comment out"한다. 레거시 코드를 괄호나 아스테리스크(* 표시) 등의, 컴파일러 프로그램이 인식할 수 있는 약속된 기호들로 둘러싸면, 컴파일러는 그 부분을 처리하지 않고 지나가고, 따라서 컴퓨터가 실행할 코드 내에 드러나지 않게 된다.[43]

유전체에는 소스 코드/컴파일된 코드의 구분이 없지만, 그와

43 이 용어에는 몇 가지 다른 의미가 있다. 다른 의미로는, 레거시 코드가 컴파일링되지만 특별한 애플리케이션(예를 들어 구식 플랫폼에서 프로그램이 돌아가게 허용한다든가)에만 국한되게 한다는 뜻이 있다.

동일한 코드 침묵화silencing가 일어날 수 있음을, 그리고 이는 조절 유전자(유전자가 단백질로 "발현expression"되는 것을 조절하는 유전자)에서의 단순한 돌연변이 덕분임을 기억하라.

동물이 길들 때, 길들이는 사람은 바람직한 특성들을 선택한다. 무의식적으로든 체계적으로든 말이다. 한배에서 태어났거나 같은 무리에 속하는 개체들이 보이는 가시적이고도 확연한 차이점은 비교적 사소한 유전적 차이에 의한 것일 수 있으며, 어쩌면 모두가 공유한 하나의 유전자가 다르게 발현한 결과일 수도 있다. 길들이는 사람이 자기 가축의 유전자에 미칠 영향을 이해하거나 특정하게 영향을 미치겠다고 의도할 필요는 없다. 그러나 유전자를 변화시키지 않고 그대로 두면서 침묵시키는 것이 교배자가 원하던 결과에 이르게 할 공산이 있는 길이다. 그렇다면, 길든 동물의 후손이 탈출하여 야생화될 때, 레거시 코드를 둘러싸고 있던 "괄호들"을 제거하여 그 코드들이 다시 튀어 올라와 활동하게 하는 것에 해당하는 일이 일어나기만 한다면, 그간 억눌려온 야생의 특성이 유전적으로 복원될 것이다. 이는 야생화된 생물의 계보에서 야생 형질들이 왜 그토록 신속하게 복귀되는지를 잘 설명해준다. 예를 들면, 야생화된 돼지들은 몇 세대 만에 외형에서뿐 아니라 행동 면에서도 그들의 사촌인 멧돼지의 많은 형질을 복원하며, 야생화된 말들—미국에서는 머스탱mustang이라 불리는—은 가축화된 조상들에서 떨어져 나온 지 겨우 수백 년밖에 되지 않았는데도 기질 면에서 그 조상들과 현저히 다르다.

당신이 지닌 보통의 뉴런은 겉보기에는 자신의 긴 수명 동안 똑같은 일을 계속할 정도로 충분히 고분고분하지만, 아직 자율성을 점화시킬 장치, 즉 기회가 문을 두드릴 때 정황을 개선할 성향과 어느 정도의 능력을 간직하고 있다. 우리는 쉽게 상상할 수 있다. 뉴런으로 하여금 자신이 선택지들에 대한 더 진취적이고 위험 부담이 있는 탐험을 좋아한다는 것을 깨닫게 하는, 그리하여 더 다재다능하고 공격적인 뉴런으로 개량시키는 그런 환경을 말이다. 그러한 조건 아래서 내리는 선택에서는, 오래 침묵하던 유전자들이 새롭게 발현되는 쪽이 선호될 수도 있다. 적어도, 뇌의 중요 영역 내에 존재하는 뉴런들의 몇몇 하위집단에서는 그럴 것이다. 그리고 그것들은 결과적으로 야생화된 뉴런이 될 것이다. 약간 덜 안정적이고 더 이기적이며, 이웃과의 새로운 연결을 만들도록 스스로를 약간 더 잘 바꾸는 그런 뉴런 말이다.

어떤 유형의 조건이 이 경향을 선호할까? 침략자가 당도하는 상황은 어떨까? 새로운 유형의 존재자는 침략 장소에서 자신의 복제를 성공시켜주고 뇌 안의 헤게모니 장악 경쟁에서 자신을 도울 지지자를 필요로 한다. 새로 점령한 지역에서 통제권을 행사하고자 할 때 침략군은 무엇을 할까? 감옥을 열어 죄수들을 풀어주고, 주변을 잘 알지만 지역사회에 냉담해진 그 토박이를 침략군의 보안부대로 일하게 한다. 빈번하게 재창조되는 이 좋은 아이디어는, 뇌 내 병렬발달parallel development의 부유하는 합리적 근거다. 우리는 전염성 있는 습관들을 관장하는 정보적 바이러스인 밈에 대한 상세한 설명과 방어에 이제 막 착수하려고 한다. 집단에서 전파되려면, 밈에게는 뉴런 자원들이 필요하다. 바이러스가 자기의 복사본을 만들기 위해 복제 설비들을 개별 세포들에서 징발하는 것처럼 말이다. 바이러스가 추구하는 것의 합리적 근거를 바이러스 자신이 이해할 수 없다는 것은 명백하다. 조우하는 세포들에 그런 영향을 미치는 것은 바이러스의 본성일 뿐이다. 무엇보다, 바이러스들은 살아 있는 생물조차 아닌, 거대분자들이다. 그리고 마음의 바이러스인 밈은, 단지 정보로 만들어진 것으로, 마음속에 침투해야 하고 마음속에서 떠오르고 또 떠오르고 또 반복해서 떠올라야 하지만, 밈이 이런 것들을, 그리고 다른 그 어떤 것들도 이해할 필요는 없다.

마음이 없는 정보적인 것들이 자신을 지지할 반항적인 뉴런들과의 연합을 유발한다는 이 이상한 생각, 즉 뇌에 침투하는 밈이라는 이 생각을 명확하게 설명하고 방어하려면 여러 장이 필요하다.[44] 여기서 나는 침입 같은 일이 (그것이 무엇이든) 일어난다면, 그것은 의심할 여지 없이 공진화적 과정을 포함하고 있을 것이며, 그 공진화에서 인간의 뇌—지금까지 존재했던 각양각색의 뇌 중 밈에 심각하게 감염된 유일한 뇌—가 밈을 다루고 보호하고 번식을 돕도록(무화과나무에 말벌이 기생하고 말벌은 무화과나무의 수분을 도와주며 공진화하는 식으로) 선택되었으리라는 점을 지적하고자 한다. 뉴런들은 모양과 크기가 다양한데, 폰 에코노모 뉴런von Economo neuron 또는 방추뉴런이라 불리는 뉴런은 매우 큰 뇌를 보유하고 복잡한 사회적 생활을 영위하는 동물, 즉 사람을 비롯한 유인원, 코끼리, 고래목 동물(고래와 돌고래)에게서만 발견되었다. 이러한 동물과 공통 조상을 가지는 다른 많은 종에서는 폰 에코노모 뉴런이 발견되지 않는 것으로 보아, 이 뉴런은 꽤 최근에 진화되었으며 각기 독립적으로 진화하여 비슷한 역할을 하게 된 것으로 보인다. (이를 '수렴진화'라 한다.) 이 뉴런들은 어쩌면 그 커다란 뇌 안에서 그저 원거리 의사소통만을 하는 존재에 불과할 수도 있다. 그러나 일반적으로

---

44 획기적인 책 《뇌를 구축하는 법How to Build a Brain》(2013)에서 엘리아스미스Eliasmith가 제안한 상세한 모형이 지니는 많은 미덕 중 하나는, 그의 "의미기반 포인터 아키텍처semantic pointer architecture"가 다양한 동물의 행동에 관한 이해력(지각과 통제)을 설명한다는 것이다. 풍부한 가소성 —(침략자를 위한) 말(단어)을 비롯한 밈들을 돌릴 손잡이 —은 아직 착취되지 않은 채 남겨져 있지만 말이다. 그것은 애초부터 지능에 대한 언어 중심적 모형이 아니었다. 이것이 어떻게 작동할 수 있을지는 다른 책의 중심 논제가 될 것이다.

말하자면, 이들은 자기 감시와 의사결정 및 사회적 상호작용과 관련된 뇌 영역에 집중되어 분포하는 경향도 보인다. 고도로 사회화된 여러 동물 종에 이 뉴런이 존재한다는 사실이 우연의 일치가 아닐 가능성이 있다는 것은, 이 동물 종이 밈 침략군에 의해 더 많이 착취당할 수 있는 후보임을 시사하고 있다. 그러나 우리가 무엇을 찾아야 하는가에 대해 더 좋은 아이디어를 갖고 있다면 다른 것들이 발견될지도 모른다.

우리는 침략을 위한 무대를 마련했다. 뇌는 컴퓨터지만 오늘날 우리가 사용하는 컴퓨터와는 매우 다르다. 스스로를 꾸려가도록 진화된 특유한 수십억 개의 뉴런으로 구성된 뇌의 기능적 아키텍처는, 모든 과업을 고위층에서 분배하는 "중앙정치국"형 위계보다는 자유시장에 더 가깝다. (인간을 포함한) 동물뇌의 근본적인 아키텍처는 베이즈주의 네트워크—자신이 하고 있는 것을 이해할 필요는 없으나 고도로 능력 있는 기대 생성자—로 구성되어 있을 가능성이 있다. **우리의** 것과 같은 이해력은 새로운 유형의 진화적 복제자, 즉 문화적으로 전파되는 정보적 존재가 이 현장에 도착해야만 비로소 가능해진다. 그 존재는 바로 밈이다.

9 문화적 진화에서 말의 역할

말의 진화

존재를 위한 경쟁에서 인기 있는 어떤 말words이 살아남거나 보존되는 것은 자연선택이다.
—찰스 다윈, 《인간의 유래》

7장에서 나는, 이 장의 주제에 대한 간략한 맛보기를 제공했다. 우리는 그 맛보기의 핵심이었던 그림 7-4와 그림 7-5의 다윈공간에 문화 진화의 몇몇 차원들을 위치시켜볼 수 있었다. 그림 7-4는 (유기체나 종교 등에 비교하면) 말(단어)은 **비교적** 단순하지만 (대기 중의 산소 농도와는 달리,) 그저 증감을 반복하기만 하는 것이 아니라, 바이러스처럼 **복제**한다는—그래서 자손이 생긴다는—것을 보여주었다. 그런가 하면 그림 7-5는 완전히 다윈주의적인 과정(최소한의 이해, 그리고 무작위적 탐색 과정에 의한 하의상달식의 신규 산물 생성에 관련된 과정)으로부터 지성적 설계의 과정(방향성 있는 탐색에 의해 상의하달식으로, 충분한 이해를 거쳐 새로운 산물이 생성되는 과정)에 이르는 문화적 **진화의** 진화를 보여주었다. 이제 이 진화의 세부 사항을 규정하고 그것들을 변론할 차례다. 나는 말이 밈—차등 복제에 의해(즉 자연선택에 의해) 진화하며 문화적으로 전달되는 항목—의 가장 좋은 사례임을 논증할 것이다.

다른 종들도 문화적 진화의 기초를 조금 가지고 있긴 하다. 침팬지에게도 약간의 전통은 있다. 돌로 견과류 깨기, 나뭇가지나 지푸라기로 개미 낚시하기, 구애의 몸짓, 그리고 그 외 몇 가지는 유전자를 통해 다음 세대로 전달되는 것이 아니라, 나이 든 침팬지들의 행동을 자손 세대 침팬지들이 인지해야만 전달되는 **행동 양식**이다. 새가 종 특유의 노래를 획득하는 다양한 방법은 잘 연구되어 있다. 예를 들어 갈매기와 닭의 발성은 전적으로 본능적이며 음향 모형을 개발할 필요가 없는 것인 반면, 다른 거의 모든 종의 어린 새는 "배우고자 하는 본능"(생태학자 피터 말러Peter Marler의 개념)을 지니고는 있지만 종 특유의 노래를 할 수 있으려면 부모 새가 노래하는 것을 들어야만 한다. 상이한 두 종의 알을 "잘못된" 둥지에 넣어 두는 **교차 육성**cross fostering 실험에서는 갓 부화한 새끼 새가 유전적 부모가 아닌, 양육하는 부모의 노래를 전력을 다해 모방한다는 것이 밝혀졌다. 비인간 동물의 매우 다양한 성향dispositions(행동 양식)은 오랫동안 유전적으로 전달되는 "본능"이라 여겨지다가, 최근에는 유전자가 아닌 지각의 통로를 통해 부모 세대에서 자식 세대로 전달되는 "전통"임이 밝혀지고 있다.(Avital and Jablonka 2000) 그러나 그렇다 하더라도 이렇게 획득된 한 줌의 행위 양식을 넘어서는 그 무언가를 보여주는 종은 비인간 동물 중에는 없다.

우리 호모 사피엔스*Homo sapiens*는 (지금까지는) 풍부하게 축적된 문화를 지닌 유일한 종이고, 이것을 가능케 한 문화의 핵심 요소는 언어다. 우리가 환경을 변형시키며 이 행성을 장악할 수 있었던 것은 모두 우리의 축적된 인류 문화 덕분이다. 그러나 한편으로 우리는 그 과정에서 멸종의 방아쇠도 당기고 있는데, 지금의 경향을 되돌릴 시도를 하지 않는다면 앞선 지질시대에 있었던 대멸종에 맞먹는 파국을 곧 맞이하게 될 것이다. 우리 종의 개체수는 지속적으로 증가해오고 있으며, 이런 추세는 (우리가 키우는 닭, 소, 돼지 등을 제외하면) 그 어떤 척추동물 종에서도 볼 수 없던 것이다. 최근 두 세기 사이 우리의 개체수는 10억에서 70억으로 팽창했고, 지금은 눈에 띄게 증가율이 느려지긴 했지만, 가장 최근 미국에서 추정한 결과에 따르면, 10년 안에 80억을 돌파할 것이다.

지난 5만 년 동안 우리의 유전자는 그다지 많이 변화하지 않았다. 이 기간에 일어난 변화는 아마도 모두 인류의 문화적 혁신으로 창조된 새로운 선택압에 의해 직접적 또는 간접적으로 추동된 것들일 것이다. 그 문화적 혁신의 대표적 예는 음식 익히기, 농사, 수송, 종교, 과학 등이며, 새로운 행동 양식이 폭넓게 수용되면 한 방향으로만 작동하는 래칫이 생성된다. 거의 모든 사람이 익힌 음식을 먹게 되자, 인간의 소화계는 날음식을 먹고 사는 것이 더는 실용적이지 않도록—그리고 더는 가능하지도 않도록—유전적으로 진화했다. 수송 수단의 발달은 사람들을 세계 이곳저곳으로 가게 했고, 그 결과 모든 대륙과 섬에 사람이 살게 되었으며, 여행자가 들여오는 병을 대규모로 방어하지 않고는 살 수 없게 되었다.

유전적으로든 문화적으로든, 삶을 관통하는 사실들 중 하나는 **선택사항이었던 것이 필수 사항이 된다**는 것이다. 친구들보다 유리한 입장에 서게 만드는 기발한 새 요령은 금세 "확산되어 고정"되며, 그렇게 되고 나면 그 요령을 습득하지 못한 개체는 불행한 결말을 맞이하고 만다. 포식자를 피해 굴속에 숨는 것이 빈번하게 사용되는 구명책이라면, 결국 그 방식은 집단에서 몇몇 개체만이 사용하는 특출난 방법이 더는 아닌, 본능에 체화된, 그 종에 필수적인 것이 되어버린다. 대부분의 포유류 종은 비타민 C를 체내에서 합성할 수 있지만, 영장류는 그렇지 않다. 수천 년에 걸쳐 영장류의 식이에서 과일 의존도가 증가함에 따라, 비타민 C 합성 능력이 상실된 것이다. 쓰지 않으면 잃는다. 그런데 비타민 C가 결핍되면 괴혈병을 비롯한 여러 질환이 생긴다. 이 사실은 인간이 장거리 항해를 하게 되면서 처음 밝혀졌다. 장거리 항해는 그 특성상 시험군을 고립시키며, 이들의 건강과 식이는 해군과 배의 의사들이 챙겨야 할 매우 중요한 사항이었기 때문이다. 그로부터 겨우 수백 년—진화의 역사에선 눈 깜짝할 사이에 해당한다—이 지난 지금, 인간 대사에 대한 엄청나게 정교한 세부 지식이 축적되었는데, 이 발견이 (다른 수백 가지의 발견들과 더불어) 그 견인차 역할을 했음은 의심의 여지가 없다. 지금 우리는 **필수적으로** 비타민 C를 섭취해야 하지만, 그렇다고 해서 필수적으로 과일을 늘 섭취해야 하는 것은 아니다. 현대 사회에서는 필요에 따라 비타민을 섭취할 수 있기 때문이다. 얼마 전까지만 해도 신용카드나 휴대전화는 부자의 소유물이었고, 지금도 그것들을 꼭 소지하라고 강제하는 법률 같은 것은 없다. 그렇지만 요즘 우리는 그것들에 엄청나게 의존하고 있어서, 소유하라고 강제하는 법조차 필요 없을 정도가 되었다. 아마도 곧 현금은 사라지고 우리는 신용카드나 그 후속물의 컴퓨터 기술을 **필수적(의무적)으로** 사용하는 존재가 될 것이다.

오늘날, 우리는 비타민 C에 의존하는 것만큼 단어들, 즉 말에도 의존한다. 말은 문화 진화의 **생명혈**이다. (아니면, '언어는 문화 진화의 등뼈다' 또는 '말은 문화 진화의 DNA다'라고 말해야 할까? 이러한 생물학적 상징들에 저항하기란 매우 힘들고, 그럴싸한 함축들을 신중하게 벗겨내야만 함을 우리가 인식하고 있는 한, 그런 비유들은 가치 있는 역할을 할 수 있을 것이다.) 말은 확실히 우리의 폭발적인 문화 진화에서 중심적이고도 필수불가결한 역할을 하고 있으며, 말의 진화를 탐구하는 것은 문화적 진화에 관한, 그리고 우리 마음이 형성되는 데 그것이 수행한 역할에 관한 벅찬 물음들로 파고드는 실현 가능한 진입로가 될 것이다. 어디서부터 시작해야 하는지는 알기 힘들다. 우리가 지금 풍부한 문화를 지니고 있음은 명백하고 우리 조상에게 문화가 없던 시기가 있음도 명백하므로, 문화라는 것이 진화의 산물임도 명백하다. 그러나 도대체 어떻게 진화된 것일까? 이 질문에 대한 대답은 명백함과는 거리가 멀다. 리처슨과 보이드(Richerson and Boyd 2004)가 관찰했듯이 말이다.

> 생명의 기원과 마찬가지로 인간 문화의 존재가 심오한 진화적 신비라는 것은 약간의 과학적 이론화만으로도 자명해 보인다.(p. 126)[a]

다윈은 현명하게도, 그의 "하나의 긴 논증"을 한중간에서 시작했다. 《종의 기원》은 그 모든 것이 어떻게 시작되었는가에 관해서는 아무 말도 하지 않으며, 생명의 궁극적 기원에 관한 혼탁한 세부 사항은 다음 기회로 미루어놓았다. 10여 년 후, 조지프 후커Joseph Hooker(1817~1911)[b]에게 보낸 그 유명한 1871년의 편지에서, 다윈은

a 이 부분은 김준홍의 번역서 《유전자만이 아니다》(2009, 이음)의 해당 부분(235쪽)을 그대로 가져왔다.

어쩌면 "따뜻한 작은 연못" 속과 같은 조건이 생명이 생겨나기에 적합했을 수 있다는 추정을 개진했고, 그로부터 백 수십 년이 지난 지금도 우리는 여전히 따뜻한 연못 가설과 그 외의 대안들을 탐구하고 있다. 인간 언어의 기원은 풀리지 않은 또 다른 퍼즐이며, 다윈 이래 그것은 다윈 때와 거의 같은 반응을 불러일으키며 호기심과 논쟁을 격발시키고 있다. 우선, 언어는 그 시작을 되짚게 할 "화석 흔적"들이 거의 없고, 확실하게 식별될 수 있는 것들이라 해도 다중 해석에서 자유로울 수 없다. 설상가상으로, 그 두 가지 퍼즐 모두 이 행성에서는 각각 단 한 번만 일어났을 기념비적 사건들에 관련된 것이다.

물론 생명이든 언어든—무엇을 생명이라고, 그리고 언어라고 보아야 하는가에 대해서는 신중해야만 한다—여러 번, 심지어는 많이 발생했을 **수도 있다**. 그리고 그랬다면 현재의 생명과 언어의 기원을 제외한 다른 생명과 언어의 기원들은 우리가 탐지할 수 있는 어떠한 흔적도 남기지 않은 채 모두 소멸된 것이라고 생각해야 한다. (내일은 어떻게 될지 그 누가 알겠는가?) 어쨌든 생명과 언어 각각에 적어도 한 번씩의 기원은 있어야 하고, 한 번보다 많은 기원이 있었다는 강력한 증거도 아직은 없으니, 일단은 각각 한 번씩의 기원이 있었다고 가정하고 논의를 시작하자. 그러면 우리에게는 이 두 성공적인 진화 R&D의 역사가 어떻게 발생할 수 있었는지에 관한 가설을 구성하는 과제가 남는다. 그 가설은 과학적으로 이치에 맞아야 하며 간접적으로 시험 가능해야 한다. 두 영역 모두에서의 경험적 작업은 최근 수십 년간 많이 발전하여, 현존 계보들의 "나무들"

---

b 영국의 자연학자다. 다윈은 종이 고정된 것이 아니라 변하는 것이라는 자신의 생각을 후커에게 가장 먼저 편지로 전했다.

을 거슬러 올라가며 추적하다 보면 종국에는 하나의 줄기에서 만날 것이라는 기본적인 (그리고 잠정적인) 전제가 수긍되고 그에 기반한 심화 탐구가 독려될 정도가 되었다.

DNA 서열에서의 차이 축적에 대한 생물정보학 연구가 발전하면서 빈틈이 점점 메워지고 과거에 해부학적·생리학적 비밀을 탐사하며 저질렀던 실수들이 바로잡힘에 따라, 계통발생 도표나 **진화 분기도**cladogram는 날이 갈수록 점점 더 명확해지고 있다. 그것이 모든 종을 다 보여주는 위대한 생명의 나무the Great Tree of Life(그림 9-1)든 아니면 특정 계보들에 집중한 좀더 단출한 계통도든 말이다.[45] 오랜 시간에 걸친 어족들(과 개별 언어들) 간의 혈통 관계를 시각적으로 배치함으로써 언어의 계보를 보여주는 언어 계통의 나무glossogenetic tree 역시 대중적인 생각 도구다.

계통발생의 나무를 그리는 생물학자들은 **문합**anastomosis, 즉 별개의 계통이었던 것들의 **합류**를 나타내야만 할 때 난관에 봉착한다. 이제는 이 합류가 생명 시대의 초기에 빈번했던 현상(진핵생물의 기원이 된 세포내공생 사건들)으로 이해되고 있다. 언어 발생의 나무를 그리는 역사언어학자들도 합류되는 언어들(이를테면 **피진**pidgins과 **크레올**creoles[a]의 형성)의 광범위한 문합에 직면할 수밖에 없다. 문

---

45 생명의 나무 도표가 뒤집혀 있다는 것, 즉 시간적으로 후대에 해당하는 것들이 조상들보다 더 위쪽의 가지에 배치되어 있다는 사실은 그리 기묘한 뒤집기는 아니다. 그러나 그 점이 성가시다면, 도표를 옆으로 돌려서 보면 된다. 나는 아직 시간이 오른쪽에서 왼쪽으로 흐르도록 표현된 계통도를 본 적은 없지만, 아랍 어느 히브리어 텍스트에서는 그런 도표가 사용될 수도 있을 것이다.

a 피진 혹은 피진어는 서로 다른 둘 이상의 언어 화자들이 서로의 언어를 모르는 상황에서 의사소통을 하며 자연스럽게 만들어지는 언어를 말한다. 정교한 문법도 없고 어휘가 단순하다. 피진이 오래 사용되다 보면 문법을 갖추게 되고, 그것을 모국어로 하는 자손들도 생기게 되는데, 그러한 단계에 이른 언어를 크레올 혹은 크레올어라고 한다.

합만큼이나, 아니, 문합보다 빈번하게 볼 수 있는 것으로는 개별 단어들이 한 언어에서 다른 언어로 넘나드는 점핑jumping 현상이 있다. **이글루**igloo와 **카약**kayak은 원래 이누이트Inuit의 단어지만, 이글루와 카약이라는 사물이 알려짐에 따라 많은 언어에 수용되었다는 사실은 명백하고, 영어 단어인 **컴퓨터**computer와 **골**goal 역시 영어를 쓰지 않는 사람들에게도 보편적으로 이해되고 있다.

도킨스(2004, pp. 39-55)는, 많은 경우 **종**들의 족보를 보여주는 전통적 수형도보다는 개별 **유전자**의 계보를 보여주는 수형도를 추적해야 더 확실하고 더 많은 정보를 얻을 수 있다고 지적하며, 이는 "수평적 유전자 이동horizontal gene transfer" 때문이라고 설명한다. 유전자의 수평 이동이란 유전자가 하나의 종이나 계통에서 다른 종이나 계통으로 넘나드는 것을 의미한다. 오늘날 특히 박테리아를 비롯한 단세포 생물에서는 번식—유전자의 **수직적** 내리물림descent—과는 관계없는 다양한 과정들에 의해 유전자의 공유나 맞바꿈이 종종 일어난다는 것이 점점 더 명확해지고 있다.

이와 유사하게, 어원학etymology에서도 **언어**들의 족보를 연구하는 것보다는 **단어**들의 족보를 연구하는 쪽이 더 확실한 성과를 얻을 수 있는데, 이 역시 언어들 사이에서 일어나는 수평적 단어 이동horizontal word transfer 때문이다.

언어가 진화한다는 생각, 즉 현재의 말은 과거의 말에서 모종의 방식으로 대를 이어온 것이라는 아이디어는 사실 종의 진화에 대한 다윈의 이론보다 오래된 것이다. 그 예로, 지금 우리가 보는 《일리아드》와 《오디세이》의 텍스트는 그 선대 텍스트의 후손이라 알려져 있고, 그 선대의 텍스트는 또 그것의 선대 텍스트의 후손이고 …… 이런 식으로 되짚어 올라가다 보면 호메로스가 살았던 시대의 구술 조상에까지 이른다. 문헌학자Philologist와 고문서학자

paleographer들은 르네상스 시대 이래로 원고들(이를테면, 플라톤 '대화편'의 현존하는 다양한 필사본)과 언어들의 계보를 재구성해왔고, 유전체 간의 관계를 밝히는 데 사용되는 최근의 생물정보학 기술은, 그 자체가 과거 텍스트들에서의 오류(돌연변이) 패턴 추적을 위해 개발된 기술의 개량된 후손이다. 다윈이 지적했듯, "상이한 언어와 별개 종의 형성, 그리고 그 양쪽 모두가 점진적인 과정에 의해 발달되어왔다는 증거들은 신기하게도 동일하다."(1871, 59쪽) 우리도 다윈의 본보기를 따라, 한중간에서 시작할 것이다. 태곳적 언어의 기원은 이 챕터의 마지막으로 미루어놓고, 그리고 언어, 특히 단어들에서 현재 진행 중인 진화에 관해 확신을 가지고 이야기할 수 있는 것들을 검토하면서 말이다.

단어들을 더 면밀하게 살펴보기

단어들이란 무엇인가? 여기서 유용하게 쓰일 철학적 전문지식으로는, 1906년 찰스 샌더스 퍼스Charles Sanders Peirce가 처음으로 형식화한 **타입(유형)**type/**토큰(개별자, 개별항)**token 구분이 있다.

(1) "Word" is a word, and there are three tokens of that word in this sentence.
("단어"는 단어이며, 이 문장에는 단어의 토큰이 세 개 있다.)

영어 문장 (1)에 있는 단어는 몇 개인가? 토큰을 센다면(MS 워드 프로그램이 단어를 세는 것처럼 한다면) 15개지만, 타입을 센다면 13개뿐이다. 문장 (1)을 소리 내어 읽는다면 "word"라는 타입의 토큰이 몇 초 간격으로 세 번 발음된다. 즉, 세 번의 상이한 음향 사건이 발생하는 것이다. [문장 (1)의 맨 앞 단어는 다른 토큰들과는 달리 대문자로 시작하지만, 그것 역시 "word"라는 타입의 하나의 토큰일 뿐이다.] 토큰들은 청각적 사건일 수도 있고 잉크 패턴일 수도 있고, 비행운으로 만들어진 공중 문자 패턴일 수도 있으며, 돌에 새겨진 홈일 수도 있고, 컴퓨터의 비트열일 수도 있다.[46]

그뿐이 아니다. 토큰들은 뇌 속에서 벌어지는 침묵의 사건일 수도 있다. 문장 (1)을 소리 내지 않고 읽을 때, 토큰들은 이 페이지에 시각적으로 존재할 뿐 아니라 머릿속에도 존재하며, 소리 내어 읽은 토큰들처럼 머릿속 토큰들 역시 물리적 성질을 지닐 뿐 아니라 발생 횟수도 셀 수 있다. (종이에 적힌 토큰은 수명이 길 것이다. 잉크가 채 마르지 않았을 때부터 시작하여 종이가 부식되거나 타버릴 때까지는 존속될 테니까.) 뇌 속 토큰들을 그 물리적 속성들에 의거해 식별할 방법을 우리는 아직 잘 모른다. **뇌 "읽기"**brain "reading"에 대해 꽤 접근해가고 있긴 하지만 아직 제대로 이해하는 단계에는 이르지 못하고 있다. 그러나 우리는, 타입 "word"의 개별 뇌-토큰brain-token 각각이 서로 다를 뿐 아니라, 적히거나 말해진 토큰과

---

46 때때로 중요하게 작용하는 기술적 구분을 잘 지키려면 다음의 사항에 주목할 필요가 있다. "the cat is on the mat"라는 타입의 문장에 타입 "the"는 두 번 발생하고, 타입 "t"는 네 번 발생한다. 발생이란, 타입처럼 추상적인 것이지, 실체를 지닌 존재자가 아니다. 유전자를 말할 때도 이와 유사한 구분이 이루어져야만 한다. (그러나 이는 종종 무시되고, 그래서 혼란이 발생한다.) 일단 대략적으로 말하자면, 당신을 이루는 모든 세포 하나하나 안에는 당신 유전자 타입 각각에 대한 적어도 하나의 토큰이 들어 있을 뿐 아니라, 당신 유전체 내 코돈들의 동일한 시퀀스의 중복 발생occurrence 또한 들어 있다. 예를 들어 진화에서의 많은 주요 혁신에 결정적으로 관계되어 있는 유전자 중복gene duplication은 유전자 토큰의 개별 중복 복제를 증폭하여 중복된 토큰 수조 개를 자손의 세포들 안에 넣어주는 것이다. 좀더 명쾌한 설명은 도킨스의 2004년 저작에 나와 있다.

도 물리적으로 다르리라는 것은 확신할 수 있다. 뇌-토큰은 "word" 처럼 보이지도, 또 "word"처럼 들리지도 않겠지만, (왜냐하면 뇌 안에서 벌어지는 사건이고, 뇌 안은 어둡고 조용하므로) 그것은 "word" 를 듣거나 볼 때 뇌 속에서 통상적으로 일어나는 사건들과 의심의 여지 없이 물리적으로 유사할 것이다.

의식을 연구하는 이론가들은 이 흥미로운 사실을 종종 간과하는데(14장에서 보게 될 것이다), 이는 대단히 강력한 영향력을 행사한다. 문장 (1)을 **조용하게**, 그러나 높은 음정으로 읽어보라. 그리고 이번에는 노르웨이식 액센트로(음정 기복을 많이 주면서) **조용하게** 읽어보라. 그렇게 읽으면 마음의 귀에 그것이 "노르웨이어처럼" 들리는가? 마음속에서 단어를 소리 내 읽는 것은, 숙달된 언어 사용자에게는 필수적이지 않은 가욋일이지만 새 언어를 배울 때는 (읽을 때 입술을 움직이는 것처럼) 유용하다. 뇌는 말 소리speech sound 구분에 특화된 청각 "설비"와 함께 혀와 입술, 후두를 통제하는 데 특화된 조음(발성) "설비"도 갖추고 있다. 이러한 신경계들은 언어를 배우는 과정에서 훈련되는 것으로, "마음속으로 말하기"에서 주된 역할을 하지만, 그 뇌 영역이 활성화되는 것 자체로는 그 어떤 잡음도 생성되지 않는다. 그러니 뇌 안에 심어진 적합한 민감도의 마이크로 잡아낼 수 있는 진동들을 찾아내려고 애쓰지 마시라. 자, 이제 눈을 감고 문장 (1)의 처음 네 단어를 머릿속으로 "**보라.**" 처음에는 검은 바탕에 노란 글씨로 보일 것이고, 그 후에는 흰 바탕에 검은 글씨로 보일 것이다. 내성introspection으로 판단하면(내성은 까다롭고 신뢰하기 힘들지만, 조사에 착수하는 지금과 같은 상황에서는 여전히 필수불가결한 방법이다), "우리 머릿속에서 단어들이 뛰어다닐" 때, 우리는 보통 그 단어들의 모든 청각적 요소(어조, 발음의 격식, 강세 등)를 다 받아들이면서 그 단어를 "듣"거나 모든 시각적 특성(글꼴, 색, 크기 등)을 다 받아들이면서 "보는" 고생을 하지는 않는다. 그리운 사람의 이름을 도무지 머릿속에서 떨쳐내지 못한 적이 있는가? 있다면 그때 그 이름은 항상 대문자로 나타났는가? 아니면 한숨과 함께 발음되었는가?

따라서 단어—구체적인 특정 단어—가 우리 마음속에서 토큰화될 때는 말해짐과 적힘, 들림과 보임이 잘 구별되지 않는 중간적 경우들이 많은 것으로 보인다. 또한 모든 단어를 "찾는" 번거로움조차 없이, 그 **벌거벗은 의미**bare meaning**들만을 토큰화**하는 것만으로도 가능한, "말(단어)이 동원되지 않는 생각하기"도 가능한 것으로 보인다. 예를 들어 "말이 혀끝에서 뱅뱅 도는" 현상을 떠올려보자. 우리는 우리가 "찾고 있는" 단어에 대해 많은 것을 알고 있지만 그 단어가 갑자기 "떠오르기" 전까지는 인출해낼 수 없다. "ize"로 끝나고 ignore와는 반대되는 세 음절 단어가 뭐더라? 아! Scrutinize! 더듬더듬 찾고 있는 단어를 떠올리지 못할 경우, 탐색을 포기하고 문제의 해결책을 충분히 숙고하지 못하게 될 때도 가끔 있지만, 또 어느 때는 단어가 입혀지지 않은 벌거벗은 의미들만으로도, 그러니까 한국어나 영어 또는 다른 어떠한 언어도 아닌 생각만으로도 말(단어) 없이 무언가를 그럭저럭 해나갈 수도 있다. 흥미로운 질문을 하나 해보자. 신경계 없이도, 그러니까 모국어 학습 과정에서 단련되는 "정신적 훈련" 없이도 우리는 그러한 일을 할 수 있을까? 일단 개시하고 나면 벗어던질 수 있는 장비에 의존한다는 면에서, 단어 없는 생각은 맨발 수상스키와 비슷할까? 심리언어학자와 신경언어학자는, 이 사색에 의존하는 인과적 자기성찰을 발화 산출 및 지각에 관한 모형들과 통제된 실험들로 보완할 (또는 종종 대체할) 좋은 출발점을 만들었다. (Jackendoff 2002, 특히 제7장 "처리에 미치는 영향들"은 그 방법을 소개하는 매우 귀중한 부분이다.)

자기 성찰에서 생기는 문제는, 내면의 눈과 내면의 귀가—그리고 내면의 마음이—있어서 내밀하게 익숙한 항목, 즉 데카르트 극장의 무대에 올려진 대상들을 보고 듣고 생각할 수 있다는 환상을 **묵인한다**는 것이다.(Dennett 1991) 데카르트 극장은 없다. 단지 있는 것처럼 보일 뿐이다. 볼 수 있고 들을 수 있고 생각할 수 있는 항목들 역시 있는 것처럼 **보일** 뿐이고—마술을 제쳐둔다면—실제로 뇌 속에서 **그러한 역할을 하는** 물리적 토큰들이 없는 한 그렇게 보일 수조차 없다. 그러나 뇌 안의 무언가가 그런 역할 중 일부를 어떻게 물리적으로 수행하는가 하는 것은 미래의 과학적 탐구를 통해 답해질 화제이지, 자기 성찰이 답할 것은 **아니다.**

우리는 좀 성급하게 앞서 나가고 있다. 의식에 관한 이론을 위한 이러한 관찰의 함의를 한데 모아볼 기회는 14장에서 제공될 것이다. 지금 나는 그저, 명백한 사실 하나를 인정하고 훨씬 덜 명백한 사실 하나에 주목하고자 한다. 명백한 사실이란 단어의 공적 토큰뿐 아니라 내적이고 사밀한 토큰도 존재한다는 것이고, 덜 명백한 사실이란 그 내부 토큰의 물리적 특성에 관해서는 우리가 아는 게 거의 없다는 것이다. 내부 토큰은 외부 토큰과 **닮은 것처럼 보이**지만, 이는 우리가 외부 토큰 간의 닮음과 다름을 탐지하는 데 사용하는 것과 동일한 신경회로를 내부 토큰도 사용하기 때문이지, 이 신경회로가 자신이 식별한 것의 **복사본을 만들어주기** 때문이 아니다.[47]

사람들의 뇌 속에 향유된—토큰화 된—단어를 식별하는 기술에 통달하는 데 언젠가 성공한다고 해도, 그것만으로는 사람들의 신

47 이 현상과 스마트폰의 음악 인식 및 검색 앱 샤잠Shazam을 비교해보면 이를 상상하는 데 도움이 될 것이다. 그 프로그램이 음악을 식별하기 위해 마이크에 의해 변환된 신호를 "소리로 되바꿀" 필요가 없다.

념들이나 생각들까지 알아낸다는 의미에서의 "사람들의 마음을 읽는" 능력을 구성하지는 못할 것이다. "민주주의 타도!"라고 속으로만 다섯 번 말해보자. 내가 당신의 뇌-토큰을 읽을 수 있고, 당신이 머릿속으로 무엇을 말하는지를 알아낼 수 있다고 해도, 당신이 은밀히 되뇐 그것을 당신이 믿는다고 내가 확신할 수는 없다. 그렇지 않은가? 이러한 종류의 마음 읽기는 언젠가는 현실이 될 수도 있고, 그렇다면 마음-단어-토큰 식별은 오늘날 도청盜聽이 하고 있는 것과 거의 같은 증거적 역할을 수행할 수도 있을 것이다. 당신에 대한 고자질은 하지만 신념 귀속의 결정적 기반과는 거리가 먼, 그런 것 말이다.

어떠한 경우든, 당신 "단어"의 뇌-토큰이 내 "단어"의 뇌-토큰과 물리적으로 (모양이나 위치, 또는 다른 물리적 특성 면에서[48])유사할 가망성은 희박하다. 그러므로 나는, "당신 뇌의 언어처리 영역에 흩어져 있는 뉴런의 연합과 연루된, '단어'의 뇌-토큰의 물리적으로 **상이한**—아래에 적힌 토큰과는 모양을 비롯한 물리적 특성이 다른—타입들을 당신이 많이 가지고 있다"는 명제에 반反하여 내기를 걸지는 않을 것이다.

단어 단어 단어 단어 단어 **단어** 단어

---

48 다른 타입의 단어들—음식에 관련된 단어들, 악기에 관련된 단어들, 도구에 관련된 단어들 등—에 대한 지식은 뇌의 각기 다른 영역에 저장된다(뇌가 뇌졸중을 비롯한 사고를 당하게 되면 의미들에 대한 지식이 선택적으로 손실된다)는 사실을 우리는 알고 있다. 그러므로 당신의 "바이올린"의 토큰들과 나의 "바이올린" 토큰들은 우리 뇌의 동일 영역에서의 활동과 연관되겠지만, 내 뇌에서 "바이올린", "트럼펫", "벤조"가 차지하는 영역을 안다고 해서, 연구자들이 당신 뇌에서 다른 용어들이 차지하는 위치를 콕 집어내는 데 도움이 될 것이라 낙관할 수는 없다.

무언가를 동일한 한 가지 타입의 토큰으로 만드는 것은 단순한 닮음이 아니다. 글자로 적힌 토큰 "고양이"와 그것을 당신이 소리 내 읽을 때 만들어지는 소리는 모두 타입 "고양이"의 토큰이고, 그 두 토큰은 서로 전혀 닮지 않았다. 소리 내어 말해진 토큰도 놀랍도록 다른 특성을 가질 수 있다. 성악가가 낮고 깊은 음으로 발화한 "고양이"는 다섯 살배기 여자아이가 속삭인 "고양이"와 그 어떤 물리적 특성도 거의 공유하지 않겠지만, 그 둘 다 우리말 화자들에게는 **고양이**의 토큰임이 **쉽게** 인식된다. 가영이가 "초콜릿"이라고 말하고, 그것을 들은 나영이는 종이에 "초콜릿"이라고 써서 다영에게 주고, 다영이는 라영이에게 귓속말로 "초콜릿"이라 말하고, 라영은 휴대전화에 "초콜릿"이라고 타이핑하여 그것을 마영이에게 보여준다고 하자. 한 타입의 기존 토큰 하나가 그와 동일한 타입의 새 토큰 하나를 만드는 과정은 그것이 어떠한 것이든 하나의 복제replication로 취급된다. 그 토큰들이 물리적으로 동일하든 매우 유사하든 상관없이 말이다. 단어들의 토큰은 모두 저마다의 물리적인 것들이다. 그러나 단어들은, 소프트웨어처럼 정보로 이루어진 것이라 할 수 있으며, 대개의 경우 토큰이 아닌 타입으로 개별화individuated된다. 지금 당신의 노트북 컴퓨터에 인스톨되어 있는 MS 워드의 버전은 하나의 토큰이지만, 우리가 MS 워드에 대해 이야기할 때라면—MS 워드 14.4.1에 대해 말하고 있다 해도—일반적으로 토큰이 아닌 타입을 의미한다.

다윈에게 단어들이 자연선택에 의해 진화해왔다는 생각은 명백하다. 혹자는 뇌 안의 생득적(선천적)innate 언어획득장치Language Acquisition Device(LAD)라는 아이디어의 선구자인 놈 촘스키Noam Chomsky가 언어에 관한 진화론적 설명, 즉 일반적으로는 언어가, 그리고 구체적으로는 단어들이 어떻게 그 주목할 만한 특징들을 지니게 되었는지에 관한 진화론적 설명들에 호의적이라고 생각할 것이다. 그러나 촘스키는 거의 모든 면에서 언어학의 진화론적 사고들을 폄훼했다. (이는 12장에서 좀더 다룬다.) 중요한 인물 몇몇을 제외하면, 많은 언어학자와 언어철학자가 촘스키의 주장을 따라 진화론적 사고에 완강하게 저항해왔다. 철학자 루스 밀리컨Ruth Millikan은 그녀의 선구적인 책《언어, 사고, 그리고 그 외의 생물학적 범주들Language, Thought and Other Biological Categories》(1984)에서 단어는 "성도vocal tract 제스처"[a]의 **후예**라 추측했다. 철학자 데이비드 캐플런David Kaplan(1990)은 단어들을 **지속**continuances으로, 그리고 특정 발화나 기재inscription(또는 머릿속에서의 발화)를 **단계**stages로 모형화하는 시도를 했다. 플라톤식의 불변적 본질을 거부했다는 점에서, 그리고 타입이 변하지 않더라도 그 토큰들의 물리적 성질들은 폭넓게 변화할 수 있음을 인지했다는 점에서, 그의 '자연주의적' 모형은 다윈에게서 영향을 받았음이 분명하다. (사실 캐플런은 본질주의의 냄새를 풍긴다는 이유로 토큰과 타입이라는 용어—철학에서는 오랫동안 사용되어 온—를 폄훼했으나, 나중에는 수용했다. 그는 이렇게 썼다. "나는 '발화'와 '기재'라는 표현을 더 좋아하긴 하지만, 당신이 발화와 기재를 '토큰'들이라 부르고 싶어 한다면 상관하지 않겠다. 우리가 타입/토큰 모형의 형이상학에 사로잡히지 않는 선에서 말이다."(p. 101) MIT의 촘스키 진영은 진화론적 설명에 손을 댄 캐플런의 주장에 저항했는데, 철학자 실바인 브롬버거Silvain Bromberger(2011)의 다음과 같은 대응은 MIT 스타일의 전형을 보여준다.

말의 변화에 관해 이야기하는 것은 기껏해야 편리한 지름길, 즉

a 성대에서 입술에 이르는, 소리가 나오는 길을 성도라 한다.

경험적 상세에 관해서는 얼버무려버리는 그러한 방식이라는 사실은 여전히 반론 불가능하다. 그러나 다시 한번 강조하자면, 교훈은 이것이다. 언어의 존재론에 진지한 관심을 기울이는 사람이라면, 변화에 관한 틀에 박힌 상투적 어구들을 액면 그대로 받아들여서는 안 된다. …… 사람은 변하지만, "단어들"은 그렇지 않다!(pp. 496-497)

브롬버거는 "그것들이 추상적 존재자들이라면 어떻게 변화할 수 있겠는가?"라는 각주를 덧붙였다. 그 말이 결정적 공격이라도 되는 것처럼 말이다. 브롬버거는 유전자에 대해서는 어떻게 생각하고 있을까? 유전자들 역시 틀에 박힌 상투적 문구일 뿐이라고 생각할까? 촘스키와 그의 일부 동료, 그리고 전 세계의 촘스키 추종자가 진화적 사고에 반대하는 바람에, 언어철학자들이 가능성을 고찰해볼 기회가 박탈되곤 했지만, 시대는 변하고 있다. 밀리컨과 캐플런, 그리고 나뿐 아니라 대니얼 클라우드Daniel Cloud(2015) 또한 이러한 시각의 연구를 시작하였고, 마크 리처드Mark Richard(근간)는 생물 종들과 언어 의미 간의 유사함을 탐색하고 있다. (이 내용은 11장에서 더 다룬다.)

나의 동료인 언어학자 레이 재킨도프Ray Jackendoff(2002)는 진화 지식이 포함된 언어 이론을 만들어, 최근의 신경과학과 협력하고자 했다. 그의 설명에 따르면, 단어(말)는 **기억 안의 구조**로, 독립적으로 획득(학습)되어야만 한다는 의미에서 자율적이다.[49] 6장에서

49 우리가 일상적으로 사용하는 용어인 "단어"가 지니는 함축에는 문제의 소지가 있으므로, 재킨도프는 기술적으로 좀더 정확한 대체어인 "어휘 항목lexical item"이라는 표현을 제안하고 정의했다. 예컨대, 모든 어휘 항목이 다 발음을 지니지는 않는다.

정의된 대로, 단어들은 **정보 항목**이다. **정보적 구조**는 그것 말고도 많다. 이야기, 시, 노래, 구호(슬로건), 캐치프레이즈, 신화, 기술, "우수 사례", 학파, 교리, 미신, 운영체제, 웹 브라우저, 자바 애플릿 등등. 정보적 구조는 크기(부분의 수로 측정하는 것이지, 로스앤젤레스의 HOLLYWOOD 광고판처럼 토큰들의 물리적 크기로 측정하는 것이 아니다)도 다양하다. 소설은 크고, 시는 대개 훨씬 작으며, 교통 신호("우측통행" 같은 것)는 훨씬 더 작고, 상표는 (어떤 물질이든) 종종 하나의 모양이다.

단어에는 그 토큰의 가시 부분이나 가청 부분뿐 아니라 수많은 정보적 부분(그 단어를 명사나 동사, 비교급, 복수형 등으로 만드는 부분) 역시 존재한다. 단어는 어떤 면에서는 자율적이다. 한 언어에서 다른 언어로 이주할 수 있고, 다수의 다른 역할로 발생할 수 있으며, 공적이고 사적이라는 점에서 말이다. 하나의 단어는, 하나의 바이러스처럼, 최소 **행위자**agent의 일종이다. **단어는 말해지길 원한다.**(Dennett 1991, pp. 227-252) 왜냐고? 말해지지 않으면 곧 소멸되니까. 유전자가 이기적인 것(Dawkins 1976)과 동일한 방식으로 단어도 **이기적**이다. 이 상징적 용법은 우리 마음을 안내하여 진화에 대한 관점을 조명하게 해줄 매우 효과적인 길잡이임이 증명되었다. (약간의 상징을 두려워하지 마시라, 해치지 않는다. 그러나 상징을 입히지 않은 있는 그대로의 사실을 이용하고 싶을 때면 언제든 그리할 방법을 반드시 숙지해놓아야만 한다.)

바이러스에게 마음이 없는 것처럼, 정보적인 것은 마음을 가지지 않는다. 그러나 바이러스처럼, 정보적인 것 역시 그 자신의 복제를 유발하고 향상시키도록 (주로 진화에 의해) 설계되었으며, **그것이 생산하는 토큰 하나하나는 모두 그 자신의 자손**offspring**이다**. 하나의 조상으로부터 유래한 일군의 토큰은 하나의 **타입**을 구성하며, 따라서 타입은 종species과 비슷하다고 할 수 있다. 이제 우리는 캐플런이 타입/토큰 구분에 저항했던 것의 진가를 알 수 있다. 어떤 공룡 종이 계속 대를 이어 번식을 거듭하다가 마침내 그 후손이 새로운 조류 종의 일원이 되어버리기도 하는 것처럼, 토큰도 점진적으로 변화하다가 새로운 **타입**의 것이 될 수 있기 때문이다. 단어-토큰의 후손 중 어떤 것은 혼잣말이 될 수도 있다. 즉 그것의 숙주인 인간은 그 단어를 강박적으로 마음속에서 되뇌고 또 되뇔 수 있으며, 이때 토큰들의 개체수 폭발은 뇌 안에서 그 단어 자신을 위한 훨씬 더 강건한 니치를 형성한다. [그리고 더 많은 내적 토큰화의 결과물—자손—은 전적으로 우리의 의식적 주의가 미치지 않는 곳에서 태어나게 될 것이다. 바로 이 순간, 당신도 모르는 사이에 당신의 장腸 안에서 미생물이 복제되듯 단어(말)는 당신의 머릿속에서 당신의 주의를 끌지 않으며 경쟁적으로 복제될 것이다. 이에 대해서는 나중에 더 이야기하겠다.] 어떤 자손들은 소리 내어 발화되거나 적히거나 책에 인쇄될 테고, 그 중 극소수는 다른 뇌에 거주할 기회를 얻을 것이며, 그 다른 뇌에서 그것들은 자신들을 위해 이미 준비된 집—새 숙주들에 의해 인지되는—을 찾을 수도 있고 새로운 니치에서 새 출발을 할 수도 있을 것이다.

단어는 어떻게 재생산(번식)하는가?

바이러스의 입장에서는 수가 많은 편이 안전하다. 바이러스를 딱 한 개체만 복제해도 숙주를 감염시킬 수 있겠지만, 많은 수로 승부해야 발판을 얻고 어느 정도의 재생산 군집을 마련할 가능성이 더 높아진다. 이와 유사하게, 성인 청자라면 관심 분야의 새 단어를 한 번만 들어도 어휘 목록에 새 항목 하나, 즉 새 단어-토큰 생성기 generator를 충분히 확립시킬 수 있지만, 유아들은 새 단어를 그야말로 말 그대로, 거듭 반복해서 들어야 인상에 남기가 더 쉽다.

단어들은 유아의 뇌에 어떻게 자신을 인스톨시키는가? 태어나서 여섯 살까지의 아이들은 하루에 평균 7개의 단어를 배운다. (어떻게 아느냐고? 간단하다. 6세 아이의 어휘는 1만 5000개 정도인데, 이를 6세 생일까지 살아온 날의 수인 2190으로 나누면 된다. 아기는 태어나서 처음 두 해 동안은 약 200개의 단어를 배운다. 그 후 몇 년 동안은 습득 과정의 속도가 점점 증가하다가 다시 급격히 줄어든다. 당신은 이번 주에 몇 개의 단어를 새로 배웠는가?) 아기가 단어를 배우는 최초의 나날들에 초점을 맞춘다면, 아기가 어떤 한 단어의 사본을 발화하려고, 즉 말하려고 노력하게 되기까지 그 아기 앞에서 그 단어를 평균 여섯 번은 토큰화시켜야 함을 알게 될 것이다.(Roy 2013; 로이의 훌륭한 TED 강연도 추천한다. 강연 주소는 다음과 같다. http://www.ted.com/talks/deb_roy_the_birth_of_a_word) 당신은 이렇게 말할지도 모른다. 바이러스와는 달리, 단어는 그것이 태어나기 전에 복수의 부모를 가진다고, 그러나 그 부모가 모두 동시에 나타날 필요는 없다. 아기가 듣는 모든 단어가 다 아기에게로 향하는 것은 아니다. 아기는 부모나 양육자의 말을 계속 듣는다. 단어의 첫 발생 occurrence은 복잡하고 매우 불가해한 어떤 지각적 맥락에서의 새로운 청각 사건일 뿐이지만, 아기의 뇌에 일종의 인상을 남긴다. 두 번째 발생은 그 인상에 더해지고(아기가 말을 할 수 있었다면 이렇게 이야기했을 것이다. "어? 아까 **그 소리**가 또 나네!"), 처음 맥락에서의 몇몇 특색들을 공유할 수도 있는 (그렇지 않을 수도 있다) 맥락에서 발생한다. 세 번째 발생은 아주 아주 약간 더 친숙해지고, 그것이 발생하는 맥락은 어느 정도 초점 안으로 들어올 수도 있다. 네 번째, 다섯 번째, 그리고 여섯 번째 발생은 그 단어만의 청각적 특징—언어학자가 **음운체계**phonology라 부르는 것—을 아기에게 인식시키고, 뇌 안에 일종의 닻을 형성한다. 그 지점에서 아기는 행동 목표를 가지게 된다. 행동 목표는 이것이다. **그걸 말해!** 우리는 이 목표를 형성하려는 경향이 지금쯤에는 인간 유전체 내에 유전적으로 설치되었다고 추측할 수 있지만, 호미닌hominin의[50] 발성/의사소통이 이루어지던 초창기에는 이것이 아마도 가변적인 특이성, 즉 부모와 양육자를 모방하고 그들과 상호작용하는 것을 좋아하는 일반적 성향이 운 좋게 확장된 것이었을 것이다. 언어의 기원에 대해서는 12장에서 더 이야기할 예정이다.

일단 아기가 말하려는 노력을 시작하면, 어른은 아기 앞에서 천천히, 그리고 알아듣기 쉽게 발음하는 것으로 반응한다.(Roy 2015) 이제 아기는 의도 없이 어른의 말소리에 그저 노출되기만 하는 존재가 아닌, 의사소통에 참여할 후보로 여겨지는 것이다. 토큰이 몇 개만 더 형성되고 나면, 그리고 그 과정에서 아기가 자신의 실행에 대한 어른의 피드백을 수행 향상을 위해 사용하면, 인식 가능한 사본이 출현하기 시작한다. "아기의 첫 말"이 나오는 것이다. 그러나 아기는 자신이 말한 것을 이해할 필요도, 그것이 말이라는 것을 알 필요도 전혀 없다. 아기는 단지 그런 체계를 갖춘 소리를 훨씬 더 구체적인 맥락에서 발화하는 습관을 발달시킬 뿐이다. 가끔 "본능적으로" 우는 방식을 사용할 때 음식이나 안아주기 또는 불편함의 해소로 이어지는 즉각적인 보상을 얻는 것과 같은 방식으로

---

50 호미니드hominid는 침팬지를 비롯한 유인원들을 포함하는 영장류의 범주를 일컫고, 그보다 좁은 범주인 호미닌은 인류와 그 가장 가까운 조상들만을 포함하는 600만 년 전의 일족을 말한다.

말이다. 발화와 듣기 모두에서 이런 과정들이 반복되며 쌓여감에 따라 특정 단어의 소리가 점점 더 친숙해지고, 더 잘 인식되고, 더 잘 식별된다. 발음할 수 있는 단어는 머릿속에서 거처를 정하고, 이 지점에서 좋은 것은 …… 단지 그 단어가 자신을 재생산(번식)하기 쉬워진다는 것이다. 곧 아기가 (무의식적으로) 식별할 수 있는 용례들이 습득되기 시작하고, 그것들은 점차 아기에게 무언가를 의미하기 시작한다.

단어들의 이러한 자손 만들기는 아마도 무의식적으로 이루어질 것이다. 아기들에게 자극과 반응들이 빗발치긴 하지만 아기들이 아직 그것을 사용하여 적절한 수준의 의식을 발달시키지는 못했기 때문이다. 이 사안은 많은 논쟁을 불러일으키므로 조심스럽게 접근하도록 하자. 이 지점에서, 의식적인 활동과 무의식적인 활동을 나눠줄 "선을 그으려고" 할 필요는 없다. 종국에는 정확한 구분선이 그려질 것이라 해도 말이다. 깊은 잠에서 매우 점진적으로 깨어나게 되어, 다시 의식을 찾는 최초의 순간이 언제인지 정확히 알 수 없는 경우가 종종 있는데, 마치 그런 것처럼, 아기의 의식이 '의식'이라는 용어에 걸맞은 형식으로(민감도sensitivity, 자극 반응성responsivity to stimuli 등과 같은, 식물이나 박테리아에서도 통용되는 것들을 뛰어넘는 그 무언가로) 발달하는 과정은 십중팔구 점진적으로 진행될 것이다. 생물에서의 대단한 변화들이 모두 그렇듯이.

어떤 사람들은 의식이 거대한 예외이며 실무율적all-or-nothing 속성을 지닌다는 견해에 매달린다. 실무율적 속성이라고 본다는 것은 우주를 완전히 분리된 두 집합으로, 그러니까 **무언가인 것처럼 보이는 것들**과 아무것도 아닌 것처럼 보이는 것들로 나눈다는 것이다.(Nagel 1974; Searle 1992; Chalmers 1996; McGinn 1999) 그러나 나는 왜 그래야 하는지를 설득력 있게 설명하는 논변을 아직 만나지 못했다. 나는 이 견해가 생기론의 수상한 후예 같다는 인상을 받았다. 생기론은 지금은 거의 버려진 교조로, 살아 있다는 것은 마법의 물질wonder-stuff인 **엘랑 비탈**élan vital[a] 같은 것의 주입을 필요로 하는 특별한 형이상학적 속성이라 주장한다. 의식에 대한 이와 같은 형이상학적으로 과잉된 견해는 지금도 여전히 매우 사려 깊은 사람들 사이에서도 유행하고 있다. 그런 사람 중에는 철학자도 있고 과학자도 있다. 나는 아기들이 이 단계에서는 **십중팔구** 자신의 머릿속에서 자라고 있는 단어-자손을 (정말로, 매우) 의식하지 못할 뿐이라는 의견을 밝히려 한다. 그 매우 사려 깊은 사람들이 옳다는 것이 밝혀지는 날이 온다면—전 우주가 정말로 둘로 나뉜다면—나는 내 주장을 수정할 것이다. 내일 마법 불꽃이 확인된다면, 나는 **장엄한 시각** T에 의식이 아기(또는 태아)에게 찾아온다는 주장에 동의할 것이다. 하지만, 이제 나는 물론이고 여러분도 알다시피, 나는 그때도 이렇게 주장할 것이다. 행위자가 수천 개의 밈—그저 단어들이 아니라, 의식적 재능이 의존하고 있는 신경 연결을 (재)조직하는—에 점진적으로 점령되기 전까지는, 의식이 그 익숙한 일련의 재능을, 그러니까 **의식이 있기 때문에 무언가를 할 수 있는** 행위자의 능력을, 발달시키지 않는다고.

그래서 우리는 아기들의 일생 중 무작위적 발성(무작위 발성이 아니라면, 자기가 들은 소리를 복제하려는 시도일 수도 있다)이 의미

a 프랑스의 철학자 앙리 베르그송의 용어로, 주어진 여건 아래서 스스로 능동적으로 변화하기 위해 본래부터 가지고 있는 에너지를 뜻한다. 베르그송은 생명이 물질과 대립되는 것이라 보았으며, 물질은 엔트로피의 법칙을 따르지만 생명은 엔트로피 법칙을 거스르는 특수한 현상이라 말한다. 엘랑 비탈은 물질과 대립되는 이러한 생명의 특성을 설명하기 위해 그가 제시한 개념이다. 프랑스어로 엘랑élan은 도약 또는 약동을 의미하며, 비탈Vital은 생명을 의미한다. 엘랑 비탈을 우리말로 '생의 약동'이라 번역하여 쓰기도 한다.

없는 유아어(기능 없이 그저 많이 해보는 것을 넘어서는 범위로는 절대 촉진되지 않는)가 될 수 있는 그 짧은 기간을 살펴보고 있는 것이다. 발성에 있어서의 이 작은 습관들은 아기로 하여금 몇 달 동안 예행 연습을 하게 만들고, 이 예행 연습은 더 효과적인 발성들에 직면하거나 열심히 협동하는 대화자들 덕분에 국소적 의미를 획득할 때까지 계속된다. 대부분의 사람들에게, 전 일생에서 자기가 성공적으로 "주조coin할" 수 있는 단어들은 그들의 유아어뿐이다. 아기가 의미 없는 단어를 내뱉었을 때 무조건적인 사랑을 주는 부모를 비롯한 양육자와 형제자매가 거기에 의미를 부착하지 않고 그 단어들을 메아리처럼 아기에게 그대로 되돌려준다면, 그들은 재생산 외의 다른 기능은 전혀 없는, 순전히 발음 가능한 밈, 즉 도움도 방해도 되지 않으면서 당분간 번창하기만 하는 마음-바이러스의 형성에 연루되는 것이다.[51]

더 효과적인 단어, 그러니까 모든 사람의 필수 불가결한 연장 세트 또는 어휘가 되는 상리공생 밈들은 점진적이며 준다윈주의적인 공진화 과정을 통해 그것들의 의미론과 구문론과 함축을 획득한다. 그 과정을 좀더 구체적으로 말하자면, 뇌의 패턴 탐지 능력을 최대한 활용하고 뇌에 이미 설계된 행위 유발성 탐지기들의 장점을 취하는 하의상달식 학습이라 할 수 있다.(Gorniak 2005; Gorniak and Roy 2006) 자연 언어 의미론과 구문론의 익히 알려진 모든 복잡성에도 불구하고 대담하게 주장된 이 의견은 이론언어학자들의 눈에는 놀라울 만큼 무책임한 추측처럼 보일 수도 있다. 그러나 그

51 공생자는 세 종류로 구분된다. 기생생물parasites은 숙주의 적합도에 해로운 영향을 주고, 편리공생생물commensals은 중립적(그러나 "같은 식탁에서 먹기는 한다")이며, 상리공생생물mutualists은 숙주의 유전적 적합도를 향상시킨다.

내용은 매우 온건하다. 음운이 가장 먼저고, 그것이 단어의 청각적 특징을 위한 마디node나 초점focus을 뇌에 형성하면, 이것이 기반, 즉 닻이나 집결점이 되어 소리의 조음 윤곽—소리 내어 말하는 법—을 만들면서 소리 주변에 의미론과 구문론을 발달시킨다는 것이다. 나는 내가 확신하는 경우라 해도 논쟁에서 어느 한쪽의 편을 들지 않고 있다. 얼마나 많은 편향이, 즉 촘스키주의자들이 말하는 "보편문법Universal Grammar" 같은 것이 "언어 획득 장치" 안에 유전적으로 얼마나 많이 인스톨되어 있어야만 하는가에 대한 평결을 옹호하지 않고도 나의 견해를 충분히 방어하고도 남는다. 나는 또한, 그 편향이 어떤 형태로 이루어질 수 있거나 이루어져야만 하는지를 그 어떤 식으로도 규정하지도 않는다. 어쨌든 아기의 뇌는 어떻게 해서든 (의식적으로는 고사하고) 어떠한 유형의 신중한 "이론 구성"도 없이, 감각에 부여된 의미론적 정보들에[52] 민감하게 반응하면서, 양육자와 공유하게 될 습관을 곧장 구축해나간다.

오늘날 인간 유아의 모국어 인스톨은 의심의 여지 없이, 수천 세대의 인간 언어 학습자들에게 지대한 영향을 끼쳐온 선택압으로부터 이득을 얻으며 잘 설계된 과정이다. 진화 과정들이 진행되는 동안, 단어의 발음과 인식이 더 용이해지고 주장과 질문, 요청, 명령의 형성과 표현이 더 쉬워지는, 그래서 언어 습득을 더 쉽게 만드는 많은 지름길이 발견되었을 것이다. 이러한 진화 과정이 처음부터 **유전자**의 차등복제differential replication와 연관된 것은 아니다. 그보다는 훨씬 더 신속하게 일어나는 **밈**의 차등복제와 더 깊게 연관된다. 뇌

52 여기서 의미론적 정보란 6장에서 개진된 광의의 것을 의미한다. 내가 말하는 것은 획득되는 항목들의 구문론과 음운론(음성을 듣고 있는 유아의 경우), 화용론, 문맥, 그리고 의미(의미론)에 **대한** (의미론적) 정보다.

가 언어를 더 잘 수용할 수 있도록 진화되기 전에, 언어가 먼저 뇌에 알맞도록 진화되었다.[53]

의심의 여지 없이, 발음 가능한 밈은 인간의 청력 및 조음의 물리학과 생리학에 어느 정도 제약을 받는다. 개별 언어들에 아무리 많은 변이가 있다 해도, 별다른 지도를 받지 않아도 아이들은 성인의 인식 능력과 조음 능력을 정상적으로 획득한다. 그리고 의심의 여지 없이, 그들이 새로이 생성해낸 단어들이 공유하는 의미론적 속성들은, 일단 잘 인스톨되고 나면, 인간 **환경세계**의 비언어적 부분의 구조, 즉 행위 유발성의 현시적 이미지와 그것을 다루는 행동에 심대하게 의존한다. 여기서도 아이들은 별다른 지침 없이도 의미론을 획득한다. 대부분의 문화권에서 아이들을 애지중지하는 양육자는 다들 아이에게 사물의 이름을 가르쳐주곤 한다. 그러나 그들이 이 프로젝트에 아무리 열광적이라 해도, 아이들은 그 단어의 의미를 점진적으로 획득한다. 명시적 주의 없이, 양육자의 신중한 지도 없이 말이다. 맥락 안에서 수천 개의 단어에 반복하여 노출되다 보면, 그 단어들이 뜻하고 있음이 틀림없는 확실한 의미들에 접근하는 데 필요한 거의 모든 정보를 제공 받을 수 있다. 미세 조정은 나중에 필요할 때마다 조금씩 이루어지면 된다. (조랑말은 말의 일종인가? 여우는 개의 일종인가? 나는 **창피한** 것인가, **당황한** 것인가?)

소크라테스는 사람이 어떤 단어에 대해 서로 이야기하는 것

---

53 디콘Deacon(1997)은 이에 대한 좋은 설명을 제공했다. 그의 2003년 저작과 나의 2003년 저작(Dennett 2003b)도 함께 보라. 둘 다 드퓨와 웨버가 편집한 《진화와 학습: 볼드윈 효과에 대한 재고Evolution and Learning: The Baldwin Effect Reconsidered》에 수록되어 있다. 최근에는 크리스티안센Christiansen과 채터Chater(2008)가 이 주제에 대한 야심찬 옹호(과장된 버전)를 제시하며, 대안들을 점검하고 반응들을 취합했다. 그들의 주장은 《행동과학과 뇌과학Behavioral and Brain Sciences》에 주요 기사로 실려 있는데, 특히 반응 취합 부분은 꼭 읽어 볼 가치가 있다.

만으로 그 단어의 **정의**를 어떻게 알아낼 수 있는가라는 문제로 골치를 앓았다. 그 단어가 무엇을 의미하는지를 그들이 이미 알고 있는 것이 아니라면, 그들끼리 서로 캐물어보았자 무슨 이득이 있겠는가? 그리고 그들이 그 의미를 이미 알고 있다면, 왜 굳이 그것을 정의하는 번거로운 짓을 하겠으며, 정의하는 일이 왜 그리도 힘들겠는가? 단어를 이해한다는 것이 그 정의를 획득하는 것과 동일하지는 않다는 것을 인식하면 이 난제는 일부 해소된다.[54]

아마도, 이러한 의미론적이고 음운론적인 제약뿐 아니라, 유전적으로 설계된 구체적인 **구문론적** 제약과, 우리 뇌의 구조적 속성들에 의해 부과된 끌개attractor들 역시 존재할 것이다. 그리고 아마도, 이러한 것들은 진화의 역사에서 오래전에 일어난 동결된 우연frozen accidents[a]이었을 테고, 그것이 오늘날에는 학습 가능한 언어들의 집합에 제한을 주고 있을 것이다. 동결된 우연이 다른 것이었다면 역사는 약간 다르게 전개되었을 것이다. 이런 예를 상상해보면 좀 도움이 될 것이다. 몇몇 이론가들이 주장하는 것처럼, 언어의 기원이 발성이 아닌 몸짓gesture에 있다고 가정하자. 그러면 몸짓언어에 최적인 어떤 순서화 원리ordering principle(수다스럽게 몸짓을 할 때 이런 순서 지침이 없다면 근육들이 혹사당할 수 있다. 따라서, 예를 들어 팔이 급작스러운 위치 변화를 최소한으로 겪도록 하는 등의 순서화 원리가 생겼을 것이다)가 어찌어찌 이어져 와서 지금의 음성언어에도 제

54 GOFAI의 "상의하달식" 지성적 설계의 측면이 특히 생생하게 부각되는 지점이 바로 여기다. 행위자의 지식을 유클리드 기하학과 같은 것이라고, 즉 공리들axioms과 정리들theorem의 집합이라고 생각한다면, 당신은 "당신의 용어들을 정의"할 필요가 있을 것이다. CYC가 데이터베이스에 손수 코딩한 수천 개의 정의를 넣었다는 사실은, 어떤 사람들은 여전히 상의하달식 AI가 인공지능의 나아갈 길이라 믿고 있다는 것을 여실히 보여준다.

a 우연히 발생했으나 그로 인해 역사의 방향이 바뀌게 된 사건을 말한다.

약으로 남아 있을 수 있다. 그 제약들이 남은 것은, 그것이 음성언어를 효율적으로 만들기 때문이 아니라 몸짓언어를 더 효율적으로 만들어**주었기** 때문이다. 이런 식의 사례는 키보드의 영문 자판 배열에서도 찾아볼 수 있다. 요즘 키보드는 QWERTYUIOP 순서로 배열되어 있는데, 이는 요즘 방식의 키보드에 이로운 것이 아닌, 과거 타자기 시대에 이로웠던 이유의 결과다. 과거의 타자기는 키를 누르는 레버들과 타이프 레버들이 기계적으로 연결되어 있었다. 그래서 "th"나 "st"처럼 영어에서 빈번하게 조합되는 글자 키들은 오히려 붙여 놓지 않았는데, 타이프 레버들이 종이로 다가갔다가 멀어지는 과정에서 서로 걸리지 않게 하기 위해서였다. 한편으로는, 아마도 진화된 뇌 구조에 의해 부과된 구문론적 제약들은 **전지구적으로** globally 최적의 것이었을 것이다. 그러니까, 언어가 최초로 진화되었을 시점에, 지구상 포유류 뇌의 신경 구조가 주어진 상태에서는, 지구의 언어들이 그러한 구조적 형태를 지닌 것은 결코 우연이 아니다. 또는 그런 제약은 어쩌면, 우주 그 어느 곳 그 어떤 자연언어에서든 출현하리라 예측할 수 있는 "좋은 요령"일 수도 있다. 이 요령들이 언제나, 그리고 어디서나 좋은 것이라면, 그것이 볼드윈 효과 Baldwin Effect에 의해 우리 유전체 내에 인스톨된 좋은 기회가 있었을 것이다. (행위 혁신 X가 매우 유용함을 증명하는 것은 가능하다. X하지 않는 개체는 누구든 불리해지고, 개체군에서 X를 **획득**하거나 **채택**하는 그 어떤 변이라도 유전적으로 선택될 것이며, 그리하여 몇 세대가 지나면 후손들은 "타고난 X-행위자", 즉 예행 연습을 거의 하지 않아도 X를 행할 수 있는 존재로 드러날 테니 말이다. 'X-하기'는 볼드윈 효과에 의해 유전체 내로 옮겨지며 본능이 되었다.) 그런 제약들은 또 어쩌면, 각 세대가 매번 새로 배워야만 하지만 명백히 "좋은 요령"이기에 순조롭게 습득되는 것일 수도 있다.[55] 어느 시대 어느 곳의 사람이든 창을 던질 때는 뾰족한 쪽을 앞으로 하여 던진다는 사실이 "뾰족한 끝 선호 본능" 유전자가 있음을 보여준다고는 아무도 생각하지 않을 것이다.

어떠한 경우든, 갓 태어난 유아에게 닥치는 인식론적 문제는, 생전 처음 접하는 다른 행성의 언어의 문법과 어휘를 알아내려는 성인 현장언어학자가 직면한 인식론적 문제와 **닮아 보일**지도 모르지만, 무지와 지식의 틈을 좁히는 방법들은 두 경우에서 놀랄 만큼 다르다. 성인은 틀을 세우고 가설들을 시험하며, 그 과정에서 그 정보에 입각한 추측들을 입증하거나 반입증disconfirm할 증거를 찾고, 일반화를 개선하고, 법칙에 대한 불규칙적 예외들에 주목하는 등의 활동을 한다. 반면 유아는 배고픔과 호기심을 달래려 그저 옹알거릴 뿐이며, 대량의 시행착오라는 무의식적 과정을 통해, 인식적 재주는 성취하지만 이론의 득을 보지 못하면서, 점진적으로 자신을 이해력 쪽으로 부트스트랩bootstrap한다.[a] 자연선택에 의한 진화가 공기역학 이론으로 득을 보진 못하지만 상이한 조류 종의 날개 설계를 성취하는 것과 마찬가지로 말이다. 그렇다. 이는 상의하달식의 지성적 설계—우리 범례가 된 가우디, 튜링, 피카소—와 다윈주의적 R&D의 차이를 떠올리게 한다. 아이들은 자신의 모국어를 준다윈주의적 과정을 통해 습득한다. 이해력의 기반이 될 능력을 이해력 없는 능력이라는 과정을 통해 획득하는 것이다.

그러므로 최초의 말—오늘날의 유아들의 첫 말뿐 아니라 우리 종 언어의 심대한 역사에서의 첫 말도—은, 그 생리와 거주지와

55 주목하라. "좋은 요령"은, 인간 탐구자들에게 캐묻기에는 불가해하지만 자연선택에게는 "명백한" 것일 수 있다. 오겔의 제2규칙, "진화는 당신보다 똑똑하다"를 잊지 마시라.

a 자기 스스로를 이해력 쪽으로 다가가도록 끌어올린다는 뜻이다.

수요의 기이한 특징들에도 불구하고, 인간과 함께하도록 자연선택에 의해 (유전적으로뿐 아니라 문화적으로도) 진화된 종이라고 보는 것이 가장 좋다. 대부분의 순화종domesticated species은 십중팔구 인류 친화성synanthropy이라는 경로를 거쳤다. 그 예로, 코핑거와 코핑거(Coppinger and Coppinger 2001)는, 용감무쌍한 개량 전문가들이 늑대 굴에서 야생의 새끼 늑대를 고의로 꺼내 와서 늑대를 개로 변화시켰다는 믿음은 거의 이치에 맞지 않는다고 주장한다. 일단 인간이 정착 생활을 하면서 먹을 수 있는 음식물이 버려지고 그 양이 많아지기 시작하면, 그 음식물 쓰레기들은 애초부터 좀 특별한 변이에 해당하는 늑대, 그러니까 인간에게 접근하는 위험을 무릅쓸 능력이 있었던 늑대들에게는 확실히 매우 매력적인 대상이었을 것이다. 이렇게 인간에게 다가갈 수 있었던 늑대들은, 인간들과의 거리를 유지했던 조심스러운 사촌들과는 지리적·번식적으로 격리되었을 것이고, 그렇게 시간이 지나면서 누구에게도 속하지 않고 누구의 애완동물도 반려동물도 아니지만 그 공동체의 사람들에겐 집쥐나 생쥐, 다람쥐만큼이나 익숙해진 쓰레기장의 개들이 생겨났을 것이다. 사실상 개들은 인간이라는 이웃이 자신들의 소유주이자 동반자이자 보호자이자 주인이 될 때까지 많은 세대에 걸쳐 **스스로 길든** 것이다.

유아들의 단어 습득에 관해서도 이와 비슷한 것을 상상할 수 있다. 자기가 **사용하기** 시작할 수 있는 그 모든 단어를 자기가 **가지고 있다**는 것을 유아들이 깨닫는 일도 점진적으로만 이루어질 것이다. 유아들은 자기들이 단어들을 쓰고 그에 따른 이득을 얻고 있다는 것을 인식하기 한참 전부터 정말로 단어들을 사용하고 그로 인한 이익을 향유한다. 그리고 마침내 그들은, 자기의 현시적 이미지 내에 있기만 했던 단어들이 **자기 소유의** 단어들이 되는 상태, 즉 단어들이 곤봉이나 창처럼 자기의 도구상자에 속하는 행위 유발성

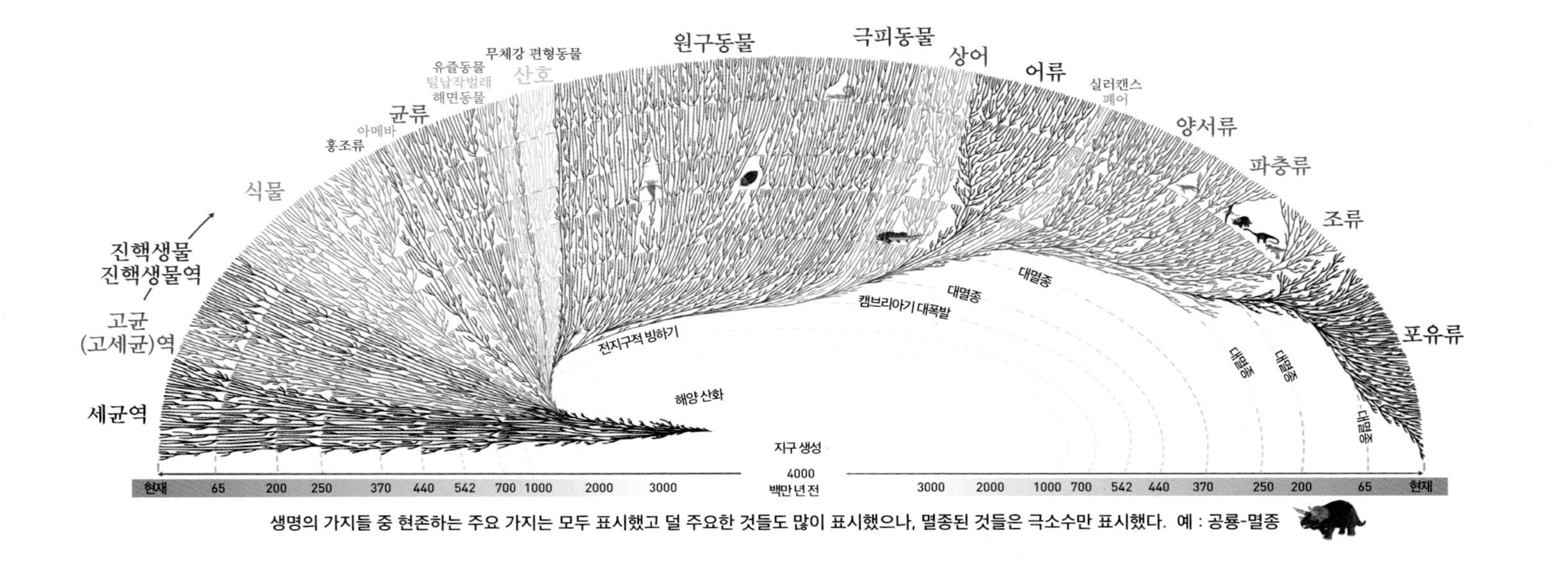

그림 9-1 위대한 생명의 나무 © Leonard Eisenberg

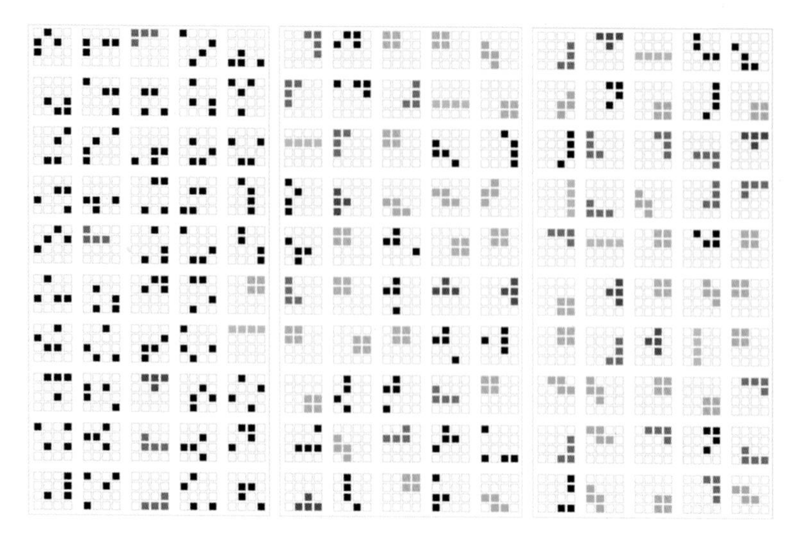

그림 12-1 무작위적 패턴(왼쪽)이 기억 가능한 테트로미노(오른쪽)로 진화한다.

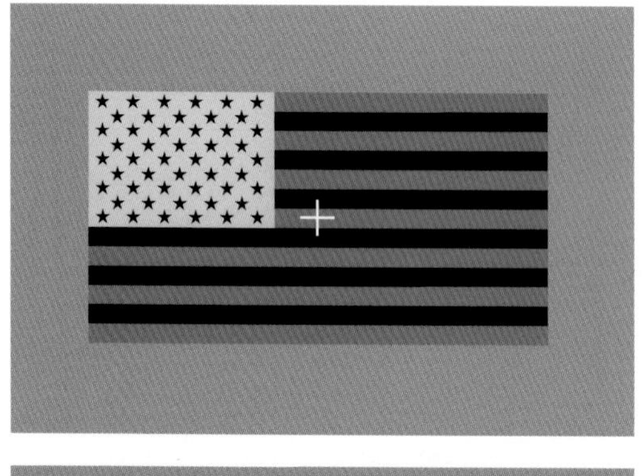

그림 14-1 보색 잔상. 약 10초 동안 위쪽 그림의 하얀 십자를 응시한 후 아래 그림의 하얀 십자를 보면 보색 잔상이 나타난다.

—던질 수 있는 돌이나 들어가 숨을 수 있는 동굴처럼 그저 자연에 드러난 행위 유발성이 아니라—이 되는 그러한 상태에 이른다. 유아의 단어들도 길든 것이다. 다윈이 《종의 기원》(1859) 서장에서 윤곽을 잡아 놓고 권위 있는 연구서 《가축과 재배 작물의 변이The Variation of Animals and Plants under Domestication》(1868)에서 논의를 발전시킨 과정을 통해서 말이다. 이 과정은 다윈이 "무의식적unconscious" 선택이라고 부른 것으로 시작한다. 인간이 무심코 또는 되는 대로 가축이나 작물의 후손 중 어떤 것은 버리고 다른 일부만 선택함으로써, 그다음에는 더욱 집중되고 더욱 방향성을 지니도록 선택압을 형성하는 것 말이다. 그러다 마침내 우리는 구체적 목표, 즉 구체적인 표적 특성을 염두에 두고 그 특성을 출현시키기 위해 선택을 행사하는 "체계적methodical" 선택에까지 이르게 되었다. 비둘기 애호가나 장미 재배자, 말이나 소 육종가 등이 하는 선택이 바로 이 체계적 선택이다. 이는 상의하달식 지성적 설계로 향하는 중요한 진전인데, 그러한 설계에서 재배자와 사육사는 자신들이 하고 있는 일이나 원하는 결과물에 대한 (좋거나 나쁜) 이유를 가지고 있다. 말(단어들) 길들이기의 경우, 이 단계는 각 개인이 자신의 언어 사용에 대한 반성 또는 자각을 하게 되면서 출현한다. 이 단계에 이르면 사람들은 자신에게 인상적이지 않거나 모욕적이거나 구식이라 생각되는 (또는 너무 비속어 같거나 너무 새로운) 단어를 피하게 된다.

자신의 언어 산출을 편집할 때, (진짜 글을 쓰는, 문자 그대로의 경우든, 소리 내어 말하기 전에 머릿속의 문장들을 소리 없이 시도해보는 비유적인 경우든) 사람들은 다윈이 '길들이기를 위한 확정적 필요사항'이라 말했던 것들을 충족시킨다. 길들이려는 그 종의 구성원—적어도 그들이 "소유한" 것—의 번식을 조절하는 것이다.[56] 사람들이 특정 단어를 다른 단어에 비해 "무의식적으로" 선호하거나 기피하는 데 이유가 **있을** 수도 있지만, 사람들이 이유를 **가지기** 전에는, 즉 무의식적 선택이 아닌 체계적 선택이 이루어지기 전에는 완전히 길든 언어라는 결과가 나오지 않음에 주목하라. 체계적 선택이 있기 전까지는, 인류친화적 단어는 인류친화적 동물이 그랬듯, 번식에 관한 한 그들 스스로 어찌어찌 해나갔어야 한다. 소유주로부터 그 어떤 관리도 받을 수 없으니까. 그러나 일단 길들고 나면 어느 정도 긴장을 풀어도 된다. 수호자들이 보살펴주는 덕분에, 번식이 거의 보장 받기 때문이다. 이를테면, 과학 분야에서 신중하게 선택된 전문 용어는 완전히 길든 밈의 아주 적절한 예다. 이런 용어들은 젊은 세대에게 꾸준히 가르쳐지며, 이에는 강요된 시연과 시험이 동반된다. 가장 성공적인 인류친화적 번식자들이 그렇듯, 그런 용어들은 재미있을 필요도, 흥미진진할 필요도, 금기들의 유혹적인 분위기를 띨 필요도 없다. 길든 단어들은 기득권층이 뒷배를 보아주며, 효과가 있다고 밝혀진 모든 방법의 도움을 얻어 번식된다. 그러나 우리는 다윈의 안내를 따를 만큼, 그래서 그런 길들이기의 모든 특성을 갖춘 사례와 선호 패턴—맥락에 맞는 단어를 무의식적으로 고르는—사이에 어떤 연속성이 있다는 것을 인식할 만큼 현명하다.

음소phoneme는 아마도 인간 언어에서 가장 중요한 설계 특성일 것이며, 십중팔구 단어가 인류친화적이 될 시기에 그 대부분이 갖추어졌을 것이다. 그 시기의 흉내 내기 환경에서는 음소는 거의 관심을 받지 못하던 특성이었고, 인류의 값진 소유물도 아니었다. 음소는 발화를 위한 청각 매체의 **디지털화**digitization를 이루어냈다. 음성

---

56 클라우드(Cloud 2015)는 이 주제를 발전시켰다. 나는 그의 설명이, 단어들 길들이기에 대해 내가 이전에 간략히 발언했던 것을 풍부하고도 우호적으로 수정한 것이지, 내 견해에 대한 논박은 아니라고 본다. 그러나 그와 나는 몇 가지 점에서 의견을 달리하는데, 이에 대해서는 나중에 정리할 것이다.

언어마다 한정된 일종의 청각적 알파벳, 즉 그 단어를 구성하는 음소가 있다. 이를테면, cat과 bat, pat, sat은 첫 음소가 다르고, slop과 slot은 마지막 음소가 다르다. ("파닉스phonics"라는 발음 중심 교육법에서는, 적힌 형태가 언어의 음소를 구성하는 소리들, 즉 자음과 모음들로 어떻게 사상되는지를 가르친다. 사실 "tuck"에서의 "t" 소리와 "truck"에서의 "t" 소리는 약간 다르지만, 이는 음소가 다른 것이 아니라 발음이 다른 것이다. 영어에서는 이런 식의 차이만으로 서로 다른 단어라고 구별하지는 않기 때문이다. 예를 들면, 대부분의 영어 화자는 "tuck"과 "duck"이 발음되는 방식의 차이를 지각하지 못한다.)

음소의 멋진 점은, 강세나 목소리의 어조 같은, 일상어에서 흔히 일어나는 변이에 영향을 받지 않는다는 것이다. "버터 좀 주시겠어요?"는 수백 가지 다른 방식으로 (콧소리를 섞어서 카우보이들처럼, 버지니아 풍으로 모음을 길게 빼며 느릿느릿, 드라마에서 희화화되는 쇼핑 중독자처럼 징징거리며, 스코틀랜드 억양으로 속삭이며 ……) 말해질 수 있다. 그 어떤 식으로 말한다 해도, 거의 대부분의 영어 화자는 별로 힘들이지 않고도 그것을 "버터 좀 주시겠어요?"의 발화 예시라고 식별한다. 물리적 현상들의 변이는 거의 연속적이지만, 경계선상의 모든 애매한 경우들은 프로크루테스Procrustes식의, "표준에 맞게 고쳐" 필터와 "이쪽인지 저쪽인지 분명히 해" 필터를 통과하면서 이 음소인지 저 음소인지로 정해진다. 이것이 바로 연속적인 현상들이 스스로 부득이하게 분급되어 비연속적인 실무율적 현상이 되는 디지털화의 핵심이다. 음소들은 **타입**의 경계를 보호하여 각 타입이 자생적으로 변이된 **토큰**—믿을 만한 복제를 위한 필요 사항—을 가질 수 있게 한다. 우리의 청각 체계는 우리가 태어나기도 전에(그렇다, 자궁 안에서다), 연속적으로 변하는 폭넓은 소리 스펙트럼을 우리의 모국어 또는 제 1언어 음소들의 사례들로 분류하도록 조율된다. 십 대가 된 이후에 다른 언어를 배운다면, 많은 이들이 자신의 강세 때문에 곤란을 겪을 뿐 아니라, 다른 사람이 말한 단어들을 노력 없이 지각하기도 힘든데, 이는 그 다른 언어에 대해 가지게 되는 우리의 음소 탐지기가 불완전하고 못 미덥기 때문이다.

디지털화 도식scheme이 없다면, 들리는 소리를 기억하기도 재생산하기도 어려우므로 불완전하게 재생산된 소리의 후손은 조상(원래의 소리)과는 거리가 먼 것이 되기 십상일 테고, 결국 "오류 파국" 현상을 초래할 것이다. 그런 상황에서는 자연선택이 작동하지 못하는데, 돌연변이가 축적되는 속도가 돌연변이를 택하거나 버리는 선택의 속도보다 빠르기 때문이다. 그리하여, 오류 파국이 일어나지 않았다면 담지되었을 의미론적 정보가 파괴될 것이다. 들리는 소리가 기억하고 재생하거나 복사할 **가치가** 있든 없든, 디지털화될 수 없다면 그 소리가 잘 기억될 전망은 어둡다. 따라서 인류친화적인 가청 밈은, 그것이 상리공생적이든 편리공생적이든 기생적이든, 음소 부분들을 지니고 있어야만 지속되고 널리 전파될 것이다: 어쩌구저쩌구, 와글바글, 중얼중얼.

컴퓨터에 그 놀라운 신뢰성을 부여한 디지털화도 이와 동일한 것이다. 튜링이 주목했듯이, 자연의 그 어떠한 것도 진정으로 디지털하지는 않다. 어디에든 연속적인 변이가 있다. 위대한 설계의 행마는 모든 신호들을 디지털로 **취급**하고, 특정 토큰의 특이성을 복사하기보다는 버리는 장치를 만드는 것이다. 텍스트 파일이나 음악 파일의 사실상 완벽한 사본 제작을 가능하게 하는 방법이 바로 그것이다. CD 복사와 사진 복사를 비교해보자. 예를 들어, 사진 실물을 복사기로 복사하여 출력된 복사본을 또 복사하고, 복사본의 복사본을 또 복사하고, 복사기로 이런 식의 작업을 계속한다면, 복사를 거듭할수록 점차 결과물이 흐려지고 눈에 보이는 노이즈도 생길 것이다. 그러나 CD의 JPEG 파일을 컴퓨터에 내려받은 후 그것의 사본을 다른 CD에 만들고, 사본 CD의 파일을 또 내려받아 또 다른 사본 CD를 만드는 작업을 계속한다면, 복제 작업을 무한정 반복해도 선명도나 복제 충실도가 조금도 떨어지지 않는다. 모든 복제 단계에서 0과 1의 개별 토큰들에 생긴 그 어떤 미세한 변이도 복사 과정에서 무시되기 때문이다. 물론, 이는 문자언어written language에서도 마찬가지다. 한정된 알파벳은 글자의 모양과 크기에 생길 수 있는 본질적인 무한한 변이를 정규화시킨다. 디지털화가 보장하는 것은 결국 이것이다. 이해력이 부재한다 해도 음성언어(그리고 문자언어도)를 통해 정보가 극도로 믿을 만하게 전달될 수 있다는 것.

문자언어에서의 유명한 사례로는 올리버 셀프리지Oliver Selfridge가 제시한 그림 9-2이 있다. 영어 화자라면 오른쪽의 그림을 "THE CAT"으로 읽을 것이다. 두 번째 글자와 다섯 번째 글자가 동일한 모양임에도 그것을 다르게 지각하는 것이다. 음성언어 역시 청자가 사용하는 언어에 따라 자동적으로 음소열phonemic sequences로 욱여넣어진다. 영어 화자인 청자들은 "mundify the epigastrium"이라는 말을 단 한 번만 들어도 완벽한 정확도로 따라 말할 수 있다. 심지어는 그것이 무슨 뜻인지 잘 모르는 경우라도 말이다. (위胃 내벽을 진정시키라는 뜻이며, 일부에서 "술 한 잔 하자"라는 뜻으로 쓰이는 속어다.) 그러나 같은 뜻의 다른 나라 말을 영어로 음차하여 "fnurglzhnyum djyukh psajj"라고 들려주면, 그 나라 말을 모르는 영어 화자는 아무리 크고 분명하게 발음해준다 해도 정확하게 따라 하지 못할 텐데, 이 음성은 영어의 음소들로 자동 분해되지 않기 때문이다. 이 규준 체계 덕분에, "the slithy toves did gyre and gimble in the wabe"[a] 같은, 말도 안 되는 말이라 해도 손쉽게 지각되고 정확하게 전달된다.

TAE CAT

그림 9-2 같은 자극이 맥락에 따라 다르게 지각됨을 보여주는 셀프리지의 사례

믿을 만한 전달을 위해 청각 자극을 조직하는 뛰어난 방식이라는 것이 음소의 유일한 가치는 아니다. 음소는 일종의 유순한 환각 benign illusion이기도 하다. 이와 유사한 것으로, 컴퓨터 화면에서 만나는 독창적인 사용자-환각user-illusion이 있다. 이를테면 컴퓨터 화면에서 아이콘을 클릭하고 끌어오는drag 것, 작은 노란색 폴더(우리는 파일을 끌어와서 그 폴더 안에 넣는다)를 비롯한 많은 친숙한 항목들 말이다. 컴퓨터의 이면에서 실제로 벌어지고 있는 일은 너무도 지루할 정도로 복잡하지만, 사용자는 그것에 관해 알 필요가 없다. 그래서 지성적 인터페이스 설계자는 그 행위 유발성을 단순화하였다. 인간의 눈에 특히 두드러져 보이도록 만들고, 직접적으로 주의를 끄는 음향 효과를 추가한 것이다. 컴퓨터 내부에는, 화면의 그 작은 노란색 파일 폴더에 대응하는 작고 눈에 띄는 무언가가 전혀 없다. 이와 마찬가지로, full에서 fall을, bill에서 ball을, bed에서 bad를, 그리고 bad에서 bat를, bat에서 cat를 구분하게 하는 음소들의 상이한 발생의 물리적 속성 중 그 어떤 작고 두드러지는 것도 포착되지 않는다. 이 단어들 간의 차이는 단순하고 명백해 보이지만, 사실 그것은 그 신호 기저의 단순성에 기인한 것이 아닌, 우리에게 내

a 루이스 캐럴의 《거울 나라의 앨리스》에 나오는 시 〈재버워키〉의 앞부분. 대부분의 단어가 두 단어를 합하여 만들어진 캐럴만의 새 단어들이다. 인디고(글담)에서 출판한 번역본(정윤희 옮김)은 이 부분을 "미끈한 토브들이 풀단지에서 맴돌며 송팡했다"라고 번역했다.

재된 능력으로부터 초래된 환각이다. 수십 년의 연구와 발전 끝에, 음성언어 인식 소프트웨어는 귀나 마이크로 들어오는 음향의 소용돌이에서 일상적 발화의 음소를 추출하는 데 5세 아동과 거의 유사한 능력을 지니게 되었다.

음소의 디지털화는 심오한 함축을 지닌다. 단어가 문화적 진화에서 하는 역할이, DNA가 유전적 진화에서 하는 역할과 비슷해진 것이다. 그러나 이중나선의 아데닌, 시토신, 구아닌, 티민으로 구성된 물리적으로 동일한 사다리 가로대들과는 달리, 단어들은 물리적으로 동일한 복제자가 아니다. 단어는 현시적 이미지의 사용자-환각 수준에서만 "동일identical"하다. 혹자는 말할지도 모른다. 단어들은 일종의 **가상**virtual DNA라고. 그러니까 현시적 이미지 안에서만 존재하는, 대부분 디지털화된 매질medium이라고.

상수리나무와 사과나무는 새로운 후손이 생기기를 "염원하여" 수백만 개의 도토리와 사과를 전 세계로 흩뿌렸다. 우리가 수백만 개의 단어를 흩뿌릴 때, 그 "염원"은 **우리의** 후손에 관한 것이 아니라 그 단어 자체의 후손에 관한 것이다. 우리가 일행 앞에서 재채기를 할 때, 우리 후손이 퍼져 나갈 것을 걱정하는 것이 아니라 감기 바이러스의 후손이 퍼지는 것을 걱정하는 것처럼 말이다. 다른 뇌에 도착한 단어는 "한 귀로 들어가서 다른 귀로 나올" 수도 있지만, 간혹 뇌에 뿌리를 내릴 수도 있다. 내 초등학교 선생님 한 분은 우리의 어휘를 증대시킬 방법을 이야기하며 "단어 하나를 너희 것으로 만들려면 세 번은 사용해야 해!"라고 말씀하시곤 했는데, 그리 틀린 말은 아니다.

어떤 철학자는 이 지점에서 눈살을 찌푸리며 내가 위험한 살얼음판을 미끄러지듯 걷고 있다고 걱정할 것이다. 단어들이 존재하기는 하는가? 그것들은 당신 온톨로지의 일부인가? 그리고 온톨로지의 일부여야만 하나? 단어들에 대한, "정보로 만들어진" 이러한 이야기는 꽤 위태롭고 불확실하지 않나? 시선을 끌기만 하는, 불필요하고 과한 속임수에 지나지 않는 것 아닌가? 이 지점에서 어떤 철학자는 이를 악물고, 엄밀하게 말하자면 단어는 **존재하지 않는다고** 주장할 것이다. 단어는 질량도 에너지도 화학 조성도 지니지 않는데, 그 철학자들은 그런 것들이 온톨로지를 궁극적으로 결정하는 것이라 여기므로, 그들의 견해에 따르면 단어는 과학적 이미지의 일부가 아니다. 그러나 단어는 우리의 현시적 이미지의 매우 중요한 거주자이며, 설령 과학이 그것들을 **지칭**refer하거나 **언급**mention할 필요가 없다 할지라도 당신은 그것들을 **사용**하지 않고서는 과학을 할 수 없으므로, 그것들은 우리의 온톨로지에 포함되어야 할 것이다. 단어들이 손쉽게 우리 주의를 끄는 것은, 우리에겐 불가피한 일이다.[57]

이 지점에서 우리와 침팬지는 매우 놀라운 대조를 보인다. 오늘날 수천 마리의 침팬지가 인간에 의해 감금된 채 일생을 보내는데, 그런 침팬지들이 듣는 낱말의 수는 인간 아이들이 듣는 것과 거의 비슷하다. 그러나 그들은 거기에 거의 주의를 기울이지 않는다. 그들에게 인간의 발화는 나무에서 잎들이 바스락거리는 소리와 크게 다르지 않다. 인간의 발화가, 그들이 알아차리기만 한다면 매우 유용할 방대한 양의 의미론적 정보를 담고 있다 해도 말이다. 침팬

57 이것은 어쩌면 너무 강한 주장일 수도 있다. 단어라는 말에 해당하는 단어가 없는 언어도 있을 수 있고, 그러한 언어의 화자들은 자신들의 언어가 그런 부분들로 분해될 수 없다는 사실에 주의를 기울이지 않을지도 모른다! 아이들은 단어의 철자를 배울 때 단어들을 어떻게 "소리 내야" 하는지를 배워야만 하는데, 이때와 같은 방식으로, 모든 사람들은 자신들이 자연스럽게 말하는 것이 재사용 가능한 부분들로 구성된 무언가라는 것을 배워야만 한다. 통속언어학folk linguistics의 이 부분은 우리 작가들 같은 자의식 강한 단어광들에게는 꽤 명백하지만, 다른 모든 사람들에게는 그렇게까지 명백하진 않다.

지들이 감시자의 대화를 엿듣고 이해할 수만 있다면 도망치거나 실험을 좌절시키는 일이 얼마나 쉬워질지 생각해보라. 그럼에도 침팬지에게 낱말—말해진 것이든 신호로 주어진 것이든 플라스틱으로 모양을 만든 토큰으로 주어진 것이든—에 주의를 기울이는 습관을 가지게 하려면 엄청난 훈련 체제가 필요하다. 이와는 대조적으로, 인간 아기들은 태어날 때부터 음성언어 경험에 목말라 있다. 인간에게 단어는 행위 유발성이며, 깁슨이 말했듯 우리의 뇌는 그것들을 선발하도록 (진화 과정들에 의해) 설계되어 있으며, 모든 사용 방식을 제공하고 감당한다.

10 밈의 눈 관점

단어들을 비롯한 밈들

내 생각에, 신종의 자기 복제자가 최근 바로 이 행성에 등장했다. 우리는 현재 그것과 코를 맞대고 있다. 그것은 아직 탄생한 지 얼마 되지 않은 상태이며 자신의 원시 수프 속에 꼴사납게 둥둥 떠 있다. 그러나 이미 그것은 오래된 유전자를 일찌감치 제쳤을 만큼 빠른 속도로 진화적 변화를 달성하고 있다. …… 새로이 등장한 수프는 인간의 문화라는 수프다. 새로이 등장한 자기 복제자에게도 이름이 필요한데, 그 이름으로는 문화 전달의 단위 또는 모방의 단위라는 개념을 담고 있는 명사가 적당할 것이다.

—리처드 도킨스, 《이기적 유전자》[a]

나는 생물학적 진화와 인간의 문화적 또는 기술적 변화 사이의 비교가 이롭기보다는 해롭다고 확신하며, 모든 지적 덫 중에서 가장 흔한 이런 유의 사례들은 …… 생물학적 진화의 동력은 자연선택이며, 문화적 진화는 내가 어렴풋하게 이해하고 있을 뿐인 일련의 다른 원리에 의해 추동된다.

—스티븐 제이 굴드, 《힘내라 브론토사우루스》[b]

단어들은 현시적 이미지 안에 존재한다. 그런데 단어란 도대체 무엇인가? 개는 포유류의 한 종류 또는 반려동물의 한 종류다. 그럼 단어는 무엇의 종류인가? 단어는 **밈**의 한 종류이고, 밈이란 리처드 도킨스가《이기적 유전자》에서 최초로 만들어 사용한 단어로, 그 책 11장의 제명에 정의되어 있다. 밈 중 특히 어떤 종류가 단어인가? **발음될 수 있는 종류**다. 밈에는 단어 외에도, 불규칙 복수형 및 언어 "법칙"의 예외 사항처럼 기억에 독립적으로 저장되어야만 하는 **어휘 항목**lexical item(Jackendoff 2002)이 있다. 선생님이나 양육자, 교재 등을 통해 child라는 단어의 불규칙 복수형을 익히는 초보 화자들에게로 **전달되는 것** 등이 이에 해당한다. 이러한 것들은 모두 모범적 어형 변화의 **밈**인데, 언어나 문법의 **내재적이거나 본유적인** 특성이 아니라, 언어 공동체를 통해 퍼져야 하는, 문화에 기반한 선택적 특성이다. 그리고 이들은 종종 변이와 경쟁하기도 한다. 다른 종류의 밈도 있다. 챙이 뒤로 가도록 야구 모자를 돌려서 쓰는 것, 승낙의 의미로 (다른 제스처가 아닌) **바로 그렇게** 몸짓을 하는 것, (다른 양식이 아닌) **바로 이** 모양의 아치를 건설하는 것 등도 밈이다.

a 이 부분은 홍영남, 이상임의 번역서《이기적 유전자》(2010, 을유문화사)의 해당 부분(322~323쪽)을 그대로 가져왔다.

b 이 부분은 김동광의 번역서《힘내라, 브론토사우루스》(2014, 현암사)의 해당 부분(90~91쪽)을 그대로 가져왔다.

그러나 이런 것들은 발음을 지니지 않으므로 단어들은 아니다.

밈은 어떤 종류의 것인가? 밈은 복사·전달·기억될 수 있고, 가르칠 수 있고, 회피될 수 있고, 비난받을 수 있고, 비웃음당할 수 있고, 패러디될 수 있고, 검열될 수 있고, 숭배될 수 있는 행동 방식의 일종이다. 밈이 어떤 종류의 것인지를 적절하게 포착해주면서도 손쉽게 사용할 수 있는 그런 용어가 과학적 이미지의 전문 용어 안에는 없다. 현시적 이미지의 일상 언어에 기댄다면, 우리는 **밈은 방식**, 즉 무언가를 하거나 만드는 방식들이지만 **본능**은 아닌 것이라고 말해야 할 것이다. (본능도 무언가를 하거나 만드는 방법이긴 하지만 밈과는 다른 종류의 것이다.) 본능과의 차이점은, 밈은 유전을 통해서가 아니라 지각을 통해perceptually 전달된다는 것이다.

그것들은 의미론적 정보이자 훔치거나 베낄 가치가 있는 설계다. 위조지폐처럼 오정보일 경우(그 정보가 값지고 유용할 것이라는 잘못된 추정 아래 전달되거나 저장되는 경우[58])를 제외한다면 말이다. 그리고 우리가 이미 보았듯이, 역정보는 베낄 가치가 있는 설계다. 인터넷의 광고성 스팸은 이러니저러니 해도 설계된 것이다. 누가 이득을 보는가? 때로는 스팸을 뿌리는 쪽이, 때로는 만든 이들이, 그리고 때로는 밈들 자신—원작자는 없지만 그럼에도 불구하고 바이러스(바이러스를 만든 존재는 없다)처럼 그 자신의 적합도(상대적인 복제 가능도)는 있는 존재—이 이익을 얻는다.

단어는 밈의 가장 좋은 예다. 단어는 우리 현시적 이미지 내의 항목으로 잘 개별화되어 있고 또 꽤 두드러진다. 또한 시간이 지나

---

58 그 추정은 종종, 정보 수신자가 의식적으로 가정하는 것이 아닌, 부유하는 합리적 근거의 일부가 될 것이다. 속기 쉬운 어린아이들은 아직 진실 대 거짓의 가치를 제대로 인식하지 못하므로 거짓말쟁이의 희생양이 될 수 있다.

면서 발음과 의미 두 가지 면 모두에서의 변화를 동반한 계승descent with modification[a]을 되짚어 볼 수 있는 명확한 역사를 지니며, 그 역사가 수천 년에 이르는 경우도 많다. 단어들은 셀 수 있고(어휘의 양을 생각해보라), 인간 매개체human vectors 또는 인간 숙주에게 단어가 존재하는지 아닌지는 간단한 테스트를 통해 탐지할 수 있다. 우리는 단어들이 전파되는 것을 관찰할 수 있고, 현재는 인터넷 덕분에 더 많은 데이터를 수집할 수 있는 좋은 연구실을 보유하게 되었다. 실험을 할 때는 늘 그렇듯, 인공적 환경에 국한되도록 현상을 제한하려면 비용을 지불해야 하며, 우리의 실험 대상 집단 내의 뿌리 깊은 편향이라는 위험에 대한 비용 역시 필요하다(언어 사용자 모두가 다 인터넷 사용자는 아니라는 것은 명백하다). 도킨스가 1976년에 (용어를) 만든 "밈"이라는 종의 토큰들의 개체수가, 인터넷이 그것들이 사용될 이상적인 니치를 제공하기 전까지는 다소 감퇴된 것은 결코 우연이 아니다.

단어들이 최고의 밈이라면, 도킨스는 왜 그 책에서 그 점을 밈의 특성이라고 분명히 말하지 않았을까? 사실 그는 제프리 초서 Geoffrey Chaucer(1343~1400)에서 현재까지 영어 변화의 축적을 인용하는 것으로 문화 진화에 대한 그 챕터를 시작했다. "언어는 비유전적 방식으로 '진화'하며, 그 속도는 유전적 진화보다 훨씬 빠른 것으로 보인다."(1976, 203쪽) 그가 처음에 제시한 밈의 사례 목록은 "선율, 아이디어, 캐치프레이즈, 의상 유행, 도자기 제작 방식, 아치 건

a 찰스 다윈은 《종의 기원》 초판(1859)에서 5판(1869)까지는 'evolution(진화)'이라는 용어 대신 'descent with modification(변화를 동반한 계승)'이라는 표현을 썼다. 'evolution'이라는 단어가 '진보'라는 의미를 함축할 수도 있다고 생각해서였다. 그가 처음으로 'evolution'이라는 단어를 사용한 것은 1871년에 출판된 《인간의 유래와 성 선택》이었다.

축 방식 등"이었다.(p. 206) 캐치프레이즈는 단어들로 만들어진 어휘 항목이지만, 도킨스는 "아이디어"의 전달에서 단어가 하는 역할을 강조하지 않았다. 아이디어가 말 없이도 (이를테면 무언가를 기술하거나 정의하지 않고, 그것을 그저 보여주는 방식으로) 공유되고 전달된다는 데는 의심의 여지가 없기 때문이기도 하고, 또 도킨스가 밈 개념의 명백하지 않은 **외연**extension을 강조—단어를 넘어, 그 외의 문화적인 것들의 종으로까지—하고 싶어 했기 때문이기도 하다. 그가 말한 선율은 가사를 갖춘 노래가 아니어도 되고, 의상의 유행도 **거기에 반드시 이름이 붙어야 하는 것도 아니며**, 다른 것들 역시 마찬가지다. **미니스커트**와 **보타이** 같은 용어는 그 범례들과 함께 전파되지만, 인식은 되었으나 이름이 붙여지지 않은 특성들 역시 전파되며, 여러 겹으로 증식되고 나면 그 후에 이름이 붙는다. 야구 모자 거꾸로 쓰기, 찢어진 청바지, 샌들에 양말 신기 등처럼 말이다.

유전체학의 주된 활성화 기술은 중합효소 연쇄반응polymerase chain reaction(PCR)으로, DNA 시료를 취하고 그것을 복사하여 눈에 잘 띄고 식별 및 조작이 용이할 만큼 큰 부피가 되게 만드는 것이다. 런던 지하철에서는 에스컬레이터 벽면이나 도시 건설 현장의 임시 나무 가벽(영국식 영어로 "hoarding"이라 부르는 것)에 똑같은 광고물이 줄줄이 붙어 있는 것을 볼 수 있는데, 이런 것들은 저항할 수 없는 패턴을 만듦으로써 보는 사람의 눈을 사로잡는다. 늘 그렇듯 반복은 새로운 행위 유발성을 형성하는 핵심 요소다. 이때의 반복이란 광고 게시물이나 동일한 핵산 조각처럼 일정한 공간 안에 동시간적으로 배열되는 것과 하나의 곡조나 단어를 반복하는 것처럼 시간적 연쇄로 되풀이하는 것 모두를 가리킨다. 파리 시내 어디를 돌아다니든 에펠탑이 여기서도 보이고 저기서도 보이고 또 다른 곳에서 돌아봐도 계속 눈에 보이는 것 역시 반복에 해당한다. 무엇이든 반복되어 복사되면 당신의 인식 장치 안의 패턴 인식 설비로 하여금 또 다른 사본을 만들도록 하는 경향이 있으며, 따라서 밈은 확산 가능하게 된다.

그림 7-4를 보면, 단어들은 성장 대 번식의 축에서 매우 높은 값을 보이는 반면 복잡도 값은 매우 낮다. 도킨스가 단어를 밈의 범례적 경우로 놓고 논의를 개진했다면, 아마도 그는 자신의 제안이 맞닥뜨릴 다른 문화연구자들(이를테면 역사가, 문학이론가, 철학자, 언어학자, 인류학자, 사회학자 등)이 했음직한 저항의 일부를 미연에 방지하거나 누그러뜨리는 작업을 했을 것이다. 그들은 단어—아마도, 한 줌의 신조어를 제외하고는—가 계획적으로 설계된 창작물이라고 가정해본 적조차 없다. 단어를 지성적으로 설계된 문화적 인공물로 다루는 신화는 전혀 없으므로, 그들은 단어를 인공물로 취급하는 신화를 방어하는 데도 전혀 흥미가 없을 것이다. 그리고 그런 생각보다는, 문화의 더 많은 요소가 자신들이 인식했던 것보다 **단어와 닮았을** 것이라는 제안에 더 개방적이었을 것이다. 어떤 사건에서든, 단어가 일단 문화 혁신과 전달의 지배적 매개체로 확보되고 나면, 단어들은 진화 과정 자체를 변화시키기 시작하고, R&D의 새로운 변이들을 만들어내며, 그 새로운 변이들은 지성적 설계의 전통적이고 신화적인 이상과 한층 더 가까운 것임을 이제 우리는 분명히 할 수 있으며, 그 점에 주목할 수 있다.

밈의 좋은 점은 무엇인가?

적응적 정보에 대한 무차별적인 욕망 때문에 우리는 때때로 놀라울 정도로 병리적인 문화적 변이와 맞닥뜨려야 하는 대가를 치른다.

—리처슨 & 보이드, 《유전자만이 아니다》

문화 진화를 연구하는 과학자에게는 일종의 금기 같은 것이 있는데, 그것은 바로 문화에 확산되어 있는 행동 양식이나 제작 방식을 가리킬 때 도킨스(1976)의 용어 "밈"을 사용하길 꺼리는 것이다. 그러나 내가 떠올릴 수 있는 모든 이론가는 "밈"이라는 단어만 쓰지 않았을 뿐, 그러한 항목을 이런저런 용어로 부르며 사실상 밈이라는 아이디어에 동의하고 있는 것으로 보인다. 그들이 사용하는 용어는 생각, 관행, 방법, 신념, 전통, 의례, 용어 등인데, 이 모든 것은 **정보적인 것들**informational things로, 세균이나 바이러스가 그러하듯 인간에게 퍼져 있다. 유전적 진화가 다루는 것이 있는 것처럼, 문화적 진화도 다루는 것이 있는데, 정보가 바로 그것이다. 리처슨과 보이드(Richerson and Boyd 2005)는 이를 이렇게 표현했다.

> 사람들의 두뇌에 저장된 정보를 어떻게 명명해야 하는가에 대한 방법적 동의가 필요하다. 이 문제는 사소한 것이 아니다. 왜냐하면 심리학자들조차 인지와 사회적 학습에 대한 의견 차이가 크기 때문이다.(p. 63).

문화적으로 진화된 정보에 관해 이야기할 때, 우리는 정보의 (섀넌식) **비트**에 관해서는 (그런 경우가 있다 해도) 거의 말하지 않는다. 정보의 두드러진 덩어리나 조각을 일컬을 일반적인 용어가, 특히 유전적 진화에서의 **유전자**gene와 나란히 쓰일—그리고 그것과 대조될 수 있는—용어가 있다면 좋을 것이다. **밈**이라는 단어가 영어에 기반하고 있고, 《옥스퍼드 영어 사전Oxford English Dictionary》의 최근판은 밈을 "비유전적 방식을 통해 전달된다고 여겨지는 문화의 한 요소"라고 정의하고 있기 때문에, 우리는 밈이 문화를 기반으로 하는 그 어떤 **방식**에라도 사용할 수 있는 일반적인 용어라고 편리하게 결정해버릴 수도 있을 것이다. 그렇다 해도 정의의 조건들을 둘러싸고 아직도 전쟁이 벌어지고 있는 용어를 사용하기가 너무도 꺼려진다고? 그렇다면 유전적 진화에서의 그 대응어인 **유전자**를 둘러싸고도 유사한 논란이 휘몰아치는 중이라는 사실을 상기해야 한다. 유전자라는 용어를 쓰지 말자고 하는 사람은 거의 없음에도 말이다. 따라서 나는 문화의 (많은) 항목을 **밈**이라 부르기를 고집하면서, 그 용어를 회피하는 전통에 저항할 것이다. 그리고 우리가 사용하는 한 그 용어를 옹호할 것이다. 우리가 문화 진화를 이해하는 데 도킨스의 밈 개념이 해왔던 기여가 그 용어가 얻어온 불행한 함축보다 훨씬 크다고 생각하기 때문이다.

밈 개념은 왜 나쁜 평판을 얻었을까? 부분적으로는, 일부 밈학자 지망생이 철저한 조사 없이 내세운 몇몇 과장에 기인한다. 그리고 또 한편으로는, 이미 스스로 문화 진화의 일부 측면을 알아낸, 그리고 자신의 이론 작업에 대해 이야기하면서 도킨스가 만들어낸 용어를 채택함으로써 도킨스에게 과도한 신용을 주고 싶지 않았던 이론가에도 기인한다. 밈에 대해 도킨스가 했던 설명의 면면에 대한 사려 깊은 비평들도 약간 있긴 한데, 우리는 적절한 때에 이 의견들을 살펴볼 것이다. 그러나 내가 보기에 더 큰 영향력을 행사해온 것은, 두려움에 질려 미친 듯이 전개된 형편없는 비판 활동이었다. 이런 비판은 인문학계와 사회과학계에서 나왔는데, 이는 자신의 신성한 영역에 생물학이 침입하는 무서운 광경을 보기 힘들었던 학자들이 보인 일종의 알레르기 반응이었다.[59] 이 부류의 표준적인 반대 의견들에 대해서는, 밈의 관점을 채택하면 얻을 수 있는 이득들을 다시 계산해본 후 11장에서 응답할 것이다. 그리고 진지한 반대 의견에 대한 논의와 응답도 이때 함께 이루어질 것이다.

도킨스의 밈이 문화적 진화 연구에 기여한 통찰 중 가장 주요한 것은 다음의 세 가지 개념을 생각해보게 했다는 것이다.

1. **이해력 없는 능력**: 몇몇 문화적 항목의 **피설계성**designedness은 그 어떤 작성자(또는 작성자 연합)에게도, 그 어떤 건축가에게도, 그리고 그 어떤 지성적 설계자들에게도 귀속되지 않는다. 부품(부분)의 배치가 지니는 부인할 수 없는 영리함과 적절함은 전적으로 자연선택에 기인한다. 여기서 자연선택이란 정보적 공생자의 차등 복제를 의미하며, 그 공생자의 숙주는 공생자의 영리함에 대해 아무것도 모를 수 있다. 나비가 자기 날개에 있는 눈꼴무늬에 대해 아무것도 모르듯이 말이다. (인간은 종종 자신이 절박하게 퍼뜨린 발상idea의 덕목을 진정으로 알아보기도 한다. 그러나 이는 극히 최근에야 가능해졌으며 전적으로 선택적인, 문화적 진화의 특징이다. 이에 대한 것도 곧 다룰 것이다. 요약하자면, 인간의 이해력—그리고 승인—은 문화에 밈이 고정되기 위한 필요조건도 충분조건도 아니다.)

2. **밈의 적합도**: 그러므로 밈은 바이러스처럼 자신들의 복제 적

59 이 적대감은 스티븐 제이 굴드에 의해 다년간 고무되어왔다. 그는 일반적으로는 "다윈 근본주의"에, 그리고 특히 도킨스에 반대하는 운동을 펼쳤으며, 자신의 소위 더 전全 기독교적이고 인류 친화적인 버전의 다윈주의와 연대해야 한다고 많은 비생물학자를 설득했다. 그러나 사실 굴드의 버전은 그 온유함의 아우라를 얻기 위해 불명료함과 혼란이라는 터무니없는 대가를 치러야만 했다. 굴드 자신도 진화하는 세계에서 인간의 문명이 어떻게 적합해지는지를 "어렴풋하게만 이해한다"고 주장한 바 있다. 좀더 생생하게 이해하고 싶다고? 그렇다면 굴드를 거부하고 도킨스가 불을 밝혀준 그 오솔길을 따라가시라.

합도를 지닌다. 도킨스가 주장했듯이, "우리가 지금까지 생각해보지 않은 것은, 어떤 문화적 특성이 단지 **그 자신에게 유리하기 때문에** 바로 그 방식으로 진화되어왔다는 것이다."(1976 〔1989〕, p. 200) 밈이 그 숙주—자신들이 운반하는 설계들을 채택하고 사용하는 존재, 즉 인간—의 복제 적합도를 향상시키든 아니든, 밈 자체의 자연선택은 일을 하고 있다. 밈은 10년 안에 확산되어 고정될 수도 있고 거의 소멸될 수도 있는데, 이는 인간 자손의 증가나 감소 차원에서 식별되기에는 너무도 빠른 진화 과정이다. (모든 밈이 **상리**공생자라 해도, 즉 도입 가능한 적응들이 진짜로 그 숙주들의 재생산 적합도를 향상시킨다 해도, 그 효과는 매우 미미하므로 밈의 확산 속도를 설명할 수 없다.)

3. **밈은 정보적인 것들이다**: 밈은 (유전체 안에서 조용히 여행하는 열성 유전자처럼) 실현되거나 표현되지 않으면서도 전달·저장·변이 가능한 일들의 실행 방식을 지시하는 "처방전"이다. 사람들은 마르코 폴로Marco Polo가 중국에서 유럽으로 국수(파스타) 밈을 가져갔다고 말하는데, 이를 위해 마르코 폴로가 국수 요리사가 될 필요는 없었다. 그는 그저 다른 인간들이 그 밈에 감염될 수 있으면서 그것을 자신의 행동 양식으로 표현할 수 있는 환경에 그 밈의 사본을 확산시키기만 하면 되었다.

인문학과 사회과학에서의 전통적 문화 진화 이론은 종종 위와 같은 아이디어들 없이 투쟁해왔다. 예를 들어, 이제는 구식이 된 에밀 뒤르켐Émile Durkheim(1858~1917)의 **기능주의**functionalism는 사회적

합의—금기, 관행, 전통, 사회적 차별 등—의 매우 그럴듯한 많은 기능과 목적을 밝혀냈지만, 이 효과적인 합의들이 어떻게 존재하게 되었는지는 설명할 수 없었다. 왕이나 족장, 제사장의 영리함에 기인한 것일까? 아니면 신의 선물이거나 그저 운 덕분이었을까? 그것도 아니라면, 그러한 특징을 높이 평가하고 그리하여 그것을 채택한 어떤 신비로운 "군중 심리"나 공유된 "천재성" 때문일까? "목적론"은 아무런 대가 없이 공짜로 얻을 수 있는 것이 아니며, 뒤르켐주의자들은 자신의 빚을 청산할 방어 가능한 방법이 없다. 하지만 그렇다고 해서 사회적 합의들의 존재를 설명하는 데 마법의 메커니즘 같은 것을 상정할 필요는 없다. 밈에 작용하는 자연선택은 사람이나 신성, 또는 집단 이해력에서 오는 그 어떤 의무적 추진력 없이도 설계 작업을 수행할 수 있기 때문이다. 데이비드 슬론 윌슨David Sloan Wilson이 지적했듯이(Wilson 2002), 기능주의는 믿을 만한 메커니즘을 제공하지 못하여 사멸했다. 그러나 자연선택에 의한 밈 진화 이론은 필요한 메커니즘을 제공할 수 있다. 대륙 표이continental drift 가설을 진지하게 취급하는 데 필요한 메커니즘을 판구조론plate tectonics이 제공했던 것처럼 말이다.[60]

문화에 관한 전통적 이론들의 또 다른 난점은, 그 이론들이 이론 내의 정보적 존재자, 특히 **발상**이나 **신념**을 "심리적" 범주에 넣는 경향이 있다는 것이다. 그러나 발상과 신념이 (우리가 아무리 그

---

60 윌슨이 대변하고 있는 진화에 대한 설명은 밈 진화가 아니라 그가 주장한 "다수준 집단 선택" 이론이다. 내가 지적한 바 있듯이,(2006, pp. 181-188) 그의 집단 선택이 일어나기 위해 필요한 조건들은 너무 드물게 발생할 뿐 아니라, 역사적 시간에 걸쳐 효과가 있기 위해서는 너무 많은 "세대"(개체들의 세대가 아니라 집단들의 세대임)를 필요로 한다. 설상가상으로, 윌슨 자신의 설명을 위해서는 어쨌든 밈도 필요하기 때문에, 밈 진화가 사회 집단의 기능적 요소들의 무의식적 다윈주의적 진화를 설명할 수 있는 올바른 현상임을 인정하지 않을 정당한 이유가 없다.

것들을 정신적이거나 심리적인 상태 또는 에피소드로 특징짓고 싶어 할지라도) 인간 문화에서 명백히 큰 역할을 수행하고 있다 해도, 모든 문화적 전달과 진화가 **의식적 흡수**conscious uptake 같은 어떤 것들에 의존하는 것은 아니다. 한 집단은 어떤 단어의 발음이나 어떤 제스처의 실행 방식을, 또는 벽에 회반죽을 바르는 방식을 **감지할 수 없을 정도로** 미세하게 바꿀 수도 있다. 작업 실행자들조차 그 부동drift을 알아차리지 못하면서 말이다. 차등 복제 덕분에, 심지어는 단어의 뜻도 그 단어를 사용하는 집단 외부의 과정에 의해 진화할 수 있다. "와, **믿을 수 없는** 강의였어요. 아주 **무시무시할** 정도로요!"라는 말은, 화자가 그 강의를 정말로 믿지 않는다거나 무서워했다는 것을 의미하지는 않는다. 단어의 의미를 이렇게 조정하자고 결정한 사람은 없다. 이런 경향을 승인한 사람조차 없다. 이런 일은 그냥 일어나는 것이다. 그 문화에서 생산된 토큰의 개체군 내에서 일어나는 변동shift에 의해서 말이다. (이 주제에 관해서는, 곧 출간될 리처드Richard의 저작을 보라.)

문화적 특징에서의 변화들이 **의식되지 못한 채로** 확산될 수 있다는 사실은, 발상과 신념에 대한 전통 심리학적 관점을 채택하고 있는 상태에서는 설명하기 힘들고, 그래서 간과되기도 쉽다. 밈 관점은 그런 실수에 대한 값진 교정을 제공한다. 그러나 그보다 훨씬 더 중요한 것이 있는데, 그것은 바로, 문화에서 탄생한 정보가 어떻게 **이해됨 없이** 두뇌에 인스톨될 수 있는가에 대한, 밈이 제공할 수 있는 대안적 시각의 방식이다. 표준적(전통적) 견해의 문제는, 그 견해들이 지향적 태도에 내재된 합리성이라는 가정에 **무비판적으로** 의존하고 있다는 것이다. 통속 심리학에서는 '그는 자기 앞에 놓인 것은 그 무엇이든 다 **이해할** 것'이라는 가정을 사람뿐 아니라 "고등" 동물들에게도 자동으로 적용한다. 새로운 발상과 신념 및 개념들은 "정의에 의하면" 거의 **이해된** 발상, 신념, 개념이다. 발상을 한다는 것은 무슨 생각을 지녔는지를 안다는 것이고, 데카르트의 말처럼 그것을 명석하고 판명하게 이해한다는 것이다. 논의하거나 고려하려는 어떤 생각을 식별해야 할 때, 식별은 언제나 그 내용에 의해 이루어진다는 것을 (**톰이 말한 첫 번째 생각**이라거나 **야구에 대한 내 생각 바로 옆에 있는 생각** 등의 방식으로 생각 식별 작업이 행해지진 않는다는 것을) 우리는 거의 알아채지 못한다. 우리가 이를 잘 모르는 것은 이해력이 능력의 원천이라는 전前 다윈주의적 관념이 적용된 결과로, 어디서나 흔히 볼 수 있다. 그리고 중요한 것은, 이해력이 능력의 원천이라는 그 생각을 우리가 뒤집어서, 이해력 없는 능력이 **어떻게** 점진적으로 이해력을 생산하는지를 최초로 스케치 정도는 할 수 있게 하는 것이다. (이것은 13장에서 다룰 것이다.)

전통적 문화이론가들은 개별 제작자의 기여를 과대평가하는 경향이 있다. 제작자가 고안하고 전달하고 개선하는 설계에 대해, 실제로 필요한 것보다 더 많은 이해력이 필요했으리라고 상상하는 것이다. 그러나 사실, 설계 **개선**은 이해력 없이도 이루어질 수 있다. 폴리네시아의 카누 진화를 연구한 로저스와 에얼릭은 자신들의 저작(Rogers and Ehrlich 2008)에 프랑스 철학자 알랭Alain의 구절(알랭의 글은 폴리네시아의 카누가 아니라 프랑스 브르타뉴 지역의 낚싯배에 관한 것이다[61])을 인용했다.

---

61 나는 2013년 저작에 이 구절을 인용했는데, 그때 실수를 범했다. 알랭이 폴리네시아의 카누에 대해 썼다고 잘못 기술한 것이다. 알랭(에밀 오귀스트 샤르티에Émile August Chartier의 필명)은 폴리네시아에 관해서가 아니라 로리앙 근처 그루아섬(47° 38' N, 3° 28' W)의 브르타뉴 어부에 관해 썼다는 것을 로저 드플레지Roger DePledge가 지적해주었다.

> 모든 낚싯배는 다른 낚싯배를 베껴 만들어졌다. …… 다윈의 방식을 따라 이렇게 추론해보자. 아주 잘못 만들어진 배는 한두 번의 항해 후에 물에 가라앉아 최후를 맞게 될 테고, 따라서 절대로 복제되지 못할 것이다. …… 그러면 완전히 엄격하게, 이렇게 말할 수 있을 것이다. 특정한 기능을 선택하고 다른 것들은 파괴함으로써 낚싯배의 유행 스타일을 만들어내는 것은 바다 그 자신이라고.

낚싯배 제작자들은 아버지와 할아버지가 제작법을 가르쳐준 물건들에서 어떤 것이 개선인가에 관한 이론을, 좋은 것이든 나쁜 것이든 가지고 있을 것이다. 그들이 그 개정 사항들을 자신의 창작물에 통합시킬 때, 그들은 때로는 옳고 때로는 그를 것이다. 다른 혁신들은, 마치 유전적 돌연변이들처럼, 운 좋은 개선과는 거리가 먼, 그저 오류를 복사한 것일 수도 있지만, 극히 드문 비율로 그 지역의 배 제작 기술을 진전시킬 수도 있다. 항해에서 돌아온 배는 복제되지만 귀항하지 못한 나머지는 망각의 저편으로 밀려난다. 이는 자연선택이 작동되는 고전적 사례다. 무사 귀환한 배들이 복제될 때, 진정한 기능적인 적응과 함께, 쓸모 없긴 하지만 해롭지는 않은 요소들—사실상 장식에 불과한 것들—까지 선발되어 복제되었을 수도 있다. 시간이 흐른 후 이 장식에 불과한 요소들이 마침내 기능을 획득할 수도 있지만 그렇지 않을 수도 있다. 따라서 밈 관점은 인공물과 의례를 비롯한 인간의 여러 관행에 덧붙여진 기능 있는 장식물과 그저 전통에 불과한 장식물 모두를 수용할 수 있으며, 두 범주를 구분해줄 "분명한 선"을 우리가 그을 수 없다는 것에 대한 설명 역시 수용할 수 있다. 그것들을 만들어낸 "통속적 천재들"의 불가해함에 대한 그 어떤 설명 없이도 말이다. 어떠한 이해력도 **요구되지** 않는다.

심지어 이해력이 R&D 과정들을 늦추기보다는 가속시키는 일이 더 빈번하다 해도.[62]

문화에 대한 전통적 사고방식의 또 다른 단점은 좋은 것들에 집중하고 쓰레기는 무시하는 경향이다. 문화의 **경제 모형**economic model of culture을 채택하는 것은 문화의 명백하게 유용한 (또는 그저 양성인, 즉 해를 끼치지 않는) 요소들의 **1차 근사**first approximation로는 적합하다. 여기서 유용한 문화 요소들이란 기술, 과학, 예술, 건축, 문학 등을, 그러니까 간단히 말해 "고등 문화high culture"를 뜻한다. 이런 것들은 진정으로 한 사회의 보물이며, 이런 것들을 유지·보존하는 것, 그리고 이들을 지탱하는 데 필요한 모든 것을 활용하는 것, 그리하여 이들을 다음 세대로 계승될 상당한 유산으로 남기는 것은 경제적으로 의미가 있는 (합리적인) 일이다. 그 "고등 문화"를 수 세기 동안 "잘 살아 있게" 하려면 여러 해의 고된 교육과 반복이 필요하다 해도 말이다.[63] 그러나 악성의, 쓸모없고 부담스러우며 적합도를 떨어뜨리는 문화 요소들은 어떤가? 감기 바이러스와 말라리아처럼, 그 누구도 가치를 인정하지는 않지만 실제로 제거하기에는 비용이 너무 많이 드는 요소는 또 어떠한가? 밈 관점은 상리공생, 편리공생, 기생의 3분법을 사용하여, 문화적 진화에서의 양극단의 경우와 중간의 경우를 모두 다룰 수 있다. (9장의 각주 51을 보라.)

7장에서 밝혔듯이, 밈이 바이러스와 유사하다는 생각에 많은

---

62 발명과 공학의 역사는 혁신으로 가는 길을 수십 또는 수백 년 동안 가로막아온 나쁜 이론의 사례로 가득하다. 예를 들어, 바람을 안고 항해할 수 없다는 것이 "사리에 맞다면", 당신은 이 "불가능함"을 성취할 설계를 실험해보려는 수고를 하지 않을 것이다.

63 리처슨과 보이드(2005)는 "합리적 선택 모형은 문화적 진화의 제한적인 경우"임에 주목했다.(p. 175)

사람이 반발하는데, 이는 바이러스가 우리에게 해롭기만 한 존재라는 잘못된 믿음 때문이다. 하지만 천만의 말씀이다. 사실, 한 사람의 몸에 서식하는 수조 개의 바이러스 중 우리에게 어떤 식으로든 유해한 것은 극소수에 불과하다. 바이러스 중 어떤 것들이 실제로 우리에게 좋은지, 심지어는 어떤 것들이 장내 미생물군(이것들이 없으면 우리는 죽는다)처럼 필수불가결한 상리공생자인지도 아직 확실하게 밝혀지지 않았다.

우리가 번창하려면 바이러스들이 **필요한가**? 그럴 수도 있다. 확실히 우리에겐 우리의 밈이 많이 필요하다. 대니얼 디포Daniel Defoe의 《로빈슨 크루소Robinson Crusoe》(1719)는 사람이 살아가는 데 필요한 밈들의 참된 백과사전이다. 그리고 평균적인 18세기 성인은 아마도 평균적인 21세기 선진국의 성인보다 그런 자립적인 생활에 필요한 밈을 더 잘 갖추고 있었을 것이다. 이것은 역사적 아이러니의 좋은 예다. (이듬해 농사를 위해 종자를 모으는 방법이나 부탄가스 없이 불 피우는 법, 나무 베는 법을 아는 사람이 우리 중 몇 명이나 되겠는가?)[64]

순전히 **기생적**이기만 한 밈이 정말로 번성할 수 있을까? 이에 대한 긍정적인 대답은 도킨스의 밈 소개에서 가장 매력적인 부분이며, 아마도 이것이 밈에 대한 반감의 상당 부분을 설명할 것이다. (많은 독자의 눈에는) 도킨스가 **모든** 문화는 뇌를 감염시키는, 그리

64 오늘날에는 인간 생활을 지탱하는 데 필요한 모든 밈을 한 개인이 다 품고 있을 필요가 명백히 없다. 우리는 오래전에 분업을 정착시켰고 개인이 전문적으로 다룰 수 있는 전문 기술을 확립해왔다.《로빈슨 크루소》는 여러 면에서 매혹적인 사고실험으로, 18세기에도 한 사람이 모두 파악할 수 없는 수많은 다양한 능력(그렇다고 주장하는 사람이 있다손 치더라도 극소수에 불과할 것이다)에 우리가 얼마나 의존하고 있었는지를 잘 보여준다.

하여 뇌로 하여금 자기 파괴적 활동을 하게 하는 끔찍한 질병이라고 말하는 것처럼 보인다. 그러나 사실 그는 그렇게 말하지 않았다. 이런 잘못된 추정의 심각한 사례가 데이비드 슬론 윌슨(2002)의 주장에서 발견된다. 윌슨은 문화를 위한 진화적 토대가 분명히 필요하다고 생각한다.

> 〔사회적 실험들〕에 있어, 각각의 특성에 근거한 일부 실험들의 성공과 일부 실험들의 실패는 먼 진화적 과거는 물론이고 최근 인류 역사가 전개되는 동안 작동하는 선택적 보유와 맹목적인 변이의 과정을 구성한다.(p. 122)

그러나 그는 독단적으로 밈을 묵살했는데, 우선 그는 밈이 "기생적"이라 생각했으며(p. 53), 따라서 일부 문화적 현상—특히 종교—에 대해 밈이 자신의 "다수준 집단선택" 가설보다 더 효과적이고 시험 가능한 설명을 제공할 수 있으리라는 가능성을 결코 고려하지 않았기 때문이었다. 사실 그는 모르고 있었다. 그 자신도 때때로 밈을 암시적으로 언급했다는 사실을 말이다. 이를테면 그는 교리문답을, "적응적 공동체의 발전에 필요한 정보를 복제가 용이한 형식 안에 담는 '문화적 유전체cultural genomes'라고 묘사"하는 것이 유용하다는 것을 알게 되었다고 썼다.(p. 93) 그리고 다른 곳(예를 들면 pp. 118-189, 141, 144)을 보면, 자신의 가설들에 대한 밈 관점의 대안들(내가 2006년 저서 《주문을 깨다Breaking the Spell》에서 제시한 설명 같은 것)이 이용 가능할 뿐 아니라 더 그럴듯하다는 것을 알아채지 못했을 뿐임을 알 수 있다.[65]

많은 밈이, 어쩌면 대부분의 밈이 상리공생자, 즉 우리의 현존 적응(우리의 지각 체계, 기억, 운동 능력, 조작 능력 등)을 향상시킴으로써 우리의 적합도를 높여주는 보철 장치다. 이런 상리공생적 밈이 처음부터 존재하지 않았더라면, 문화가 어떻게 기원했는지, 그리고 생겨날 수나 있었을지 좀처럼 알기 힘들었을 것이다(이 기원에 대해서는 나중에 다룬다). 그러나 일단 문화 기반시설이 (앞으로 보게 될 것처럼, 문화적 진화와 유전적 진화의 상호활동interplay에 의해) 설계되어 설치되고 나면, 그 기반시설을 착취하여 이용하는 기생적 밈의 존재 가능성이 어느 정도 보장된다. 리처슨과 보이드(2005, p. 156)는 이러한 밈을 "불량한 문화적 변이들rogue cultural variants"이라 불렀다. 이러한 현상의 명백한 최근 사례를 들어보자. 인터넷은 가장 실용적이거나 필수적인 목적을 위해 지성적으로 설계되고 구축된 매우 복잡하고 값비싼 인공물이다. 오늘날의 인터넷은 아르파넷Arpanet의 직계 후손이다. 1957년 러시아는 스푸트니크 위성을 우주 공간에 성공적으로 쏘아 올리면서 미국에게 한 방 먹였고, 미국의 펜타곤은 이에 대항하고자 1958년에 고등연구계획국(ARPA)[지금은 방위고등연구계획국(DARPA)으로 바뀌었다]을 창설했다. 아르파넷은 ARPA의 기금으로 만들어진 것으로, 원래의 목적은 군사 기술 R&D를 용이하게 만드는 것이었다. 그러나 오늘날에는 스팸과 포르노(그리고 고양이 사진을 비롯한 기타 인터넷 밈들)가 펜타곤 출연 연구소의 첨단 설계 공유를 저해하고 있다.

그런 허섭스레기들의 손쉽게 정형화된 이미지를 인간의 적합도를 향상시키지 않는 밈의 사례로 정착시키기 전에, 우리는 "적합도(적응도)"가 진화생물학의 맥락에서 무엇을 의미하는지부터 상기

---

65 예를 들면, 윌슨은 "캘빈주의의 **세부 사항**은 다른 경쟁 가설보다는 집단 수준의 적응으로 더 잘 설명된다"고 주장한다. 그러나 많은 세부 사항 중 극히 소수만이 집단 수준의 결속과 관련된다. (여기서 강조는 내가 한 것이다.)

해보아야 하는데, 그것은 건강도 아니고 행복도 아니며, 지성도 안락함도 안전함도 아닌, 생식 기량procreative prowess이다. 어느 밈이 밈 담지자로 하여금 평균치보다 더 많은 후손을 실제로 남길 수 있게 할까? 그런 밈은 매우 적어 보인다. 우리가 가장 소중하게 여기는 밈 중 다수가 생물학적 의미에서는 적합도를 명백하게 **감소시킨다**. 예를 들어, **대학 교육을 받는 것**은 생식 기량이라는 측면에서의 적합도를 현저하게 저하시킨다. 만약 브로콜리 섭취가 그만큼의 저하 효과를 초래한다면, 판매되는 브로콜리에 당장 공중 보건 경고("주의! 브로콜리 섭취는 당신의 생존 자손 수를 평균 미만으로 낮출 수 있습니다!")가 붙을 것이다.[66] 나는 학생들에게 이 놀라운 사실이 그들의 삶에 경종을 울리느냐고 물어본 적이 있다. 그들은 그렇지 않다고 대답했고, 나는 그들을 믿는다. 학생들은 동종의 개체들을 재생산하는 것보다 더 중요한 것들이 있다고 생각한 것이다. 그들의 태도는, 보편적이지 않을지는 몰라도, 모든 인류에게 우세한 견해다. 이 사실은 그 자체로도 우리를 다른 종들과 구분시킨다. 우리는 유전적 적합도 대신 삶의 **최고선**이라는 최상위 목적을 추구하는 관점을 지니게 된 유일한 종이다.[67] 자손을 추구하는 것은 새가 둥지를 짓고 비버가 댐을 건설하는 이유다. 고래가 수만 킬로미터를 이동하

---

66 또는 리처슨과 보이드가 비꼰 것처럼 이렇게 말할 수도 있다. "당신 아이들의 유전적 적합도를 향상시키고 싶다면, 부디 그들의 숙제를 도와주지 마세요!"(p. 178)

67 이 일반화에서 개는 중요한 예외다. 주인을 위해 위험을 무릅쓰거나 심지어는 목숨까지 잃는 개의 이야기는 매우 많다. 개는 가축화된 다른 그 어떤 동물 종보다 훨씬 더 인간과 닮았으며, 이는 우연이 아니다. 개들은 수천 년 동안 그러한 유사성들을 지니도록 무의식적으로 선택되어왔기 때문이다. 그리고 호모 사피엔스와 카니스 파밀리아리스*Canis familiaris* 두 종 모두에 대한 놀랍고도 역설적인 사실 또 한 가지는, 이 두 종은 번식을 고차원적 사명보다 덜 우선적인 위치에 놓았음에도 그들의 가장 가까운 친척 종들보다 개체수가 훨씬 많다는 것이다.

고 수컷 거미가 짝에게 안긴 채 스스로 죽음을 재촉하는 이유이기도 하다. 온갖 역경과 싸우며 상류로 거슬러 올라가는 연어도 자신의 삶을 재고하여 그것 대신 바이올린 연주를 배우는 삶을 고려하지 못한다. 그러나 우리는 그럴 수 있다.

우리는 목숨을 바칠 (그리고 다른 이의 목숨을 빼앗을) 가치가 있는 다른 것—자유, 민주주의, 진리, 공산주의, 로마가톨릭, 이슬람, 그리고 기타 많은 밈 복합체meme complex(밈으로 만들어진 밈)—을 발견한 유일한 종이다. 살아 있는 모든 것이 그러하듯, 우리가 생존과 번식을 선호하는 강한 편향을 가진 채 태어나며, 우리의 "동물적 본성"의 저항할 수 없는 충동을, 그리고 더 미묘한 습관과 성향을 많이 지니고 있음은 명백하다. 그러나 우리는 새나 원숭이 같은 학습자나 개와 말 같은 (그리고 엄격한 통제를 받는 실험실 동물 같은) 훈련 가능한 동물에 머무르지 않는, 설득 가능한 종일 뿐 아니라, 이유—부유하는 합리적 근거로서의 이유가 아닌, **우리에게 표상된** 이유—에 의해 행동할 수 있는 종이기도 하다. 이유는 존재하지만 그것이 그 생물의 이유는 아닌 그런 예를 우리는 성을 짓는 흰개미와 껑충뛰기 하는 영양에서 이미 보았다. 동물이 이유 때문에 어떤 일을 할 때, 그 이유—자신들이 하고 있는 것을 하는 이유—에 대한 그들의 이해력은 존재하지 않거나, 있다 해도 상당히 제한적이다. 새로운 변이 조건 아래서 또는 더 넓은 맥락에서 무언가를 이해해야 하는 과제를 처음 마주쳤을 때 사용해야 할 일반화 능력이 그들에게는 없다는 것이 수많은 실험을 통해 드러났듯이 말이다.

그와는 대조적으로, 우리는 그저 어떤 이유로 무언가를 하는 것을 넘어서서, 종종 우리가 하는 것에 대한 이유를 **지닌다**. 우리가 이유를 가진다 함은, 우리가 이유를 우리 자신에게 논리적으로 설명하고 합당하게 고려한 후 그것을 승인한다는 뜻이다. 우리가 한 행동을 설명하며 거론할 수 있는 그 행동의 이유에 대한 우리의 이해는 종종 불완전하고 혼란스러울 수 있으며, 심지어는 자기 기만적일 수도 있지만, 우리가 그러한 이유(현명한 것이든 어리석은 것이든)를 **소유할** 수 있다는 사실은, 우리로 하여금 그러지 말라고 설득당할 수 있게 만드는가 하면, 남들을 구슬려 무언가를 하게 만들기도 한다. 우리가 말하듯, 우리가 설득당해 (자기 관리를 하며 스스로 설득하는 경우도 이에 포함된다) 마음을 고쳐먹을 때, 이유를 수정함에 있어 우리의 인정과 욕구가 정말로 "마음에 와닿지" 못할 가능성은 언제나 있다. 설득당하는 순간 분명 자신의 기분에 취해서 자의로 마음을 바꾼 것이라 해도 말이다. 설득자나 교사는 우리가 특정 신념과 태도를 취하길 원하며 교훈을 설파하지만, 그 교훈은 우리의 신념과 태도에 장기적 효과를 미치지 못할 수도 있다. 이유를 제기하고 이유를 취하는 (그리고 거부하는) 연습을 할 때 우리가 우리의 이유들을 재연습하고 재고하고 재설명하고 재시험하고 재검토하는 것은 바로 이 때문이다. 이에 대해서는 윌프리드 셀러스가 강조한 바 있다. (Sellars 1962. 3장 "이유들의 공간space of reasons"을 보라.)

아리스토텔레스는 우리 종을 **이성적** 동물rational animal이라 구분했고, 데카르트를 비롯한 많은 이들은 오늘날에 이르기까지 이유 추론자reasoner로서의 우리 재능을 신에 의해 우리 두뇌에 심어진 특별한 **레스 코기탄스** 또는 **생각하는 존재**에로 귀속시켜오고 있다.[68] 우리의 이성(합리성)이 신이 부여한 것이 아니라면 어떻게 진화할

---

68 "기술은 하나님의 선물이다. 생명이라는 선물 이래, (그리고 그다음으로) 아마도 하나님의 선물 중 가장 위대한 것이리라. 기술은 문명과 예술과 과학의 어머니다."(Freeman Dyson 1988) 프리먼 다이슨[a]은 적어도, 우리의 재능이 기술에서 자라난 것이지, 기술의 궁극적 원천은 아니라고 보았다.

a 2020년에 작고한 영국 출신 미국인 물리학자이자 수학자이다.

수 있었을까? 위고 메르시에Hugo Mercier와 댄 스퍼버는, 논리적 주장들을 표현하고 평가하는 인간 개인의 추론 역량은 설득이라는 사회적 실천에서 생겨나며, 이는, 말하자면 그 기원에 대한 화석 흔적들을 보여준다고 주장했다.(Mercier and Sperber 2011) 악명 높은 **확증 편향**confirmation bias은 현재의 신념과 이론들에 긍정적으로 작용하는 증거들은 강조하고 부정적 증거들은 무시하려는 우리의 경향이다. 인간의 추론에는 이를 비롯한 여러 오류 패턴이 존재하며, 또 이에 대한 연구도 많이 이루어져 있다. 그 오류 패턴은, 우리의 기술skill이 논쟁 중인 양쪽 중 어느 한쪽을 설득하고 다른 한쪽 편을 들도록 날카롭게 다듬어져 있는 것이지, 반드시 옳은 일을 하도록 만들어져 있는 것은 아님을 보여준다. 우리의 바탕에 있는 재능은 "정당화하기 쉬운 의사결정들을 선호하지만, 그것이 반드시 더 좋은 결정인 것은 아니다."(p. 57) 그러한 기술을 설계할 수 있던 R&D의 진화 과정은, 막 시작하는 단계에서는 언어 사용에 있어서의 어떤 사전 기술prior skill에 필연적으로 의존했을 것이므로, 우리는 그것을 **공진화** 과정이라 생각할 수 있다. 그리고 이 공진화에서는 발음할 수 있는 밈, 즉 단어들의 문화적 진화가 앞장서서 여정을 이끌어간다.

11 밈에 무슨 문제라도? – 밈에 대한 반론들과 나의 답변들

반론 1. 밈은 존재하지 않는다!

밈에 대한 적대감과 마주하게 될 때면 내게 오만한 조롱들이 쏟아지는 경우가 많다. "밈? 밈이라고? 밈이 존재하긴 한다는 걸 나한테 증명해줄 수나 있소?" 존재하지 않음에 대한 주장은 언제나 다루기 힘들다. 과학자들이 철학적인 것을 밀어 없애거나 철학자들이 과학적인 것을 밀어 없앨 때 특히 더 그렇다. 인어와 폴터가이스트,[a] 플로지스톤과 엘랑 비탈이 존재하지 않는다는 데는 우리 모두 동의할 수 있다. 그렇지 않나? 그러나 일부 사안, 이를테면 유전자, 끈 이론에서의 끈, (개인어idiolect와 대조되는 것으로서의) 공공어

a '시끄러운 소리를 내는 유령'이라는 뜻의 독일어에서 유래했으며, 물체가 스스로 움직이거나 불타고, 비명이나 이상한 소리가 들리는 현상을 말한다.

public language, 수number, 색, 자유의지, 감각질qualia, 그리고 심지어는 꿈 등의 존재 여부에 대해서는 논쟁이 부글부글 끓어오르고 있다. 부정적 주장은 때로는 "원자와 공허atom and the void"(또는 아원자 입자와 물리 장physical field, 또는 물리학자 존 아치볼트 휠러John Archibald Wheeler가 제안한 것처럼 시간의 시작과 시간의 끝 사이를 왔다 갔다 질주하며 스스로 직조하는 단 하나의 아원자 입자) 외에는 어떠한 것도 실제로 존재하지는 않는다는, 실재성reality에 대한 매우 엄밀한 교조에 근거한다. 철학자들과 과학자들 양측 모두 그런 최소주의적minimalist 전망에 오랫동안 사로잡혀왔다. 나의 학생 한 명도 다음과 같이 쓴 적이 있다.

> 파르메니데스는 이렇게 말한 철학자다. "세계에는 단 하나의 사물만이 존재하며, 나는 그것이 아니다."[b]

때로는 그 전면적인 부정적 주장이 모든 현시적 이미지를 다 에워싸기도 한다. 과학적 이미지의 공식 온톨로지 내의 항목들은 실재하지만, 단단한 물체, 색, 일몰, 무지개, 사랑, 증오, 달러, 홈런, 변호사, 노래, 단어 등등은 실제로는 존재하지 않는다고 말이다. 그런 주장에 의하면, 그것들은 아마도, 유용한 환각이다. 컴퓨터의 아이콘 같은 사용자-환각처럼 말이다. 컴퓨터 화면 컬러 픽셀들의 패턴은 실재지만, 그 패턴들이 묘사해주는 것은 벅스 버니Bugs Bunny와 미키 마우스Mickey Mouse만큼이나 허구적인 존재자다. 이와 유사하

---

b 파르메니데스는 이 세계의 존재는 시간에 무관하고 균일하며 변하지 않는 '하나의 존재one thing'(일자一者)라고 보았다. 우리는 '무엇무엇이 없다'는 것은 인식할 수 있지만, '없음' 그 자체는 결코 생각할 수도 머릿속에 그릴 수도 없는데, 존재가 여러 개가 되려면 그 한 존재와 다른 존재 사이에 반드시 '없음'이 있어야 하기 때문이다.

게, 어떤 이들은 이렇게 말할 것이다. 현시적 이미지는 이미지의 모음—어쩌면 그것은 영화 같은 것이고, 우리는 그 안에 살고 있는지도 모른다—으로서의 어떤 실재성을 지니지만, 우리와 상호작용하고 우리가 조작하고 사랑에 빠지는 "것들"을 실재라고 생각하는 것은 잘못이라고.

추측건대, 그것은 방어 가능한 생각이다. 사실 그것은 각 종specie의 현시적 이미지에 관해 내가 말해온 것—사용자의 필요에 맞추어 진화에 의해 훌륭하게 설계된 사용자-환각이라는 주장—의 또 다른 **버전**이다. 이 버전과 내 버전의 유일한 차이는, 내 버전은 이러한 온톨로지들이 **실재성**을 분할하는 방식이라고, 즉 허구에 **불과한 것**이 아니라 실제로 존재하는 것의 다른 버전—실제 패턴—이라고 기꺼운 마음으로 열렬히 보증한다는 점뿐이다. 그것을 말하는 더 충격적인 방식("우리는 허구의 세계에, 꿈속에, 비실재 안에 살고 있다")은 혼동을 야기하는 경향이 있는데, 그런 표현 방식은 우리가 어떤 악의 세력에 기만당하는 희생자라는 인상을 풍기기 때문이다. 일부 이론가들은 달러가 존재한다는 것은 부인하지만, 사랑, 증오, 무지개를 수용하는 데는 그 어떤 어려움도 겪지 않는다. 그러면서도 그들은 사랑, 증오, 무지개의 실재성에 대해서는 결코 언급하지 않는데, 그것들이 존재한다는 것이 그들에게는 "명백하기" 때문이다. (하지만 달러가 존재한다는 것은 그들에게 명백하지 않다!)

그러한 근본주의적인 형이상학적 교조를 제쳐두면, X들이 존재함을 부정함으로써 의미되는 것은 X에 대한 이런저런 이론이 나쁜 이론이라는 것이다. 그 이론이 현시적 이미지에서 비롯된 "통속 이론"이라면, 이는 종종 부인할 수 없는 것이 된다. 예를 들어, 색에 대한 통속 이론은 오류와 혼란으로 가득하다. 그러나 그것이 색이 실재하지 않음을 의미할까? 색의 존재를 믿는다는 것은 인어의 존재를 믿는 것만큼이나 착각에 사로잡히는 것일까? 그렇게 말하는 사람도 있을 것이다. 그리고 또 어떤 이들은 그 길에 발을 들이고 싶어 하지 않을 것이다. 컬러 텔레비전을 판다고 광고하는 소니Sony를 허위 광고로 고소해야 할까? 중도 입장을 고수하는 이들은, 색이 실제로 존재하지는 않지만 색이 실재하는 것처럼 행동하는 것이 "유용한 허구"라고 선언한다.

이제 남은 다른 선택지는 색이 정말로 실재한다고 주장하는 것이다. 색은 통속 이론에서 말해지는 것과 같은 것이 아니다. 나는 학자 생활을 하는 내내 이 견해를 고수해왔다. 색뿐 아니라 의식도, 자유의지도, 달러도 실재한다고 주장해온 것이다. 달러는 흥미로운 경우다. 달러가 실재한다는 믿음을 부지불식간에 지지하게 하는 가장 강력한 요소는 달러 **지폐**와 **동전**이, 그러니까 눈으로 보고 무게를 가늠하고 능숙하게 다루며 갖고 다닐 수 있는 법정 통화가 의심의 여지 없이 존재한다는 것에서 비롯될 것이다. 이와는 대조적으로, 비트코인은 대부분의 평범한 사람에게는 좀더 환각처럼 보이지만, 비트코인에 대해 곰곰이 생각해본다면 알게 될 것이다. 만질 수 있고 접을 수 있는, 물리적인 물체인 달러 지폐는 일종의 온톨로지적 보행기라는 것을. 그리고 이 보행기는 걷는 법을 배우고 나면 버려지고, 그 자리엔 달러를 지지하듯 비트코인도 원리적으로 지지할 수 있는 상호 기대mutual expectation와 습관만이 남겨지리라는 것을. 20세기까지는 그러한 보행기—금 본위, 은 증명서 등과 같은—를 유지할 필요성에 대한 격렬한 정치적 논쟁이 있었지만, 내일의 아이들은 손에 쥐고 다룰 지불 수단으로 신용카드만을 갖고 다니게 자랄 수도 있으며, 그렇다고 해서 사정이 나빠지지는 않을 것이다. 달러는 실재한다. 당신이 생각하고 있을 그런 것이 아닐 뿐이다.

마찬가지로, 의식은 실재하지만 일부 평범한 사람들이 생각하는 그런 것이 아닐 뿐이다. 그리고 자유의지 역시 존재하지만, 많은 이들이 그래야만 한다고 생각하는 그런 것이 아니다. 그러나 나는, 어떤 사람들은 의식이나 자유의지가 **실재하려면 어때야 하는지**를 본인들이 잘 안다고 확신하고 있다는 것을 배워왔다. 그들은 내가 싸구려를 갖고 와서 실재라고 속여 넘기려 한다고 주장한다. 그 예를 두 가지 들어보겠다.

> 물론 여기서의 문제는 의식이 두뇌의 물리적 상태와 "동일하다"는 주장에 있다. 데닛 등이 이것이 의미하는 바를 내게 설명하려고 하면 할수록, 나는 그들이 정말로 의미하는 것은 의식이 존재하지 않는다는 것임을 점점 더 확신하게 된다.(Wright 2000, ch. 21, fn. 14)

> 〔데닛은〕 대부분의 사람들이 그 존재를 믿고 싶어 하고 또 실제로 믿고 있는 도덕적 책임과 절대적 자유의지의 종류를 확립시키지 않는다. 그건 이루어질 수 없는 일이며, 그도 그 사실을 안다.(Strawson 2003)

내 이론들에 따르면, 의식은 비물리적 현상이 **아니며**, 자유의지는 인과와 단절된 현상이 **아니다**. 그리고 라이트Wright와 스트로슨Strawson(그리고 그들과 노선을 같이 하는 이론가들)에 따르면, 나는 의식도 자유의지도 실재하지 않는다는 것을 인정할 용기를 **가져야만 할 것이다**. (어쩌면 나는, 그런 것들이 실재하지는 않지만 그것들이 실재하는 것처럼 행동하는 것이 매우 유용하다고 주장하는 "허구주의자fictionalist"가 됨으로써 타격을 완화할 수도 있을 것이다.) 나를 비판하는 이들이 **실제로** 존재하는 것들에 대해 왜 나보다 자신들이 더 잘 이해하고 있다고 생각하는지 나는 잘 모르겠으며, 그래서 나는 이의를 제기한다.

내가 밈에 관해 말해야 할 것은 어쨌든 더 쉽다. 내가 옹호하고 있는 이론은 '단어는 발음될 수 있는 밈'이라고 선언한다. 비은유적으로, 문자 그대로, 그리고 주의 통고 없이 말이다. 단어가 밈이므로, 그리고 단어가 존재하므로 밈은 존재한다. 그리고 비유전적으로 전송되는 **것들을 처리하는** 다른 **방법**도 그러하다. 만약 당신이 단어가 실재한다는 것을 부정하려는 사람 중 하나라면, 논박할 다른 곳을 알아봐야 할 것이다. 왜냐하면 나는, 현시적 이미지의 모든 집기—단어는 실로, 현시적 이미지에 포함된다—를 내 온톨로지 안에 포함시키는 것에 만족하고 있으며, 그리하는 데 더 이상의 논증이 필요하지 않다고 생각하기 때문이다. 자 이제 내가 방어하고 있는 밈 이론에 대한 실질적인 반대 의견들을 고찰해보자.

반론 2. 밈은 "이산적"이며 "충실하게 전달된다"고 묘사되지만, 문화적 변화의 많은 것들은 그렇지 않다.

리처슨과 보이드(2005)는 도킨스의 많은 주장에 동의하긴 하지만, 그 어떤 문화적 정보 항목이라 해도 그것을 밈이라 부르는 것에는 저항한다. 그들은 그 이유를 이렇게 설명한다. 밈은 "이산적discrete이며 충실하게 전달되는, 유전자 같은 존재자"라는 함의를 지니는데, "문화적으로 전달되는 많은 정보는 이산적이지도 않고 충실하게 전달되지도 않는다고 믿을 만한 좋은 이유가 있"기 때문(p. 63)이라고. 단어들이 정말로 꽤 "이산적이고 충실하게 전달되는" 존재자들이며, 적어도 어느 정도는 "유전자 같다"는 것을 우리는 이미 살펴본 바 있다. 어쩌면 유전자가 어느 정도 "단어 같다"고 표현하는 것이 더 나을 수도 있겠는데, 이는 매킨토시 툴박스(도구상자) 서브루틴과의 유비를 언급한 도킨스의 말에서 가져온 표현이다.(Dawkins 2004, ch. 8)

> 단어 비유는 한 가지 측면에서 오해를 일으킨다. 단어는 유전자보다 짧으며, 일부 학자들은 유전자를 문장 하나에 비유하는 방식을 선호한다. 그러나 문장은 좋은 비유가 아니다. 거기에는 그럴 만한 이유가 있다. 책은 정해진 문장 목록 중에서 골라 조합한 것이 아니기 때문이다. 대부분의 문장들은 독특(유일무이)하다. 유전자는 문장이 아니라 단어처럼 서로 다른 맥락에서 반복하여 쓰인다. 단어나 문장보다 더 나은 비유는 유전자를 컴퓨터의 툴박스toolbox 서브루틴으로 보는 것이다.(pp. 155-156)[a]

어떤 것을 하는 방식을 결정하는 (서브루틴 같은) 정보적 구조라는 면에서, 단어는 유전자와 유사하다. "문화적으로 전달되는 정보 중 많은 것이 이산적이지도 않고 충실하게 전달되지도 않는다"고 말했다는 점에서는 리처슨과 보이드가 옳았다. 그리고 곧 보게 될 것처럼, 이런 견해가 나오게 한 그들의 반론은, 아마도 문화적 진화가 발견하고 제련하는 정보 중 밈은 그저 작고 어쩌면 사소한 일부일 뿐임을 전제로 하고 있을 것이다. 단어가 유일한 (또는 거의 유일한) 밈이라고 가정한다면, 밈학이나 밈의 눈으로 보는 관점이 문화적 진화의 **일반적** 이론으로 고려되는 일은 거의 일어나지 않을

a 이 부분은 이한음의 번역서 《조상 이야기》(2018, 까치)의 해당 부분(250쪽)을 거의 그대로 가져왔다.

것이다. 이와 유사한 주장은 더 있다. 밈 이론을 심각하게 비판한 또 다른 이론가 댄 스퍼버(2000)는, 밈을 "모방을 통해 전파되는 문화적 복제자"라고 정의하며, 그러한 존재자가 몇몇 있긴—그는 연쇄적인 "행운의 편지"를 언급했고, 밈의 사례로 단어들은 고려하지 않고 무시했다—하지만, 그것들은 문화적 전달의 작디작은 부분만을 표상한다고 평가했다.

> 밈학이 이치에 맞는 연구 프로그램이 되려면, 사본 증식 유발에서의 차별적 성공과 복사가 문화의 모든, 또는 적어도 대부분의 내용들이 형성되는 데 압도적으로 중요한 역할을 수행해야 한다.(p. 172)

나는 이것이 지나치게 강한 요구라고 생각하며, 스퍼버가 "압도적으로"라는 표현과 "또는 적어도 대부분(의 문화 내용들)"이라는 표현 사이에서 망설이고 있는 것으로 미루어 보아 그도 내 생각에 동의하리라 기대한다. 어쨌든, 좋은 밈은 단어가 유일한가? 설사 그렇다 하더라도 우리는, 우리의 문화 같은 **축적적** 문화의 존재가 그런 밈에 의존한다는 것이 문화적 진화 이론 사이에서 밈의 시각 관점이 우세한 위치를 차지하게 해준다는 것을 알 수 있다. 전달되는 정보 중 단어의 형태를 띠고 있는 것이 아무리 적다 해도 말이다. 그러나 사실 인간의 문화에는 이 비평가들이 알고 있는 것보다 훨씬 더 충실도가 높은 복제자들이 있고, 그 정도의 복제는 모두 이런 저런 방식으로, 어느 정도 다양한 디지털화(음소 같은)에 의존한다. 앞에서 보았던 것처럼, 음소들은 물리적으로는 천차만별로 다름에도 불구하고, 인간의 청각계와 성도聲道의 진화된 특성들 덕분에, **주관적으로 유사한** (그래서 즉각적으로 식별될 수 있고 논란의 여지 없이 범주화될 수 있는) 토큰들을 만들어낸다. 발화 "고양이"의 후속 토큰들은 그 선조 토큰들의 **물리적** 복제품이 아니라 (물리적 복제품은 아니지만 사실상 그런 역할을 할 수 있는) **가상**virtual 복제품이며(또는 그렇게 말할 수 있으며), 이때 그 가상 복제품은 화자가 자신의 인식과 발화를 무의식적으로 수정할 때 작동하는 유한한 규범 체계에 의존하는데, 정보의 고충실도 전달에 필요한 것은 (물리적 복제가 아니라) 바로 이것이다.

이와 동일한 종류의 추상화abstraction를, 그리고 동일한 방식으로 수행되는 표준을 향한 수정correction을 음악에서 찾아볼 수 있다. (여기서는 서양의 조성음악tonal music을 다룰 텐데, 나와 이 책의 잠정적 독자에게는 무조음악보다는 이쪽의 이론이 더 잘 알려져 있기 때문이다.) 누구도 조성음악—도, 레, 미, 파, 솔, 라, 시—을 발명하지 않았지만, 그것을 체계화codify하고 각 음으로 소리 낼 음절들을 선택하고 음악 표기 체계를 완성하는 데는 수없이 많은 음악가와 음악 이론가가 기여해왔다. 11세기부터 수백 년에 걸쳐 이루어진, 다윈주의적 문화적 진화와 지성적 설계의 훌륭한 혼합물인 것이다. 조성음악은 표준을 향한 수정을 허용하는 디지털화된 알파벳의 좋은 사례다. (너 지금 반 음 정도 높게 노래하고 있어! 고쳐!) 그동안 음악에서는 많은 혁신이 이루어져왔고, 거기에는 벤딩, 슬라이딩,[a] 고의적으로 원래 음보다 조금 낮추기(예를 들어 블루스에서) 등도 포함되지만, 이런 궤도 이탈 뒤에는 표준 음조가 굳건하게 버티고 있다. 당신은 〈그린슬리브즈Greensleeves〉(아니면 똑같은 멜로디의 크리스마스 캐

---

a 주로 일렉트릭 기타에서 사용되는 연주법으로, 벤딩은 현을 짚은 손가락을 위로 좀 올리거나 아래로 내려서 원래 음보다 약간 높거나 낮게 소리가 나오게 하는 기술이고, 슬라이딩은 음들을 미끄러지게 연주하는 것을 말한다.

롤 〈저 아기 잠들었네What child is this?〉도 좋다)를 부르거나 멜로디를 흥얼거릴 수 있는가? 그럴 수 있다면, 당신은 이 멜로디—어떠한 특정 키나 특정 템포도 아닌—의 토큰의 매우 긴 계보를 구성할 또 하나의 토큰을 만들고 있는 것이다. 비밥 색소폰 연주자가 숨넘어갈 정도로 빠르게 연주하는 다단조의 〈그린슬리브즈〉와 애수 어린 기타 선율로 연주되는 마단조의 〈그린슬리브즈〉는 동일한 타입의 상이한 두 토큰이다. 고대의 멜로디가 저작권이 만료되어 공공 영역에 올라와 있는 것이 아니라면, 그 어떤 멜로디로, 그 어떤 조로, 그 어떤 목소리로, 그 어떤 악기로 연주되거나 불리든 그 노래의 저작권에 모두 포섭된다. 즉 소중한 **물리적** 유사성은 매우 적지만 선율 세계에서는 쉽게 감지 가능한 정체성identity을 지닌 가청 사건의 집합물이라는, 우리 현시적 이미지의 중요한 부분에 그 노래의 저작권이 적용되는 것이다. 그리고 물론, 이제는 기보법을 이용하여 이 멜로디를 쉽게 악보로 기록할 수 있다. 기보법은 옛 노래를 현재까지 보존해준다. 구전되어 오던 사가saga를 문자로 기록해 보존하는 것과 동일한 방식으로 말이다. 그러나 음악의 표기법과는 독립적으로, 기록되기 전의 음계 역시—마치 문자 기록이 발명되기 전의 언어 체계처럼—그 자체로 단순한 멜로디와 화음을 "귀로" 보존하기에 충분한 디지털화였다.

문학에서는 타입을 고충실도로 토큰화시키는 더 고차원의 추상이 존재한다. 《모비 딕Moby Dick》의 두 판본(가령, 다른 글꼴로 인쇄된 것들)은 같은 소설 두 부라고 여겨지고, 다른 언어로 번역된 것도 같은 소설이라고 여겨진다. (그렇지 않다면, 당신은 호메로스의 《일리아드》나 레프 톨스토이Lev Tolstoy의 《전쟁과 평화》를 읽었다고 주장할 수 있겠는가?) 번역은 (적어도 구글 번역기가 개발되기 전까지는) **이해력을 필요로 하는** 과정이지만 그럼에도 언어 장벽을 뛰어넘어 믿을 만하게 전달되는 것을 막지 못하며, 따라서 많은 중요 특성을 고충실도로 보존하고 있는 문화적 항목이 전 세계적으로 확산되는 일이 가능해진다. 이러한 사례는 단순한 물리적 복제라는 것을 넘어, 선택 사건을 거치는 동안 정보를 보존하는 다양한 고차원의 추상적 유사성이 있음을 보여준다. 정보가 이렇게 보존될 수 있었기에 자연선택에 의한 진화가 "오류 파국"(이 책 7장 228쪽을 보라)에 굴복함 없이 발생할 수 있던 것이다. 〈웨스트 사이드 스토리West Side Story〉는 《로미오와 줄리엣Romeo and Juliet》의 후손인데, 이렇게 판단하는 것은 셰익스피어의 희곡을 구성하는 소리나 잉크 자국의 순서가 물리적으로 복제되었기 때문이 아니라, 묘사되는 상황이나 관계의 순서가 복제되었기 때문이다. 이때의 복제는 순수한 의미론적 수준의 것이다. 우리에게 익숙한 면책 조항을 다른 말로 표현해보자. 〈웨스트 사이드 스토리〉의 등장인물들과 《로미오와 줄리엣》의 등장인물들이 비슷한 것은 순전한 우연의 일치가 아니다. 이러한 의미론적 복제가 밈 복제로 "간주"되는지가 궁금하다면, 밈이 일반적으로 가치 있는—복사할 가치가 있는—정보적 구조이며, 저작권법은 바로 그 가치를 보호하기 위해 고안되고 개선되어왔음을 상기하라. 충실하든 그렇지 않든, 번역뿐 아니라 요약본도, 그리고 소설을 영화나 연극, 오페라로 만드는 것도, 그리고 심지어는 비디오 게임으로 제작하는 것도 밈 복제로 간주된다. 저작권법이 지켜진다면, 당신은 19세기 보스턴의 허구적 일반인들에 대한 소설을 읽고 나서 등장인물들의 이름을 새로 짓고 18세기 파리에 관한 소설로 탈바꿈시켜서 그 작품을 들고 달아날 수 있으리라 기대해서는 안 된다. 그것은 표절이며 설계를 훔치는 것이다. 원본 사물과 그 복사본으로 간주되는 물리적 사물이 두드러지는 물리적 특성을 전혀 공유하지 않는다 해도 말이다.

이런 식으로 밈을 탐구할 때 특히 중요한 것이 있다. 이런 더 높은 수준의 어떤 것들은, **이해력**을 필요로 하지 **않는** 능력 복사 체계를 기반으로 하고 그것에 의존함에도 불구하고, 단지 **능력**을 복사하는 것에 그치는 것이 아니라 **이해력**에 정말로 의존한다는 것이다. 사실 이 지점까지 올라와 조망해보면, 우리가 복제를 이야기할 때 주로 모델로 삼는 고충실도 DNA 복제는 보편적 사례가 아니라 마음 없이 이루어지는 매우 극단적인 경우의, 아주 두드러지는 사례라는 것을 알아볼 수 있다. 거대분자 구조(이를테면 중합효소 분자와 리보솜)를 "판독자reader"나 "복사자copyist"로 이용하여 분자 수준에서 고충실도의 복제를 얻으려면, 아주 아주 간단한 복사—원자 대 원자 수준의 "인식"과 그에 뒤이은 복제—에 의존해야 한다. 그보다 더 상위 수준에서는, 좀더 정교하고 더 유능한 "판독자"를 이용하여 더 많은 물리적 변이를 견딜 수 있는 체계를 만들어낼 수 있다. 여기서의 가장 좋은 예는 구어(음성언어)지만, 다른 예도 있다. 글자을들 박죽뒤죽 뒤어섞 놓도아 우는리 문을장 쉽게 이할해 수 있다. 대부부의 사라드이 이 무자으 벼로 어려지 아게 이으 수 이다. 튜링은 자신의 위대한 발명품이 자기가 상상할 수 있었던 만큼의 마음 없는 인식 체계—0/1, 카드에 천공함/하지 않음, 회로 내 두 지점 간 전압의 높음/낮음 등의 이진 선택—에 기반한다는 사실이 매우 중요하다는 것을 알고 있었다. 원리적으로는 **사랑 고백**을 0으로, **살해 협박**을 1로 간주하는 이진 코드를 통해서도 고충실도 전달이 성취될 수 있겠지만, 그럴 경우엔 이해력을 발휘할 수 있는 판독자가 있어야만 믿음직한 전송이 이루어질 것이다.[69]

위와 같은 방식도 원리적으로는 가능하며, 그 외에도 셀 수 없이 많은 디지털화 방식이 있다. 그런데 그 방식들이 실제로 인간 문화에 중요한 역할을 수행할까? 실제로 그렇다. 컴퓨터 프로그래머들 사이에서는 "**싱코**thinko(오상)"라는, 아주 절묘한 은어가 통용되고 있다. 오상은 타이핑typing에서의 오류, 즉 "타이포typo(오타)"와 비슷하지만 좀더 고수준, 그러니까 의미론적 수준의 것으로, 잘못 쓴 것이 아니라 잘못 생각한 것을 말한다. "PRINT"라고 써야 하는데 "PRITN"이라고 쓴 것이 타이포라면, 주석 양옆에 괄호나 아스테리스크(또는 필요한 프로그래밍 언어 중 무엇이든)를 넣어야 하는데 그것을 잊은 것이 싱코이며, 4항 함수가 필요한 곳인데 3항 함수를 정의하는 것도 싱코이다. 악명 높았던 세기말의 Y2K 버그는 데이터 구조 안에 "19"로 시작하지 않는 날짜를 위한 공간을 남겨 놓지 않았던 것으로, 타이포가 아니라 싱코였다. 식별 가능한 "최선의 실행들"이 이루어져야 기업이 상정했던 목표가 달성되는 상황에서, 아무리 노력했다 해도 어떤 지점에서든 싱코가 생겼다면 이는 **명백한 실수**다. 컴퓨터 프로그램에서 "버그"는 소스 코드에서의 타이포들에 기인할 수도 있지만, 싱코에 기인하는 경우가 훨씬 더 많다. (대부분의 타이포들은 컴파일러 프로그램에게 발각되어, 실행 코드로 구성되기 전에 프로그래머에게 되돌아가 수정된다.) 어떤 결함이 존재하지만 전문가들이 논란의 여지 없이 그것을 식별하는 것이 불가능하다면, 그 결함은 통탄할 만한 과실이긴 하지만 싱코는 아니다. (싱코는 야구로 치면 **실책**error에 해당한다. 수준 이하의 경기 수행을 하면 당신은 실책을 했다는 "낙인이 찍힌다". 그러나 최고의 플레이가 어떤 것이어야 하는가에 관한 기준이 확실히 정해지지 않았을 때라거나, 플레이가 기대했던 것만큼 화려하지 않았다는 이유로 그 플레이에 유감을 갖

---

69 이러한 체계는 재미있는 디지털 속성을 지닐 것이다. 이진 숫자 역할로 사용된 텍스트—사랑 고백과 살해 협박—를 판독자-기록자들이 이해할 수 있어야 할 것 같음에도 불구하고, 그들은 이진 코드로 전송되는 메시지를 전혀 이해하지 못할 수도 있다. 그것은, 말하자면, 스웨덴어로 작성된 평이한 이메일로 보내진 암호일 수도 있다.

게 되는 경우라면 그것은 실책이 아니다.) 고충실도 복제에서의 관건은, 어떤 싱코가 루틴에 의해 교정될 수 있는가와 관련된 실행 규율canon의 존재다. 트루먼 카포티Truman Capote(1924~1984)[a]는 그에게 들어온 짧은 글의 초고를 묵살하며 이렇게 말했다고 한다. "이건 글을 쓴 게 아니야. 타이핑을 한 거지!" 그러나 짐작건대, 그는 싱코를 식별한 건 아니었고, 최선의 연습만 하며 그저 루틴을 통하기만 해서는 도달할 수 없는 우수성의 표준을 보여준 것이다.

루틴 그 자체는 밈이다. 많은 세대에 걸친 차등 복제에 의해 연마되고, 그로 인해 전문가들이 "읽고" "쓸" 수 있는 더 큰 관행의 구성물이 될 수 있는 밈이다. 화살 만들기, 도끼 만들기, 불 지피기, 요리하기, 바느질, 직조, 다양한 그릇과 문 만들기, 바퀴와 배와 그물 만들기 등은 단순한 물리적 필요와 지역적 전통이 결합된 활동에 의해 여러 세대에 걸쳐 수정될 수 있는 행위 방식이다. 이런 국소적 전통이 움직임move의 단순한 "알파벳"으로 진화할 때, 싱코를 비롯하여 요리에서의 오류인 쿠코cooko, 직조에서의 오류인 위보weavo 같은 수많은 오류들이 생겨났을 것이다. 하지만 이것들은 오류이긴 해도 순조롭게 교정될 수 있는 종류의 것이어서, 전통들은 믿을 만하게—어쩌면 언어 없이도—전달되었을 것이다. (이 주제는 13장에서 다룬다.) 그리고 늘 그렇듯, 그 누구도 그 "알파벳"들이 그런 이득을 준다는 것을 이해할 필요가 없으며, 그 밈들이 직접적인 수혜자가 아니라는 것도 확실하다. 이와 동일한 방식으로, 나쁜 습관—인간의 적합도를 떨어뜨리는 기생적인 것들—으로 구성된 전통이라

---

a 미국의 소설가로 두 번의 오헨리상을 받았으며, 그가 쓴 소설《티파니에서 아침을》과 《인 콜드 블러드》는 영화로도 만들어졌다. 후자는 사건 취재와 소설 쓰기를 접목한 것으로도 유명하다.

해도, 어쩌다 그것이 디지털화된다면 다른 모든 조건이 같을 경우 디지털화되지 않은 다른 전통보다 복제 경쟁에서 더 오래 살아남을 것이다.

이 주제에서 춤은 몇 가지 흥미로운 변이를 제공한다. "포크 댄스"를 세련된 안무와 비교해보자. 포크 댄스는 춤을 추는 일반인들에게 잘 알려진 알파벳을 지닌 대표적인 춤이다. 예를 들어 스퀘어 댄스와 콘트라 댄스[a]에는 **이름이 붙여진** 기본 움직임이 몇 개 있고, 모든 사람이 그 움직임을 알고 있다. 포크 댄스를 지휘하는 콜러caller는 그 움직임의 순서 혹은 "값"을 바꿈으로써 즉석에서 새로운 춤을 만들어낼 수 있다. 이를테면, "파트너에게 인사, 옆 사람에게 인사, 남성은 중앙으로 가면서 오른손으로 스타, … 스윙 후 프롬나드하여 여성을 원위치로" 등의 조합으로 구호를 외치면서 말이다. 방금 예로 든 것은 콘트라 댄스를 구성하는 아주 단순한 프로그래밍 언어다. 포크 댄스 체계가 이처럼 디지털화된 덕분에, 포크 댄스의 기본 요소가 되는 동작을 알고 있다면, 수십 년 동안 버지니아 릴Virginia Reel[b]을 한 번도 춰본 적이 없거나 그 춤이 어떻게 진행되는지 전혀 기억하지 못하는 사람들만 모아 놓는다 해도, 파트너를 정하고 약간의 리허설(복제)만 해보면 그 춤을 재연할 수 있다. 다수결 원칙이 타이포와 싱코, 즉 잘못된 스텝[c]을 헹구어 춤의 원래 "스펠링"을 회복시키기 때문이다. 그 어떤 두 쌍도 정확하게 똑같은 방식으로 앨러먼드 레프트allemande left(악수하고 왼쪽으로 돌기)를 할 수

---

a 스퀘어 댄스는 남녀 네 쌍이 사각형을 이루며 마주 서서 시작하는 춤이고, 콘트라 댄스는 남녀가 서로 마주 보고 시작하여 상대를 바꿔가며 추는 춤이다.

b 미국 포크 댄스의 대표적인 춤이다.

c 원문은 "missteps"인데 이 단어에는 '실수'라는 뜻도 있다. 저자는 이 단어를 중의적으로 사용하였다.

없지만, 그 정도의 변이는 춤에서 동일한 엘러먼드 레프트의 역할을 한다고 수용될 수 있는 충전물이 될 것이다. 인간의 문명에서 이러한 "투표"는 반복하고 또 반복해서 재발명되어왔고, 이는 개인의 기억, 즉 신뢰도와 충실도가 모두 낮은 기억을 통해 전달이 이루어질 때 전달의 충실도를 향상시키는 믿음직한 방식이다. 전통 종교를 비롯한 많은 의식에서 흔하게 행해지는 제창도 이와 비슷한 역할을 한다. 제창자 중 그 누구도 작년에 했던 무반주 제창을 충실하게 복사할 수 없음에도 그들의 기억을 복구시키는 것이다. 18세기에 크로노미터[d]가 발명되었을 때, 긴 항해에서는 2개가 아닌 3개의 크로노미터를 구비하는 편이 좋다는 것을 항해자들은 알고 있었다. 그래야 다수결 원칙이라는 묘책—당시까지 길들여지고 인정된 밈—을 사용할 수 있으니까. 제창자들은 이 집단 제창이 지닌 복제의 힘을 인식하거나 완전히 이해할 필요가 없다. (물론 반성적으로 숙고하는 사람이라면 알아챘을 수도 있겠지만.) 유전적 진화에서와 마찬가지로 문화적 진화에서도 부유하는 합리적 근거들은 도처에 편재하며, 일단 우리가 우리의 전통적 습성을 억누르기만 한다면, 이론가들에게만큼이나 우리에게도 매우 유익하다. 이때 우리가 억눌러야 할 습성이란, 어떤 생물이나 밈이 뭔가 영리한 짓을 하는 것을 보면 그 생물이나 밈에 이해력을 귀속시키는 버릇을 말한다.

포크 댄스와 대조되는 정교하고 세련된 안무는 더 표현력 있는 레시피 체계가 요구되는 섬세한 세부 사항을 필요로 한다. 영화와 비디오 레코딩은 다소 무력적인 방식으로, 즉 어떤 곡이 녹음되어 있다면 그 곡의 악보가 소실되었다 하더라도 그 문제가 "해결"될 수 있는 것과 매우 유사한 방식으로 문제를 "해결"해온 반면, 안

---

d 장거리 항해에 사용할 수 있을 정도로 매우 정밀한 시계다.

무는 안무를 뜻하는 영어 단어 "choreography"의 "-graphy"에 기록한다는 뜻이 있음에도 불구하고, 춤을 구성하는 움직임들을 효과적으로 기록할 수 있는 체계—댄서와 안무가들에게 정착되기에 충분할 정도로 효과적인 체계—를 지금껏 확보하지 못하고 있다. 1920년대에 루돌프 라반Rudolf Laban(1879~1958)[a]이 고안한 후 수년에 걸쳐 개선되고 보충된 무보舞譜 양식이 있긴 하다. "라바노테이션Labanotation"이라 불리는 이 방법은 열성적이고도 충성스러운 추종자들을 보유하고 있긴 하지만, 아직 춤의 링구아 프랑카lingua franca(국제 공용어)로 자리 잡지는 못하고 있다.

다음과 같은 점진적 이행을 보는 것은 구미가 당기는 일이긴 하다.

1. 춤의 **인류친화적** 기원들(즉흥적인 모임에서 부족 사람들이 음성을 내고 소음을 생성하고 춤을 추고, 또 자신들이 가장 좋아하는 움직임을 반복하고 서로를 모방하면서 생겨나는, "전염성 있는" 리드미컬한 끌어들임entrainment에 불과했던 것. 지도자도 콜러도 안무가도 필요 없었던 것)에서 시작하여
2. 춤 **길들이기**domestication (더 자기의식적self-conscious인 의례ritual들, 즉 연습을 필요로 하며 계획적인 교습과 수정이 이루어지는 것들을 말하며. 이런 것들을 복제할 때는 세심한 통제가 이루어진다.)를 거쳐
3. **밈 엔지니어**memetic engineer(현대의 직업적 안무가, 즉 예술 작품을 지성적으로 설계하며, 기대감을 안고 그 작품을 문화의 세계로 진출시키는 존재)에 이르는 것.

---

a 헝가리 출신의 무용가이자 무용 이론가로, 독일 표현주의 무용의 아버지라고도 불린다.

이런 관점에서 본다면, 최초의 춤추기 **방식**들은 인간 특유의 골격과 걸음걸이, 지각, 정서적 각성 등의 특징을 착취하도록 마음 없이 진화한, 그 누구의 "소유"도 아닌 밈들이었다. 그것들은 무엇에 좋은가? 인간 공동체에서 번성하는 데 좋으며, 확산 가능했기 때문에 확산된 춤추기 방식에 좋다. 마치 감기처럼.

물론 그것이 최초 무용수들의 유전자에 어떤 이익을 제공하는 데 도움이 되었을 수도 있는데, 그렇다면 그 상리공생은 편리공생으로부터, 심지어는 기생 관계에서 시작되어 점진적으로 진화되었을 것이다. 이용 가능한 몸 안에서 경쟁 밈들이 오랫동안 싸워오면서 말이다. 전염성 있는 나쁜 습관은 뿌리 뽑기 어려운 것이 될 수 있다. 그러나 그것들이 유용한 습관으로 형태를 바꿀 수 있다면 번식의 전망이 향상되기까지 할 것이다. 처음에는 어렴풋이(다윈의 "무의식적 선택"), 그리고 그다음엔 의식적으로(다윈의 "체계적 선택") 인식되고 나면, 그 습관의 재생산(번식)은 그것들의 숙주에 의해 어느 정도 보장되므로, 밈들은 비로소 긴장을 풀 수 있게 된다. 덜 흥미진진하고 덜 불가항력적이고 덜 매혹적이고 덜 생생하고 덜 잊을 수 없는 것이 되는 것이다. 그래도 괜찮다. 이미 매우 유용해졌으니까. (길든 동물의 뇌는 가장 가까운 야생 친척의 뇌보다 항상 더 작다. 사용하지 않으면 잃는다는 격언은 여기서도 유효하다. 가축으로 길든 동물은 비교적 안온한 삶을 산다. 포식자와 굶주림으로부터 보호를 받으며, 번식기에는 짝짓기 상대도 제공받는다.) 물론 이것의 귀결은, 흥미롭지 않은 무언가가 확산되려면 주인(또는 숙주)이 그것을 특히 유용하거나 특히 값지다고, 그래서 **사육**할—밈의 경우라면, 폭넓은 훈련을 통해 머리에 심을—가치가 있는 것이라고 여겨야만 한다는 것이다. 복식 부기와 삼각법이 떠오른다. '영향력 있는 주인들에게 가치 있다고 여겨지기'는, 그 자체로 밈에서 빈번하게 이루어지는 적응이다. 더 극단적인 사례 중에는 졸음을 부르는 "진지한" 무조음악과 현대 개념미술이 있다. 이런 것들은—산란용 닭처럼—너무 길든 나머지, 돈푼깨나 있는 집사들이 돌보지 않는다면 한 세대 만에 멸종될 수도 있다.

따라서, 리처슨과 보이드, 그리고 스퍼버와 그 공저자들이 주목한 것처럼 인간 문화의 많은 중요 영역이 시간이 지나면서 변화를 보이며 그것이 "이산적인, 유전자 같은" 정보적 존재자를 고충실도로 전달하는 체계의 직접적인 결과인 **것만은** 아니라는 것이 진실이라 해도, 그러한 체계들—단어들뿐 아니라 음악, 춤, 공예 등을 비롯한 행위 유발성의 전통들—은 문화적 정보를 대를 이어 전달할 다양한 경로를 제공한다. 그리고 그 경로를 통하면, 필요한 최소한의 이해력만으로 개선을 축적할 수 있는 **비교적** 무無 마음적인 점진적 돌연변이가 형성되기에 충분할 정도의 충실도를 유지하며 문화적 정보들이 전달된다. 그리고 낚싯배의 경우에서 보았듯이, 수공품들은 그 자체로 수정의 규범을 제공한다. 그러므로 일반적인 경험칙—많은 수가 발견되는 수공품이나 사용됐다는 표시들이 드러나는 수공품은, 그것이 무엇이든 좋은 것이다—이 생기게 되며, 이 규칙을 따르면 당신은 좋은 것과 그리 좋지는 못한 것을 종종 구분할 수 있게 된다. 좋은 것이 왜 좋은지 정확하게 알지 못한다 해도 말이다. 일단 구분했다면 좋은 것을 베껴야 함은 두말할 필요도 없다. 가축화(길들이기)까지 가장 점진적으로 부드럽게 이어진다는 의미에서의 무의식적 선택이라는 다윈의 뛰어난 아이디어는 문화적 진화에서도 중요하게 사용되기 시작했다.

우리 조상들은 한배에서 나온 새끼들 중 가장 약한 것을, 그리고 선박 중 불량품을 "자동적으로" 무시했으며, 그 결과 가축의 후손들과 선박의 후손들은 점진적으로 (인간의 취향과 요구들에 비추어

볼 때) 개선되었다.

반론 3. 유전자와는 달리, 밈에는 하나의 좌위에서 경쟁하는 대립밈이 없다

DNA에서 유전자는 뉴클레오타이드들—특히 A, C, G, T의 염기들이 이루는 서열이 중요하다—의 긴 사슬이라는 방식으로 표상되며, 이로 인해 상이한 유전체를 비교할 수 있고, 또 어디에서 뉴클레오타이드 사슬이 비슷하고 어디에서 다른지 그 위치—좌위locus—도 식별할 수 있다. 그러나 밈의 물리적 표상 방식에서는 이에 대응할 만한 것이 (아직) 없다. 특정 밈을 표현할 공통된 기저의 코드나, 밈의 토큰들이 발생하는 곳(그곳이 그 어디든)에서 경쟁하는 경쟁자도 없다. 예를 들어 벤저민 프랭클린Benjamin Franklin은 이중초점 안경을 만들었고, 의심의 여지 없이 그의 뇌 안에는 이중초점 안경이라는 발명품의 개념을 구현하거나 표상하는 신경 구조가 있었다. 그가 자기 발명품을 공개했을 때 다른 사람들도 그 아이디어를 알게 되었지만, 그들 뇌 안의 신경 구조들도 **이중초점 안경**의 개념을 프랭클린과 동일한 "철자로 썼다"고 가정할 수는 없다. 이 점이 어떤 비평가들에게는 **이중초점 안경** 밈은 없으며 밈은 존재하지 않고 따라서 밈 이론은 나쁜 아이디어라고 시인하는 것이나 마찬가지라고 여겨질 것이다. 프랭클린의 이중초점 안경 밈 사례가 서로 다른 사람들의 뇌에서의 좌위를 식별할 공통 코드를 사용할 수 없음을 뜻한다는 것이 그 첫 번째 이유다. 만약 유전자에서와 같은 공통 코드가 밈에도 있다면, 유전자 검사로 헌팅턴무도병Huntington's chorea이나 테이삭병Tay-Sachs disease의 대립유전자allele(변이)가 있는지를 알아낼 때와 같은 방식으로 서로 다른 뇌의 **이중초점 안경의 좌위**에서 그 밈의 철자가 똑같은지 다른지를 살펴볼 수 있을 것이다.

그러나 우리가 이미 보았듯이, 단어들이나 음악, 그리고 그 외의 많은 밈 과科를 위한 "알파벳" 체계가 존재하며, 그 체계는 사뭇 다른 종류의 대립밈 경쟁이 일어날 분류 칸이나 좌위의 역할을 창조한다. 달리 표현하자면, 발음 간의 경쟁(이를테면, "경쟁"을 발음할 때 "경"을 더 높고 강하게 발음하는 것과 "쟁"을 더 높고 강하게 발음하는 것 간의 경쟁, "나라"에서 "나"를 더 길게 발음하는 것과 "라"를 더 길게 발음하는 것 간의 경쟁 등)이 있고, 외래어를 표기할 때는 그 나라 발음에 최대한 가깝게 하는 것과 좀더 과격하게 자국어화시킨 것이 경쟁하는 양상을 종종 보인다. 당신은 Beef Au Jus[a]에 Oh juice[b]를 더 넣을 수 있다. 반면, 프랑스어 chaise longue[c]는 영어로 와서 영단어 chaise lounge[d]가 되었으며, lingerie[e]는 영어로 와서도 스펠링은 변함이 없지만 발음은 lawnjeray를 읽을 때와 똑같은 소리로 완전히 다르게 진화되었다. 그런가 하면, 발음은 일정하게 고정시키면서 하나의 음운론적 좌위를 두고 서로 다른 의미들이 경쟁하는 것을 볼 수도 있다. 영어 단어 terrific에는 상반되는 의미가 있고, incredible도 마찬가지다. 지금은 두 단어 모두에서 부정적인 의미

---

a 주로 소고기 스테이크에 함께 내는 소스를 뜻하며, 구운 소고기에서 나오는 육즙을 이용하여 만든다. 여기서 Au Jus는 '오 주스'로 발음(바로 뒤에 나오는 'Oh juice'와 발음이 같다)되며, 원래 '육즙과 함께'라는 뜻의 프랑스어인데, 영미권에서 beef와 함께 쓰여 'beef au jus'라는 말로 자주 쓰인다. 영어로 정착되다시피 했으나 프랑스어의 형태는 유지되고 있는 사례에 속한다.

b 캘리포니아에 본사가 있는 오가닉헬스Organic Health에서 출시한 주스다.

c 긴 의자라는 뜻으로, 발음은 [ʃɛz lɔ̃g]인데, [lɔ̃g]는 영어에는 없는 발음이다.

d 발음은 [ʃeɪz laʊndʒ]. 스펠링과 발음 모두 완전히 영어화된 사례에 속한다.

e 여성용 내의류를 말한다. 발음은 [lɛ̃ʒʀi]이며, [ʀi] 또한 영어에 없는 발음이다.

들은 거의 사라졌다. 그리고 상반된 의미를 지니는 homely라는 단어는 대서양 양쪽에서 엄청나게 다른 의미로 사용되고 있다. 한동안 beg the question이라는 말은 원래의 의미로, 곧이곧대로 쓰였다. 철학과 논리학에서 사용되는 전문적인 의미로 말이다.[f] 그러나 오늘날에는 이 말의 토큰들 중 대부분이 (대략) 문제(의문)를 불러일으킨다는 의미를 지닌다. 이제 이 의미는 영향력 있는 작가들의 펜과 입에서 발행되고 있으며, 따라서 오용의 혐의를 논하는 사람은 지나친 원칙주의자나 골동품광처럼 보이기 시작했다.

유전자에서처럼, 돌연변이는 전달 **오류**지만 가끔은 이러한 오류가 행운의 개선이 되기도 한다. 버그로 시작된 것이 특색이 되는 것이다. 이런 경우로 **스카이라인**skyline이 있다. 이 단어의 뜻은 원래 "하늘에서 보았을 때 지상을 구획하는, 시각적으로 지각 가능한 장면의 선"(출처: 《옥스퍼드 영어사전》)이었으나, 의미가 계속 축소되어 어느새 도시에서 바라보는 장면만을 가리키게 되었다.(Richard. 근간) 광야에서 보는 산의 능선을 '스카이라인'이라고 부르는 것은 더이상 적절하지 않아진 것이다.[70] 그런가 하면, 의미는 고정시킨 채 동의어들이 전투—지역 거점을 가지고 있고 향수를 불러일으킨다는 것을 무기로 삼으며 진부함을 향해 가고 있는 고색창연한 용어 간의 경쟁—를 벌이는 의미론적 **좌위**들을 살펴볼 수도 있

---

f 철학과 논리학에서는 'fallacy of begging the question'이라는 표현으로 종종 등장한다. 설명되어야 할 사항을 설명의 전제 속에 넣고 있음을 지적하는 말로, '선결문제 요구의 오류' 또는 '논점 선취의 오류'라고 번역된다.

70 펜실베이니아의 레딩에는 도시를 굽어보는 능선을 따라 '스카이라인 드라이브'라는 길이 있는데, 이 이름은 그 옛날의 의미가 남은 화석이라 할 수 있다. 이름이 "포드ford"로 끝나는 수많은 강변 마을을 생각해보라. 원래 "ford"는 여울, 즉 강을 건널 수 있는 얕은 곳이라는 의미를 지니지만, 지금 그런 이름의 마을 중 건널 수 있는 여울이 있는 곳은 많지 않다.

다. [1950년대 매사추세츠에서, 지금 우리가 가리키는 소다soda나 소프트 드링크는 토닉tonic이었고, 밀크셰이크는 프라페frappe(영어 발음은 'frap')였다.] 의미와 발음에서 (그리고 문법에서도) 일어나는 이러한 이동이, 밈이 함께한 후에야 비로소 눈에 띄었던 것은 아니다. 사실 역사학자들을 위시한 연구자들은 이를 수 세기 동안 엄밀하게 연구해왔다. 그러나 때때로 이들은 **본질적**essential 의미에 관한 전제들 때문에 곤란을 겪었다. 그 전제들은 인위적인 논란들을 양산했고, 그 논란은 종, 속, 변종, 아종 등에 대한 분류학자의 전투—이 긴장은 다윈이 나타나면서 느슨해지기 시작했다—와 놀랄 만큼 비슷하다.[71] (물론, "incredible"이라는 단어는 **정말로**really **믿을 수 없음**을 의미한다—이 단어의 어원을 보라! 그렇다, 새는 **정말로**really 공룡이고 개는 **정말로**really 늑대다.)

음악에서 하나의 유명한 곡을 여러 밴드가 커버하는 일은 흔하게 일어난다. 이때, 유명한 노래 한 곡 한 곡을 각각의 좌위로, 그리고 그 곡의 **커버 버전**들은 그 좌위에서의 지배적 지위를 차지하기 위해 치고받고 싸우는 존재들로 볼 수 있다. 이러한 관점에서 보면, 여러 버전 중 거의 고정될 정도로 히트한 하나의 버전은 돌연변이이며, 원래 발매된 오리지널 버전과 경쟁하는 대립밈allele이라고 볼 수 있다. 어떤 싱어송라이터들은 자신의 오리지널 버전을 나중에 자

71 곧 나올 책에서 리처드는, 언어철학에서의 그 악명 높은 분석-종합 구분에 가해진 콰인Quine(1951)의 공격이 다윈의 반反 본질주의를 철학으로 확장시키는 것임을, 그리고 어떻게 그렇게 파악될 수 있는지를 보여준다. 에른스트 마이어가 충고했듯이, 모든 자연종의 엄격한 분류는 개체군 사고population thinking[a]로 대체되어야 한다.

a 여기서 개체군 사고란 실재하는 것은 개체들과 그것들로 이루어진 집단이며, 유형type이란 각 집단의 통계적 추상이라고 보는 사고방식이다. 이와 반대되는 유형학적 사고typological thinking에서는 유형이 실재하며, 개체들은 그것이 속하는 유형의 불완전한 예화라고 본다.

기가 직접 커버한 버전으로 대체하는 것으로 유명하다. (당신은 크리스 크리스토퍼슨Kris Kristofferson의 노래 〈나와 바비 맥기Me and Bobby McGee〉의 오리지널 버전을 들어 본 적이 있는가?) 다른 가수가 커버한 버전에 대해서도 그들은 로열티를 계속 벌어들인다. 심지어는 레코드 판매고의 가장 큰 몫이 나중에 다른 가수가 커버하여 올려준 명성에 기인하는 경우에도 그렇다. 여기서 음향 녹음 기술의 존재 덕분에 어떤 한 곡의 고정적이고 표준적인 버전이 제공되며, 각 버전의 물리적 정체성이 확고해진다. 대니얼 레비틴Daniel Levitin(1994, 1996)은 이 규칙성을 이용하여 인간 피험자들이 유명한 노래들의 음정과 박자에 대해 지니고 있는 기억들을 시험하는 실험을 했다. 〈그린슬리브즈〉는 표준적인 키나 템포가 발견되지 않은 반면, 비틀스의 〈헤이 주드Hey, Jude〉나 롤링스톤스의 〈새티스팩션Satisfaction〉은 표준 키와 표준 템포가 있었고, 이 곡들의 팬들은 기억만으로도 능숙하게 원래의 키와 박자에 매우 근접하게 노래하거나 허밍을 했다.

적응이 축적되기에 충분할 만큼 밈들이 충실하게 복제되는가를 고려한다면, 우리는 유전자를 다룰 때와 마찬가지로 문화에서도 기술의 강화를 포함시켜야 한다. 생명 역사의 초기 10억 년 동안, 수많은 진화적 R&D가 DNA 복제 설비 향상에 이용되었다. 이와 유사하게, 쓰기(기록)의 발명은 언어적 전달의 충실도를 증대시켰고, 그것은 많은 장소에서 수천 년에 걸쳐 이루어진, 많은 마음의 산물이었다. 쓰기의 "발명자들" 중 자신이 발명하고 있는 설비의 "사양"에 대해, 즉 자신들이 우아하게 "해결하고" 있는 "문제"에 대해 명확한 전망을 지니고 있었던—또는 지녀야 할 필요가 있었던—사람은 거의 없었다. (이들의 작업을 컴퓨터를 고안하는 튜링의 작업이나 엘리베이터 제어 프로그램의 "상의하달식" 설계와 비교해보라.) 6장에서 말했던 것처럼, 명백한 증거적 이유 때문에, 저작권에는 비교적 영구적인 기록의 존재(문자 또는 음향 기록)가 필요하다. 그러나 발명품을 그러한 매체로 번역하거나 변환할 수 있다는 것은 단순한 법적 보호보다 더 심대한 영향력을 지닌다. "연설과는 달리, 지면에 적힌 단어들은 허공으로 날아가 사라지지 않으며, 작가의 의도가 파악될 때까지 몇 번이든 다시 들춰볼 수 있기 때문에, 문자로 기록된 매체에서는 복잡성이 좀더 많이 허용된다."(Hurford 2014, p. 149) 이러한 특성 덕분에, 우리는 핵심 구절이나 문장(또는 시구나 사가, 발표 등)을 세계 안으로 **떠넘김**으로써 우리의 한정된 작업 기억의 짐을 덜어낼 능력을 지니게 되었고, 그로 인해 약간의 텍스트를 반복하여 훑을 수 있는 **시간적 여유**를 갖게 되었다. 우리가 연습할 때마다 그 텍스트가 조금씩 변형될까 봐, 그리고 우리 머릿속에서 완전히 녹아 없어질까 봐 걱정하지 않고도 텍스트를 볼 수 있게 된 것이다.[72] (연습을 많이 한다면 세 자릿수 곱셈도 암산으로 할 수는 있겠지만, 종이에 연필로 쓰면서 하면 계산이 얼마나 쉬워지는지 생각해보라.)

그 후로도 혁신들이 계속 더해진 덕분에 이제 우리는 문화적 진화의 중요한 전환점 앞에 서 있다. 지금 문화의 DNA는 없지만, 미래에는 HTML(인터넷에서 내용을 표현하는 기저 언어)이나 그 후손들이 매우 우세해져서 HTML로 표상되지 않고는 그 어떤 밈도 이 복잡한 정보 세계에서 "눈알"과 "귀"를 사로잡기 위한 경쟁을 펼칠 수 없게 될지도 모른다. 지금은 콘텐츠를 검색하여 인식하

---

72 수전 손택Susan Sontag은 《사진에 관하여On Photography》(1977)에서 고속 촬영이 과학에만 기여한 것이 아니라 거대한 인식론적 진보도 가능케 했다고 말한다. 시간을 "정지시키는 것"은 공간을 확대하는 것만큼 가치 있다. 최근에 개발된 이미지 안정화 쌍안경(손떨림 보정 쌍안경)도 동일한 이점을 보여준다. 평범한 쌍안경으로는 손떨림 때문에 배의 이름을 읽을 수 없지만, 손떨림 보정 기능은 이미지의 떨림을 잡아주기 때문에 배에 쓰인 글씨도 수월하게 읽을 수 있다.

거나 식별할 수 있는 봇과 앱이 있다. (노래를 찾아주는 앱인 샤잠도 그 예다.) 이러한 봇과 앱의 후손들이 가치 판단(리처슨과 보이드가 2004년 책에서 편향된 전달biased transmission이라고 불렀던 것)을 시작한다면, 즉 인간의 눈이나 귀, 두뇌에 조금도 의존하지 않고 밈들의 차등 복제를 조장한다면, 근미래의 밈들은 인간의 직접적인 개입 없이 번성할 수도 있다. 제비나 칼새처럼, 여전히 인류친화적이지만 인류가 건설한 21세기 기술적 니치의 편의시설에 의존하면서 말이다. 수전 블랙모어는 2010년 저작에서 이렇게 디지털하게 복사된 밈들을 "팀teme"이라 불렀지만, 최근에는 **트림**treme이라 부르기로 결정했다(2016년의 사적인 서신교환에서). (이 내용은 이 책의 마지막 장에서 좀더 다룬다.)

문화 변화의 모든 과정이 다 좌위를 놓고 벌이는 대립유전자들의 경쟁과 유사한 특징을 보이는 것은 아니지만, 그 어떤 경우든 그 특징은 다양해질 수 있는 진화 과정을 따르는 차원 중 하나일 뿐이며, 다른 것들보다 좀더 "다윈주의적"인 것이다. 다윈에게는 대립유전자와 좌위의 개념이 없었고, 다윈이 자연선택에 의한 진화 이론의 개요를 확립하는 데 그 개념들이 필요하지도 않았다. (우리는 13장에서 변이의 다른 차원을 좀 살펴볼 텐데, 이는 고드프리스미스의 다윈 공간에 배열될 것이다.)

반론 4. 밈은 우리가 문화에 대해 이미 알고 있는 것에 아무것도 더 말해주지 않는다

이 반론의 내용은 다음의 한 문장으로 요약할 수 있다. 밈학자 지망생은 더 전통적인 문화 이론들과 비생물학적 관점들이 이미 발견하여 잘 기술하고 설명해놓은 모든 범주들과 관계들 및 현상들을 도맷값에 넘겨받아, 이 사업 전체의 브랜드 이름만 밈학으로 바꾸어놓았다! 밈학 반대자들의 이 주장에 따르면, 아이디어, 신념, 전통, 제도에 의거한 설명을 밈에 의거한 (의사생물학적pseudo-biological, 의사과학적pseudo-scientific으로 반들반들하게 만든) 설명으로 전환해도 그 어떤 가치도 더해지지 않는다. 반대자들은 묻는다. 그런 제국주의적 인수를 추동하거나 보증할 수 있을 새로운 통찰과 명확한 해명은, 그리고 그 인수를 통해 획득할 수 있는 교정 사항들은 도대체 어디 있는가? 밈학자들은 기껏해야 바퀴를 다시 발명하고 있을 뿐 아닌가? (밈학 반대자들이 이런 반론을 펼칠 때 종종 표출하는 그 고집스러운 분노를 내가 공정하게 다루었길 빈다.)

이 비난에도 조금의 진실은 있다. 그리고 특히, (나 자신을 포함한) 밈학자들이 새로운 통찰이라 여겨서 전통적 문화이론가들에게 제안한 것이 알고 보면 그들이 오래전에 이미 공식화하고 소화한 것이었던 적도 가끔 있다. 문화이론가—이를테면 역사학자나 인류학자 또는 사회학자—에게 몇몇 현상에 대해 자신들이 수년 전에 이미 저술해놓은 훨씬 더 상세하고 잘 뒷받침되는 설명을 밈학자들이 부지불식간에 그대로 되풀이하며 초보적인 설명으로 다시 내놓는 모습을 견디는 것은 특히 짜증 나는 일임이 틀림없을 것이다. 초기 문화이론가의 이론이 모두 틀렸다거나 그들이 밈학자들이 알아낸 모든 구분에 무지했음이 밝혀진다면 그것이 오히려 매우 충격적일 것이다. 따라서 **어떤 측면에서는** 문화이론가들이 밈학 없이도 자신들의 설명 프로젝트를 꽤 잘 진행해왔다는 것을 인정해도 밈학자들이 곤란해질 일은 없을 것이다.

사실, 밈학자들은 전통적 문화 탐구자들이 다윈의 좋은 선례를 따라 수집한 통찰을 찾아내고 소중히 간직해야 한다. 다윈은 자신과 서신을 주고받은 수많은 사람[a]에게서 배운 풍부한 자연사 지식을 수확한 사람이며, 다윈 **이전**의 탐구자들이 식물과 동물의 모든 측면에 관해 수집하고 일람표로 작성해둔 자료들은 **이론에 오염되지 않았다**는, 칭송받아 마땅하나 좀처럼 칭송받을 기회가 없던 덕목을 지니고 있었다. 편향으로 말미암아 판단이 흐려질 수 있었던 열렬한 다윈주의자(또는 열렬한 반反 다윈주의자)는 수집할 수 없는 자료였던 것이다. 그리고 그 자료들이 그런 특징을 지녔으므로 우리는 비非 다윈주의적인 전前 밈학적 연구들과 문화 이론들도 소중히 여겨야만 한다. 자료 수집—사회과학에서는 관찰자의 편향에 의해 오염될 위험이 언제나 존재한다—이 적어도 밈학을 지지하기 위해 이루어진 것은 아니다! 앞선 이론이 일구어놓은 너른 대지를 인수하지 **않고** 밈 기반 말하기의 요점을 개조하여 부수적인 용어 조정만 한다면, 밈학은 문화적 진화의 좋은 이론이 되지 못한 채 이론의 미심쩍은 후보에 머물 것이다.

그러나 밈학은 관점의 진정한 진보 역시 제공해야 한다. 나는 일찍이 내가 밈학의 주요 공헌을 무엇이라 보고 있는지, 그리고 그에 상응하는 전통적 문화 이론들의 약점이 무엇인지에 대한 윤곽을 그려보았다. 문화는 잘 설계된 요소들로 가득하다. 그리고 전통적 문화이론가들은 다음 두 노선 중 하나를 택했다. 이해력과 발명 기교 및 천재성을 인간에게 지나치게 부여하거나, 인간을 나비나 영양과 다를 바 없는 존재, 즉 그들이 이해할 필요가 없는 어떤 배열의 수혜자에 불과하다고 간주하며 필수불가결한 R&D가 어떻게 생겨날 수 있었는지 설명할 책임을 포기해버리거나. 유전적 진화(본능)

a 다윈은 생전에 거의 2000명과 수만 통의 편지를 주고받았다. 지금 남아 있는 편지만 해도 1만 4500통에 이른다.

는 이 작업을 수행할 수 있을 정도로 빠르게 작동하지 않으므로 극심한 간극이 생기는데, 이 간극은 밈학으로 메워야 한다. 문화에 관한 전통적 접근법이 산출하는 다른 그 어떠한 것에 대한 긍정적 아이디어도 이 작업을 수행할 수 없다.

밈학적 관점은 혁신(좋은 것이든 나쁜 것이든)의 확산에서 **심리학을 덜어낸다**는 점에서도 가치가 있다. 문화 진화(시간에 따른 문화의 변화라는 중립적인 의미)에 관한 전통적 접근법, 이를테면 "아이디어의 역사"와 문화인류학 같은 것은, 우선 인간을 지각하는 존재, 믿는 존재, 기억하는 존재, 의도하는 존재, 아는 존재, 이해하는 존재, 알아채는 존재로 상정한다. 혼수상태에 있거나 잠든 사람은 그 어떤 조건에서도 문화 변환자/전달자가 아니므로, 문화적 혁신은 일단 **알아챈** 다음에야 (종종) **채택된다**고 가정하는 것이 자연스럽다. 혁신들이 일반적으로 채택되어 유지되는 것은 그것들이 **귀중하게 여겨**지거나 **진가가 인정**되기 **때문**이며, 그것도 아니면 그저 **욕망되기 때문**이다. (물론 실수로 채택되기도 한다.) 이 모든 것은 인간을 합리적 행위자, 즉 지향계intentional system로 간주하는 기본 시각과 순조롭게—너무도 순조롭게—맞물린다. 인간을 지향계로 본다 함은 신념과 욕구, 합리성을 인간에게 귀속시킴으로써 인간의 행동을 원리적으로 예측할 수 있음을 의미한다. 이는 결과적으로 문화의 보존과 전달에 관한 경제적 모형의 이런저런 버전을 산출한다. 귀중한 것으로 여겨지는 문화적 "상품"은 보존되고 유지되어 다음 세대로 유증되거나 최고가를 제시한 입찰자에게 판매된다. 그러나 많은 문화적 혁신은 '오랜 시간에 걸친 무의식적subliminal 조정'이라 불릴 만한 것에 의해, 눈에 띌 필요도 의식적으로 승인될 필요도 없이 일어난다. 밈은 바이러스처럼, 숙주가 알아채지 못해도 한 숙주에서 다른 숙주로 퍼져나갈 수 있다. 집단 수준의 현상이 집단 구성원의 주의를 끌지 않고도 축적될 수 있다. 그렇게 축적된 변화는 종종 회고적인 방식으로 인식될 수 있다. 이주민 공동체에 본국 사람이 합류할 때 이런 일이 발생하곤 하는데, 새로 합류한 사람이 말하는 방식은 공동체 사람들에게 이상하게 낯익은 동시에 이상하게 낯설다. **"아, 맞아! 기억난다! 우리도 저렇게 말하곤 했었지!"** 무의식적으로 변화할 수 있는 것이 단어의 의미와 발음만은 아니다. 원리적으로, 문화의 가장 상징적인 특질인 사고방식과 도덕적 가치도 완화되거나 강화되거나 침식되거나 취약해질 수 있다. 그리고 이런 변화는 인간이 인식하기에는 너무 느린 속도로 일어날 것이다. 유전적 진화와 비교한다면 번개처럼 빠르다 해도, 문화적 진화 역시 너무 점진적으로 일어나므로 일상적인 관찰로는 포착되지 않는다.

이제 "병적인 문화적 변이"에 대해 알아보자. 다수의 지속적 문화 현상은 부적응적maladaptive이며, 문화 혁신을 유전자 혁신("다른 방식으로 전달된 적응들")과 나란히 맞추어보려는 그 어떤 이론도 이것들을 설명할 방법이 없다. 리처슨과 보이드는 "문화는 부적응적이다Culture is Maladaptive"라는 장[a]에서 밈학을 옹호하려는 목적에서 쓰진 않았지만 밈학의 관점을 채택하여, 그러지 않았다면 설명하기 어려웠을 다양한 현상들을 설명한다.(Richerson and Boyd 2005) 이를테면 아미쉬Amish와 같은 재세례교도Anabaptist[b]가 (지금까지) 번창한 것과 같은 것이다. 밈의 일부 측면에 관한 의혹을 드러내면서도, 리

---

a 해당 챕터는 5장인데, 번역서에서 이 장 제목은 "문화는 비적응적이다"로 되어 있다. 그러나 해당 챕터의 본문에서는 maladaptive를 모두 '부적응적'이라고 번역해놓았으므로, 여기서는 챕터 제목도 "비적응적"이 아니라 "부적응적"이라고 서술하는 것이 적합하며 우리 책의 맥락과도 합치된다고 판단하였다.

b 로마가톨릭교회의 세례와 유아세례를 부정하고 오직 성인이 되어 받은 세례만 유효하다고 주장하는, 16세기 종교개혁 때 나타난 급진 기독교도. '재침례파'라 불리기도 한다.

처슨과 보이드는 "이기적 밈selfish meme 효과는 상당히 강력하다"고 인정한다.(p. 154)

> 지금까지는 오직 재세례파 및 그와 유사한 소수의 집단(극단적 정통파 유태교도 같은)만이 근대성의 감염에 상당한 저항력을 지닌 것 같다. 재세례파는 폭풍우가 휘몰아치는 근대성의 바다를 항해하는 탄탄한 카약과도 같다. 겉으로는 그토록 약해 보여도 그것이 마주하는 어마어마한 외력에도 물이 새지 않기에 살아남는다. 일단 어디서든 심각한 문화적 누수가 생긴다면 그것으로 끝장이다. 재세례파의 진화적인 미래 또는 미래들은 예측 불가능하다. 그 미래가 닥쳐오기 전까지는 그저 그 설계의 아름다움을 찬미할 수밖에 없으리라.(p. 186)

반론 5. 밈학은 밈과학science of memetics이 되고 싶어 하지만 예측적이지 않다

어떤 의미에서는 이 반론은 반대 의견이 아니라 진실이다. 그러나 '예측적predictive'이라는 것이, '호모 사피엔스의 미래를 어느 정도의 확실성을 확보하며 기술할 수 있게 해준다'는 의미라면, 그런 의미에서는 유전적 진화 이론 또한 예측적이지 않다. 여기에는 심대한 이유가 있다. 다윈주의 진화 과정은 **잡음 증폭**이다. 1장에서 밝혔듯이, 자연선택에 의한 진화의 가장 흥미로운 특징은, 그것이 "거의 일어날 것 같지 않은" 사건들에 전적으로 의존한다는 것이다. 10억 번 중 한 번의 빈도로 일어나는 사건이 증폭되어 새로운 종, 새로운 유전자, 새로운 적응이 된다. 그런데 10억 분의 1이라는 확률로 일어나는 사건을 어떻게 예측할 수 있겠는가? 따라서 진화 이론은 매우 조건부적인 형식이 아니라면 미래를 예측할 수 없다. 즉 '**만약** 이러이러한 일이 벌어졌**다면** (예측 불가능한 **다른** 사건이 3장에서 언급한 클로버링으로 증폭되지 않는다면) 이러이러한 일이 일어날 것'이라는 식의 예측만 가능하다는 것이다. 그러나 이런 종류의 실시간 예측이 진지한 과학의 필요조건인 것은 아니다. 명백한 경우를 예로 들자면, 특정 지역의 특정 시기 지층에서 화석 발굴 작업을 한다면 어떤 것이 발견되고 어떤 것이 발견되지 않을지를 말해주는 예측도 분명한 과학적 예측이다. 수백만 년 전에 일어난 사건에 관한 것임에도 말이다. 진화생물학은 예측한다. 제아무리 고립된 섬에 서식한다 해도 깃털 대신 모피로 뒤덮인 새는 발견되지 않으리라는 것을. 그리고 세계 그 어느 곳에서 그 어떤 미기재 종의 곤충이 발견된다 해도 유전체의 특정 장소에서는 특정 DNA 서열이 발견되리라는 것을.

따라서 무슨 노래가 특정 차트 20위 안에 오를지, 내년에는 치마나 바지 길이가 짧아질지 길어질지 등을 밈학자들이 확실하게 말하지 못한다는 사실이 밈학이라는 과학에 대한 심각한 반론이 되지는 못한다. 반론 5보다 더 나은 공격은, 초기 문화 연구자들이 기록해두긴 했지만 통일된 설명이 제공되지 않았거나 아예 설명조차 되지 않은 패턴에 대해 밈학이 통일된 설명을 제공할 수 있는가를 묻는 것이다. 유전적으로 전달된 본능과 이해력의 산물인 고안품 간에는 처리 곤란한 커다란 간극이 있으며, 능력(만)을 갖춘 동물과 이해력으로 무장한 지성적 설계자 간에도 그러한 간극이 있다. 나는 밈의 시각으로 보는 관점이 그 틈을 메운다고, 그리고 그 관점이야말로 **좋은** 설계의 축적을 기적에 의존하지 않고—후손들의 차등복제로—설명해주는 유일한 이론적 틀이라고 주장해왔다. 문화적 변화에 대한 다른 진화 이론이 이 틈을 메울 수 있을지는 아직 두고 보아야 할 문제로 남아 있다.

반론 6. 전통적 사회과학은 문화적 특성을 설명할 수 있지만, 밈은 하지 못한다

이 반론은 밈의 요점을 놓치고 있는데, 유전자에 관해 이와 유사한 "반론"을 만들어보면 이를 쉽게 알 수 있을 것이다. **유전자는 적응들(구조, 기관, 본능 등)을 설명하지 못한다.** 이 말은 참이다. 그렇기 때문에, 특정 적응이 어떻게 작동하는지 그리고 특정 형질이나 행동이 왜 적응인지를 설명하려면 분자생물학, 생리학, 발생학, 동물행동학, 섬생물지리학island biogeography 등 생물학의 모든 전문 분야가 동원되어야 하는 것이다. 그리고 기생생물이 숙주를 어떻게 착취하는지, 거미줄이 왜 비용 대비 효율이 높은 덫인지, 비버가 어떻게 댐을 짓는지, 고래가 왜 목소리를 내는지 같은 모든 것을 설명할 수 있는 다른 분야들 또한 필요하다. 마찬가지로, 문화적 특성(좋든 나쁘든)이 어떻게, 그리고 왜 그렇게 작동하는지를 설명하려면 심리학, 인류학, 경제학, 정치과학, 역사학, 철학, 문학 이론 등도 필요하다.

"진화의 개념에 비추어보지 않고서는 생물학의 그 무엇도 의미가 없다"는 테오도시우스 도브잔스키Theodosius Dobzhansky의 말은 인용될 가치가 있고, 또 옳기도 하다. 그러나 오해하지 마시라. 그가 진화의 개념에 비추어보면 생물학의 모든 것이 다 설명될 것이라고 말한 것은 아니다. 밈학에서 음악, 예술, 종교, 기업, 군대, 클럽, 가족, 팀, 학교, 주방 등을 비롯하여 인간 삶의 모든 맥락에서 인간의 "행동생태학"에 관한 어렵게 얻은 데이터와 패턴 분석을 대체할 수 있는 것은 아무것도 없다. 밈학이 약속하는 것은 몇몇 측면에서 이 모든 것을 설명하는 틀을 제공하는 것이다. 처음부터 사제나 배관공이나 몸을 파는 사람으로 태어나는 사람은 없다. 그리고 그들이 어떻게 "그 길을 가게 되었는가"는 그들의 유전자만으로는 설명되지 않으며, 그들에게 들끓은 밈만으로도 설명되지 않는다. 다윈 전의 자연사는 그 한창때는 풍부한 설명들과 시험할 가설들을 갖춘 잘 개발된 체계적인 과학이었지만, 다윈은 그 모든 일반화를 새로운 시각으로 볼 수 있게 하는 수많은 질문을 제기함으로써 자연사의 질을 한층 더 높여주었다. 이 책에서 내가 제기한 주장 중 그 무엇보다 중요한 것은, 일반적으로 진화적 관점과 문화에 관한 밈학적 관점은, 의미와 의식이라는, 삶에서의 명백하게 끝없는 많은 퍼즐을 변형시킨다는 것이다. 현시적 이미지과 함께 성장하며 규율을 지키도록 훈련받은 사람들, 그래서 그 현시적 이미지와 규율 너머를 전혀 보지 못한 사람들은 접근할 수 없는 방식으로 말이다.

반론 7. 문화적 진화는 라마르크식이다

이런 반론은 문화적 진화에 대한 다윈주의적 접근법이 잘못되었다고 주장하는 사람들이 제공하는 가장 유명한 "설명"인데, 이 설명의 옷소매에는 혼란(과 자포자기)의 표식이 붙어 있다. 이러한 "고발"을 하는 사람의 마음속에 있는 것은 장-바티스트 라마르크Jean-Baptiste Lamarck의 교조일 것이다. 라마르크는 진화 이론에 있어 다윈의 선임先任이라 불릴 만한 사람으로, 그의 교조에 따르면 한 유기체가 그 일생 중에 획득한 특성이 그 후손에게 유전적으로 전달된다. 예를 들어, 몹시 힘든 작업으로 불룩 솟은 대장장이의 팔뚝이 (자녀들에게 혹독한 운동을 강요함에 의해서가 아니라) **그의 유전자들을 통해** 자손에게 건네진다는 것이다. 마찬가지로, 이 라마르크주의 관점에 따르면, 잔인한 주인을 만났기 때문에 개에게 심어진 인간에 대한 두려움이 그 개의 새끼 강아지들에게 전해져, 잔인함을 겪고 두려워한 경험이 없다 해도 강아지들의 **본능적** 두려움이 될 수 있다. 그러나 실제로는 그렇지 않다. 습득된 형질이 유기체의 유전자를 조절하여 유전을 통해 다음 세대로 대물림될 방법은 없다. (그러려면 유기체의 몸이 자신의 체세포에 일어난 변화를 역설계하여 정상적 발생development 과정에서 그 새로운 변화를 나타나게 할 유전적 레시피가 무엇인지를 알아내고, 그 레시피를 따라 정자나 난자의 DNA 서열을 수정해야 한다.) 진정으로 이단적인 이 아이디어는 라마르크의 옹호를 받았을 뿐 아니라, 이에 기반한 다양한 변형들도 19세기에는 꽤 인기가 있었다. 다윈도 그 버전 중 하나에 매료되었지만, 표준적인 신다윈주의 진화 이론에서는 확실히 부정되고 있다. "라마르크식"으로 보이는 다양한 현상들이 실제로 있긴 한데, 이런 현상들은 유전적으로는 아니지만 획득된 특성들이 전달되는 것 같은 무언가와 연루되어 있다. 예를 들어, 사람을 무서워하는 어미 개가 자기가 낳은 강아지들에게 페로몬("공포의 냄새")으로, 또는 태반을 통해 공유되는 호르몬으로 그 무서움을 전달할 수는 있겠지만, 유전자를 통해서는 아니다. 볼드윈 효과라는 것도 있다. 볼드윈 효과란, 한 세대가 획득한 행동이 자손 중 그 행동을 획득할 재능이나 경향이 강한 개체를 선호하는 선택압을 형성하여, 결국 그것을 "본능적"인 것으로 만드는 것을 말하며, 이런 이유 때문에 어떤 면에서는 라마르크식으로 **보이기도** 한다. 이와 관련하여, 현재 이보디보 생물학자들이 밝혀낸, 특히 "후생(후성)유전적epigenetic" 형질들을 포함한 발생 과정의 복잡성이 화제가 되고 있다. 2008년에 합의에 이른, 후생유전적 형질의 정의는 이렇다. "DNA 서열의 변경 없이, 염색체 내의 변화에 기인한, 안정적으로 대물림 가능한 표현형."(Berger et al. 2009) 이 주제는 몇 가지 이유에서 화제가 된다. 진화 이론의 대서사시가 전개되면서, 연구자들은 매우 흥미로운 몇 가지 새로운 문제들을 분자 수준에서 찾아냈고, 그들 중 일부는 신다윈주의의 정설에 의문을 제기하며 자신들의 발견이 진정으로 혁명적인 것이라고 열렬히 알렸다. 그 결과 다윈을 두려워하는 생물학 외부자들은 귀를 쫑긋 세웠고, 자신들이 들은 것을 부풀려 라마르크적 유전의 발견으로 인해 자연선택에 의한 진화가 "반박되었다"는 거짓 경보를 퍼뜨렸다. 그렇다. 정말 말도 안 되는 소리다.

짐작건대, 밈에 대한 특정 비평가들은 문화적 진화가 라마르크식으로 이루어진다면 절대 다윈식이 될 수 없다고 생각하고 행동하는 듯하다. (어휴!) 젊었을 때 부모들의 주입으로 인해 (사례 제시를 통해, 훈련을 통해, 훈계에 의해) 획득되는 형질을 문화적 전달이 허용한다는 점에서는 비평가들이 옳지만, 그렇다고 해서 이것이 문화적 진화가 다윈주의적 자연선택에 의해서는 성취되지 않음을 보여주는 것은 아니다. 오히려 그것과는 거리가 멀다. 어쨌든, 부모는 자신들이 획득한 병원체와 미생물을, 그리고 바이러스들까지도 자녀에게 전달할 수 있으며, 이 모든 현상은 논란의 여지 없이 (라마르크식이 아니라) 다윈주의적 자연선택의 지배를 받는다. 어쩌면 그 비평가는 밈의 진화에서 관건이 되는 것이 밈 자체의 적합도지, 밈 숙주의 적합도가 아니라는 점을 잊고 있는 것이 아닐까? 라마르크주의의 질문은 **밈들에 의해 획득된** 특징이 **그들의** 자손에게 전달될 수 있는가가 되어야 한다. 그리고 여기서, 라마르크식 전달을 거의 불가능하게 만드는 유전형/표현형 구분이 없으므로, 라마르크식 전달은 이단적인 것이 아니라 자연선택의 대안적 변형 중 하나일 뿐이다—무엇보다, 밈에는 유전자가 없다. (231쪽의 그림 7-2를 보라. 이 그림은 생식세포/체세포 구분을 나타내는 G축이 포함된 다윈공간이고, G축에서의 위치에 따라 라마르크식 대물림의 허용 여부가 달라진다. 그림을 보면 이해할 수 있듯이 말이다.) 그 예로, 바이러스에서는 생식선germ line 돌연변이와 획득형질이 명확하게 구별되지 않는다. 복제자와 상호작용자interactor가—대부분의 목적에서—동일한 하나의 존재이기 때문이다.

문화적 진화가 라마르크식이라고 생각될 수 있는 더 흥미로운 다른 방식이 있는데, 우리의 패러다임 밈인 단어들을 생각해보면 더 쉽게 알 수 있다. 9장에서 보았듯이, 아기가 한 단어를 모방하기 시작하려면 그전에 6개 정도의 토큰을 들어야만 한다—생물에게는 통상적으로 부모가 둘(무성생식하는 생물의 경우에는 하나) 필요하지만, 이 경우 여섯의 "부모"가 필요한 것이다. 그러나 (어른으로서의) 내가, 의미가 분명한 맥락에서 당신이 말하는 것을 들으면서 새 단어를 배운다고 가정해보자. 나는 당신이 만든 토큰의 사본 하나를 내 머릿속에 새 어휘 항목으로 저장한다. 내 머릿속의 정보 구조는 당신이 만든 토큰의 자녀(바로 다음 세대)이고, 내가 그것을 시연할 때마다 생기는 새로운 토큰은 당신이 발화한 토큰의 더 후대의 자손—손자녀와 증손자녀—이 된다. 이번에는 좀 다르게 가정해보자. 내가 그 단어를 소리 내어 말하기 전에 당신이 말한 것을 다시 듣거나 다른 몇몇 발화자의 입에서 나온 그 단어를 듣는다고 말이다. 이제 나는 내 새 단어를 위한 다수의 모델을 갖게 되었고, 그 모델은 결과적으로 새 단어의 다수의 부모가 된다.

그러면 우리는, 내 새 단어가 아기의 것처럼 다수의 부모를 가지며, 그 **모두** 그들로부터 유래한 정보 구조를 고정시키는 데 공헌한다고 볼 수 있다. 또는 처음 들은 발화가 (부모 양쪽이 아닌) **한쪽**

부모sole parent이고, 그 단어의 내 버전의 안정된 특징이 고정되도록 돕는 다른 모든 토큰은 부모가 아닌 영향력 행사자influencer라 간주할 수도 있다. 결국, 당신이 만든 첫 토큰을 들음으로써 나의 기억과 지각계는 그다음 토큰들도 인식할 수 있도록 설정되었고, 다른 이들이 생성한 차후의 토큰들을 들을 때 내 기억과 지각계가 내 토큰들을 더 만들도록 나를 유도했을 것이다. 그러나 이는 다른 사람들을 **모방**하는 것은 아닐 것이다. 그것은 "**촉발된 재생산**triggered reproduction"이라고 해야 할 것이다.(Sperber 2000) 재생산을 촉발시키는 것 그 자체는, 그 타입이 더 재생산되는 데 기여—아마도 편향된 기여일 것이다—하는 것이다. 꼭 부모 역할이 아닐 수도 있지만, 그럴 경우에도 적어도 약간의 조산사 역할은 하면서 말이다. 그 단어를 위한 나의 정보 구조는 그 단어의 나중 토큰들과 조우함으로써 조정될 수 있을 것이고, 이들은 내 버전의 자손들에 의해 대물림될 수 있는 특징들의 변경을 유도할 수도 있을 것이다. 이는 밈 수준에서의 일종의 라마르크주의, 즉 다윈주의적 개체군에서 일어나는 자연선택의 많은 가능한 변이 중 하나라 볼 수 있다. 그렇지 않다면 그 대안으로 단어를, 더 일반적으로 말하자면 밈을, 일시적으로 연장된 가변적 번식 과정("수태될 때"가 아니라 어머니가 이미 출산을 한 후에 아버지의 기여가 이루어진다든가 하는 번식 과정처럼)의 결과로, 즉 우리의 표준적 유성생식 방식의 상상 가능한 변형의 결과물로 간주할 수도 있다.

따라서, 문화의 신성한 구역을 제국주의처럼 침입하는 무시무시한 다윈주의에 대항하기 위한 장벽을 건설하지 않고도 문화적 진화를 라마르크식이라 간주할 수 있는 몇 가지 방식이 존재한다. 스티븐 핑커—밈에 우호적인 학자는 아니다—는 솔직하게 말했다. "문화적 진화가 라마르크식이라고 말하는 것은, 그것이 어떻게 작동하는지 전혀 모른다고 자백하는 것이다." 그러나 그는 그것의 작동 방식에 대한 생각을 약간 이야기하는 데까지 나아갔다.

> 문화적 산물들의 놀라운 특성들, 이를테면 그 정교함, 아름다움, 진리(유기체의 복잡한 적응적 설계와 유사하다)는 "돌연변이"를 지시direct[a]—즉 발명(고안)—하고 그 "특징"을 "획득"—이해—하는 마음 연산mental computations에서 나오기 때문이다.(1997, p. 209)

이 말은 전통적 견해, 즉 문화적 항목들에서 관찰되는 개선들—"정교함과 아름다움, 그리고 진리"—을 설명할 수 있는 것은 고안자(지성적 설계자)들의 이해력이라는 주장을 완벽하게 표현한다. 그렇다. 문화적 경이의 **어떤** 것들은 그것들을 고안한 사람들에게로 귀속될 수 있다. 그러나 그런 예는 흔히들 상상하는 것보다는 훨씬 적으며, 그 전부가 밈—두뇌 안에서 시연되기 위해 서로 경쟁하는—을 이해하지 못하는 밈의 숙주들이 수천 년에 걸쳐 구축한 좋은 설계의 기초 위에 놓여 있다. 지금까지 살펴본 밈 반대론자들의 주장들을 다루다 보면 우리가 방어해야 할 몇 가지 주제가 부상한다. 그 첫 번째는, 도킨스가 밈 개념을 도입할 때 최상의 정의를 분명히 표현했는지, 그리고 나를 비롯한 밈 옹호자 중 모든 공격을 막아낼 형식화를 내놓는 데 성공한 사람이 있는지가 중요 사안이 되어서는 안 된다는 것이다. 다루어야 할 중요 사안은—과학에서 대개 문제 삼는 것처럼—지금까지의 탐구들에서 값진 개념과 전망이 출현했

a 번역서 《마음은 어떻게 작동하는가》(김한영 옮김, 동녘사이언스, 2007)에는 "지향"이라고 되어 있으나 이 책의 맥락에서는 "지시"라 번역하는 편이 낫다.

는가다. 유전자와의 유비는 풍부하지만 부분적이며, 아마도 밈의 눈 관점의 가장 주요한 이득은, 문화 현상들에 대해 그 관점이 아니었다면 제기할 수 없었던 질문을 할 수 있게 해주었다는 것이다. 이를테면 이런 것들 말이다. X는 지성적 설계의 결과인가? X는 보존하여 물려줄 가치가 있는가, 아니면 기생적인 쓰레기 조각일 뿐인가? 발견되고 격파된 X의 대안(대립밈)이 존재하는가?

두 번째는, 문화적 변화에 대한 설명을 놓고 밈이 전통적 설명과 경쟁하는 경우는, 설명 대상의 설계가 뛰어나다는 것 외엔 다른 증거가 없어서 전통적 설명들이 이해력을 인간(또는 신비로운 사회적 힘들)에 귀속시킬 때뿐이라는 것이다. 그러므로 13장에서 보게 될 것처럼, 밈학적 전망은 모든 정도와 모든 유형의 인간 이해력이 위치할 수 있는 기울어지지 않은 운동장을 제공한다.

형식화된 과학으로서의 밈학은 아직 없으며, 앞으로도 결코 없을 수도 있다. 다양한 개척 시도가 호시탐탐 이루어져왔음에도 말이다. 하긴, 생물학에서의 진화 이론 중에서도 수학적으로 처리되며 꽃을 피워온 부분은 단지 일부에 불과하다. 그리고 다윈도 그런 것 없이 연구를 해나갔다. 또한 다윈은, 진화가 어떻게 시작되었는가에 관한 탐구를 미루다가 진화의 중간 과정이 작동되는 방식—"변화를 동반한 계승descent with modification"—을 조심스럽게 기술했는데, 이는 분명 현명한 처사였다. 다윈을 따라간 결과, 우리는 단어를 비롯한 밈들이 어떻게 변화를 동반하며 그들의 선조로부터 계승될 수 있는지를 보았다. 그래서 이제 우리는 일반적으로는 문화적 진화가, 그리고 좁게는 특히 언어가 우리 종species에서 어떻게 기원했는가라는 어려운 질문으로 돌아갈 수 있게 되었다.

12 언어의 기원

언어의 기원이 다양한 자연의 소리들을
모방하고 수정하는 것에서,
그리고 신호와 몸짓의 도움을 받는
인간의 울음에서 비롯되었음을 의심할 수 없다.
—찰스 다윈, 《인간의 유래와 성선택》

닭이 먼저냐 달걀이 먼저냐

앞에서 우리는 일반적으로는 밈이, 그리고 좁게는 특히 단어들이 우리 마음이 자라나는 환경을 어떻게 창조하는지 알아보았다. 그러므로 이제 언어와 문화의 기원으로 돌아가 이런 일이 벌어지는 과정에 대해 무엇을 알아낼 수 있는지 살펴볼 차례다. 9장에서 주목했듯이, 언어의 기원이라는 화제는 생명 자체의 기원이라는 화제와 비슷하다. 둘 모두 이 행성에서는 (아마도) 고유한 사건이었고, 그것들이 어떻게 발생했는가에 관해서는 소수의 단서만 감질나게 남아 있다는 공통점이 있다. 언어의 진화는 "과학에서 가장 어려운 문제"로 여겨져왔으며(Christiansen and Kirby 2003, p. 1), 다윈이 1859년에 《종의 기원》을 출판한 직후부터 확실히 논란의 대상이 되었다.

실제로 언어학에서 가장 인기 있는 밈 중 하나(그 밈의 확산에 나도 연루되어 있다. 지금까지도)는, 언어의 진화라는 주제가 지나치게 추측에만 의존한 나머지, 1866년에 파리언어학회Société de Linguistique de Paris가 언어 진화에 대한 논의를 전면 금지하기에 이르렀다는 것이다. 파리언어학회의 이 금지 정책은 1872년 런던문헌학회Philological Society of London에서도 지켜졌다.(예를 들어, Corballis 2009) 이 이야기는 수십 년 동안 언어 연구라는 전장에서 촘스키 진영의 깃발을 화려하게 장식했다. 다수의 촘스키주의자는 언어에 대한 모든 진화적 접근을 묵살하고자 했으며, 언어의 진화에 관한 주장은 "그리-됐다는-이야기들just-so stories"에 불과하므로 과학적 평가를 받기에 부적합한 것이라 여겼다. 그러나 파리언어학회가 냉철한 과학을 옹호한 것이 아니라 완전히 그 반대의 일을 했음이 드러났다. 그들은 인류학회의 유물론자들에 대항하는 독단적인 입장을 취하면서, 군주제 지지자들과 가톨릭 신자들(유물론자들에 반대하는 이들)의 견해를 증진시키는 데 헌신했던 것이다! 최근 머리 스미스가 내게 가르쳐준 것처럼 말이다.

> 파리언어학회는 지금도 존재합니다. 학회 웹사이트의 이력 페이지에는, "학회는 언어의 기원["진화"가 아니라—머리 스미스의 첨언]이나 보편 언어의 생성에 관한 교신은 받지 않음"을 명시한 조례(제2조)가 1866년에 작성되었다는 내용이 기록되어 있지요. 이 규칙을 확립하면서 학회의 역사는 계속되었고, 자신들을 "실증주의자들과 공화주의자들의" 모임circle들과 차별화하려고 노력했습니다. 파리언어학회는 논란의 여지가 있는 주제를 불법화한 것이 아니라, 그 주제에 대한 하나의 확고한 태도를 취한 것입니다.(사적인 서신 교환, 2015)

마치 사실인 양 회자된 이 금지에 대한 이야기—나중에 밝혀진 것처럼, 너무도 그럴듯해서 오히려 믿기 어려울 지경인—는, 수십 년간 언어에 관한 진화론적 접근법을 억제하는 데 기여해왔지만, 최근에는 여러 관련 분야에 걸친 진보에 힘입어 언어학, 진화생물학, 인류학, 신경과학, 심리학의 대담한 연구자들이 다채로운 전망을 담은 연구 결과를 개방하기에 이르렀다. 조감도와 같은 관점은 우리 목적에 필요한 전부인데, 다양한 위치에서 볼 수 있다는 점이 매력적이다. 가능성을 고려할 때, 우리는 갬빗을 못 알아볼(2장 77쪽을 보라) 위험, 즉 적응주의적 상상이 봉쇄되는 위험을 경계해야만 한다. 앞에서 알아보았듯이, 살아 있으면서 재생산(번식)한 최초의 것은 비효율적인 부품들이 뒤죽박죽 모인 볼품없는 잡동사니였을 것이고, 진화적 경쟁을 더 겪으며 간소화된 후에야 지금 우리가 알고 있는 것과 유사한, 군더더기 없고 효율적인 박테리아가 되었을 것이다. 잘 설계된 현재 언어들의 조상은 어떠했을까? 아마도, 거의 "효과를 거두지" 못했던, 비효율적이고 배우기 어려운 행동 패턴들이었을 것이다. 그러한 초기 버전에 투자 가치가 생기려면 어떤 조건이 갖추어져야 했을까? 그것들은 아마도 그것들을 사용한 "비용을 치러 주지도" 못했을 것이다. 그것들은 아마도 전염성 있고 고치기 어려운, 기생적 습관이었을 것이다. 따라서 우리는 이렇게 물어야 한다. 주된 수혜자는 누구인가? 이득을 보는 것은 단어인가, 아니면 그것을 말하는 사람인가? 답은 명백히 화자여야 한다고 많은 이들이 생각했지만, 이는 아마도 그들이 밈의 관점을 전혀 고려하지 않았기 때문일 것이다. 우리는 풍부한 갬빗으로 무장하고 우회 경로를 찾아야 한다. **오늘날**의 언어가 인간이라는 숙주에게 매우 쓸모 있다는 것에는 이론의 여지가 거의 없지만, 초기의 언어는 인간에게 선물이라기보다는 부담이었을 것이다. 언어가 언제 그리고 어디서 시작되었든,

모든 언어는 최종적으로 다음과 같은 기능을 제공해야 한다. 아래는 그 잠정적 목록이다.

의사소통에서의 유용성 Communicative Utility. 명령하고, 요청하고, 알리고, 묻고, 지시하고, 모욕하고, 영감을 주고, 협박하고, 훔치고, 유혹하고, 즐거움을 주고, 향유하게 하는 언어의 힘.

생산성Productivity. 유한한 어휘 항목들로 천많은(6장 211쪽 각주 36을 보라) 상이한 의미들(그리고 문장들, 발화들)을 생성하는 언어의 힘. 형식상으로는 문법에 맞는 영어나 한국어 문장의 수에는 한계가 없지만—예를 들어, 하나의 문장은 n개 이하의 단어로 구성되어야 한다는 규칙은 없다—우리가 일반적으로 구사하는 문장에 사용되는 단어가 그리 많지 않다 해도, 이를테면 20개를 넘지 않는다는 제약을 받는다 해도, 명백히 문법에 맞고 무의미하지 않으며 보통의 성인이 한 번만 듣고도 이해할 수 있는 문장의 수는 여전히 천많다. (바로 앞의 문장은 50개도 넘는 단어로 이루어져 있고, 필시 여기서 말고는 그 누구에 의해서도 이와 똑같이 적히거나 말해진 적이 없을 테지만 여러분은 별 어려움 없이 앞 문장을 읽고 이해할 수 있었을 것이다. 그렇지 않았는가?)

디지털 방식 Digitality. 앞에서 살펴보았던 것처럼, 언어 수신자/전달자들이 지닌, "규정에 맞게 수정"하여 신호에서 잡음을 많이 씻어내는 힘. 신호를 이해하지 못하는 상황에서도 발휘됨.

원거리 지시 Displaced Reference. 의사소통자의 환경에 존재하지 않는 것이나 보이지 않는 것, 과거의 것, 상상의 것 또는 가정적인 것도 지시할 수 있는 언어의 힘.

획득 용이성 Ease of Acquisition. 어린아이들도 구어나 수어를 놀랄 만큼 신속하게 (문자로 쓰거나, 적힌 것을 읽거나 계산하는 것에 비해 빨리) 처리할 수 있을 만큼 쉽게 습득할 수 있어야 함.

인간을 제외한 사회성 포유류—이를테면 유인원, 늑대, 코끼리, 고래, 박쥐—도 언어를 지녔다면 훌륭하게 사용할 수 있을 것처럼 보이며 그들 중 일부는 잘 알려진 의사소통 능력을 지니고 있지만, 그 능력에 있어 인간 언어와 조금이라도 닮은 것을 지닌 종은 없다.[73] 언어가 없던 우리 조상은 어찌어찌하여 언어라는 보물이 있는 희귀한 길로 우연히 발을 들였고, 그 길에 있었던 이점을 취하거나 적어도 본전을 잃지는 않으면서 근시안적으로 그 길을 따라갔다. 대박을 터뜨릴 때까지 말이다. 어떻게? 그리고 왜? 그리고 다른 종들은 왜 우리와 똑같은 "좋은 요령"을 찾지 않았을까?

언어의 발생에 필요한 전구체는 모종의 유전자 조정에 의해 뒷받침되는 **모종의** 전前 언어적 문화 전달이라는 것을 부정할 사람은 없으리라 생각한다. 예를 들어, **동일 종으로 구성된 자신의 대가족 구성원들과 협동**하려는 본능은, 프레리도그에서부터 코끼리와 고래에 이르기까지, 언어가 없는 많은 사회성 동물들에게서 발견된다. 그리고 어쩌면, 거기에 **모방**imitation(자신의 부모, 연장자, 또래를 따라 함)이라는 중요한 본능적 습관만 추가되면, 우리에게서 우연히 출현한 언어를 타고 내달릴 문화적 진화의 활주로를 뒷받침할 수

73 내 학생 중 일부는 이 자기 만족적인 일반화가 불쾌하며, 돌고래 같은 동물에게 우리와 같은 생산적 언어가 없음을 그렇게 쉽게 단정할 수는 없다고 주장한다. 나는 그런 주장을 상당 부분 인정할 것이다. 그렇다. 돌고래에게 우리와 동등한 언어와 지능이 있다고 생각할 수도 있다. 하지만 그렇다면, 돌고래들은 조금만 이야기를 나누면 자기 자신이나 동족을 살릴 수 있는데도 그리 하지 않아온 것이며, 그토록 셀 수 없이 많은 경우 자신들을 희생하며 자신들에게 인간과 동등한 언어가 있다는 사실을 꽁꽁 숨기는 영웅적이고 훌륭한 일을 해온 것이다. (돌고래들이 시야 밖의 행위 유발성들에 대해 서로 알려주는, 약간의 제한된 능력이 있다는 것을 보여주는 실험은 몇 가지 있다.)

있는 환경이 충분히 형성될 수도 있다. 달리 말하자면, 말(단어들)이 최고의 밈일 수는 있지만 최초의 밈은 아니었다는 것이다. 그러한 본능은 집단의 후속 구성원을 위한 기대치를 높여주는 환경/행동의 혁신—협동하는 성향을 **향상**시키는 방향의 선택압을 형성함으로써 협동이 더 신속하고 수월하고 신중하게 이루어지게 한 것—없이는 꽃피고 번성하지 못했을 것이다. 마찬가지로, 연장자들을 따라 하려는 본능은 많은 상황에서 적합도의 향상을 촉진시킬 수 있지만, 모든 상황에서 다 그런 것은 아니다. 유전적 진화는 호미니드 중 하나의 계보에 수정을 가하여 다른 계보들에 비해 문화를 더 많이 공유할 수 있게 하는 본능을 주었는가? 한 집단에만 국한하여 그것을 유발시켰을 새로운 선택압은 무엇이었는가? 집단적 협동은 언어보다 먼저 진화했는가? 침팬지는 종종 **어느 정도** 협동하여 콜로부스원숭이를 사냥한다. 환경 내에서의 새로운 도전이 호미니드 중 한 집단(우리 조상)을 협동에 더 깊이 의존하도록 강제하여 주의집중attention이라는 새로운 습관을 낳게 한 것일까?(Tomasello 2014) 어떤 이득이 주어졌기에 우리 조상의 후손들이 집단 구성원들의 발성에 그토록 **흥미를 가지게** 되었고 또 그것을 열심히 모방하게 되었을까?

《유전자만이 아니다Not by Genes Alone》(2004)에서 리처슨과 보이드는 언어에 대해서는 의도적으로 거의 침묵했다. 책의 중간쯤에서 그들은 말한다. "지금까지 우리는 언어에 대해서는 언급하지 않았는데 그 이유는 단순하다. 고인류학자들은 인간의 언어가 언제 진화했는지 모른다."(pp. 143-144; 번역서 264쪽) 실제로, 연구 결과들 사이에는 **200만 년**이라는 불일치가 존재한다. 신경해부학적 세부사항(호미닌 두개골의 화석으로 추론한 것)의 일부는 언어의 요소들이 수백만 년 전부터 존재해왔음을 시사하는 한편, 또 다른 증거는

5만 년 전에도 언어는 기껏해야 아주 기초적인 상태였음을 시사하고 있는 것이다.

석기 가공 기술을 전수하는 데 언어가 필요할까? 물건(재료, 음식, 도구 등)을 교환하는 데는? 불씨를 유지하는 데는? 음성언어적 지시(그리고 그 후엔 자신에게 주는 주의) 없이도 효과적으로 불을 피우고 유지할 수 있을 만큼의 자기 통제력과 예측력을 갖춘 어린 호미니드를 상상할 수 있는가? 수전 새비지럼보Susan Savage-Rumbaugh에 의하면, 동물원에 갇혀 사는 보노보bonobo도 모닥불 주위에 둘러앉는 것을 즐긴다.(1998, 사적인 대화) 그러나 우리가 그들을 훈련시켜서 장작을 모으고 불을 피우고 불이 꺼지지 않게 지속적으로 관리하고 연료를 보존하고 모닥불에 너무 가까이 가지 않게 만들 수 있을까? 이 질문의 답이 무엇이든, 우리 조상들이 아주 어설픈 버전의 언어조차 지니기 전에도 서로를 훈련시켜 불을 피우고 지킬 수 있었는지 아닌지를 알아내는 데 그리 실질적인 도움을 주지는 않을 것이다. 왜 그럴까? 보노보와 우리는 이미 약 600만 년 전에 공통조상에서 갈라지기 시작하여 서로 독자적으로 진화해왔기 때문이다. 그리고 자식을 기르는 성체 호미니드의 관점과, 언어를 갖추고 교육된 인간—동물원 보노보를 훈련할 규칙 체계들을 집행할 수 있는 존재—의 관점 및 재능은 매우 다르며, 이 상이한 두 세계의 차이는 표로 제시되지도 않았고 개관할 수도 없기 때문이다. 나는 일찍이 "곰도 자전거를 탈 수 있다는, 포착하기 어려운 이론적 중요성의 놀라운 사실"을 관찰한 바 있다.(1978) 라스코Lascaux 동굴 벽화(2만~3만 년 전)를 그린 호모 사피엔스에게는 언어가 없었을까?(Humphrey 1998를 보라.) 이를 비롯한 핵심 질문들은 답변되지 않은 채 남아 있으며, 어쩌면 답변될 수 없을지도 모른다.

리처슨과 보이드는 기능 언어functioning language가 이 무대에 언제 등장했는가에 관한 가설을 모두 보류함으로써 이득을 얻었는데, 그것은 바로 중요한 의미에서 최소화된 모형을 탐색할 수 있게 되었다는 것이다. 그들은 **의사소통**을 상정하지 않았기 때문에 이해력도 거의 상정하지 않았다. (나는 내 학생들이 리처슨과 보이드의 책을 볼 때, 스스로 "거북 무리나 갈매기 무리에서 또는 양 떼에서 문화적 전달이 이루어지려면 무엇이 필요할까?" 같은 질문을 하는 것이 도움이 된다는 사실을 알게 되었다. 배우들도 이런 식의 자문하기를 사용한다. 배역을 이해하는 과정에서 처음에 해보았던 설익은 가정들이 한창 물오른 상상력을 흐리지 않게 하는 방법 중 하나이기 때문이다.) 예를 들어, 리처슨과 보이드는 **편향된 전달**—그 편향이 **무엇이든**, 그 덕분에 몇몇 밈이 다른 밈보다 타인에게 더 잘 전달되는—이 존재하는 모형을 탐색한다.[74] 편향된 전달은 좋은 편향인가, 현명한 편향인가, 이해된 편향인가, 그렇지 않은가에 관계없이 선택압으로 간주된다. "움직이는 것은 무엇이든 다 베껴라"나 "네가 처음 본 어른을 따라 해라"보다 더 유용할 확률이 높은 편향은 "다수를 따라 해라"(순응편향)나 "성공한 자를 따라 해라" 또는 "권위 있는 사람을 따라 해라"다. 그리고 B가 A를 모방할 때마다 정보가 A에서 B로 움직이긴 하지만, 이것이 늘 의사소통인 것은 아니다. A에서 B로 감기가 전염

74 리처슨과 보이드는 "밈"이라는 단어를 쓰지 않는 편인데, 이는 "유전자처럼 뚜렷하며, 정확하게 전달되는" 존재자라는 밈의 함의 때문이다.(p. 63) 그러나 그들도 "인간의 뇌에 저장된 정보"라 불리는 것에 대한 "어느 정도의 합의는 있어야 편리하다"는 것은 인식하고 있다. 우리가 이러한 차원들을 따라 밈들이 변화할 수 있도록 허용하고 있기 때문에(이 책 233~238쪽을 보라), 우리는 이 논쟁에서 어느 편을 들지는 않을 것이다. 그리고 그들의 저항도 인정하면서, 밈으로 설명하기라는 주제에서 나는 《옥스퍼드 영어 사전》의 정의에 기대며 그들의 요점을 재구성한다. 《유전자만이 아니다》를 통독하면서 리처슨과 보이드의 요점을 밈을 이용하여 재구성해보며 정확히 어떤 불일치가 지속되는지 알아보는 것은 매우 유익한 훈련이 될 것이다. 나는 11장에서 가려져 있었던 실질적인 문제들을 의제로 채택한다.

되는 것이 의사소통이 아닌 것처럼 말이다. (의사소통을 뜻하는 영어 단어가 communication이고, 전염병을 영어로 **communicable** diseases 라고 하는데도.)

그러한 최소주의적 조건들 아래서, (근본적으로 무계획적이고 무지한 상태로 이루어지는) 모방 습관이 당신 혼자 시행착오를 반복하며 학습하는 것보다 더 나아지는 때는 언제일까? 그리고 더 나아진다는 것은 누구에게 그렇다는 것일까? **누가 이득을 보는가?** 모방자들 개개인인가, 아니면 모방을 채택한 자들의 집단인가? 둘 다 아니라면 복제되는 밈 자체인가? 리처슨과 보이드는 부적응적 문화도 확산될 수 있음을 잘 알고 있다. 그러나 그들은 **적응적** 문화(그 문화를 지닌 개체의 유전적 적합도를 향상시킴)가 발판을 구축할 때까지는 유전적으로 유지되는 습관과 신체기관이 곧 그에 대항하여 선택되며, 문화가 그 습관과 신체기관에 의존할 것이라고 주장한다. 밈과 바이러스 간의 유사성이 그 이유를 명확하게 보여줄 것이다. 바이러스는 스스로의 자원만으로는 복제될 수 없다. 바이러스의 복제는 살아 있는 세포의 핵 안에 있는 믿을 만한 복제 설비를 징발할 수 있는가에 의존하며, 그들이 징발하는 복제 설비는 수십억 년에 걸친 R&D의 산물이다. 밈은, 그것이 도움이 되든 안 되든, 무엇보다 그 자신들이 복제되게 만들어야 한다. 그러므로 어찌 됐든, 상당 부분 유전적으로 확립된 인프라—타인에게 주의를 기울이고, 그로 인해 인식된 **방식**(의 일부)을 모방하는 성향—가 밈이 뿌리를 내리고 꽃을 피울 유일한 기반이다.

정보 교환에 있어 사용자 친화적 매체를 생성하고 **최적화**하려면 많은 설계 작업이 필요하고, "누군가는 그 비용을 지불해야만 한다." 그러나 조악한 복제 시스템이나마 일단 정착되고 나면, 이기적 침입자에 의해 장악되어 알뜰하게 이용될 수 있다. 어쩌면 우리는 감기 바이러스들이 우리를 조종하는 것과 매우 유사한 방식으로 밈들에 의해 조종되는 뇌를 지닌 유인원에 불과할지도 모른다. 어쩌면 우리는 언어가 시작되기 위해 우리 조상들이 지녀야 했던 전제조건이 되는 **능력**들만 살펴보아서는 안 되고, 예외적인 **취약점**들도 함께 고려해야 할 수도 있다. 우리 조상들로 하여금 전염적이지만 비폭력적인 습관들(밈들)의 이상적인 숙주가 되게 했던 바로 그 취약점 말이다. 우리를 숙주로 삼은 그 습관들이 우리 집단을 통해 복제되어야 했던 덕분에 우리는 오랜 시간 살아남으며 기동성을 유지할 수 있었을 것이다.

지금까지의 문화적 진화의 결과, 인류의 인구는 극적으로 증가했고, 지구상 구석구석 인간이 있는 곳이면 어디든 수십만 개의 밈이 존재하며, 그 장소 중 많은 곳은 밈의 도움이 없었다면 호모 사피엔스가 결코 점령할 수 없었을 것이다. 그러나 개미가 풀잎을 오르는 것이 창형흡충lancet fluke[a]이 소나 양의 뱃속으로 들어가기 위한 방법인 것과 마찬가지로, 우주비행사들이 달로 향하는 것도 밈이 다음 세대 과학광에게로 들어가기 위한 방식이라고 생각해야 할지도 모른다.[75]

밈의 눈으로 보는 관점을 채택하면, 유전학과 문화적 진화의 관계에 대한 다양한 **이원 대물림** 모형dual-inheritance model이나 **이중 고속도로** 모형dual-highway model을 수정할 수 있게 되며, 이렇게

---

a 개미를 중간숙주로 하고 소나 양을 최종숙주로 하는 기생충. 일단 개미의 뇌와 창자 안으로 들어가 개미가 풀잎에 올라가 붙어 있게 개미를 조종한 후, 소나 양이 그 풀과 함께 개미를 먹으면 개미 창자 안에 있던 창형흡충이 성충이 되어 알을 낳고 그 동물의 간에 기생한다.

75 "핵산은 자신들이 달에서도 복제될 수 있게 하기 위해 인간을 만들어냈다." (졸 슈피겔만Sol Spiegelman, 만프레드 아이겐Manfred Eigen의 1992년 저작 124쪽에서 인용했다.)

이루어지는 수정은 사소하지만 유용하다. (특히 이 문헌들을 보라. Cavalli Sforza and Feldman 1981; Boyd and Richerson 1985) 적응들(적합도를 향상시키는 것들)은 유전적으로 전달될 수도 있고 문화적으로 전달될 수도 있다. **유전** 정보 고속도로는 수십억 년에 걸쳐 최적화되어온, 숨이 막힐 정도로 복잡한 공학적 경이이며, 여기에는 DNA 복사 기계와 편집 기계, 그리고 유전적 기생자(유전체 안에 정착하는 불량rogue DNA로, 이들이 끼치는 피해는 유전체 안에서 거의 다 조절되고 최소화된다)를 처리하는 체계들이 갖추어져 있다.[76] 유전 고속도로보다 훨씬 짧은 시간에 구축된 **문화** 고속도로는 믿음직한 정보전달을 촉진할 다수의 설계 특성을 진화시켜왔다. 이러한 특성들을 연마하고 R&D를 형성하는 일의 많은 부분이 "뇌에 맞추기 위한" 밈들 자체의 진화에 할애되어왔고, 뇌에 맞추는 유전적 조절은 그 뒤를 따라 진행되었다. 이 R&D는 밈과 유전자의 공진화 과정으로, "R(Research, 연구)"은 주로 밈에 의해 이루어지고, "D(Development, 개발)"는 그 뒤에 주로 유전자에 의해 수행된다. 이는, 밈을 뇌에서 더 효과적인 재생산자가 되게 만든 **밈에서의** 혁신(이 혁신이 있기 **전에는** 뇌가 밈을 다룰 수 있을 만큼 잘 설계되지 않았다)이 초기의 "개념 증명"을 제공할 수 있었을 것이고, 그 결과 비용과 시간이 더욱 많이 드는 유전적 수정도 뇌 하드웨어에서 일어날 수 있게 되었으며, 그로 인해 밈들과 그 숙주들 모두의 작업 여

---

76 DNA 복사 체계에서 발견되는 몇 가지 흥미로운 복잡성은 바로 수십억 년에 걸친 전쟁의 결과다. 그 전쟁이란 이기적 DNA와 경찰 체계policing system와의 군비경쟁을 말하며, 전자는 유기체의 유지와 생존에는 어떠한 기여도 하지 않으면서 오직 자신이 복제되기만을 "원하는" 존재이고, 후자는 이 비협조적인 DNA가 유전 체계에 들끓는 것을 막기 위해 진화해온 것이다. 버트Burt와 트리버스Trivers의 책《분쟁 중인 유전자: 이기적인 유전자 요소들의 생물학Genes in Conflict: The Biology of Selfish Genetic Elements》(2008)에는 이에 대한 매우 흥미로운 분석이 실려 있다.

건들이 향상될 수 있었음을 의미한다.

이러한 기본 패턴은 컴퓨터 시대가 밝아온 이래 수백 번 되풀이되었다. 소프트웨어 혁신이 앞장서고, 그 바뀐 버전의 소프트웨어가 효과적임이 입증되면 하드웨어 설계가 그 뒤를 따른다. 오늘날의 컴퓨터 칩을 50년 전의 것과 비교해보면, 하드웨어상의 혁신도 처음에는 소프트웨어 시스템으로 설계된 경우가 많음을 알게 될 것이다. 신형 컴퓨터가 어떻게 작동될 것인가를 보여주는 **시뮬레이션**을 기존 하드웨어 컴퓨터로 실행해보는 경우처럼 말이다. 그렇게 해서 일단 장점이 증명되고 결함이 제거되거나 최소화되고 나면, 그 혁신은 시뮬레이션의 더 빠른 버전이라 할 수 있는 새로운 신호처리용 칩 제작을 위한 사양서 역할을 할 수 있다. 컴퓨터를 위한 새로운 환경이 등장하면, 우선 범용 컴퓨터에서 실행되는 프로그램 형태로 행동 역량이 먼저 탐색된다. 그래야 빠르고 저렴하게 수정할 수 있기 때문이다. 그 후 경쟁사 제품과 비교하는 광범위한 현장 시험이 이루어지고, 최고의 설계들이 마침내 "전용" 하드웨어에 통합된다. 그 예로 요즘 스마트폰에는, 소프트웨어에서 실행되는 소프트웨어에서 실행되는 소프트웨어의 레이어들과 레이어들뿐 아니라, 특수 목적의 그래픽과 음성 합성 및 지각을 위한 **하드웨어도** 폰 내부의 마이크로프로세서 안에 들어 있는데, 이 하드웨어는 설계공간에서 먼저 탐색된 소프트웨어 시스템의 후예다.

물론 이 모든 컴퓨터 R&D는 상의하달식의 지성적 설계이고, 음향학과 광학을 비롯한 유관한 물리학적 측면과 문제 공간들에 대한 광범위한 분석이 수반될 뿐 아니라, 비용-편익 분석 결과가 명시적으로 적용되어 설계의 향방이 결정된다. 그러나 그보다 오랜 기간에 걸친 하의상달식 다윈주의 설계에 의해 맹목적으로 위치하게 된, 좋은 설계로 가는 똑같은 경로도 많이 발견되었다. 예를 들어, 스마트폰에는 음성 처리라는 특수 목적의 하드웨어가 있지만, 그 하드웨어 자체가 영어나 중국어를 말하기 위한 것은 **아니다**. 그런 능력들은 스마트폰의 홈 환경이 설정되고 나면 소프트웨어와 함께 추가될 수 있다. 왜 그럴까? 신생아의 뇌가 언어에 중립적인 이유와 같은 이유(부유하는 합리적 근거) 때문이다. 유연성(두름성, 다재다능함)은 설계의 "시장"을 넓힌다. 이는 바뀔 수도 있다. 만일 인간 언어 중 하나가 세계어로 어느 정도 고착된다면(매년 몇백 개의 언어가 멸종되는 것은 이런 과정의 전조 현상일 수도 있다), 그 언어를 좀더 잘 학습할 수 있게 편향된 배선을 우연히 갖게 된 신생아의 뇌가 긍정적으로 선택될 것이고, 그런 식으로 많은 세대가 지나고 나면 기저의 인간 하드웨어에서 언어적 유연성(두름성)은 마침내 사라질 것이다. 이는 볼드윈 효과의 생생한 사례가 될 것이며, 유전적으로 통제되는 "우수 사례"라는 구속복 안으로 행동을 몰아넣는 것이, 그리하여 선택지였던 것들을 의무 행위로 바꾸어버리는 것이, 유전적 변이와 유연성을 얼마나 감소시킬 수 있는지를 잘 보여주게 될 것이다. 이에 대해서는 이미 9장에서 살펴본 바 있다.(p. 196)

문화의 고속도로가 자리 잡고 나면, 밈 특성과 뇌 특성 간의(즉 소프트웨어와 하드웨어 간의) 그 어떤 안정적 협업에서도 문화적 기생자(보이드와 리처슨의 용어로는 불량한 문화적 변이, 도킨스의 용어로는 기생 밈)가 진화의 다른 경우에서와 매우 유사한 군비경쟁 안에서 번성할 수 있다. 대응책이 만들어짐에도 말이다.

모든 환경이 문화적 진화가 진화하기에 비옥한 토양인 것은 아니다. 복사자를 정보 **갈취자**로, 학습자를 정보 **생산자**로 간주한다면(Richerson & Boyd p. 112, Kameda & Nakanishi 2002에 인용됨), 거기에는 혁신자들은 R&D(정보 고속도로에 관한 것이 아니라 그들이 생산하는 발명/발견에 관한 것) 비용을 감내하고 그 나머지는 저렴한 비용으로 정보를 포식할 수 있게 하는 평형점의 가능성과 함께 트레이드오프가 존재하리라는 것을 우리는 알 수 있다.[77] 단순한 모형이 이 동역학적 평형을 보여준다는 사실은, 언어는 없지만 호기심(비용이 많이 들더라도 R&D를 선호)과 순응도(시대에 뒤떨어진 정보일 수 있음에도 복사를 선호)를 달리하는 변이들이 충분히 많은 개체군에서는 그런 일이 존재할 수 있으리라는 것을 시사한다.[78] 그러나 이러한 특징은 환경의 가변성에 의존한다. 환경이 지나치게 예측 가능하거나 지나치게 예측 불가능하면 문화적 전달(복사)의 발판이 마련되지 못한다. 이는 가능한 문턱조건threshold condition의 사례를 제공한다. 골디락스Goldilocks 환경[a]이 아니라면, 즉 너무 뜨겁지도—카오스로 귀결됨—너무 차갑지도—불변으로 귀결됨—않은 환경이 충분히 오래 지속되어 진화에 새로운 습관이 생기고 그것들이 개체군 내에 고착될 수 있는 경우가 아니라면, 문화적 전달은 진화하지 않을 것이다. 개체군들이 문화적 전달을 이용할 요건을 갖추려면 알맞은 환경이 충분히 오래 지속되어야만 하며, 그렇게 긴 기간이 좀처럼 주어지지 않는다면 개체군은 필요한 단계들을 밟지 못하게 된다.

문화는 지금껏 호모 사피엔스에게 굉장히 성공적인 "좋은 요

---

77 **무마음적으로 대세를 복사하기**Mindlessly copy the majority는 현저하게 효과적인 전략이다. 능력(또는 행동적 이해력behavioral comprehension)을 지닌 개체는 아무 생각 없이 그저 복사하기만 하는 복사자들과의 경쟁에서 곧 우위를 잃는다.(Rendell et al. 2010)

78 리처슨과 보이드는, 피진어 사용자들에 관한 몇몇 실험(예를 들면 Kameda and Nakanishi 2002)에서 참여자들 간의 의사소통 없이도 이와 똑같은 분업이 이루어졌음이 밝혀졌다고 지적했다.

a 골디락스는 곰 세 마리 이야기에 나오는 소녀의 이름이다. 각각 세 개씩의 의자, 수프, 침대 중 아기곰의 것이 소녀에게 딱 알맞았듯, 무언가에 꼭 맞는 이상적인 조건이나 환경을 가리킬 때 골디락스라는 말을 앞에 넣어 표현한다.

령"이었다. 문화의 기원을 설명하면서 적어도 하나의 문턱(채택을 가로막았지만 어떻게든 극복된 장벽)마저 상정하지 않는 이론은, 문화적 전달이라는 것이 그토록 성취하기 쉬웠다면 다른 많은 종—비인간 포유류, 조류, 어류—에도 지금쯤 문화가 있어야 하는 것 아니냐는 반론에 취약하다. 적당량의 변이가 있는 역사를 지닌 환경, 즉 너무 단조롭지도 너무 급작스럽지도 않은 환경도 그 가능한 문턱조건 중 하나다. 그 외의 문턱들도 계속 제안되고 있다. 직립하여 두 발로 걸어야 한다는 **이족보행** 요건을 생각해보자. 이는 플라톤이 "사람이란 깃털 없는 이족보행 동물"이라고 기술한 이래, 유구하게 선호되어온 요건이다. 호미니드 중에서는 오직 호미닌만이 이 특성을 보이며, 그 덕분에 팔이 자유로워진 우리 조상이 물건 만들기 및 만들어진 물건이나 재료를 원하는 장소로 옮기기를 잘하게 되었다는 것은 확실하다. 그러나 진화는 선견지명이 없으므로, 이 뛰어난 설계 혁신의 원래의 부유하는 합리적 근거는 어쩌면 다른 것이었을 수도 있다. 여기서 또 다른 닭-달걀 문제가 대두된다. (침팬지가 보여주는 것과 같은) 초보적인 도구 제작이 먼저 이루어지고 그것이 원재료를 운반하도록 하는 선택압이나 도구가 오래가도록 마무리하게 하는 선택압 등을 형성했을까, 아니면 다른 이유들 때문에 진화된 직립 보행이 효과적인 도구 제작을 가능케 할 설계공간을 열어 주었을까? 이에 관해서는 많은 가설이 있다. 사바나 가설은 더 건조해진 기후 탓에 나무에서 살던 우리 조상이 초원으로 내몰렸고, 키 큰 풀들 너머로 더 먼 곳을 볼 수 있는 (그리고/또는 작열하는 태양에 노출되는 신체 면적을 최소화하는, 그리고/또는 운동에 소요되는 에너지를 최소화하는) 직립 보행이 선호되었다는 의견을 내놓았다. 그런가 하면 연안 생활 가설wading hypothesis (또는 수생 유인원 가설aquatic ape hypothesis)(A. Hardy 1960; Morgan 1982, 1997)은 얕은 물에서 어패류를 채집하는 것이 생태학적 혁신이라 말한다. 어쩌면 역경의 시기에는 수생 식물이 결정적인 "예비 식량"이었을 것이므로(Wrangham et al. 2009), 숨을 참으며 훨씬 더 깊은 물을 헤치는 능력이 (그리고 어쩌면 다른 생리학적 개선도 함께) 촉진되었을 수도 있었을 것이다. 이런 가설은 모두 논란의 여지가 많고, 또 당분간 논란이 계속될 것이다. 여하튼, 이족보행과 그에 따라 가능해진 능력의 묶음은 과연 언어와 문화를 향한 물꼬를 틀 수 있었을까?

또 다른 문턱으로 제안된 것은 **사회적 지능**social intelligence(Jolly 1966; Humphrey 1976)으로, 다른 개체를 지향계로 해석하는 능력이다. 이는 관찰 대상 행위자가 무엇을 관찰하는지를 관찰하고 무엇을 원하는가를 상상함으로써(이를테면, 그가 원하는 것은 무엇인가? 음식? 도망? 아니면 당신을 앞지르는 것? 짝짓기 기회? 혼자 있는 것?) 그 행위자의 행동을 예상하는 능력을 뜻한다. 이 능력은 종종 마음이론theory of mind(TOM)이라 불리는데, 이는 잘못 선택된 용어라 할 수 있다. 이 능력은 우리에게, 이 능력을 지닌 대상들을 자기 자신의 행동을 이해하는 이론가(기민한 정보 수집자이자 가설 고찰자)로 상상하도록 만들지, 본능에 따라 닥치는 대로 일을 처리하는 작인 예상자agent anticipators(자신은 전혀 이해할 필요가 없는 해석 능력의 수혜자)로 보게 하지는 않기 때문이다. 그러나 어쨌든, 복잡한 문화적 정보가 전달되려면 그러한 관점을 채택하는 것이 필요할 수도 있다. 도구, 무기, 주택, 각종 용기, 의복, 선박 등의 복잡한 물질적 문화에 이족보행이 필요해 보이는 것처럼 말이다.

마이클 토마셀로Michael Tomasello(2014)는 인간의 인지 진화 분야를 이끌어가고 있는 또 한 명의 연구자인데, 그에 따르면 그러한 관점의 채택은 처음에는 (사냥 등의 동족 내) **경쟁**을 더 잘하기 위해 진화한 것이었지만, 후에 **협동**하려는 본능(예를 들면 침팬지들의 사냥에서 초보적으로 현시되는 것 같은)으로 진화할 수 있었고, 그 후 "사회적 조직화를 위해 구축된, **공동의** 목표joint goals와 **공동의** 주의 joint attention를 포함하는 **공동** 지향성joint intentionality이라는 훨씬 더 정교한 과정들로 진화했다."(p. 34) 그는 다음과 같이 주장한다.

> 가장 그럴듯한 진화적 시나리오는 새로운 생태학적 압력(개인적으로 구할 수 있는 식량이 줄고 인구가 증가하고 다른 집단과의 경쟁이 심화된 것)이 인간의 사회적 상호작용과 조작에 직접적으로 작용하여 더 협력적인 생활방식(예컨대 수렵을 위한 협력, 집단 조정과 방어를 위한 문화 조직)으로 진화했다는 것이다.(p. 125)[a]

토마셀로는 언어를 "인간 특유의 인지능력과 사고의 토대를 이루는 것이 아니라, 그 인지와 사고가 이루어낸 관석capstone", 즉 정점에 위치한 최고의 업적이라 보았다.(2014, p. 127; 번역서 198쪽)[b] **전**前 **언어적인** 문화적·유전적 진화의 복잡함과 양을 강조해야 한다는 점에서는 나도 그에게 동의한다. 그 **전언어적** 진화들이 없었더라면 언어도 없었을 테고, 언어가 무대에 등장했을 때도 그 덕분에 **축적적**인 문화적 진화가 (그리고 정말로, 이에 대응하는 유전적 진화도) 가능했을 테니까. 그리고 문화적 진화는 새로운 설계와 발견을 훨씬 더 빨리 더 효과적으로 모으는 고삐 풀린 과정이니까. 이런 면에서 본다면 언어는 기초가 아닐 수 있다. 하지만 나는 그렇다고 해서 그것을 관석이라 칭하고 싶지는 않다. 나는 그것을 인간 인지와 사고의 발

a 이 부분은 이정원의 번역서《생각의 기원》(2017, 이데아)의 해당 부분(194쪽)을 그대로 가져왔다.

b 번역서에서는 capstone을 '결과물'이라고 의역했으나, 이 책에서는 '관석'이라 직역하는 것이 문맥에 맞다.

구름판이라 부르고자 한다.

랠런드와 오들링스미, 펠드만(Laland, Odling-Smee, and Feldman 2000)은 **니치 구성**niche construction이라는 개념을 제안하며, 생물이 자신들이 태어난 선택 환경에 그저 반응(대응)하기만 하는 것은 아니라고 주장한다. 니치 구성론에 따르면, 생물의 행동들이 그 환경의 특성들을 꽤 신속하게 바꿀 수 있고, 따라서 완전히 새로운 선택압을 형성하여 다른 개체들을 제거할 수도 있다. 그러면 그 환경을 변화시켰던 생물들의 후손이 운영하는 니치는 그 조상들이 대처하던 니치와는 매우 중요한 면들에서 달라질 수 있다. 니치 구성은 자연선택의 선택압에 의한 결과일 뿐 아니라, 새로운 선택압의 중요한 원인이자 불안정을 유발하기까지 하는 원인이기도 하다. 그리고 그 새로운 선택압은 설계공간 내에서 상당한 힘을 발휘하는 크레인이다. 우리 종이 니치 구성에 심대하게 열중해왔음은 두말할 필요도 없다.

스티븐 핑커(Pinker 2003, 2010)는 우리 환경이 인간 이해력의 **산물**product임을 강조하며 우리의 세계를 "인지적 니치cognitive niche"라 부른다. 보이드와 리처슨, 헨리히(Boyd, Richerson, and Henrich 2011)는 핑커와 의견을 달리하며, 우리 세계는 **능력**의 발판이며 그 발판 위에서 이해력이 자라날 수 있다는 의미에서 "문화적 니치cultural niche"라 부르는 것이 더 낫다고 제안한다. 앞으로 보게 되겠지만, 오늘날 우리가 서식하고 있는 니치를 구성한 R&D는 하의상달식 다윈주의 과정과 상의하달식 지성적 설계 둘 모두의 혼합물이며, 그 혼합 비율은 계속 변화한다. 확실히 우리의 니치는 다른 그 어떤 종의 니치와도 같지 않다. (당신이 상어가 그득한 바다에서 활동하는 서퍼나 어부가 아닌 한에야) 당신의 니치에는 당신에게 사냥 당할 피식자나 당신을 먹잇감으로 삼는 포식자가 거의 포함되어 있지 않고, 당신의 서식지는 길든 동식물과 인공물로 거의 가득 차 있으며, 유전적 적합도를 부여하는 가변적 장점인 더 강한 근육, 더 빠른 발, 더 좋은 시력 등은 사회적 역할, 부, 명성, 전문성, (옷, 말투, 노래하기, 춤추기, 놀기 등의) 스타일 등으로 대거 대체되고 있다.

이러한 전환을 가능케 하고 촉진하는 과정에서 언어가 담당해온 역할이 너무도 명백하기에, 어떤 교정적 논평의 전통 같은 것도 존재한다. 그런 논평자는 농경, 어로, 의복 제작, 종교, 장식, 음식 준비 등을 비롯한 문화의 표준 항목들에서 적어도 원시적인 형태의 것들은 언어 **없이도** 번성하고 전달될 수 있었다고 주장한다. 그런데 예를 들어, 시신을 매장할 채비를 갖추는 의식은 사후세계에 대한 신념 같은 것을 강하게 나타내는데, 그러한 신조 같은 것이 언어 표현(구두 표현)verbal expression 없이 어떻게 공유될 수 있는지는 알기 어렵다. 어쨌든, 힘겹게 획득한 정보를 전달하는 언어적 방식과 비언어적 방식은 여전히 공존하고, 그래서 언제나처럼, 수천 년에 걸친 인간의 상호작용이 훨씬 더 효과적이고 체계적인 방식들(밈들)의 점진적 채택으로 이어졌다고 가정할 수 있다. 그 체계적인 방식들에는 조악한 모방에서부터 전문적 견습 과정에 이르는 밈 획득 방식들도 포함된다.(Sterelny 2012) 이 밈 전달 중 일부는 공동의 주의를 필요로 하고, 또 일부는 (원原) 언어적 지시를 필요로 하고, 또 일부는 온전한 언어적 지시(암송하기 쉬운 기도문이나 주문 같은 장치들은 의심의 여지 없이 여기에 속한다)를 필요로 한다.

흥미로운 상상 연습을 해보자. (개, 늑대, 돌고래, 그리고 언어가 없는 호미닌 등의) 부모 동물이, 그들이 힘겹게 얻은 경험을 자식에게 언어 없이 어떻게 전달할 수 있을지—상세하게—스스로 묻는 것이다. 예를 들어, 어미 늑대가 고슴도치는 덮치지 말고 피해야 한다는 것을 고생 끝에 배웠다고 가정하자. 그녀는 그 경험의 이점을 새끼들에게 어떻게 전해주겠는가? 아마도 가까이 있는 고슴도치 근처로 새끼들을 데려간 다음, **"가까이 가지 마!"**를 의미하는, 관심을 끄는 신호를 새끼들에게 보낼 것이다. 여기에는 공동의 주의, 그리고 새끼들의 신뢰/순종이 필요할 것이다. (말을 배우기 전의 아기에게 난로에 가까이 가지 못하게 경고하는 것 등도 이와 거의 같다. 이런 경고는 성공하기도 하고 실패하기도 한다.) 그러나 지시자와 학습자의 공동의 주의를 사로잡을 구체적인 예시 대상이 당장 눈앞에 없다면, 어미 늑대는 어찌할 방법이 없다. 눈앞에 없는 사물과 상황에도 주의를 집중할 수 있게 하는 언어의 역량은 그야말로 엄청난 향상인 것이다.

데릭 비커튼Derek Bickerton은 이 "원거리 지칭"의 힘을 언어의 핵심 혁신으로 꼽고 있지만, 우리 모두가 다루고 있는 질문에 대해서는 약간 다른 해석을 제시한다. 그 질문이란 바로 이것이다. "언어는 인간이 생존을 위해 필요로 했던 그 어떠한 것보다 훨씬 더 강력해 보이는데, 인간은 어떻게 언어를 획득했을까?"(p. 1) 《자연에 필요한 것 그 이상 : 언어, 마음, 그리고 진화More Than Nature Needs: Language, Mind, and Evolution》라는 책은 제목에서부터 그의 주장을 암시하고 있다. 비커튼에 따르면, "인간과 비인간 동물의 인지적 격차cognitive gap는 진화의 아킬레스건"(p. 5)이며, 점점 더 강력한 의사소통 행동이 선택되면서 결국 언어에 이르게 되었다는 직선적 자연선택 과정으로는 그것을 설명할 수 없다. 예를 들어, 사회적 동물들은 서열 변화를, 그리고 누가 누구에게 무엇을 했는지를 계속 주시해야 한다. 그러나 전략적 가치가 있는 그런 가십은

> 언어가 상당히 발달한 단계에서만 전달될 수 있다. 달리 말하자면, 언어의 초기 단계에서는 최소한의 흥미를 지닌 그 어떤 가십

도 표현될 수 없었고, 따라서 어떤 다른 동기가 그 단계들을 추동했어야 하므로, 털 골라주기(그루밍)의 대체제로서의 가십은 언어 기원의 기반이 될 선택압을 구성할 수 없다.(p. 63)

이는 눈이나 날개 또는 균류의 편모 같은 것들이 온전한 설계를 갖추기 전에는 모두 쓸모가 없으며 따라서 여러 세대에 걸쳐 지속되지는 않으리라는, 익숙한 창조론 논변을 연상시킨다. 진화론자들에 대한 "**여기서 거기로 갈 순 없어**" 공격 말이다.[a] 하지만 비커튼은 창조론자가 아니다. 그는 다른 이들의 시도에서 결점이라 파악되는 것들을 먼저 보여 준 후, "인지의 역설"에 대한 자신의 해결책을 내놓는다.(p. 79)

평범한 선택 과정들과 진화의 마법 버전을 제외하고 나면 무엇이 남을까? 답은 둘뿐이다. 단어들(말). 그리고 단어들이 신경에 초래한 결과. 기호 단위symbolic unit의 발명—의식적인 것도, 심지어 의도적인 것도 아니었다 해도 발명이라 부를 수 있다—은 뇌에 결정적인 결과를 초래했다.(p. 91)

위의 인용문은 아이러니하다. 진화와 발명을 이분법적으로 나누어 놓고는, 또 그와 동시에 창조성이 무의식적이고 프로메테우스식으로 도약한다고 상정하고 있기 때문이다. 나는 이 구절의 아이러니를 즐긴다. 데릭은 나와 처음 만난 이래 10년이 넘는 시간 동안, 밈으로 설명할 수 있으며 밈이 아니었다면 달리 설명되지 않는 사회적

---

a 이 문장의 원문인 "You can't get there from here"는 매우 유명한 노래 제목이다. 그리고 관용어로 "그렇게 간단히 해결될 문제가 아니야"라는 뜻으로도 사용된다.

또는 문화적 현상의 예를 하나—**딱 하나만**—들어보라고 나를 도발하며 매우 즐거워했기 때문이다. 요즘 그는 자기가 한 그 질문에 **두 가지** 예를 들며 자답하고 있다. 인간의 언어와 인지다. 물론 그는 자신의 답을 밈 개념으로 설명하지는 않는다(그의 책 색인에는 밈이라는 항목도 없다). 하지만 다음과 같은 생생한 구절들을 한번 보라.

> 뇌는 단어들의 입력에 어떻게 반응할까?(p. 100)

> 뇌가 단어들로 식민지화될 때, 뇌의 가장 개연성 있는 반응들.(p. 108)

> 입으로 소리 내 말하는 것은 자가 촉매 과정이다. 단어들을 소리 내어 많이 사용할수록, 음성 발화를 생산하기 전에 발화들을 정신적으로 조합할 수 있는 지점으로 더 빨리 도달할 수 있다.(p. 123)

그가 정확히 어디서 잘못된 길로 들어섰는지는 책 앞부분을 보면 알 수 있다.

> (원原) 언어적 행동이 최초의 발화로부터 보상을 얻었어야만 했음을 명심하라. 그렇지 않았다면 언어 행위를 위한 유전적 기반은 결코 정착되지 못했을 것이다. 그러니, 당신이 가장 선호하는 선택압이 주어졌을 때 최초의 발화들은 무엇이었을지, 그리고 그 발화들은 계속 유지되고 추가될 만큼 **충분히 유용**할 수 있었을지 생각해보라.(p. 63)

충분한 유용성이 아니라 **충분한 전염성**이 관건이었을 수도 있다! (“동물의”) **단순한** 신호 보내기도 의사소통의 효능을 제공할 수 있고, 그 효능에 의해 추동되는 이해력 없는 복사 습관이 일단 인스톨되고 나면, 밈의 (인간의 적합도에 있어서의) 효용이 향상되고 확산 여부와 상관없이 밈에 가해지는 선택압이 영향력을 행사할 가능성이 있다.[79] 그러나 비커튼은 이 가능성을 무시한 것이다. 인류친화적 종으로서 밈들은 잊히기 어려워야 하고 관심을 끌어야 하긴 하지만, 특별히 유용해야 할 필요는 없다. 적어도 처음에는 말이다.

토마셀로의 작업에 기반을 두고 연구한 비커튼은, **찌꺼기 고기를 먹기**scavenging **위한 경쟁이** 공동 협조joint cooperation에서 시작되어 완전한 언어에 이르는 경로를 이끌어왔다고 생각한다. 기후가 변화함에 따라 우리 조상은 사바나의 청소부가 되는 쪽으로 식이를 바꾸어야만 했으나, 그것은 결코 쉬운 일이 아니었다. 그들은 포식자를 피하고 죽은 동물의 고기를 노리는 다른 청소부들을 물리쳐야 했으므로 날카로운 돌칼과 돌창으로 무장한 큰 집단을 이룰 필요가 있었다. 하지만 고기를 줍기 위한 살생에 큰 무리가 움직이는 것은 비효율적일 수 있다. (꿀벌처럼) 여러 방향으로 척후병을 한두 명씩 보내고, 좋은 고기가 (많이) 있어서 살생을 감행할 가치가 있는 곳을 발견하면 기지로 돌아와 보고하게 하는 쪽이 더 낫다. 척후병들은 꿀벌처럼 그 식량원이 어디 있으며 얼마나 훌륭한지에 관한 정보를 제공하기 위해 최선을 다할 것이다. 비커튼에 의하면, 이것이 원거리 지시, 즉 (단순한 경보음이나 짝짓기 음에서는 찾을 수 없는) 보이지 않고 들리지 않는 것에 대한 주의를 이끌어내는 의미론

79 블랙모어(1999)는, 언어가 기생적 밈으로 시작했다가 결국 상리공생 관계로 변했다는 추측을 개진했다.

적 힘의 탄생이다. 보노보가 아니라 꿀벌이야말로 우리가 숙고해보아야 할 종이다.

지구의 역사에는 우리 조상이 더듬더듬 통과해 나아갔던 그런 희귀한 일련의 문턱이나 병목이 있었음에 틀림없다. 그러나 그들이 이러한 것을 이해하면서, "언어를 설계하자. 그러면 우리는 우리 행동들을 조직화하고 눈에 보이는 모든 것을 지배할 수 있을 거야!"라고 스스로 생각했을 리는 없다. 그리고 그들이 "지성을 갖추기에 더 나은 유전자들" 덕분에 인류의 영장류 사촌보다 더 똑똑해지고 더욱 더 똑똑해지고 더욱 더욱 더 똑똑해진 것은 아니라는 것도 명백하다. 혈거인들의 끙끙거림과 울부짖음을 문법적 언어로 바꾸기에 충분할 만큼 인류가 똑똑해지기 전까지는 말이다. 돌연변이가 생긴다 해도, 그것들을 선호하는 선택압이 없다면 그 돌연변이는 몇 세대 지나지 않아 증발해버린다. 어찌어찌하여 우리 조상은 큰 보상이 주어지는 희귀한 기회가 있는 상황에 처하게 되었다. 사촌 종에게도 비슷한 도전의 상황들이 있었을 텐데, 무엇이 그들을 우리 조상과 같은 자리로 부상하지 못하게 한 것일까? 리처슨과 보이드(2004)는 이것을 적응주의의 딜레마adaptationist dilemma라고 부르며(p. 100) 이렇게 썼다.

> 홍적세Pleistocene 초기에 무슨 일이 벌어졌는지는 점점 더 불확실해지고 있음에 틀림없으며, 우리가 무엇을 모르는지를 아는 것은 무엇을 정말로 알고 있는지를 아는 것만큼 중요하다.(p. 142)

언어의 궁극적 기원(들)과 생명의 기원(들)은 지금껏 풀리지 않은 문제지만, 두 경우 모두 반박되거나 입증된 가설로 인정되기를 기다리고 있는 '그리-됐다는-이야기'가 결코 부족하지 않다, 고를 후보가 너무 많다는 이 행복한 고민은 미래의 연구자들을 유혹할 것이다.

굽이굽이, 인간 언어로 가는 험난한 길

어떻게든 일단 발판이 마련되고 나면, 원原 언어적 현상들의 진화가 심화됨에 따라 논쟁과 혼합의 여지 역시 숱하게 많이 제공된다.

1. 버벳원숭이의 경고음과 더 비슷한 짧은 발화의 원 언어가 있었으며,[80] 이 원 언어는 생산성이 부족했고 명령문과 선언문의 구분이 없었으므로, "표범이 오고 있어!"인지 "나무 위로 뛰어 올라가!"인지 구별할 수 없었다.(Bickerton 2009, 2014. 또한 Millikan 2004의 "푸시미풀유pushmi-pullyu"[a] 표상도 한번 찾아보라.) 이러한 신호들은 인류 생활의 결정적인 사건 유형들에 의해 촉발된 것으로, 중요한 행위 유발성들에 대한 적합한 반응이자 반응 주체들에 의해 인식된 반응이었을 것이며, 따라서 행위 유발성 그 자체—수혜자들의 신체 부분들에 대

---

80 버벳원숭이의 경고음은 타고난 것인가, 아니면 학습된 것인가? 고립된 버벳 집단들의 경고음은 매우 유사하며, 이는 경고음들 자체가 선천적으로 자리 잡은 것임을 시사한다. 그러나 성체들의 경고음이 청소년 개체들의 경고음보다 높은 선택도selectivity를 보일 뿐 아니라 주목되는 빈도도 더 높은 것으로 보아, 대개 그렇듯이, 여기에서도 "본능"과 "학습된 행동"이 이분법적으로 나뉘지 않고 그 둘 사이에 점진적 구배가 있음을 알 수 있다.

a 휴 로프팅의 동화《닥터 두리틀 이야기》에 나오는 머리 둘 달린 상상의 동물이다. 외뿔영양의 머리에서 앞다리까지의 부분이 앞뒤로 붙어 있는 형상이므로, 한쪽이 전진하면 한쪽은 후진해야만 하며, 둘 다 전진하려고 하면 어느 쪽으로도 갈 수 없다.

해, 다른 종의 경고음에 요구되는 것 이상의 의미론적 분석을 요구하지 않는 호미닌 **환경세계**의 요소들—이기도 했을 것이다.

2. 농인의 수어와 같은 몸짓언어가 먼저 생겨났고, 주의 집중과 강조를 위해 발성이 사용되었을 것이다.(Hewes 1973; Corballis 2003, 2009) 많은 사람이 몸짓 **없이** 말하는 것을 힘들어하는데, 이는 몸짓과 발성이 자리를 바꾸었기 때문일 수 있다. 지금은 꾸미는 역할을 몸짓이 하고 있지만, 원래는 발성이 담당한 역할이었을 수 있다. 말하면서 손을 움직이는 것은 우리 중 많은 이들에게 불가항력적인데, 이것이 실제로는 원래 언어의 화석 흔적일 수도 있는 것이다.
3. 어쩌면 인류 조상의 수컷에게는 음악적 발성의 재능을 경쟁하는 음성 버전 "공작 꼬리" 군비경쟁이 있었을 것이다. 결국 즉흥 노래까지 포함하게 된, 나이팅게일을 비롯한 명금류에서 발견되는 경쟁처럼 말이다. 음절들이 수컷의 매력을 넘어서는 의미나 기능을 가질 필요는 없었을 것이고, 여기서는 음악에서 일반적으로 그러한 것처럼 생산성이 선호되었을 것이다. (들으면 기분 좋아지는) 참신함과 (들으면 기분 좋아지는) 친숙함의 혼합물을 제공할 장치로서 말이다. 예를 들자면 이 정도 수준의 것들이 아니었을까—트랄랄라Tralala, 헤이 노니 노니hey nonny nonny, 데리다 데리다derida derida, 팔랄랄랄랄라falalalalala, 이아이이아이오E-I-E-I-O.[a] 무의미한 수다는 암컷들이 수컷들의 경쟁을 평가할 때 필요할 결정적 능력들의 부산물로, 암컷들은 자신에게 주는 이 선물을 발전시켰을 것이다. 많은 명금류도 인간처럼 자기 노래를 연습해야만 한다. 확실히 그 노래들은 짝짓기 경쟁에서 자신의 우위를 드러내는

정직한 신호이며, 인간 뇌와 명금류 뇌 사이에는 흥미를 끄는 신경해부학적 유사점이 있다.(Fitch, Huber, and Bugnyar 2010) 그러나 허퍼드(Hurford 2014)는 능숙한 언어 능력은 사춘기가 되기 전에 발달하며 "번식 능력이 생기기 전에 성적 파트너를 끌어당기는 것은 노력의 낭비이자 잠재적 위험일 수 있다"는 것에 주목했다.(p. 172) 이는 결정적이지 않으며, 언어적 기교를 정교화하는 어떤 지점에서는 성 선택이 일조했을 수도 있다(이를테면, Miller 2000을 보라).

전술한 것들을 포함한 선택지들에 대한 명확하고도 포괄적인 분석은 제임스 허퍼드James Hurford의 《언어의 기원: 짧은 안내서The Origins of Language: A Slim Guide》(2014)에 잘 기술되어 있다. 그의 설명이 다른 이들의 설명과 두드러지게 다른 점은, 그것들이 **어떻게 해서** 질문일 뿐 아니라 **무엇을 위해** 질문이기도 하다는 것을 그가 인식하고 있다는 것이다.[81] 예를 들어, 언어에는 뚜렷한 두 가지 구성 체계가 있는데, 그 하나는 음소배열론phonotactics(의미와 무관하게, 어떤 음소가 어떤 음소 다음에 오는지를 관장함. 이를테면 영어에서 fnak나 sgopn라는 단어는 존재할 수 없음)이고, 다른 하나는 형태구문론morphosyntax(의미에서 의미를 만들어내도록, 접두사와 접미사 사

---

a '헤이 노니 노니'는 중세 유럽의 노래들에서 사용된 의미 없는 후렴구로, 셰익스피어의 희곡에서도 종종 등장한다《헛소동Much Ado without Nothing》에서는 남자들은 원래 바람둥이니 여자들은 남자들 때문에 속상해하지 말고 "그대 슬픔의 소리를 헤이 노니 노니로 바꾸시길"이라는 발타자르의 노래 후렴구로 등장하고,《두 귀족 친척The Two Noble Kinsmen》에서는 간수의 딸이 부르는 노래에 등장한다. '이아이 이아이오'는 각종 동물의 울음소리를 흉내 낸 유명한 동요 〈맥도널드 아저씨의 농장Old McDonald Had a Farm〉 후렴구다. 우리나라에서는 "박첨지네 밭 있어. 그래 그래서"라는 가사로 번안되었다.

용 및 단어 순서를 관장함)이다. 구성 층위는 왜 의미론적인 것과 그렇지 않은 것의 두 가지로 이루어질까? 음소배열론적 구성 구조는 대부분 기억과 듣기와 음성 제어의 한계에 의해 좌우된다.

> 우리의 혀는 분리된 발화 음성의 제한된 항목들 내에서만 지속적으로 움직일 수 있고, 우리 귀가 구분해낼 수 있는 음향의 미묘함에도 그 수준에 한계가 있다.

그러므로 음운학 수준에서의 구성 문제에 대한 해법은 순전히 물리적 경제성과 효율성이라는 고려 사항들에 의해 좌우된다. 하지만 애초에, 구성성compositionality을 추구하도록 추동하는 것은 무엇인가?

> 그래서 만약 우리가 이 소리를 기억된 시퀀스로 넣을 수 있고 그러한 시퀀스(이를테면, 단어) 수천 개를 저장할 수 있는 기억 용량을 지닌다면, 이는 그 자체로, 의미론적으로 구성적인 구문론이 주어졌을 때 방대한 수의 의미들을 표현하는 과제의 효율적인 해법이 된다.(p. 127)

언어의 생산성은 세계에 관한 많은 것을 알릴 수 있게 하는 유용성에 "의해 추동된다."(p. 128) 이는 언어 진화에 관한 **무엇을 위해** 질

81 허퍼드는 비인간 동물과 어린아이가 하는 행위의 (대개는 부유하는) 합리적 근거들을 특징짓는 지향적 언어를 거리낌 없이 사용한다. 예를 들면 이렇게. "자, 이빨을 드러내는 개는, 자기가 이빨을 드러내면 상대 개가 자기에게 항복하거나 순종의 자세를 취하는 것을 볼 수 있다. …… 양쪽 모두 암묵적으로 이해하고 있는 신호인 것이다. …… 신호의 의식화(의례화ritualization)를 묘사하는 이 '의인화' 방식이 편리하긴 하지만, 우리가 동물들에게 의식적인conscious 계산을 필연적으로 귀속시키고 있는 것은 아니다."(p. 41)

문들에 대한 답으로 부유하는 합리적 근거를 넌지시 말하는 허퍼드의 방식 중 하나다. 생산성의 목적 또는 **레종 데트르**는 필요한 요소의 수를 거추장스러울 만큼 늘리지는 않으면서 의사소통 체계의 표현력을 증대시키는 것이다. 그러나 우리는 여기서 잠시 발걸음을 멈추고 비커튼의 관찰을 숙고해보아야 한다. 비커튼은 최초의 원原 언어적 발화는 "방대한 수의 의미들"을 소통시킬 수 **없었**으며 따라서 그 새로운 "과업"은 원原 언어 사용자들이 시도할 명백한 단계는 아니었으리라고 말한다. (눈에 빤히 보이지만 손이 닿지 않는 가지에 매달린 먹음직스러운 과일을 얻는 법을 알아내는 과업과 비교해보라. 당신은 그 과일이 좋다는 것을 알고 있고, 그러므로 고단한 시행착오 과정을 시도할 동기가 기꺼이 충족된다. 임시변통 사다리는 임시변통 문법보다 더 그럴싸한 결과다. 그렇다면 언어의 초기 단계에는 그 안달나게 하는 보상이 어디에 있었는가?) 언어 고안자들은 그 누구도 그렇게 유용한 의사소통 체계를 창조하려는 꿈을 꾸지 않았지만—그 어떤 하나의 세포도 2개의 세포가 되려는 꿈을 실제로 **꾸지는** 않는 것처럼—**소급적으로 돌아본다면**, 그 합리적 근거는 충분히 명백하게 드러난다. 그렇다면 어떤 과정이 그 합리적 근거를 드러내줄 수 있을까? 허퍼드는 **어떻게 해서** 질문에는 두루뭉술하게 답하지만, 발음이라는 화제에 대해서는 다음과 같은 유용한 구절을 남긴다.

> 나이나 성격에 따라, 사람들은 결국 자기 주변 사람들처럼 말하게 되며, 이런 일은 의식적인 노력 없이도 종종 일어난다. 이로 미루어보면, 모음 체계vowel system의 진화는 "자기 조직화self-organization"의 일례다. 하나의 체계는 의도적 계획에 의해 진화하는 것이 아니라, 즉각적 압력에 대응하는 개개인의 미세 조정이 오랜 세월에 걸쳐 무수히 축적되면서 진화한다.(p. 153)

체계성과 생산성을 향한 이러한 전진은 상호 강화되는 두 합리적 근거가 이끌어가는 과정이다. 가청可聽 밈에게는 자신과 경쟁자를 구분하는 것뿐 아니라, 혀를 움직일 때 부분적으로 우위를 차지하고 있는 습성—로마에서는 로마인처럼 발음하라. 안 그러면 도태될 위험에 처하리니—이라면 그 무엇이든 착취하여 이용하는 것이 "이익이 된다." 그 밈이 의미가 있는 것이든 없는 것이든 상관없이 말이다. 반면, 밈의 숙주/발화자/청자에게는 뚜렷한 소리-타입들sound-types의 레퍼토리를 상당히 압축적이고 효율적으로 유지함으로써 기억과 발음에 걸리는 부하를 최소화하는 것이 "이익이 된다." 즉각적 압력들은 차등 복제의 선택압들이므로, "의식적인 노력"은 필요하지 않다.

클레디에르와 동료들(Claidière et al. 2014)의 매혹적인 실험은 그런 과정의 흥미로운 예를 보여준다. 그들의 실험은 갇혀 있긴 하지만 매우 넓은 우리 안에서 자유롭게 활동할 수 있던 개코원숭이baboon들을 대상으로 이루어졌다. 일단 개코원숭이에게 사각형 16개로 만들어진 격자에서 4개를 눌러 불이 잠깐 켜지게 한다. 이 불들은 아주 금세 꺼진다. 그리고 몇 초 후에 개코원숭이들이 16개의 사각형들 중 불이 들어온 4개를 다시 정확하게 기억해서 누르면 보상이 주어지는 장소를 발견하게 된다. 개코원숭이들은 실험 초반부에는 처음에 불을 켜는 사각형 4개도 무작위로 배치했고 그것을 다시 골라낼 때도 실수를 많이 했지만, 실험이 거듭될수록 실력을 점점 향상시켜서 마침내 네 사각형의 위치와 순서를 꽤 훌륭하게 복기할 수 있게 되었다. 그다음부터는 갖가지 오류—돌연변이 같은—를 포함한 개코원숭이들의 반응이 다음 차례 개코원숭이에게 기억해야 할 항목으로 전달되고, 기억해야 할 패턴들도 처음에는 무작위적이었던 것에서 점점 기억하기 쉬운 것으로, 이를테면 "테트로미노" 같은 연결된 것으로 변해간다. (테트로미노는 4개의 정사각형을 이어 선이나 정사각형, L, T, S 모양으로 만든, 눈에 잘 띄는 도형이다. 그림 12-1을 보라.)

이는 다윈이 말한 무의식적 선택에 해당한다. 개코원숭이들은 정사각형 4개를 정확히 눌러서 보상을 얻는 것 외에는 아무것도 하려고 하지 않았지만 시행이 계속 반복되면서 수월하게 인식/기억되는 패턴은 살아남고 그렇지 않은 것은 소멸되어갔다. 이 사례의 항목에는 의미론적 해석이 전혀 없다. 그 항목은 **복제에 대한 보상을 넘어서는** 그 어떤 이익도 제공하지 않음에도 불구하고 잘 전파되도록 차등 복제에 의해 설계된 밈이다. 이 논문의 저자들은 자신들의 연구에 대해 이렇게 말하고 있다.

> (이 실험은) 비인간 영장류의 문화적 전달에서 효율적이고 구조적이며 계보 특정적lineage-specific인 행동이 자발적으로 출현할 수 있음을 보여주며, 인간의 것과 같은 문화를 창조하는 데 필요한 필수 요건이 우리와 우리 가장 가까운 친척 종들에서 공유되고 있음을 실증해준다.(p. 8)

인간 언어 초창기에 이와 유사한 과정이 소리의 좋은 구성요소를 산출할 수 있었는데, 조음하는articulating 방식이었던 밈은 후에 의미론적 구성요소, 즉 의사소통의 방식—한마디로, 의미 있는 단어—으로 수월하게 채택될 수 있었다. 생산적으로 창출되어 일자리를 찾는(소멸되지 않는 게 더 좋고, 소멸되지 않으려면 일단 일을 해야 하니까) 소리에게는 더 생산적인 작업장이라는 은혜가 주어진다. 그 작업장에서 소리는, 아직 표현할 소리를 지니지 못한 다른 많은 특징이 할 수 있는 작업보다 더 생산적인 "고안" 작업을 할 수 있다.

이를 위해서는 적합하고 유용한 신조어를 주조할 특정 유형의 지성적 설계자가 필요하다. 오늘날에는 계획적으로 그런 일을 하는 언어의 귀재가 매우 많지만, 언어 초창기에는 이미 유통되던 소리들이 특정 상황에서 제 역할을 하도록 어느 정도 무의식적으로 채택될 수 있었다. 두드러지는 무언가와 익숙한 소리가 (즉 두 행위 유발성이) 동시에 발생하여 그 자리에서 결합되는 경험을 통해 문맥상 명백한 의미를 지니는 새로운 단어가 형성되는 경우가 이에 해당된다.

이 과정을 통해 어휘 목록의 음운론과 의미론 부분이 채워진다. 그런데 문법은 어디서 오는가? 다른 것들과 함께 사용되지 않으면서, 즉 단독으로 쓰이면서 관습적으로 고정된 음성 표현들은 (경고음 같은 것들이 그렇듯) 의미론적 다양성 면에서 제한을 받는다. **안녕**hello, **아야**ouch, **이크**yikes, **아아**aaah, **꺼져**scram 등이 그 예다.

원原 언어적 신호나 호출음에서는 평서문과 명령문이 구별되지 않았다. 그런데 거기에서 언제, 그리고 왜 명사와 동사의 구별이 출현했을까? 모든 언어에는 화제topic/평언comment(화제는 당신이 이야기하는 무언가를 뜻하며, 화제에 관해 당신이 이야기하는 것은 평언이라 한다)의 구분이 있으며, 또 필요했다고 허퍼드는 주장한다. 그러나 일부 언어에서는 명사와 동사를 거의 분간할 수 없다. 게다가 어떤 언어들은 SOV 구조(주어-목적어-동사 순서. 한국어가 이에 해당한다)이고, 또 어떤 언어들은 SVO 구조(주어-동사-목적어 순서. 영어가 이에 해당한다. 영어에서는 Tom eats steak라고 하지, Tom steak eats라고 하지는 않는다)를 따른다. (웨일즈어는 VSO 언어다.) 어떤 언어들은 종속절을 매우 많이 사용하지만, 그렇지 않은 언어도 있다. 허퍼드는 필수적인 것(여기서는 왜—**무엇을 위해**—를 말할 수 있다)과 선택적인 것(여기서는 역사적인 설명, 즉 **어떻게 해서** 설명만 할 수 있을 것이다)을 구분하고, 언어의 요소를 등장 순서대로 배열했다. 기능어function word,[a] 즉 영어의 of와 for, off 같은 전치사는 동사나 명사에서 유래한 경우가 종종 있으며, 관사는 종종 각 언어에서 하나를 가리키는 수數이거나(프랑스어에서의 un과 독일어의 ein이 그 예), 그 수에서 파생된 것이다. 반면에, 대부분의 내용어content word[b]는 기능어에서 유래하지 않았다. 수 세기에 걸친 학자들의 노력에서 도출된 상기의 내용과 그 외의 단서들에서 허퍼드는 문법이 점진적으로 성장했다는 가설을 고안했다. 이러한 가설 중 가장 두드러지는 것 중 하나는 세계의 언어들이 복잡성(문법과 발음 모두에서) 측면에서 매우 다양하다는 사실에 관한 것이다. 이를테면 허퍼드는 우리 조상이 아주 최근까지 몸담고 있던 작은 수렵-채집 집단에 대해 이렇게 말한다.

> (그런 작은 수렵-채집 집단에서) 집단의 정체성은 다른 집단들과 경쟁할 때 한 집단을 사회적으로 결속시키는 힘이었다. …… 족외혼〔집단 외부의 사람과 결혼하는 것〕을 한다 해도, 비슷한 언어를 사용하는 가까운 친척과의 결혼과 같았을 것이다. 어린이들은 외부인과 거의 접촉하지 않은 채로 길러졌다. 그러다 보니 외부인들과 의사소통하고자 하는 동기가 거의 부여되지 않았거나 아예 없었다. 따라서 그런 소집단의 언어는 다른 언어의 영향을 받지 않고 그 집단 나름의 방식으로 자유롭게 진화했다. 언어의 형태학적 복잡성과 집단 인구 사이에는 매우 강고한 음의 통계적 상관이 존재한다는 사실이 그 점을 잘 말해주고 있

---

a 실질적 의미 내용이 없는, 조사, 관사, 전치사, 접속사, 조동사, 관계사 등의 단어를 말한다.

b 실질적인 의미 내용을 지닌 단어를 말한다.

다.(Hurford, p. 147)

달리 말하자면 작고 고립된 공동체는 마치 섬 같다고 할 수 있다. 더 큰 경쟁 세계에서였더라면 살아남을 수 없을 많은 신기한 것이 진화에 의해 생성될 수 있다는 점에서 말이다. 고착되고 있는 밈은 숙주에게 중요한 이익을 제공할 수도 있고 그렇지 않을 수도 있다. 그런 밈은 새로이 침입한 밈 때문에 강제로 경쟁을 벌이기 전까지는, 그 은신처에서 그럭저럭 번성하는 편리공생자이거나 기생자에 지나지 않을 것이다.

"서로 다른 언어를 사용하는 성인들 간의 접촉은 형태학적 복잡성이 제거된 다양한 언어를 산출하는 경향이 있다."(p. 148) 대화 상대자가 화자의 말을 알아듣지 못할 경우, 화자들은 그에 대응하기 위해 더 단순한 발화를 하는 쪽으로 끌어당기는 "중력"에 무의식적으로 이끌리는 경향이 있는데, 이는 허퍼드가 말한 "동기"를 분명하게 보여준다. 이러한 "중력에 의한 이끌림"은 어떤 경우에는 실로 침식 작용 같은 것이어서, 발화의 물리적 요구들에 대한 단순한 절약적 반응이며, 게으름이나 검약이 가져온 결과였을 것이다. 그리고 이렇게 됨으로써 다른 사람이 쉽게 복사할 수 있게 할 지름길이 주어졌을 것이다. 그러나 경제성의 영향 아래서 경사면을 따라 내려가는 것 말고도 이런 것이 성취될 다른 길도 있었을 것이다. 화자의 의도적이거나 방법적인 지침 없이, 대화 상대의 표정 같은 반응의 미묘한 신호를 따르면서 곧장 나아가며, 그동안 스스로 잘 이해되게 만드는 방식으로 돌연변이가 발생하고 그것이 선택되는 것도 성취로 가는 길들 중 하나였을 것이다. 그러한 점진적인 "중력에 의한" 변화는 에너지와 시간을 절약하는 단순화로서의 강화나 정교화가 될 수 있다. 그럼에도, 늘 그렇듯이, 우리는 "방법적 선택"으로 매끄럽게 이어지고 마침내 "지성적 설계"에 이르는, "무의식적 선택"이라는 다윈의 교량Darwin's bridge을 볼 수 있는데, 이 교량은 단계적으로 도입되는 듯하다. 비교적 빈약한 상상력에서 비롯된 시행착오(영어권 관광객이 비영어권 관광지 주민들에게 "평이한 영어"를 이해시키겠다고 반복해서 영어로 소리치는 일 같은 것)가 통찰력 있는 혁신(이는 몸짓과 팬터마임이라는 비계飛階에 의해 끌어올려진다)에게 길을 내어주고, 그 혁신은 신속하게 임시방편의 "규약"에게 교량 역할을 물려준다. 그런 규약의 의미는 맥락 안에서 수월하게 파악된다(한국어 화자인 당신이 다른 나라에서 한국어를 모르는 어부에게 고개를 가로저으며 "더 작은 거"라고 내뱉었다고 하자. 그러면 그때부터, 판매되는 생선 중 더 작은 종은 당신과 어부 모두에게 "**더자긍거**"라고 알려지게 될 것이다.)

최초의 단어가 "우리가 그에 대한 개념을 가지고 있었던 것들"에 할당되었으리라는 데는 의심의 여지가 없다. 이것이 의미하는 바는 간단하다. 우리는 그러한 행위 유발성들을 식별하고 처리하고 추적하여 일반적인 상황에서 그것들을 적절히 다룰 수 있어야 했고, 그렇게 하기 위해 제때 갖추어야만 했던 것들을 경험이나 선천적인 유전적 자질을 통해 잘 갖추고 있었다는 것이다. 정확히 무엇이 이런 능력을 우리 뇌에 정착시켰는지는 아직도 거의 밝혀지지 않은 문제이며, 행위 유발성 통달을 체현embodying(뇌현embraining이라고 해야 할지도?)하는 데는 다양한 방식이 있을 수 있다. 허퍼드는 이에 대한 좋은 신경과학 이론이 아직 없긴 하지만 그래도 탐구를 진행할 수 있다고 전망하고 있다.

> 단어와 사물 사이의 관계, 즉 의미는 간접적이어서, 언어 사용자의 머릿속 개념에 의해 매개된다. 그래서 우리는 세 종류의 존재

자를 지니게 된다. 언어적 존재자(단어, 문장과 같은)와 정신적 존재자(개념 같은), 그리고 이 세상의 대상과 관계(개, 구름, 먹기, ~보다 큼 등)가 바로 그것들이다. …… 뇌에 관해 말해보자면, 우리는 개념들이 어떤 방식으로든 그곳에 저장되어 있다는 것은 알고 있지만, 그 저장이라는 것이 정확히 어떻게 이루어지는지에 대해서는 거의 아는 바가 없다. …… 이 점이 좀 불편하다면, 나일강의 근원을 찾으려 했던 19세기의 탐사 프로젝트를 생각해보라. 사람들은 다른 모든 강이 그러하듯 나일강에도 분명히 근원이 있음을 알고 있었고, 그 위치가 아프리카 중앙부 어디쯤이라는 것도 알고 있었다. 지난한 탐사 끝에 마침내 그 장소가 밝혀졌다. 그전에는 **나일강의 근원**이라는 구phrase가 지시하는 대상을 아무도 정확히 짚어낼 수 없었지만, 그렇다고 해서 그 구가 무의미한 것은 아니었다.(p.60)[82]

이러한 행위 유발성들 안에서 우리가 일단 발음하기와 표식 붙이기, 신호하기, 말하기 등의 수많은 방식들을 지니게 되면, 공생과 약간 비슷한 무언가가 발생할 기회가 생겨난다. 두 행위 유발성이 결합하여 새로운 무언가를 만드는 것이다. 그 새로운 무언가란 단어의 **개념**concept인데, 어떤 이해할 수 있는 뜻을 지닌, 독특하게 인간적인 의미에서의 개념이다. 우리는 어떻게 이러한 서로 다른 종류의 '것들'—단어들(말)과 사물—이 우리의 현시적 이미지 속에서 함께 어울리도록 만들까? 우리는 이 모든 단어와 사물을 유아 시절에 발견

82 이 테라 인코그니타terra incognita(미지의 땅)로의 값진 여행을 이루어낸 탐험가 중 우리가 아는 것들에서 출발하여 언어와 사고를 탐구한 최고의 인물로는 재킨도프(Jackendoff 2002, 2007, 2007b, 2012)와 밀리컨(Millikan 1984, 1993, 2000, 2000b, 2002, 2004, 2005, 그리고 근간)을 들 수 있다.

한다. 아이들은 주변 탐험 시간 중 꽤 많은 부분을 물건들을 나란히 놓는 데 쏟아붓는다. 블록, 인형, 막대기, 음식 조각과 쓰레기 조각을 비롯하여, 손이 닿는 곳에 있는 모든 것을 말이다.

> 이건 뭐지? 난 이걸 이리저리 살펴볼 수 있고, 입안에 넣을 수 있어. 코에 대볼 수도 있지. 그리고 손바닥으로 때리고, 쾅 치고, 으깨고, 떨어뜨리고, 던지고, 붙잡고, 머리 위에 올려놓을 수도 있어. 그러는 동안 나는 오오옹거리고coo 부부바바거리고babble[a] 그런 발음 가능한 "것들"에 내 혀와 귀를 익숙하게 만들 수도 있어. 조만간 난 **이런 것들**을 뭐라고 **부르는지**, 그리고 **이 소리**가 뭘 의미하는지 궁금해할 수 있게 돼.[83]

기회들이 다소 혼란스럽게 뒤섞여 있다 보면, 거기서 규칙성—간헐적인 주목attention만 있을 뿐 그 어떤 의도(지향)intention도 없는—이 출현할 수 있다. 사물들이 충분히 친숙해지고 나면 **자기 것이 될**appropriated 수도 있다. 처음에는 그저 점유물로 다루어질 뿐 의식적으로 **내 것**이라 생각되지는 않았던 것들이, 비로소 내 블록, 내 인형, 내 음식, 내 단어들이 되는 것이다. 식별discrimination과 인

---

a 단어를 발음하기 전 유아들의 조음 활동, 즉 흔히 '옹알이'라 불리는 것은 쿠잉cooing과 배블링babbling 단계를 거친다. 쿠잉은 자음 없이 모음만으로 오오~오옹~ 오올~ 같은 소리만 내는 것이며, 그 단계에서 몇 달 정도 지나면 자음과 모음이 함께하는, 부부부, 바바바, 바바밥바 같은 소리를 내는데, 이것이 배블링이다. 단어에 해당하는 발음은 배블링 단계 후에야 가능해지므로, 쿠잉이 아닌 배블링을 진정한 옹알이라고 보아야 한다는 견해가 우세하다.

83 이것은 의식적인 궁금함인가? 꼭 그렇다고는 할 수 없다. 그것은 그저 모든 동물에서 탐색을 "추동하는" 자유로이 부유하는 다양성에 대한 인식적 굶주림에 지나지 않을 수도 있다.

식, 그리고 그것과 함께 반성reflection의 전망이 나온다. 이 둘은 같고 저 둘은 다르다는 판단이 **동일함**과 **상이함**이라는 상위 패턴의 인식을 낳고, 그렇게 되면 그것들이 아이의 현시적 이미지 안에 두 개의 "것들"로 추가되는 것이다. 이와 같이 반복 수행되는 조작은 재조합의 엔진을 제공하고, 성장하는 인간 어린이의 빼곡하게 채워진 현시적 이미지가 그 엔진으로부터 구축된다. 전前 생명적 사이클이 제공했던 반복 수행 과정에서 생명과 진화 그 자체가 출현한 것처럼 말이다. 그 현시적 이미지가 **아이에게** 어떻게 **현시적으로** 되는지, 즉 어떻게 아이의 의식적 경험의 일부가 되는지는 14장에서 좀더 면밀하게 살펴볼 것이다.

뇌는 모든 종류의 행위 유발성을 선발하고 그것들에 적절하게 대응할 기술들을 다듬는 데 적합하도록 설계되어 있다. 발음할 수 있는 밈들이 뇌에 일단 거주하게 되면 그 밈들은 숙달의 기회로 작용하며, 뇌의 패턴 찾기 능력은 그것들을 비롯한 가용 행위 유발성 간의 관계를 찾는 일에 착수한다. 9장(p. 272)에서 이야기했듯이, 아이들은 태어나서 여섯 살까지 하루에 평균 일곱 단어를 배우는데, 이 단어는 대부분 사물을 가리키며 의도적으로 가르칠("이것 봐, 자니, 이게 **망치**야. 루시, 저기 보렴, 저게 **갈매기**란다!") 수 있는 것이 아니다. 사물의 정의를 알려줌으로써 가르칠("**컨버터블**이란 지붕이 아래로 접히는 차야.") 수 있는 것은 더더욱 아니다. 아이들은 단어를 대부분 점진적으로, 그리고 대개 이해가 시작된다는 것을 알아차리지도 못하면서 획득한다. 그 과정은 계획적으로 가설을 정립하고 시험하는 과정과는 매우 다르다. 결과물들을 안정적으로 확보할 수 있는 역량을 제외하면 말이다. 그들이 조우하는 다채로운 자극들을 무의식적으로, 그리고 자기도 모르게 통계적으로 분석하는 것이다.[84]

문법적이고 형태론적인 "규칙"이 이해력 없는 능력에 해당하는 하의상달식 과정에 의해 획득될 수 있을까? 있다. 제1언어의 문법을 "상의하달식" 방법으로, 그러니까 명시적인 일반화("독일어 명사에는 남성, 여성, 중성의 세 가지 성이 있다.")나 명시적 규칙("프랑스어에서 명사와 형용사는 반드시 성과 수가 일치해야 한다")을 통해 배우는 사람은 아무도 없다. 재킨도프(Jackendoff 1994)는 그의 "언어 획득의 역설"을 이용하여 이 주제를 생생하게 극화시킨다.

> 수년 동안 의식적으로 주의를 기울이며 정보 공유에 힘썼던 고도로 숙련된 전문가 공동체도, 평범한 아이들 모두가 10세 정도까지 도움 없이 무의식적으로 성취하는 위업을 그대로 복제하여 재현할 수 없었다.(p. 26)

그러나 하의상달식 과정이라면 얘기가 다르다. 이러한 노하우를 획득할 수 있을 것으로 보이는 두 가지의 하의상달 방식이 존재한다. 하나는 무의식적 패턴 찾기 과정인 딥러닝이고 다른 하나는 유전적 대물림이다. 사실, 그 두 가지를 양극단으로 하는 스펙트럼이 있고, 그 스펙트럼상의 어느 지점에 진실이 위치하는가에 대한 논쟁이 지배적이라고 말하는 편이 더 정확할 것이다. 한쪽 극단의 연구자들은 언어에 관한 그 어떤 구체적인 것도 포함하지 않는, 전적으로 일반적인 패턴 찾기 능력에 의해 작업이 수행된다고 주장한다. 다른 쪽 극단은 거의 완전한 선천적 시스템(보편 문법universal grammar)이 있

---

84 그러한 과정의 실현 가능성은 란다우어와 더메이스가 "잠재의미분석latent semantic analysis"을 고안하면서(Landauer and Dumais 1998) 알려지기 시작했다. 현재 IBM의 왓슨Watson과 구글 번역기 등 인상적인 다수의 응용 프로그램에 "딥러닝" 알고리즘이 적용되고 있는데, 란다우어가 바로 딥러닝 알고리즘의 선구자다(이 책 15장을 보라).

다고 주장하며, 어떠한 언어든 그 언어를 위한 "매개변수parameter"만 경험을 통해 설정하기만 하면(자기 타이핑 스타일에 맞게 워드프로세서 프로그램의 사용자 정의 사항을 세팅하는 것과 비슷하다. 언어를 학습하는 유아는 이것을 무의식적으로 하고 있다는 점만 빼면 말이다.) 된다고 말한다. 제1언어 획득 방식을 놓고 벌어지는 이 뜨거운 전투 속에서 격론을 펼치다 보면, 자기의 주장에 반대하는 상대편이 스펙트럼의 어느 한쪽 극단이라도 되는 양 행동하게 되기도 하고, 불가항력적으로 그렇게 여기게 될 수도 있다. 그러나 사실, 양극단뿐 아니라 중간의 여러 지점에 해당하는 입장도 완벽하게 가능할뿐더러, 오히려 더 잘 방어될 수도 있다. 최근에는 스펙트럼의 양극단 중 **주로 학습**을 내세우는 쪽을 머신 러닝 모델 연구자 및 편재하는 점진성ubiquitous gradualness에 감명을 받은—우리도 이 책에서 종종 감명받곤 하는 것처럼—언어학자(문법적 범주들의 특성을 종과 아종만큼이나 인상적으로 받아들이는 이)가 차지하고 있다. 다음 다섯 가지의 차이를 생각해보라.

1. one fell swoop(단번, 일거)과 in cahoots(공모하여, 한통속이 되어)처럼, 내부 분석이 상당히 어려운 관용구들.
2. that doesn't cut any ice(그거 아무 소용 없어)와 kick the bucket(죽다)처럼 구를 이루는 단어들의 분석만으로는 구 전체의 의미를 쉽게 도출할 수 없는(따라서 자율적 어휘 항목autonomous lexical item으로서 학습되어야 하는) 관용구들.
3. pass muster(열병식을 받다)와 close quarters combat(근접전)처럼 군대 관습을 약간 알면 분석 가능하지만 그런 지식 없이도 사용 가능하고 학습도 가능할 정도로 친숙한 관용구들.
4. prominent role(두드러진 역할), mixed message(모순된 메시

지, 뒤섞인 메시지), beyond repair(고치거나 회복될 수 없을 정도) 등의, "조립식 건물" 같은(Bybee 2006), "관습화되어 있지만 다른 식으로도 (의미 면에서) 예측 가능한" 것들.

5. where the truth lies(진실은 어디에 있는가)와 bottom-up process(하의상달식 과정)처럼 구성 단어들의 의미를 안다면 누구나 맥락 안에서 이해할 수 있는 구들.

이러한 변주들은 **자기들의 역사**를 말해주는 표식을 **소매에 붙이고** 있는데, 이는 **빈번하게 복제되는 조합들**을 취하고 그것들을 점진적으로 강화시켜 결합 단위로서 그들 자체만으로도 복제될 수 있게 하는 **문법화** 과정을 우리가 종종 재구성할 수 있기 때문이다. 그러나 "원리적으로는" 모든 문법적 규칙성이 언어 공동체 안에서 진화될 수 있고 유전자의 도움을 전혀 받지 않고도 개인에게 인스톨될 수 있다(**주로 학습**이라는 극단에서 하는 주장) 해도, 그것들이 선천적 기여를 위해 만들어지는 것이라고 생각할 강한 이유도 있다.

선천적이고 특화된 언어획득장치Language Acquisition Device(LAD)(Chomsky 1965, p. 25쪽)에 대한 가장 영향력 있는 주장은 "자극의 빈곤poverty of the stimulus" 논변이다. 이 논변에 따르면, 문법에 맞는 언어를 충분히 들어야 문법 "이론" 구성에 필요한 데이터를 얻을 수 있는데, 인간 유아는 그러한 문법에 맞는 언어(그리고 수정된 비문법적 언어, 즉 시행**착오**)를 생애 첫 몇 년 동안에는 충분히 듣지 못하므로 유아기에 자기 언어의 문법 이론을 구성하지 못하는 것뿐이다. 둥지가 지어지는 것을 본 적 없는 새들도 그들의 선천적인 둥지 건설 능력 덕분에 때가 되면 그 종 고유의, 사용 가능한 둥지를 바로 지을 수 있다. 이와 마찬가지로, 부사와 전치사의 미묘한 용법에 대한 교육을 받은 적이 없는 유아도 언어를 사용할 준비가 되어 있다. 논변은 이렇게 흐른다. 문법 능력grammatical competence은 어딘가에서 와야만 한다. 따라서 문법 능력은 적어도 부분적으로는 선천적인 것, 즉 내부적인 일련의 원칙이나 규칙 또는 제약이어야만 한다. 그리고 그 원칙이나 규칙, 또는 제약은 아이들로 하여금 천많은 가능성 공간에서의 탐색 범위를 좁혀서 무작위적이 아닌 시행착오 과정을 취하도록 허락—사실은 강제—한다. 이를 크레인(4장을 보라)으로 보는 관점을 취한다면, 아이들이 모국어의 문법에 수월하게 능숙해지는 이유가 실로 잘 설명될 것이다. LAD라는 내장된 제약 조건들에 의해 제한된, 학습 가능한 몇 안 되는 언어를 놓고 아이들의 선택이 이루어지기 때문이라고 말이다. 그러나 자극의 빈곤 논변은 촘스키의 태도 때문에 다방면에서 의심스러워졌다. 촘스키는 LAD의 설계가 자연선택에 의한 것이라고 설명하는 모든 시도에 요지부동으로 저항했다! 촘스키의 견해는 LAD를 크레인보다는 스카이후크와 비슷해 보이도록 만들었다. 많은 세대에 걸친 진화에 의한 고된 R&D의 결과가 아닌 신의 선물로, 설계공간에서 기적적으로 발생한 설명 불가능한 도약으로 보이게 했던 것이다.

이러한 비판에 어느 정도 대응하려고 했는지, 촘스키는 자신의 이론을 극적으로 수정했고(Chomsky 1995, 2000, 2000b), 그 이후로 최소주의 프로그램minimalist program을 옹호해왔다. 최소주의 프로그램에서 그는 자신이 전에 주장해온 모든 제약조건과 선천적 프로그램을 버리고, 작동을 위해 설계되어야 할 모든 작업은 **병합**Merge[a]이라는 단 하나의 논리 연산자에 의해 성취될 수 있다고 주장했다. [이를 옹호하며 하우저와 촘스키, 피치가 《사이언스》에 발표한 유명한 논문(Hauser, Chomsky, & Fitch 2002)과, 그들의 주장을 조목조목 반

a 최근에는 '결합'이라 번역되기도 한다.

박한 핑커와 재킨도프의 논문(Pinker and Jackendoff 2005)을 읽어보라. 핑거와 재킨도프의 논문은 하우저와 촘스키, 피치의 논문으로 촉발된 비판적 글들의 격류에 대한 유용한 참고문헌도 함께 싣고 있어 많은 도움이 될 것이다.] 병합은 "2개의 요소(단어나 구)를 재귀적으로 결합하여 그 둘 중 하나의 꼬리표가 부착된 하나의 이진 트리로 만드는" 범용 결합 연산자다.(Pinker and Jackendoff 2005, p. 219) 촘스키에 따르면, 언어를 위해 필요한 단 하나의 인지적 재능은 **재귀** recursion라 알려진 논리 연산으로, 다른 동물에는 없고 오로지 인간만이 지닌 능력이며, 자연선택의 길고 긴 R&D 없이도 인스톨될 수 있는, 말하자면 한 단계만에 완료된 우주적 사건 같은, 완성되어 있는 발견된 오브제found object[a]—그런 것을 얻다니, 우리 인간은 운도 좋지!—일 뿐, 진화된 도구조차 아니다.

수학과 컴퓨터 과학에서 **재귀함수**Recursive function는 "자기 자신을 속성으로 취할" 수 있는 함수인데, 이는 그 함수를 일단 적용해서 새로운 엔터티entity[b]를 얻은 후에 동일한 함수를 그 새 엔터티에 적용시키고 …… 그런 식의 일을 무한히 반복한다는 뜻이다. 나선형 꼬임 같은 이 작업은 인형 안에 인형이 있는 러시아 마트료시카 같은 여러 개의 중첩을 생길 수 있게 한다. 진정한 재귀는 강력한 수학적 개념이지만, 제대로 된 재귀 없이도 동일한 일을 많이 해낼 수 있는 값싼 닮은꼴들이 있다. 자연언어에서 볼 수 있는 재귀의 표준

a 프랑스어 '오브제 투르베objet trouvé'를 번역한 말이다. 원래는 일상용품으로 만들어진 기성품이었으나 예술가에 의해 발견되고 아무런 변형 없이 전시됨으로써 미술작품이라는 새 지위를 얻게 된 사물을 가리킨다. 마르셀 뒤샹Marcel Duchamp이 기성품 변기와 삽 등을 전시한 것이 그 시초가 되었다. 오브제 투르베는 13장에서 다시 등장한다.

b 여기에서는 저장해야 하는 어떤 것thing을 말하며, 실체 또는 객체라 칭할 수도 있다.

사례는 종속절들의 내포이다. 이를테면, "This is the cat that killed the rat that ate the cheese that sat on the shelf that graced the house that Jack built(이 녀석이 잭이 만든 집을 아름답게 장식하는 선반 위에 얹혀 있던 치즈를 먹은 쥐를 죽인 고양이다)" 같은 문장 말이다. 명백히, 원리적으로는 절을 무한정 쌓음으로써 끝없는 문장들을 만들 수 있으며, 그 무한성이 (원리적으로) 자연언어의 특징 중 하나다. 영어에서는 가장 긴 문장이라는 것은 존재하지 않는다. 물론 다른 방법으로도 무한성을 얻을 수 있다. Tom ate a pea and another pea and another pea and …… (톰은 완두콩 하나를 먹었고 하나를 더 먹었고 또 하나를 더 먹었고 또 하나를 더 먹었고 ……) 같은 식으로도 무한히 긴 (그리고 무한히 지루한) 문장을 만들 수 있는 것이다. 그러나 이런 방식은 반복일 뿐 재귀가 아니다. 그리고 자연언어에 재귀가 있다 해도, 능력을 갖춘 화자가 재귀적 내포절 삽입을 추적할 수 있는 횟수에는 꽤 분명한 한계가 있다. 일곱 번까지 추적할 수 있다면 당신은 문장 파싱parsing[c]에 있어 검은 띠 유단자라 할 수 있다. 그러나 오직 여섯 번의 재귀만이 있는 문장에서, 내가 일곱 번 전후로 재귀가 있을 것이라 추측할 수밖에 없었던 그 한계를 당신조차 지니고 있음을 보여주는 나의 비공식적 시연에 의해 당신이 설득되길 내가 의도했음을 당신이 눈치챘는지 나는 궁금하다.[d] 게다가 그런 재귀적 내포가 전혀 없다고 알려진 언어도 적어도 하나 있는데 아마존 정글의 피다한어Pirahã가 바로 그것이다.(Everett 2004)[e] 뿐만 아니라, 재귀적인 것처럼 보였지만 당신이 한 번(또는

c 문장의 구성 성분을 분해하고 분해된 성분의 위계 관계를 분석하여 구조를 결정하는 작업. 구문분석이라고도 한다.

d 이 문장의 원문에서는 여섯 번의 재귀가 잘 보인다.

두 번, 아니면 n번. n은 어떤 수든 유한하기만 하면 상관없다.) 재귀를 적용해보면 그렇지 않음을 알 수 있는 간단한 함수도 있다. 예를 들어 MS워드에는, 밑^{지수}와 인간$_{여성}$처럼, 위첨자와 아래첨자를 나타내는 작동법이 있다. 그러나 밑^{지수}의 지수 위에 한 단계 더 위의 위첨자를 더 쓰려고 해보자. 작동**해야 하겠**지만, 작동하지 않는다! 수학에서는 지수의 거듭제곱의 거듭제곱의 거듭제곱을 무한히 할 수 있지만 MS워드에서는 그것을 나타낼 수 없다(이것이 가능한, TeX 같은 편집 시스템도 있긴 하다). 자, 인간 언어가 진정한 재귀를 사용하고 있다고 우리는 확신할 수 있을까? 아니면 인간 언어 중 일부 또는 전부는 MS워드와 같을까? 재귀적인 것으로서의 문법에 대한 우리의 해석은 문법의 실제 "구동부"에 대한 우아한 수학적 이상화라고 보아야 할까?

핑커와 재킨도프는 촘스키가 자신의 최소주의 프로그램 및 그로부터 도출되는 주장을 지지하기 위해 내놓은 아이디어에 반하는 강력한 사례를 경험적 증거와 함께 제시한다.[85] 그들은 병합이 그전의 시스템이 한 모든 일을 다할 수 있다는 주장이 어떻게 잘못된 것인지, 아니면 어떻게 공허해지는지를 보여준다. 병합이 정말로 그 모든 일을 할 수 있다면, 촘스키주의자가 병합을 경유하여 시행되는 구조로서의 최소주의 프로그램을 채택하면서 내던져버렸던 대부분의 설계특성을 그들 스스로 재도입하고 있는 것이다. 그렇다면, 아이러니하게도, 자연선택이 LAD의 원인이라는 가설에 대한 촘스키의 적의를 무시한다면, 그가 제안한 기본적 병합 연산은 문법의 초

e 그럼 "다니엘이 산 못을 몇 개만 가져와"라는 말을 피다한어로는 어떻게 표현해야 할까? 에버렛(2004)에 의하면 재귀가 없는 언어를 쓰는 피다한 사람들은 "못을 몇 개만 가져와. 다니엘이 못을 샀어. 그건 같아"라고 말한다.

기 적응—그 후의 모든 문법 밈의 조상이 된—의 그럴듯한 후보처럼 보인다. (그리고 이렇게 되면 촘스키의 주장과는 달리, 자연선택에 의한 진화라는 개념이 포함되어버린다.)

더구나 우리는, 병합 그 자체는 행운의 거대한 약진도 아니고 설계에서의 도약도 아닌, 오늘날 어린이(그리고 성인)의 조작manipulation에서 찾아볼 수 있는 더 구체적인 버전의 병합으로부터 점진적으로 발전되어온 것이라고 이치에 맞게 추측할 수도 있다. 블록 위에 블록을 얹고 그 위에 또 블록을 얹어보라. 커다란 돌망치로 돌을 깨 작은 돌망치를 만들고 그 작은 돌망치로 더 작은 돌망치를 만들어보라. 열매를 쌓아 올리고 거기에 열매를 더 쌓아 올려서 큰 더미를 만들고, 그 열매 더미를 더 큰 열매 더미에 쌓아보자. 열매 더미를 컵에 넣고 그 컵을 우묵한 그릇에 넣고 그 그릇을 가방에 넣고, 이런 식으로 계속 더 큰 용기 안에 넣어보자. 그런데 이런 사례 중 **진정한** 재귀가 있을까? 이 질문은 잘못된 것이다. "호미닌은 진정한 호모 사피엔스를 포함하는가?"라는 질문처럼 말이다. 점진적 이행이 진화의 규칙이고, 진정한—자연언어를 위해 충분할 만큼 진

---

85 크리스티안센과 채터의 〈뇌가 형성한 것으로서의 언어Language as Shaped by the Brain〉(Christiansen and Chater 2008, a *Behavioral and Brain Sciences* Target article)도 읽어보라. 그리고 우리의 언어 능력 형성에 더 중요한 역할을 해온 것이 유전적 진화인지 문화적 진화인지를 놓고 벌어지는 격렬한 논쟁에 대한 방대한 논평도 읽어보라. 크리스티안센과 채터는 나의 견해와 대체로 일치하는 입장을 옹호하지만, 어떤 면에서는 밈적 접근을 잘못 이해하고 있으며(자세한 논의는 블랙모어의 2008년 저작을 보라), 유전적 진화가 주된 역할을 수행했다는 주장에 반대되는 사례를 과장한다. 하드웨어(유전적으로 전달된 뇌 구조)가 소프트웨어(문화적으로 전달된 뇌 구조)를 따르지만, 현재로서는 그 비율을 알아낼 방법이 없다는 것이 나의 평결임을 지금 분명히 해야 할 것이다. 깁슨을 떠올려보면, 우리는 정보가 소리 안에 있지만 그것을 식별하여 선발할 수 있는 설비가 머릿속에 있어야 하며, 얼마나 많은 정보가 그 설비 안에 내장/상정되어 있는지 아직 모른다고 말해야 할 것이다.

정한—재귀(같은 것)의 점진적 출현이 훌륭한 디딤돌이었으리라는 것을 우리는 알고 있다. 우리가 그것을 식별할 수 있다면 말이다.

그리고 **만일** 병합 같은 것이 촘스키의 주장대로 인간의 뇌에 고정 배선되어 작동하는 것임이 결국 증명된다 해도, 그것이 스카이후크는 아닐 것이다. 이는, 우리 조상이 놀라운 새 능력을 갖게 된 것이 우주적인 우연의 일치에 의해 단 한 번 일어난 우연적 돌연변이로 빚어진 결과가 아니라는 뜻이다. 단 한 번의 무작위적 돌연변이가 하나의 종을 단번에 변화시킬 수 있다는 생각은 믿을 만한 '그리-됐다는-이야기'가 전혀 아니다. 오히려 만화에 등장하는 '인크레더블 헐크'처럼 기이한 사고를 당해 초능력을 갖게 된 액션 히어로와 더 많은 공통점을 지닌다.

여러 해에 걸쳐, 이론언어학의 가장 추상적인 분야에서 이루어진 논증 중 많은 것이 명사와 동사를, 화제와 평언을, 문장과 절을, 그리고 특히 언어 A와 언어 B를 구분할 만고불변의 "필요충분조건"이나 "판단 기준" 또는 "차이 생산자difference-maker"를 다루어왔다. 간단히 말해서, 언어학자는 종종 **본질**을 상정하려는 유혹을 겪어왔다는 것이다. 그러나 두 화자가 (정확히) 동일한 언어를 말하는 때—그런 때가 있기나 하다면—는 언제인가? 각각의 실제 화자가 개인어idiolect, 즉 모국어 사용자 한 개인에게만 고유한 방언을 사용하며, 당신의 영어 개인어와 내 영어 개인어가 실천적으로는 구분 불가능(우리가 효과적으로 의사소통할 수 있는 이유가 이렇게 설명된다)하다 해도, 특정 문장이 문법에 맞는지 아닌지 또는 특정 유형이 다른 유형의 하위집합인지 아닌지에 대해 당신과 내가 의견을 달리할 때, 따지고 보면 다수결 외에는 달리 호소할 권위가 없다. 그리고 국소적 다수가 전체적 다수를 뒤엎는다고 취급할 수 있는 때는 또 언제인가? 언젠가 내가 아는 어느 언어학자/철학자는, 조지프 콘래드

Joseph Conrad도, 블라디미르 나보코프Vladimir Nabokov[a]도 **엄밀히 말하자면** 영어를 말한 것은 아니라는 용감한 주장을 했다. 오직 영어가 **모국어**인 사람들만이 영어를 말한다는 것이다! 그런데 어떤 영어를 모국어로 하는 사람이어야 한단 말인가? 런던 사람? 브루클린 사람? 캘리포니아의 젊은 부유층 여성? 뉴질랜드의 키위Kiwi(뉴질랜드인의 속칭)? 언어분류학자가 직면한 진퇴양난의 곤경은 전前 다윈주의 옹호자들이 속, 종, 변종 등을 다루며 직면한 난관과 몹시 비슷하다. **개체군 사고**(11장 각주 71과 그 밑의 옮긴이 주를 보라—옮긴이)를 채택함에 있어 다윈주의를 따른다면, 앞의 문제들은 본질주의라는 부적절한 전제의 산물임이 드러난다. 그렇다면 우리가 채택해야 할 개체군 사고에서 개체군이란 무엇의 개체군인가? 바로 밈의 개체군이다.

1975년, 촘스키는 다음과 같이 언급하며 LAD의 존재를 주장했다. "보통의 아이는 특별한 훈련 없이도 …… 이 [문법] 지식을 획득한다. 그런 아이는 자기 생각을 전달하기 위한 길잡이 원칙과 특정한 규칙의 복잡한 구조를 힘들이지 않고 이용할 수 있다."(p. 4) 만약 우리가 촘스키의 병합(또는 그와 같은 무언가)의 위치를 재고하여 현대 언어로 가는 길 위의 이행적 혁신의 초기 후보라는 자리에 놓는다면, 초기 촘스키와 후기 촘스키를 화해시킬 수 있다. "개별 규칙들과 길잡이 원칙들의 복잡다단한 구조"는 명시적인 규칙들이라기보다는—원原 언어의 성공에 반응하여 진화(문화적, 유전적 진화

---

a 조지프 콘래드(1895~1923)는 폴란드 출신의 영국 소설가로. 영화 〈지옥의 묵시록〉의 원작이 된 소설 《암흑의 핵심Heart of Darkness》(1899)으로 유명하다. 블라디미르 나보코프(1899~1977)는 러시아 태생의 미국인 소설가/곤충학자/번역가이다. 대표작 《롤리타Rolita》(1955)는 많은 신조어의 산실이 되었다. 나보코프는 러시아어, 영어, 프랑스어 모두에 능통했고, 러시아어보다 영어를 먼저 배웠다고 한다.

모두)가 일궈낸 일련의 개선으로 이루어진—**말하기 방식**에 깊이 내재된 패턴으로서의 규칙이라고 말함으로써 말이다. 바로 앞의 장들에서 반복해서 보고 또 보았듯이, 다른 동물과 마찬가지로 우리 역시 필요한 R&D의 값을 치르는 결과를 달성하도록 훌륭하게 설계된 시스템들의 수혜자(그러나 우리 자신도 우리가 이런 수혜자임을 모른다)이며, 이는 이해력을 약간만 필요로 하거나 전혀 필요로 하지 않는 진화된 능력의 또 다른 사례다.

언어의 진화적 기원은 아직 풀리지 않은 문제이긴 하지만 풀릴 수 없는 문제는 아니다. 그리고 우리 조상의 더 원시적인 재능을 현대 언어 사용자의 언어적 능란함과 풍부함으로 탈바꿈시킨, 점진적이고 점증적인 유전적·문화적 진화 과정을 밝힐 시험 가능한 가설들을 형성하는 데 있어, 실험적 작업과 이론적 작업 모두 진전을 이루고 있다. 언어의 도래는 진화 역사의 또 다른 위대한 순간—이해력의 기원—을 위한 무대를 마련했다.

언어 능력의 성장은 문화적 진화를 가속시켰을 뿐 아니라, 그 문화적 진화의 과정 자체를 덜 다윈주의적이고 덜 하의상달적인 무언가로 진화하도록 허용했다. 다음 장에서 우리는 그런 일이 어떻게 이루어졌는지 알아볼 것이다. 덜 다윈주의적이며 덜 하의상달적인 것으로의 진화는 생명의 나무에서 가장 최근에 맺힌 열매라 할 수 있는 상의하달식 이해로 가는 길을, 그리고 지성적 설계의 시대가 도래할 길을 닦아주었다. 인간 개개인의 창조성은, 그 창조성을 창조한 R&D 과정을 매우 빠른 속도와 집약된 형태로 되풀이해 보여주는 것으로 여겨질 수 있다.

13 문화적 진화의 진화

맨손으로는 많은 목공 일을 할 수 없고,
맨 뇌로는 많은 생각을 할 수 없다.
—보 달봄Bo Dahlbom

다윈주의적 시작

7장에서의 미리보기(214쪽)를 상기해보자. 여러 세대의 자연주의자는 (비인간) 동물 부모가 언어적 지시 없이도 기술과 선호를 새끼들에게 전달할 수 있다는 점을 확고히 했다. 이러한 "동물의 전통"(Avital and Jablonka 2000)은 일종의 밈적 진화지만, 일반적으로 인간이 아닌 동물의 밈은 우리의 단어와는 달리, 더 많은 밈을 생산할 기회를 열어주지 않는다. 우리의 언어는 그야말로 눈덩이를 굴리듯 축적물을 불리는데, 그렇게 할 수 있는 것은 우리 언어를 빼면 전혀 없다. 그리고 12장에서 주목했던 것처럼, 실로 생명을 위협하며 생태학적으로 밀접한 연관성을 지니면서도 지각적으로는 부재하는 상황(이를테면, 만약 곰과 마주친다면 당신은 어떻게 해야 하는가?)에 관한, 언어 없이는 간단하게 전달될 수 없는 사실이 존재한다. 원거리 지시는, 비커튼을 비롯한 이들이 주장하듯, 설계공간에서의 거대한 약진이다.

드디어 이 책 2부의 핵심 주장에 살을 붙일 때가 왔다. 핵심 주장을 되짚어보자.

> 인간의 문화는 근본적으로 다윈주의적으로 시작되었다. 이해력 없는 능력을 통해, 거칠게 말하자면 흰개미들이 자기들의 성을 짓는 것과 같은 방식으로 다양하고 귀중한 구조를 생성하는 능력에 의해서 말이다. 그 후 수십만 년 동안 설계공간의 문화적 탐색은 점진적으로 감減 다윈화되었는데, 이는 문화적 탐색이 크레인들을 개발했고 크레인들은 그다음의 크레인 건설에 사용되면서 훨씬 더 많은 크레인을 작동하게 만듦으로써 더 많은 이해로 구성된 과정이 되었기 때문이다.

호모 사피엔스는 유인원 수준의 이해력만으로 얼마나 멀리까지 갈 수 있었을까? 언젠가는 이를 알아낼 수도 있을 것이다. 사냥과 수색에서의 협동, 불 다루기, 거주지 건설, 다양한 도구와 무기 제작 등의 중요한 이정표가 달성된 날짜를 대략적으로라도 특정하게 해줄 충분한 증거를 갖게 된다면 말이다. 그러나 지금 우리는 적어도, 언어가 정착되고 나서 모든 것이 변했다는 것은 알고 있다. 그림 13-1은 7장의 그림 7-5를 그대로 가지고 온 것인데, 이 그림을 가지고 이야기하자면, 인간의 문화는 좌측 하단에서 시작되어 점진적으로 확산되며 성장세의 이해력 주머니를 포함하게 되었고(수직 y축을 따라 위쪽으로), 더 상의하달식인 제어를 포함하게 되었으며[수평 x축을 따라 (1, 0, 0) 쪽으로], 더 효율적인 방향의 탐색도 포함하게 되었다[z축을 따라 그림의 앞에서 뒤로, 즉 (1, 1, 0) 쪽으로]. 나의

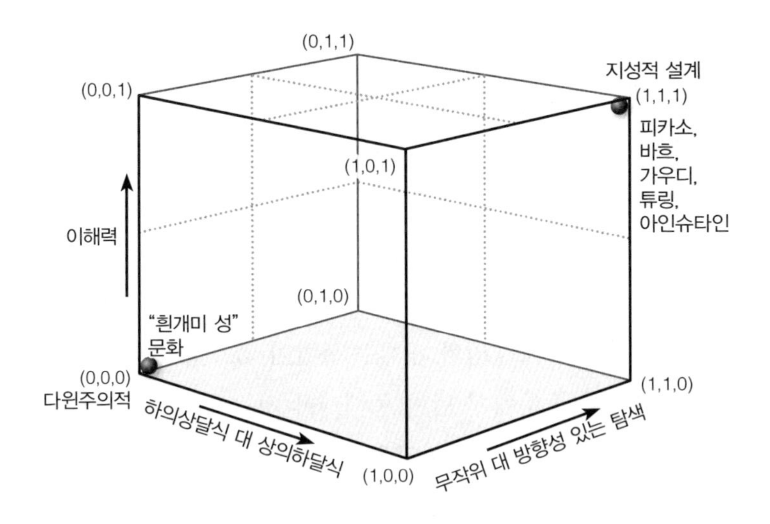

그림 13-1 다윈공간

주장은 이렇다. 이 3차원 그림을 보면 순수한 다윈주의에서 지성적 설계의 (궁극적으로는 도달할 수 없을) 정점으로, 즉 (0, 0, 0)에서 (1, 1, 1)을 향해 대각선으로 자연스럽게 가로질러 가게 되는데, 이는 각각의 축(차원)을 따라 배열된 현상들이 점점 더 많은 의미론적 정보를 이용하고 그리하여 설계의 **향상**improvements—더 많은 R&D를 필요로 하며, 늘 그렇듯이, 앞서 이루어졌던 (더 다윈주의적인) R&D의 기반 위에서 이루어지는 더 많은 수집과 착취exploiting와 개선과 건설을 필요로 하는—이 이루어지는 순서를 따르고 있기 때문이다. 어떤 단계는 다른 단계들보다 좀더 커다란 발걸음이라 할 수 있지만, 그렇다고 해서 우리가 지금의 위치까지 오는 데 프리먼 다이슨Freeman Dyson이 신의 선물이라 불렀던 것이 필요한 것은 아니다.[a]

---

a 334쪽 각주로 미루어보면, 여기서 다이슨이 말한 신의 선물은 '하나님이 주신 기술'이다.

우리는 이제 곧 문화적 진화의 현재 상태를 둘러싼 논쟁을 자세히 살펴볼 것이다. 그러나 그전에, 그것을 이끌어낸 다윈주의적 현상과 반半 다윈주의적 현상, 반半의 반半 다윈주의적 현상, 그리고 반半의 반半의 반半 다윈주의적 현상부터 먼저 검토해보자.

이 논의를 위한 무대는 12장에서 이미 마련되었다. 밈은 바이러스처럼 자신의 목적을 위해 숙주를 착취하며 숙주의 복제 설비에 의존하는 공생자이므로, 밈의 개체수 폭발이 있으려면 베끼거나 모방하려는 본능이 숙주에게 먼저 존재해야 하는데, 그 본능은 어떤 (유전적) 적합도에 있어서의 이익을 우리 조상들에게 제공함으로써 "들인 비용만큼의 본전을 챙겼을" 것이다. 우리와 가장 가까운 비인간 친척들의 조상은 이를 촉진할 조건을 누리지 않았거나, 누렸다 하더라도 우리와 함께 디딤돌에 올라설 만큼 충분히 누리지는 않았던 것으로 보인다. 예를 들어 침팬지와 보노보에게서는, 우리를 다른 호미니드와 뚜렷이 구분지어주는 축적적 문화의 불길을 밝히는 데 필요한 모방 재능과 흥미와 집중적 관심 등이 드러나지 않는다.[86] 앞으로의 연구를 통해 어떻게 이런 일이 일어났는지를 두고 경쟁 중인 가설 중 어느 하나에 유리하도록 국면을 전환시킬 무언가가 더 발견될 수도 있겠지만, 우리를 이 길로 들어서게 하는 데 기적이 필요하진 않았다는 것을 확신할 만큼은 이미 충분히 많은 것을 보

---

86 오늘날의 침팬지와 보노보가 우리와의 공통조상에서 분기된 후 600만 년 동안 인지적 능력과 호기심을 잃어왔을 가능성도 상기할 가치가 있다. 동굴어류들의 조상은 시력이 있었으나 지금의 동굴어류는 시력을 잃은 것처럼 말이다. 좀더 정곡을 찌르는 예도 있다. 오스트레일리아와 태즈메이니아 사이의 육교는 약 1만 년 전에 가라앉았는데, 이로 인해 태즈메이니아가 섬으로 고립되어 인구가 줄어들면서, 태즈메이니아는 활과 화살, 배, 그리고 어쩌면 불 피우는 능력에까지 이르는, 수천 년 동안 누리고 살았던 대부분의 기술들을 잃었다. 이에 대한 흥미로운 상세는 Diamond(1978), Henrich(2004, 2015), Ridley(2010)를 참고하라.

왔다고 나는 생각한다.

이 길로 향하는 과정이 일단 진행되자, 우리는 (밈에) 감염된 뇌를 지닌 유인원이 되었다. 지금 우리 몸 안에는 바이러스를 비롯한 공생자가 수조 개나 거주하고 있는데, 이런 공생자와 마찬가지로 밈이라는 침입자도 더 효율적인 재생산자가 되도록 진화해왔고, 우리 신체 내에서 일어나는 경쟁에 대항하고 확산 경쟁에서 이기고 새로운 숙주에게로 퍼져나갔다. 그들은 숙주를 죽이지 않도록, 기생자들 사이에 충분한 수의 상리공생자와 편리공생자를 집어넣었음이 틀림없다. 들이닥친 밈 전염의 파도들이 한 파도가 종국적으로 장기적 거점을 확보하기에 충분할 만큼 유순해지기 전에 숙주를 죽이는 일이 전적으로 가능하지만 말이다. (공작 꽁지깃의 여러 변이들 중에는 뜻한 바를 이루지 못하고, 즉 뒤를 잇는 후손을 남기지 못하고 사라져간 것들이 많을 텐데, 인류의 역사에서도 그런 계보들을 상상해 볼 수 있다. 춤 광풍에 휩싸여 수렵-채집도 거부한 나머지, 마침내 대량 기아를 초래하고 만 우리 조상 후보 집단이나, 할례 의식으로 남성 성년식을 시작했는데 시간이 지날수록 할례에서 절단되는 부분이 점점 더 많아진 불운한 계보 같은 것이 그 가상 사례가 될 것이다.) 이와 유사하게, 초창기에는 생명의 진화도 여러 번 흐지부지되었을 것이며, 이런 일이 반복되고 또 반복되었을 것이다. 그러다 그중 하나의 기원이 무한정 살아남기에 충분할 (틀림없이 충분할) 만큼의 세부 사항을 갖추게 될 때까지 말이다.[87]

87 사실 이 문장은 동어반복에 가깝다. 생명은 시작되었다가 죽고, 또 시작되었다가 죽고, 또 시작되었다가 죽는다. 죽지 않을 만큼의 것들을 가지게 되어 결국 죽지 않게 될 때까지 말이다. 이 말은 아주 많은 정보를 주지도 않지만 그렇다고 아주 공허하지도 않은데, 정합적일 뿐 아니라 생명의 기원 논의에 기적을 거론하는 스카이후크 이론에 대한 입증 가능한 대안이기도 하기 때문이다.

가장 초기의 밈은, 그것이 발음 가능한 원단어protoword였든 다른 종류의 소리 없는 행동 습관이었든, 아직 길들진 않았지만 인류 친화적이었다. 그리고 복사를 향상시킬 수 있는 유전자-밈 세트가 자리 잡기 전에는 특히 "전염성"이 있어야만 했다. 생식력을 뛰어넘는 기능적 역량을 (그 어떤 것이든) 지닌 개체는 아마도 소수에 불과했을 것이다. 나쁜 습관이지만 **흥미롭고 잘 잊히지 않는** 그런 습관은 진짜로 좋은 습관 몇 개를 대가로 치를 만큼의 가치가 있었을 것이고, 일단 좋은 습관이 자리를 잡으면 그때부터 문화적 R&D와 유전적 R&D 모두가 과거를 되짚어가며 잉여의 것을 청소해버리는 시간이 시작된다. 우리의 유전적 미소장치micromachinery가 유전체의 말썽꾼(예를 들면 유전적 기생자, 전이성 인자transposable element, 분리 왜곡 인자segregation distorter)을 상대할 수단을 진화시킨 것과 같은 방식으로 말이다(12장 386쪽을 보라). 말로 하는 의사소통이 그저 "좋은 요령"에 머무르지 않고 일단 우리 종의 의무적인 재능이 되고 나면, 언어 획득 과정을 간소화시키거나 향상시킨 유기적 수정을 선호하는 확고한 선택압이 있었을 것이다. 중요한 혁신 중 최고봉은 만성숙성(만성성)altriciality(유아기가 길어진 것)인데, 이렇게 됨으로써 자녀가 양육자에게서 보호와 영양 공급, 그리고 교육—무의식적으로 이루어지는 것이 전혀 아닌—을 받는 시간이 늘어났다. 이처럼 엄청나게 늘어난 "대면 시간face time"은 응시하기gaze monitoring에 의해 더욱 연장되었고, 이로 인해 그다음 수순으로 공유된 주의shared attention가, 그리고 토마셀로가 주목했듯이, 공유된 **지향**shared intention이 가능해졌다. [열심히 규칙적으로 응시하기에 임하는 다른 포유류로는 집에서 키우는 개가 유일한데, 개가 응시하여 관찰하는 대상은 다른 개가 아니라 자신의 인간 보호자다. 이에 대해서는 에머리Emery(2000)와 카민스키Kamminski(2009)를 보라.] 인간 눈의 "흰자위"

와 다른 영장류 눈의 눈동자를 둘러싸고 있는 짙은 색 공막[a]을 비교해보라. 인간의 흰 공막은 아마도 응시하기를 향상시키기 위한 최근의 적응일 것이며, 이는 밈 전달을 향상시키도록 설계된 새로운 행동에 대한 유전적 반응으로, 문화적/유전적 공진화의 좋은 사례다(이에 대해 개관하려면 Frischen et al. 2007을 보라).

이 개척자 밈의 숙주는 **어떠했을까**? 무엇과 비슷했을까? 무언가와 비슷하기는 했을까? 그들의 머리는 뇌 섬유를 점거하여 뇌의 에너지를 착취하는 도구와 장난감과 쓰레기—이 모두는 "정보로 만들어져" 있다—로 가득 차 있었지만, 이 침입자 중 어떤 식으로든 숙주에게 자신의 존재를 알게 한 것이 있긴 했을까? 있었다면 그것은 과연 무엇이었을까? 우리 신체를 점거한 세균과 바이러스는 대규모 신체 변화, 즉 통증, 심계항진(비정상적 심장 박동), 구토, 재채기, 현기증 등을 일으키지 않는 한 우리의 레이더망을 피해 날아다닌다. 4장에서 보았듯이, 엘리베이터 설계에 내재된 온톨로지는 엘리베이터가 자신이 하는 일에 대한 이해력도 없고 자신의 온톨로지에 대한 최소한의 감각(엘리베이터는 단지 이것에 민감해서, 그 요소들을 식별해 차이점들에 다르게 반응할 수만 있으면 된다)을 제외한 모든 것을 의식할 필요조차 없는데도 엘리베이터 활동을 제어하는 능력이 있는 이유를 설명한다. 이것이 엔지니어가 엘리베이터를 설계할 때 머릿속에 떠올린 엘리베이터의 온톨로지다. 우리 조상들의 온톨로지도 이와 유사하게 단어를 비롯한 밈을 포함시킬 수 있었다. 그들은 단어들을 능숙하게 사용할 수 있었고, 단어들을 소유함으로

---

a 인간의 공막은 희기 때문에 '흰자위'라 불리지만, 침팬지의 공막은 갈색이어서 눈동자와 잘 구별되지 않는다. 홍채와 공막이 뚜렷하게 구분되며 공막이 희고 홍채에 비해 넓은 면적이 밖으로 드러나는 포유류 종으로는 인간이 유일하다.

써 이득을 얻을 수 있었을 것이다. 자기들이 **단어**를 사용한다는 것을 아직 **깨닫지** 못하고, 단어가 그 사용자의 현시적 이미지 내의 **단어로서** 그들에게 **현시적**이 되지 않은 상태에서도 말이다. 최소한의 의미에서는 그들이 단어를 **알아차렸다**고 할 수도 있겠지만—그들은 단어에 지각적으로 민감하며, 엘리베이터 사례에서처럼 차이점에는 다르게 반응할 것이므로—그들은 자신들이 **알아차리고 있다는 것을 알아차릴** 필요는 없었다. 단어는 그 사이를 지각적으로 통과하여, 비타민이나 장내미생물군처럼 우리 조상의 체내로 들어가 서식했다. 가치 있는 공생자지만, 숙주가 그들을 인식하는가 또는 심지어는 그들의 진가를 알아보는가에 그 가치가 좌우되지는 않는, 그런 공생자가 되는 것이다.

그럼에도, 밈의 자연스러운 집은 우리의 현시적 이미지이지, 과학적 이미지(비타민과 장내미생물군을 찾을 수 있는 곳)가 아니다. 밈은 인간이 지각할 수 있는 효과를 생성해야만 여기저기 옮겨 다닐 수 있다. 따라서 밈은, 많은 것이 눈에 띄지 않게 사전 예고 없이 진입하는 와중에도, 일반적으로 알아채어질 **수 있다**.[88] 그렇다면 밈은, 바이러스나 미생물과는 달리, 우리의 행위 유발성—우리는 애초부터 행위 유발성을 알아채고 인식하고 기억하고 적절하게 반응하도록 준비되어 있었다—이다. 밈은 다른 동물에게는 일반적으로 "보이지 않는" 것이고, 그들의 온톨로지에 포함되지도 않는 반면, **우리** 온톨로지 안에서는 알아채기 좋은 위치에 있는 항목이다. 여기서 우리는 셀러스가 했던 현시적 이미지와 (그보다 더 원시적인) 원초적 이미지의 구분을 다시 떠올려보아야 한다(4장 각주 15). 우리

---

88 정보의 "비밀 잠입"은 유머에서 중요한 역할을 한다.(Hurley, Dennett, and Adams 2011)

가 우리의 밈들을 알아차리고 그것들을 소유하기 시작하고 그것들에 대해 생각하기 시작할 때, 우리는 원초적 이미지에서 현시적 이미지로, 즉 우리가 살고 있는 세계임은 물론이고 **우리가 그 안에 살고 있다는 사실을 알고 있는** 그 세계로 옮겨간 것이다.

인간 의사소통의 부유하는 합리적 근거

이해력 없는 능력은 비인간 동물, 박테리아, 엘리베이터 등에서처럼 인간에게도 편재한다. 그러나 우리는 그 가능성을 간과한 채 성공적인 인간 활동의 합리적 근거를 그와 관계된 똑똑한 실행자에게로 귀속시키는 경향이 있다. 이것이 놀라운 일은 아니다. 어쨌든 우리는, 우리가 증거를 들어 뒷받침할 수 있는 것보다 더 많은 이해를 늑대와 새와 꿀벌에게 귀속시키는 경향이 있다. 모든 종의 행동을 해석하기 위해 지향적 태도를 사용하는 것에는 합리성이 암묵적으로 전제되어 있는데, 행위자의 것이 아니라면 그 합리성은 도대체 누구의 것일 수 있을까? 이에 답으로 제시될 수 있는, 부유하는 합리적 근거라는 아이디어는 하나의 기묘한 추론 뒤집기인데, 언어철학의 유명한 몇몇 작업에서 유발되어 오랜 시간 지속된 일련의 논쟁을 따라가다 보면 그것이 실로 추론을 기묘하게 뒤집은 것임을 알 수 있다.

20세기 언어철학의 이정표 중 하나는 의사소통의 필요조건들에 대한 허버트 P. 그라이스Herbert P. Grice의 설명(Grice 1957, 1968, 1969, 1989)이다. 그라이스는 그 필요조건들을 "비자연적 의미non-natural meaning"라 불렀다. 그라이스의 핵심 주장은 화자가 어떤 것을 함으로써 어떤 것을 의미한다는 것이 무엇인가에 대한 세 부분의 정의다. 스트로슨(Strawson 1964)을 비롯한 연구자들이 명확히 했듯이, x를 행함으로써 어떤 것을 의미하려면 S는 다음 세 가지를 **의도**intend해야만 한다.

(1) x가 특정 청자 A에게 특정 반응 r를 생산하리라는 것
(2) S의 의도 (1)을 A가 인식하리라는 것
(3) (1)에 대한 A의 인지가, 적어도 r에 반응하기 위한 A의 추론의 일부로 기능하리라는 것.

이 우아한 재귀 스택recursive stack은 많은 것을 포착한다. A는 **S가 그 행동을 함으로써 의미하는 것**을 알지 못하는 상태에서도 S의 행동으로부터 많은 것을 배울 수 있다. 예를 들어, (1) S가 아파서 소리지르거나 기절하여 쓰러지면, A는 S가 극도의 고통을 겪고 있다는 정보를 얻을 수 있겠지만, 이것은 S가 A에게 그 정보를 줄 **의도**에서 한 행동이 아니라, 불수의적인 통증 행동이었을 수 있다. 만약 (2) S는 **정말로** A에게 그 (오)정보를 주려고 의도했지만 A가 이를 자각하리라 의도하지는 않았다면(야전병원으로 후송되려고 꾀병을 앓는 병사나 다친 척하는 새를 생각해보라), 그것 역시 의사소통으로 간주되지는 않는다. 마지막으로, (3) A의 **신념**의 근거가 이 의사소통 의도에 대한 A의 **재인**recognition[a]이 아니라면, 아무리 유익한 정보를 얻는다 해도 이는 의사소통의 경우가 아니다. 예를 들어, 내 아내가 주방 등을 끄지 않고 주방에서 나간다면 나는 틀림없이 내가 씻어야

a 흔히 "인식"이라 번역되는 단어 recognition은 다시re와 인지cognition라는 두 부분으로 이루어져 있으며, 이런 이유로 "재인再認"이라 번역되기도 한다. 원문에 'cognition' 부분만 강조했으므로 '재인'이라 번역했다.

만 하는 더러운 그릇들을 볼 것이다. 그녀는 내가 당장 설거지를 하길 바라겠지만 그녀가 반드시 **내게 메시지를 보내고 있는** 것은 아니다. 사실, 그녀는 어느 쪽이냐 하면 내가 의무적으로 해야 할 일에 내가 주목하게 하려는 자신의 의도를 내가 인지하지 못하게 하고 싶은 것이다.

그라이스의 분석은 그것을 마주한 대부분의 사람에게 사실처럼 들리며, 많은 이들에게 영감을 주어 후속 이론 작업이 쏟아져 나오게 했다. 또한 그의 분석의 많은 부분은 끝없이 공급되는 것처럼 보이는 기발한 반례와 문제점을 다루고 있다[상세하고도 통찰력 있는 개괄을 원한다면 조디 아조우니Jody Azzouni(2013)를 보라]. 그의 분석은 인간이 어떻게 상호작용할 수 있는가에 대한 미묘한 차이점으로 주의를 집중시키며, 그 과정에서 비인간 동물의 의사소통 체계에는 없는 것으로 보이는 미묘함을 부각시킨다. 자기 무리가 경쟁 무리와의 대결에서 지고 있을 때 독수리가 떴다는 거짓 경고음을 내 전투를 중단시키고 땅을 되찾게 하는 버벳원숭이 일화는 (**의도적인**) 속임수의 사례인가, 아니면 그저 뜻밖의 행운을 보여주는 사례일 뿐인가? 껑충뛰기를 하는 영양은 자신을 뒤쫓는 사자가 자연적 활기와 고의적 과시를 구분하기를 바랄 필요가 없다. 영양이 껑충뛰기를 한다면 그 어떤 경우든 사자는 그런 개체를 내버려둘 것이다. 이런 자료들은 어떤 특정한 결론을 내리도록 많은 이들을 유혹한다—그리고 (나를 포함하여) 많은 사람이 이 유혹을 받아들인다. 그 결론이란, 그라이스의 주장에 내재된 조건들이 인간의 의사소통 행위가 한낱 비인간 동물의 더 단순한 행위들과는 차원이 다른 것임을, 즉 적어도 4차 지향계를 포함함을 보여준다는 것이다. 각 지향계는 다음과 같이 요약된다.

(1차) A가 p를 믿는다

(2차) S는 A가 p를 믿도록 의도한다.

(3차) A는 S가 A로 하여금 p를 믿도록 의도한다는 것을 인식한다.

(4차) S는, S가 A로 하여금 p를 믿도록 의도한다는 것을 A가 인식하기를 의도한다.

철학자들만 그라이스에게서 영감을 얻은 것은 아니다. 인류학자이자 심리학자인 댄 스퍼버와 디어드리 윌슨Deirdre Wilson은 그라이스를 출발점으로 삼아 그와 경쟁하는 의미 이론을 제시했다.(Sperber and Wilson 1986) 그러나 그들은 그라이스의 통찰에 대한 일반적인 상찬에 이의를 제기하지 않았다.

> 심리학적 관점에서 보면, 의도와 추론의 측면에서 의사소통을 묘사하는 것도 일리가 있다. 의도를 타인에게 귀속시키는 것은 인간의 인지와 상호작용의 독특한 특성이다.(pp. 23-24)

이와는 대조적으로, 루스 밀리컨은 처음에는 이를 단호하게 무시했다.(Millikan 1984)

> "잭 더 리퍼가 내 침대 밑에 있다"고 내가 믿었다면, 나는 침대에 눕지도, 금세 잠들지도 않았을 것이다. 침대의 이불 속으로 그렇게 기어들어 갈 때, 나는 분명히 "잭이 내 침대 밑에 있다"고 믿지 않은 것이다. 사실, 나는 잭에 대해 들어 본 적조차 없을 수도 있다. 마찬가지로, 내가 명령을 따르리라고 화자가 의도하지 않았다고 내가 믿을 만한 이유가 있다면, 나는 명령을 따르지 않을 것이라는 사실로부터, 명령 준수의 정상적인 경우에 화자

> 가 명령 준수를 의도한다고 내가 믿는다는 것이 도출되지는 않는다.(p. 61)

다음 페이지에서 그녀는 이를 좀 누그러뜨린다.

> 첫째로, 어떤 신념이나 의도를 지닌다는 것은 정확히 무엇**인가** 하는 문제가 있다. 그다음 문제는, 무언가를 **할 때** 신념이나 의도를 그저 지니고 있기만 하는 것과는 대조적으로, 무언가를 함에 있어 신념을 **이용**한다는 것은 무엇인가 하는 것이다. 또한 우리는, 우리가 말하고 이해하는 동안 그라이스 이론에서의 의도들과 신념들이 실제로 사용되는 것이라고 해석할 필요가 과연 있는지, 아니면 그 의도와 신념들은 완전히 다른 지위를 지닐 수도 있지만 그라이스주의 이론가들이 원하는 작업에, 즉 모든 비자연적 신호들이 지니는 일종의 "의미"를 구별 짓는 작업에 여전히 소용될 수도 있는지 물어야 한다.

독보적으로 두드러지는 비非 그라이스주의 이론가로서, 밀리컨은 마침내 이렇게 결론짓는다.

> 오직 말하기와 이해의 과정에서 실제로 사용된 그라이스주의의 신념들만이 의미 이론에서 약간이라도 흥미를 끌 수 있을 것이다.(p. 66)

그러나 그녀의 이런 주장이, 어떻게든 그라이스주의 프로그램을 채택하려는 다른 이들을 단념시키지는 못했다. 최근에는 나의 동료인 조디 아조우니가 그라이스의 분석에 정면으로 대치하는 주장을 내놓았는데(Azzouni 2013), 그의 도발을 언짢아할 독자들의 화를 누그러뜨리기 위해 그가 겪어야만 할 노고에 주목해볼 가치가 있다.

> 이 책에서의 내 주된 목표가 그라이스주의와 신新 그라이스주의의 접근법들을 일거에 완전히 반박하는 것은 아니다. 그라이스주의는 너무 널리 퍼져 있고 그 수많은 지지자의 개별적 접근법 또한 너무도 다양하다. 게다가, 〔그는 각주에 이렇게 덧붙였다〕 누가 **그렇게 많은** 적을 한꺼번에 만들 필요가 있단 말인가? (p. 4)

문학도라면 아조우니의 끈질기고도 상상력이 풍부하며 정밀한 분석을 반드시 읽어야 할 것이다.[89] 그러나 내가 강조하고자 하는 부분은 우리에게 충격을 주어 비非 그라이스적 관점으로 진입하도록 그가 지어낸 재미있는 직관 펌프 중 하나다.

> 전혀 관련 없는 언어를 사용하는 두 사람이 섬에 고립되었다고 생각해보자. 남자는 어떤 물체 하나를 들고 무언극처럼 행동으로 표현하기 시작하고, 여자는 그가 말하고자 하는 것을 알아내려고 노력한다. 아마도 그 이상으로 더 그라이스주의에 충실할 수는 없을 것이다. 여자는 남자가 의사소통의 의도를 지니고 있음을 알아본다. 남자는, 자신이 의사소통의 의도를 지니고 있음

---

89 아조우니의 책은 이 책과 의견을 같이 하는 많은 관점들을 제시(이를테면, 도구로서의 단어들에 대한 그의 토의를 보라. pp. 83ff) 하지만, 나와 의견을 달리하는 부분도 없지는 않다. 그래도 그중 타입-토큰 구분의 기각과 같은 몇 가지는, 양화quantification와 존재론적 개입ontological commitment의 분리를 비롯한 그의 몇 가지 혁신(그의 다양한 방법론적 막간극들을 보라)의 도움을 얻으면 여기서의 논의와 멋지게 일치하는 것으로 등록될 수 있다.

을 여자가 인식하고 있음을 인식한다. (그리고 이런 식의 반복이 가능할 것이다.) 이러한 맥락과 기타 배경 상호지식에 근거하여 (그들은 한동안 이런 식으로 활동했을 것이며, 아마도 그 활동을 통해 의미들의 레퍼토리를 구축했을 것이다), 여자는 남자가 의사소통하려고 하는 것이 무엇인지를 밝혀내고, 그것을 바탕으로 그가 들고 있는 물체가 의미하는 바가 무엇인지를 유도해내려고 한다. 이것이 더 그라이스식인 것은 아니지만, (정직해지자) 절망스러울 정도로 더 비정형적인 것이 많아지는 것도 아니다. 그라이스주의적 의사소통은 그야말로 고통이다(이러한 의사소통에 참여하도록 강요받은 적이 있는 사람이라면 누구나 분통을 터뜨리며 당신에게 그때의 고충을 토로할 것이다).(p. 348)

아조우니의 예는 일상생활에서의 의사소통이 그라이스식 의사소통과는 매우 다르다는 것을 보여준다. 하지만 정말로 그렇다면 풀어야 할 퍼즐이 있다. 그라이스가 도대체 어떻게 설득했기에 그 많은 사람이 그라이스가 독창적이고 중요한 무언가에 몰두하고 있다고 믿었느냐는 것이다. 그라이스가 집단 지적 환각mass intellectual hallucination을 유발하기라도 했던 것일까? 어찌 보면 그렇다. 아조우니의 다음 문장은 옳은 방향을 가리키고 있다. "일상 언어가 진정으로 그라이스식 의사소통 사건과 어느 정도 유사한 사건에서의 발화에 진화적으로 기원했을 수는 있다. 그러나 그때와는 엄청나게 많은 것이, 특히 우리 뇌의 많은 것이 달라졌다."(p. 348)

그라이스가 한—의식하지는 못한 채로 행한—것은 인간 의사소통의 역설계였으며, 그는 이를 위해 부유하는 합리적 근거들을 제시했다. 그 부유하는 합리적 근거들은 단어를 도구로 사용한다는 기본적인 "좋은 요령"이 일단 확립되고 나면, 여러 이언eon에 걸친 문화적 진화와 유전적 진화에 의해 자연스럽게 드러날 것들이었다. 껑충뛰기 하는 영양과 다른 새를 살해하는 새끼 뻐꾸기 등을 설명할 때처럼, 설명을 위한 적절한 용어라고 우리 머릿속에 자연스럽게 떠오르는 상투적 표현들은 지향적 태도(행위자가 행위의 이유를 이해하지도, 알아채지도, 심지어는 표상하지도 않는다는 점을 무시하고, 행위의 주체를 합리적 행위자, 즉 행위의 이유가 노출된 행위자로 보는 태도)에 입각한 것들이다. 그라이스의 요점은, 인간 의사소통자는 (일단 자신들이 마음대로 이용할 수 있는 도구들의 모든 위력을 손에 넣고 나면) 이러한 특성을 **착취하는 능력**을—그리고 그러한 특성을 착취하는 다른 존재들에게 착취되지 않을 능력을—지닌다는 것이었(을 것이)다.

기억하시라. 나는 언어—좀더 일반적으로 표현하자면 밈—를 습득한다는 것은 상당한 위력을 갖춘 미리 설계된 소프트웨어 앱(어도비 포토샵처럼, 대부분의 아마추어 사용자들은 결코 접할 일 없는, 많은 층을 지닌 전문가용 도구)이 인스톨되는 것과 매우 비슷하다고 주장해왔다. 인간의 의사소통에는 많은 변이가 존재하며, 그 체계를 사용하는 것은 대부분 대다수 관찰자(와 자기 관찰자)가 알아차리지 못하는 자신의 습관에 의해 안내되는, 루틴에 해당하는 기초적인 것들이다. 그러나 그 도구들은 몇 가지로 매우 정교하게 응용될 여지가 있다. 어떤 사람은 태생적으로 남을 조종하는 데 능숙하고 강렬한 인상을 잘 남기며, 돌려 말하기와 사기 치기의 달인인 데다 감언이설로 남들이 알지 못하는 사이에 능수능란하게 영향을 미친다. 그런가 하면 또 어떤 사람들은 화통하고 직설적이고 순진하며 부주의하게 말한다—이런 사람들은 의사소통 도구의 초보 사용자라고 말할 수도 있을 것이다. 하지만 어느 부류에 속하는 사람이든, 매일 사용하는 의사소통 도구가 자기가 행하는 선택사양을 모두 갖추고 있는 이유를 이해해야만 할 필요는 없다.

우리의 (음성) 의사소통 체계는, 자연선택과 문화적 선택 과정에 의해 훌륭하게 설계되어왔으며, 그 과정은 신규 사용자는 점진적으로 획득할 수밖에 없고 어쩌면 절대로 깊이 이해하지는 못하는 수많은 특성을 의사소통 체계에 부여해왔다. 사용자들은 의사소통에서 그들 스스로는 분석할 수 없는 위험 요소와 위험 상황, 그리고 기회에 대한 민감도를 예리하게 개발시켰을 것이다. 이를테면, 화자의 얼굴을 보거나 어조를 듣지 않고도 거짓된 겸손의 예나 거짓말의 "냄새를 맡을" 수 있도록 말이다. 상대의 말을 분석하고자 아무리 노력해도 어떤 면에서는 단어 선택에 관한 무언가가 도저히 "진실로 받아들여지지 않는다"고 느끼는 것이다. 같은 언어를 사용한다고 해도 어떤 사람들은 "말재주"라는 더 전문적인 재능, 즉 위로하고 설득하고 유혹하고 즐겁게 하고 영감을 주는 힘을 가질 수도 있다. 이 모든 것은 어떤 사람들에게는 "타고나는" 것이며, 대부분 다른 이들의 재능을 넘어선다. 진정한 마음**이론**은 만화경처럼 변화무쌍한 사회적 세계를 해석하는 데 도움을 주는 것으로, 우리 대부분은 이를 별다른 노력 없이 "직접적으로 지각"할 수 있지만, 자폐증이 있는 사람들은 이를 획득하는 데 어려움을 겪는다. 그러나 자폐인 중 특히 템플 그랜딘Temple Grandin처럼[a] "고기능" 자폐 스펙트럼에 있는 몇몇 사람들은 많은 노력과 천재성을 발휘하여 진정한 마

---

a 보스턴 출신 동물학자. 어린 시절에 자폐증 진단을 받고 성인이 되어 아스퍼거 증후군 진단을 받았으나, 어머니와 가정교사의 도움으로 사회적 예의 등을 익히고 심리학 학사와 동물학 박사 학위를 취득하였다. 언어보다는 영상(이미지)을 통해 세계를 인식하므로 비인간 동물들을 더 잘 이해할 수 있다고 알려져 있다. 올리버 색스의 유명한 책《화성의 인류학자》에도 소개되어 있으며, 그 책의 제목도 템플 그랜딘이 한 말에서 유래했다.

음이론을 그럭저럭 고안해낸다. 그리고 우리 역시 우리의 의사소통 체계들이 왜 그러한 특성을 지니는지 이론적으로, 그리고 진정으로 이해해나가고 있는 중이다. 이 분야 연구에서 뛰어난 사람들은 종종 의사소통의 지성적 설계자—발표 훈련 지도사, 마케팅 컨설턴트, 광고주—로서 자신들의 노동력을 판매하곤 하지만, 인류가 노력해온 많은 다른 분야에서 이미 확인했듯이, 이론은, 좋은 이론일 때에도 귀에 비할 바가 못 되는 경우가 많다(재즈 선율은 문득문득 머릿속에 떠오르곤 한다). 아스퍼거증후군이 있는 뛰어난 과학자가 발화행위speech act를 비롯한 사회적 계책들을 인상적인 속도로, 그러나 부자연스러움을 드러내는 기색을 지우지는 못한 채 해내는 것을 본 적이 있다면, 당신은 인정할 수 있을 것이다. 그라이스의 분석이 실제 언어사용 이론performance theory[90]이라면, 그것은 매우 적은 수의 화자에게만 적용될 수 있을 것이라고 말이다.

지향적 태도를 통해 인간 행동을 역설계하려는 프로젝트는, 비록 그런 모습으로는 아닐지라도, 철학자들이 종종 고안해왔다. 앤스컴G. E. M. Anscombe은 잘 알려지지 않은 역작《의도Intention》(1957)에서 아리스토텔레스의 실용적 삼단논법에 관해 논의하며 다음과 같이 썼다.

---

90 스퍼버와 윌슨은 능력 모형competence model이 수행해야 하는 역할이 있다고 보았다. 그들의 주장은 이렇다. "우리의 주장은, 모든 인간은 가능한 한 가장 효율적인 정보 처리를 목표로 한다는 것이다. 인간이 그것을 의식하든 하지 않든, 자동적으로 그렇게 된다. 사실, 개인의 바로 그 다양하고 변화무쌍한 의식적인 흥미는 변화하는 상황에서 이 항구적 목표를 추구하는 것에서 비롯된다."(p. 49)
아조우니는 스퍼버가 최적화 모형optimality model을 상정하고 있다고 지적하며, 그 모형은 "시험 가능성 문제에 직면해 있다. 일반적으로 (진화 인자들에 의한 압력을 받아온) 인지 과정은, 처리에 드는 비용 대 그 처리가 낳는 가치의 측면에서 최적성 전략optimality strategy을 닮을 것"이라 말했다.(p. 109)

아리스토텔레스의 설명이 실제 정신 과정을 묘사하려던 것이라면, 일반적으로 매우 터무니없는 것이 되었을 것이다. 그 설명의 관심사는 의도를 가지고 행동이 행해질 때마다 거기 존재하는 체계order를 기술하는 것이다.(p. 80)

"거기 존재하는 체계"라고? 도대체 어디를 말하는 것인가? 뇌 내부도 아니고 환경 내부도 아니다. 그 체계는 그 어디에도 **표상되지** 않는다. 나는 이렇게 제안하고자 한다. 그녀는 아리스토텔레스에게, 부유하는 합리적 근거—**항상 표상되는 것은 아니지만** 우리의 합리적인 실제 행위의 대부분을 "관장"하는—의 발견자라는 명예를 선사한 것이라고.

그러므로, 단어 자체가 길든 도구가 되기에 적합해져서 현시적 이미지의 일부가 된 시기라 해도, 우리 실제 행동 중 어떤 것은 그 설계의 부유하는 합리적 근거를 우리가 상상할 수 없는, 그런 것일 수도 있다. 그라이스는 그것을 해결한 사람이라고 볼 수 있다. 그는 사람들이 자연적이지 않은 의미에 관여할 때 "그곳에 존재하는 체계"를 보았고, 그것을 단순히 그때 그 행위자의 지향적 태도에 대한 설명이라고 제안한 인물이라 여길 수 있는 것이다. 이는 사람에게 이유를 과도하게 부여하는 우리의 관행이 얼마나 자연스러운 것인가를 보여준다. 그리고 이것은 우리를 집단 환각에 빠뜨린다.

우리 도구들을 생각에 사용하기

지나가는 개를 보며 아기가 처음으로 "멍멍이!"라고 말하는 광경은 누구나 자연스럽게 떠올릴 수 있을 것이다. 이때 아기는 자기가 보고 있는 것을 자기가 구어로 명명하고 있다는 것을 이해하고 있을 수도 있지만, 꼭 그래야만 하는 것은 아니다. 이 대목에서 우리는 능력과 이해력을 혼동하지 않도록 특히 주의해야 한다. 사실, 아이들의 초기 발화 시기에 아이들이 실제로 지니고 있는 것보다 더 많은 이해력을 지니고 있다고 어른들이 가정하는 것은 (이론적으로는 틀릴지언정) 아마도 **실천적으로는** 유용할 것이다. 그렇게 믿는 어른들은 아이들이 대화에 낄 수 있게 "발판을 놓아줌"으로써 아이들이 자라나며 어른들의 언어로 진입하도록 돕기 때문이다.(McGeer 2004) 따라서 원초적 명명하기proto-labelings는 명명하기labeling로 가는 길을 닦는 것이며, 원초적 요구proto-requests는 요구requests로 가는 길을 닦는 것이다. 아이가 그것에 대한 감을 제대로 잡기까지는 수백 시간의 "대화"가 필요할 수 있고, 대화할 때 자신들이 무엇을 하고 있는지 이해하기까지는 더 오랜 시간이 걸릴 수 있다.

밈은 하나의 **방식**, 행위하기나 실행하기의 한 방식이며, 내적으로든 외적으로든, 복제됨으로써 숙주에서 숙주로 전달될 수 있는 방식임을 상기하라(9장부터 10장까지의 내용). 달리 말하자면, 이 장 후반부에서 보게 되겠지만, 이는 소프트웨어 앱이나 애플릿[a]과 비슷하며, 사실 앱과 **매우** 유사하다. 재능, 즉 약간의 노하우(쓸모가 있든 없든)를 추가할 수 있도록 (매우 초기에, 자연선택에 의해) 설계된 비교적 단순한 정보 구조라는 점에서 말이다. 보통의 경우, 당신이 그러한 앱들을 실행할 때—단어들이 들리게 되거나 발화될 때, 행동이 관찰되거나 수행될 때—면 타인이 그 앱을 보거나 들을 수 있으며, 당신 자신도 정상적인 자기 모니터링 과정에서 그것을 보거나 들을 수 있다. 당신 자신이 말하는 것을 듣고, 자신의 몸짓과 행동,

a 특수한 기능만을 수행하도록 만든 작은 응용프로그램이다.

움직임을 보거나 느끼는 등의 일이 가능하다는 것이다. 그러나 당신이 본인이 말하고 있는 것을 듣는 것과 본인이 무언가를 말하고 있음을 알아차리는 것은 별개의 일이다. 한 초등학생이 학교에서 선생님을 "엄마"라고 부르는 실수를 했고, 온 학급이 재미있어했고, 그 아이는 당황하여 얼굴이 빨개졌다—자기 실수를 알아차렸을 때 말이다! 성인들도 종종 자기가 무얼 말하는지 깨닫지 못하곤 한다. 그들은 자신의 구어 출력verbal output을 모니터링하며 잘못 발음한 단어를 스스로 정정하기도 하지만, 아마도 자기 행동에 내포된 의미는 여전히 감지하지 못할 것이다—거의 꿈속에서 말하는 것과 비슷하다. 그들이 가끔—너무 늦게—실수를 깨닫고는 아차 하는 모습("내가 방금 그렇게 말했어? 내가 진짜 그런 말을 내뱉었단 말이야!?")을 보이기 때문에, 우리는 그들이 자기 자신을 모니터링한다는 것을 알 수 있다.

나는 이렇게 제안한다. 언어 사용 개척기의 우리 조상이 (당신이 상상하고 싶은 만큼 유창하게) 중얼거리는 것을 상상해보자. 그들은 이 새로운 습관 덕분에 많은 편익을 얻었을 것이다. 가끔은 먹잇감이 겁먹고 도망치게 만들기도 했겠지만 말이다. 어떨 때는 간신히 의사소통을 했고, 또 때로는 유창하게(어디까지나 자기도 모르게 그렇게 한 것이며, 능변이 되는 공부를 한 것은 아니다) 의사소통을 하기도 했다. 그들은 자신들이 해온 것들을 소급하여 돌아보며 점진적으로 깨닫게 되었을 뿐이다. 내가 제시하려는 바는 이렇다. 영양들이 껑충뛰기를 할 때 그들이 무엇을 하고 있는지가 영양 자신들에게 전혀 분명히 인식되지 않는 것처럼, 우리 조상들이 단어로 했던 바 역시 그들 자신에게 인식되지 않았다. 그들이 무의식적 선택unconscious selection—다윈이 안성맞춤으로 이름 붙인—에서 방향을 바꾸어, 완전히 길든 밈들의 체계적 선택methodical selection으로 선회하기 전까지는 말이다. 오늘날 아이들은 옹알이(배블링)에서 말하기와 이해하기로 신속히 옮겨가는데, 그 전환이 너무나 수월한 나머지 갑작스러운 상 변이phase shift(헬렌 켈러Helen Keller의 1908년 책에 나오는 그 상징적인 수돗가 장면처럼, 정확도를 알 수 없긴 하지만 잊을 수 없는 일화)처럼 보일 정도다. 그러나 인류의 언어 사용 초창기에는 훨씬 더 느리고 훨씬 덜 효율적인 과정을 통해 그런 전환이 일어났을 것이며, 여러 유형의 소리 중 특히 말소리에 대한 호기심 레벨을 올림으로써 획득 능률을 높여 분석—뇌의 노력—에 더 주의를 기울일 수 있게 하는 등의 유전자 조정의 혜택도 아직 입지 못하고 있었을 것이다. 나는 추측한다. 인류의 능력이 점진적으로 증대되어 자기 모니터링을 가능하게 하고, 그것이 반성reflection을 유도하여, **겨냥하여 생각할** 새로운 **것들**new things to think about"—우리 현시적 이미지의, 단어를 비롯한 각종 밈—의 출현을 이끌어낸 과정이 있었다고.[a]

그리고 나는 주장한다. 단어들을 비롯한 모든 밈을 **우리의** 온톨로지 안으로, 우리의 **현시적** 이미지 안으로 끌어올려 우리에게 내장된 호기심에 거대한 시야를 열어젖힘으로써 설계공간에서의 "상의하달식" 탐색을 마침내 가능하게 했던 것은 바로 그 일련의 작은 단계들이라고.[91] 나는 이 혁신의 단순한 버전을 《의식의 수수께끼를 풀다》에서 제시한 적이 있다. 이 책에서 나는, 어떤 문제로 곤란해질 때 간단한 질문을 하는 습관이 있던 우리 조상들을 상상해보았다. 가끔 그들은 자신들의 말을 들을 **다른** 이들이 전혀 없을 때도

---

a 여기서는 그냥 'think'가 아닌 'think about', 즉 무작정 이루어지는 생각이 아니라 무언가에 '대한(관한)' 생각이라는 것이 중요하다. 지향성intentionality의 핵심 중 하나가 무언가에 '관한' 것이기 때문이다. 이 '무언가에 관함'을 'aboutness'라 하며, 우리말로는 보통 '겨냥성'이라 번역한다.

질문을 내뱉었을 테고, 그리하여 자신이 찾고 있던 대답을 스스로 발견하기도 했을 것이다.(p. 193) 그들은 자기의 질문들에 스스로 답하고 있는 자신을 발견했고, 이는 어느 정도 즉각적인—그리고 그 진가가 즉각적으로 확인되는—이득을 주었을 것이다. 자기 자신에게 말하는 것이 어떻게 도움이 될 수 있을까? 자기가 만든 점심에 돈을 내는 것과 다를 수 있는 것은 왜인가? 뇌의 다른 부분에 의해서는 접근될 수 없는, 뇌의 특정 부분에 있는 "것들을" 필요할 때 "알" 수 있음을 깨닫는 순간, 역설의 낌새는 사라진다. 혼잣말 습관은 의사소통의 새로운 통로를 만들어냈고, 그 새 통로는 때때로 숨겨진 지식을 드러나게 해주었을 것이다.

"그땐 그게 좋은 생각 같았는데 말이지"는 큰 실수의 여파를 겪으며 내뱉는 판에 박힌 희극적 관용구지만, 어리석음의 증표는 아니다. 오히려 이 후회의 문구는, 진실하게 내뱉어졌다면, 지능을 나타내는 명확한 표지다. 생각하는 어떤 존재가 자기가 실제로 무엇을 생각했고 어떻게 느꼈는지를 정확하게 상기할 수 있다면, 그녀는 다시는 같은 함정에 빠지지 않도록 자신의 사고 과정을 디버깅하는 중요한 단계를 절반 이상 밟아가고 있는 것이다. 스스로에게 규칙적으로 말을 거는 사람이라면 누구나 가질 수 있었던 자기 모니터링 습관의 가치는, 착오가 미묘할수록 더욱 높아진다. (다음에 퍼즐을 풀어야 할 때가 온다면 여러분도 한번 소리 내어 독백을 해보시라. 여러

---

91 이 책을 마무리할 때쯤, 나는 피터 카루더스Peter Carruthers의 책 《중심에 놓인 마음The Centered Mind》(2015)을 한 부 받았다. 재빨리 훑어본 결과, 스스로 묻기라는 인간의 이 재능이 어떻게 우리에게 우리 고유의 인지 능력을 주었는가에 관한 나의 생각과 잘 맞아떨어질 뿐 아니라, 종종 내 생각을 앞질러 가기도 하는 좋은 아이디어를 싣고 있음을 알 수 있었다. 그의 주장을 적절히 평가하는 것은 이 책의 범위를 벗어나긴 하지만, 언젠가는 분명히 꼭 해야 하는 일이다. 이 책을 비롯하여, 너무 늦게 마주쳐서 이 책에 반영하지 못한 신간 서적들의 목록은 부록에 수록하였다.

분의 사고 안에 존재하는 간극을 알아차릴 수 있는 좋은 방법이다.)

어쩌면 언어가 없는 동물들도 보이지 않는 단서를 찾기 위해 "머리를 쥐어 짜낼" 수 있을 것이다(물론 그런 은밀한 행위가 있다는 징후는 거의 없지만). 그러나 어쨌든 명시적으로 자문하는 우리의 습관에는, 우리가 곱씹는 것들을 더 쉽사리 기억되게 만듦으로써 나중에 그것들을 돌아보며 검토할 수 있게 해준다는 훨씬 더 큰 이점이 있다. 그리고 일단 당신이 질문하기 모드로 들어가는 습관을 지니게 되면, 당신의 모든 R&D는 훨씬 더 상의하달식이 되어 더 직접적인 탐색을 이용하게 되며 무작위적 변동과 유지에는 덜 의존하게 된다. 그렇다고 해서 무작위성(또는 진화에서 무작위성이라 간주되는 것. 성공 기준들에 비추어 시험될 후보들 세대의 비非 동조화decoupling)이 제거되는 것은 아니다. 가장 정교한 조사investigation마저도 의도적으로 "무작위적인" 몇 차례의 시행착오에 의해 촉진되는 일이 종종 있다. 그러나 이미 다른 맥락에서 획득된 정보를 이용하여 넓은 영역을 제외시킴(가능성이 없거나 무관한 영역으로 간주함)으로써, 탐색 공간을 압착시킬 수 있다—그러나 사고자thinker가 적시에 그것을 상기할 수 있을 경우에만 그렇다. 스스로에게 말을 거는 것, 스스로에게 질문하는 것, 또는 유관한 단어("키워드")를 속으로 읊조려보는 것조차도, 당신이 간과한 (당신이 현재 직면한 혼란과 유관할 성싶은) 가능성을 상기함으로써 각 단어에 부착된 연결망을 철저하게 탐색할 효율적인 방법이다.

튜링의 디지털 컴퓨터 발명은 상의하달식 지성적 설계를 과시할 전시용 사례로 내세우기에 손색이 없다. 그런데 그 영웅적 시대의 기록에서 주워 모을 수 있는 것들로부터 판단해보자면, 그는 영광을 향해 곧장 날아간 것이 아니라, 가능성 찾기, 옆길로 새기, 잘못 출발하기, 목표 수정하기 등으로 점철된—그리고 다른 문제를 숙고하던 다른 사상가와 조우하며 뜻밖의 도움을 수없이 얻기도 했던—구불구불한 탐색 경로를 거쳐갔음을 알 수 있다. '의식적인 인간 마음conscious human mind'이라는 것의 이상ideal은, 그 안에서는 모든 지식에 동등하게 접근할 수 있고 그 모든 지식은 필요할 때 언제나 사용 가능하며 결코 왜곡되지도 않는 곳, 그리고 적시에 손을 빌려줄 전문가가 가득한 아수라장 같은 곳이다. 동물이나 어린아이의 베이즈주의적 두뇌는 이러한 하의상달식 여론조사, 즉 더 향상된 생각 도구가 주는 이득을 사용하지 않고 단서를 찾는 방식 중 **일부**를 수행할 능력이 있지만, 성인의 마음은—어쩌다 가끔, 드물게—우선순위를 매기고 낭비성 경쟁을 억누르고 수색대를 조직하도록 팀원들에게 상당한 규율을 행사할 수 있다.

허퍼드는 언어 진화를 다룬 자신의 책에서 이렇게 지적했다. "비인간 동물도 특정 진화 수준에 이르렀다면 풍부한 정신적 삶을 누릴 수 있다. 그들의 세상과 잘 협상할 수 있게 하는 자연적 지능 같은 것 말이다."(2014, p. 101) 이 인용문의 후반부를 부인할 수는 없지만, 이 세상에서 잘 돌아다니려면 우리의 것과 같은 의식적 삶이라는 의미에서의 "풍부한 정신적 삶"을 꼭 가져야만 하는지는 아직 확실히 밝혀지지 않았다. 나는 뇌가 행위 유발성 없는, 그리고 그런 덕분에 추적당하지도 않고 소유한 것들을 착취당하지도 않는, 베이즈주의적 기대 생성자일 수 있다고 주장해왔다. 비인간 동물이 생각에 대해 생각할 수 있는지, 또는 어떤 방식으로든 자신의 심적 상태mental state에 대한 "메타" 인지를 할 수 있는지는 아직 답을 얻지 못한 경험적 문제이며, 반성성reflexibility을 증대시킬 역량이 갖추어지지 않은 "풍부한 정신적 삶"은 사실 그렇게 풍부한 것이 아니다. 사색하지도 놀라워하지도 회상하지도 비교하지도 못하는, 그래서 이러한 2차, 3차 반응들을 잘 알아차리지도 못하는 마음이라면, 그런 마음에서 감각이, 이를테면 냄새에 대한 강력하고도 정확한 지각이 얼마나 가치가 있겠는가?[92] 하지만 오해하지 마시라. 내가 지금 인간 유아와 비인간 동물에겐 의식이 없다고 말하는 것이 **아니다**(나는 의식에 대한 모든 논의를 뒤로 미루어놓았다). 내가 주장하는 것은, 의식이라는 것 자체가 어떤 특정 정도를 상정해야 가장 잘 이해될 수 있는 것(나는 이렇게 주장해왔고, 적절한 때가 되면 또 이를 옹호할 것이다)이라면, 어떤 면에서는 "풍부하고" 다른 면에서는 그렇지 않은 다양한 의식들을 상상할 수 있다는 것이다.

실제로, '부유함wealth'은 이 관점을 견인하는 데 사용하기 좋은 개념이다. 해적이 숨겨놓은 금괴 더미가 묻힌 땅을 소유한 행운아가 있다고 해보자. 그는 어떤 의미에서는 부자일 것이다. 하지만 그가 그 사실을 알지 못하거나 그 위치를 찾을 수 없다면, 그래서 그 부를 그 어떤 용도로도 사용할 수 없다면 그는 그 재산을 갖고 있다고 할 수 있는가? 만약 그렇다고 한다면, 그때 재산이라는 단어는 우리가 흔히 사용하는 의미로 쓰인 말은 아닐 것이다.[93] 이와 유사하게, 유아가 자기가 지금 (어떤 의미에서는) 이용할 수 있는 세계의 다양한 차이점을 추적하고 알아차리고 그것에 대해 반성reflect on하고 비교하고 회상하고 상기하고 기대할 수 있기 전이라면, 우리는 잠재적 부를 말하는 것이 나을 것이며, 이 반성적 관점perspective을 결코 획득할 수 없는 동물에게는 부가 잠재적이지도 않다. (앵무새에게 미국

---

92 최근의 실험에 따르면 조류와 포유류에게 메타표상을 위한 약간의 초보적 능력이 있음이 드러났다. 특히, 고위험·고보상 선택지와 안전한 내기 중 한쪽을 선택할 기회를 얻은 동물들은, 자신의 직감을 불신할 근거가 있는 곳에서는 즉시 후자를 선호하는 경향을 보인다.(Crystal and Foote 2009; and other essays in Cook and Weisman 2009)

93 플라톤이 만든 놀라운 이미지 하나를 떠올려보자. 《테아에테투스Theaetetus》에서 그는 인간의 지식을 새들이 가득 찬 커다란 새장에 비유했다. 새장 안의 새들은 당신의 것이다. 그런데 그 새들은 당신이 부르면 오는가?

공영방송이 제작한 유명 과학 다큐멘터리를 보여주면 생생하고 상세한 정보가 앵무새의 눈과 귀로 줄줄이 들어갈 것임이 분명하지만, 이 경험을 통해 그 앵무새가 과학 교육을 조금이라도 받을 것이라고 기대할 수는 없다.)

나는 지금도 의식의 퍼즐puzzles of consciousness에 대한 정면 공격을 미뤄놓고 있다. 그러므로 여러분은, 내가 추적하기, 알아차리기, 반성하기 등이 반드시 의식적이어야 함을 주장(또는 부정)하지 않고 있다는 것에 주목해주길 바란다. 내가 지금 주장하는 것은, 우리 조상의 증대되는 능력(나중에 이해력이 되는)에 의식(이것이 무엇이든 간에)이 아주 약간만 제공하거나 전혀 제공하지 않았던 그 무언가가 부재하는 상태에서는, 추적하기, 반성하기, 알아차리기 등이 매우 중요한 대응 능력response competence이었다는 것이다. 5장에서 나는 이해력이 그 정도를 달리하여 출현한다고, 그리고 이해력은 능력의 산물이지 능력의 원천이 아니며, 따라서 능력과는 독립된 자질도 아니라고 주장했다. 이제 우리는 이 이해력이라는 산물이 어떻게 만들어지는지 볼 수 있게 되었다. 기본적인 행위 유발성—베이즈주의적 학습에 의해 환경 내의 패턴들을 활용할 수 있도록 향상된, 유전적으로 전달된, 자연이 준 자질—은 곤충과 벌레에서 코끼리와 돌고래에 이르기까지 모든 움직이는 생물들에게 풍부한 능력들이라는 재산을 제공한다. 이러한 능력 중 더 인상적인 몇몇 사례는 자연스럽게 (일종의) 이해력의 표시로 받아들여진다. 관광객들에 대해 잘 아는 옐로스톤국립공원의 회색곰이나 도구를 사용하는 까마귀의 재능은, 이해의 평결을 요하는 특유의 상황에 대한 적응성adaptiveness의 수준을 보여준다. 혹자는 이렇게까지 말할 수도 있다. 이 행동 영역들에서의 이해understanding란 바로 그런 것이라고. 의사소통 가능한 이론적 지식이 아니라 철저하게 실용적인 노하우라고.

그 노하우가 (우리가 말할 수 있는 한에서) 비인간 생물의 이해력이 이를 수 있는 한계라면, 인간의 이해력은 그것에 무엇을 더한 것일까? 동종 개체 간에 서로 노하우(또는 사실적 지식factual knowledge)를 주고받을 수 있는 기량ability뿐 아니라, 어떠한 토픽을 고려하고 있든 그 토픽 자체를 검토, 분석, 재고해야 할 것으로 다루는 기량 또한 더해져야 할 것이며, 이는 단어나 도표를 비롯한 자기자극self-stimulation 도구를 이용하여 그 토픽을 명시적으로 표상할 수 있는 우리의 역량capacity 덕분에 가능하다. 이런 단순한 도구로만 무장해도, 생각으로 가득 찬 탐구 폭발explosion of thoughtful exploration까지도 가능해진다. 맨 뇌bare brain로는 많은 생각을 해낼 수 없지만 말이다. 이전에도 종종 그랬듯이, 자연선택에 의해 설계된 능력—이제는 유전적 능력과 밈적 능력 모두—은 선물, 즉 이해하지 않아도 얻어지는 능력(한 언어에 정통하는 것도 이 경우에 해당한다)을 만들고, 이 선물은 또 이전보다 훨씬 더 확장된 수준의 능력을 제공한다. 그 능력들은 메타능력이며, 이 안에서 우리는 생각 도구를 이용하여 우리의 음식, 쉴 곳, 문, 그릇, 위험을 비롯한 우리 일상의 행위유발성에 대해 생각할 뿐 아니라, 음식과 쉴 곳에 **대한 생각에 대해 생각하는 것에 대해** 생각하고 음식과 쉴 곳에 **대한 생각에 대해 생각하는 것에 대해 생각하는 것에 대해**서도 생각한다. 지금 이 문장이 보여주듯이 말이다.

수천 년간 철학은 메타표상meta-representation을 다루는 주요한 학문적 본거지가 되어왔다. 플라톤과 소크라테스가, 그리고 그 후대에는 아리스토텔레스가, 모든 것을 이해하고 그 이해라는 것 자체의 상태마저도 이해하려는 꽤 새로운 과제를 놓고 영리하게 고군분투하는 것을 보는 것은 마음을 사로잡을 만큼 대단히 재미있는 일이 될 것이다. 반성적 단계—의미의 의미를 검토하고 이해의 이해를 검토하는 단계, 즉 단어를 분석하기 위해 단어를 사용하는 단계—들은, 결국 더글러스 호프스태터가 말했던 "당신이 할 수 있는 모든 것은 내가 메타 차원에서 할 수 있다Anything you can do I can do meta"는 인식에 이르게 한다. 그것이 언제나 통찰을 낳는 것은 아니며, 가끔은 실제 세계에 명확히 정박할 수 없는 거울의 방hall of mirrors 안에서 참가자들이 길을 잃을 위험도 있긴 하지만, 그러한 것들은 밈(메타밈meta-meme)의 과잉에 해당하며, 이는 가공할 만한 힘을 지닌다.

지성적 설계의 시대

이 재귀recursion가, 그러니까 메타표상을 차곡차곡 쌓아 올리는 것이 맥크레디 폭발의 방아쇠를 당겼다. 맥크레디 폭발은 최근 1만~2만 년에 걸쳐 꽃피었고, 지금도 그 속도를 높이고 있다. 나는 앞에서 밈이 소프트웨어와 매우 비슷하다고 주장했는데, 이제 그 주장을 더 날카롭게 벼리고 확장해보고자 한다.

자바 애플릿Java applet들을 생각해보자. 당신이 잠깐이라도 인터넷에서 시간을 보낸다면 아마도 거의 확실히 그것들과 조우할 테지만, 설계상 그것들이 드러나 보이지는 않을 것이다. 자바는 인터넷에 다양한 기능을 제공하는 데 가장 큰 몫을 한 발명품(1991년 제임스 고슬링James Gosling 등이 발명했다)이다. 자바는 웹사이트에서 작은 프로그램—자바 애플릿—을 다운로드할 수 있게 해준다. 그 덕분에 여러분은 십자말풀이를 하고 스도쿠를 하고 지도를 살펴보고 사진을 확대하고 지구 반대편의 이용자들과 함께 게임을 즐길 수 있을 뿐 아니라, 컴퓨터로 다른 여러 가지 "진지한" 일도 할 수 있다. 웹사이트 설계자는 프로그램을 짤 때 그 웹사이트를 방문하는 사람들이 매킨토시를 사용할지 아니면 PC(아니면 리눅스 머신)를 사용할지 알아야 할 필요가 없다. 자바 애플릿은 언제나 자바가상기계Java Virtual Machine(JVM)에서 실행되는데, 이 JVM은 매킨토시든 PC든 리눅스 머신이든 상관없이 모두에서 실행되도록 특별히 설계된 것이기 때문이다. 적합한 JVM이 당신의 컴퓨터에 자동으로 다운로드되어 순식간에 인스톨되고 나면, 자바 애플릿이 JVM에서 실행된다. 마치 마술처럼. (자바 업데이트가 당신의 컴퓨터로 다운로드되는 것을 본 적이 있을 것이다. 어쩌면 당신이 알아챈 적이 없을 수도 있고! 이상적으로는, 당신은 컴퓨터에 어떤 JVM이 인스톨되는지 신경 쓰지 않으면서도 당신이 가려는 웹사이트가 어디든 이미 당신의 JVM에서 실행되는 자바 애플릿을 지니고 있거나 적절한 JVM 업데이트가 즉시, 당신도 모르는 새에 인스톨되리라 예상할 수 있다.)

JVM은 자바 코드를 당신이 사용하는 모든 종류의 하드웨어에서 돌아갈 수 있는 코드로 컴파일시키는 인터페이스다. 자바의 슬로건은 WORA로 축약된다. 이는 'Write Once, Run Anywhere(한 번만 쓰면 어디서든 실행된다)'의 앞글자를 딴 것으로, 설계 문제를 단 한 번만 해결하면 된다는 뜻이다. 이 방식의 탁월함은 여러분 뇌의 웨트웨어에 인스톨 된 영어가상기계English Virtual Machine(EVM)와 비교할 때 잘 드러난다. 이는, 당신이 영어 화자가 아니라면 이 책의 원서를 읽을 수 없다는 것이다.[a] 이 챕터를 쓸 때 나는 설명과 명확화를 요하는, 풀어야 할 많은 문제를 안고 있었지만, 이 페이지까지 읽어버리고 만 뇌의 신경해부학적인 모든 세부 사항을 알아야 할

a 이 번역본의 경우, 한국어 화자가 아니면 읽을 수 없다. 그리고 이 책을 읽는 여러분은 JVM을 EVM이 아니라 KVM, 즉 한국어가상기계Korean Virtual Machine와 비교해야 할 것이다.

필요는 없었다. 나는 한 번 글을 썼고(음, 초고들까지 따지자면야 여러 개를 쓰긴 했지만 출판된 것은 하나다), 이제 그 글은 "어디서나"—EVM을 지닌 어떠한 뇌에서도—실행될 수 있다. 어떤 뇌에서는 그렇지 못한데, 모든 이들에게 이 책이 영향을 미치려면 다른 언어들로 번역되어야 할 것이다. 번역되지 못한다면 읽으려는 사람들이 영어를 배워야 할 것이고.

이것이 교사와 안내자, 정보원, 트레이너의 (그리고 예술가, 선동가, 종교 개척자에게도) 피치(음높이) 설계를 얼마나 쉽게 만들어주는지 생각해보라. (그들이 당신 뇌에 더 많은 밈을 인스톨시키고 당신에게 더 많은 정보를 주고 새로운 도구로 당신을 무장시킬 좋은 기회를 얻으려면 그들은 각각 상황에 맞는 높낮이로 목소리를 내야 한다.) 나는 그저 단순히, 내가 고안한 것을 적는다. 당신이 내가 쓴 글을 읽는다는 것은 당신은 내가 쓴 것만큼이나 간단하게, 책상desk 위의 데스크톱desktop이 새 앱을 다운로드하듯, 당신 목neck 위의 넥톱necktop, 즉 당신의 두뇌에 새 앱을 다운로드하는 것이다. 나의 책 《직관펌프Intuition Pumps and Other Tools for Thinking》(2013)는 72개의 장으로 구성되어 있는데, 각 장은 당신이 다운로드해야 할 적어도 하나의 생각 도구와, 그 생각 도구를 만들고 비판하는 법에 대한 조언을 다루고 있다. 물론 그 책은 상당히 많은 양의 일반적 사전지식을 필요로 하므로, 그러한 생각 도구를 위한 앱들도 미리 인스톨해두어야 한다. 그 책의 한 페이지를 무작위로 펼쳐서, 거기서 내가 아무런 설명 없이 사용한 단어들이 무엇인지 살펴보자. 71쪽[b]의 경우 그 단어들은 다음과 같다. **데이지, 불가사리, 개미핥기, 올리브, 방울, 혀, 대물림된, 유년기, 범주**. 이 익숙한 도구 중 어느 하나도 당

b 번역서인《직관펌프, 생각을 열다》(노승영 옮김, 동아시아, 2015)에서는 100~101쪽이다.

신의 도구 세트 안에 없다면, 그 페이지의 글을 이해하기 어려울 것이다. 더 어려운 용어[**온톨로지, 환경세계, 현시적 이미지, 점멸융합주파수(점멸융합률)**flicker-fusion rate, **덩어리말(물질명사)**mass term, **분류어(종류 표현)**sortal]는 그에 대한 설명도 함께 적어 넣었다. 기존 앱에 의존하는 다른 새 앱에 의존하는 새 앱인 것이다.

재킨도프(Jackendoff 2002)가 관찰했듯이, 동물을 피험자로 하는 많은 실험에서는 실험에 앞서 작은 음식 보상을 얻기 위해 매우 특별한 과제를 수행하도록 동물들을 훈련시켜야만 하는 경우가 대부분이다. 고양이나 원숭이나 쥐가 삼각형이 아닌 사각형을 볼 때만, 또는 "뿌-" 소리가 아닌 "삐-" 소리를 들을 때만, 그리고 그때마다 레버를 누르게 하고 싶은 경우, 그들이 주의 깊고 믿음직한 피험자가 되도록 훈련시키려면 수백 또는 수천 번 시도해야 할 수도 있다. 반면에, 인지과학자가 이와 동일한 과제를 인간 피험자들이 수행하기를 원할 경우에는 피험자들이 이해하는 언어로 간단한 브리핑(시험이 끝나면 보수를 지급한다는 약속이 포함된)을 하고 몇 번의 연습 시험만 거치면 된다. 그렇게만 해도 대부분의 인간 자원자는 결점 없는 피험자가 되어 시험 기간 내내 시험을 수행할 수 있게 된다. 사실상 사람들은 시행착오나 연관학습 없이도 가상 기계를 다운로드하고 실행시킨 후 필요한 수백 가지의 역할을 신속히 그리고 안정적으로 수행할 수 있는 것이다.

따라서 우리를 (상대적으로 이해력을 발휘하지 않는) 모방자[a]로 만드는 데 필요한 신경가소성neural plasticity과 주의attention 습관이 언어 획득의 기반을 제공하고, 그렇게 하여 언어가 획득되면 그 언어

---

a '이해력을 발휘하지 않는 모방자'란 모방 기제를 거의 이해하지 않고도 모방할 수 있는 존재를 의미한다.

는 지시를 듣고 **이해하고** 따르는 데 필요한 인지적 기교의 기반이 된다. 따라서 언어를 이해하면 행위와 전 세계에 대한 훨씬 더 일반적인 이해를 획득하게 된다. 그러나, 다시 말하지만, 언어가 가능케 한 전이의 효과를 과장해서는 안 된다. 어떤 기술은 다른 것들보다 전달하기 더 어렵고, 또 어떤 것은 실질적인 리허설 및 암기 요령을 필요로 한다(이 요령들은 6장에 언급했다). 정보 전달을 위한 이런 선구적인 노력 중 지금도 건재하는 대표적인 것으로는, 별의 무리에 상상의 이름을 붙이고 별들의 상대적 위치를 찍은 후 그 위에 이름과 관련된 이미지를 겹쳐 놓는 것, 즉 별자리를 꼽을 수 있다. 그러나 몇몇 영리한 천문학자가 별자리를 만드는 것이 교육에서의 개선이 될 것이라고 스스로 의식하면서 별자리 설정의 모든 계획을 고안했으리라고 가정할 필요는 없다. 아마도 별자리 이름과 모양의 연합체들은 스토리텔링 전통이 점진적으로 부가되어 증대된 결과이며, 그 효용은 가담자들에게 아주 서서히 분명해진다. 그러나 별자리보다 못한 연합체, 즉 암기하기 덜 쉬운 이류second-rate의 연합체들은 가장 잘 암기되는 승리자만 남을 때까지 소멸—경쟁에서 패배하여 재생산에 실패함—의 길을 걷는다.

물론, 우리가 이미 알아본 바와 같이, 자바 애플릿과 밈이 (또는 디지털 컴퓨터와 우리의 뇌가) 정확하게 유사한 것은 아니다. 그러나 몇 가지 중요한 점을 강조해볼 수는 있다. 운영체제(윈도, 마운틴 라이언, 리눅스 등)가 없는 컴퓨터는 거의 무용지물과 마찬가지인 것이 사실이고, 이와 거의 같은 이유로, 맨 뇌로는 많은 생각을 할 수 없음도 사실이다. 그러나 디지털 컴퓨터와는 달리, 뇌는 타이밍 펄스[b]나 교통경찰을 활용하여 우선권을 결정하는 것 같은 방식의 중앙 집중적이고 위계적인 제어를 하지는 않는다. 따라서 내가 나의 앱을 당신의 뇌에 **그저** 다운로드하여 바로 실행시킬 수는 없다. 뇌에서의 제어는 협상과 외교에 의해, 그리고 때로는 심지어 간청과 위협에 의해, 또는 기타 감정적인 추동nudge들에 의해 성취되어야 한다. 일반적으로 내가 나의 앱을 당신에게서 실행시키려면 나는 당신의 주의와 협력을, 심지어—어느 정도는—당신의 신뢰까지도 확보해야만 하는데, 이는 당신이 다른 행위자들의 조작 가능성에 대한 경계를 늦추지 않고 있으며, 또 **그래야만 하기** 때문이다. 초기 컴퓨터는 주어지는 모든 과제를 순종적으로—어떠한 질문도 하지 않고—실행하도록 설계되었지만, 인터넷이 발달하면서 컴퓨터를 사악한 목적으로 장악하기 위한 "멀웨어malware"(악성 소프트웨어)들이 만들어짐에 따라, 운영체제 설계자들은 레이어를 보호 레이어에 포함시켜야만 했다. 그래서 요즘은 그 어떤 새 소프트웨어가 접근해도, "관리자나 컴퓨터 사용자의 명시적 허가 없이는 이 코드를 실행시키지 마시오(DON'T RUN THIS CODE)"가 기본 상태가 되어 있다. 우리 인간 사용자들은 이제 보안에서 가장 취약한 연결고리가 되었고, 우리의 신뢰를 얻기 위해 더욱 유혹적으로 설계된 "피싱phishing" 미끼들이 하루가 멀다고 도착하고 있다.

그림 13-1을 보면 인간 문화가 신속하기 그지없는 보폭으로 축적되리라는 것을 그려볼 수 있는데, 이는 탐색 방향이 더 잘 지시되고 문제 설정이 더 상의하달식으로 진행되면 문제 해결도 더 효율적으로 이루어지기 때문이다. 이를 가능하게 하는 혁신 중에는 쓰기writing, 산수, 돈, 시계, 달력 등과 같은 탁월한 "발명품"도 있다. 이 각각의 발명은 새롭고도 생산성이 풍부한 표상 체계의 형성에 기여

---

b 우리말샘(https://opendict.korean.go.kr/)에 따르면, 타이밍 펄스란 어떤 회로나 장치를 연계하여 작동시킬 때, 시간에 맞추어 작동하도록 그 회로나 장치에 기동 신호로 입력되는 펄스다.

했고, 그러한 표상 체계는 더 잘 휴대되고 더 잘 분리되고 더 잘 조작되며 더 잘 인식되고 더 잘 기억되는 **것을** 우리의 현시적 이미지에 제공했고, 우리는 **그것으로 다양한 것을 할** 수 있고, 다른 것을 훨씬 더 잘 장악하여 착취하기까지 할 수 있다. 그러한 것은, 누가 보더라도 그러하듯, 다윈주의적 "발명품", 즉 발명가 없는 발명품 또는 선견지명을 지닌 제작자 없이 발명된 발명품이었으며, 헬리콥터의 날개보다는 새의 날개에 가까운 것이었다.

이 발명품의 특징과 구조의 부유하는 합리적 근거는 후대의 수혜자에 의해 점진적으로 포착되고 표상되고 기려졌다. 그 후대의 수혜자란 과거를 되짚으며 회고하는retrospective 역설계자다. 그들은 단어의 음소 표상phonemic representation이 지니는 특정한 효용을, 수number로서의 영(0)을, 그리고 동전을 어떻게 만들어야 위조하기 어려운지를 완전히 설명할 수 있는 존재이며, 선이나 원 또는 부피로 시간을 표현하고, 날을 나타내는 이름들의 고정되고 짧은 주기를 사용하는 존재다. 단어의 음소 표상, 수 개념, 위조하기 힘든 동전, 시간을 나타내는 방식, 한 주와 한 달의 개념 등을 비롯하여 문화적으로 전달되는 이 모든 인공물은, 추상적인 것이든 구체적인 것이든, 생각을 위한 잘 설계된 도구다. 그렇지만 그것들 각각이, 특정한 지성적 설계자 개인의 두뇌에서 나온 것은 아니다.[94]

이는 우리가 수천 년 동안 우리의 도구상자에 추가해온, 다른 목적을 위한 많은—아마도 대부분의—도구에서도 진실이다. 《인간 성공의 비밀The Secret of Our Success》(2015)에서 카약과 같은 뛰어난 인공물을 상당히 섬세하게 탐구한 인류학자 조지프 헨리히Joseph Henrich는, 설계자나 제작자가 처음부터 완전히 새로운 인공물을 설계하거나 만드는 것이 아니라 그전에 있던 인공물을 모델로 하여 그것을 베껴 만들면서 두어 가지 특성을 추가하고 두어 가지를 발전시키는 경우가 대부분이며, 그 물건의 발전사에서 한 명의 설계자/제작자가 그보다 많은 역할을 담당했을 가능성은 별로 없다고 주장했다. 그러한 인공물을 만들어온 전통 지식은 대개 회고적 이론화의 산물이지, 독창적으로 고안된 것은 아니다. 아마도 그 대부분은 기술을 견습생에게 전수하려는 시도에서 생긴 부산물, 즉 그 모든 과정을 더 잘 이해하도록 돕는 간접적 해설들일 것이다. 그렇지 않다면 그 주제에 대한 설득력 있지만 잘못된 "이론"인 "거짓 의식 false consciousness"이거나.

문제를 풀기 위해 새로운 밈들을 채택하고 사용하는 것은 문제를 해결하는 사람들의 이해를 더욱 향상시키지만, 늘 그런 것은 아니다. 문제 "해결자"들이 자기도 모르는 사이에 해결책을 우연히 만날 수도 있고, 자기가 해온 것을 **잘못** 이해하면서 해결책들을 발견하기도 한다. 그들의 승전보가 널리 퍼지고, 종종 그들의 명성이 거기에 편승하기도 하는 것이다. 체스 게임에서 우연히 자기도 모르는 "영리한" 수를 둔 후, 나중에야 그 수의 위력을 소급하여 깨닫고는 그 행마를 혼자만의 비밀로 간직한 적이 있는 사람이라면 이 현상이 어떤 것인지 잘 알 것이다. 일반적으로 우리는 혁신가들을 실제보다 더 후하게 평가하는 경향이 있다. 그들 자신이 사전에 실제로 이해하고 있었던 것보다 더 많은 것을 이해하고 있었을 것이라

---

94 이러한 것들에 대해서는 추측과 논박의 여지가 있다. 밈을 발명하는 경우와는 달리, **밈을 정제하고 퍼뜨리는 경우에 관해서라면**, 몇몇 개인에게 주도적 역할을 귀속시킬 만한 역사적 근거들이 어느 정도 있긴 하다. 통치자의 엄명에 의해 통치 지역의 통화나 역법이 정립되는 경우도 있고, 문자 체계나 수학적 표기법 등이 더 영향력 있는 지배 세력의 것으로 옮겨가는 경우도 있으니 말이다. 최근의 예를 들어보자. 앨 고어 Al Gore가 "인터넷을 발명"한 인물도 아니고 또 자신이 그랬다고 주장하지도 않았지만, 인터넷을 대중화시키고 지지한 선견지명에 대한 공로를 인정받을 자격은 분명히 있다.

고 믿어주는 것이다. 이런 경향은 유명한 천재가, 그리고 더 나아간다면 우리 모두가 신과 같은 능력을 지니고 있다는 신화—우리는 아리스토텔레스 이래 그토록 찬양되어온 **이성적 동물**rational animals 아니던가?—를 영속시키는 데 도움을 준다. 동물(그리고 식물, 박테리아까지)의 영리한 계책에 대한 우리의 올바른 평가를 오염시킨 것과 똑같은 환각이, 같은 인간—그리고 우리 자신—에 대한 우리의 평가 역시 왜곡시키는 것이다. 사기를 잘 치기 위해 설계를 할 때 반드시 따라야 할 경험칙 중 하나는, 자기 스스로를 영리한 사기꾼 탐지자라고 굳게 믿는 희생양들의 자아 존중감을 최대한 알뜰히 이용해 먹어야 한다는 것, 즉 그들의 판단을 도마 위에 올려놓기 전에 그들의 의심이 지닌 위력을 "증명할" 기회를 주어야 한다는 것이다. 우리는 종종 악의적 거짓말과 사기에 우리가 얼마나 취약할 수 있는가를 발견하고 충격을 받곤 한다. 그리고 그때 우리가 희생자가 되었다는 것을 인식하고는 그 충격에 못이겨 재차 잘못을 범하는 일도 종종 있는데, 그 잘못이란 바로 사기꾼들에게 실제보다 더 과도한 영리함을 귀속시키는 것이다. 따지고 보면 그들이 쓴 속임수 기술은 대부분 매우 오래된 것으로, 선대 사기꾼으로부터 세대를 거듭하여 수많은 현장 시험을 거치며 계속 갈고닦아진 후에야 우리를 속인 그 사기꾼에게 전수된 것인데 말이다. 희생양들의 자아 존중감을 이용하여 사기를 치는 고전적인 예로, 적어도 고대 그리스까지 거슬러 올라가는 오래된 게임인 종지 야바위가 있다. 탁자 위에는 엎어진 컵이나 호두 껍데기가 3개 놓여 있고, 그중 하나 안에 콩이 있다. 야바위꾼은 탁자 위에서 바쁘게 손을 움직여 컵들의 위치를 이리저리 바꾼 후, 야바위에 뛰어든 사람에게 콩이 어디 들어 있는지를 묻는다. 참여자는 셋 중 하나에 걸어야 한다. 시장을 돌아다니다가 야바위꾼을 둘러싸고 있는 몇몇 사람을 본 적이 있을 것이다. 그들은 야바위꾼의 손놀림을 주시하며 콩의 위치를 추측하는 데 한창이다. 당신은 곧 그 무리에 합류하지만, 적당히 조심스러운 성격 탓에 주머니에 손을 넣고 지갑을 신중하게 쥔 채 얼마간은 그저 지켜보기만 한다. 몇 사람만 따고 대부분이 잃는다. 그러나 당신—똑똑한 당신—은 그 내기를 지켜보며 야바위꾼이 날랜 손재주로 어떻게 사람들을 속이는지를 실제로 탐지해낸다. 판을 전체적으로 적절히 정찰해서 야바위꾼의 손놀림을 다 추적했다고 생각한 당신은 자신 있게 지갑을 꺼내 돈을 걸고, 열심히 추적해서 익숙해졌다고 생각한 그 은밀한 손놀림을 매의 눈으로 주시한다. 마침내 당신은 당신이 추적한 콩의 위치를 가리키고, 그리고—**내기에 진다**! 아니, 이게 어찌 된 일인가? 이유는 간단하다. 야바위꾼의 날랜 손재주는 두 부분으로 구성된다. 하나는 당신에게 탐지와 추적을 허용한 손놀림이고, 다른 하나는 사용하지 않았던 손놀림이다. 그리고 후자는 숙련된 마술사나 사기꾼이 아닌 보통 사람들의 눈에는 실질적으로 드러나 보이지도 않는다. 게다가 당신을 제외한 군중은 공범—야바위꾼과 한통속—이었다! 그들은 약간 멍청하고 약간 부주의하며 뭐든 덥석덥석 잘 믿는 사람인 양 훌륭한 연기를 선보였고, 당신은 그들이 왜 잃었는지를 "설명"할 수 있었으며, "나는 저들과 달라. 저렇게 멍청하게 당하진 않아"라고 생각하며 그들과는 다른 전략을 준비하고 게임에 뛰어든 것이다. 야바위꾼에게는 진정한 기술이 있다. 그는 그 결정적인 손놀림을 할 줄 알 뿐 아니라, 당신이 돈을 걸기까지 그 기술을 발휘하지 않은 채 얼마나 참고 기다려야 하는지도 잘 알고 있다. 오직 당신에게만 새로운 그 기술을 말이다.

그보다 더 존귀한 사회적 상황에서도, 앞서의 상황들에서와 똑같은 환각, 즉 이해력을 이상화시키는 똑같은 그 분위기가 우리의 인식을 물들인다. 농업에서, 상업에서, 정치에서, 음악과 예술, 종교,

유머에서, 요컨대 모든 인류 문명에서 이런 현상이 나타난다. 가장 많은 수확량을 기록한 농부는 자기가 하는 일이 무엇인지 속속들이 분명하게 알고 있음이 틀림없다고 우리는 생각한다. 수익성이 가장 높은 주식 중개인도, 가장 인기 있는 음악가도, 가장 많이 재선된 정치인도 그러하리라고 우리는 생각한다. 사실 우리는 알고 있다. 이들의 성공에는 뜻밖의 행운도 있었으며, 감지하긴 어렵지만 뚜렷한 역할을 그 행운이 담당했다는 것을. 그럼에도 우리는 (겉보기에) 성공한 사람들의 조언을 구하는 일반적 규칙을 따른다. 시장 의사결정을 최적화하기 위해 가용 정보를 이용하는 합리적 행위자rational agent를 전제하는 고전 경제학 모형은 합리성 가정rationality assumption의 거부할 수 없는 매력을 보여준다. 고전 경제학에서는 세계에서 실제로 이루어지고 있는 거래를 과도하게 단순화시키고 이상화시켜, 지저분하고 엉망진창인 인간 활동을 어느 정도 예측 가능하고 어느 정도 설명 가능한 현상들의 집합으로 바꾸어놓는다. 그리고 이렇게 세팅된 모형은 많은 경우 목적에 부합하게 잘 작동한다. 우리는 완벽하게 합리적이지는 않겠지만, 그렇다고 해서 **그렇게** 비합리적이지도 않다. 예를 들어, 수요-공급 법칙에 대한 설명도 투명하다. 왜냐하면, 일반적으로, 구매자는 비용을, 판매자는 순수입을 최대화하려고 하며, 어떠한 상품이든 그 가격은 구매 가능성availability과 소망성desirability에 따라 오르내릴 것이기 때문이다. 이는 물리학의 법칙이 아니라 합리적 행동이 내리는 명령이다. 그러나 당신은 수요-공급 법칙에 위배되는 베팅을 하는, 그야말로 바보짓을 하기도 할 것이다. (만약 당신이, 당신의 베팅과 유관하나 시장이 공유하지 않는 어떤 내부 지식을 가지고 있다면, 당신은 자신이 수요-공급 법칙을 가지고 논다고 생각하겠지만, 실제로 당신은 그것을 착취하고 있는 것이다. 당신이 점하는 우위는, 그 어떤 경우라도, 당신의 희생양이 법칙의 규정대로 행동한다는 광역적 경향이 있어야 가능한 것이다.)

우리가 문화적 진화에 대한 전통적 설명—'시간의 흐름에 따른 문화의 변화'라는 중립적 의미에서의 설명—을 찾는다면, 경제 모형이 지배적인 주제가 될 것이다. 경제 모형으로 설명한다 함은, 인간의 모든 문화적 진화가 이해력의 정점 근처에서 일어난다고 간주하며, 관련된 모든 대상이 **정당한 사유로 평가된다**고 간주함을 뜻한다. 이 모형에서 문화적 항목은 **물품들**goods로 이루어지며, 그 물품들은 합리적으로 획득되고 유지·보수되며, 그것들을 보존하고 향유하는 노하우와 함께 다음 세대로 대물림된다. 또한 우리는 우리가 가치 있다 생각하는 것을 보호하고, 우리가 이익을 더 주고 싶은 사람에게 그것을 전달하며, 물품을 계속 정상적으로 작동시키는 데 필요한 인프라에 투자한다고 이 모형은 간주한다. 따라서 이 모형은 문화적 쓰레기cultural junk—우리가 부정적 가치를 매김에도 불구하고 퍼지는, 개탄스럽지만 전염성 있는 습관들[95]—나 우리가 알아채지 못하는 곳에서 은밀하게 번식되는 문화적 변이(예를 들어, 11장에 나온 "beg the question"의 새로운 의미)에는 적용될 수 없지만, 인간의 문화 중 소수의 사회 구성원에게라도 소중하게 여겨지는 부분에 대해서는 잘 작동한다. 그랜드 오페라Grand opera는 후원자들이 있어서 명맥을 이어가고 있다. 그 후원자들은 음악의 **온실**, 즉 음악학교나 음악원에도 기부하고 있으며, 유산의 재생산(번식)이 이루어지면 그것에 상을 수여한다. 박물관과 도서관, 역사적 건물, 유명한

95 한번은 어떤 학생이 내게 그 근절하기 어려우면서도 전염성 있는 문화적 쓰레기의 예가 무엇인지 질문한 적이 있다. 나는 "어… 그건 말이지, 그러니까, 학생이, 음, 그러니까, 실질적인 기능은, 음, 그러니까, 거의 없는 말들을, 그러니까, 계속, 그러니까, 사용하는 것 같아요."라고 말했고, 학생은 "아, 저도, 그러니까, 요점을 이해는 하는데, 그러니까, 예시를, 그러니까, 좀 알고 싶었어요."라고 대답했다.

전장과 기념물은 모두 유지하는 데 많은 비용이 들며, 이러한 것을 소중히 여기는 사람들은 보존 자금이 확보되도록 열심히 노력하고 있다. 많은 사람이 전통 공예품과 활동—직조, 자수, 목공, 대장장이 일, 모리스 춤Morris dancing,[a] 왈츠, 승마술, 일본 다도 등—을 보존하는 데 자신의 일생을 바친다. 종교는 교인에게서 모은 헌금의 많은 부분을 건물 건축비와 난방비, 유지비, 직원 보수로 사용하고, (종종) 남은 돈으로 가난한 자들을 먹이고 돕는다.

우리가 현대의 인간 문화의 정점에 대해, 그리고 우리의 건강과 안전을 지켜주면서 우리를 무마음적 노역에서 해방시키고 그로 인해 얻어진 자유 시간을 갖가지 방식의 예술, 음악, 여흥, 모험으로 채워주는 모든 뛰어난 추상적 인공물과 구체적 인공물에 대해 숙고할 때면, 우리는 지성적으로 설계된 존재자들의 풍부한 예들과 마주치게 된다. 그것들이 지성적으로 설계되었음을 우리는 안다. 그 과정을 여러 번 목격하고 기록해왔으며, 설계자와의 대화를 통해 그들의 설명과 정당화를 듣고 그들의 기술과 목표, 미적 규준 등을 배워왔으며, 많은 경우 그들의 증명서나 기록 문서 등을 점검해왔기 때문이다.

실로 우리는 지성적 설계의 시대에 살고 있으며, 이 시대의 시작은 수천 년 전으로, 그러니까 인간이 기록을 남기기 시작했을 때로 거슬러 올라간다. 피라미드 건축가들은 자기가 무엇을 하고 있는지를 알고 있었고, 분명한 목표와 계획을 지니고 있었다. 그들은 그

---

a 꽃과 리본으로 장식된 중절모를 쓰고 다리에는 스타킹을 신고 방울을 매단 남성들이 아코디언, 바이올린 등의 연주에 맞추어 경쾌하게 추는 영국의 전통춤이다. 15세기 헨리 7세의 비호 아래 대중화되었으나 청교도 시기부터 비기독교적이고 신성모독적이라는 이유로 불법화되었다. 19세기에는 완전히 사라지다시피 했다가 20세기부터 부활 운동이 일어나, 지금은 동호회 등을 통해 활발하게 전승되고 있다.

목표와 계획들을 정확하게 이해하고 수행했으며, 그 과정에서 수천 명의 작업자를 조직하여 목표를 향해 나아갔다. 이 모든 과정은 흰개미 성이 지어지는 과정과는 달리, 상의하달식 제어와 높은 수준의 이해력에 의존한다. 하지만 상의하달식 제어가 이루어졌다고 해서, 피라미드 건설자가 수천 년에 걸친 비교적 무마음적인 차등 복제에 의해 개선되고 최적화된 방대한 양의 노하우—밈—에 전혀 의존하지 않았던 것은 아니다. 모든 세대는 축적된 지식이라는 유산을 지니고 있으며, 그 유산의 대부분은 수천 가지 응용 분야에서 지금까지도 실천적으로 입증되어왔으며, 여기에는 전통에 반기를 들고 다른 방법과 기준을 시도하기로 마음먹은 반항아들의 기억할 만한 실패도 포함되어 있다. 이렇게 어렵사리 얻은 지식의 상당 부분 역시 상상할 수 있는 갖가지 모든 주제를 다루는 논문에서 표현되고 설명되고 분석되고 합리화되었지만, 우리는 그러한 논문의 저자들이 자기가 가르치는 원칙과 실천의 발명자나 설계자인 경우가 많았다고 생각하는 실수를 범해서는 안 된다. 일반적으로, 아리스토텔레스의 시대부터 지금까지, 우리의 일반적 지식 창고를 채우고 있는 정당화와 설명은 승자에 의해 기록된 일종의 휘그주의 역사(5장 각주 22를 보라)다. 성공으로 이어진 발견들은 의기양양하게 설명하는 반면, 큰 대가를 치른 실수나 잘못 판단된 탐색들은 고의로 누락시킨 그런 역사 말이다.

지성적 설계에 대한 명확한 아이디어를 원한다면, 우리는 그런 회고적 신화 만들기에 저항하고 실패의 역사와 우리 주변에서 식별할 수 있는 모든 이류 설계second-rate design에 주의를 기울여야 한다. 그렇게 하면 일단 최상의 작업물을 감상할 때의 안목이 증대된다. 예를 들어보자. 나는 유럽의 이류 미술관에서 보낸 시간 덕분에 걸작이 얼마나 굉장한가를 훨씬 더 잘 이해하게 되었다. 그 미술관에

전시된 수백 점의 작품 중 대부분은 라파엘로와 렘브란트, 루벤스, 로댕 등과 동일한 열망과 화풍으로 그려졌으나 그 거장들의 걸작과 비교하면 얼마나 생동감 없고 균형이 맞지 않는지가 한눈에 드러나 보였던 것이다. 세계의 음악 도서관에는 아마도 합당한 이유로 결코 다시 연주되지 않을 수천 편의 교향곡 악보가 보관되어 있다. (영광을 누리지 못한 작품 중 알려지지 못한 걸작들이 있을 수도 있겠지만, 그것들을 발굴하기 위해 마음고생이 뻔히 보이는 과업을 기꺼이 맡으려는 음악가는 별로 없을 것이다.) 거의 보이지 않는 문화적 축적이 쌓은 이 방대한 재고backlog의 역할은, 후손을 남기지 못하고 죽은 모든 종의 모든 생물과 크게 다르지 않다. 비록 후손을 남기지는 못했지만, 현재 생존 중인 후손을 남긴 개체들과 경쟁함으로써 후자에 속하는 개체의 근성을 시험했다는 점에서 말이다. 하이든과 모차르트, 베토벤은 자기보다 재능이 아주 약간 덜했거나 어쩌면 조금 더 운이 나빴을 뿐인 많은 다른 작곡가도 포함된 세계에서 자신의 재능을 키웠어야만 했다.[96]

길든 밈을 신중하게 관리하는 이 모든 과정에서 의식적이고 용의주도한 의사결정이 많이 일어났으며, 보다 상업적인 무대에서와 마찬가지로, 경제 모형은 이 영역에서의 의사결정도 잘 설명하고 있다. 수요-공급의 법칙은 승마술 학원과 막대사탕 제작자들 양쪽 모두의 미래 궤적을 좌우한다. 그러나 가장 관료적이고 합리화된 기관에서마저도, 경제 모형에 포착되는 것에 저항하며 그 모형의 시각으

---

96 작가들은 낙오자들 중 몇몇을 인상적인 작품 안에서 부활시키기도 한다. 로버트 브라우닝Robert Browning은 안드레아 델 사르토Andrea del Sarto(매우 "나무랄 데 없는" 화가였지만 라파엘로와 미켈란젤로의 그늘에 가려져 있었다)에 관한 시를 썼고, 피터 쉐퍼Peter Shaffer는 젊은 모차르트에 가려 빛을 잃은 안토니오 살리에리Antonio Salieri의 고난을 허구로 그린 희곡 《아마데우스Amadeus》를 썼다.

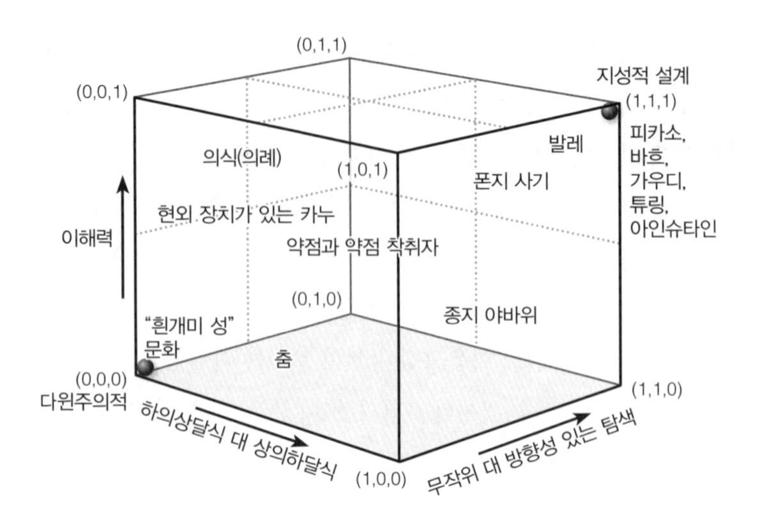

그림 13-2 중간 현상들이 표시된 문화 진화의 다윈공간

로 본다면 그저 잡음(노이즈)이나 우연으로 보이는 변화—진화—의 패턴이 존재한다. 이 정신 사나운 변이 중 어떤 것은 의심의 여지 없이 무작위나 다름없는 순수한 잡음이지만, 다른 많은 것은 시장의 합리적 압력에 의해서가 아니라 다윈주의적 밈 진화의 군비경쟁에 의해 추동된다. 밈은 복제되기 위해 끊임없이 경쟁하며, 경쟁의 연료가 되는 편향에 대한 설명은 순수한 합리성의 천장에서 시선을 내려 중간 높이쯤 되는 곳을 볼 것을 요구한다(그림 13-2를 보라). 그 중간 지점에서는 반 정도만 이해하는semi-comprehending 행위자들이 반 정도만 잘 설계된semi-well designed 프로젝트에 종사하는데, 그런 프로젝트에서는 **약점**으로 작용할 수많은 결점이 생성되고, 그 결점들은 **약점 착취자**foible-exploiters를 유혹하는 신선한 새 표적이 된다. 약점 착취자 역시 똑같이 반 정도만 이해하는 행위자들이며, 밈을 채택하고 밈을 적응시키고 (자연선택과 지성적 설계의 혼합에 의해) 설계된 밈을 수정하여 자신들의 먹잇감에서 탐지한 약점에

대한 우위를 점하면 이득이 잘 제공되리라는 것을 감지한다. 감지의 정확도 면에서는 다양한 편차를 보이지만 말이다. 이런 식의 군비경쟁은 30억 년에 걸친 유전적 진화를 이끌어온 창조적 군비경쟁의 역사에서 가장 최근에 나타난 파동이며, 이전의 경쟁과는 매우 다르다. 혁신과 반응을 윤활하고 가속하는 데 상당한 정도의 이해력이 연루된다는 점에서 특히 그렇다. 여기에 연루된 이해력의 압도적으로 많은 부분은 언어를 비롯한 의사소통 매체의 산물이 차지한다.

이 다양한 정보 교환이 무대에 추가되면 진화 방식에서의 선택 환경selective environment이 바뀐다. 자연선택에 의한 표준적인 다윈주의적 진화, 즉 선견지명이 전혀 없는 진화는 선견지명을 지니지 않은 개체군에서 진행된다. 이런 진화 과정이 굴러가는 세계에서는 생존 개체는 그 세대의 나머지 개체들에 비해 새로운 조건에 더 적합한 설비를 지니는 행운을 얻은 개체들이고, 새로운 위험이나 기회에 대한 사전 경고는 거의 없거나 아예 없다. 한 마리의 누wildebeest가 자신을 포식자로부터 구해줄 새로운 회피 행동을 우연히 생각해냈다 해도, 무리의 다른 모든 누가 그것을 채택하게 하는 빠른 방법은 없으며, "그 소문"이 사바나 반대편의 다른 누 무리까지 퍼질 수도 없을 것이다. 그러나 우리에게는 새로운 충고가 (좋은 충고든 나쁜 충고든) 이용 가능해지는 즉시 그것을 모으고 전달하는 잘 발달된 전통이 존재한다. "엄마 무릎에서" 들은 모든 우화와 옛날이야기와 엉터리 처방을 비롯한 모든 세속적 지혜는 가십과 소문으로 보완되고, 글쓰기와 인쇄술 및 오늘날의 모든 첨단 기술 매체에 힘입어 더욱 강화된다. 이것은 군비경쟁을 가속하고 강화하며, 이것으로 인해 사람들이 자신의 상상력에 모든 정보를 제공하고 그것을 이용하여 변이를 생각해냄으로써 부가적인 베팅들이 생성되게 하고 부차적인 줄거리들도 생성되게 하여 군비경쟁을 복잡하게 만든다.

나이지리아 왕자 사칭 사기 사건[a]의 "흔적"을 찾는 것은 20년 전보다 지금이 더 어려운데, 요즘은 그것이 너무 잘 알려진 나머지 확실한 유머의 화제가 되어버렸기 때문이다.(Hurley, Dennett, and Adams 2011) 사기는 왜 사라지지 않을까? 그리고 사기꾼은 왜 나이지리아 왕자 사기와 다를 바 없는 오래되고 미심쩍은 이야기, 그러니까 도움이 필요하다고 하면서도 당신에게 거금을 보내겠다고 앞뒤 안 맞는 말을 하는 사람이 등장하는 이야기를 계속 사용하는 것일까? 이유는 명확하다. 사기꾼은 똑똑한 사람에게 시간과 노력을 낭비하고 싶어 하지 않기 때문이다. 이메일이라는 미끼를 수백만 통 보내는 데 드는 초기 비용은 미끼를 문 사람을 낚아 올리는 데 드는 (시간과 노력 면에서의) 비용에 비하면 사소하므로, 너무 많은 "입질"을 유도할 여유가 없는 것이다. 이 경로로 접어든 잠재적 피해자 대부분은 쉽사리 의혹을 품고 금세 진실을 파악한 후 송금하지 않은 채 물러날 테고, 몇몇은 이 사기극을 가능한 한 오래 즐기기까지 할 것이다. 낚시에 비유하자면 그런 사람들은, 미끼를 물긴 했지만 무사히 낚아 땅에 내려놓기 전에 낚싯바늘을 털어내고 도망치는 물고기들과 같다. 이런 물고기까지 끌어올리느라 소모되는 비용을 최소화하기 위해, 처음 던지는 미끼는 쉬운 낚시감만 미끼를 물도록, 즉 매우 둔하고 온실 속 화초처럼 남의 말을 잘 믿는 사람만 진지하게 받아들이도록 매우 터무니없게 **설계된다**. 간단히 말하자면, 가장 취약한 희생양에게 노력이 집중될 수 있게 만들어주는 회의 필터skeptic filter가 사기극에 내장되어 있다는 것이다.

그런가 하면, 정치 컨설턴트와 광고주, 트렌드 분석가, 투기꾼

a 나이지리아의 왕자를 돕는 소액의 기부를 하면 부자로 만들어준다는 사기 메일을 보내 금융 거래를 유도한, 최초의 이메일 금융 사기 사건이다.

은 가장 순진한 사람을 제외한 모든 이가 스스로를 보호하기 위해 입고 있는 회의주의와 조심성이라는 갑옷에 새로운 균열을 내고 새로운 행마와 새로운 기회의 가능성을 탐사하고자 밈권memosphere을 공격적으로 관찰하고 교란한다. 모든 사람은 자기가 특별히 애정을 기울이는 메시지가(그리고 그것들과 함께 자기 자신도) "널리 입소문 나기go viral"[b]를 원한다. 조금 더 정확히 말하자면, 오로지 관심을 받기 위해 그것을 모욕하는 사람들은 많이 꼬이지 않으면서 널리 입소문을 타길 바란다. 인간의 문화에서 이루어지는 정보 전달은 이처럼 유동성이 있고, 새로운 밈과 싸우거나 새 밈의 평판을 떨어뜨리고 폐기할 때 사용될 뿐 아니라, 새 밈을 재고하고 발전시키고 적응시키는 데도 사용된다. 그리고 정보 전달이 이렇게 유동성을 지니고 또 이렇게 사용됨으로써 다윈식 밈 진화는 뒤쪽으로 밀려나버렸다.

잠깐, 방금 내가 한 말이, 밈학은 오늘날의 (그리고 내일의) 문화적 진화를 모델링할 유용한 이론적 도구가 될 수 없다는 인정에 해당할까? 11장에서 인용한 핑커의 주장을 다시 생각해보라.

> 문화적 산물들의 놀라운 특성들, 이를테면 그 정교함, 아름다움, 진리(유기체의 복잡한 적응적 설계와 유사하다)는 "돌연변이"를 ' 지시direct—즉 발명(고안)—하고 그 "특징"을 "획득"—이해—하는 마음 연산mental computations에서 나오기 때문이다.(1997, p. 209)

b 'viral'은 '바이러스'의 형용사형이다. 요즘은 SNS나 각종 커뮤니티의 평범한 게시물을 가장하여 입소문을 나게 하는 마케팅 방법을 '바이럴 마케팅'이라고 하는데, 이 용어도 바이러스가 무시무시한 속도로 번식하여 전파되는 것에 비유하여 생겨난 것이다.

이 말은 일부 문화 산물에 대해서는 진실에 가깝다. 그러나 우리가 보아온 것처럼, 핑커는 작동 중인 현상은 발명과 이해뿐이라고 주장함으로써 우리의 주의를 문화유산 중 (이류·삼류 산물은 제외된) 보물treasure에만 국한시키고, 그것들을 창조하는 데 따른 지성적 설계의 역할을 과장하고 있다. 게다가 핑커는 우리의 언어 실천에 내장된 왜곡을 과소평가한다. 그 왜곡이란 우리에게 이유reason가 필요하다는 것이며, 그 요구를 완전히 충족하는 것은 우리의 기량을 상회하는 일이다. 우리가 모국어를 습득할 때, 우리는 이유의 공간으로 진입하기 시작한다. 여기서 이유란, 더이상 부유하지 않고 우리에게 **닻을 내린** 합리적 이유, 즉 모든 "왜" 질문에 대한 우리의 대답을 자인自認하고 보증하기 위해 **표상된** 이유를 말한다. 우리가 늘 좋은 답만을 지니는 것은 아니므로, 부유하는 합리적 근거에서 이유로 이행되는 과정이 매끄럽지는 않다. 그러나 그 점이 우리의 이유 대기 게임을 중단시키지는 못한다.

> 배를 왜 이런 방식으로 만듭니까?
> 우리가 이런 방식으로 만들어왔기 때문이지요.
> 그런데 그게 왜 좋은 이유입니까?
> 그냥, 그게 좋은 거니까요!

이유 대기라는 규범성은 우리가 답을 찾지 못할 때조차도 이유를 댈 것을 강요한다. 당신에겐 자신의 행위에 부여할 이유를 지닐 의무가 있는 것이다. 이는 지향적 태도, 즉 언제나 합리성을 **가정(전제)하는** 태도가 작동하고 있음을 의미한다. "그럴 만한 좋은 이유가 있었음이 **틀림없어**. 그렇지 않고서야 우리가 그렇겐 안 했겠지!" 이런 요구에 직면할 때 우리를 종종 굴복시키곤 하는 유혹은, 머릿속에 갑자기 떠오른 것 중 그럴듯한 이유를 골라내 마치 처음부터 그런 이유로 그렇게 했다는 투로 그것을 진전시키는 것이다. 그럼으로써 약간 편리한 이데올로기가 탄생하며, 때로는 그것이 옳을 수도 있다. 그럴듯한 이유가 떠오르지 않을 때, 필요하다면 우리 조상들의 지혜를 쥐어짜낼 수 있다.

> 그들은 이유를 알고 있었으며, 우리는 그들이 우리를 가르쳐주었다는 점에 감사한다. 왜 그런지는 가르쳐주지 않았지만 말이다.

여기서 한 걸음만 더 나아가면 다음에 이른다.

> 신은 설명할 수 없는 불가해한(불가사의한) 방식으로 일한다.[97]

언어를 습득하기 전의 아기들은, 개를 훈련시킬 때와 비슷한 훈련을 받아야 한다. **건드리지 마! 안 돼! 이리 와! 하지 마! 잘했어! 이제 다시 해봐!** 양육자들은 아기들이 이유를 이해하리라고 가정하지 않는다. 그러나 아기들이 말하기 시작하면 우리는 그들에게 이유도 함께 말해주어야만 한다. **건드리지 마—뜨거워! 손대지 마—더러워! 먹어—좋은 거야!** 맹목적일지라도, 복종은 유용한 기초가 된다. 설명하고 논쟁할 시간은 나중에 생길 것이다. "내가 그렇게 말했으니까"는 중요한 단계다. 그 후 자라나면서 우리는 인간 사회의 규범들을 접하게 되는데, 그 규범들에는 서로—특히 성인—를

---

97 피츠버그의 셀러스Sellars에서 시작하여 브랜덤Brandom, 맥도웰McDowell, 호글랜드Haugeland를 경유하여 전승된 이유 대기와 규범성에 대한 연구들은, 내가 아는 한 인간의 이 지극히 중요한 실천practice들이, 이유의 수요가 가용 공급을 초과할 때마다 거짓 이데올로기들을 생산하는 것임을 지적한 적이 단 한 번도 없다.

합리성을 지닌 존재로 간주한다는 가정이 명백히 포함되어 있다. 물론 우리의 가축화된 동물들은 그렇게 간주되지 않는다. 기수를 태운 조랑말이 과제에 대한 통찰을 보이며 과제를 행하는 모습은 우리에게 기쁨과 놀라움을 선사한다. 얼마나 똑똑한가! 목양견은 실로 짜릿한 사례지만, 예외적이기에 짜릿한 것이다. 이 동물의 사례가 놀랍게 여겨지는 것은, 우리가 인간에게 설정해놓은 표준을 비인간 동물들에게는 적용시키지 않기 때문이다.

이는 언어 사용에서 제거 불가능한 특성이다. 이해력을 가정하는 것이 기본 설정값이기 때문에, 그것이 위배되면 우리는 방향을 잃게 된다. 이국 땅에서는 방향을 물어보아야 할 일이 생긴다. 누군가 당신의 말을 알아들을 수도 있을 것이라고 낙관적으로 믿고 당신의 모국어로 질문을 시도해볼 수도 있을 것이다. 그곳의 원어민은 반짝이는 눈으로 고개를 끄덕이며 미소를 띠고 당신의 말을 들을 테고, 그 모습을 보며 당신은 확신에 차서 말을 계속할 것이다. 그리고 당신이 말을 마치면, 상대방은 자신이 한 마디도 이해하지 못했음을 드러낼 것이다. 어이쿠! 이렇게 실망스러울 수가!

우리는 가족이나 친구뿐 아니라 우리와 마주치는 낯선 이들에게도 이해가 내재되어 있다는 가정에 푸욱 절여져서 하루하루의 일상을 영위한다. 우리는 우리에게 이유가 있다고 타인이 기대하고 있다고 기대한다. 우리가 하려고 하는 것이 그 무엇이든, 우리가 표현할 수 있는 이유 말이다. 그리고 우리는 미리 생각해둔 답이 없는 상태에서 질문이 우리를 덮쳐도 별다른 노력 없이—때로는 그것을 인식조차 하지 않은 채—이유를 만들어낼 수 있다. 핑커의 평가처럼 밈학이 매우 잘못된 방향으로 가고 있다고, 그리고 매우 전복적이라고 여겨지는 것은 바로 이런 배경에서다. 밈학을 공격하는 이들의 논지는 이렇게 흐를 것이다. 우리는 이유추론자reasoner다! 우리는 지성적 설계자야! 우리는 모든 것을 설명하는 존재라고. 그러니, 우리 머릿속에 불현듯 떠오르는 것 중 어떤 것이, 뇌를 침범한 밈이 우위를 점하기 위해 치고받아 발생한 뇌의 장애라고 간주하는 것은 우리에 대한 모욕이야. 그 생각의 책임자는 우리란 말이다!

사실, 우리는 정말로, 만족스러운 정도로 책임을 **지고 있다**. 그것은 밈 침공이 이뤄낸 승리다. 밈 침공은 우리의 뇌를 마음으로—다른 어느 동물의 것도 아닌 **우리의** 마음으로—바꾸어놓았다. 우리가 조우하는 아이디어들을 수용하고 거부할 수 있는, 그리고 그것들을 버리거나 발전시켜 **우리가 일상적으로 표현하는 이유**로 만들 수 있는 마음으로 말이다. 이러한 일들은 우리 목 위 넥톱에 인스톨된 앱들 덕분에 가능한 것이다.

그러나 우리에게 언제나 이유가 **있는** 것은 아니며, 바로 이 점에서, 상상은 가능하지만 존재는 불가능한, 지성적 설계의 궁극적인 꿈인 GOFAI의 합리적 행위자와 우리가 구분된다. GOFAI와 같은 지식 체계에서는 모든 생각은 정리theorem를 증명하는 것으로 간주된다. 그리고 그런 의미에서, 이유들은 "내내" 표상된다. GOFAI가 당신에게 무언가를 말할 때, 당신은 원리적으로 언제나 이유를 요구할 수 있으며, 그 이유는 즉시 제공될 것이다. GOFAI가 당신에게 말한 것은 그것이 무엇이든 GOFAI의 공리 데이터베이스에서 합리적인 추론을 통해 생성되는 것이기 때문이다. 따라서 GOFAI는 당신에게 증명을 보여줄 수 있고, 당신은 원한다면 그 증명을 단계별로 차근차근 비판할 수 있다.

"딥러닝"과 베이즈주의 방법의 출현을 두고 인지과학 분야의 많은 이들이 복잡한 심경을 내비쳐왔다. 왜 그랬을까? 이 새로운 인지적 직조물이 매우 잘 작동한다는 사실은 놀랍고도 즐거운 일이며, 그것들이 적용된 산물이 세상을 휩쓸 것이다. 그러나 그것은 ……

이전에는 결코 가능하지 않았던 어려운 문제에 대한 답을 제공할 수 있다 하더라도, 우리에게 **왜** 그 답이 나왔는지, 그 **이유를 말해 줄 수는 없을 것이다.** 이런 면에서 그것들은 신탁 전달자나 마찬가지일 것이다. 이유 대기 게임에 참여할 수 없는 존재 말이다. (마지막 장에서 이 주제를 좀더 다룰 것이다.)

핑커, 와일드, 에디슨, 프랑켄슈타인

> 삶에 있어 첫 번째 의무는 되도록 인위적인 무엇이 되는 것이다.
> —오스카 와일드Oscar Wilde

2009년 4월, 나는 하버드대학교의 "하버드 마음-뇌-행동 강연회Harvard Mind-Brain-Behavior Lectures"에서 강연 하나를 했는데, 이에 대해 스티븐 핑커는 예의 그 명쾌한 코멘터리를 통해 밈에 대한 비판을 상세하게 펼쳤다.

> 설계자 없는 설계는 생물학적 진화에서는 매우 중요하다. 그러나 문화적 진화에서는 혼란을 야기한다. 문화적 진화에서는 실제로 설계자—인간의 뇌—가 있기 때문이며, 그것을 말함에 있어 신비롭거나 불가사의할 것도 전혀 없다.(2009년 4월 23일, 동영상은 https://www.youtube.com/watch?v=3H8i5x-jcew)

물론, 생물학적(유전적) 진화의 설계자 없는 설계에 대해서는 핑커와 내가 의견을 같이 하며, 설계자로서의 인간 뇌의 능력이 (매우 최근까지도) 설계자 없이 설계되어왔다는 것에 의존한다는 점에 대해서도 우리는 동의한다. 그러나 내가 주장하는 것은, 이 R&D의 많은 부분이 **유전적** 진화가 아니라 **밈적** 진화이며, 또 **밈적** 진화여야 한다는 것이다. 설계자 뇌를 갖기 오래전 우리는 설계자 없는 설계를 획득하던 뇌를 지니고 있었으며, 그 설계자 없는 설계는 침략하는 밈의 형식을 하고 있었다.

그러나 우리가 지성적 설계의 시대에 접어든 후에도, 밈학이 해야 하는 설명 작업이 더 존재한다. 비판 발언을 하며 핑커는 두 개의 좋은 사례를 소개했다. 여드름을 뜻하는 영어 단어 acne는 뾰족한 첨탑이나 바위를 의미하는 그리스어 acme를 잘못 인쇄한 데서 기원한 것인데, 그는 이것을 별거수당[a]을 뜻하는 "palimony"라는 단어가 만들어진—창의성이나 통찰 또는 재치에 의해 도입된—사례와 대비시켰다. 이 단어는 친구를 뜻하는 pal과 이혼수당을 뜻하는 alimony를 붙여 만든 혼성 조합이라고 말이다. 그러나 우리는 그 단어가 진짜 그렇게 만들어졌는지 아닌지 모른다. 그 용어를 처음 공식적으로 사용한 것은 1977년 이혼 전문 변호사 마빈 미켈슨Marvin Mitchelson이다. 그때 그의 의뢰인은 배우 리 마빈Lee Marvin의 파트너였던 미셸 트리올라 마빈Michelle Triola Marvin이었는데, 리와 법적 부부가 아니었던 미셸은 리를 상대로 소송을 제기했다가 패소했다(위키피디아의 "palimony" 항목을 보라). 그러나 미켈슨이 재치를 발휘하여 단번에 그 단어를 만들었는지, 아니면 여러 후보 단어들을 지루하게 나열해보다가 고르게 되었는지—alimony, balimony(음……), calimony, dalimony(어쩌면?), ……, galimony(후, 지겨워), ……, palimony? 그래! 이거야!—우리는 알 수 없다. 자기가 듣는 거의 모든 구절을 바로 이런 방식으로 강박적

a 동거하다가 헤어질 경우 상대방에게 주라고 법원이 명하는 위자료다.

으로 처리하며 재빠르게 생각해본 후 생각해본 것들의 99퍼센트 이상을 폐기한다고 내게 고백한, 틈만 나면 말재간을 부리는 사람 둘을 나는 알고 있다. 번거롭고 난잡하며 방향도 완전히 잡히지는 않은 탐색으로 이루어지는 이런 방식의 설계는 **아주** 지성적인 것은 아니다. 그렇지 않은가?

위트나 천재성을 감상할 때 우리는 기이한 특성을 보인다. 그 위트나 천재성이 어떻게 이루어지는지 모르기를 선호한다는 것이다. 우리는 오스카 와일드가 재치 넘치는 인물이라 생각한다. 만약 그가 "누가 내게 물으면 뭐라고 대답해야 하지? …… 그리고 내 의견을 간결하면서도 함축적으로 전달하려면 어떻게 요약해야 하지?"라고 강박적으로 생각하며 매일 밤 몇 시간이고 잠 못 이룬 채 누워 있었다는 사실이 알려진다면, 그에 대한 평판은 의심의 여지 없이 상당히 떨어질 것이다. 하지만 이렇게 가정해보자. 그가 매일 밤 재치 넘치는 구절을 수십 개씩 만들고 다듬어 정교한 색인 작업을 거쳐 자신의 기억 안에 하나도 빠짐없이 생생하게 저장하고, 사용할 상황이 되면 타이밍을 놓치지 않고 적절한 것을 꺼낼—실로 재치의 정수는 간결함에 있으니—준비가 되어 있다는 것을 우리가 알게 되었다고 말이다. 그가 준비해 놓은 것들은 여전히 그의 재담이며, 그것들이 재미있을지는 (그 세련된 재담꾼이 말했듯이) 타이밍에 달려 있다. 거의 모든 지성적 행동에서 타이밍은 중요하다. 가능한 모든 곳에서 문제를 예상하고 미리 풀어보는 것이 지성적이라고 여겨지는 것은 바로 이 때문이다. 뚝심으로 밀어붙이는 와일드식 재담 생산 책략은 실망스러워 보일 테지만, 몇 가지 사실을 적시하며 우리의 주의를 끌어당긴다. 모든 지성적 반응들은 비용이 드는 R&D에 의존한다는 사실과, 효과가 제때 나타나는 한 그 작업이 시간 측면에서 어떻게 분배되든 큰 차이가 없다는 사실 말이다.

토머스 앨바 에디슨Thomas Alva Edison은 천재에 관한 유명한 말을 남겼다. "천재는 1퍼센트의 영감과 99퍼센트의 땀으로 이루어진다." 이 말은 사람들을 자극하여, 박정한 생각을 하게 만들었다. "에디슨을 비롯해서, 끈덕지지만 우둔한 몇몇 발명가에게는 그 말이 사실일 수도 있을 거야. 하지만 **진정한** 천재는 그 비율을 뒤집지. 우리의 자랑스러운 피카소처럼 말이야!" 이런 태도는 창의성과 의식의 관계를 통찰할 때 우리 시야를 흐려 놓는다. 이는 데카르트 중력의 왜곡 중 하나로, 우리가 의식에 접근함에 따라 훨씬 더 강하게 느껴지기 시작한다. 우리는 우리 마음이 "영감을 받은" 것이기를, 그리고 "묘한" 것이기를 **원하며**, 우리가 받은 가장 소중한 선물인 마음을 해부하려는 시도를 (걷어차 주고 싶은 속물들의) 무례하고 모욕적인 공격이라고 간주하는 경향이 있다. "우리의 마음이 그저 신경 기계장치에 지나지 않는다고 믿을 만큼 멍청한 사람들은, 우리 마음의 마법에 대해서도 비참할 정도로 빈곤한 지식만을 갖고 있을걸!"

리 시겔Lee Siegel은 인디언의 거리 마술에 대한 매우 훌륭한 책(Siegel 1991)을 썼는데, 나는 그 책의 한 부분을 종종 인용한다.

> "저는 마술에 대한 책을 쓰고 있습니다."라고 설명하면, 사람들은 내게 묻는다. "진짜 마술 말이에요?" 사람들이 '진짜 마술'이라고 일컫는 것은 기적과 요술 행위, 초자연적 힘 같은 것들이다. "아닙니다." 나는 대답한다. "마술처럼 보이는 트릭이에요. 진짜 마술이 아니라." 다시 말해, 진짜 마술은 실재가 아닌 마술을 뜻하며, 실재하는 마술, 그러니까 실제로 행할 수 있는 마술은 진짜 마술이 아니다.(p. 425)

헌신적 자연주의자인 많은 신경과학자조차 신경 기계장치가 어떻게 작동하여 그 놀라운 일들을 해내는가를 가까이서 들여다보기 시작하면 주춤하는 경향이 있고, 자신들이 "어려운 문제Hard Problem"(Chalmers 1995)에 태클을 걸려고 한다는 것조차 부인하는 약간의 겸양을 표하려는 유혹에 굴복하곤 한다.[a] 의식의 "진짜 마술"을 우주적 미스터리로, 즉 물리학에서 지금은 상상조차 불가능한 혁명이 일어나야만 비로소 추적할 수 있는 먼 미래의 탐구 과제로 남겨두면서 말이다. 이런 식으로 생각하는 사람들은 최고의 무대 마술사 중 하나인 제이미 이언 스위스Jamy Ian Swiss가 공개(2007)한 영업 비밀을 생각해보아야만 한다. "우리가 당신을 속이기 위해 이렇게까지 열심히 애쓸 거라고는 아무도 생각하지 않을 겁니다. 그것이 바로 비밀이고, 마술의 방법이지요." 악착같은 노고가 산더미처럼 모여 마술의 트릭이 완성되는 방식을 **상상해보려는 시도**조차 하지 않는다면, 당신은 영원히 어리둥절해할 것이다. 2장에서 나는 마술사들은 그 엄청난 노력을 부끄러워하지 않는다고 언급했다. 뇌 역시 그렇다.

"진짜 마술" 같은 것은 없기 때문에, 천재의 마음이 어떤 궤적을 따라 작동되든, 궁극적으로 그것은 수십억 년에 걸쳐 설계되고 세워진 크레인들의 연쇄, 즉 크레인 위의 크레인 위의 크레인 위의 …… 크레인으로 설명되어야만 한다. 어떤 방식으로였든 마음은 (좋은 설계에 의해) 들어올려져 설계공간의 한 영역 안으로 옮겨졌으며, 그곳으로부터 놀라울 만큼 신속하고 효과적으로 후속 진출이 이루

---

a 철학자이자 인지과학자인 데이비드 차머스는 의식의 탐구에서 쉬운 문제Easy problem와 어려운 문제를 구분한 것으로 유명하다. 그는 자극에 대한 반응, 뇌의 정보처리 방식 같은 신경과학적 메커니즘을 이해하는 것은 쉬운 문제에 속하고, 뇌의 물리적 작용이 어떻게 주관적 경험을 유발하는가 하는 것은 어려운 문제에 속한다고 보았다.

어졌다. "영감"이 1퍼센트든 99퍼센트든, 그것은 초자연적이지 않은 자체적 R&D 역사를 지닌 설계공간을 탐험하기 위한 탈것vehicle의 특징임이 틀림없으며, 그 R&D 역사는 엄청나게 많은 것들의 계측할 수 없는 조합으로 이루어져 있다. 그리고 그 안에는 유전자와 교육, 인생 경험, 멘토링 등이 포함되고, 또 누가 알겠는가, 온갖 잡다한 것—식이diet, 선율을 우연히 들음—에다가, 우연히 (예술가에게, 아니면 예술계에) 이익을 준 정신병이나 정신병리 현상도 들어가 있을지. (그렇다. 가끔은 "정신 착란"도 예술적 영감의 자원 중 하나가 되기도 한다.)

발명에서 개별 예술가의 창의성에 귀속시킬 수 있는 부분이 "얼마나 되는지"를 알아내고 싶다면, 종착 소산물에 이르려면 설계공간 내의 어디를 어떻게 가로질러야 하는지, 그 특정 영역을 상상해보라. 그러면 적어도 대략의 아이디어는 얻을 수 있다. 다음의 문제에 초점을 맞춘 사고실험을 생각해보자.

> 프랑켄슈타인 박사가 스페익쉬어Spakesheare라는 이름의 괴물을 만들었고, 스페익쉬어는 창조되자마자 책상 앞에 앉아 《스팸릿Spamlet》이라는 제목의 희곡을 썼다고 가정하자. 이 경우 《스팸릿》의 저자는 누구인가?

우선, 이 사고실험과 무관하다고 내가 주장하는 것에 대해 알아보자. 나는 스페익쉬어가 금속과 실리콘 칩으로 만들어진 로봇인지 아니면 인간의 조직—혹은 세포 혹은 단백질 혹은 아미노산 혹은 탄소 원자—으로 이루어졌는지 말하지 않았다. 설계가 작동하는 한, 그리고 프랑켄슈타인 박사의 구성 작업이 수행되는 한, 스페익쉬어가 어떤 물질로 구성되든 차이가 없다. 어쩌면, 의자에 앉아 희곡을 타이핑하기에 충분할 만큼 에너지 효율이 좋은 작고 빠른 로봇을 만드는 유일한 방법은 공을 들여 아름답게 만들어진 모터 단백질motor proteins을 비롯한 탄소기반 나노로봇으로 채워진 인공 세포를 구성물질로 하는 것임이 드러날 수도 있다. 이런 주제는 과학과 기술 분야에서는 흥미로운 질문이지만, 여기서는 중요하지 않다. 이와 정확하게 동일한 이유에서, 스페익쉬어가 금속-실리콘 로봇이라면 그것은 은하 하나보다 더 클 수도 있다. 스페익쉬어의 프로그램 안에 넣어야 할 필수불가결한 복잡성을 획득하는 데 그 정도가 필요하다면 말이다. 그리고 그럴 경우 우리의 사고실험을 진행하려면 빛 속도의 상한을 폐지해야 할 것이다. 통상적으로, 방금 언급한 것과 같은 기술적 제약은 이러한 사고실험에서 논의 금지 사항이라 선언되니까, 뭐, 그래, 하는 수 없지. 프랑켄슈타인 박사가 자기 인공지능 로봇을 단백질이나 그 비슷한 것들로 만들기로 했다면, 그건 우리가 관여할 일이 아니다. 만약 그가 만든 로봇이 평범한 인간과 교배 가능하고, 그래서 아기를 낳아, 새로운 종이라 주장될 수 있는 계보를 형성할 수 있다면 그것은 대단히 흥미로운 일일 것이다. 그러나 우리가 관심을 가지고자 하는 것은 스페익쉬어의 소위 '두뇌의 소산물'인《스팸릿》이다. 이제 우리의 질문으로 돌아가자.

《스팸릿》의 저자는 누구인가?

이 질문을 잘 이해하려면 스페익쉬어의 안쪽을 들여다보며 거기서 무슨 일이 벌어지는지를 관찰할 필요가 있다. 한쪽 극단에서는, (스페익쉬어가 컴퓨터 메모리를 지닌 로봇이라면) 내부에 파일이나 기록된 버전의《스팸릿》이 실행될 준비가 된 상태로 모두 로딩되어 있는 것이 발견될 것이다. 이러한 극단적 경우라면, 두말할 필요

없이 프랑켄슈타인 박사가 《스팸릿》의 저자가 될 것이다. 그는 자신의 창조물인 스페익쉬어를 그저 저장-전달 장치로 사용했고, 스페익쉬어는 그저 좀 필요 이상으로 현란한 워드프로세서였을 뿐이다. 모든 R&D 작업은 스페익쉬어가 집필을 시작하기 전에 이미 행해져서 어떤 방식으로든 스페익쉬어에게 복사되었던 것이다.

우리는 이것을 좀더 명확하게 시각화할 수 있다. 설계공간 안의 한 부분공간subspace을 상상하는 방식으로 말이다. 나는 이 공간을 바벨의 도서관Library of Babel이라 부르는데, 이 이름은 호르헤 루이스 보르헤스Jorge Luis Borges의 고전적인 단편소설(1962)의 제목에서 따온 것이다. 보르헤스는 책으로 가득 찬 창고를 상상해보라고 우리를 이끈다.[a] 소설 속 세계의 주민들에게는 그 도서관이 무한한 것처럼 보일 것이다. 그들은 결국에는 그렇지 않다고 판단하겠지만, 그렇게 보일 만도 한 게, 그 창고의 책장에는 가능한 모든 책이—아아, 그러나 순서는 없이—꽂혀 있기 때문이다. 자, 이제 건초더미 안의 《스팸릿》이라는 바늘로 돌아가, 바벨의 도서관 안의 이 특정 위치가 실제 역사에서 어떻게 횡단되었는지 그 궤적을 생각해보자. 스페익쉬어의 메모리가 만들어지고 정보로 가득 차는 그 순간에 전체 여정이 완료되었음이 발견된다면, 우리는 그 탐색에서 스페익쉬

---

a 보르헤스의 소설에서 바벨의 도서관은 사람의 눈에는 무한해 보일 만큼 많은 육각형의 진열실이 이어져 있는 구조이며, 진열실 각각의 벽에는 5개씩의 책장이 있다. 각 책장에는 똑같은 크기의, 410쪽으로 된 책이 32권씩 꽂혀 있다. 이곳의 모든 책을 이루는 기호는 모두 25가지(띄어쓰기 공간과 마침표, 쉼표, 그리고 22개의 철자)이며, 한 권의 책은 이 25개의 기호로 구성할 수 있는 한 가지 순열이며, 이 도서관에는 25개의 기호가 이룰 수 있는 모든 순열이 각 권의 책으로 수록되어 있다. 그러니 어떤 책은 마침표로만 이루어져 있을 수도 있고, 어떤 책은 《모비 딕》을 완전히 담고 있을 것이고 또 어떤 책은 거기서 몇 개의 철자만이 다를 수도 있을 것이다. 어떤 책은 그 기호들로 표현된 당신의 과거사를 싣고 있을 수도, 당신의 미래에 관한 것들을 말하고 있을 수도 있다.

어가 아무런 역할도 하지 않았음을 알 수 있을 것이다. 《스팸릿》이 저술되는 과정을 역방향으로 되짚어가다가, 스페익쉬어가 한 일이라고는 텍스트에 맞는 타이핑 동작들을 하기 직전에 이미 저장되어 있던 그 텍스트에 맞춤법검사기를 돌려본 것뿐이었음을 깨닫게 된다면, 우리는 스페익쉬어가 원저자라는 주장에 감화되지 않을 것이다. 이는 전체 R&D의 측정 가능하긴 하지만 없작은Vanishingly small 일부다. 바벨의 도서관에는《스팸릿》과 거의 쌍둥이라 할 만한 책도 천문학적인 수로 존재할 것이다. 책 전체에서 철자 하나씩만 오타가 난 책만 꼽아도 수억 권일 테고, 시야를 약간 더 확장시켜 오타가 한 페이지 당 하나씩 있는 책을 따로 모은다면, 천많은 책으로 이루어진 영역으로 들어가게 될 것이다. 역방향 작업을 좀더 진행해보자. 타이포(오타)에서 졸업하여 11장에서 논의한 싱코(오상)로 눈을 돌리고 나면, 단순한 복사·편집과 대조되는 진지한 저작의 영역으로 접어들기 시작한다. 복사·편집은 소산물을 최종 상품의 형태로 만들어준다는 점에서는 무시할 수 없을 만큼 중요하긴 하지만 **상대적으로는** 사소한데, 이 사소함은 설계공간이라는 우리의 은유를 통해 잘 표상된다. 설계공간에서는 아무리 작은 들어올림lifting이라 할지라도 하나하나의 들어올림은 제각각 중요한 의의를 지니며, 가끔은 작은 들어올림이 당신을 완전히 새로운 궤적으로 옮겨놓곤 한다. 늘 그렇듯, 우리는 이 단계에서 루트비히 미스 판 데어 로에Ludwig Mies van der Rohe(1886~1969)[a]의 명언을 인용할 수 있을 것이다. "신은 디테일에 있다."

자, 이제 더글러스 호프스태터가 권고(1981)한 것처럼, 우리 사고실험의 조절 다이얼을 돌려서 다른 쪽 극단을 살펴보자. 이 세

---

a 독일의 건축가로 근대 건축의 개척자들 중 하나로 꼽힌다.

계에서는 프랑켄슈타인 박사가 작업의 대부분을 스페익쉬어에게 맡겨버렸다. 가장 현실성 있는 시나리오는, 프랑켄슈타인 박사가 스페익쉬어에게 가상 과거, 즉 일생치 경험들의 의사기억pseudo-memories을 갖추도록 만들었고, 스페익쉬어가 프랑켄슈타인 박사에 의해 인스톨된 희곡 창작에의 강박적 열망에 부응하는 동안 그 의사기억들이 인출되었다는 것이다. 그 의사기억 중에는 극장에서 보낸 많은 저녁 시간이나 책을 읽은 경험들뿐 아니라, 몇 번의 짝사랑, 몇 번의 위기 탈출, 수치스러운 배신의 경험 같은 것도 있으리라고 추측할 수 있다. 이제 무슨 일이 벌어질까? 뉴스에서 "인간극장" 류의 한 꼭지로 약간 보도된 것이 스페익쉬어가 생성과 시험generate and test(5장을 보라)에 광적으로 몰두하도록 박차를 가하는 촉매가 될 수도 있을 것이다. 생성과 시험 작업을 하면서 스페익쉬어는 유용하고 흥미로운 토막 소식과 주제들을 찾아 자신의 메모리를 샅샅이 뒤지고, 자기가 찾은 것을 변형transforming—위치를 옮기고transposing 형태를 바꿈morphing—하고, 일시적이지만 기대가 반영된 여러 구조 안에서 조각을 이리저리 옮겨볼 것이다. 그 구조들은 완성을 두고 서로 경쟁하며, 그중 대부분은 비판이라는 부식 과정에 의해 분해되어버린다. 물론 비판이라는 부식을 통해 유용한 조각이 노출되는 일도 종종 생긴다. 여하튼 이런 등등의 일이 일어날 수 있을 것이다. 이 모든 다단계 탐색은 내부적으로 생성된 다단계 평가에 의해 어느 정도 안내된다. 그 다단계 평가는 진행 중인 탐색들의 산물들에 대한 평가에 대한 반응으로서의 평가 기능에 대한 평가에 대한 평가에 대한 …… 평가에 대한 평가를 포함한다. 경이로운 프랑켄슈타인 박사가 실제로 이 모든 활동을 가장 격동적이고 혼돈스러운 수준부터 가장 미세한 부분에 이르기까지 다 예측했고 스페익쉬어의 가상 과거를, 그리고 《스팸릿》이라는 바로 그 산물이 만들어질 수 있게 한 그 모든 탐색 설비를 모조리 손수 설계했다면, 프랑켄슈타인 박사는, 다시 말하지만, 《스팸릿》의 저자가 될 테지만, 이런 저자를 한 단어로 표현하자면, 신神이기도 할 것이다. 그 정도로 천많은 사전지식을 가진다는 것은 그야말로 기적일 테니까. 우리의 판타지에 현실주의를 한 방울 복원시켜, 조절 다이얼을 조금 덜 극단적인 위치로 돌려보자. 프랑켄슈타인 박사가 그 모든 것을 세세한 부분까지 다 예상하는 것은 불가능하고, 설계공간 내의 궤적을 완성하는 힘든 일의 대부분을 스페익쉬어가 자기 내부에서 차후에 발생하는 R&D에 의해 결정하도록 위임했다고 말이다. 이렇게 단순히 조절 다이얼을 돌려봄으로써 우리는 이제 실제 근처에 도착했다. 우리에게는 이미 창조자의 선견지명을 천많이 능가하는 인상적인 인공지능 작가들의 예가 있기 때문이다. 아직은 그 누구도 진지한 주목을 받을 만한 인공지능 극작가를 만들어내지 않았지만, 인공지능 체스 선수—IBM의 딥 블루Deep Blue—와 인공지능 작곡가—데이비드 코프David Cope가 만든 작곡 프로그램 EMI—는 이미 존재하며, 그들 모두, **어떤 면에서는** 창조적인 인간 천재가 발휘할 수 있는 최상의 것과 동등한 결과를 성취했다.

설계공간 안에서 스페익쉬어가 보이는 궤적에 대한 사고실험은, 인간의 창조성과 발견이라는 다른 영역을 분석하는 데 적용해볼 수 있다. 《스팸릿》의 텍스트가 얼마나 정교한가는 어떤 차원에서는 정확하게 측정될 수 있는데, 보르헤스의 바벨의 도서관 안에 있는 《스팸릿》의 가능한 모든 변이—오타, 오상, 지루한 오논지digressiono—가 식별되고 평가될 수 있기 때문이다. 우리는 비난받아 마땅한 표절과 찬사받아 마땅한 영감을 구분하여 식별할 수 있다. 그 영역들을 구획하는 분명한 선은 없지만 말이다. 오늘날 우리는 3D 프린터를 갖고 놀고, 3차원 대상—옷핀, 전동 캔따개, 로댕의 조각품, 스트라디바리우스 바이올린—을 그 비슷한 변이체들과 비교할 수 있게 하는 디지털 파일로 표상해줄 많은 포맷을 보유하게 되었다. 피카소가 자전거의 안장과 핸들을 보고, 자기가 만들고자 하는 황소의 머리를 제작하는 데 필요한 것이라 생각한다고 하자. 이때 피카소는 결코 표절을 하는 것이 아니라, 그 자신의 목적을 위해 신중하게 설계되고 최적화된 재질과 형태의 물체를 마음껏 갖다 쓴 것이다. 예술가들의 이러한 예술적 관행을 나타내는 용어도 있으니, **오브제 투르베**objet trouvé가 바로 그것이다.

따라서 모든 구체적인 발명과 전용轉用—도구, 악기, 예술품, 기계—은 다차원 공간, 즉 '대상(오브제)의 도서관'Library of Object 내의 각기 고유한 장소에 "위치할" 수 있으며, 당신이 원한다면 그것들의 발견/발명의 계보도 거기에 사상mapping시킬 수 있다. 생명의 나무에 계보를 표시하듯이 말이다. 물론 생명의 계보보다는 발견/발명의 계보에 훨씬 더 많은 문합anastomosis이 있을 테지만. 두 사물이 저작권이나 특허의 보호를 받을 수 있는 하나의 단일 설계로 "간주"되려면 어떤 차원에서 얼마나 서로 비슷해야 할까? 이런 질문들에 쉽고 객관적인 답이 존재할 거라고 기대하지 마시라. 추상적 발명은 그 어떤 특정 차원, 그 어떤 공간에서도 "알파벳 순"으로 정렬시킬 수 없으며, 이는 반反 환원주의자를 매우 즐겁게 할 것이다. 그러나 추상적 발명이 마음에서 마음으로 전달되는 일은 단어와 이미지의 조합을 비롯한 기록 가능하고 전달 가능한 표상들에 의존한다. '종이테이프 위를 느리지만 착실히 전진하며 마크를 읽은 후 지우(거나 지우지 않)고 나서 다시 나아가는 기계'라는 튜링의 멋진 우화/이미지는 그의 발명에서 선택사양이 아닌 필수 특성이었다. 이는 특허는 실증적 효용에 관한 것이어야 하며 음악의 혁신이 저작권을 취득할 수 있으려면 어떤 "고정된 표현물"을 지녀야만 한다(217쪽을 보라)는 법의 요구사항에 대한 또 다른 전망을 제공한다. 생명의 나무가 자라난 다차원 설계공간은 이제 우리 두뇌의 산물을 위한 딸 설계공간(파생설계공간)daughter Design Space을 생성했고, 그 딸설계공간에는 그것의 모설계공간보다 더 많은 차원들과 가능성들이 있다. 그리고 우리는 그 파생된 설계공간을 탐사할 수 있는 (지금까지는) 유일한 종이다.

"인간의 뇌는 정말로 설계자다"라고 말했다는 점에서 스티븐 핑커는 옳았다. 그러나 이 말이 밈 접근법의 대안으로 이해되어서는 안 되며, 오히려 반지성적 설계semi-intelligent design에서 다윈주의를 점진적으로 감소시키는 시대를 들여다보기 위한 밈 접근법의 연속선상에 있는 것으로 간주되어야 한다. 천재에 대한 우리의 전통적인 시각은, 창조력이라는 면에 있어 천재성을 자연선택과는 **완전히** 다른 것으로 그려낸다. 그러므로 천재성이 종종 신성하고 초자연적이고 신과 같은 것으로 여겨지는 것은 우연이 아니다. 어쨌든 우리는 지향적 태도를 우주cosmos에까지 자연스럽게 과다 확장시킴으로써 우리의 (현시적) 이미지 안에서 신을 창조했다. 충직하고 상상력 풍부한 다윈주의자이자 자연주의자인 핑커는, 마음에 대한 우리의 개념에서 신비주의를 씻어 없애고자 자신이 할 수 있는 것을 했고(1997), 용감무쌍하게도 다윈주의로 무장하고 인간성을 침략했다는 죄목으로 사방에서 공격을 받았다. 그러나 여기서 데카르트 중력이 그에게 작용하여, 박테리아에서 바흐로 우리 모두를 데려다줄 경로에서 그를 약간 비껴가게 만들었다.

바흐, 지성적 설계의 랜드마크

자연선택에 의해 수행된 것처럼, 시스템이 불필요하거나 유해한 물질들에서 벗어나도록 분비되는 물질들이 매우 유용한 [다른] 목적에 활용되어야 한다는 것은 자연의 계획scheme에 완벽하게 부합한다.
—찰스 다윈, 1862

한 편의 시를 평가하는 것은 하나의 푸딩이나 기계를 평가하는 것과 같다. 평가자는 그것이 작동하기를 요구한다. 우리가 제작자의 의도를 추론하는 것은, 오로지 그 제작물이 작동하기 때문이다.
—W. 윔셋W. Wimsatt, M. 베어드슬리M. Beardsley, 1954

튜링, 피카소, 아인슈타인, 셰익스피어는 모두 지성적 설계자의 훌륭한 사례지만, 나는 요한 제바스티안 바흐Johann Sebastian Bach(1685~1750)를 좀더 자세히 들여다보고자 한다. 바흐는 지성적 설계자들이 지녔던 덕목들을 결합시킨 인물인데, 그 결합 방식이 특히 유용한 정보를 제공하기 때문이다. 그런데 한편으로는, 그가 음악가 가정—그의 아버지와 삼촌들은 모두 유명한 전문 음악가였고, 바흐의 자녀 20명(!) 중 성인이 될 때까지 살아남은 넷 역시 유명한 작곡가 또는 음악가였다—에서 태어났기 때문에 그가 예외적으로 강한 "음악 유전자"를 투여받았을 강한 가능성도 존재한다. (그러나 음악이 어떻게 "가계에 흐르는지"를 설명할 때 문화의 역할을 무시해서는 안 된다. 당신이 지닌 유전자가 어떤 것들이든, 음악적인 가정에서 양육된다는 것은 당신이 음악에 둘러싸여 가족의 음악적 인생에 참여하도록 독려되고 음악의 중요성에 물든다는 것을 의미하기 때문이다.) 또 다른 한편으로, 그는 "신이 부여한" 음악 재능을 폭넓은 연구로 보충했다. 그는 대위법counterpoint과 화성harmony 전문가였고, 앞선 작곡가들을 심층적으로 분석하여 광범위한 지식을 갖춘 연구자였다. 또한 그는 18세기의 기술관료technocrat라 할 만했고, 전문 오르간 연주자이기도 했으며, 현대 전자 신디사이저의 영예로운 조상인 웅장하고 경이로운 기계장치[a]를 설계, 보수, 유지하던 전문가였다.

진정으로 위대한 또 다른 작곡가 어빙 벌린Irving Berlin(1888~1989)[b]과 바흐를 비교해보자. 벌린은 악보를 보거나 그릴 줄 몰랐고, 피아노도 단 하나의 키로만 칠 수 있었기 때문에(올림 바장조로 친 덕에 그는 거의 모든 곡을 검은 건반으로 연주할 수 있었다!), 작곡할 때는 "음악 비서"의 도움을 받아야 했다. 음악 비서는 벌린이 흥얼거린 위대한 멜로디를 악보로 받아 적고 화음을 붙였다. 벌린은 실제로 비서가 기록한 화음에 대해 매우 엄격한 통제력을 행사했다. 그러나 화성학에 관한 지식이 없던 그는 오로지 "귀"로 그 모든 작업을 했다. 부유하고 유명해지자(그는 작곡을 시작한 지 얼마 되지 않아 부와 명성을 거머쥐었다) 그는 슬라이딩 키보드가 달린 특별한 피아노를 만들게 했다. 슬라이딩 키보드는 다른 조로 조옮김 되는 위치로 이동할 수 있어서, 벌린은 계속 올림 바장조로 연주하면서 귀로는 슬라이딩 키보드가 내는 다른 조의 음들을 들을 수 있었다.

학교도 졸업하지 않은 이런 작곡가가 훌륭할 수 있을까? 물론이다. 작곡가로서의 어빙을 열정적으로 찬미한 이들 중에는 콜 포터Cole Porter(1891~1964)와 조지 거슈윈George Gershwin(1891~1964)이 있는데, 두 사람 모두 고도로 훈련된 음악가다. 거슈윈은 주저 없이

---

a 보통은 파이프오르간을 가리킨다.

b 러시아 태생 유태계 미국인으로, 초등학교 2학년 중퇴가 학력의 전부였지만 미국 최고의 히트송이라 일컬어지는 많은 노래를 비롯한 3000여 곡을 작곡했다. 유명한 크리스마스 캐럴 〈화이트 크리스마스〉가 바로 그의 작품이다.

벌린을 "지금까지 살았던 가장 위대한 송라이터"라고 칭했다.(Wyatt and Johnson 2004, p. 117) 악보를 못 읽는 위대한 음악가가 벌린만 있는 것은 아니다. 그 가장 유명한 예로 비틀스The Beatles를 들 수 있을 텐데, 그들의 노래 수십 곡은 힙합에서 현악사중주까지 음악적 스펙트럼 전반에 영감을 주었고, 그 결과 수많은 커버 곡과 각색 작품, 오마주 작품이 만들어졌다.

하버드대학교를 졸업했고 클래식 음악 교육을 받은 작곡가 겸 오케스트라 지휘자 레너드 번스타인Leonard Bernstein(1918~1990)은, 1955년에 《위층으로 뛰어 올라가서 멋진 거슈윈 곡을 쓰는 게 어때?Why don't you run upstairs and write a nice Gershwin song?》라는 재미있는 제목의 에세이를 출판했다. 이 글에서 그는 자신의 실패한 시도에 대해 말한다. 세련된 음악을 하던 음악계 친구와 함께 히트할 만한 틴팬앨리Tin Pan Alley 음악[c]을 만들어보려고 했다는 것이다. 기술적 전문성에서 성공으로 가는 길의 한중간에 놓인 심연에 대해 (재정적으로든 음악적으로든) 번스타인보다 더 깊이 이해하는 사람이 그 누가 있으랴. 그는 아쉬움을 토로하며 에세이를 끝맺었다. "어디선가, 누군가가 내가 만든 노래를 휘파람으로 부는 걸 듣는다면 좋을 것 같을 뿐이다. 단 한 번만이라도 말이다." 그의 소망은 2년 후 〈웨스트 사이드 스토리West Side Story〉로 실현되었다. 번스타인이 천재성을 지닌 것은 분명하지만, 그가 하룻밤 만에 센세이션을 불러일으킨 것은 아니었음을 알 수 있다. 이 점은 바흐도 마찬가지였다. 작곡가로서 엄청난 결과물을 냈음에도, 사망할 무렵 바흐는 주로 위대한 오

---

c 틴팬앨리는 브로드웨이 28번가 음악 출판사 밀집 지역의 이름으로, 고전 음악을 기반으로 한 팝 음악 및 그 종사자들을 일컫는 명칭으로도 사용된다. 앞에서 언급된 어빙 벌린, 콜 포터, 조지 거슈윈은 모두 틴팬앨리 작곡가로 불린다.

르간 연주자로 알려져 있었다. 다른 작곡가들과 비평가들, 음악가들이 그의 명성을 확고히 하고 서양 음악사에 그의 밈을 고정시키도록 추동한 것은 그가 사망하고 50년쯤 지나서의 일이었다.

바흐가 만든 곡들은 왜 그 당시에 들불처럼 번져 나가지 못했을까? 바흐가 작곡한 부분에 대한 관심이 부족해서 준비된 복제를 확보할 정도가 되지 못했기 때문은 아니다. 사실 예술 분야에서 바흐는 전통에서 성공적이었던 부분을 차용한 선구자였다. 그는 라이프치히에 거주하면서 1750년 사망할 때까지 25년가량 성토마스교회를 비롯한 여러 교회의 카펠마이스터Kapellmeister(음악감독)를 역임했다. 그가 맡은 일 중 하나는 칸타타cantata를 만들고 연주하는 것이었다. 칸타타란 합창단과 독창자를 위한 정교한 곡으로, 실내 오케스트라 반주를 동반하는데, 때로는 오르간으로만 반주가 이루어지기도 한다. 그는 교회력church calendar의 일요일마다 하나씩, 그때그때의 전례와 예식에 맞춘 칸타타를 작곡했고, 그 수는 수백을 헤아린다. 그는 꼬박 5년간 이렇게 작곡했다고 알려져 있고, 그중 3년치가 오늘날까지 전해진다. 그의 칸타타 중 어림잡아 100곡 정도가 영원히 사라졌다고 할 수 있다.

두 번째 해부터 그는, 코랄chorale을 기반으로 칸타타들을 만든다는 정책을 채택했다. 코랄 한 곡씩을 바탕으로 칸타타 하나씩을 만드는 것이다. 코랄이란 당시 대부분의 신도에게 익숙했던 루터 교회의 찬송가다. 그 선율들은 이미 수십, 수백 년 동안 생존해옴으로써, 그 숙주들의 귀와 마음에 잘 적응되었음을 보여주고 있었다. 따라서 바흐는 바이러스마냥 삽시간에 퍼지지는 못하더라도, 지구력은 지닐 수 있는 음악 밈을 생산하는 프로젝트에서 그 자신을 유리한 출발선에 세울 수 있었다. 누구나 쉽게 흥얼거릴 수 있는 주제가를 1년에 50곡씩 만들어야 한다는 과제가 당신에게 떨어진다면 어떻게 하겠는가? 바흐의 선례를 따라 〈어메이징 그레이스〉, 〈징글벨〉(제임스 로드 피어폰트James Lord Pierpont 작곡), 〈오 수재너〉와 〈스와니 강〉(스티븐 포스터Stephen Foster 작곡), 〈유 아 마이 선샤인〉(지미 데이비스Jimmie Davis 작곡) 등의 멜로디를 기반으로 작곡해보는 방식을 시도할 수도 있을 것이다. 바흐는 코랄의 멜로디를 뼈대로 삼고 그 위에 숨 막히게 아름다운 음악의 살을 붙여 코랄들에 새로운 삶을 선사했다. 말하자면 그는 음악적 환생reincarnation을 실현한 프랑켄슈타인 박사였던 것이다.

바흐, 번스타인, 벌린, 비틀스를 다루며 나란히 놓인 앞의 단락들을 읽은 일부 음악 애호가들은, 의심의 여지 없이 이렇게 판단할 것이다. "감히 여기에 밈을 거론하는 자들은 교양 없는 끔찍한 속물들이고, 양과 질을 구분하지도 못하는 인간들이야." 그리고 그 판단이 입증되었다고 선언하고 싶은 유혹을 느낄 것이다. 고백하자면, 나는 내가 그런 정서를 정확하게 자극하는 데 성공했기를 바란다. 그런 감정들을 풀어서 분석한 후 다시 포장하여 돌려보내고자 하기 때문이다. 고급 및 저급 문화에 대한 객관적이고 과학적인 연구와 심미적 판단의 표현 간에 충돌이 있을 필요가 전혀 없다. 비평적 판단의 각축장에서 밈학은 입장을 거부당하는 경우가 많은데, 밈학이 밈들의 차등 복제를 특정하고 예측하고 설명하려 한다고 주장한다는 이유만으로 입장 거부 현상이 벌어지는 것은 아니다.

등식의 균형을 맞추자면 이 말도 해두어야 할 것이다. 예술과 인문학에서 베스트셀러나 그래픽노블, 플래티넘을 기록한 음반 등을 예술의 쓰레기로 취급하는 사람들이 있는데, 그런 사람들은 편견을 내던지고 질과 양 간의 상당한 상호작용이 예술의 다양한 스펙트럼에 걸쳐 존재함을 알아보는 학습을 할 필요가 있다고. 나는 이에 덧붙여, 과학을 일반 대중에게 설명하려는 모든 시도를 경멸하는 과학자들 또한 이와 동일한 충고를 받아들일 것을 권하는 바이다. 나는 많은 **과학자** 청중을 대상으로 수차례 설문조사를 했는데, 그 결과는 그들이 스티븐 호킹Stephen Hawking, 에드워드 O. 윌슨Edward O. Wilson, 리처드 도킨스, 더글러스 호프스태터, 스티븐 핑커 등을 비롯한 뛰어난 과학 커뮤니케이터의 저작을 읽고 과학자가 되려는 영감을 얻었음을 확인시켜주었다. 과학에 있어 이들과 일선 과학자들은 꼭 맞물리는 요철이라 할 수 있다. 예술과 인문학이 요철의 반대 부분, 즉 예술과 인문학에서의 성과를 대중에게 설명해주고 그리하여 대중이 그 성과를 기릴 수 있게 해주는 위대한 인물을 많이 배출하지 못한 것이야말로 실로 수치스러운 일이다. 물론 이 분야에 레너드 번스타인과 케네스 클라크Kenneth Clark(1903~1983)[a]가 있긴 하지만, 이들은 반세기 전에 활동한 인물들이다. 이들 다음 세대들에서 "대량의" 청중에게 전달될 흡족한 "질"의 작업을 하려고 노력이라도 해본 사람이 누가 있을까? 얼른 떠오르는 인물로는 윈턴 마살리스Winton Marsalis와 스티븐 그린블라트Stephen Greenblatt[b]가 있다. 이 분야들에서 좀더 지성적인 설계가 말을 더 널리 확산시키는 데 주력했다면, 예술과 인문학이 지금처럼 황량한 곤경에 빠져 절망으로 손을 떠는 일은 줄어들었을지도 모른다.

---

a 영국의 미술사학자로, 내셔널갤러리 관장을 지냈으며, 미술을 통해 서양 문명사를 조망한 BBC 다큐멘터리 〈문명(Civilization)〉을 제작했고, 《회화 감상 입문》, 《명화란 무엇인가》 등의 명저를 남겼다.

b 윈턴 마살리스는 미국의 재즈 및 클래식 연주자이자 작곡가이자 뉴욕 링컨센터 아트 디렉터다. 대중에게 재즈와 클래식을 교육시키는 방송 프로그램들을 만들었으며, 재즈에 관한 책들도 집필하는 등, 대중에게 재즈의 역사와 이론을 친절하게 설명하고 해설하는 것으로도 유명하다. 스티븐 그린블라트는 하버드대학교 영미어문학과 교수로 셰익스피어 연구의 세계적 권위자다. 셰익스피어를 중심으로 한 르네상스 문학 작품들을 저작 배경과 함께 비평하는 작업을 했다.

오늘날, 바흐의 〈인류의 기쁨 되시는 주Jesus bleibet meine Freude〉보다는 〈화이트 크리스마스〉를 흥얼거리는 사람이 더 많다는 것은 주지할 만할 객관적·문화적 사실이다. 또 다른 방향에서 짚어보아야 할 사실은, 브람스가 생존 당시 폭넓은 인기를 누린 작곡가였을 뿐 아니라, 최초의 유명한 레코딩 아티스트였다는 것이다(1889년, 에디슨의 동료는 브람스가 직접 연주한 〈헝가리 무곡Hungarian dance〉 1번을 왁스 실린더에 녹음해왔다). 양을 질과 동등하게 놓으면 안 되겠지만, 확산에서의 성공은, 종국에는, 유기체에게 필요한 것과 마찬가지로 (그것이 얼마나 우수하든) 밈에게도 필요하다. 대부분의 유기체는 후손을 남기지 못한 채 죽고, 출판된 책의 대부분은 수천 명은 고사하고 수십 명에게만 읽힌 채 영원히 절판된다. 천재들의 위대한 작품도 차등 복제의 시험을 통과해야만 한다. 허먼 멜빌Herman Melville의 《모비 딕》(1851)은 오늘날 영어로 집필된 가장 위대한 소설 중 하나라는 정당한 평가를 받고 있다. 그러나 이 작품은 그의 생전에는 절판되었고, 1919년 멜빌 탄생 100주년을 맞아 다소 호의적인 회고적 비평이 형성되기 전까지는 거의 잊힌 것이나 다름없었다. 그 뒤를 이어 1930년에는 록웰 켄트Rockwell Kent(1882~1971)[c]의 잊을 수 없는 목판 일러스트가 삽입된 시카고 판이 출판되었고, 영화도 두 편이나 (원작 소설과는 완전히 딴판이긴 했지만) 만들어졌다. 그리고 1943년에는 마침내 모던라이브러리자이언트Modern Library Giant[d]판으로 출간되었다. 여기에도 켄트의 아름다운 일러스트가 함께 했음은 물론이다. 이로써 《모비 딕》의 "불멸성"이 보장된 것이다.

---

c 당시 미국 최고의 일러스트레이터다.

d 세계 최대의 단행본 출판사 랜덤하우스에서 영미문학의 금자탑이라 평가되는 작품만을 엄선하여 출간한 시리즈 이름이다.

아마도, 일부 비평가들이 제시한 의견처럼, 진정으로 위대한 예술 작품은 언제나 시간과 공간을 넘나들며 어떻게든 사람들의 심금을 울릴 방법을 찾아내는 것 같다. 그 시공간이, 작품이 창조될 당시의 환경과 아무리 동떨어져 있다 하더라도 말이다. 그렇지 않고서야 고전들이 지금까지도 전 세계에서 어떻게 이토록 많은 사랑을 받겠는가. "방치되었던 걸작들"이 부활하는 과정에는, 원저자들이 숙고 끝에 설계한 탁월함과는 거의 상관없고 오히려 뒤이어 다가온 우연한 행운과의 조우 덕분에 "심금을 울리게 된" 것에 더 가까운 특성들의 놀라운 병치가 포함되는 경우가 종종 있다. 따라서 우리의 뇌가, 가장 최상의 경우, 지성적 설계자라 해도, 문화에서의 지배적인 패턴을 설명하려면 창작 환경을 생존의 우여곡절과 분리시키는 것이 필요하다.

2장에서 제기하고 답을 미루어둔 질문이 있다. 왜 유명한 여성 천재는 별로 없었을까? 유전자 때문인가, 밈 때문인가, 아니면 그 둘이 결합되어 나타난 결과인가? 지금 우리가 서 있는 이 유리한 고지에서는, 그 답이 대뇌 피질보다는 문화의 특징과 더 연관되어 있다고 말할 수 있다. 그러나 이 제안이, 1960년대부터 시작된 신빙성을 잃은 주문—여자아이와 남자아이는 "생물학적으로" 동일하며, 모든 차이는 사회화를 비롯한 문화적 압력들에 의한 것이다—을 지지한다는 뜻은 아니다. 그 주문은 정치적으로 올바른 허튼소리다. 남성의 뇌와 여성의 뇌가 정확하게 같지는 않다. 부성과 모성의 생물학적 역할이 다른데 어떻게 그럴 수 있겠는가? 차이를 뒷받침할 수 있는, 믿을 만하게 검출 가능한 신경해부학적 특성 및 호르몬 균형을 비롯한 생리학적 징후들은 수십 가지에 달하며, 그 차이들의 유전적 근원 또한 확실하다. 또한 이런 신체적 차이는 인지와 정서 능력 및 양상에서 통계적으로 유의한 차이를 낳는다.(Baron-Cohen

2003) 그러나 여성들 **내에서도** 수많은 변이가 있고, 이는 남성들 **내에서도** 마찬가지다. 그래서 어떤 여성은 대부분의 남성이 잘하는 과제들을 뛰어나게 수행하며, 그 역 역시 성립한다.

게다가, 우리는 여성인 지성적 설계자보다 남성인 지성적 설계자가 더 **명성**을 얻은 것을 어떻게 설명할 것인지를 묻고 있고, 우리가 방금 알아보았듯이, 그 속성은 설계자의 마음의 질과는 꽤 느슨하게 그리고 그다지 미덥지 않게 연관되어 있다. 무엇이 어떤 노래와 농담을 바이러스처럼 널리 퍼뜨리는지, 그리고 무엇이 어떤 사람의 이름과 평판을 널리 퍼뜨리는지는 똑같이 탐구 불가능하다. 모든 종류의 자격 있는 수많은 후보가 자연선택에 의해 뽑혀서 증폭되기를 기다리고 있으니 말이다. 그리고 이때 자연선택에 의한 선발은 상당히 무작위적으로 이루어질 것이다. 하지만 그렇다고 해서, 누가 유명해질 것인가가 순전히 운에 달렸다는 것은 아니다—명성을 얻은 남성과 여성 수의 불균형은 이것이 운에 달린 일일 수 없음을 사실상 보증한다. (여성이 행운을 얻는 유전자를 남성보다 덜 가져서 그럴까? 그건 정말로 얼토당토않은 소리다.) 그렇다면 평균적인 출발선에 어떤 불평등이 있었음이 틀림없다. '유명한-천재적'이라는 타이틀을 얻는 도박에서 여성보다 남성이 스타덤에 오를 기회가 더 많이 주어지는, 그런 불평등 말이다. 이는 지난 세기의 일을 명백히 설명한다. 수천 년 동안, 자기 재능을 계발할 기회를 얻은 여성은 그야말로 극소수였다. 심지어 최근까지도 그렇다. 일례로, 과학적 발견과 증명에 있어 여성 과학자의 공헌이 남성 동료의 것보다 적지 않음에도 명성은 남성 동료에게만 돌아간 일화를 많이 찾아볼 수 있다. 이제 남성 중심적이었던 분야들에 마침내 여성이 대규모로 진출하기 시작했으나, 안타깝게도 때마침 과학은 유례없이 많은 연구자가 참여하는 대규모 팀 체제로 변동되었다. 이러한 체제 아래에서는, 프로젝트의 행정적 요구 때문에 개별 과학자가 두각을 나타낼 기회가 줄어든다. 이는 지성적 설계의 다른 분야에서도 마찬가지다. 현대의 찰스 배비지들은, 토머스 에디슨들은, 그리고 제임스 와트들은 지금 어디 있는가? 아마도 구글이나 애플, 아마존 같은 곳에서 동료들과 팀을 이뤄 작업하고 있을 것이며, 더 넓어진 세계 안에서 상대적으로 익명에 가깝게 살고 있을 것이다. 15장에서 보게 될 것처럼, 지성적 설계의 영웅시대는 이울기 시작하고 있다. 영웅이 될 수 있는 여성들이 마침내 자신의 위력을 증명하려고 하는 바로 그 시점에 말이다.

인류 문화를 위한 선택 환경의 진화

인류 문화의 여명기에, 우리 조상은 유익한 밈의 숙주였다. 그러나 이때 조상들은 유전적으로 전달받은 자신들의 본능에 대해 이해하지 못했던 것만큼이나 수혜적인 밈들도 이해 없이 받아들였다. 새 능력을 획득하려고 이해를 해야 할 필요가 없었으며, 새 능력을 가진다 해도 이해가 크게 증진되지도 않았다. 초기의 문화가 형성한 (유전적 대물림과 비교되는) 중요한 차이점은, 그 (행동의) 문화-전파적 **방식**이 숙주의 단일 세대 내에서도 재형성될 수 있고, 친인척이 아닌 이들 사이에서도 전달되며, 숙주가 태어날 때만이 아니라 평생 획득될 수 있다는 것이다. 밈이 축적되고 더욱더 효과적으로 숙주에 거주할 수 있게(숙주에게 더 도움이 되거나 덜 걸림돌이 되거나, 아니면 자신의 이익을 위해 숙주를 지배하게) 되면서, 현시적 이미지에는 점점 더 많은 행위 유발성이, 점점 더 많은 추적 가능한 기회들이, 점점 더 많은 해야 할 것이, 그리고 여러 가지 것을 추적하는 데 유용한 도구로 쓸 수 있는 점점 더 많은 것—단어—등등이 거주하게 되었다. 어떤 밈은 도구였고, 어떤 밈은 장난감이었으며, 어떤 밈은 집중을 방해하는 것이었으며, 또 어떤 밈은 장애를 초래하는 기생자였다. 그러나 그 밈 모두는 문화적으로 복제되어야 생존할 수 있다는 공통점을 지녔다.

이 경쟁 환경은 진화적 군비경쟁을 야기했다. 이 군비경쟁은 인간의 전쟁에서 볼 수 있는 것처럼, 기술과 그 반대급부 기술이 불가피하게 급증하는 양상으로 나타난다. 서로 속이고, 위협하고, 허세를 부리고, 조사하고, 시험—말로 제출하는 통행증이라 할 수 있었던 쉽볼레shibboleth 테스트처럼("shibboleth"라고 똑바로 발음할 수 있나? 못 한다면 당신은 우리 편이 아니야).[a]—한다. 우수실무사례best practice 시스템—이를테면, 물물교환, 약속, 상호 정보 제공, 공격 전 경고 등—은 시스템 자체의 능력을 증명하거나 적어도 국소적으로 고정될 수 있었다. 모두에게 알려지고, 모두에게 알려질 거라고 알려진 전통을 창조하고, 그것을 어느 정도 고정된 행동적 환경의 일부로 만듦으로써 말이다. 그리고 그 환경 안에서 계획들이 만들어지고, 논의되고, 채택되거나 기각된다. 이 중 얼마나 많은 것이 완전히 발달한 문법적 언어 없이 성취될 수 있었는지 현재로서는 그 누구도 확실히 모를 테지만, 모든 요소를 출현한 역사 순으로 적절하게 배열하지 않고서도 우리는 알 수 있다. 지성적 설계에서 많은 도움을 받지 않고도, 훌륭하게 설계된 문화적 습관과 제도를 구축함으로써 작은 혁신과 조정과 개량에 의해 행동의 세련됨이 점진적으

---

a 구약성서에 나오는 일화로, 길르앗 사람들과 에브라임 사람들 간에 전투가 벌어졌고, 승기를 잡았던 길르앗 사람들이 도망자들 중 에브라임 사람들을 가려내기 위해 "Shibboleth"이라는 발음을 시켜보았는데, 에브라임 사람들은 "sh"를 "s"처럼 발음했기 때문에 이 시험을 통과할 수 없어 살해당했다고 한다.

로 어떻게 증대될 수 있었는가를. "우선 학습한다. 그러고 나서 학습을 위해 적응한다."(Sterelny 2012, p.25) 신속한 학습자들이 상대적으로 성공함으로써 신속한 학습의 가치가 드러나고 나면, 그 과정을 가속시키는 방식들이 유전적으로, 그리고 문화적으로 진화할 수 있게 된다. 가장 가치 있는 혁신 중 하나는 표지mark를 환경 안에 놓음으로써 개인 뇌의 메모리에 걸리는 부하를 덜게 하는 관행이었으며, 이는 "확장된 마음the extended mind"의 첫 단계 중 하나다.(Clark and Chalmers 1998) 그 후 표지들은 수 체계와 문자 언어로 진화했고, 수 체계와 문자 언어는 추론이나 논증을 통한 교육의 위력을 증대시켰다. 그리하여 우리는, 그런 표지들이 생기고 몇천 년 지나지 않아, 이야기에 대해 이야기하고, 생각에 대해 생각하고, 국가를 상상하고, 비극과 희극에 관한 이론을 만든, 소크라테스와 플라톤과 아리스토텔레스를 갖게 되었다. 지금은 지성적 설계의 시대가 무르익고 있다. 스키너 생물과 포퍼 생물은 그레고리 생물을 따라오지 못한다. 그레고리 생물의 마음은 그들이 직면한 복합적인 환경을 유례없이 빠르게, 그리고 훨씬 더 정교하게 평가할 수 있는 새로운 도구로 넘쳐나고 있다. 이제 무차별적인 시행착오로는 더이상 충분하지 않다. 능력을 지니려면 이해를 해야만 한다.

지금 우리는 원작자가 분명하지 않은 밈들이 유행과 패션처럼, 발음 변화와 유행어처럼 삽시간에 널리 퍼지는 세계에서 살고 있다. 그러나 그런 밈들은 밈학적으로 제작된 발명품, 즉 전문적인 밈 장인(현대 사회에서 중요한 역할을 하고 있는 작가, 예술가, 작곡가, 기자, 논평가, 광고자, 교사, 비평가, 역사가, 연설문 작성가 등)이 선견지명과 목적을 가지고 만들어낸 것들과 경쟁해야만 한다. 그런 인간들이 만들어낸 성공적인 두뇌 소산물들이 지성적으로, 일말의 신비로움도 없이 설계되었다는 점에서는 핑커가 옳았다. 그러나 그 소산물들은 절반만, 반의 반만, 반의 반의 반만 지성적으로 설계된, 그리고 진화적으로 설계된 경쟁자로 가득 찬 바다에서 헤엄치고 있다. 그리고 그 모든 밈이 자신의 계보를 유지하려면 새로운 인간의 두뇌 안으로 들어가야만 한다는 점에는 변함이 없다. 그러나 이것도 바뀔 수 있다. 문화적 진화는 그것 자체의 생산물들에 의해 **감減 다원화**되어 왔지만, 그럼에도 문화 진화의 발단이 다원주의적임은 명백하며, 인류친화적이고 원저자를 알 수 없는 밈은 계속해서 매일 우리 주위를 둘러싸고 있다. 총질량과 총개체수에서 우리를 능가하는 박테리아처럼 말이다.

3부

우리 마음을
안팎으로 뒤집기

14 진화된 사용자 – 환각으로서의 의식[98]

마음에 관해 열린 마음을 유지하기

마침내 우리는 조각들을 한데 모아 맞추어보며 인간의 의식을 탐구할 준비가 되었다. 우리 조상들이 수천 년에 걸쳐 구축해놓은 "인지적 니치"에서 매우 특별한 역할을 하도록, 유전적으로 그리고 밈학적으로 진화된, 가상기계 시스템으로서의 인간 의식 말이다.

98 덴마크의 과학 전문 저술가 토르 뇌레트란데스Tor Nørretranders는 1991년 자신의 책 《사용자 환각: 의식을 쪼개기The User Illusion: Cutting Consciousness Down to Size》의 덴마크 판을 냈다. 나의 책 《의식의 수수께끼를 풀다》도 같은 해에 출간되었는데, 그 책에는 사용자-환각으로서의 의식에 대한 논의가 담겨 있다. 그도 나도 서로를 인용할 수 있는 상황이 아니었음이 명백한 것이다. 그의 책은 1999년에 영어로 번역되었다. 내 책에 달아 놓은 주석(p.311. 9번 각주)처럼, 사뭇 비슷한 아이디어를 낸 선구자들로는 스티븐 코슬린Stephen Kosslyn(1980), 마빈 민스키Marvin Minsky(1985), 제럴드 에덜먼Gerald Edelman(1989)이 있다.

우리는 이제 데카르트 중력에 정면으로 맞서며 다음과 같은 중대한 질문을 할 준비가 되었다.

1. 인간의 뇌는 어떻게, 지성적 설계자에 호소하지 않고도 "국소적" 능력들을 사용하여 "포괄적" 이해력을 획득했는가?
2. 우리의 마음은 다른 동물들의 마음과 다른가? 다르다면 어떻게, 그리고 왜 다른가?
3. 우리의 현시적 이미지는 어떻게 우리에게 현시적이 되었는가?
4. 무언가를 경험할 때, 우리는 왜 우리가 경험하는 방식으로 경험하는가?

간단히 검토해보자면 이렇다. 진화는 모든 생물에게 자기들의 특정 행위 유발성에 적절하게 대응할 수 있도록, 즉 나쁜 것을 탐지하여 회피하고, 좋은 것을 발견하여 획득하고, 국소적으로 유용한 것을 이용하고 그 외의 것은 무시할 수 있도록 필요한 것(자원이나 수단)을 부여해왔다. 이는 분자 수준부터 훨씬 더 상위 수준까지, 모든 수준에서 이해력 없는 능력을 낳았다. 이해력이 없어도 능력이 있을 수 있고, 이해력("진짜" 이해력)은 비싸기 때문에, 대자연은 필지 원리(4장을 보라)를 엄중하게 실행하며, 자신이 무엇을 하고 있는지 또는 왜 그러고 있는지 전혀 모르면서도 성공적이고 능숙하며 교활하기까지 한 생물을 설계한다. 그들의 행동에는 풍부한 이유가 존재한다. 그러나 그 이유 대부분은 부유하는 합리적 근거들, 다시 말하자면 그 이유 덕분에 이득을 얻는 행위 주체에 의해 꿈꾸어지지 않는 이유이다. 역설계자로서 우리는 나무의, 벼룩의, 그리고 회색곰의 **환경세계** 안에서 이루어지는 행위 유발성의 온톨로지를 이해할 수는 있지만, 그들에게 "그것이 어떠할 것 같을지it is like anything" 여부는 전적으로 불가지의 영역으로 남는다.

나무가 자신들이 그렇게 하는 이유를 ("마음속에") 지니지 않은 채 그렇게 하는 데는 이유가 있을 수 있다. 벼룩이 나무와 다르다는 것을 벼룩이 보여줄 수 있을까? 즉 벼룩이 자기 행동이 통제되는 이유를 어떻게든 제대로 인식하고 있으며, 그 이유를 포착하여 벼룩이 지닌 이유가 되게 했음을 보여주는, 그리고 벼룩이 지닌 그 이유로 인해 벼룩이 할 수 있는 그런 행동이 있을까? 벼룩이 된다는 것이 "어떠할 것 같을지"는 자동 엘리베이터가 되는 것 같은 것에 지나지 않을 수도 있을 것이다. 그리고 우리가 회색곰을 보고 있을 때, 회색곰이 되는 것이 어떤 것인지를 우리에게 확신시켜주는 것은 무엇인가? '회색곰이 된다는 것이 어떤 것일지' 같은 것은 분명히 있는 것처럼 보인다. 회색곰을 지켜보고, 그들의 소리를 들어라! 그리고 회색곰의 털 사이에 숨은 벼룩이 되는 것이 어떠할지보다는 회색곰이 된다는 것이 어떠할지가 더 명확한 것처럼 보인다. 그렇지 않은가? 그러나 어쩌면 바로 이 지점에서 우리의 상상력이 우리에게 속임수를 쓰고 있을 수도 있다. **우리**가 된다는 것이 어떤 것인지 우리는 알고 있다. 우리가 매일, 공연할 때, 불평할 때, 기사에서, 시에서, 소설에서, 철학책에서, 심지어는 전문가 심사를 통과한 과학 논문에서조차 그것에 대해 말하고 있다는 단순한 이유에서 말이다. 이것이 우리의 현시적 이미지의 중심 특성이며, **그 객관적 사실은 "화성에서 온" 과학자들이 우리의 언어를 익힐 정도로 충분히 오래 우리를 연구했다면 그들에게도 명백할 것이다.** 우리의 내성적introspective 폭로 역시 관찰 가능하고 측정 가능한 행위들이다. 먹고 뛰고 싸우고 사랑하는 행동처럼 말이다. 다른 동물도 우리의 것과 대략 비슷한 의식을 가졌다고 못 박아줄, 그 동물도 할 수 있고 우리도 할 수 있는 그런 행동—그 행동에 대해 말하는 행동은 논외로 하고—이 있을까? 화성에서 온 과학자들이 우리, 즉 말하는 지구 거주민들과 그렇지 않은 다른 지구 거주민들—돌고래, 침팬지, 개, 앵무새, 물고기 등—이 비슷한지 아닌지를 알기 위한 질문들을 준비했다면, 그들은 어떤 점을 지적할까? 그리고 어떤 것이 그들에게 깊은 인상을 줄까? 또, 그 이유는 무엇일까? 그 질문들은 적법한 과학적 질문일 뿐 아니라, 반드시 해야 할 질문이기도 하다. 그러나 한편으로는, 일반적으로 사상가들이 자신은 하지 않아도 된다고 스스로 면제시키는 질문이기도 하다. 그들은 다음과 같은 말을 하며 꽁무니를 뺀다.

> 생명의 복잡성 규모에서는, 나는 의식의 기준선을 어디에 그어야 할지 모르겠다—벌레는 의식이 있는가? 어류는? 파충류는? 조류는? 우리는 결코 알지 못할 수도 있다. 그러나 우리 인간만이 의식이 있는 유일한 존재는 아니라는 것은 알고 있다. 그건 분명하다.

위와 같은 주장은 두 가지 이유에서 수용할 수 없다. 첫째, 어디에 구분선을 그어야 할지 모름에도 불구하고 어딘가에 구분선이 있고 또 있어야만 한다는 생각은 극심하게 전前 다윈주의적이다. 원예가에서 원숭이에 이르기까지, 또 원앙에서 원목개상어, 원생생물에 이르기까지, 의식의 방식은 매우 다양하며, 우리의 발견을 기다리는 "의식의 본질" 따위는 존재하지 않는다. 네이글(Nagel 1974) 의 유명한 어구 "그것은 무엇과 같은가what is it like?"[a]가 지금은 보행기나 지팡이로 취급된다는 사실, 그러니까, 내용은 부족하지만 (우주를 의식이 있고 없는 것으로 양분하기라도 할 기세로) 구분을 추구함을 가리킨다는 것을 전제하는 은근한 제스처로 취급되고 있다는 사실은, 수용 가능한 형세 관망의 일환으로 받아들여져서는 안 되며, 이론의 기초 요소(이렇게 주장하는 철학자들도 있다)로 여겨져서는 더더욱 안 된다. 그 사실은 당황스러운 것으로 여겨져야 마땅하다. 두 번째로, 그러한 사고는 직관에 호소함으로써 우리의 손을 묶어 놓는다. 직관은 어떤 점에서는 틀릴 수 있는 것—에 불과한 것—인데 말이다. 의식에 대한 일시적인 불가지론은 괜찮다. 나는 그걸 옹호해왔다. 그러나 "**물론 다른 동물들도 의식이 있지. 그것이 무엇을 의미하는지 우리가 말할 수 없다 해도 말이야**"라는 단서를 쥚어진 불가지론은 그렇지 않다. 그것은 기껏해야 과학적 이미지와의 전쟁에서 현시적 이미지가 패배해온 오랜 역사를 대면하면서도 현시적 이미지가 끝내는 승리하고야 말 것이라는 자신감을 표현하는 것에 지나지 않는다. 어쨌든, 태양이 지구 둘레를 돈다는 것도 옛날에는 명백했다. 회색곰이 "우리처럼 의식하는지"(그것이 무엇을 의미하든)의 여부에 대해 스스로 생각조차 하지 않으려는 사람들은 상식에 굴복하는 것이 아니라 이데올로기에 굴복하고 있는 것이다. 그들의 동기 자체는 훌륭할 수 있다. 인간이 아닌 생물도 **고통받을** 수 있기 때문에 도덕적 배려를 받아야 할 존재들의 범위를 넓히는 데 열심이라는 점에서 말이다. 그러나 우리가 중요한 특징, 즉 문제가 되는 특징을 식별하고 왜 그런지를 설명할 수 있게 되기까지는, 인용문과 같은 제스처는 공허함 이상의 해악을 끼친다. 어렵고 중요한 질문, 이

---

a 과학철학자 토머스 네이글은 "박쥐가 된다는 것은 어떠한 것인가what is it like to be a bat?"라는 말로 유명해진 글에서, 박쥐가 된다는 것이 어떠한 것(무엇과 같은 것)인지 인간은 절대 알 수 없는 것처럼, 의식을 3인칭으로 연구할 수는 없다고 주장했다. 그러나 데닛은 네이글의 의견에 반대하며, 의식적 경험이 사적이고 주관적이긴 하지만 객관적인 과학에서 출발해 3인칭 시점을 고수하며 현상학적 설명으로 가는 중립적인 방법을 쓸 수 있다고 주장한다.

를테면 고통이란 무엇인지, 곤충이나 어류 또는 데이지가 고통을 받을 수 있는지 등을 다루는 일을 무기한 연기해버리기 때문이다. 도덕적 이유에서 우리가 "선을 그어야만 하는" 것은 맞다. 그리고 대부분의 사람이 (하지만 예를 들어 자이나교도는 제외하고)[a] 모기와 사슴진드기, 체체파리, 열대열원충*Plasmodium falciparum*(말라리아를 일으키는 미생물이다—그런데 원생동물도 고통을 받나?)을 죽이자는 단호한 정책에 불편을 느끼지 않는다. 대부분의 사람이 쥐를 박멸시켜야 한다는 것에는 동의하지만, 사촌 격의 또 다른 설치류 동물인 다람쥐(통찰력 있는 한 코미디언은 다람쥐를 가리켜 "자기 홍보를 잘하는 쥐"라 불렀다)에 대해서는 그렇게 생각하지 않는다. 그러나 우리는 우리의 과학을 중립적으로 유지시켜야 한다. 과학이 통속적 지혜에 대한 놀라운 예외들을 제시하며 우리를 놀라게 하는 만약의 경우에 대비해서 말이다.

자, 이제, 데카르트 중력이 당신을 옥죄고 있는 것이 느껴지는가? "회색곰이 된다는 것이 그 어떠한 것 같지도 않다고? 지금 농담해?" 아니, 그렇지 않다. 나는 농담하는 것이 아니다. 나는 점증하는 영리함의 연속체의 어떤 특정 지점에서 특별한 상 변이가 일어난다고, 그래서 이를테면 의식 소유 여부에 따라 우주를 양분하는 경계선을 나무와 벼룩 사이에(아니면 벼룩과 회색곰 사이에? 당신의 선택은?) 그을 수 있을 거라고 주장하고 싶어 하는 이들에게 입증의 부담을 주고 있는 것이다. 그런 경계가 있을 수도 있다. 그러나 "그게 어떠할 것(어떤 것과 같을 것)인가"가 한쪽에 속하는 유기체에게는

a 자이나교의 수도자들이 지켜야 할 다섯 가지 서약 중에는 '살생을 금한다'가 있다. 그래서 자이나교 수도자들은 걷거나 앉거나 음식을 먹거나 물을 마실 때도 작은 생물들을 죽게 할까 봐 극단적으로 조심한다. 수도자가 아닌 일반 교도들도 '고의로 살생하지 않는다'라는 서약을 하고 그것을 지키고자 노력한다.

무언가를 하도록 허하고, 경계의 다른 쪽에 속하는 유기체에겐 그렇게 할 수 없게 하지 않는 한, 그것은 이면의 통속적 전통 외에는 아무것도 아닌 경계선이 될 것이다. 내가 그러한 경계의 존재 자체를 부정하는 것은 아니다. 나는 이 문제를 미루고 있는 것이다. 그러한 경계선을 상정하지 않고 우리가 어디까지 갈 수 있는지를 탐구하면서 말이다. 그리고 그 어떤 과학적 조사가 됐든 이러한 방식으로 진행되어야 한다. 이러한 공평함을 참을 수 없다고 느끼는 자신을 발견한다면, 당신은 데카르트 중력의 효과를 벌충하려고 지나치게 애쓰면서, 탐구에 참여하지 못하도록 스스로의 손발을 구속하고 있는 것이다. (데카르트가 독단적 결정—"인간만이 의식을 지닌다. 그 외의 동물은 마음이 없는 자동인형automata이다"—을 함으로써 문제를 해결했다는 것은 기억해둘 가치가 있다.) 데카르트의 평결을 따르기가 꺼려진다면, 우리는 그 사이 어딘가에 **도덕적** 경계선을 그어야 한다. 그리고 실수는 안전한 쪽에서 저지르기로 하자. 그러나 **과학적** 판단, 즉 과학적 경계선을 긋는 것은 우리가 판단하는 것에 대해 더 나은 아이디어를 얻게 될 때까지 미루어야 한다. 그리하지 않는다면 우리가 더 많은 것을 배우게 될 때 그 경계선을 옮기거나 확정할 근거를 가질 수 없다. 영국에서는 1986년부터 문어를 (그러나 다른 두족류들은 아니고 오직 참문어Octopus vulgaris만) 무척추동물 중 법적 보호를 받을 수 있는 "명예 척추동물"로 규정했다. 당신이 다른 무척추동물, 예를 들어 살아 있는 가재나 벌레 또는 나방을 끓는 물에 넣는 것은 법적으로 문제가 없지만, 참문어는 안 된다는 말이다. 이는 포유류와 조류, 파충류가 받는 것과 똑같은 보호를 참문어도 받는다는 뜻이다. 이 법은 확대되거나 축소되어야만 할까? 아니면 입법자들이 처음부터 제대로 한 것일까? 이 질문에 방어적인 답을 하길 원한다면 우리는 우리의 직감을 식별해낼—그리고 나서 괄호로 묶어둘—필요가 있다. 우리의 도덕적 직관이 우리의 경험적 탐구를 처음부터 왜곡하게 내버려두어서는 안 된다.

아무것도 모르는 행위자의 위업을 과소평가해선 안 된다. 흰개미가 성을 짓는 것과 뻐꾸기 새끼가 둥지의 알을 밀어내 죽이는 것을 비롯한 많은 경이로운 행위는, 명확히 표현되지도 숙고되지도 않은, 실용적 노하우와 마찬가지인 일종의 행동이해력behavioral comprehension만으로 이루어진다. 인간 관찰자/설명자/예측자로서의 우리가 이 잘 설계된 탁월함과 마주할 때면, 식물과 동물이 왜 그렇게 하는지, 그 이유를 알아내는 작업에 자동적으로 돌입하게 된다. 즉 지향적 태도의 도움을 받아 그것들을 역설계해보는 것이다. 그리고 앞에서 이미 살펴보았듯이, 그 작업을 할 때 우리는 그 생물이 실제로 지니고 있는 것보다 더 많은 이해를 그들에게 귀속시킨다. 그들의 행동이 현저하게 영리하다는 합리적인 근거 위에서 말이다. 그런데 그 영리함이 그 생물들의 것이 아니라면, 그것은 누구의 영리함인가? 아이러니하게도, 우리가 창조론자였다면 더 편했을 것이다. 그 모든 이해를 신에게 귀속시키면 그뿐, 생물들에게 이해력을 부여해야 한다는 강박에 시달릴 일도 없을 테니 말이다. 모든 생물은 그저 신의 마리오네트일 테니까. 우리가 찾아내는 이유의 거처가 된 마음을 식별해야 한다는 강박을 느끼지 않고도 자연의 모든 경이를 계속 역설계해나갈 수 있도록 우리의 상상력이 해방된 것은, 부유하는 합리적 근거들을 생성할 힘을 지닌, 자연선택이라는 무마음적 과정을 발견하고 알려준 다윈 덕분이다.

인간의 뇌는 "국소적" 능력들을 사용하여 어떻게 "포괄적" 이해력을 얻었는가?

언어는 사람들이 자신의 생각을 감출 수 있도록 주어진 것이다.
—샤를모리스 드 탈레랑Charles-Maurice de Talleyrand

의식과 마찬가지로, 언어는 오로지 타인들과 접촉해야만 하는 그 필요성으로부터 생겨난 것이다.
—카를 마르크스

의식은 일반적으로 의사소통이 필요하다는 압력 하에서만 발달되어 왔다.
—프리드리히 니체Friedrich Nietzsche

흰개미 군집에 레슬리 그로브스 장군은 없다. 그들을 조직화하고 그들에게 명령하는 존재는 없다. 흰개미보다 훨씬 더 아무것도 모르는 신경세포를 조직화하고 그들에게 명령하는 인간 뇌 안의 존재도 없다. 이해력 없는 신경세포들의 활동으로 어떻게 인간의 이해력이 구성될 수 있을까? 우리의 구조과 습관을 비롯한 많은 특징을 설명하는 부유하는 합리적 근거들 외에도, 우리가 우리 자신과 타인에게 표상할 수 있는, 우리에게 포착되어 닻을 내린 합리적 근거들도 있다. 그 정박된 합리적 근거들은 그 자체가 우리를 위한 것들이다. 우리의 온톨로지를 구성하는 나무와 구름, 문과 컵, 목소리와 단어, 약속 등과 함께 우리의 현시적 이미지 안에 거주하고 있으니까. 우리는 그 이유를 이용하여—그 이유를 재구성하고, 포기하고, 승인하고, 거부하면서—우리가 하는 것들을 한다. 종종 은밀하기도 한 이러한 행동은, 그 모든 언어 앱을 우리의 넥톱에 다운로드해두지 않았더라면 우리의 레퍼토리 안에 존재하지 못했을 것이다. 간단히 말해서, 우리는 이러한 이유들이 좋은지 나쁜지 생각할 수 있고, 그 때문에 그 이유들은 다른 생물에게는 알려지지 않은 방식으로 우리의 공공연한 행동에 영향을 줄 수 있게 되었다.

5장에서 보았듯이, 어미 피리물떼새는 의상疑傷 행동을 하거나 부러진 날개 춤을 춤으로써 둥지로 가던 여우가 발걸음을 돌려 어미에게 다가오게 할 이유를 제공한다. 하지만 그렇다고 해서, 여우에게 어미 물떼새를 믿을 이유를 제공하는 것은 아니다. 여우의 주의를 끌기 위해 어미 물떼새는 퍼덕거림의 강도를 조절할 수도 있다. 그러나 그럴 때 어미 새에게 여우의 심적 상태에 대한 가장 초보적인 "판단appreciation"을 넘어서는 그 무엇은 필요하지 않다. 한편 여우도 그 구역을 계속 정찰하는 대신 어미를 쫓아야 하는 이유를 더 이해해야 할 필요가 없다. 마찬가지로 우리도, 우리가 하고 있는 것에 대한 막연한 개념만 갖고도 나중에 **회고적(소급적)으로** 정당화될 수 있는 꽤 노련한 행동을 수행할 수 있으며, 처음의 그 막연했던 개념은 종종 추후에 이유를 자기귀인self-attribution시키면서 선명해지기도 한다. 이것이 바로 우리에게서만 일어나는 마지막 단계다.

자기합리화라는 우리의 습관(자기평가self-appreciation, 자기면책self-exoneration, 자기위안self-consolation, 자기찬양self-glorification 등)은 우리의 머리를 문화로 생겨난 밈으로 채우는 과정에서 얻게 된 행동 방식(**생각하는** 방식)이고, 여기에 자기책망self-reproach과 자기비판self-criticism도 포함된다는 사실도 중요하다. 따라서 우리는 계획을 미리 세우는 법을 배우고, 이유 말하기와 이유 비판하기를 이용하여 인생의 문제를 미리 해결하는 방법을 배운다. 그런 것들에 관해 다른 이들과 이야기하거나 자기 자신에게 이야기해봄으로써 말이다. 그리고 이때, 이야기한다는 것에는 단지 말한다는 것뿐 아니라 그것들을 상상하고 마음속에서 그것들을 변주해보고 결점을 찾는 것도 포함된다. 우리는 포퍼 생물에 머무르는 것이 아니라, 우리 자신의 미래 행동을 설계하기 위해 생각 도구를 사용하는 그레고리 생물이다. 우리 말고는 그 어떤 동물도 이렇게 하지 않는다.

이런 종류의 생각을 하는 우리의 기량은, 다른 동물에게서는 찾아볼 수 없는, 어떤 특화된 뇌 구조가 우리에게 있기 때문에 성취된 것은 아니다. 이를테면 "설명가핵explainer-nucleus" 같은 것은 없다.[a] 우리의 생각은 가상 기계로 만들어진 가상 기계로 만들어진 가상 기계를 인스톨시킴으로써 가능해진다. 하의상달식 신경과학만으로 (인지신경과학의 도움 없이) 이 많은 것을 그려내고 설명하겠다는 목표는, 스마트폰에 깔린 앱 전체를 그 하드웨어 회로 설계와 메모리의 비트열만으로 (사용자 인터페이스를 보지 않고) 하의상달식으로 기술하고 설명해보겠다는 목표만큼이나 달성하기 요원한 것이다. 앱의 사용자 인터페이스는 앱이 어떻게 작동하는지 그 복잡한 세부 사항을 알지 못하고 또 알 필요도 없는 사용자—우리, 즉 사람—도 그 앱의 능력을 이용할 수 있게 하기 위해 존재한다. 우리 뇌 안에 저장된 그 모든 앱의 사용자-환각도 **같은 이유에서** 존재한다. 그 복잡한 상세를 알 수 없고 또 알 필요도 없는 사용자—**다른** 사람들—가 우리의 능력을 (어느 정도) 사용할 수 있게 만들어주는 것이다. 그런 다음 우리는, 대략 동일한 조건에서 우리 자신의 뇌에서

---

a 뇌에는 이름이 '핵'으로 끝나는 부분이 여러 곳 있다. 시상전핵, 기저핵, 측좌핵, 창백핵 등이 그것인데, 그런 것들은 우리의 사촌 유인원들에게도 있으며, 우리 친척 종에는 없고 우리에게만 있는, 소급 설명과 이유 부여에 특화되어 우리를 뛰어난 설명가가 되게 하는 설명가핵 같은, 특정 영역을 차지하는 물질적 구조는 뇌 안에 없다는 뜻이다.

손님으로서 우리 능력을 스스로 사용하게 된다.

다른 동물에서도 이와 다소 유사한 사용자-환각에 이르는 다른 진화적 경로—문화적인 것 말고 유전적인 것—가 존재할 수도 있겠지만, 설득력 있을 만큼 세세하게 상상할 수 있는 경로는 내가 아는 한 단 하나도 없다. 또한 동물행동학자이자 로봇학자인 데이비드 맥팔랜드David McFarland의 주장에 따르면, "의사소통은 유기체가 자신의 제어 체계를 스스로 감시해야만 하게 만드는 유일한 행동"이다.(McFarland 1989) 유기체들은 경쟁적이지만 "근시안적"인 작업 컨트롤러들(이들 각각은 굶주림을 비롯한 욕구, 감지된 기회, 내장된 우선순위 등과 같은 조건에 따라 활성화된다)의 집합에 의해 자신을 매우 효과적으로 제어할 수 있다. 컨트롤러 A의 상태가 현재 활성화된 작업 컨트롤러 B의 상태들보다 중요해지면 컨트롤러 A는 B를 방해하며 일시적으로 주도권을 잡는다. [올리버 셀프리지의 "대혼란 모형pandemonium model"(Selfridge 1959)은 많은 후대 모형들의 선조다.] 목표들은 각 작업 컨트롤러를 안내하는 피드백 루프 안에서 암묵적으로만 표상될 뿐, 포괄적 표상이나 고차 수준의 표상은 이루어지지 않는다. 진화는 이러한 모듈의 방해 역학interrupt dynamics을 최적화시키는 경향이 있으며, 아무도 이를 모른다.[a] **무슨 일이 벌어지고 있는지를 알아차리기 위해 그 일이 벌어지는 본거지에 있어야 할 필요는 없는** 것이다!

맥팔랜드는 의사소통이란 모든 것을 바꾼 행동 혁신이라고 주

a 이 표현의 원문은 "nobody's the wiser"이다. 데닛은 이 문장을 이용하여, 방해 역학이 최적화되지만 그 이유와 방해 역학 자체의 이유는 부유하는 합리적 근거일 뿐, 그 누구에게도 눈치채어지거나 표상되지 않는다는 의미를 전달할 뿐 아니라, 2장에서 언급했던 "진화는 당신보다 똑똑하다"는 오겔의 제2규칙도 연상되게 했다. 바로 다음 문장의 "무슨 일이 벌어지고 있는지를 알아차리기 위해"의 원문도 "to be wiser"이다.

장한다. 의사소통에는 유기체가 자기의 현 상태에 관한 너무 많은 것을 경쟁 유기체에게 드러내지 않도록 완충 작용을 해줄 일종의 중앙 정보교환소 같은 것이 필요하다. 도킨스와 크레브스(Dawkins and Krebs 1978)가 보여주었듯이, 의사소통의 진화를 이해하려면 그것이 순수하게 협력의 행위라고 보는 것보다는 속임수에 기반한 것이라 볼 필요가 있다. 포커페이스가 없는 생물, 즉 모든 청중에게 자신의 "현재 상태를 그대로 전달하는" 유기체는 속된 말로 "봉"이며, 곧 멸종될 것이다.(von Neumann and Morgenstern 1944) 이런 노출을 막기 위해 진화해야 할 것은, 은밀하고 독점적인 의사소통-제어 완충장치다. 이 완충장치는 **안내된**guided 속임수를 쓸 기회를 —그리고 그와 동시에 자기기만을 할 기회도 함께(Trivers 1985)— 제공하는 것이며, 그러한 기회는 그 유기체의 현재 상태에 대한 명시적이고도 더 포괄적으로 접근 가능한 표상들을 형성함으로써 생겨나는데, 이러한 것의 생성은 신경계의 진화에서 처음 일어나는 것이었다. 이때, 유기체의 현 상태에 대한 표상들은 유기체가 표상하는 과업에서 분리 가능하며, 그렇기 때문에 속임수 행위는 다른 행위들을 제어하며 이루어지는 추론 없이도 형식화되고 제어될 수 있다.

맥팔랜드의 주장을 고찰할 때 알아두어야 할 중요한 사항이 있다. 그가 "의사소통"이라는 말을 특별히 **언어적** 의사소통(이것은 우리만이 할 수 있다)을 가리키는 것으로 사용한 것이 아니라, **전략적** 의사소통을 의미하는 것으로 사용했다는 것이다. 이렇게 함으로써 한 행위자의 실제 목표 및 의도와 그 행위자가 청자에게 전달하고자 하는 목표 및 의도 사이의 결정적인 공간이 열린다. 많은 동물종이 껑충뛰기, 경고음 내기, 영역 표시와 영역 방어 등의 비교적 단순한 의사소통 행위를 유전적으로 갖추고 있음은 의심의 여지가 없다.(Hauser 1996) 공격적인 만남에서 몸집을 부풀리는 것과 같은 정형화된 속임수는 흔하지만, 그보다 더 생산적이고 유연성도 높은(더 다재다능하기도 한) 속임수 재능을 지니려면 맥팔랜드의 사적 작업 공간private workspace이 필요하다. 한 세기 동안 사람들은(철학자들은 그보다 더 오래전부터) 우리의 내적 사고의 "사밀성privacy"을 강조해 왔지만, 그 사밀성이 왜 그렇게 좋은 설계 특성인가를 묻는 귀찮음까지 무릅쓴 사람은 거의 없었다. (많은 철학자에게는 일종의 직업병이 있는데, 현시적 이미지를 그저 **주어진** 것으로 간주하고, 그것이 무엇 **때문에** 우리에게 주어진 것이었을까를 절대 묻지 않는 맹목성blindness이 바로 그것이다.)

우리의 현시적 이미지는 어떻게 우리에게 현시적이 되었는가?

우리가 아직 살펴보지 않은 기묘한 뒤집기가 남아 있다. 우리는 의사소통 행동을 할 때 이유들을 제공하고 요구하면서 정보를 공유하는데, 이 관행이 바로 우리의 개인적 사용자-환각을 만들어 낸다. 단세포 생물에서 코끼리에 이르기까지 모든 유기체는 초보적인 "자기감각sense of self"을 가지고 있다. 아메바는 나쁜 물질은 들어오지 못하게 막고 좋은 물질은 안으로 들여보내면서 자신의 생물로서의 경계vital boundaries를 보호하는 데 능숙하다. 바닷가재도 자기 몸 일부를 뜯어 먹지 않을 정도로는 "충분히 알고 있다." 모든 **유기조직체**(유기체)가 하는 행동의 부유하는 합리적 근거들은 자기 보호를 중심으로 **조직되어** 있다. 우리 인간의 경우, 그 행동들에는 문화되는 과정에서 우리가 골라 선택하는 수많은 은밀한 사고 행동이 포함되어 있으며, 문화화 과정에는 동종 생물과의 많은 명시적 상호작용이 필요하다. 자꾸 연습하면 아주 잘하게 된다. 그리고 그러한 재능을 연마하고 확장하는 것은 상호 접근성의 강화된 수준에 의존한다. 강아지나 새끼 곰은 장난치며 노는 행위를 통해 서로의 움직임을 지각하고 예측하는 능력 및 자기의 행동과 반응을 지각하고 조절하는 능력을 연마하는데, 이는 성체로 자라서 하게 될 더 진지한 행동에 대한 좋은 준비 작업이다. 우리 인간도 의사소통을 위한 학습을 할 때 이와 비슷한 관계를 형성해야 하며, 그렇게 하려면 그러한 행위를 수행할 때 **우리 자신을** 지각해야 한다. 이로 인해 우리에게 덜 초보적이고 자신에 대한 좀더 "셀피selfy(소위 셀프카메라)" 같은 감각이 생기게 된다. 우리는 어느 팔다리가 내 것이며 그것으로 내가 지금 무엇을 하고 있는지를 계속 추적해야 할 뿐만 아니라, 어느 생각이 내 것인지, 그리고 그것을 타인과 공유해야 하는지 아닌지도 계속 추적해야 한다. 우리는 이 이상한 생각을 거의 역설적으로 돌려놓을 수 있다. 이것은 당신이 된다는 것과 같은 무언가인데, 당신이 된다는 것이 어떤 것인지what it's like to be you를 당신이 우리에게 말할 수 있게—또는 말하지 않을 수 있게—되었기 **때문에** 그러하다.

우리가 진화하여 **우리**로 진입했을 때, 즉 정보(의견) 교환이 가능한 유기체로 이루어진 의사소통 공동체로 진입했을 때, 우리는 사용자-환각 시스템의 수혜자가 되었다. 사용자-환각 시스템은 의사소통을 위해 **우리에게** 접근 가능한 우리 인지 과정의 잘 연출된rendered **버전**이다. 그렇지 않다면 의사소통도 신진대사처럼 우리가 알아챌 수 없는 과정이 되었을 것이다. 우리 자신을 남에게 설명하는 것이 실로 새로운 행동이었으며, 이 행동이 어떤 R&D를 생산했고 그 R&D가 인간 의식의 아키텍처를 창조했다는 아이디어(앞 절의 서두를 열었던 경구들과 같은 생각)를 맥팔랜드가 최초로 내놓은 것은 아니다. 오히려 그는 최초 제안자와는 거리가 멀다. 이 아이디어는 인간에게 특징적인 의식의 진화에 대한, 오랫동안 바라왔던 설명을 위한 근거를 제공하기 위해 주장되었다. 이것이 잘못되었다 해도, 적어도 성공적인 설명이 달성해야 할 모델을 제시하고는 있다. 최근 많은 사상가가 이와 관련되며 또 궤를 같이하는 아이디어를 향해 곧장 나아가고 있다. 더글러스 호프스태터의 "활성 기호들active symbols"(1979, 1982b, 1985[특히 pp.646ff], 2007)도 그중 하나이며, 2013년에 출판된 세 권의 책(각 권의 저자는 심리학자 매슈 리버먼Matthew Lieberman, 신경과학자 마이클 그라지아노Michael Graziano, 인지과학철학자 라두 보그단Radu Bogdan이다)에서도 이 아이디어들을 찾아볼 수 있다.

밈의 진화는 사용자 인터페이스가 진화할 조건을 제공했다. 여기서 사용자 인터페이스는 밈을 연출render하여 "자신self"에게 "보이도록" 만들고, 이때 "자신"은 다른 개체와 의사소통하는 **서술의 무게중심**center of narrative gravity(Dennett 1991)이며 말과 행동 모두의 작자author인 개체를 말한다. 공유된 화제에 대한 공동의 관심이 필요하다면(12장에 기술된 토마셀로의 논의를 보라), 1인칭 당사자와 2인칭 상대방 모두가 주의를 기울일 수 있는 것들—행위 유발성—이 존재해야 하고, 이것이 바로 **우리에게 현시적인 우리의 현시적 이미지를 만드는 것이**다. 우리가 지금 하고 있는 생각과 프로젝트에 대해, 상황이 어땠는지에 대해, 그리고 그 외의 많은 것들에 대해 서로 이야기할 수 없었다면, 우리의 뇌는 현재 활동의 편집 요약(소화)본digested version들에 시간과 에너지와 뇌의 회백질gray matter을 소모하지 않았을 것이며, 이것이 우리 의식이 흐르는 방식이다. 자신self은 현재 뇌에서 일어나고 있는 일들에는 접근이 제한되어 있지만, 새로운 밈을 향유하고 오래된 밈을 퍼뜨리며 남들과 정보를 공유하는 일은 잘하도록 잘 설계되어 있다. 그렇다면 자신이란 무엇인가? 자신은 신경 회로의 일정 부분(자신 전용으로 할당된 부분)이 아니라 운영 체계의 최종 사용자와 더 비슷하다. 이 분야에서 한 획을 그은 책《의식적 의지라는 환각The Illusion of Conscious Will》(2002)에서 대니얼 웨그너Daniel Wegner가 주장했듯이, "우리는 엄청나게 복잡한 기계에서 살고 있기 때문에, 우리 행위에 미치는 어마어마한 수의 기계적 영향을 (추적하기는커녕) 거의 알 수조차 없다."(p. 27) 웨그너를 따라가면, 우리 몸의 뚜렷한 **거주자**로서의 우리 자신이라는 이중적 시각으로 이토록 쉽게 빠지게 된다. 놀랍지 않은가! "우리가 거주하는" 이 기계는 우리의 이익을 위해 이런저런 것들을 단순화시킨다. "그렇다면, 의지will의 경험이란 우리 마음들의 실제 작동actual operation이 아니라, 우리 마음의 작동들을 우리 마음들이 우리에게 묘사해주는 방식이다."(p. 96) 그렇다면, 신기하게도, 우리 자신의 마음에 대한 우리의 **1인칭** 시점과 타인의 마음에 대한 우리의 **2인칭** 시점이 크게 다르지 않게 된다. 우리는 우리 뇌 안에서 휘몰아치는 복잡한 신경 기계를 보지도 듣지도 느끼지도 못한다. 불만스러울지라도, 해석되고 요약(소화)된 버전, 즉 우리에게 매우 친숙한 사용자-환각에 만족해야 한다. 우리는 이 사용자-환각을 실재라고 받아들일 뿐 아니라, 실재 중에서도 가장 의심의 여지가 없고 가장 내밀하게 알려진 것이라고 받아들인다. 우리가 된다는 것은 바로 이런 것이다. 우리는 어떤 사람이 우리에게 말하는 것을 듣거나 읽음으로써 그 사람에 대해 배우고, 우리 자신에 대해서도 그런 방식으로 배운다. 이것은 새로운 아이디어가 아니지만 계속 재발견되고 있는 것으로 보인다. 위대한 신경학자 존 헐링스 잭슨John Hughlings Jackson은 이렇게 말한 적이 있다. "우리는, 우리의 생각을 남에게 말하기 위해 발화할 뿐 아니라, 우리가 생각하는 것을 우리 자신에게 말하기 위해서도 발화한다."(1915) 소설가이자 평론가였던 에드워드 모건 포스터Edward Morgan Forster는 "내가 뭐라고 말하는지 알기 전에 내 생각을 내가 어떻게 알 수 있는가?"라는 문장을 썼는데, 나를 비롯한 많은 사람이 이 말을 잘못 인용하곤 했다. 포스터는 비평서 《소설의 이해Aspects of the Novel》(1927)에서 이 문장의 한 버전을 쓴 일이 있으나, 그는 그 말을 빈정대는 의미로 썼고, 그 말이 유래됐던 초기 일화를 넌지시 암시하는 의도로 사용했다. R. J. 힉스Heeks(2011)에 따르면, 포스터의 밈은 바이러스마냥 돌연변이가 생겼고 그 돌연변이들은 널리 확산되었다. 힉스는 포스터가 쓴 맥락에 충실하자면 그 인용구는 앙드레 지드André Gide의 글쓰기 방식을 폄훼하기 위한 것이었다며 다음과 같이 주장했다.

> 또 다른 저명한 비평가는 지드와 의견을 같이하고 있다—자기 질녀들을 비논리적이라고 비난한 노부인의 일화에서 나오는 그 노부인에 대해서 말이다. 한참 전부터 그녀는 논리가 무엇인지 이해하지 못했고, 그녀가 그것의 참된 본성을 파악했을 때, 그녀는 노했다기보다는 경멸을 느꼈다. "논리라고! 세상에! 아무짝에도 쓸모없는 거!" 그녀는 외쳤다. "내가 하는 말을 내가 알기 전에 내가 뭘 생각하는지를 내가 어떻게 말해줄 수 있겠어?" 교육받은 젊은 여성이었던 조카들은 그녀가 한물갔다고 생각했다. 사실 그녀는 조카들보다도 더 시대를 잘 따라가고 있었는데 말이다.(Forster 1927, p. 71)

나는 기록을 바로잡는다는—그 노부인과 조카들의 일화를 추적할 수 없으므로, 어쩌면 실제보다 과도하게 바로잡는 것일 수도 있다—점에서는 기쁘지만, 포스터가 (반反 직관적으로 본다면) 중요한 가능성을 알아채지 못하고 지나쳐갔다고 말하고 싶다. 우리 자신의 생각, 특히 의식하부적subpersonal 부분들에서의 인과와 동역학에 대해 우리가 접근할 수 있는 정도는 소화 과정에의 접근 가능도보다 정말로 나을 것이 없다. 우리의 쉴 새 없는 호기심에 사용자 친화적인 의견을 공표하며 대응하는, 좁으면서도 엄청나게 편집된 채널에 의존하여 접근할 수밖에 없는 것이다. 이렇게 내가 나 자신에게 접근한다 해도, 내 가족이나 친구들이 진짜 나를 파악하며 접근하는 것에 비해 단지 딱 한 걸음만 더 가깝게 진짜 나에게 다가갈 수 있을 뿐이다. 다시 말하지만, 의식이란 그저 당신 자신에게 말하는 것에 지나지 않는 것은 아니다. 의식에는 우리가 깨어 있는 삶 동안 획득하고 연마해온 모든 종류의 자기자극self-stimulation과 반성reflection이 포함된다. 그리고 그러한 것들은 단지 우리 뇌 안에서 일어나는 일들인 것만이 아니라 우리가 종사하고 있는 행위들이며(Humphrey 2000, 2006, 2011), 그중 일부는 (유전적 진화 덕분에) "본능적으로" 하는 것이고, 나머지는 (문화적 진화와 전파, 그리고 개인의 자기탐색self-exploration 덕분에) 습득된 것이다.

우리는 왜 우리가 경험하는 방식으로 경험하는가?

웨그너의 표현대로 "우리의 마음이 마음의 작동을 우리에게 **묘사**"(강조는 내가 했다)한다면, 그래서 (내가 방금 말했듯이) 당신의 개인적 의식이 당신 컴퓨터 화면에 나타나는 사용자-환각 같은 것이라면, 이는 그 묘사가 일어나는 곳, 즉 그 쇼가 진행되는 곳에 당신의 데스크톱에서 당신이 지각하는 쇼와 같은 데카르트 극장이 어쨌든 **있음**을 암시하는 것이 아닌가? 그렇지 않다. 그러나 데카르트 극장의 자리에 무엇을 놓을 것인가를 설명하려면 상상력을 좀 발휘해야 할 것이다.

컴퓨터 데스크톱 화면에 나타나는 토큰들의 속성을 나열해보자. 직사각형의 "파일들", 화살표 모양의 "커서", 12포인트 크기의 타임스뉴로만Times New Roman 글꼴의 검은색 글자들을 드래그하면 글자들에 노란 음영이 생김 등등. 이에 상응하는 우리 의식의 속성, 그러니까 우리 뇌 안의 내재적이며 재식별re-identifiable 가능한 사밀한 토큰의 속성은 무엇인가? 우리는 모른다. 아직은 말이다. 9장에서 우리는, 그 어떤 단어도 부착되지 않은 벌거벗은 의미가 의식 속에서 우리의 주의를 점유할, 특히 혀끝에 맴도는 현상이 될 수 있을 방법을 고려해보았다. 그러한 것들은 진정한 토큰, 즉 우리가 지니고 태어난 감각 유형의 토큰이거나 밈의 토큰, 또는 (아직) 이름이 없을지라도 인식 가능하고 재식별 가능한 기억된 다른 행위 유발성의 토큰이다. 눈을 감고 파란 대문자 A를 상상해보라. 떠올렸는가? 그랬다면 당신은 당신 뇌 안에서 하나의 토큰을 창조한 것이다. 그러나 우리는 당신 뇌 안의 그것이 파란색이 아니라고 확신할 수 있다. 모니터에 "o"라는 문자가 나타나도록 타이핑할 때 워드프로세스 파일 안에 생긴 그에 상응하는 토큰도 둥글다고 확신할 수 없는 것만큼이나 말이다. 토큰 생성은 신경 회로의 활동에서 생기며, 주의 환기directing attention와 연관 토큰 발생시키기, 많은 인지 활동 조절하기 등에서 중요한 역할을 한다. 토큰 생성은 또한 급속(단속/신속) 안구 운동saccadic eye movements처럼 근본적인 행동들을 지휘directing하는 데 기여하며, 수십 개의 앱—밈—을 깨우는 것과 같은 고수준의 행동들이 개시되게 하는 데도 기여한다. 이 앱들은 언제나 그랬듯, 그 자신들의 새 토큰—후손—을 경기장에 진입시키는 데 온 힘을 쏟는다. 자, 보라.

tigr strp

방금 제공된 시각적 경험은 당신의 마음에 "tiger"와 "stripe"라는 단어를 일깨울 것이고, 아마도 그 토큰들은 명확하게 "청각적인" 거푸집cast을 지닐 텐데, 그 거푸집에서는 두 단어 모두에 들어 있는 복모음 i가 다소 강조되어 있을 것이다. 정작 그 단어들을 일깨운 시각적 자극에서는 발음될 수 없는 것인데도 말이다. (당신은 이 점을 눈치챘는가?) 또한 그 단어들은 당신의 신경작업공간neural workspace을 주황-검정 줄무늬**의 표상**으로 채운다. 물론 그것들 자체가 검거나 주황색인 것은 아니다. [당신은 당신의 시각 상상 안에서 주황과 검정의 줄무늬를 실제로 인식할 수 있는가? 그렇지는 않을 텐데, 당신의 경우 활성화가 그다지 강하지 않았기 때문이다. 그러나 의식하부적 수준의 (그리고 잠재의식에서의) 토큰들은 활성화되었다고 꽤 확신할 수 있을 것인데, 왜냐하면 그것들이 실험 세팅에서 다른 질문들에 대한 당신의 대답을 "애벌칠prime"하기 때문이다.]

이 모든 의식하부적, 신경 수준의 활동이 바로 실제 인과적 상호작용이 발생하는 곳이며, 당신의 인지력은 여기서 이루어지는 인과적 상호작용에 의해 제공된다. 그러나 "당신"이 접근할 수 있는 곳은 그 결과들뿐이다. 어떻게 "tigr"가 "tiger"로 연결되는지, 그래서 어떻게 그 뒤의 호랑이 "심상"으로 연결되어 그 줄무늬에 "초점이 맞추어"지는지는 당신이 당신 내면을 아무리 성찰해도 알아낼 수 없다. 당신 경험의 내부에서 무슨 일이 벌어지고 있는지를 우리에게 말하려고 시도할 때, 당신은 비유적 관용구로 빠져들 수밖에 없다. 이는 불가피한 일이다. 당신 **내부에서** 무슨 일이 일어나는지에 대한 더 깊고 더 참이며 더 정확한 지식이 당신에겐 없으니까. 그래서 당신은 틀린—그러나 심히 솔깃한—모형으로 당신의 무지를 완충시키려고 한다. 말인즉슨, 당신은 당신 **외부에서** 벌어지는 일들을 알아내는 법에 관한 당신의 일상적 모형을 단순히 복제reproduce한다는 것이다. 약간의 속임수(주의를 다른 곳으로 돌리기)와 양해를 구하는 말을 첨가하면서 말이다.

어떻게 그렇게 되는지 한번 보자. 친숙하고 잘 이해되는 어떤 것을 우리 자신에게 상기시키는 것으로 시작하자. 우리는 친구에게 리포터 역할을 맡긴다. 밖으로 나가 외부 세계의 일부분—가까이 있는 집 한 채라고 하자—을 관찰하고 휴대전화로 우리에게 보고하라고 하는 것이다. 전화기가 울리고 우리가 전화를 받으면, 친구는 그 집의 전면에 4개의 창문이 있다고 말한다. 그리고 그것을 어떻게 아느냐고 우리가 물으면 그는 "내가 그 집 앞에서 그 창들을 보고 있으니까. 아주 분명하게 보이는걸!" 하고 대답한다. 일반적으로 우리는 그가 분명히 보고 있다는 사실이 어떻게 그가 그 사실을 안다는 것을 설명할 수 있느냐고 물어볼 생각조차 하지 않는다. 보는 것이 곧 믿는 것seeing is believing, 내지는 그 비슷한 무언가니까. 우리는 그의 뜬 눈과 말하는 입술 사이의 미지의 경로를 확실하고 믿음직한 것이라고 암묵적으로 받아들인다. 마치 그의 휴대전화와 우리 전화기 사이에 존재하는 무선 기지국 내에서의 경로에서 벌어지는 필수불가결한 활동을 받아들이는 것처럼 말이다. 이 상황에서 우리는 전화기가 어떻게 작동하는지 궁금해하지 않는다. 전화기의 작동을 당연하게 여기기 때문이다. 우리는 또한, 친구가 어떻게 눈을 뜨고 있을 수 있는 것인지, 그리고 그 친구의 눈앞에 분명히 위치하고 있는 것에 관해 어떻게 높은 신뢰도로 대답할 수 있는 것인지를 이해하지 못해서 머리를 긁적거리지도 않는다. 우리 (중 맹인이 아닌) 모두가 그렇게 할 수 있기 때문이다. 이것은 어떻게 작동하는가? 우리는 모른다. 그리고 대개는 궁금해하지도 않는다.

그런데 우리가 정말로 궁금해져서, 그 친구에게 외부 세계 자체에 대해서가 아니라 외부 세계에 대한 그 자신의 **주관적 경험**을, 즉 그의 **내면** 세계를 기술해달라고 요청한다고 하자. 그런 요청은 그를 곤란한 상황에 처하게 할 것이며, 그에게 다소 부자연스러운 행동을 하도록 요청하는 것이 될 것이다. 그리고 그 결과도 십중팔구 실망스러울 것이다(그가 어떤 학파에 속해서 본격적인 **내성 훈련**을 잘 받은 사람이 아니라면 말이다). "어, 잘 모르겠는데……. 그냥 보는데 집이 보여. 그러니까, 내가 집을 본다고 나는 생각해. 50미터쯤 앞에 집처럼 생긴 물체가 있고, 창문처럼 생긴 것 4개가 거기 있고, 눈을 감았다가 다시 떠도 여전히 거기 있어. 그리고 ……."

우리가 볼 수 있는 사물에 대해 사람들에게 이야기하는 과정의 외적 부분은 비교적 접근성이 높고 친숙한데(우리는 우리 눈을 떠야 하고 초점을 맞추어야 하며 보고자 하는 대상에 주의를 기울여야 하고 빛도 있어야 한다는 것을 안다), 그 탓에 그 과정의 나머지 부분이 완전히 공백으로 남아 있다는 사실은 우리에게(내성의 관점에게, 또는 단순한 자기진단self-examination으로는) 드러나지 않는다. 인식 과정의 바로 그 부분에 대해 우리는 특권적 접근을 할 수 없다. 친구의 휴대전화와 우리 전화기 사이의 연결을 유지시키는 복잡한 과정들이 우리에겐 거의 접근 불가능한 것과 마찬가지로 말이다.

- 집 옆에 나무가 한 그루 있다는 걸 넌 어떻게 알아?
- 글쎄, 나무가 거기 있잖아. 그리고 난 그것이 딱 나무처럼 생겼다는 걸 볼 수 있어!
- 그게 나무처럼 생겼다는 걸 넌 어떻게 알 수 있는데?
- 아니 글쎄, 그냥 안다니까!
- 넌 그걸 나무라고 확신하기 전에, 그게 어떻게 보이는지 세계

의 다른 많은 사물과 비교해봐?
- 의식적으로 그러지는 않아.
- "나무"라고 표시되어 있어?
- 아니. 그 표시를 "볼" 필요도 없어. 게다가 표시가 있었다면 난 그걸 읽어야 했을 테고, 그 표시가 붙어 있는 사물을 위한 것이라는 것도 알아야 했을 거야. 난 그냥 그게 나무라는 걸 알아.

자, 이제 당신이 발가락을 쫙 펼치면 시카고에서 지금 무슨 일이 벌어지고 있는지 숨 막힐 정도로 생생하게 확신할 수 있다고 상상해 보자. 그리고 그게 어떻게 가능한지는 전혀 궁금해하지 않는다고 상상하자.

- 너 그걸 어떻게 하는 거야?
- 전혀 모르겠는데. 하지만 돼. 그렇지 않아? 내가 발가락을 오므리면 더이상 안 돼. 그런데 다시 쫙 펴면, 시카고에서 지금 일어나는 일 중 내 호기심을 자극하는 건 뭐든지 즉시 내게 알려져. 난 그냥 알아.
- 그건 어떤 느낌이야What is it like?
- 글쎄, 보고 듣는 거랑 비슷한 건데, 원격으로 화면과 소리를 받는 텔레비전을 보는 것 같아. 꼭 그렇진 않지만 말이야. 어쨌든 나는 시카고에 대한 내 모든 궁금증이 손쉽게 만족된다는 걸 알게 됐어.

설명은 어딘가에서 멈추어야 한다. 그리고 여기서는 의식적 수준 personal level에서 멈추었다. 알고 보고 알아차리고 인식하는 등의 익숙한 정신적 언어로 표현되는 신체적 기량들brute abilities에 호소하는 것에서 말이다. 1인칭 시점의 문제는, 시점 자체가 과학적 이미지가 아닌 현시적 이미지에 고박되어 있기 때문에 스스로 과학적 이미지의 자원들을 사용할 수 없다는 것이다. 우리는 표준적인 가정을 한다. 우리가 리포터 역할에 도전할 때 "나는 그것을 볼 수 있기 때문에 안다"는 대답이 수용 가능한 완전한 대답이라고 여기는 것이다. 그러나 예를 들어, 정신적 화상imagery이나 기억(또는 발가락을 꽉 펼 때의 시카고 천리안에 관한 상상)에 대해 주체가 보고하고 있는 경우에 이와 동일한 가정을 들여올 때, 우리는 인공물을 창조한다. 우리의 질문들이 **직접적으로** 만들어내거나 유발하는 것은, 위의 대화에서와 같은 대답들이다. 간접적으로 만들어내는 것은 그러한 대답들에 기초한 이데올로기들이다. 당신은 당신의 주관적 경험이 무엇인지 자문할 수 있고, 당신이 말하고 싶은 것이 무엇인지 볼(알) 수 있다. 그러면 당신은 자신의 선언을 지지하기로, 그리고 그것을 믿고 그 신념의 함의를 추구하기로 결단할 수 있다. 당신은 자기 자신에게 소리 내 말함으로써, 또는 속으로만 말함으로써, 그것도 아니면 당신이 현재 경험하고 있는 것이 무엇인지 혼자 "그냥 생각"함으로써 이것을 할 수 있다. 이 정도가 바로 당신이 당신 자신의 경험에 접근할 수 있는 범위이며, 이는 당신이 계정을 공개하기로 결정했을 때 다른 사람이 그 경험—**당신의** 경험—에 접근할 수 있는 범위와 크게 다르지 않다. 당신의 확신은 의심의 여지 없이 믿을 만하겠지만, 그렇다고 해서 무류한infallible 것은 아니다. 그 확신을 테스트하는 데, 그리고 어쩌면 차후의 더 많은 경험을 앞두고 그것들을 조정하는 데 다른 사람이 도움을 줄 수도 있다. 이것이 바로 의식을 과학적으로 공부하는 방법이고, 나는 이 방법에 **타자현상학**heterophenomenology이라는, 볼품없지만 정확한 이름을 붙였다. 타자현상학이라는 이름은 타인의 경험에 대한 현상학을 뜻하는 말로, 자기 자신의 경험에 대한 현상학인 **자기현상학**autophenomenology과 대조되도록 만든 것이다. 자기현상학이 경험의 대상에 이르는 더 내밀intimate하고 더 본래적authentic이고 더 직접적인 방식이라는 취지의 오랜 전통이 존재해왔다. 이에 따르면 "1인칭 시점"을 채택하는 것이 모든 전도유망한 의식 연구에서 핵심적이며 전략적인 움직임이 될 것이다. 그러나 그렇게 여기는 것 자체가 착각delusion이다. 자기현상학보다 타자현상학이 더 정확하고 더 믿을 만하며 환각으로 인한 피해에 덜 취약하다. 탐구할 때 당신이 거짓말을 비롯한 다양한 비협조적 수법들을 일단 제어하고 나서, 의식이 연구되는 모든 실험적 상황들을 당신 자신이 겪게 하면 **당신 자신의** 경험을 일람하는 더 나은 카탈로그를 얻을 수 있다. 그 카탈로그에서 당신은 자신의 경험이 드러내는 특징들을 볼 수 있을 텐데, 그중에는 당신이 전혀 눈치채지 못했던, 상상해본 적 없는 결손과 약점, 그리고 당신에게 있다는 것초자 몰랐던 놀라운 기량도 있을 것이다. 당신 자신의 의식을 공부할 때 다른 조사관들과 협업(당신이 원한다면, "2인칭 시점"을 채택할 수도 있다)하는 것은, 의식을 최대한 진지하게 하나의 현상으로 취급하는 방식이다. 이에 저항하는 것, 즉 그 의식이 당신 자신의 것이라는 이유만으로 남들보다 당신이 그것에 대해 더 많이 안다고 주장하는 것은 독단으로 빠져드는 길이다. 당신의 소중한 경험을 조사관의 탐침으로부터 보호함으로써 당신은 신화를 영속화한다. 그리고 그렇게 하는 당신 덕분에 신화는 그 효용이 다한 후에도 지속될 것이다.

우리는 피험자에게 어린 시절 살던 집의 침실에 창이 몇 개였는지 묻고, 피험자는 잠시 눈을 감았다가 대답한다. "2개요." 우리는 묻는다. "그걸 어떻게 아나요?" 그는 대답한다. "그냥 내가 그쪽을 '쳐다봤'고, …… 창을 '보았'어요!" 물론 그가 지금 문자 그대로 쳐다보았다는 것은 아니다. 그의 눈은 감겨 (또는 시선 중간의 어딘가를 초점이 맞추어지지 않은 채 바라보고) 있었으니까. 보기seeing 과정의 "눈 부분eyes part"은 관여하지 않았지만, 시각vision 과정의 많은 나머지 부분—우리가 보통 의심하지 않는 부분—은 여기에 관여하고 있다. 그것은 어느 정도는 보기 같기도 하고, 또 어느 정도는 보기 같지 않기도 하지만, 통속심리학적 설명이나 내성introspection 또는 자기성찰self-manipulation로는 이것의 작동 방식에 접근할 수 없다. 정말이다. 이 익숙한 진공 상태와 맞닥뜨릴 때면, 우리는 대리세계surrogate world—정신적(심적)mental 이미지—를 상정하여 피험자(보고자)가 관찰하는 실제 세계의 일부를 대리하게 하려는 저항할 수 없는 유혹에 직면하곤 한다. 그리고 좀 억지스러운 의미에서, 우리는 그런 대리세계가 존재한다고 확신할 수 있다. 그 대리세계에는 해당 주제에 관한 많은 정보를 확실하고 강력하게 유지하는 **무언가**—신경 활동에서의 무언가—가 있어야만 하는데, 이는 정보가 "그것"으로부터 추출될 수 있음을, 그것도 실제 세계에 있는 사물을 관찰할 때만큼이나 확실하게 추출될 수 있음을 우리가 매우 손쉽게 확인할 수 있기 때문이다. 피험자가 "기억해낸" 그 집의 "이미지"에는 일정 정도의 풍부함과 정확함이 있으며, 그 풍부함과 정확함은 점검될 수도 있고, 그 한계가 계량될 수도 있다. 이러한 한계들은 뇌 안에 그 정보들이 실제로 어떻게 구현되어 있는가에 관해 우리에게 중요한 단서를 제공한다. 그리고 우리는, 그 정보들이 우리가 참조consult할 수 있는 이미지의 형태로 구현된다는 결론으로 비약해서는 안 된다. 마치 그런 것처럼 보임에도 말이다.[99]

이런 관점에서 본다면, 우리가 정신적 이미지를 소위 '프레이밍'할 때 우리 스스로 도대체 뭘 하고 있는지 말하는 것이 전적으로 불가능하다는 사실이 그다지 놀랍지 않다. 우리가 눈으로 무엇을 하고 있는지에 대한 것 같은 주변적인 것들은 차치하더라도, 외부 세계를 보는 경우에도 우리가 정확히 무엇을 하고 있는지 말하지 못하는 것은 마찬가지다. 우리는 그저 보고 배운다. 그리고 그것이 우리가 아는 모든 것이다. 정상 시각의 의식하부적 과정subpersonal process들을 생각해보자. 그리고 어떤 순간에는 그 과정들이 우리가 눈을 뜨고 있는 덕분에 할 수 있는 모든 것—이를테면 우리는 블루베리를 딸 수 있고, 야구를 할 수 있고, 랜드마크를 알아볼 수 있고, 새로운 지역을 탐색해나갈 수 있고, 무언가를 읽을 수도 있다—을 설명해야 한다는 것도 알아두자. 또한, 이 과정들 덕분에, 기술적 언어행위를 프레이밍할 때 우리 내부 피질cortical의 상태가 우리의 말하기-하부체계speaking-subsystem를 안내하기에 충분해질 수 있는 것이다. 비록 많은 부분이 오리무중으로 남아 있긴 하지만, 우리는 이 하부 과정 이야기를 밝혀내는 데 꾸준한 진전을 보이고 있다. 우리는 확신할 수 있다. 안구에서부터 (특히) 구두口頭 보고에 이르기까지의 모든 것에 관여하는 의식하부적 이야기가 있을 것이며, 그 이야기 안에는 내부 스크린을 관찰하는 자아ego(자기a self, 우두머리, 내부 목격자)가 행하는 2차 발표 과정은 **없을** 것이라고. 내가 결코 지치지 않고 거듭 역설하듯, 데카르트 극장에서 호문쿨루스가 수행한다고 여겨지는 모든 작업은 다 해체되어 (시간적·공간적으로) 뇌 안의 더 작은 행위자에게로 나뉘어 분포되어야 한다.

자, 그럼 이제 자기(자아)를 이치에 맞는 작은 부품들에게로 해체해보자. 관찰 중인 리포터를 어떻게 나누고 축소시켜야 그 묘기를

99 여기가 바로, 정신적 이미지에 관해 로저 셰퍼드Roger Shepard, 스티븐 코슬린Stephen Kosslyn, 제논 필리신Zenon Pylyshyn을 비롯한 많은 이의 실험적·이론적 작업이 이루어지고 있는 지점이다.

부릴 수 있을까? 아마도 그 행위자들은 확신에 가득 차 있겠지만 자기가 어떻게 자신이 되었는지에 관해서는 아무것도 모를 것이다. 수많은 평결을 내리지만 자기가 어떻게 그 확신의 상태에 이르게 되었는지에 관해서는 아마도 우리에게(물론 자기 자신에게도) 아무것도 말해줄 수 없는, 신탁을 전하는 신관들처럼 말이다. 1996년에 레이 재킨도프는 이 주제를 언급하며 유용한 관점을 내놓았고, 브라이스 휴브너Bryce Huebner와 나(2009)는 하부체계에서의 **무심코 내뱉기** subpersonal blurt라는 개념을 도입하며 그의 관점을 아래와 같이 자세하게 설명했다.

> 핵심 통찰은 이것이다. 모듈이 "묵묵히 그리고 강박적으로 사고를 언어 형태로 바꾸며, 그 반대 과정도 진행된다"(Jackendoff 1996)는 것. 도식적으로 말하자면, 개념화된 사고는 그 사고의 내용과 매우 가까운 언어적 표상을 촉발하고, 이 과정에서 반사적인 **무심코 내뱉기**reflexive blurt가 일어난다. 이러한 언어적 비밀 누설은 원초적 언어 행위proto-speech act이며, 의식에 의하거나by the person 의식으로부터from the person 발행되는 것이 아니라 의식하부적으로 발생하는 것으로, 외인성exogenous 방송체계(언어적 **무심코 내뱉기**는 이곳에서 의식적 언어 행위의 원료가 된다)로 보내지거나 내인적으로endogenously 방송되어 언어 이해 체계에 이르며, 언어 이해 체계는 마음읽기 체계로 직접 공급feed된다. 여기서 **무심코 내뱉기**는 분명히 발화될 수 있는지를 알아보기 위한 테스트를 받는데, 이는 마음읽기 체계가 **무심코 내뱉기**의 내용에 접근하여 그 **무심코 내뱉기**의 내용의 근사치에 해당하는 믿음을 반사적으로reflexively 생성하기 때문이다. 그러고 나면 신념 고정에 전념하는 체계들이 꾸려지고 신념들이 업데이트

되며, **무심코 내뱉기**가 수용되거나 기각되고, 이 과정이 또 반복된다.(Huebner, Brice and Dennett 2009, p. 149)

이는 대단히 인상적이며 더 자세한 세부 사항들을 필요로 하지만, 최근 구스타프 마쿨라Gustav Markkula가 이와 유사한 "내러티브(서사)" 만들기라는 아이디어(Markkula 2015)를 개진한 바 있다. 마쿨라는 우리가 우리 자신이 된다는 것은 어떠한지(무엇과 같은지)에 대해 (대충) 묻고 말하는 인간의 행동이 상상의(가상의) 인공물artifacts of imagination을 만들어내며, 이 상상의 인공물이 바로 우리가 "감각질quale(복수형은 qualia)"이라 간주하는 것이라고 설득력 있게 주장한다. 감각질은 의식에 관한 이원론을 마음에 대한 진지한 이론으로 회복시키기를 갈망하는 철학자들의 지대한 사랑을 받고 있다.

흄의 기묘한 추론 뒤집기

그러나 여전히 반대 의견이 제기된다. 그것이 무언가를 보고 듣고 냄새 맡는 것과 같아야 하는 이유는 무엇인가? 우리가 깨어 있을 때면 언제나 멀티미디어 쇼가 상영되는 내부 극장이 있는 것처럼 **보이**는 것은 왜인가? 내가 하는 언어적 보고들과 의사결정, 그리고 모든 행동과 정서적 반응을 만족스럽게 설명할 수 있는 의식하부적 이야기가 과학적 이미지 안에 존재해야만 함을 인정한다 해도, 그것은 **나를** 그 이야기 바깥에 남겨둘 것이다! 그리고 나와 나의 감각질을 바깥에 남겨놓지 않고 세계 안으로 되돌려놓는 것은 여전히 완수해야 하는 과제다. 이 도전에 대한 반응 중 내가 아는 최고의 것을 나는 '흄의 기묘한 추론 뒤집기Hume's strange inversion of reasoning'

라 명명한다. 흄은 다윈과 튜링이 그들의 뒤집기를 발견하기 훨씬 전에 또 다른 경우—인과 자체에 대한 우리의 경험—에 대한 선견지명 있는 또렷한 설명을 내놓았다. 흄의 인과 이론은 매우 복잡하며 또 여러 가지 논란이 있을 뿐 아니라 그의 설명 중 수 세기에 걸쳐 영향력을 발휘해왔던 것 몇 가지는 오늘날에는 전면적으로 부인되고 있지만, 중심 아이디어 하나는 현시적 이미지와 과학적 이미지 사이의 관계, 그리고 우리의 인과 경험뿐 아니라 우리의 의식적 경험 일반의 본성에 대해 밝은 빛을 비추며 중요한 통찰 하나를 제공한다.

우리는 매일 인과를 **보고 듣고 느끼는** 것처럼 보인다. 그러나 흄에 따르면, 벽돌에 유리창이 깨지는 것을 보거나 종을 때려서 종소리를 들을 때 우리가 직접 경험하는 것은 사건들의 연쇄sequence일 뿐이다. A가 B에 **선행하는** 두 사건 A, B의 연쇄이지, A가 B를 **야기한**(A가 B의 **원인인**) 것이 아니라는 것이다. 만일 흄이 틀렸다면 오늘날의 애니메이션은 불가능했을 것이다. 당근을 씹는 벅스 버니를 나타낼 때, 애니메이터는 씹는 동작과 동기화된 '와그작' 소리가 들어간 사운드만 추가하는 것이 아니다. 벅스의 이빨이 닫히는 것이 당근 절반이 사라진 것 및 우리가 듣는 와그작 소리에 선행하기만 하는 게 아니라 실제로 그것들의 원인이 됨을 **우리에게 직접적으로 보여줄** 일종의 **원인** 트랙cause track도 덧붙인다. 물론 꼭 그래야 할 필요는 없다. 인과의 **인상**을 만드는 데는 필름 프레임들이 연속되는 것만으로도 충분하다. 그러나 흄이 주목했듯이, 우리가 경험하는 인과의 인상은 외부에서가 아니라 내부에서 온다. 인과의 인상 그 자체는, 오랜 시간 깨어 있으면서 우리에게 뿌리내린, 기대하는 습관이 빚어낸 결과인 것이다. [흄은 이러한 기대 습관들이 모두 학습된 것이며 정상적인 유아기 동안 획득된다고 주장했다. 그러나 현대의 연구 결과들은 우리가 일종의 자동 인과 감각(이를테면 반사 작용 같은 것)을 지니고 태어나므로, 우리의 감각들이 적당한 종류의 자극 연쇄들에 직면하기만 하면 인과를 "볼" 준비가 된다는 것을 강력하게 시사한다.] 우리는 A를 보면 B를 기대하도록 **배선되어** 있으며, A가 발생하는 것을 본 후 B가 발생하는 것을 보면—이것이 바로 흄이 철학사에 그은 중요한 한 획이다—우리는 우리의 지각 반응을 우리가 직접적으로 경험하고 있는 외부 원인에 **오귀속**misattribute시킨다. (우리는 우리가 벅스 버니의 만화 이빨이 당근의 절단을 **야기하는** 것을 **본다**고 생각한다.) 사실, 우리는 유순한benign 사용자-환각에 굴복하여, 외부 세계로부터 어떻게든 B가 도래하리라는 확신으로 충만한 우리의 기대를 오표상misinterpreting한다. 이는, 흄이 말하듯, "자신을 외부 대상들에 퍼뜨리고자 하는, 마음의 위대한 성향"의 특수한 경우다.(1739, I:xiv) 우리 마음속의 "관습적 전이customary transition"가 우리 인과 감각("사물의 질quality이 아닌 지각의" 질)의 근원인데, 흄이 주목했듯이, 우리 마음속에는 그 반대의 개념(외부 세계에서 발생한 인과 때문에 우리 마음속에서 전이가 발생한다는 생각)이 너무도 단단히 박혀 있어 축출하기 어렵다. 그런 반대 개념은 오늘날까지도 살아남았다. 모든 지각적 표상은 외부로부터 내부로 흘러 들어와야 한다는, 제대로 검토되지 않은 전형적인 가정 안에서 말이다.

흄의 기묘한 뒤집기를 필요로 하는 통속적 신념folk conviction을 몇 가지 더 들어보자. 달콤함은 설탕과 꿀의 "본유적(내재적)intrinsic" 속성으로, 우리가 그것을 좋아하는 원인이다. 관찰된 내재적 섹시함이 우리의 욕정을 야기한다. 농담을 듣고 웃었다면, 그 농담 안에 존재하는 재미있음이 우리가 웃는 원인이다(Hurley, Dennett, Adams 2011) 등등. 다소 지나치게 단순화시키자면, 이러한 사례들에서 현시적 이미지 안에서의 원인과 결과가 과학적 이미지 안에서는 뒤집힌다. 포도당의 분자 구조를 연구한다고 해서 본유적 달콤함을 찾을 수는 없다. 오히려 단맛을 추구하는 뇌를 상세히 살펴봐야 한다. 이것이 바로, (현시적 이미지 안에서의) "우리"로 하여금 환각의 속성을 (현시적) 세계로 "투영"하게 하는 원인들에 우리 뇌가 반응하는 방식이다. 우리 신경계 내에서 달콤함이라는 반응을 야기하는 구조적이고 화학적인 포도당의 속성—사카린을 비롯한 다른 감미료가 모방하고 있는—이 존재하는 것은 사실이다. 그러나 "내가 음미하는 본유적이고 주관적인 달콤함"은 그러한 화학적 특성의 모형이나 재창조가 아니며, 세계 안 저쪽에 존재하는 지각 가능한 것을 장식하기 위해 사용하는 우리의 비물리적 마음의 매우 특별한 속성도 아니다. 사실, 아예 어떤 속성인 것도 아니다. 그것은 유순한 환각이다. 우리의 뇌는 우리를 속여서, 몇몇 먹을거리에는 본유적으로 훌륭하다고밖에는 표현할 길 없는 속성, 즉 '달콤함'이 있는 것 같다는 판단을 내리도록 확신하게 만든다. 우리는 그것을 인식할 수 있고 회상할 수 있으며 그것을 꿈꿀 수 있지만, 묘사하지는 못한다. 그것은 형언할 수 없고 분석할 수 없다.

이 효과를 묘사할 때 "투영하다project"보다 더 친숙하고 호소력 강한 동사는 없을 테지만, 그것이 은유적 표현이라는 것 역시 모두 알고 있다. 색이 (슬라이드 영사기에서 나오는 것처럼) 문자 그대로 (무색의) 물체 전면으로 투영되진 않는다. 인과 관념이 당구공 사이의 충돌 지점으로 빔처럼 쏘아지지 않는 것처럼 말이다. 우리가 여기서 현시적 이미지와 과학적 이미지 간의 불일치에 관해 이야기하면서 은유적으로 "투영projection"이라는 약식 용어를 사용하는 것이라면, 축약되지 않은 진정한 긴 이야기는 무엇일까? 과학적 이미지에서는 문자 그대로 어떤 일이 벌어지고 있는가? 제안하건대, 8장 (뇌는 어떻게 행위 유발성을 골라내는가?)에서 간략하게 알아보았던 예측 코딩의 관점을 채택하면 그 답의 많은 부분이 드러날 것이다.

베이즈주의 기댓값들expectations이 반복적 역할iterated role을 수행할 수 있는 지점이 바로 여기다. 우리의 온톨로지는 (엘리베이터 사례에서와 같은 의미에서) 우리 뇌가 제어해야만 하는 행위들에 중요하게 연관되는 세계 사물들을 목록화하는 작업을 최적에 가깝게 수행한다. 계층적 베이즈주의의 예측들은 풍성한 행위 유발성을 생산함으로써 이를 성취한다. 우리가 3차원 고체를 볼 때 그 물체 주위를 한 바퀴 돌면 뒷면도 볼 수 있으리라 기대하며, 문은 열 수 있을 것이라 기대하고, 계단은 올라갈 수 있을 것이라 기대하고, 컵은 액체를 담을 것이라 기대하는 식으로 말이다. 그러나 우리 **환경세계** 내의 이런 것 중 우리가 잘사는 데 중요한 것은 **우리 자신**이다! 우리는 우리가 다음에 할 것에 대한, 우리가 다음에 생각할 것에 대한, 그리고 우리가 다음에 **기대할** 것에 대한 좋은 베이즈주의 기댓값을 가져야 한다! 그리고 우리는 그렇게 하고 있다. 여기 그 사례 하나가 있다.

아기들의 귀여움에 관해 생각해보자. 물론 귀여움은 아기들의 "본유적" 속성처럼 보이지만 그렇지 않다. 사실 당신이 아기들에게 "투영"하는 것은, 그 작고 귀여운 깜찍이를 껴안고 보호하고 양육하고 뽀뽀하고 어르려는 등 당신이 "느끼는" 다중의 성향들이다. 당신이 지닌 '귀여움 탐지기'(얼굴의 비율 등에 기반한)가 점화되어 당신이 아기를 양육하고 보호하려는 충동을 가지게 되는 것이 아니다. 당신은 바로 그 욕구들을 가질 것으로 **기대**하고, 그 다층적 기대야말로 당신이 아기의 귀여움이라는 속성에 "투영(투사)"하는 바로 그것이다. 유아용 침대 안의 아기를 볼 것이라 기대할 때, 우리는 "그 아기의 귀여움"도 볼 것이라 기대한다. 이는 우리가 그 존재를 껴안고 싶은 (뽀뽀하고 어르는 등의 행동도 하고 싶은) 충동을 느낄 것을

기대할 것임을 **기대한다**는 뜻이다. 기대가 충족될 때, 예측-오류 신호가 없다는 것을 우리 뇌는 일종의 입증confirmation으로 해석한다. 우리와 상호작용하는 세계의 사물들이, 그것들이 가지고 있으리라고 우리가 기대했던 속성들을 정말로 지니고 있음을 입증하는 것이라고 해석하는 것이다. 속성으로서의 귀여움은 **우리가 살고 있는 세계의 객관적인 구조적 부분이 되기 위한 베이즈주의 테스트를 통과한다**. 그리고 이것은, 그런 일이 벌어지기 위해 필요한 모든 것이다. **그 외에 더 진행되는 다른 "투영(투사)" 과정은 잉여적이다**. 달콤함이나 귀여움 같은 속성이 특별한 것은, 그러한 속성을 중요시하도록 진화해온 신경계의 독특한 상세 요소에 그것들에 대한 지각이 의존한다는 것이다. 그것들은 우리 제어 체계의 조절에 특권적이고도 편향된 역할을 한다. 요약하자면, 우리는 그것들을 신경 쓴다는 것이다.

여기서 우리는 별개의 두 주장을 혼동하지 않도록 매우 조심해야 한다. 달콤함과 귀여움이라는 속성은 우리 신경계의 특성에 의존하며, 따라서 그렇게 한정된 의미에서 주관적이다. 그러나 이 말을, 달콤함이 의식 경험의 **본유적**(주관적) 속성이라는 뜻으로 받아들이면 안 된다! 흄의 기묘한 뒤집기는 훌륭하지만 완전하지는 않다. 흄이 "외부 사물에 자신을 퍼뜨리고자 하는" 마음의 "위대한 성향"을 말하는 지점은, 뒤집기 논의를 멈출 지점이 아니라 더 진행하기 위한 디딤돌로 보아야 한다. 흄의 이미지는, 마음의 내부 항목—흄식으로 표현하자면 인상들과 관념들—에 의해 적절하게 착용된 전매특허적("본유적") 색채로 외부 세계를 칠하는 마음의 신기한 시각을 찬연하게 상기시킨다. 그러나 그런 물감은 없다(내가 한때 그것을 "가공의 것"이라 불렀던 건 바로 이런 이유에서다). 우리는 흄의 뒤집기를 좀더 강하게 밀어붙이고, 우리 마음의 사용자-환각의 아이콘이 우리 컴퓨터의 사용자-환각인 아이콘과는 달리, 스크린에 렌더링될 필요가 없음을 보여줄 필요가 있다.

지향적 대상으로서의 빨간 줄무늬

다른 예를 하나 더 들어보면 내 논점이 분명해질 것이다. 흄이 말했듯 인과에 대한 반대 개념이 우리 마음속에 너무 깊게 박혀 있으니, 내가 모든 사람을 성공적으로 설득할 수 있으리라는 보장은 없지만 말이다. 그림 14-1을 보라. 위쪽의 흰 십자를 10초 정도 계속 보다가 아래쪽의 흰 십자로 눈을 돌려 보라. 무엇이 보이는가?

"성조기 같은 게 보여요. 빨갛고 희고 파란 무늬요."
"오른쪽 상단에 빨간 줄무늬가 보입니까?" (실험을 한 번 더 해보시라.)
"물론 보이죠. 별이 있는 파란 영역의 오른쪽 위에 희미한 빨간 줄무늬가 어렴풋이 보여요."

그러나 생각해보라. 그 그림에는 빨간 줄이 없으며, 당신 눈의 홍채에도, 그리고 당신 뇌에도 빨간 줄은 없다. 사실, 그 어느 곳에도 빨간 줄은 없다. 당신의 뇌가 실존하지 않는 빨간 줄무늬를 세계에 "투영하는" 것이다. (중요한 건 이것이다. 그 환상의 줄무늬는 당신 머릿속에 있는 것처럼 보이는 것이 아니라, 당신 이마 한가운데의 비디오 영사기에서 영사(투영)되어 책의 페이지에 있게 된 것처럼 보인다는 것.) 이 사례에 책임이 있는 현상은 빨간 줄무늬가 **아니다**. 당신이 이 사례를 겪게 한 것은 신경계 어떤 부분의 빨간 줄무늬 표상이며,

그것이 어디에 위치하는지, 어떻게 해독해야 하는지 아직 정확히 모르긴 하지만 적어도 빨갛거나 줄무늬는 아니라는 것은 꽤 확신할 수 있다. 하지만 당신이 외부 세계에서 빨간 줄무늬를 보는 것처럼 보이는 현상을 야기하는 것이 무엇인지를 정확히 모르기 때문에, 당신은 흄이 말한 오귀속에 빠지려는 유혹을 받곤 한다. 즉 당신이 주관적 속성(철학자들이 쓰는 말로는 **감각질**)에서 떠오른 빨간 줄무늬를 보고 있다는 당신의 감각(판단, 확신, 신념, 성향)이 당신이 내린 판단(주관적인 빨간 줄무늬가 **있다**)의 원천이라고 잘못 해석하는 것이다. 실제로는 그 반대인데도 말이다.

이것은 철학의 다른 영역들에서 많이 검토되어온 오류—신념의 **지향적 대상**을 그것의 **원인**으로 잘못 생각하는 것—의 한 사례다. 당신이 정상적으로, 즉 당신의 감각이나 속임수에 넘어가지 않은 상태에서 (당신 주변에 특정 특징들을 지닌 무언가가 존재해서) 당신이 무언가를 믿고 있다면, 그것은 그 특징을 지닌 그 무언가가 당신의 감각 기관을 자극함으로써 당신이 그것을 믿도록 **야기**했기 **때문**이다. 당신의 오른손에 사과가 있다고 당신이 믿는다면, 그것은 바로 그 사과가 당신으로 하여금 그것의 존재를 믿도록 야기했기 때문이다. 빛을 반사시켜 당신의 눈으로 들어가게 하고, 당신 손바닥에 아래쪽으로 향하는 힘을 가하면서 말이다. 이런 종류의 정상적인 경우에서는, 사소한 불만들은 조심스럽게 치워놓자면, 당신 신념의 지향적 대상인 그 사과가 당신 신념의 (주된 또는 두드러지는) 원인이기도 하다고 말할 수 있다. 그러나 잘 알려진 비정상적인 경우도 있다. 이를테면 신기루, 착시, 환각, 보색 잔상, 그리고 장난 같은 것 말이다. 우리가 속해 있는 한 무리의 사람들이 오토Otto라는 사람에게 못된 장난을 친다고 가정해보자. 우리는 댄 퀘일Dan Quale[a]이라는 가상의 인물을 만들어내고, 댄 퀘일의 발자국과 통화기록뿐 아니라, 댄 퀘일이 오토에게 보내는 이메일과 문자 메시지, 생일 축하 카드 등을 곳곳에 심어 놓는다. 거기에 그치지 않고 우리는, 오토가 알쏭달쏭한(사실은 허구인) 인물인 댄 퀘일과 매우 가까이 (그러나 너무 가깝지는 않게) 조우하도록 교묘하게 오토를 조종한다. 이내 오토는 댄 퀘일이 진짜 사람이라고, 즉 목소리와 키, 그 외의 많은 것들을 비롯하여 최근의 신상 흔적들이 꽤 상세히 남아 있는 진짜 존재하는 사람이라고 믿게 된다. 그 댄 퀘일은 오토가 가진 믿음의 매니폴드의 지향적 대상이다. 앞서 말한 오토의 믿음들은 모두 댄 퀘일에 **관한**about 것이다. 댄 퀘일이 존재하지 않음에도 말이다. 다른 많은 사람이 존재하고, 다른 많은 발자국과 이메일과 그 외 다른 많은 것이 존재하지만, 댄 퀘일은 그렇지 않다. 댄 퀘일에 대한 오토의 믿음들은 반 조직화된semi-organized 원인들로 이루어진 한 벌의 집합이며, 그 원인 중 댄 퀘일이라 명명된 사람은 없다. 그러나 오토는 이를 모른다. 오토는 댄 퀘일이 존재한다고 확신하고 있다. 그를 본 적이 있고, 전화로 말도 해봤으며 그가 보낸 편지도 받았다고 말이다. 그는 댄 퀘일을 만나 보길 원한다. 오토가 만나 보길 원하는 사람은 누구인가? 댄 퀘일의 존재를 꾸며내 장난친 이들 중 하나는 절대 아니다. 오토는 그들 모두를 다 알고 있고, 그들 중 누구도 만나보려는 욕구가 특별히 없다. 댄 퀘일은 존재하지 않지만, 오토가 탐색하고자 하는 지향적 대상이다. 폰세 데 레온Ponce de León(1474~1521)이 "젊음의 샘"을 탐사 대상으로 삼은 것처럼 말이다.[b]

폰세는 젊음의 샘**에 대한 관념을 그의 마음속에 지니고** 있었다(대충 말하자면 이렇게 말할 수 있다). 그렇지만 그의 그 심적(정신적) 상태는 그가 찾고자 했던 대상이 아니다. 그 심적 상태는 그가 이미

a 감각질의 단수형 quale을 이용한 말장난이다.

지니고 있는 것이다! 폰세는 관념을 찾고 있는 것이 아니라, 샘을 찾고 있었다. 그리고 오토 역시 댄 퀘일에 대한 그의 심적 상태를 찾는 것이 아니라 한 사람을 찾고 있는 것이며, 이러한 탐색은 오토의 심적 상태에 의해 추동된 것이다. 주관적인 빨간 줄무늬가 있다는 당신의 확신의 원천은, "빨간 줄무늬"를 묘사하는 당신의 능력과 당신의 판단력, 그리고 방금의 그 주장을 하게 한 당신의 의지와 "빨간 줄무늬"에 대한 당신의 감정적 반응들(그런 것이 있다면)이다.

이제 동일한 분석을 빨간 줄무늬에도 적용해보자. 당신이 보색 잔상을 모른다면, 빨간 줄무늬가, 똑같이 유리한 고지vantage point에서 보면 남들에게도 보이는 빨간 줄무늬가 "외부" 세계에 정말로 존재한다고 순진하게 확신할 수도 있다. 당신이 믿는 것이 **그것**이라면, 당신 믿음의 지향적 대상은 존재하지 않는다. 그리고 그것의 원인 중에는 녹색 줄무늬 깃발 그림과 당신의 시각 피질 안의 많은 신경학적 사건들이 있는데, 그중 그 어떤 것도 빨갛지 않으며, 빨갛게 보이지도 않는다. 그러나 당신은 그렇게 순진하지 않고, 외부 세계에 그런 빨간 줄무늬가 없다는 것도 잘 알고 있는데, 이것이 당신을 잘못된 추측(또는, 많은 경우에는 요지부동의 확신)으로 이끌 수도 있다. 그 잘못된 추측이란, '내가 틀렸을 리 없다'는 것으로, 당신의 마

---

b 젊음의 샘은 샘물을 마시거나 그 물에 몸을 담근 사람을 다시 젊게 만들어준다는 전설의 샘이다. 기원전 5세기의 헤로도토스의 기록에 처음 등장하며, 그 후 꾸준히 서양의 이야기들에 등장했다. 16세기 초, 이른바 대항해시대에는 카리브해 근처에서 이 이야기가 크게 유행했다. 스페인의 탐험가이자 푸에르토리코의 초대 총독인 후안 폰세 데 레온은 젊음의 샘을 찾으라는 스페인 왕실의 명을 받고 1513년 탐험에 나섰고, 비미니섬(지금의 바하마연방의 섬 중 하나)에 젊음의 샘이 있다는 원주민들의 말을 듣고 그곳으로 향하다가 플로리다에 상륙했다. '플로리다'라는 지명도 그가 사방에 핀 꽃을 보고 '꽃이 만발한 곳'이라는 스페인어 "라 플로리다La Florida"라고 부른 것이 기원이 되었다.

음에 "주관적인" 빨간 줄무늬가 **있다**는 것이다. 그리고 당신은 당신이 그것을 **본다**(!)고 생각한다. 이런, 그렇지 않다. 당신이 정말로 보는 것이 아니라, 보는 것 같은 것(보는 셈인 것)이다. 이 이론적 가정들을 지지하며, 당신은 이렇게 물을 수도 있다. "어딘가에 가로 방향의 빨간 무언가가 없다면 내가 어떻게 빨간 가로 줄무늬를 경험할 **수 있었던** 거죠?" 이 수사적 질문에 대한 다소 무례한 답은 이렇다. "쉬워요. 어떻게 그렇게 되는지 상상할 수 없다면 더 노력하세요."

이 순간은 나쁜 이론화의 산물인 감각질의 탄생을 잘 보여준다. 당신 신념의 지향적 대상은 의심할 여지가 없다. 당신은 진정으로 성심을 다해,—빨간 줄무늬가 **저 바깥에** 있다고 믿는 것은 아니지만—빨간 줄무늬가 **여기 안에** (빨간 줄무늬의 감각질을 지닌 무언가로서) 있다고 믿는다. 어쨌든 당신은 "그것을 볼" 수 있고, "그것에 집중"할 수 있으며 "그것을 회상"할 수도 있고 "그것을 즐길" 수 있을 뿐 아니라 "기억 속의 비슷한 다른 무언가와 그것을 비교"할 수도 있으니까. 우리가 감각질의 정상적인 외부적 원인—실존하는 빨간 줄무늬 같은, 이 세계에 있는 것—에 대해 조금이라도 덜 직접적으로 친숙할 때, 감각질은 사뭇 내부적이고 주관적인 속성, 즉 우리에게 좀더 직접적으로 친숙한 속성으로 여겨진다. 이런 행마를 한다면 당신은, 정상적인 경우에 당신의 지각적 신념의 원인이 되는 **지향적 대상**과 동일한 속성—그것들이, 공적이고 객관적인 속성(예를 들면 빨감 같은 것)의 사적이고 주관적 버전이라는 점만 제외하면 동일하다고 할 수 있는—을 지닌 **내부 원인**internal cause을 상정하고 있는 것이다. 그러나 잘못된 신념들의 지향적 대상들이 그 어디에도 존재하지 않는다는 단순한 사실을 깨닫고 나면, 당신의 이론이나 추측 안에 불가사의한 속성을 지닌 내적인 이런저런 무언가를 상정할 필요가 없어진다. 댄 퀘일에 대한 오토의 신념에 등장하는 지향적 대상으로서의 댄 퀘일은 심령체ectoplasm도, 허구영체fictoplasm도, 그 무엇도 아니다. 산타클로스나 셜록 홈스가 그 무엇도 아닌 것처럼 말이다. 따라서 당신이 빨간 줄무늬를 보는 것 같긴 한데 그것의 원인이 되는 빨간 줄무늬가 이 세계에 존재하지 않을 때, 당신은 "내가 그걸 경험하고 있다"고 간주할 "진짜 보는 것 같음"이 되는 **다른 무언가**(빨간 상상의 산물로 만들어진 무언가)를 상정할 필요가 없다.

그럼 그것의 자리에 있는 것은 무엇인가? 빨간 줄무늬가 거기 있다는 당신의 확신을 설명**하는** 것은 무엇인가? 당신 뇌 안에 그것을 담당하는 **무언가**가 있어야 하는 것은 맞다. 그러나 그 무언가는 신경 스파이크 연쇄 활동neural spike train activity의 매질medium 내의 무엇이지, 그 외 다른 매질은 아니다. 현저하게 두드러지고, 정보가 풍부하며, 의식하부적 상태의, 빨간 줄무늬 표상의 토큰은 빨갛지도 않고 줄무늬도 아니다. 9장에서 기술된 신경 언어 토큰들이 시끄럽지도 조용하지도 (또는 붉지도 검지도) 않았던 것처럼 말이다. 그것은 빨간 줄무늬에 대한 당신 신념의 원인이지, 당신 신념의 지향적 대상이 아니다(그것은 빨갛지도 않고 줄무늬도 아니니까).

하지만, 이것이 나의 모든 주관적 상태들에 대한 **가능한** 설명이라 해도, 우리 뇌 안에 감각질이라는 매질이 없다면 우리 마음에 감각질이 없다는 것을 우리는 어떻게 알 수 있을까? "순진한naïve" 이론이 잘못되었다는 것을 우리는 어떻게 알까? 그 수사적인 질문에 무례하게 답하는 대신, 잠시 그에 굴복하고 무슨 일이 벌어질지 지켜본다고 해보자. 그럼 다음 단계는 현재 당신의 자기성찰적 확신과 능력들을 "설명하는" 모종의 주관적 속성들이 **있다**고 가정하는 것이다. 그리고, 그런 것이 있다 함은 빨간 가로 줄무늬처럼 보이는 것을 당신이 경험할 때 정말로 어딘가에 가로 방향의 빨간 감각질(그것이 무엇이든)이 존재하여 그것이 어떤 식으로든 당신의 확신

(당신이 빨간 가로 줄무늬를 경험하고 있다는 믿음)의 원인이나 원천이 됨을 뜻하는 것이라고 가정하자. 또한 미지의 어떤 **매질**에서의 이 **렌더링**이, 당신의 시각 시스템이 정상 작동하여 발생되는 모든 기대expectations의 입증(반입증disconfirmation의 부재)에 의해 야기 또는 촉발된다고 가정하자. 위의 가정들을 가능한 한 명확하게 만들기 위해, 빨강 잔상 효과 설명이라고 알려진 것의 다소 확장된 버전도 한번 살펴보자.

> 당신 앞의 진짜 녹색 줄무늬를 몇 초 동안 집중해서 응시하면 보색 체계에서 관련된 신경 회로들이 피로해짐에 따라 잘못된 신호(녹색이 아닌 빨강)가 생성되며, 신경 회로들의 피로가 지속되는 동안에는 이 잘못된 신호가 반입증되지 않으므로, 망막과, 음…… 철학적 확신이 이루어지는 중심부 사이의 과정 안의 꽤 높은 어딘가에서는 빨간 줄무늬 감각질이 렌더링될 것이다. 이 감각질을 제대로 인식하는 것이 바로, 당신이 지금 이 순간 줄무늬 모양의 빨간 감각질을 즐기고 있다는 철학적 확신의 기반이 되며, 그 확신에 연료를 공급해주고 그 확신을 알려주며 그 확신의 원인이 되며 그 확신을 보증해준다.

위에서 기술한 것은 수사적 질문 뒤에 숨은 아이디어를 낱낱이 드러낸다. "바로 지금 빨간 줄무늬가 있는 것처럼 당신에게 확실히 보인다는 부정할 수 없는 사실을 **설명**해줄 **무언가**가 우리에게 필요해. 그렇지 않아?" 물론 당신이 정확히 이렇게 말한다는 것은 아니지만(사실, 보색 잔상 모형으로 프로그램된 로봇이나 읊을 법한 대사이긴 하다) 당신은 진심을 다해 이렇게 믿고 있다.

좋다. 이제 우리가 그 과정의 대략적인 모형에 인스톨된 감각질을 지니게 됐다고 하자. 그럼 그다음은? 그 매질에서 일어나는 렌더링에 무언가가 접근해야만 할 것이다. 그렇지 않다면 렌더링된 감각질은 문이 잠긴 빈 방에 걸린 아름다운 그림처럼, 목격되지도 감상되지도 못한 채 낭비되어버리고 말 것이다. 그것을 무엇이라 부르든, 그것은 내부 관찰자에게 접근될 수 있어야 한다. 자, 그럼 당신이 생각하기에, 이 렌더링에 대해 이 내부 관찰자가 보여야 할 적절한 반응은 무엇이어야 하는가? 성조기의 일부인 빨간 줄무늬가 분명히 저기 있는 것 같아 보인다는 판단 외에 또 무엇이 있는가? 그러나 그 결론은 반입증되지 않은 기대nondisconfirmed expectations가 일어나는 과정에서 이미 도달되어 있던 것이다. 시각 공간 내 특정 위치의 빨간 줄무늬는 시각 시스템에 의해 이미 식별되었고, 그 결론은 내적 렌더링을 알려주는 정보였다. (비트맵은 이런 방식으로 당신 컴퓨터 화면에서 색 렌더링 정보를 제공한다.) 감각질을 상정하면, 해야 할 인지 작업을 이중으로 하게 될 뿐이다. 의식이 해야 하는 더 이상의 작업(또는 역할)은 없다.

내가 어려운 질문Hard Question이라 부르며 늘 물어왔던 것의 중요한 요점은 바로 이것이다(1991, p. 255): **그다음엔 무슨 일이 벌어지는가?** 의식에 관한 많은 이론이 중간에서 멈춘다. 의식에 관한 완전한 이론을 원한다면, 당신은 반드시 이것을 묻고 대답해야 한다. 어떤 항목을 당신이 "의식에게" 전달한 후에 (의식에 도달한다는 것을 당신이 무엇으로 보든) 말이다. 그러지 않고 당신이 거기서 멈추어 승리를 선언한다면, 당신은 그 전달물에 대해 반응하기 또는 그 전달물로 무언가를 하기 등을 분석하지 않고 내버려둠으로써 그 과업을 "주체Subject 또는 자신Self"에게 떠넘겨 버리는 것이다. 어려운 질문에 대한 당신의 대답이 "쉬운" 질문(과정의 전前 감각질pre-qualia 부분은 어떻게 작동하는가)에 당신이 했던 답을 불길하게 되풀이하고 있다면, 당신은 원을 그리며 뱅뱅 돌고 있다고 결론지어도 된다. 멈추자. 그리고 다시 생각해보자.

감각질이 내성적 신념의 지향적 대상(**존재하는** 지향적 대상)이자 원인이라는 생각을 끈질기게 추구하다 보면, 훨씬 더 인위적인 환상들에 이르게 된다. 그중 가장 심한 것은, 다른 모든 종류의 인과에 대한 우리 지식과는 달리, 신적 인과에 대한 우리 지식은 직접적이고 무류하다는 생각이다. 이를테면 이런 것들 말이다. "우리 의식적 경험의 요소에 대한 우리의 주관적 신념들이 바로 그 요소들에 의해 야기된다고 우리가 선언할 때, 우리는 틀릴 수가 없어. 우리는 우리의 내성적 확신의 원인 또는 원천에 '특권적으로 접근'할 권한을 지니니까. 여기에는 사기꾼이 간섭할 논리적 공간이 전혀 없어! 여기서 우리가 환각의 희생양이 **될 리가 없**잖아! 너는 좀비일 수도 있어. 좀비이면서도 진짜 감각질로 진짜 의식을 갖고 있는 줄 아는(부지불식간에 그렇게 스스로를 간주하는) 좀비 말이야. 하지만 난 **알아**, 내가 좀비가 아니라는 걸!" 아니, 당신은 모른다. 당신의 확신을 지지하는 유일한 것은 그 확신 자체의 격렬함뿐이며, 좀비가 있을 수 있다는 이론적 가능성을 인정하자마자 당신 자신의 비非 좀비성에 대한 교황적 권위(즉 무오무류의 권위) 역시 포기해야만 한다. 나는 아직 이것을 증명하지 못했지만, 장래의 의식 이론가들이 이 움직임으로 형성된 균열을 인식하고 양쪽 중 어느 한쪽을 선택해야만 한다는 것도 인식하도록 독려할 수는 있다.

데카르트 중력이란 무엇이며, 왜 지속되는가?

르네 데카르트가 인간의 마음을 설명하고자 했던 최초의 사상

가는 아니지만, 그가 《방법서설Discours de la méthode》(1637)과 《제1철학에 관한 성찰Meditationes de prima philosophia》(1641, 이하 《성찰》)에서 제시한 견해가 너무도 생생하고 설득력이 있었던 나머지, 그 주제에 관해 개진된 모든 후속 논의들은 그에게서 강한 영향을 받았다. 그의 선구적인 뇌 해부 연구가 대담하고 상상력이 풍부하긴 했지만, 그가 사용한 도구와 방법은 그가 노출했던 복잡성의 지극히 작은 일부만 파헤칠 수 있었으며, 이용 가능했던 유일한 은유—호스 안을 내달리는 유체와 도르래들과 배선들—는 너무 조악해서, 마음으로서의 뇌라는 물질적 모형의 가능성을 가늠할 설비를 그의 상상력에 제공하기에는 역부족이었다. 그러므로 데카르트가 자신이 잘 아는 "내부로부터의" 마음은 전혀 물질이 아닌 **다른** 어떤 것, 생각하는 존재(레스 코기탄스)라는 결론으로 건너뛴 것도 어쩌면 당연한 일일 것이다. 데카르트는 논의의 첫 단추부터 잘못 끼웠다. 게다가 "1인칭 시점"을 의식에 대한 직접적이고도 무류하기까지 한 인식적 접근법으로 삼음으로써, 자신을 사용자-환각에 정박시키는 발걸음을 내딛게 되었으며, 그로 인해 그의 탐구는 아예 시작부터 조직적으로 왜곡될 수밖에 없었다. 하지만 그가 달리 무엇을 할 수 있었을까? 그가 즐기거나 혐오하는 감각과 지각을, 그의 생각을, 그가 꾸민 계획과 변화하는 그의 기분을 반성적으로 숙고하는 것에 비하면, 뇌 조직을 들여다보는 것은 터무니없을 정도로 적은 정보만을 제공했으니 말이다.

그 후로 철학자들과 심리학자들, 그리고 과학자들까지도 내성introspection에 엄청나게 의존해왔다. 그들은 내성이 적어도 힌트(와 정보)의 풍부한 원천 정도는 된다고 생각해왔다. 그 엄청난 보물을 발굴하는 것이 어떻게 가능한가 하는 질문은 뒤로 미루어두고 말이다. 어쨌든 한 가지는 "자명self-evident"했다. 우리의 의식적인 마음은

"관념"과 "감각"과 "정서"로 가득 차 있으며, 그것들에 대해 우리가 지닌 지식은 "**습득**에 의한" 것(여기에는 대부분의 사상가가 동의한다)으로, 친밀함과 교정 불가능성의 측면에서 다른 모든 종류의 지식의 추종을 불허한다는 것. "1인칭 경험"의 우선적 지위는, 언제나 명확히 선언된 형태로 존재하는 공리는 아니라 해도 대부분의 조사 연구 관행에서 암묵적으로 받아들여지고 있으며, 때로는 근본적인 방법론적 지혜로 옹호되기까지 한다. 예를 들어 존 설John Searle은 다음과 같이 단언적으로 규정한다. "이 논의에서는 언제나 1인칭 관점을 고수한다는 것을 기억하라. 조작주의자operationalist가 부리는 손기술의 첫 단계는, 그것이 다른 이들에게는 어떠할지를 우리가 어떻게 알 수 있는지 알아내려고 노력할 때 발휘된다."(1980, p. 451)[100] 사실 많은 철학자에게 중심적인 문제는 의식 경험의 과학적 설명을 어떻게 제공할 것인가가 아니라, 어떻게 "지각의 베일"을 뚫고 "여기 이 내부"에서 "외부 세계"로 갈 수 있는지였으며, 데카르트의 《성찰》은 이런 식의 사고에 대한 최초의 탐구였다.

설의 조언을 받아들일 때 당신이 치러야 할 대가는 이것이다. 당신의 이론으로 설명되어야 할 당신의 사물과 사건과 **현상** 모두를, 과학적 탐구를 위해 설계된 채널이 아니라 촉박한 시간에 쫓기며

100 조작주의는 1920년대 몇몇 논리실증주의자가 했던 제안으로, 어떤 용어가 무언가에 적용될 때 우리가 결정에 사용할 조작을 정의할 수 없다면 우리는 그 용어의 의미를 알 수 없다는 주장이다. 어떤 이들은 튜링 테스트를 지능에 대한 **조작주의적 정의**로 받아들여야 한다고 선언하기도 했다. 설이 조심하라고 경고하는 "조작주의자의 손기술"이란, "우리가 어떻게 타인의 의식에 관해 배울 수 있는가를 알아내기 전에는, 의식이 무엇인지 안다고 주장할 수 없다"는 주장이다. 설의 대안은 이렇다. **의식이 무엇인지 알고 싶은가? 나의 측정 작업은 간단하다. 그저 나의 내면을 들여다본다. 그때 내가 보는 것이 바로 의식이다!** 물론 설 자신에게는 이것이 통하지만, 타인에게는 그렇지 않다. 그리고 역설적이게도, 설이 제시한 이 대안 역시 그 자체로 매우 명백한 조작주의의 사례다.

우당탕탕 사는 삶에서 사용하도록 만들어진 채널을 통해, 즉 편히 쓸 수는 있지만 싸구려에 질 나쁜 채널을 통해 얻게 되는 대가를 치러야만 한다. 그렇게 해도 당신은 뇌가 어떻게 그렇게 하는지에 대해 많이 배울 수 있겠지만(어쨌든 컴퓨터 1인칭 시점을 고수해도 컴퓨터에 대해 꽤 많은 것을 배울 수 있을 것이다), 어디까지나 당신의 채널이 체계적으로 과도하게 단순화되어 있으며 문자 그대로의 채널이 아니라 상징적인 것이라는 점을 당신 스스로에게 상기시킬 때만 가능하다. 이는, 당신(혼자만)이 접근할 수 있는 특수한 주관적 속성(대개 감각질이라 불리는 것)으로 이루어진 한 세트의 갑주를 상정하려는 매력적인 유혹에 저항해야 함을 의미한다. 그것들은 우리의 현시적 이미지에는 좋은 항목이지만, 과학적 설명으로 방향을 돌린다면 현상학자들의 말처럼 그것들에 "괄호를 쳐야" 한다.[a] 이 점을 이해하지 못한다면, 설명이 필요한 항목의 리스트가 훨씬 길어질 테고, 그 항목의 현저한 특성에는 "어려운 문제"(13장 480쪽의 역주를 보라 – 옮긴이)가 포함될 것이며, 그 어려운 문제란 진화가 우리에게 효용이라는 선물을 주면서 문자 그대로의 진리truth를 희생시켰음을 깨닫지 못한 데서 비롯된 것에 지나지 않을 것이다.

조언을 요청하여 조언을 얻는 경우를 상상해보자. "당신의 췌

a 현상학을 학문으로 정착시킨 후설은, 철학이야말로 모든 학문이 기초할 수 있는 가장 궁극적이고도 확실한 근거를 발견하는 학문이라 생각했으며, '현상학적 방법'을 사용하여 그 근거를 발견하려고 했다. 이를 위해 후설은 일단 세상에 대한 모든 지식에 대해 '판단을 중지'한다. 이 판단 중지를 '에포케epochē'라 부른다. 모든 의식 내용에 관해 긍정이나 부정의 판단을 내리는 것을 보류하고, 그것을 일단 괄호 안에 넣는 것이다. 그렇게 해가면서 아무리 해도 괄호 안에 넣을 수 없는 '현상학적 잔여'로서의 순수의식에 도달하려고 했다. 후설의 에포케는 후대의 철학자들에게 차용되어 '현상학적 괄호 치기'라는 용어로 불리기도 한다. '괄호로 묶어둔다'는 표현은 이 장의 첫 절(488~490쪽)에도 등장한다.

장을 사용해요!"라든가 "너의 간을 좀 쓰지 그래?"라는 말을 조언으로 들었다면 도대체 뭘 어찌해야 할지 감을 잡지 못할 것이다. 선생님이 "너의 뇌를 좀 써봐"라고 재촉할 때, 선생님의 말을 "너의 **정신**을 써봐"로 해석하지 않는다면 당신은 그 말에 완전히 당황할 것이다. 이때 "정신", 즉 그 생각하는 존재thinking thing는 당신과 너무 친숙한 사이인 나머지 당신, 즉 당신 자신과 거의 구분되지 않는다. 이것이 환각이라고 말하면 당신은 완강하게 저항할 것이다. 뭐, 놀랍지는 않다. 당신은 이렇게 말할 테니까. "만일 **그게** 환각이라면 **우리** 또한 환각이야!"

만약 우리가, 우리 **자신**이, 그리고 당신과 내가, 서로의 사용자-환각의 일부일 "뿐"이라면, 그건 정말로 생이 아무 의미가 없다는 것을 뜻하는가? 그렇지 않다. 현시적 이미지는 수십억 년에 걸친 유전적 진화와 수천 년에 걸친 문화적 진화가 그럭저럭 조합되어 만들어진 것으로, 과학적 이미지에서 밝혀진 기저의 실재성을 상징적으로 렌더링하는 데 도움을 주는, 극히 정교한 체계다. 그것은 사용자-환각이다. 그리고 우리는 사용자-환각을 아무것도 칠해지지 않은, 있는 그대로의 것으로 간주하는 데 너무도 익숙하다. 실제로는 해석상의 덧칠이 겹겹이 발라져 서로 간섭하고 있는데도 말이다. 현시적 이미지는 우리의 **환경세계**, 즉 인간의 거의 모든 목적을 위해—이 목적에서 과학은 제외된다—우리가 살고 있는 세계를 구성한다. 우리는 색과 소리, 향기, 딱딱한 물체, 석양, 무지개, 사람 등을 통해, 그리고 사람들의 의도와 약속, 위협, 확언, 제도, 인공물 등을 통해 실재에 대해 배운다. 우리는 우리의 전망을 고려하고, 결단을 내리며, 인생의 계획을 짜고, 그것들을 바탕으로 우리의 미래를 약속한다. 이런 점에서 현시적 이미지는 우리에게 **중요**하다. 이런 일은 우리의 생사가 걸린 문제이니, 무엇이 이보다 더 중요하겠는가?

이 모든 것에 대한 우리 자신의 반성reflection은 의미 또는 내용을 통해 이루어지며, 의미나 내용은 우리의 눈과 귀 사이(즉 뇌)에서 벌어지는 일들에 우리가 손쉽게 할 수 있는 유일한 "접근"이다.

설이 **1인칭** 시점(**내가** 보는 것은 무엇인가? 그것은 **내게** 어떻게 보이는가?)의 중요성을 오랫동안 강조해온 철학자라면, **3인칭** 시점(**그것**은 무엇을 원하는가? **그들**은 무엇을 의식하고 있는가?) 채택에 "독소 제거 덕목"이 있음을 일찍이 알아보았던 철학자로는 조너선 베넷Jonathan Bennett을 들 수 있다. 베넷은 짧은 책《합리성Rationality》(1964)에서, 벌들의 (비)합리성을 연구하며 인간의 합리성을 간접적으로 연구하기 시작했다! 3인칭 시점 채택을 주장함으로써, 그리고 보잘것없지만 능력은 뛰어난 생물에서 출발함으로써, 베넷은 **내용에 의한 식별**(이것은 실로, 자기성찰적 방식의 홀마크라 할 수 있다)이라는 피할 수 없는 방식을 실천하려는 유혹을 최소화했다.

내가 의미하는 바는 이렇다. 당신이 당신 자신의 정신적 상태에 관해 말하고자 한다면, 당신은 그것들을 내용에 의해 식별**해야만** 한다. "어느 관념? 내 관념은 **말**HORSE이다. 어느 감각? 내 감각은 **희다**white이다." 이 외에 다른 방식이 어떻게 가능하겠는가? 당신 자신의 정신적 상태를 **개념 J47**이라든가 **색채감각 294** 등과 같이 식별할 수 있는 방법은 없다. 당신의 정신적 상태의 내용을 당연한 것으로 간주함으로써, 그리고 그것들을 **그 내용에 의해** 집어냄으로써, 당신은 내용의 비결정성 또는 모호함이라는 문제를 양탄자 밑으로 쓸어넣어 감추어버렸다. 당신 자신의 마음을 읽는 것은 너무 쉽다. 그러나 꿀벌의 마음을 읽으려고 하면 그 문제들이 정면에, 그리고 정중앙에 자리하게 된다. 정신적 상태들의 현시적 이미지를 그 내용에 의해 식별하는 것과 의식하부적 정보 구조 및 사건들의 과학적 이미지를 식별하는 것(이것이 우리의 사용자-환각의 세부 사항을 형성하는 데 인과적 책임이 있으며, 우리는 우리 자신들을 이 사용자-환각 안에서 작동시킨다)이 나란히 놓이게 되기 전까지는 의식에 관한 과학이 완전해지지는 않을 것이다.

데카르트 시점Cartesian point of view의 위력을 지속시키는 다른 원천을 알아보자. 우리는 우리 같은 일반적인 사람들이 합리적이며 따라서 (능력뿐 아니라) 이해력도 있다고 가정함으로써, 우리가 일상적으로 사용하는 지향적 태도가 실용적이고 가치 있을 뿐 아니라 인간 정신에 관한 있는 그대로의 진실이라는 견해를 암묵적으로 지지한다. 이렇게 하면 우리는 성공적인 동료들을 갖게 된다. 우리는, 우리를 설계한 지적설계자처럼 지성적인 설계자가 되는 것이다. 우리는 그 명예를 포기하고 싶지 않다. 그렇지 않은가? 그래서 우리는 일반적으로 우리 자신과 우리의 동료 인간에게 우리 창조물의 저작에 관해 더 많은 공로를 인정하고, 우리 잘못에 대해 더 많은 비난을 가한다. 전혀 덧칠되지 않은 있는 그대로의 관점에서 관련 인과를 볼 때보다 인정도 비난도 훨씬 과하게 하는 것이다.

게다가—그리고 이 지점에서 큰 보상이 주어진다—데카르트 시점은 자유의지와 도덕적 책임에 관한 전통적 관념들과도 잘 맞아떨어지는 것처럼 보인다. 이런 직감이 침투해 있음을 내가 인식한 것은 몇 년 전의 일이다. 내가 여기 스케치된 식으로 의식을 설명하면 그 어느 버전으로 설명하든 저항을 겪어왔는데(보통 사람뿐 아니라 많은 인지과학자마저도 그러한 교조를 **생각하는** 것조차 거부할 정도였다), 그 저항의 저면에 잠겨 있는 기반을 드러내려는 시도를 하다가 깨닫게 된 것이다. 그들의 반대를 몇 가지 잠재우고 나면 그들은 결국 무심결에 비밀을 실토하곤 했다. "그렇지만 자유의지는 어떻죠? 의식에 관한 완전한 유물론적 설명은 우리가 도덕적 책임을 질 수 없음을 보여주지 않을까요?" 아니, 그렇지 않다. 그리고 여기 그 이유를 간추렸다(나는 그 질문에 대해 이미 두 권의 책과 많은 논문을 썼다. 그러니 여기서는 간략하게 말하겠다). 자유의지에 관한 전통적 견해는 자유의지를 물리적 원인에서 어떻게든 분리된 의식적(인격적) 힘personal power으로 간주하는 것인데, 이는 도덕적 책임과 의미의 기반으로 삼기에는 불필요할 뿐 아니라 정합적이지도 않다. 자유의지는 허구라고 선언하는 과학자와 철학자들은 옳다. 자유의지도 현시적 이미지의 사용자-환각의 일부니까. 그런 관점은 자유의지도 색채, 기회, 달러, 약속, 사랑 등과 같은 범주로 놓는다(수많은 행위 유발성으로 구성된 큰 집합에서 가치 있는 소수의 사례를 골라내 취하기 위해). 자유의지가 환각이라면, 기회나 약속, 사랑 같은 것도 동일한 이유로 환각이다. 그러나 우리가 지우거나 해체하고 싶어 할 환각은 아니다. 우리는 그것 안에서 살고 있으며, 그것이 없는 삶의 방식으로는 살아갈 수 없을 테니까. 그러나 이런 과학자와 철학자가 이 (유순한) 환각이 법률을 위한, 즉 우리의 행동이나 창조에 우리가 책임을 져야 하는지 아닌지를 판단하기 위한 중요한 함축이라는 자신의 "발견"을 주장하는 단계로 넘어가면, 그들의 논증은 증발해버린다. 그렇다. 자신들의 행위에 (신의 눈으로 볼 때) **절대적** 책임을 지도록 사람들을 속박하는 보복주의의 덫에서 우리는 벗어나야 하며, 정의와 도덕성을 방어할 수 있는 온전하고도 실용적인 체계를 확보하여 그 자리를 대체해야 한다. 그리고 그 체계는 처벌이 요구되면 여전히 처벌을 가할 수 있되, 보복주의와는 근본적으로 다른 틀이나 태도로 작동되어야 할 것이다. 그러한 체계에 대한 감을 잡고 싶다면 자신에게 이렇게 물어보라. 만일—자유의지는 환각이므로—그 누구도 자기들이 한 것에 전혀 책임이 없다면, 축구의 옐로카드와 레드카드 및 아이스하키의 페널티 박스 같은 페널티 체계를 스포츠에서 없애버려야 할까?

도덕적 책임과 자유의지 현상은 인간의 현시적 이미지의 온톨로지에서 가치 있는 항목들이며, 일단 우리가 전통에 겹겹이 덮인 마법을 벗겨내고 그것들을 과학적 실재 안에 다시 기초하게 만들면 굳건하게 살아남는다. 적합하게 개정되고 이해된 책임감과 자유의지 현상이 우리의 가장 진지한 온톨로지 안에서 방어될 수 있는 요소들이라는 나의 주장이 옳은지 아닌지에 관계없이, 우리가 깨달아야 할 것이 있다. 일상생활의 중요한 이 특성들이 파멸을 맞고야 말 것이라는 두려움이 도대체 어떻게 저반의 강력한 저항을 생성하기에 인간 의식을 알아내려는 사람들의 상상력을 왜곡시키는가가 바로 그것이다.

니컬러스 험프리는 1995년 저서《영혼 탐색: 인간의 본성과 초자연적 믿음Soul Searching: Human Nature and Supernatural Belief》에서, 사람들이 "영적인spiritual" 설명을 할 때 의심의 여지 없이 장착하는 경향이 있는 편견이 존재함을 보여주었고, 그의 논의는 매우 강력한 주목을 받았다. 그가 보여주듯이, 사람들은 초자연적인 것에 대한 신념이 용납될 수 있을 뿐 아니라 도덕적으로도 칭찬받을 만한 것이라고 간주하는 경향이 있다. 잘 믿는 것은 신앙심 다음으로 중요하다.[a] 많은 이들은, 인간의 마음이 이 세계에서 마지막으로 남은 신성함의 보루이며 그것을 설명하는 것은 곧 그것을 파괴하는 것과 같다고 간주한다. 따라서 그런 이들은 의식이 과학의 영역을 벗어난 것이라고 간편하게 선언하는 쪽이 더 안전하다고 생각한다. 그리고 우리가 보아왔듯이, 비인간 동물(회색곰, 강아지, 돌고래 등)도

---

a 원문은 "Credulity is next to godliness."인데, 이는 "청결은 신앙심 다음으로 중요하다Cleanliness is next to godliness"라는, 청결이 신앙심과 견줄 수 있는 매우 중요하고도 고귀한 항목임을 강조한 속담에서 맨 앞 단어만 바꾼 것이다.

마음을 가지고 있고, 그들의 마음이 우리 것과 꼭 같지는 않다 해도 그들로 하여금 도덕적 표준 정도는 갖게 할 수 있는 것이며, 도덕적 책임감이 없을 수는 있지만 함부로 취급당하지 않을 권리는 갖게 할 수 있을 정도라는 가정에 의심을 드리우는 것처럼 보이는 그 어떤 견해에도 무시무시한 감정적 저항이 존재한다.

이러한 모든 이유로 인해, 데카르트 중력에 저항하려면 몹시 힘든 연습을 거쳐야 하며, 저항할 때도 적합한 정도를 지나치지 않을 필요가 있다. 우리는 의심의 여지가 거의 없어 보이는 몇몇 직관을 제쳐놓고 몇 가지 제안을 진지하게 받아들여야 하는데, 그 제안들은 처음에는 모순적으로 보일 것이다. 이는 분명 어려운 일이지만, 어떻게 해야 하는지를 과학이 계속 반복해서 보여주었다. 심지어 초등학생도 전혀 머뭇거림 없이 코페르니쿠스 전 시대와 갈릴레오 전 시대의 직관들에서 벗어날 수 있고, 십대가 되면 뉴턴주의적 직관 몇 가지를 아인슈타인식 직관으로 대체할 수도 있게 된다. 물론 양자물리학에 익숙해지는 것은 더 어려운 일일 수 있다—솔직하게 고백하자면, 내 경우엔, 정신을 유연하게 하려고 많은 훈련을 했는데도 이 작업은 아직 진행 중이다. 다윈과 튜링과 흄의 기묘한 추론 뒤집기를 포용하는 것은 (어쨌든 내게는) 그것보다는 좀더 쉽다. 나는 데카르트 중력의 원인들을 스케치하여 제공함으로써, 설득되지 않은 사람들이 조망에 유리한 고지를 찾을 수 있도록 도우려고 시도했다. 그 고지에 올라서서 둘러보면 자기 상상력의 실패를 진단하고 극복할 수 있을 것이다.

인간의 의식은 많은 부분이 문화적 진화의 산물이라는 점에서 다른 동물의 의식들과는 다르다. 문화적 진화는 우리의 뇌에 풍부한 단어들(말)을 비롯한 많은 생각 도구들을 인스톨해놓았고, 그로 인해 다른 동물들의 "하의상달식" 마음과는 상이한 인지적 아키텍처가 만들어졌다. 이 아키텍처는 우리의 마음에 표상 체계를 제공함으로써 우리 각자에게 시점—사용자-환각—을 제공한다. 이 시점에서 보면 우리는 우리 뇌의 작업에 제한적이고도 편향되게 접근하게 되며, 그것이 세계의 외부적 속성(색채, 향기, 소리 등)과 우리의 내적 반응(충족된 기대, 식별된 욕구 등) 모두를 (외부세계나 사적인 무대 또는 스크린에 펼쳐놓는 식으로) 렌더링하는 것이라고 잘못 해석하게 된다. 물론 그 오해석은 비자발적인 것이다. 우리는 깨어 있는 동안 자기탐침self-probing과 반성reflection을 끊임없이, 그야말로 빗발치듯 하고 있다. 세계가 왜 그런 식으로 돌아가는지에 대한 많은 이유와 우리 능력을 우리가, 그리고 오직 우리만이 이해할 수 있는 것은 바로 그 때문이다. 문화적으로 진화해온 정보 구조라는 공생자가 우리에게 침입한 덕분에, 우리 뇌는 인공물들과 우리 자신의 삶을 지성적으로 설계할 수 있는 힘을 얻게 되었다.

15 지성적 설계의 시대 그다음의 시대

우리 이해력의 한계들

우리 뇌가 우리가 이해할 수 있을 정도로 단순하다면, 우리 역시 단순하여 이해라는 것을 할 수 없을 것이다.

—조지 에진 퓨George Edgin Pugh《인간 가치의 생물학적 기원》

인간의 이해력은 선사시대 이래로 꾸준히 성장해오고 있다. 그리고 최근 4000년이 넘는 기간 동안 우리는 항아리, 도구, 무기, 옷, 주거지, 탈것 등을 지성적으로 설계하고 만드는 시대를 살고 있다. 우리는 작곡하고, 시를 쓰고, 창작하고, 농경 장비를 고안하고 개량하며, 군대를 조직한다. 이런 일들은 전통에 대한 충성스러운 복종, 경솔하며 기회주의적인 즉흥 행동, 그리고 아는 상태에서 행해지는 의도적이고 체계적인 R&D가 혼합되어 이루어지며, "탁월한" 천재들의 이름이 특정 시대들을 대표하곤 한다. "누구의 시대"라는 식으로 마침표가 찍히며 불규칙적으로 시대가 구분되곤 하는 것이다. 우리는 모든 영역에서 이루어지는 지성적 설계에 박수를 보내며, 우리의 창작 활동이 인정받기를 유아기 때부터 열망한다. 우리가 창조한 인공물 중에는 신, 즉 지적설계자라는, 우리 자신의 모습을 딴 개념도 있다. 우리가 우리 사회의 지성적 설계자들의 가치를 얼마나 높이 평가하고 있는지를 잘 보여주는 대목이다.

우리는 우리 노동의 이런 결실의 가치를 인식하고 있으며, 우리의 법과 전통은 우리가 축적해온 부를 보존하고 향상시킬 인공적 환경을 창조하도록 설계되어왔다. 이 인공적 환경은 완벽하게 **실재하는**, 진짜 환경이다. 단지 **가상** 세계에 지나지 않는 것이 아니라 우리가 만들어낸 인공 산물이며, 우리는 그것을 **문명**이라 부른다. 우리는 잘 알고 있다. 우리 종이 다른 종보다 더 멸종에 면역이 없으며, 흑사병이나 기술적 재앙으로 모두 소멸할 수 있으며, 그보다 덜—아주 조금만 덜—나쁘게는, 문명을 파괴하여 홉스가 말했던 "자연 상태", 즉, 끔찍하고 야만적이고 짧은 삶을 사는 상태로 돌아갈 수도 있다는 것을 말이다. 그러나 '**아는**(이해하는, 슬기로운) 호미닌'이라는 뜻의 호모 사피엔스가 막 번식하기 시작했을 때, 이해력을 갖춘 영웅들의 이 시대가 정말로 소멸될 수도 있을 거라는 생각이 그들에게 떠오르기나 했을까?

노동을 줄여주는 뛰어난 발명품에 지나치게 의존하게 된 나머지 우리는 과도하게 문명화되고 있으며, 지성적 설계의 시대를 지나 그다음 시대로 접어들고 있다는 불안한 징후들이 몇 가지 있다. 나는 에머슨 퓨의 말을 인용하여 이 장의 제사로 삼았는데, 우리 뇌를 사용하여 우리 뇌를 이해하려는 대담한 프로젝트에 대한 명석한 반성reflection이라 할 수 있는 그의 이 문장은, 에머슨 퓨뿐 아니라 다른 많은 저술가도 여러 가지 다른 버전으로 주장해왔다. 그런 만큼, 그런 견해가 여러 번 독립적으로 재창조되어온 것도 어쩌면 당연한 일일 것이다. 그 변종 중 내가 가장 좋아하는 것은 조지 칼린George Carlin의 농담이다.

> 아주 아주 아주 오래전부터, 나는 내 몸에서 **나의 뇌**가 가장 중요한 기관이라고 생각했어. 음, 그러니까 어느 날 내가 생각했을 때까지 말이야. **나한테 누가 그 말을 하는지 보라구!**

여기에 숨어 있는 중요한 진실이 있는가? 아니면 이것은 인간의 의식을 이해하고자 탐구하는 우리로 하여금 방향을 바꾸게 만드는 데카르트 중력의 또 다른 작동 방식인가? 1975년 놈 촘스키가 제안한 구별법은 많은 관심을 끌었고, 몇몇 사람을 개종시켜 신봉자로 만들기도 했다. 촘스키에 따르면, 우리가 풀 수 있는 **문제**들이 있고 우리가 풀 수 없는 **미스터리**들이 있다. 과학과 기술은 물질 에너지, 중력, 전기, 광합성, DNA, 조석의 원인, 결핵 등에 관한 많은 **문제**들을 풀어왔으며, 기타 수천 가지 문제에서도 진보가 이루어지고 있다. 그러나 우리의 과학적 문제 풀이 능력이 아무리 발전한다 해도, 인간의 이해를 전적으로 넘어서는 문제들이 있으며, 그런 문제들은 미스터리라고 부르는 것이 나을 것이라고 촘스키는 말한다. 의식은 촘스키가 생각하는 미스터리 목록의 제일 위에 자유의지와 나란히 놓여 있는 항목이다. 몇몇 사상가—지금은 **미스터리언(신비주의자)**mysterian들이라 불린다—는 촘스키의 권위를 방패 삼아, 논의된 적 없는 이 주장을 받아들여 마음에 품고 도망치기를 열망해왔다. 물론, 지금도 그리고 앞으로도, 인간의 이해 너머의 체계에 존재하는 미스터리가 있을 수도 있다. 그러나 촘스키를 비롯한 미스터리언들이 개진한 이 실망스러운 결론을 옹호하는 논증들은 표면적으로는 호소력 있어 보인다 해도 설득력은 없다. 여러 버전으로 렌더링된 인지폐쇄논증Argument from Cognitive Closure을 한번 살펴보자.

> 우리의 뇌도 다른 동물처럼 엄격히 제한적이라는 것은 부인할 수 없는 생물학적 사실이다. 신 수준으로 비교적 잘 조망할 수 있는 고지에 오른다면, 우리는 물고기들이 그들의 방식으로는 똑똑하지만 판구조론을 이해할 설비를 갖추진 못했음을, 그리고 개에게 민주주의의 개념을 말해도 아무 반응이 없음을 볼 수 있을 것이다. 모든 동물 각각의 뇌는 전적으로 그 너머에 있는 수많은 문제에 관한 인지적 폐쇄(McGinn 1990)를 겪고 있음이 틀림없다. 우리 양 귀 사이에는 기적의 **레스 코기탄스**가 있는 것이 아니라, 물리학과 생물학의 법칙들에 따르는 많은 뇌 조직이 있을 뿐이다.

지금까지는 좋다. 물리 세계에 관한 논란의 여지 없는 사실들을 분명히 보여주는 이 출발에 대해서는 나는 아직 아무런 반대도 하지 않았다. 그러나 그다음 이야기는 이렇게 진행된다.

> 우리 인간의 뇌만 그런 자연법칙의 한계에서 어떻게든 제외된다는 가정은 극심하게 비생물학적이다. 그렇지 않은가? 그런 과대망상은 과학 이전의 우리 과거가 남긴 구시대적 유물이다.

수천 가지에 이르는 생각 도구가 인간의 뇌에 부가적으로 장착되면서 우리 뇌의 인지 능력이 엄청난 규모로 증대되었다는, 동등하게 명백한 생물학적 사실이 없었다면 바로 위의 말도 설득력을 지닐 수 있을 것이다. 우리가 지금껏 보아온 것처럼, 언어는 핵심 발명품이며, 생각이라는 것을 해본 적이 있는 모든 똑똑한 사람들의 모든 인지 능력을 하나로 묶을 수 있는 매개체를 제공함으로써, 인간 개인의 인지 능력을 확장시킨다. 세상에서 가장 영리한 침팬지라 해도, 자기 집단의 다른 침팬지들과 결코 의견을 교환하지 않는다. 그러니 수백만의 선조 침팬지들과 의견을 교환할 수 없음은 말할 것도 없다.

인지폐쇄논증의 핵심적 약점은, 그 체계 자체 때문에 미스터리의 좋은 사례를 파악하기 힘들다는 것이다. 우리가 대답할 수 없을 것이라고 당신이 주장하는 그 질문을 당신이 준비하자마자, 당신은 당신 자신이 틀렸음을 증명할 바로 그 과정에 착수하는 것이다. 당신은 수사investigation의 화두를 던진 것이다. 당신의 질문이 처음부터 잘못되었을 수 있음에도 불구하고, 그에 대한 이 사실은 당신의 질문에 답하려고 시도하는 과정에서 밝혀지기 쉽다. 철학의 반성적reflective 호기심—제기된 모든 질문에 관한 "메타적"인 궁금증—은, 좀더 명쾌하다고 증명될 변종 질문에 대한 거의 망라적인 탐색—때로는 무작위 탐색보다 나을 게 없기도 하고, 때로는 성공적인 겨냥이 되기도 한다—이 있을 것임을 보증하는 것이나 마찬가지다. 우리의 "미스터리들"을 해결하기 위해 우리가 행하는 탐색을 개선할 때 핵심은 점점 더 좋은 질문을 하는 것이다. 그리고 이런 식으로 이루어지는 개선은 언어가 없는 그 어떤 생물의 위력도 완전히 뛰어넘는다. "민주주의란 무엇인가?" 확신하건대, 개는 절대 답을 알지 못할 것이며, 질문을 이해조차 못 할 것이다. 그러나 우리는 질문을 이해할 수 있다. 그리고 그런 질문들은 상상할 수 없는 미스터리들을 전환시켜, 풀어볼 가치가 있는 문제들로 만듦으로써 우리의 탐구를 근본적으로 변화시킬 수도 있다.

언어는 우리의 장악력을 확장한다. 언어의 이 실질적으로 무한한 힘을 고려했는지, 최근 촘스키는 자신의 입장을 다소 온건하게 바꾸었다.(2014) 문제와 미스터리가 "개념적으로 구분"되긴 하지만, 과학적 설명에 대해서는 "그것들이 어떻게 작동하는지 상상하지 못하는 경우에도 우리는 과학이 내놓을 수 있는 최상의 설명을 수용한다"고 말이다. "우리가 상상할 수 있는지 아닌지는 더이상 중요하지 않다. 우리는 상상하기를 이미 포기했다." 바꾸어 말하자면, 언어 덕분에, 그리고 언어로 인해 가능했던 과학의 도구들 덕분에, 우리는 어렵고 복잡한 현상에 대한 좋은 과학 이론을 가질 수 있다는 것이다. **정말로** 이해하지 못함에도 지지할 가치가 있는, 그런 이론을 말이다. 그런 이론이 내놓는 예측들이 참인가 거짓인가에 우리 목숨이 달려 있는 경우라도, 그 이론이 왜 그리고 어떻게 작동하는지 이해하지 못하면서도 받아들이는 것이 정당화되는 것은 바로 그 때문이라고 촘스키는 주장한다. 촘스키의 이 개정안은, 미스터리언들에게 호소력이 있을지 여부와는 상관없이, 흥미로운 생각임이 틀림없다. 그렇지만 그것이 참일 수 있을까?

문화적으로 획득된 생각 도구 수천 개를 다운로드하면 우리의 능력이 극적으로 확대될 수 있을 테지만, 그것은 인지적 폐쇄를 지연시키는 것에 불과하지 않을까? 개인의 마음/뇌는 학교 교육을 얼마나 많이 흡수할 수 있을까? 이 지점에서 미스터리언들의 짐작에 존재하는 모호함이 발견된다. 그들은 아무리 뛰어난 사람이라 해도 **한 사람의 마음만으로는** 이해할 수 없는 미스터리가 존재한다고 주장하는 것인가, 아니면 전체 문명의 이해력을 **모두 모아도** 이해할 수 없는 미스터리가 있다고 주장하는 것인가? 분산된 이해라는 아이디어—우리 개개인은 완전히 이해할 수 없는 무언가를, **집단으로서의 우리**는 이해할 수도 있다는 아이디어—는 어떤 사람들에게는 터무니없는 것으로 받아들여진다. 그런 사람들은 'DIY형 지성적 설계자'라는 이상ideal, 즉 처음부터 끝까지 혼자 모든 것을 해내는 천재라는 이상에 너무 충실하기 때문이다. 이 **모티프**에 기반한 변형은 매우 많으며 또 익숙하다. 렘브란트 **화실**의 그림은 렘브란트 자신이 혼자 그린 그림보다 덜 값지고 덜 걸작이다. 소설책에는 거의 언제나 (인쇄 직전까지 원고를 고치며 부지런히 일한 편집자들이 인식조차 되지 않은 채) 소설가의 이름 하나만 남으며, 길버트와 설리번이나 로저스와 해머스타인[a]처럼 창작 팀이 성공을 거둘 때는 그 구성원들이 각기 독립된 분야를 수행할 때가 많다. 한 사람은 작사를, 다른 사람은 작곡을 맡는 식으로 말이다. 그러나 논픽션 분야에서는 수 세기 동안 공동 저자의 작업이 흔했고, 오늘날 과학계에서는 혼자 논문을 쓰는 것이 오히려 드문 일이 되었다.

인지과학의 기초를 세운 글 중 하나인《계획 그리고 행동의 구조Plans and the Structure of Behavior》(1960)는 조지 밀러George Miller와 유진 갈란터Eugene Galanter, 칼 프리브람Karl Pribram이 함께 썼다. 바로 여기서 피드백 루프 검사-조작-검사-종료 단위Test-Operate-Test-Exit unit(TOTE 단위)라는 아이디어가 제안되었다.[b] TOTE 단위는 피드백 루프 형식화의 초기 버전으로, 행동주의에서 인지 모델링으로 전이되는 데 중요한 역할을 했다. 초기에 그렇게 막대한 영향력을 미

---

a 작곡가 윌리엄 길버트와 작사가 아서 설리번은 19세기 후반에 코믹 오페라 작품들을 많이 남겼으며 영국에서 많은 인기를 얻었다. 로저스와 해머스타인은 1940~50년대를 풍미한 브로드웨이 뮤지컬 작품을 많이 남긴 작곡가 리처드 로저스와 작사가 오스카 해머슈타인 2세를 가리킨다. 영화로도 제작된 〈사운드 오브 뮤직〉의 원작 뮤지컬도 이들의 작품이다.

b 이들은 인간의 행동이 대부분 계획된 것이며, 기존의 자극-반응 단위로는 그 계획을 구성하기 어렵고, 검사-조작-검사-종료로 이루어진 단위가 위계적으로 구성되어 계획된다고 보았다.

쳤음에도, 지금은 이 책을 읽는 사람이 거의 없다. 그리고 한때 이 책을 두고, "밀러가 쓰고 갈란터가 형식화했으며, 프리브람이 믿었다"는 농담이 흔하게 돌아다니곤 했다. 그런 분업이 가능하리라는—그리고 성공하리라는—바로 그런 생각은 그 당시에는 나올 수 있었겠지만, 지금은 더이상 나올 수 없다. 과학은 이론가(수학을 이해하는 사람)와 실험가, 그리고 현장 작업자(실험가와 현장 작업자는 수학에 정통하진 않으며 이론가에게 의지한다)의 협업으로 가득 차 있다. 그들은 공동 저자로서 함께 일하며 작업물을 내고, 그 작업물의 상세 사항 중 공동 저자 모두가 다 함께 이해하는 부분은 그리 많지 않다. 이처럼 분업화, 전문화된 이해들이 조합되는 사례는 매우 많다.

여러 명의 공저자가 여러 권으로 된《의식에 대한 과학 이론》이라는 제목의 책을 썼고, 이 책이 과학 공동체에서 이견 없이 수용된다고 상상해보자. 당신이 원한다면, 의식이 중요한 현상으로 취급되는 학문 분야(신경과학, 심리학, 철학 등) 모두에서 그 책이 인간 의식에 관한 표준 교과서로 사용된다고—그러나 용감무쌍한 몇몇 용사만 그 책의 모든 권을 다 읽었다고 주장할 뿐, 모든 수준의 모든 설명을 완전히 통달했다고 자부하는 사람은 아무도 없다고—가정해도 좋다. 그렇다면 이것은 촘스키의 의식신비주의mysterianism—그 어떤 이론가 개인도 의식을 진정으로 이해하진 못하므로 의식은 여전히 미스터리다—를 정당화하는 사례로 간주될까, 아니면 불가해한 미스터리의 후보들로 미스터리언들이 내세우는 또 다른 것들을 때려눕힌 사례로 간주될까?

문명이 발전하면서 노동의 분업이 많은 것을 가능케 했다는 것을 우리는 배웠다. 한 사람 또는 한 가족은 간단한 집이나 카누 정도를 만들 수 있고, 헛간이나 목장 울타리 같은 것은 작은 공동체도 지을 수 있지만, 성당이나 쾌속 범선을 만든다면 수십 가지 재능과 수백 명의 작업자가 필요하다. 요즘에는 유럽입자물리연구소 Conseil Européen pour la Recherche Nucléaire(CERN)을 비롯한 "거대과학Big Science"의 보루에서 동료심사를 마치고 나오는 논문들은 공저자가 수백 명에 이르기도 한다.[a] 팀 단위로 어떤 일을 할 때, 그 작업 전체에 대해 팀원 중 그 누구도 조망도 수준을 넘어서는 수준까지 이해한다고 주장할 수 없는 경우가 흔하다. 이제 우리는 어떤 사상가가 제아무리 똑똑하다 해도 개인으로서 할 수 있는 일에는 한계가 생기고 전문적인 피드백과 입증을 위해서는 종종 명백하게 동료들에게 의존해야만 하는 시대에 다다른 것이다.

프린스턴대학교의 탁월한 수학자 앤드루 와일즈Andrew Wiles는 1995년에 페르마의 마지막 정리를 증명하며 수학사에서 혁혁한 업적을 세운 탁월한 인물이다. 그가 밟아간 과정을 면밀하게 들여다보자. 그의 증명 첫 번째 버전이 출발이 잘못되었고 눈에 띄지 않는 틈새들도 있었다는 사실은, 그의 이 빛나는 업적도 실제로는 서로 소통하는 전문가들로 이루어진 공동체, 즉 많은 마음이 해낸 일임을 잘 보여준다. 공동체에서 소통하는 전문가들은 영광을 놓고 서로 경쟁하는 동시에 서로 협업하며, 그들에 의해 성취되고 전장에서 살아남은 수학들이 겹겹이 쌓인다. 와일즈의 증명도 그 켜켜이 쌓인 층에 기대고 있는 것이고, 그 누적층이 없었다면 와일즈는 물론이고 그 누가 됐든 페르마의 마지막 정리가 증명되었는지를 판단하는 일이 가능하지 않았을 것이다.[101] 만약 당신이 동료도 공동체도 없이 혼자서만 연구하는 외로운 늑대 같은 수학자라면 어떨까? 그런 수

---

a 최근에는 공저자가 1000명이 넘는 논문들도 게재된다. 2015년 CERN에서 나온 힉스 입자 발견 논문은 무려 5154명의 공저자 이름이 적혀 있으며, 공저자가 가장 많은 학술 논문이라는 세계 기록을 세우기도 했다.

학자로서 페르마의 마지막 정리를 증명해야 한다면, **내가 정말로 페르마의 마지막 정리를 증명한 것인지, 아니면 미쳐가고 있는 것인지**도 구분해야만 할 것이다. 수학의 역사는 많은 뛰어난 수학자도 자기가 성공했다는 생각에 현혹되곤 했음을 보여주고 있으므로, 후자의 가능성도 진지하게 고려해야만 한다. 동료들의 공식적인 인정과 그에 이어지는 축하만이 후자의 가능성으로 인한 불안감을 잠재워줄 수 있고, 또 그것에 의해서만 잠재워져야 한다.

각자의 개성과 "신성한 영감"을 보물처럼 여기는 예술가, 시인, 음악가조차도 전임자들의 작업을 잘 이해하고 그에 대한 상세한 실무 지식을 지닐 때 최고의 실력을 발휘할 수 있다. 하이퍼 오리지널러티hyper-originality 작품을 창조하려는 시도를 감행했던 20세기의 반란군은 "정석"을 거슬러야 한다는 집착 같은 것을 만들기도 했다. 하지만 그들은 망각 속으로 사라져가거나, 창작의 존속력이 그들이 인정하고자 했던 것보다 훨씬 더 전통의 이해에 기인함을 증명하는 사례가 되었다. 화가 필립 거스턴Philip Guston(1913~1980)[a]은 타인의 지성적 설계에서 추출하여 소화한 모든 것들에 자신이 간접적으로 의존하고 있음을 달변으로 인정한 적이 있다.

> 일전에 내게 이렇게 말한 사람이 존 케이지John Cage라고 나는 믿는다. "일을 시작할 때는 모든 사람이 스튜디오 안에 있다. 과거,

---

101 이에 관해 내가 본 글들 중 사이먼 싱Simon Singh의 "전체의 이야기The Whole Story"(그의 홈페이지에서 찾아볼 수 있다. 주소는 http://simonsingh.net/books/fermats-last- theorem/the-whole-story/)가 단연코 가장 잘 읽히는 설명이다. 잡지 《프로메테우스Prometheus》에 이 글을 다듬은 버전이 실렸다.

a 캐나다계 미국인 화가로 서정적인 추상화들로 좋은 평을 얻었고 잭슨 폴록, 윌렘 데 쿠닝 등과 함께 1940~1950년대 미국 추상표현주의의 전성기 대표 작가였으나, 1960년대 말에 구상주의로 화풍을 바꾸어 미술계에 충격을 주었다.

친구, 적, 예술계, 그리고 무엇보다 당신의 아이디어가 모두 거기 있는 것이다. 그러나 그림을 계속 그리다 보면, 그들은 하나 둘씩 떠나가고 당신만이 온전히 홀로 남는다. 그 후엔, 운이 좋다면, 당신마저 떠난다."(2011. p. 30)

우리의 타고난 두뇌에 존재하는 한계는 어떤 종류의 것인가? 현재 우리는, 그 한계들이 실천적 문제든 절대적인 것이든 관계없이, 우리의 취약점과 대결을 벌여야 하는 순간을 지연시킬 우회 방책을 발견하여 거의 완벽하게 발전시키고 있다. 이는 협업이며, 체계적인 것과 비공식적인 것 모두 해당한다. 집단은 개인이 할 수 없던 일을 할 수 있고, (거의 확신하건대) 이해할 수도 있다. 그리고 우리 힘의 상당 부분은 바로 그 집단 이해group comprehension를 통한 발견에서 비롯된다. 어떤 이들은 집단 이해라는 이 아이디어에 저항할 수도 있다. 그러나 그런 저항은 (내가 아는 한) 이해력을 신령스러운 첨탑—우리의 문제를 해결하고 우리의 걸작들을 창조하기 위해 우리가 의존하는, 우리 자신과 타인들이 지닌 이해력과는 관계가 거의 없거나 아예 없는—까지 끌어올림으로써만 가능하다. 이는 미스터리언들의 논증의 칼날을 무디게 한다. 그들은 협업적 이해의 위력을 무시함으로써 구태의연한 문제를 제기한다. 그 문제 제기의 배경에는 이해력을 실무율적 축복, 즉 전부 아니면 전무인 축복으로 보는 인식이 깔려 있는데, 정말로 그런 경우는 (있다 하더라도) 거의 없다.

데카르트는, 활동 당시에, 자신의 "clear(명석)하고 distinct(판명)한" 관념들에 대한 **완벽한** 이해를 확보하는 데 매우 신경을 썼다. 그는 자비롭고 전능하며 기만하지 않는 신의 존재를 증명할 필요가 자신에게 있다고 주장했다. 사고실험적인 그의 가설은, 그렇지 않다면 그가 가장 자신 있게 믿고 있는 확신에 관해 그를 작정하고 속이는 사악한 악마가 있을 수 있으며, 그 "원리상 가능함"이 그의 방법을 고박한다는—그리고 그의 양손을 꽤 단단히 결박한다는—것이다. 데카르트에게는, 너무도 명백한 수학적 참(이를테면, 2+2=4, 평면 위의 삼각형은 세 변이 있으며, 세 내각의 합은 180도다)이 보유한 종류의 확실성만이 **진정한** 지식으로 간주되기에 충분한 것이었으며, 가장 단순한 증명의 개별 단계들에 대해 우리가 가질 수 있는 명징한 이해만이 **완벽한** 이해로 간주될 수 있는 것이었다. 데카르트는 자신의 증명이 신에 의해 보증된다고 하며 신에 의지했는데, 오늘날 우리는 바로 그 지점에서 신이 아니라 '서로 다른 경로로 탐구한 많은 사상가가 똑같이 그릇된 결과에 도달했을 가능성은 없다는 것'에 의존한다. (11장에서 언급했듯이, 멀리 항해할 때는 배에 적어도 3개의 크로노미터를 싣는다는 원칙이 있다. 2개의 시각이 일치하고 나머지 하나가 다를 경우 다른 시각을 나타내는 하나가 잘못되었을 확률이 매우 크기 때문이다. 본문의 내용은 이 원칙을 응용한 것이다.) 예를 들어, 사람들에게 곱셈과 나눗셈 문제를 풀게 하면, 많은 이들이 같은 문제에는 똑같은 답을 내놓으며, 이런 경험은 셀 수 없을 만큼 풍부하다. 우리는 이것의 중요성을 간과하는 경향이 있지만, 수학의 본질적 필연성—또는 자비로운 신의 존재—에 대한 분석적 성찰이 아무리 많이 쌓인다 해도, 그것만으로는 우리가 우리의 계산을 믿도록 설득될 수 없을 것이다. 산수는 건전한 계산 체계인가? 아마도 그러할 것이다. 그렇기에 당신은 아마도 매우 기꺼이 그것에 목숨을 걸 수 있을 것이다.

보세요, 엄마! 손 안 대고 해냈어요!

되새기며 생각하지 않고도 수행할 수 있는 중요한 연산 규칙들의 수가 많아짐으로써 문명은 발전한다.

—알프레드 노스 화이트헤드Alfred North Whitehead

나는, 내가 창조하지 못하는 것은 이해하지 못한다.

—리처드 파인먼Richard Feynman

자연선택에 의해 수행된 기본적이고 하의상달식이며 선견지명 없는 R&D가 점진적으로 크레인들을 만들어왔다고 나는 계속 주장했다. 노동을 줄여주는 생산품인 그 크레인들은 설계 작업을 더 효율적으로 만들어주며, 더 심화된 후속 크레인이 만들어질 설계공간을 열어준다. 지성적 설계의 시대로 접어드는 속도를 가속시키면서 말이다. 지성적 설계의 시대란 상의하달식의, 반성적인, 이유를 형식화하는, 체계적인, 그리고 선견지명을 지닌 R&D가 번성할 수 있는 시대를 말한다. 이 과정은 우리를 비롯한 모든 생물을 형성한 선택의 힘(선택력)selective force들의 균형을 성공적으로 바꾸어왔고, 예측력 높은 이론들을 만드는 데도 성공했다. 그 이론들은 이론들 자신이 창조된 바로 그 과정들도 소급적으로 설명할 수 있다. 이 크레인의 연쇄는 기적도 신의 선물도 아닌, 생명의 나무의 다른 결실과 함께 만들어진, 근본적 진화 과정의 산물이다.

돌이켜 보면, 우리 인간은 수천 년의 세월을 거치면서 개별 마음이 지닌 힘의 진가를 알게 되었다. 모든 생명체의 본능적 습관을 바탕으로 하여, 우리는 음식과 독을 구분하고, 이동성 있는 다른 생물과 마찬가지로 우리도 운동하는 사물들의 유생성animacy(유도된 움직임)에 대단히 민감하며, 특히 그러한 움직임을 유도하는 신념과 욕구(정보와 목표)에 훨씬 더 민감하여, **누가 무엇을 알고 있고 누가 무엇을 원하는지**를 추적하는 데 최선을 다한다. 숨바꼭질에서 우리가 기울이는 노력을 잘 길잡이하기 위해서 말이다. 이런 태생적 native 편향은 지향적 태도를 위한 유전적 기초다. 지향적 태도란 서로를 합리적 행위자로, 즉 대체로 참인 믿음들과 대체로 잘 정돈된 욕구들에 의해 안내되는 행위자로 간주하는 태도를 말한다. 우리가 이런 문제들에 끊임없이 관심을 가져온 덕분에 **통속 심리학**이 형성되었으며, 우리는 서로를 이해할 때 이 통속심리학에 의존한다. 우리는 우리 자신과 우리 이웃을 관찰하여 알게 된 반복적인 행위들과 누구든 실행하지 않으면 어리석다고 할 "강제된 움직임들"을 설명하고 예측하는 데 통속 심리학을 사용할 뿐만 아니라, "천재"의 표식인 "통찰"의 일격을 설명할 때마저도 통속 심리학을 사용한다. 이는, 우리의 기대가 매우 빈번하게 입증됨을 뜻한다. 기대가 충족되면 지향적 태도에 대한 우리의 충성이 강화되며, 우리의 기대가 충족되지 않을 때면 우리는 우리 실패에 대한 "설명"에 의지하는 경향이 있다. 그 설명은 최상의 경우 영감 충만한 짐작이며, 최악의 경우 우리를 오도하는 신화 만들기다.

우리 자신의 사고 과정에서의 틀에 박힌 관습과 경계를 자의식적으로 확인해냄으로써 그것들을 극복하고자 애쓸 수 있다. 그리고 그 덕분에 우리는 그것들을 시도하고 극복할 수 있다. 우리는 너무 예측 가능(이 경우, 너무 쉬워서 지루하고 재미없다)하지도, 너무 혼돈스럽지도 않은 마음에 가장 높은 순위를 매긴다. **연습이 완벽을 만든다.** 그리고 우리는 우리 마음이 두는 수를 연습하도록 격려하는 게임, 이를테면 체스나 바둑이나 포커 같은 것들을 고안해왔다. 그뿐 아니라, 우리 마음의 행마를 훨씬 더 인위적이고 정교한 환경에까지 적용시키는 것을 가능케 하는 정신적 보철 장치라 할 수 있는 망원경, 지도, 계산기, 시계 같은 장치도 만들어왔다. 탐구와 설계의 모든 영역에서 우리는 이론을 비롯한 인공물을 창조하고 완벽하게 다듬기 위해 협업하는 고도로 조직화된 전문가 집단을 갖게 되었고, 그러한 프로젝트에 시간과 에너지와 재료를 제공할 전통과 시장 메커니즘을 채택해왔다. 우리는 지성적 설계자들을 위해 우리 선조들이 지성적으로 설계한 세계에 살고 있는 지성적 설계자들이다. 이 전망에 대한 수 세기에 걸친 꿈을 꾸고 난 지금, 우리는 인공물을 설계하고 생산할 수 있는 (인공물을 설계하고 생산할 수 있는 인공물을 설계하고 생산할 수 있는 ……) 인공물을 설계하고 생산하기 시작하고 있다. 백지장도 맞들면 낫고, **일손이 많으면 일이 가벼워진다**. 이는 헛간 짓기뿐 아니라 마음의 작업에도 적용될 격언이다. 그러나 이제 우리는 손을 댈 필요가 없는, 즉 **수동 조작이 필요 없는**hands-off 설계 작업이 가볍고 쉬울 뿐 아니라 더 유능하기도 하다는 것을 (물론 이렇게 된 것은 우리가 최근에 설계한 인공물들 덕분이다) 종종 발견하게 된다.

화학 및 재료과학에서 급성장하고 있는 새로운 분야인 나노기술 덕분에 이제 원자 단위에서 인공물을 만드는 것도 가능해지고 있다. 그리고 나노기술은 물질을 나노미터 단위에서 조작(옮기기, 자르기, 격리시키기, 고정시키기 등등)하는 정교한 도구들을 개발한 선구자들의 탁월하고 끈기 있는 수작업을 그 특징으로 한다. 그 전의 GOFAI처럼, 나노기술도 상의하달식의 지성적 설계, 즉 "기적의 약", "스마트 재료" 등의 나노로봇을 대량으로 **수제작**hand making하기 위한 탁월한 방법으로 시작했다. 나노기술은 승리를 거두었고, 앞으로 더 많은 승리를 거둘 것이다. 특히 CRISPR이라는 새로운 나노 도구를 마음대로 사용한다면 말이다(이에 대한 비전문적인 짧은 소개는 Specter 2015를 보라). 유전자 염기서열 분석gene sequencing에 혁명을 가져온 기술인 중합효소 연쇄반응polymerase chain reaction(PCR)처럼, CRISPR도 유전자를 어느 정도 임의적으로 편집하고 접합할 수 있게 해주므로, 시간과 노력을 몇 배로 줄여주며 고도로 까다롭고 수고스러운 기술을 대체하는 노동 절약형 발명이라 할 수 있다. 캘리포니아대학교 버클리캠퍼스의 제니퍼 다우드나Jennifer Doudna와 현재 막스플랑크연구소에 재직 중인 에마뉘엘 샤르팡티에Emmanuelle Charpentier는 이 새로운 크레인을 만든 최고의 지성적 설계자 중 두 명이다.

픽사Pixar를 비롯한 컴퓨터 애니메이션 회사들이 개발한 기술처럼 이 기술들도 수천 일days 분량의 **뛰어나고 고된 일**(모순어법이 아니다. 극도로 재능 있는 사람들이 극도로 반복적이지만 까다로운 일을 하는 것을 말한다)을 대체할 자동화 과정의 누름 버튼을 만들어냈다. 1937년 월트디즈니프로덕션Walt Disney Productions이 〈백설공주와 일곱 난쟁이Snow White and the Seven Dwarfs〉를 출시했을 때, 그 살아 있는 듯한 움직임에 세계는 깜짝 놀랐다. 살아 움직이는 것 같은 동작들을 얻기까지의 많은 문제(현실 세계의 흔들림과 튀어오름 등을 필름의 셀이나 프레임 수천 개에 완전히 구현하는 것)를 해결하기 위해 재능 넘치는 수백 명의 애니메이터들이 고도로 조직화된 팀 내에서 수행한 노동이 결실을 맺은 것이다. 땀으로 얼룩진 그 영웅적인 노동 현장은 이제 역사의 유물이 되었다. 프레임 하나하나를 작업하던 애니메이터에게 필요한 재능은 이젠 거의 쓸모없는 것이 되었고, 유전자 조각들을 독창적으로 분리하고 살살 조심하여 끈기 있게 다루면서 한 번에 코돈 하나씩 염기서열을 드러내게 했던 초기 분자생물학자들의 재능 역시 같은 운명을 맞이했다. 지루한 지성적 작업을 자동화시킨 이 비슷한 이야기는 천문학에서 텍스트 분석에 이르기까지 많은 분야에서 찾을 수 있다. 일반적으로, 이 과업들은 데이터를 대규모로 수집하고 정렬하고 정제하는 것에 해당하며, 이를 자동화함으로써 인간 데이터 해석자들은 결과들을 반성적으로 고찰할 더 많은 자유 시간을 얻게 되었다. (나는 전도유망한 한 젊은 신경과학자의 실험실에서 보낸 하루를 절대 잊지 못할 것이다. 당시 그는 뇌에 전극이 만성 이식된 마카크원숭이로 실험을 하며 데이터를 수집하고 있었다. 그날 늦게 나는 그에게 물어보았다. 당시 다양한 뇌 영역에서의 의식 조절 활동의 역할에 관해 한창 끓어오르고 있던 이론적 논쟁에 대해 어떤 견해를 지니고 있느냐고. 그는 한숨을 쉬며 대답했다. "저는 생각할 시간이 없어요! 실험을 진행하는 것만으로도 너무 바쁘거든요.") 뛰어나지만 고된 일을 최소화하는 새로운 기술들은 놀랄 만큼 유능하지만, 그것들은 로봇 동료가 아니라 어디까지나 도구일 뿐이어서, 지성적인 도구 사용자와 관리자(실험실 책임자나 스튜디오 책임자)의 의사결정과 의도에 전적으로 의존한다.

그러나 오늘날엔, 우리는 오겔의 제2규칙—진화는 당신보다 똑똑하다—의 진가를 알아보고 또 그것을 십분 활용하기 시작하고 있다. 요즘 많은 분야에서 지성적 설계자들은 건초 더미에서 귀중한 바늘을 찾는 대량 탐색 같은 지저분한 작업에 자연선택(과 그것의 가까운 사촌)이라는 하의상달식의, 지칠 줄 모르는 알고리즘을 활용하고 있다.

이 탐구 작업 중에는 실험실에서 벌어지는 실제 생물학적 자연선택이 포함된 것들도 있다. 예를 들어, 캘리포니아공과대학의 프랜시스 아널드Frances Arnold는 수차례의 수상에 빛나는 단백질 공학 기술로 배양 작업을 실시하여 실제로 새로운 단백질들을 만들어냈다.[a] 그녀가 고안한 시스템은 변이 유전자들—단백질을 만들 DNA 레시피들—의 거대한 집단을 생성할 뿐 아니라, 그 결과로 생성된 단백질들이 지금껏 자연에서는 찾을 수 없었던 능력을 지녔는지 시험할 수도 있는 것이었다.

> 우리는 단백질공학의 새로운 도구들을 개발하고 있으며, 그 도구들을 이용하여 새로우면서도 개선된 촉매를 만들고 있습니다. 그 다양한 촉매는 탄소 고정, 셀룰로스 같은 재생 가능한 고분자로부터의 당 추출, 연료와 화학물질의 생합성 등의 작업에 사용될 것입니다.(Arnold 2013)

가능한 단백질의 공간은 **존재하는** 단백질의 공간보다 천많이 광대하다. 그러므로 우리가 찾아내기만 하면 우리의 명령을 따를 많은 나노로봇을 우리에게 안겨줌으로써 기적의 약, 기적의 조직, 기적의 촉매 등을 만들 수 있게 할 그 도착 지점까지의 경로—그 누구도 탐험한 적 없지만 횡단 가능한 점진적 진화의 경로—가 그 공간 안에 거의 틀림없이 있을 것이다. 그녀는 이 사실을 인식한 것이다. 그녀가 대학원생이었을 때, 한 선임 과학자가 그녀에게 경고했다. 알려진 단백질 중에는 그녀가 얻고자 하는 특성 같은 것을 지닌 것은 전혀 없다고. 그러나 그녀는 용감무쌍하게 응수했다. "그건, 그런 특성들을 가지게 하는 진화가 일어난 적이 없었기 때문이지요."[b]

결과적으로, 그러한 효소들은 "화학적 공간"의 완전히 새로운

---

a 프랜시스 아널드는 이 공로를 인정받아 그레고리 윈터, 조지 P. 스미스와 함께 2018년에 노벨 화학상을 받았다.

b 그런 방향의 진화가 일어난 적이 없어서 지금껏 그런 단백질이 생겨나지 않았던 것이므로, 실험실에서 그런 방향의 진화가 일어나도록 진화를 조절하면 그런 단백질을 생겨나게 할 수 있다는 의미이며, 아널드는 실제로 실험실에서 이를 구현했다.

영역, 즉 이전의 의화학적 노력으로는 탐험될 수 없던 영역을 열어젖힐 수 있을 것입니다.(Arnold 2013)

프랜시스 아널드는 새로운 단백질—아미노산의 긴 연쇄로, 서로 연결되면 접히면서 놀라운 위력을 지닌 진화된 나노로봇이 된다—을 생성하는 기술을 창조했다. 캘리포니아대학교 산타크루즈캠퍼스 음악대학 명예교수인 데이비드 코프David Cope는 EMI(음악적 지능의 실험Experiments in Musical Intelligence)라는 컴퓨터 프로그램으로 새로운 음악—음과 화음의 긴 연쇄로, 서로 연결되면 놀라운 위력을 지닌 음악 작품이 만들어진다—을 작곡하는 놀랍도록 색다른 기술을 개발했다. 이 프로그램으로 만들어진 작품에는 바흐 닮은꼴, 브람스 닮은꼴, 바그너 닮은꼴, 스콧 조플린Scott Joplin(1868?~1917)[c] 닮은꼴, 심지어는 뮤지컬 작품들의 닮은꼴도 있다.(Cope and Hofstadter 2001) 코프의 EMI가 대량 생산한 수천 곡의 작품은 얼마나 "독창적original"일까? 음, EMI는 분명 위대한 작곡가들의 스타일을 모방했고, 그 결과로 탄생한 곡들은 그 작곡가들에게서 많은 것을 차용했고 또 거기서 파생된 것이 분명하지만, 그럼에도 단순한 복사본은 아니며, 약간의 무작위 변위만을 지닌 단순 복사본에 불과한 것도 아니다. 그런 것들보다는 훨씬 나은 무언가다. 대가의 작업을 받아들이고 소화하고 계산 과정으로부터 그 작곡가의 스타일과 요점과 핵심을 추출해 마침내 그 스타일로 새로운 곡을 만들어내는, 매우 정교한 음악적 위업이 그 곡들에 포함되어 있는 것이다.

---

c 미국의 작곡가이자 피아니스트. 영화 〈스팅Sting〉의 주제곡 〈디 엔터테이너The Entertainer〉를 비롯한 많은 래그타임 곡을 작곡하고 연주했다. '래그타임'은 〈디 엔터테이너〉처럼 당김음이 특징적인 춤곡의 일종으로, 19세기 후반에서 20세기 전반까지 미국 흑인 사회에서 유행했으며 재즈의 전신으로 평가되기도 한다.

[당신이 음악가라면 이런 시도를 한번 해보라. 순수하게 쇼팽이나 모차르트로, 또는 카운트 베이시Count Basie(1904~1984)[a]나 에롤 가너Erroll Garner(1923~1977)[b]로 들릴 만한 피아노 곡을 하나 작곡해보라. 단순한 패러디나 캐리커처 같은 것을 작곡하기는 그리 어렵지 않을 것이다. 특히 에롤 가너처럼 확실한 스타일이 있는 재즈 피아니스트의 작품을 흉내 낼 경우엔 말이다. 그러나 패러디나 캐리커처 수준을 넘어서면서도 특정 인물의 곡처럼 들리는 좋은 음악을 작곡하는 것은, 인간 작곡가에게는 엄청난 음악적 통찰과 재능이 필요함 일임을 알게 될 것이다.]

코프가 30년도 넘는 세월에 걸쳐 설계하고 개선한 EMI는 잘 구성된 피아노곡, 성악곡, 교향곡 등의 작품을 많이 생산했다. 그리고 그 많은 곡 중 무엇이 가장 들을 만한가 하는 미학적 최종 판단을 제외하면 코프는 그 곡들에 편집의 손길을 전혀 대지 않았다. EMI는 여러 해에 걸쳐 성능 테스트를 받았는데, 나도 좋은 기회를 얻어 거기에 참여한 적이 있다. 나는 2015년 12월에 열린 몬트리올 바흐페스티벌에서 EMI를 테스트할 자리를 마련했다. 거기서 나는 이 책의 주요한 요점 몇 가지를 요약하는 강연을 했고, 강연 끝부분에서는 우크라이나의 피아니스트 서리 살로브Serhiy Salov가 연주하는 짧은 음악 네 곡을 청중과 함께 들었다. 나는 청중(300명이 넘는 바흐 애호가)에게 그 네 곡 중 적어도 하나는 바흐의 작품이고 적어도 하나는 EMI가 작곡한 것이라 말했고, 연주가 끝난 후 청중은 (눈을 감고) 투표를 했다. EMI가 작곡한 것은 두 곡이었는데, 수십 명의 사람—모든 경우에서 과반수는 아니었지만, 그래도 유의미하게

a 미국의 재즈 피아니스트 겸 작곡가이자 밴드 리더. 빅 밴드 스윙의 왕좌를 오래 차지했다는 평을 얻고 있다.

b 미국의 재즈 피아니스트 겸 작곡가로 한국인들에게는 여성 재즈 보컬리스트인 엘라 피츠제럴드에게 써준 노래 〈미스티Misty〉로 잘 알려져 있다.

꽤 큰 수다—이 이를 바흐의 작품이라고 판단했다. 투표가 끝난 후 네 곡의 작곡가를 정확하게 다 맞힌 사람들을 일으켜 세웠는데, 일어나서 박수갈채를 받은 사람들은 열두어 명에 불과했다.

코프 역시 아널드처럼, 목표를 설정하고 언제 승리를 선언할지만을 결정했을 뿐, 그 외에는 일절 손을 대지 않았다. 따라서 두 사람의 연구 프로젝트는 상이한 분야에서 이루어졌지만 **체계적 선택**methodical selection이라는 다윈의 주제의 변주—자연선택의 선택력이 분별력 있고 목적론적이며 선견지명이 있는 행위자의 신경계를 통해 집중되는 것—라 할 수 있다. 그러나 이 힘든 일heavy lifting[c]은 자연선택 알고리즘의 거침없는 패턴 찾기 능력에 맡겨져 있으며, 탐색 과정을 점진적으로 개선시키는, 이해를 동반하지 않은 생성과 시험 사이클들의 연쇄 안에서 이루어진다. 자연선택은 기질중립적substrate-neutral 알고리즘의 계열로서, 몇 가지 간단한 특성만 만족하면 어떠한 매질에서도 발생할 수 있기 때문에, **인 실리코**in silico(컴퓨터 프로그램 내에서의 시뮬레이션)의 진화가 **인 비보**in vivo(생물에서의)의 진화보다 값싸고 빠른 경우가 있으며, 형식화하려는 대부분의 문제나 질문에 거의 적용될 수 있다. 페드로 도밍고스Pedro Domingos의 최근 저서《마스터 알고리즘The Master Algorithm》(2015)은 다윈주의 또는 다윈풍Darwinesque "머신러닝" 또는 "딥러닝" 체계라는 새로운 변종들 모두에 대한 생생하고 권위 있는 탐구서다. 도밍

c 이 표현은 대개 '힘든 일'이라 번역되긴 하지만, 데닛이 굳이 이 표현을 쓴 이유도 알아둘 필요가 있을 것이다. 진화에서 이루어지는 변화를 스카이후크가 아닌 크레인에 의한 단계적 들어올림이라고 생각하는 데닛은 이 단어들을 통해 다윈의 소위 '체계적 선택'이라는 것은 웬만한 크레인 하나로는 그 단계까지 들어 올릴 수 없는, 크레인 위의 크레인 위의 크레인……에 의해 들어 올려진 힘든 변화라는 것도 함께 말하고자 했다.

고스는 "머신러닝 종족"을 다섯 가지로 식별함으로써 쇄도하는 머신러닝 연구자들의 경쟁 구도를 단순화한다. 그 다섯 가지는 이렇다. 기호주의자symbolists(GOFAI의 후예), 연결주의자connectionists(매컬로치와 피츠의 논리적 뉴런들의 후예. 6장 184쪽을 보라), 진화주의자evolutionaries(존 홀랜드John Holland의 유전 알고리즘들과 그 후손), 베이즈주의자Bayesians(베이즈주의 예측-생성자의 계층적 네트워크 능력을 획득하는 실용적 알고리즘을 고안한 사람들), 유추주의자analogizers(픽스와 호지스[Fix and Hodges 1951]가 고안한 최근접 이웃 찾기 알고리즘nearest-neighbor algorithm의 후예). 이 다섯 종족 모두 서로 다른 방식으로 자연선택 패턴을 상기시킨다. 이들 모두 컴퓨터를 기반으로 하므로, 궁극적으로는 튜링의 가장 단순한 이해력 없는 능력들(조건 분기와 연산)로 구성되어 있음이 명백하며, 아마도 기호주의자들의 창조를 제외하면, 나머지는 하의상달식의, 건초더미에서 바늘 찾기 식의 반복적 휘젓기이다. 그리고 그 휘젓기가 반복될수록 심각한 문제들에 대한 좋은(또는 충분히 좋은) 답에 점진적으로, 그리고 높은 신뢰도로 접근하게 된다.

산타페연구소와 미시간대학교에 재직하다가 최근에 작고한 존 홀랜드는 탁월한 인지과학자와 컴퓨터과학자 들이 사랑한 멘토였다. 그가 발명한 유전 알고리즘은 자연선택에 의한 진화와 명백하게 유사하다(그리고 다윈주의자들의 구미에 잘 들어맞는다). 유전 알고리즘에는 변종 코딩들로 이루어진 거대한 집단의 세대가 있고, 그들 각각은 문제 해결에 있어 진보할 수 있는 기회를 얻으며, 이 환경 테스트의 승자들은 번식을 한다. (번식은 일종의 유성생식처럼 일어난다. 우리의 정자와 난자가 만들어질 때 일어나는 것 같은 무작위 유전자 "교차crossover"로 완성되는 것이다.) 컴퓨터 코드 문자열은 처음엔 무작위로 혼합되어 있었지만, 여러 세대를 거치면서 능력이 배가 되고 정제된다. 유전 알고리즘은 칼 심스Karl Sims의 매혹적인 진화된 가상생물 설계에 사용되었고(이 진지한 상상 놀이터에 헌정된 많은 웹사이트들을 보라), 이런 게임뿐 아니라 웃음기를 쫙 뺀 분야, 즉 회로 기판과 컴퓨터 프로그램 같은 확고한 공학적 업적들에도 사용되었다. 도밍고스의 책 133쪽에는 2005년에 유전적으로 설계된 공장 최적화 시스템에 특허가 발급되었다는 것(레슬리 그로브스 장군이여! 그들은 당신에게 점점 가까워지고 있습니다.)이 기록되어 있다. 건축가들은 건물의 기능적 특성(이를테면 강도, 안정성, 재료 사용, 빛과 에너지 사용 등)을 최적화하는 데 유전 알고리즘을 사용하기 시작했다. 과학 연구에서는 인간의 분석 능력을 가뿐히 넘어서는 문제를 무력으로 해결하는 데 머신러닝을 활용하고 있다. 뛰어난 이론물리학자인 리처드 파인먼은, 자신의 그 엄청난 방정식 묘기로도 격파되지 않는 물리학 문제들을 풀기 위해 생의 말년에는 슈퍼컴퓨터를 사용하여 탐구하며 많은 나날을 보냈다. 이 사실은 주목할 만하다. 그는 내가 이 절을 시작하며 인용한 자신의 격언이 시대에 다소 뒤처지게 된 것을 살아서 본 셈이다. 창조하지 못하는 것을 이해할 수 없다는 것은 여전히 참일 수 있겠지만, 이제는 무언가를 창조한다는 것이 그것을 이해한다는 것임을 더이상 보증할 수 없게 되었다. 예전엔 보증했지만 말이다. 이제는, 우리가 A라는 대상에게 어떤 일을 시키고 싶으나 A라는 대상을 진정으로 이해하지 못하는 경우라 해도 그 A를 만드는—매우 간접적인 방식으로 만드는—것이 가능해졌기 때문이다. 이런 것은 때때로 블랙박스 사이언스black box science라 불린다. 당신은 최신 기술 블랙박스를 사서 미가공 데이터를 입력하고, 블랙박스는 분석을 내놓는다. 블랙박스에서 나온 그래프들은 바로 출력해서 출판해도 될 정도이다. 당신은 그것이 어떻게 작동하는지 아직 상세히 설명하지 못하지만 고장 나면 고치기는 하는

데, **다른 사람도 그렇게 할 수 있는지는 확실하지 않다.** 물론 이 가능성은 언제나 더없이 명백했다. 우리가 "손으로 만드는" 것(배, 다리, 엔진, 교향곡 등)의 경우에는 그것을 만들 때 우리가 제어할 수 있다. 만드는 과정에서 각 단계를 이해하면서 말이다. 우리가 "구시대적 방식으로 만드는" 것(자녀, 손자녀 등)은 우리의 이해에 저항하는데, 이는 그들이 만들어지는 과정의 상세를 우리가 의식하지 못하기 때문이다.[a] 오늘날 우리는 뇌의 자녀brain-children(우리 두뇌로 만들어낸 것들)와 뇌의 손자녀brain-grandchildren(우리 두뇌가 만들어낸 것들이 만들어낸 것들), 뇌의 증손자녀brain-greatgrandchildren, 즉 두뇌의 소산(아이디어, 발명품 등)과 두뇌의 소산의 소산과 두뇌의 소산의 소산의 소산까지 생산하고 있으며, 우리는 그것들을 만드는 과정의 세부 사항을 따라가지 못하고 있다. 그 과정의 결과들이 믿을 만하다는 것을 우리가 증명할 수 있음에도 말이다. 연구에 컴퓨터가 도입되면서 파인먼의 격언은 몇 가지 중대한 도전을 받게 되었다. 컴퓨터가 (전부 또는 부분적으로) 수행한 수학적 증명 중에는 인간 수학자 한 명이 모든 단계를 하나하나 점검—증명의 모든 단계에 흠결이 없어야 한다는 것은, 정당한 이유에서, 수천 년 동안 수용의 기준이 되어왔다—하기에는 너무도 긴 것들도 있다. 어떤 예를 들면 좋을까? 유명한 사례로, 1976년에 컴퓨터의 도움으로 4색 정리four-color theorem를 증명한 사건이 있다. 이 정리는 아우구스트 뫼비우스August Möbius가 1840년대에 처음 논의한 것으로, 지도에서 서로 맞닿은 영역을 다른 색으로 칠할 때 필요한 최소한의 색은 네 가지라는 것, 즉 어떠한 지도든 네 가지 색만 있으면 경계를 공유하는

---

a 여기서 "구시대적으로 만드는 것"이란 문화적 진화가 아닌, 생물학적 진화에 해당하는 방식, 즉 순전한 생물학적 생식으로 만들어지는 것을 뜻한다.

그 어떤 두 영역도 같은 색으로 칠해지지 않을 수 있다는 것이다. 세계에서 가장 똑똑한 수학자 몇몇이 증명에 도전했으나 실패를 거듭했다. 그 후 케네스 아펠Kenneth Appel과 볼프강 하켄Wolfgang Haken이 증명에 컴퓨터를 사용했다. 그들은 서로 다른 가능성들을 상징하는 약 2000가지의 지도 모형을 컴퓨터로 다루어 보며, 그것들이 모두 4색 정리의 반례가 아니므로 무시할 수 있고, 또 반례 후보에서 제외해야 함을 보여주었다. 그리고 그 제외된 지도 모형들 자체가 4색 정리를 증명하는 것이라고 그들은 생각했다. 한동안 그들의 증명은 일반적으로 받아들여지지 않았는데, 그 컴퓨터 작업의 모든 단계를 인간이 다 점검할 수가 없다는 이유에서였다. 그러나 오늘날에는 4색 정리가 증명되었다는 합의가 수학자들 간에 광범위하게 형성되어 있다. (그 이후에 이루어진 대안 증명에서도 컴퓨터가 사용되었다.) 이는 "직관적"인 결과다. 이 증명에 대한 명백한 반례를 생산하기 위해 사람들이 투자한 시간을 모두 더하면 수 세기에 이르는데, 그 누구도 반례를 내놓지 못했기 때문에 증명되기 훨씬 전부터도 대부분의 수학자는 4색 정리가 참이라고 여기고 있었던 것이다. 한편, 컴퓨터의 도움을 받아서야 증명된 반직관적 정리들도 있다. 예를 들어 체스에는 폰의 이동이나 기물 포획 없이 50수가 지나면 무승부가 선언되는 50수 규칙fifty-move rule이 있는데, 전문가들은 오랫동안 이 규칙이 매우 너그러운 것이라 생각해왔다.[b] 그러나 컴퓨터 분석 덕분에 몇몇 메이팅 넷mating net[c](여기에 빠지면 상대방은 빠져

b 애초에 이 규칙은, 앞서 있는 쪽에서 상대방의 실수만을 바라며 경기를 체력전으로 끌고가지 못하게 하려는 것이다. 일반적으로 알려진 대부분의 엔딩은 30~40수 정도에서 끝나므로, 40수에서 게임을 종결시킨다 해도 이길 수 있는 게임을 무승부로 만드는 일은 거의 일어나지 않는다. 따라서 50수로 제한한 것은 여유를 상당히 많이 준 관대한 규칙이라 볼 수 있는 것이다.

나오지 못한다)에서는 기물이 잡히거나 폰이 움직이지 않은 채로 수백 수가 진행될 수도 있음이 발견되었다. 그런 예외들이 속속 발견되자 50수 규칙에 여러 차례 수정이 가해지기도 했으나,[d] 그런 예외 사례들은 원리적으로 (인간이 하는) 진지한 경기에서는 결코 벌어질 수 없는 것이었기 때문에 세계체스연맹(FIDE)은 예외 조항을 없애고 숫자도 도로 50으로 고정시켜 50수 규칙을 공식으로 다시 규정했다.

수학 명제를 증명하는 프로그램과 마찬가지로, 체스의 포지션을 분석하는 컴퓨터 프로그램도 전통적인 상의하달식의 지성적 설계로 만들어진 프로그램이다. 그러나 도밍고스가 주로 다루는 프로그램은 그것들과는 판이하게 다르다. 그가 말했던 것처럼 말이다. "제곱근이 제곱의 역逆이고, 적분이 미분의 역인 것처럼, 머신러닝은 프로그래밍의 역이라고 생각할 수 있다."(p. 7, 번역서 38쪽) 이 역시 이해력 없는 능력이며, 추론의 또 다른 기묘한 뒤집기다. 아, 아니다, 기본적 다원주의적 뒤집기의 다른 예라고 하는 것이 더 낫겠다. 도밍고스 책의 "중심 가설"은 대담함 그 이상을 보여준다.

> 세상의 모든 지식, 즉 과거, 현재, 미래의 모든 지식은 단 하나의 보편적 학습 알고리즘에 의해 데이터로부터 도출될 수 있다. 나는 이 학습자를 마스터 알고리즘Master Algorithm이라 부른다. 만약 이런 알고리즘이 가능하다면, 이 알고리즘을 발명하는 일은 전 역사를 통틀어 과학의 가장 위대한 성취가 될 것이다. 사실 마스터 알고리즘은 우리의 마지막 발명품이 될 텐데, 마스터

c 킹을 체크메이트로 몰기 위해 강제된 수forced move를 연속으로 놓는 것을 말한다.
d 75수, 100수 규칙으로 변경되기도 했고, 예외 조항이 덧붙기도 했다.

> 알고리즘이 일단 발명되고 나면, 발명할 수 있는 다른 모든 것을 그것이 발명해 나갈 것이기 때문이다. 우리가 할 일은 마스터 알고리즘에 올바른 종류의 데이터를 충분히 제공하는 것뿐이다. 그러면 마스터 알고리즘이 그에 상응하는 지식을 발견할 것이다.(p. 25)

그런데 이것이 그의 진의인지는 분명하지 않다. 그가 이내 뒷걸음질 치기 때문이다.

> 이렇게 말하는 사람도 있다. "좋다, 머신러닝이 데이터에서 통계적 규칙성을 찾을 수 있다고 하자. 하지만 뉴턴의 법칙 같은 심오한 것들은 결코 발견하지 못할 것이다." 아직은 발견하지 못했지만 미래에는 발견할 것이라고 나는 확신한다.(p. 39)

두 번째 인용문까지 놓고 본다면, 이 책에서 그가 합리적 논증을 통해 확보할 수 있다고 생각하는 것은 가설이 아니라 하나의 장담(틀림없이 그러할 것이라는 일종의 베팅)이다. 이 극단적 전망에 대한 도밍고스의 명료화는 그 어떤 경우에서든 유용하다. 많은 이들이 바로 그러한 만일의 사태에 대한 어설픈 악몽을 지니고 있다는 것은 의심의 여지가 없는 사실이며, 그의 명료화는 그들에게 회의주의의 빛을 어느 정도 비추어주는 데 도움을 줄 테니까. 우리는 도밍고스가 장담하며 응수했던 그 주장에서 논의를 시작할 수 있다. 머신러닝이 "통계적 규칙성"을 찾는 것 그 이상으로 발전할 수 있을까? 도밍고스는 '그렇다'에 걸고 있는데, 그 낙관주의의 근거는 무엇일까?

지성적 행위자의 구조

우리는 베이즈주의 네트워크들이 생물에게 중요한 통계적 규칙성—생물의 행위 유발성—을 알아내는 데 얼마나 훌륭한 도구인지 알아본 바 있다. 자연선택에 의해 이런 네트워크를 갖추게 된 동물뇌animal brains는, 그 뇌가 거주하고 있는 신체를 매우 노련하게 안내할 수 있지만, 그들 스스로 **새로운 관점들을 채택할** 기량은 거의 없다. 내가 주장했듯이, 다른 곳에서 설계되어 뇌에 인스톨된 인지 능력(인지적 습관과 인지적 방식), 즉 밈들의 침입이 있어야 그런 기량을 갖출 수 있기 때문이다. 그 인지 습관들은 그것들이 인스톨된 뇌의 인지 아키텍처를 근본적으로 바꾸어, 종내에는 마음이 되게 한다. 그런 설비가 뇌에 갖추어진 동물은 지금까지는 **호모 사피엔스**밖에 없다.

진핵세포가 비교적 갑작스러운 **기술 이전**으로, 즉 따로따로 존재했던 두 R&D의 유산이 성공적으로 공생을 이루며 그 거대한 도약으로 말미암아 생겨났듯이, 인간의 마음, 그러니까 **이해력 있는** 마음 역시 독립적이었던 두 R&D 유산의 열매들이 공생하여 탄생한 산물이며, 또 그랬음이 틀림없다. 앞에서 주장했듯이, 우리는 상당 부분 다른 곳에서 설계된 생각 도구들을 위한 뛰어난 기반이 되도록 재설계된 동물뇌를 가지고 시작한다. 그 생각 도구들은 밈이며, 그중 가장 중요한 것은 말(단어)이다. 이런 의미에서 본다면, 우리는 대부분의 단어를 무의식적으로 **획득한다**고 할 수 있다. 어린 시절 우리는 자기도 모르는 사이 하루에 평균 7개의 새 단어를 배운다. 그리고 대부분 그 단어들에 대한 우리의 초기 경험에서 패턴을 찾는 무의식적 과정으로 의미를 알아가기 때문에, 우리는 대부분의 단어의 의미에 점진적으로 익숙해질 수밖에 없다. 우리가 일단 단어들을 **갖게** 되면 우리는 그것을 **사용**하기 시작할 수 있지만, 그때 우리가 무엇을 하고 있는지를 꼭 알아야만 할 필요는 없다. (당신 어휘집 안의 모든 단어에는 당신이 그 단어를 공적 발화 행동이나 내적 독백, 또는 묵상 중에 처음 사용한 저마다의 데뷔탕트[a] 토큰이 있다. 지난 10년 동안에도 당신의 작업 어휘 목록에 새 단어들이 유입되었을 텐데, 그 새 단어들을 가지고 당신이 다른 사람에게 말하거나 속으로 혼잣말을 하거나 묵상하고 있음을 당신은 얼마나 자주 의식했는가? 의식한 적이 있기는 한가?) 단어가 문맥과 관련된 그저 단순한 소리에 머물지 않고 우리와 친숙한 도구가 되면, 우리는 그것들을 이용하여 우리가 마주치는 모든 것에 대한 새로운 관점을 형성할 수 있게 된다.

그러나 딥러닝 머신의 능력이 빠르게 성장하고 있음에도, 그런 새로운 관점이 형성되는 종류의 현상이 나타날 징조는 지금껏 거의 보이지 않고 있다. 도밍고스가 강조했듯이, 학습하는 기계들은 자기재설계self-redesign라는 다윈풍의 하의상달적 과정을 스스로 수행할 수 있도록 (매우 지성적으로) 설계되었다. IBM의 슈퍼컴퓨터 왓슨Watson은 2011년에 미국 ABC 방송의 인기 퀴즈 쇼 〈제퍼디!Jeopardy!〉에 출연하여 챔피언 켄 제닝스Ken Jennings와 브래드 루터Brad Rutter[b]를 이겼다. 왓슨이 자신의 능력으로 한데 묶을 수 있던 단어들은 **생각 도구**가 아니라 마디node들의 다차원 공간 안에 위치한 또 다른 마디들일 뿐이었으며, 밈이라기보다는 인간 밈의 화석화된 흔적 비슷한 것이었다. 인간의 신념과 실제 행동에 관한 어마어마한 양의 정보를 보존할 뿐, 그들 자신이 그 실행의 능동적 참여자가

a 사교계에 처음 데뷔하는 상류층 여성을 뜻한다.

b 켄 제닝스는 74회 연속 우승 기록을 가진 역대 최장 챔피언이었고, 브래드 루터는 역대 최다 상금 수상자였다.

되지는 않는다는 점에서 말이다. 그러나 지금은 아닐지라도, 언젠가는 그렇게 될 날이 올지도 모른다. 요약하자면, 왓슨은 단어들에 관한 통계적 정보는 엄청나게 많이 지니고 있지만, 아직 그 단어들을 이용한 사고들thoughts을 생각하지는 않는다. 왓슨은 출제자의 질문에 답할 수 있다. (정확히 말자하면 그 반대이긴 하다. 〈제퍼디!〉의 출제 방식은 독특해서, 〈제퍼디!〉가 제공하는 단서들을 듣고 그것을 답으로 하는 문제가 무엇인지를 맞히는 것이므로, 왓슨이 한 일은 정확하게는 답을 쓴 것이 아니라 질문을 구성한 것이다. 이를테면 이런 식이다. 출제자가 주는 단서: "일리노이Illinois의 주도" / 참가자가 써야 할 것 : "스프링필드Springfield는 무엇인가?") 그러나 출제자와 왓슨이 대화를 한 것은 아니다.

마음에 돌파력을 부여하는 것은, 자기 감시를 하여 뇌의 반응 패턴으로 하여금 패턴 식별의 또 다른 (두 또는 세 또는 일곱) 회차를 겪게 할 수 있는 역량이다.[102] 현재 상황에서는 머신러닝에서 그 역할을 수행하는 위치에 있는 존재는 인간 사용자다. 단백질 진화 실험을 했던 프랜시스 아널드와 음악 AI 실험을 했던 데이비드 코프 같은 설계자 및 기계 조작자들은, 종종 발현emerge하는 의심스러운 결과를 평가하고 조정하고 비판하고 수정하고 폐기한다. 비평가인 그들의 품질 관리 활동은 시스템을 "원리적으로" 향상시켜 이해의 영역으로 들어설 수 있게 하는 선택력selective forces을 제공한다. 이해의 영역으로 진입하면 시스템은 도구에서 동료로 승격될 수 있지만, 그것은 거대한 약진이거나 거대한 약진들의 연쇄이다. 이러한

---

102 왓슨은 몇 개의 전문화된 레이어를 분명히 갖고 있다. 왓슨은 답안 후보 각각에 대한 자신의 "신뢰도"를 평가해야 하며, 응답의 위험을 어느 정도 감수하면서 그 신뢰도의 임계값을 조절할 수도 있다. 나는 왓슨을 과소평가하고 싶지 않다. 왓슨은 다층으로 이루어진, 다재다능한 시스템이다.

관점을 채택한다면, 밈으로 들끓고 있는 우리 뇌가 **사용자들**, 즉 우리의 동물뇌의 조야한 판단을 비평하는 비평가들을 은신시키고 있음을 더 명확하게 볼 수 있다. 그렇지 않았다면, 우리도 다른 포유류들처럼 자기 영역에서는 교활하지만 심각하게 새로운 것 앞에서는 속수무책인 그런 순진한 존재에 머물렀을 것이다.

잘 알려진 밈에 따르면, 호기심은 고양이를 죽인다. 그리고 새로운 것을 맞닥뜨림으로써 하의상달식으로 추동되는 동물의 호기심은 많은 종에게 중요한 고위험 고성과high-risk, high-payoff 특성이지만, 제어되고 체계적이고 선견지명 있고 가설을 시험하는 호기심은 오직 인간만이 지니고 있다. 그러한 호기심은 저마다의 뇌에서 발현하는 사용자들의 특성이며, 통계적 규칙성을 밝혀내기 위해 자기 뇌의 광대한 용량을 속속들이 착취할 수 있는 사용자들의 특성이다. 우리 한 사람 한 사람의 내부에서는 의식이라는 사용자-환각이 그와 동일한 역할, 즉 왓슨을 비롯한 딥러닝 시스템의 인간-컴퓨터 인터페이스가 하는 역할을 수행한다. 재능 시연장 같은 것을 제공하는 것이다. 가격 평가와 경쟁이 실시간으로 이루어짐으로써 품질 관리 해상도와 속도를 향상시킬 수 있는 "아이디어 장터" 같은 것을 열어서 말이다.

따라서 인간의 **생각하기**는—다윈이 **방법적 선택**이라 부른 현상 내에서 일찍이 인식했듯이—사육자들의 지각 및 동기부여(자극) 체계perceptual and motivational system를 통해 선택력을 집중시킴으로써 자연선택의 속도를 높일 수 있다. 프랜시스 아널드가 단백질을 단순히 재배하기만 한 것은 아니다. 그녀는 새로운 단백질을 집중적으로, 그리고 직접적으로 **육종**breeding하고 있다. 이는 우리에게 우리의 경이로운 마음들이, 유행과 변덕스러운 기호들—우리의 자기 재설계 노력을 괴상한 방식으로, 심지어는 자기파괴적 방식으로 편향시키는—에 면역이 없다는 전망에 대한 경각심을 불러일으킨다. 어떤 비둘기는 방법적 애호가들의 부추김 때문에 터무니없는 깃털을 지니도록 개량되었고, 많은 개가 다양한 "토이" 품종으로 끈질기게 개량되면서 비극적인 장애를 지니게 되었는데, 인간은 (종종 열성적인 공범들의 도움을 받아) 자신들의 마음도 그렇게 그로테스크한 인공물로 만들어버릴 수 있다. 그리고 그렇게 변한 마음은 마음 자체를 무력하게 만들거나 더 나쁘게 그려낸다.

이는, 딥러닝 하는 기계들의 능력이 향상되면 통계적 규칙성을 찾는 하의상달식 과제에서는 동물(인간도 포함)의 뇌를 몇 배 능가할 수 있겠지만, 우리 없이는, 즉 결과를 비판적이고도 통찰력 있게 해석하는 기계 **사용자**가 없다면 딥러닝 기계들이 (우리가 지닌 종류의) 이해력은 결코 획득하지 못하리라는 것을 시사한다—그러나 증명하는 것은 확실히 아니다. 혹자는 이렇게 반응할 것이다. "그래서 뭐 어쩌라고. 컴퓨터식의 하의상달식 이해가 결국은 인간식 이해를 잠식하고 엄청난 양과 속도의 학습으로 압도할 텐데." 최근 AI 분야가 만들어낸 돌파구인 알파고AlphaGo는 많은 이들이 세계 최고의 인간 바둑 기사라 인정한 이세돌을 이긴 딥러닝 프로그램으로, 그런 기대를 적어도 한 측면에서는 뒷받침한다. 프랜시스 아널드와 데이비드 코프가 자신이 주재하는 생성 과정에서 품질 관리의 핵심 역할을 맡고 있음을 나는 알고 있다. 어떤 길을 더 추구하여 나아갈 것인가는 그들의 과학적 또는 심미적 판단에 의해 결정된다. 당신은 이렇게 말할 수도 있다. 그들은 설계공간을 통해 자신들이 설계한 탐사 기계를 조종하고 있는 것이라고. 그러나 발표된 보고서에 따르면, 알파고 자체도 그와 비슷한 일을 한다. 알파고의 대국을 향상시키는 방법은 알파고가 알파고 자신과 수천 번의 대국을 치르는 것이다. 그 모든 대국에서 자잘한 탐사적exploratory 변이를 만들고, 그중 어느 것이 진보(가 될 것)인지를 **평가**하고, 그 평가를 이용하여 다음 대국과 연습 게임을 조정한다. 이는 그저 다른 수준의 생산과 시험일 뿐이다. 실제 세계의 잡음 및 그에 수반되는 우려들로부터 단절된, 그리하여 그 이상 더 추상적일 수는 없는 게임에서는 말이다. 그러나 알파고는, 컴퓨터 프로그램들이 뛰어나게 구분해 내는 선명한 랜드마크가 거의 없는 상황에서 "직관적으로" 판단하는 법을 배우고 있다. 자율주행 자동차의 대중적 수용을 목전에 둔—불과 몇 년 전만 해도 많은 사람이 진지하게 받아들이지 않은 과격하게 낙관적인 전망—상황에서, 자율주행 과학 탐사 차량이 그보다 훨씬 뒤처질까?

그러므로 실용적이고 과학적이고 심미적인 판단은 조만간 인공 행위자에게로 떠넘겨지거나 아웃소싱될 수도 있다. 수전 블랙모어가 옳다면, 대중음악과 인터넷 밈—블랙모어의 용어로는 **트림** treme—의 디지털 세계에서는 이처럼 인간의 판단이 퇴임 또는 소외되는 일이 이미 시작되고 있다(11장 361쪽을 보라). 밈의 과잉은 수 세기 동안 있었다. 인쇄 기술 초창기부터 불만이 나온 것을 보면 말이다. 그때부터 사람들은 수많은 밈 중 시간을 잡아먹고 마음을 졸이게 하며 짜증을 불러일으키는 것을 어떻게든 걸러내기 위해 밈 여과 장치에 기꺼이 비용을 지불했다. 모든 시인의 모든 시를 다 읽으려고 하지 말고, 권위 있는 시인이나 비평가가 심혈을 기울여 선별한 시선집이 나올 때까지 기다리라는 충고를 따르는 것도 그 일환이 될 것이며, 이 경우 여과 장치는 그 권위자, 즉 시를 선별한 사람이다. 하지만 어떤 권위자를 믿어야 할까? 당신의 수요와 취향에 맞게 골라줄 이는 누구일까? 개별 시인들의 작품과 함께 그런 선집들을 주기적으로 리뷰해주는 문학 저널을 구독할 수도 있을 것이다. 그렇지만 어떤 문학 저널을 믿어야 할까? 점검해보고자 하는 저널에 대한 평이 또 다른 저널에 실려 있고 당신이 그것을 구매할 수 있다면 거기서 평판을 확인할 수 있을 것이다. 달리 생각하면, 밈 탐색자meme seeker 개개인이 표현한 요구가 충족되도록 유지시키는 일을 하며 생계를 꾸릴 수도 있다는 말이 된다. 그리고 그 사업이 지지부진하다면 당신은 당신이 충족시킬 수 있는 새로운 요구need를 형성시켜볼 수도 있다. 여기까지는 모두 우리에게 매우 친숙하다. 그러나 이제 우리는, 여과 장치도, 여과 장치의 판단을 심사하는 장치도, 그리고 트렌드세터 지망생도 모두 다 전혀 사람이 아닐 수 있는 새로운 시대로 접어들고 있다. 이런 방식으로 이루어지는 필터링이 모든 사람에게 다 적합하지는 않을 것이다. (이에 대해서는 다음 절에서 다룰 것이다.) 하지만 그렇다고 해서 그러한 차등 복제의 위계적 계층이 급증하는 것을 막을 수는 없을 것이며, 그렇게 된다면 우리는 점점 많아지는 빗자루라는 재앙을 마주한 마법사의 제자 같은 꼴이 되고 말 것이다.

IBM 텔레비전 광고에서는, 왓슨이 밥 딜런Bob Dylan과 "대화하며" 자기가 "1초에 8억 페이지를 읽을" 수 있다고 말한다. 머신러닝 기계의 또 다른 아이콘이 된 구글 번역Google Translate은, 인간 언어를 "파싱parsing"하고 해석하는 (그리하여 인간이 하는 이해의 흐릿한 버전으로나마 인간 언어를 이해하는) 상의하달식 시도였던 GOFAI 시스템을 완전히 쓸어 치워버렸다. 구글 번역기는 상이한 언어 간 번역을 놀랄 만큼 빠르고 훌륭하게—물론 아직 완벽과는 거리가 멀지만—해주지만, 두 언어에 모두 능숙한 인간(그리고 웹사이트에 도움을 주기 위해 초빙된 2개 언어 정보원 역할을 한 자원봉사자들)이 이미 해놓은 번역의 말뭉치corpus에 전적으로 기생하고 있다. 구글 번역은, 잘 번역된(온라인에서 찾을 수 있을 정도로 잘 번역된) 기존의 수백만 구절들을 체로 치듯 살펴보고 패턴들을 조망하여 그중 그럴듯한 (가능성 높은) 수용 가능한 번역에 정착한다. **실제로는 아무것도 이해하지 않으면서** 말이다.

이것은 논쟁의 여지가 있는 주장이므로 조심스럽게 포장을 끌러야 한다. 영국인이 이렇게 말한다는 농담이 있다. "프랑스인은 이걸 couteau라 부르고, 이탈리아 인은 coltello라 불러, 그리고 독일인들은 Messer라고 하지. 그렇지만 우리 영국인들은 knife라고 해. 드디어 **그걸** 제대로, knife를 knife라고 부르는 거야." 영국인의 이 자기만족적인 편협함은 자기가 알고 있는, 그러나 구글 번역의 "지식" 내에는 대응되는 것이 없(는 것처럼 보이)는 무언가—knife란 무엇인가—에 부착되어 있다. 인지과학 전문 용어를 빌려 말하자면, "knife"의 (그리고 "couteau"를 비롯한 비슷한 용어들의) 의미에 관한 영국인의 지식은 칼에 관한 비언어적 지식에, 즉 칼과 접하고 친숙해지기, 잘라보고 깎아보고 그것들에 익숙해지기, 조각도를 들어올릴 때의 느낌, 주머니칼의 유용성 같은 것들에 **기반한다**. 영국인은 knife라는 단어에 대해, 당신이 아마도 영어 단어 snath(큰 낫의 자루)에 관해서는 갖고 있지 않을 그 무언가를 갖고 있다. 당신이 snath가 독일어로 Sensenwurf라는 것을 알고 있다 해도 말이다. 이런 논의가 지겹겠지만 아직 조금 더 남았으니, 벌써 책을 덮지는 마시라. 구글 번역기가 "knife"가 등장하는 문맥들에 관한 풍부한 데이터를 보유하고 있음은 의심할 여지가 없다. 그런 문맥들에서는 knife의 근접어휘로 "cut" "sharp" "weapon" 뿐 아니라 "wield" "hold" "thrust" "stab" "carve" "whittle" "drop" 그리고 "bread" "butter" "meat" "pocket" "sharpen" "edge" 등을 비롯한 많은 단어가 각자의 근접어휘들과 함께 등장할 것이다. 언어적 맥락에 관한 이 정제되고 소화된 정보가 결국 "knife"라는 단어에 대한 **일종의** 기초학습grounding **같은 것**(기초학습인 **셈인** 것)이나 마찬가지 아닌가? 사실 이런 것이 "메신저 RNA"나 "힉스 보손Higgs boson" 같은 전문 용어에 대해 우리 대부분이 지닐 수 있는 유일한 기초학습 같은 것(**기초학습인 셈인 것**) 아닌가? 확실히 이는 번역 과정을 훨씬 더 적절한 채널로 안내한다. 당신이 구글 번역을 신뢰해서 그것을 당신의 이중언어 통역사로 삼는다면, 구글 번역은 당신을 거의 실망시키지 않을 것이다. 그렇다면 그렇게 통역을 잘한다는 것이, 구글 번역이 진지한 수준의 이해력을 지녔음을 시사할까? 많은 이들은 아니라고 잘라 말할 것이다! 그러나 이 단호한 부정이 기계에 대한 의례적인 반항이 되지 않으려면, **진정한** 이해자**real** comprehender가 자신의(그 남자의 또는 그 여자의 또는 그것의) 이해력으로 구글 번역기의 능력을 뛰어넘어 수행할 수 있는 그 무언가가 있어야 한다.

어쩌면 이렇게 말하는 것은 진짜 이해자인 인간이 구글 번역의 능력을 뛰어넘는다는 것을 보여주는 효과가 있을 수도 있다. "기말 보고서를 영어에서 프랑스어로 **번역**하는 것과 그 기말 보고서에 **학점을 매기**는 것은 별개의 사안이다." 그러나 이마저도 성공적이지는 않을 것이다. "잠재 의미 분석latent semantic analysis" 개발의 선구자인 토머스 란다우어Thomas Landauer가(Littman et al. 1998) 이미 그런 일에 거의 근접한 작업을 수행하는 컴퓨터 프로그램을 만들었기 때문이다.(Rehder et al. 1998) 한 교수가 시험에 논술 문제를 하나 출제하고, 그 문제에 대한 A+ 답안을 써서 컴퓨터 프로그램과 인간 조교 둘 모두에게 주며 그것을 그 주제에 대한 좋은 논술의 예시로 삼도록 한다. (물론 그 A+ 답안은 시험을 치르는 학생들에게는 공개되지 **않는다**.) 프로그램과 조교가 모든 학생의 답안을 읽고 학점을 매긴 결과, 교수의 판단에 더 가까웠던 것은 그 분야의 풋내기 전문가인 조교가 제출한 성적이 아니라 프로그램이 매긴 성적이었다. 전혀 과장 없이 말한다 해도, 이는 불안한 결과다. 그 과목의 내용은 고사하고 영어조차 이해하지 못하는 컴퓨터 프로그램이, 단순히(!) 교수의 모범답안에서 드러나는 정교한 통계적 특성들에 기반하여 동일한 문제에 대한 학생들의 답안을 높은 신뢰도로 평가하는 것이다. 이는 실로 이해력 없는 평가 능력이 아닌가! (모범답안과 일치하는 모든 통계적 특성은 갖추고 있지만 전체적으로 완전히 말이 안 되는 논술문을 학생이 작성하는 것도 원리적으로는 가능하다는 것을 란다우어는 인정했다. 그러나 그는, 그렇게 할 재주가 있는 학생이라면 어떠한 경우든 A+를 받을 자격이 있다고 말했다!) 그렇다면 **인간과** 단순히 **분별력 있는 대화를 나눈다**는 과제는 어떤가? 이것은 고전적인 튜링 테스트로, 이를 통해 밀과 왕겨를, 그리고 양과 염소를 꽤 확실하게 구별할 수 있다. 왓슨은 텔레비전 게임 〈제퍼디!〉의 두 챔피언 켄 제닝스와 브래드 루터를 이길 수도 있겠지만, 범위가 한정되지 않은 자유로운 대화에서라면 왓슨이 이길 수 없을 것이다. 그리고 왓슨이 제닝스나 밥 딜런, 암 생존자 소녀(배우가 대신 연기했다)와 대화하는 광고에서도 대화는 즉흥적인 것이 아니라 대본에 따른 것이었다.[a] 말하고 있는 두 행위자 간의 진정한 개방적 대화야말로, 데카르트가 놀라운 선견지명을 발휘하며 상상했던 말하는 자동인형automaton에 관한 것들처럼, 위대한—데카르트가 대담하게 주장한 것처럼 **무한**하지는 않다 해도 위대함에는 틀림없는—인지적 기술들을 화려하게 드러내 보여준다. 왜 그런가? 평범한 인간의 대화는 그라이스식의 부유하는 합리적 근거가 관장하는 가능성 공간에서 이루어지기 때문이다! 내가 말하는 것이 참이라고 (또는 모순이

a 2015년 IBM은 왓슨이 사람과 대화하는 세 편의 짧은 광고를 제작했는데, 그 대화 상대가 각각 왓슨과 함께 〈제퍼디!〉에 출연했던 제닝스, 가수 밥 딜런, 그리고 7세의 암 생존자 소녀였다.

라고, 또는 농담이라고, 또는 투명한 과장이라고) 당신이 **믿게** 하려는 나의 의도를 당신이 **인식한다**는 것을 내가 명시적으로 **의도**하지 않을 수도 있다. 그러나 당신이 그런 종류의 인식에 이르지 못하거나 그와 유사한, 그리고 당신 자신의 도전과 응전을 설명할 부유하는 합리적 근거를 지닌 발화 행위를 만들어내는 데까지 이르지 못한다면, 당신은 설득력 있거나 매력적인 대화 상대가 되지 못할 것이다. 그라이스의 반복된 인지 층위들은 **언어 수행**performance의 기저를 이루는 실시간 특성들을 정확하게 표상하지는 못할 수도 있지만, **언어 능력**competence은 확실히 명시한다.

고강도 대화에 참여하는 사람은 자신의 언어 행동과 반응의 패턴들을 인식할 수 있어야 하고, 가상의 시나리오를 짤 수 있어야 한다. 뿐만 아니라, 농담을 "이해"하고 허세를 부리고 대화가 지루해질 때는 주제를 바꿀 수 있어야 하며, 앞선 발화 행위들에 대한 질문을 받으면 그것을 설명하는 등의 많은 능력도 지녀야 한다. 이 모든 것이 가능하려면—마법이 아니라면—모든 식별되는 것에 대한 표상이 필요하며, 이때 식별은 행위자가 취하는 정신적 그리고 궁극적으로는 언어적 행동을 위한 설정들을 제공하기 위해 어떻게든 **알아차려야**만 하는 것들이다. 예를 들어, 내가 농담하고 있다는 것을 (최소한, 어쩌면 최소한 잠재적 의미에서) 당신이 알아채지 않거나 알아챌 수 없다면, 우연이 당신을 도와주지 않는 한, 당신은 그 개그에 동조할 수 없을 것이다. 그러한 알아차림은 단순히 당신의 동물뇌가 행하는 식별과 같은 문제가 아니다. 그것은 오히려 일종의 강화된 영향력이다. 그 당시에 경쟁자들에게서 무엇을 알아챘는지를 소급적으로 구별할 뿐 아니라, 그와 똑같이 중요하게, **알아차리는 존재**noticer의 창조에 기여하는 영향력 말이다. 이때 알아차리는 존재란 비교적 장기간 존속하는 "집행자executive"로, 뇌 내부의 특정 장소가 아니라, 후속 경쟁을 일정 기간 통제할 수 있는 일종의 정치적 연합이다. 후속 효과("그래서 그다음은 어떻게 돼?")에서의 그러한 차이점들은 놀라울 수 있다.

빈 공간을 채워 단어를 완성하라는 문제가 주어졌다고 하자.

sta____ 또는 fri____

당신은 무엇을 떠올렸는가? 예를 들어, start나 stable, station, 그리고 frisk, fried, 또는 friend, frigid 등의 단어를 생각했는가? 단어 어간이 완성되기 몇 초 전, 한 단어가 스크린에 아주 잠깐 깜박인다고 가정해보자. 예를 들면

staple

이라는 단어가 sta____의 1초쯤 뒤에 잠깐 나타났다 사라지는 것이다. 그럴 경우 "staple"이라고 대답하고 싶은 충동이 매우 크겠지만, 실험을 시작할 때 실험 진행자들이 이렇게 말했다고 가정해보자. "방금 스크린에 나타난 단어를 봤다면, 답으로 그 단어는 쓰지 마세요!" 그러면 당연하게도 당신은 보았던 단어를 답하려는 충동을 극복하고 stake나 starlight 같은 다른 단어를 거의 매번 잘 대답할 것이다. 실험 진행자가 권고한 제외 정책을 따르기 때문에, "staple"이라고 말하진 않을 것이다. 그러나 그것도 당신이 깜박인 단어를 알아챈(의식한) 경우에만 가능하다. 단어가 50밀리초(0.05초) 동안만 나타났다가 스크린을 어떤 패턴으로 덮거나 하여 즉시 차폐되면(500밀리초 정도 동안), 당신이 실험 진행자의 지시를 따르려고 노력하고 있음에도 "staple"이라 답할 공산이 더 커진다.(Debner and

Jacoby 1994) 이 실험이 얼마나 깔끔하게 설계되었는지에 주목하라. 이 실험에서는 피험자를 두 집단으로 나눈 후, 한 집단에는 스크린에 비추어주는 "점화priming" 단어가 좋은 답이면 그것을 **사용하라**고 지시하고, 다른 집단에는 "점화" 단어가 좋은 답이면 그 단어를 **사용하지 말라**고 지시했다. 두 집단 모두 점화 단어를 50밀리초 또는 500밀리초 동안 보여준 후 차폐시켰다. 실험 결과, 500밀리초 동안 노출된 점화 단어는 차폐시켜도 가려지지 않은 것으로 나타났다. 그 경우 피험자들은 점화 단어를 알아차렸고 보고할 수 있었으며 그것을 의식했고, 각자에게 주어진 지시에 따라 그 단어를 사용하거나 배제했다. 그러나 50밀리초 동안 노출된 점화 단어는 잘 차폐되었다. 피험자들은 어떠한 점화 단어도 보지 못했다고 (이는 표준적인 "역행차폐backward masking" 현상이다) 주장했다. 배제 조건이 주어지면, 단기지속 점화 단어들은 주어진 단어를 답으로 사용할 확률을 **높이고** 장기지속 점화 단어들은 확률을 **낮춘** 것을 보면, 노출 시간이 짧은 경우와 긴 경우 모두에서, 뇌에 의해 점화 단어가 식별된다는 것을 알 수 있다. 스타니슬라스 데하네Stanislas Dehaene와 리오넬 나카슈Lionel Naccache(2001)는 "의식되지 않은 정보를 피험자[이를테면 실험 수행자]가 전략적으로 사용하는 것은 불가능"하다고 언급했다.

그러니까, 나의 주장은, (지금까지는) 딥러닝이 **식별**은 하지만 **알아채지**는 못한다는 것이다. 시스템은 홍수처럼 데이터를 받아들이지만, 그 방대한 데이터는 시스템이 "소화"해야 할 "음식" 같은 것일 뿐, 그 외의 의미로 시스템과 유관성을 지니지는 않는다. 자리 보전하고 누워 있는 것처럼, 스스로 먹여 살릴 필요가 없으므로, 딥러닝 시스템은 색인이 잘되어 있는 정보의 저장 공간을 확장하는 것 외에는 목표가 없다. 왓슨을 비롯한 딥러닝 기계들과 우리는 경험에서 추출한 통계적 규칙성에 의존하는 노하우를 습득하기 위한 역량을 공통적으로 지니고 있다. 그것을 뛰어넘는 역량으로는, 현재의 목표가 주어지면 무엇을 탐색할지 그리고 **왜** 탐색하는지를 **결정**하는 역량이 있다. 실로 인상적인 왓슨과 평범한 제정신의 인간을 구별하게 해주는 것은, (현재로서는) 다양하고 쉽게 변하며 자신에 의해 만들어진 목표를 추구하기 위해 이용되는 지능의 **실용적** 이유가 왓슨에게는 부재한다는 점이다. 이유를 부여하고 이유를 평가하는 실제 인간 행위들로 완전히 진입할 수 있을 정도의 정교함 수준에 왓슨이 다다를 때가 온다면, 왓슨은 단순한 도구에서 벗어나 우리의 동료가 될 것이다. 또한, 왓슨을 제작하고 유지·보수하는 사람들뿐 아니라 왓슨 자신도 왓슨의 행동에 **책임이 있다**고 간주될 수 있을 것이다.

딥러닝 기계들이 인간의 이해에 어떤 방식으로 의존하고 있는지는 좀더 면밀하게 조사해볼 가치가 있다. 8장(227~232쪽)에서 우리는 전통적 AI에 대한 디콘의 대담한 비판을 살펴보았다. 그가 비판하는 전통적 AI는 에너지 포획과 자기 보호의 필요를 도외시함으로써 자신들의 탐색을 기생적 체계로 제한하여 인간 유지·보수자들에게 늘 의존하는, 마음설계자 지망생would-be mind designer으로, 우리의 도구이지 동료가 아니다. 이제 우리는 현재의 AI 시스템들이 보여주고 있는 종류의 이해력—가장 뛰어난 인간의 이해력과 숨막히는 경쟁을 벌일 정도가 되고 있는—또한 기생적임을 볼 수 있다. 그들의 이해력은 그들이 이용할 수 있는 인간 이해력의 막대한 유산에 절대적으로 의존하고 있다. 구글 번역은 이중언어 능통자들이 해놓은 수백만 건의 좋은 번역을 끌어다 쓰고 있으므로, 사람의 번역문이 없다면 존재할 수 없을 것이다. 마찬가지로, 왓슨이 섭렵하고 있는 무시무시할 정도로 방대한 사실적 지식 역시 왓슨이 인터넷에서 매일 흡입하는 수백만 페이지의 정보들에 의존한다. 뉴턴의 유명한 말을 적용하여 표현하자면, 이 프로그램들은 거인들의 어깨에 서서 지성적 설계의 앞선 산물들이 드러내 보이는 모든 영리함을 마음껏 사용하고 있는 것이다.

〈제퍼디!〉에서 왓슨이 제닝스와 루터를 이겼을 때 내가 학생들에게 냈던 문제에서 그 점이 잘 드러난다. 나는 학생들에게, 왓슨에게는 난제지만 제닝스나 루터(또는 그 어떤 보통 사람이라도 무방하다)는 쉽게 대답할 질문이 무엇인지를 고안해보라는 과제를 냈다. (여기서 주목해야 할 것이 있는데, 〈제퍼디!〉에서는 왓슨의 편의에 맞추어 규칙을 조정해야 했다는 것이다. 이를테면, 왓슨이 풀어야 했던 문제들은 모두 언어적인 것으로, 시각이나 청각을 필요로 하지 않았다.) 내가 학생들에게 요구한 난제들은 (내 생각에는) 어떤 식으로든 다음과 같은 상상력을 포함해야 할 것으로 보인다.

> 문제) 지팡이, 훌라후프, 새총을 이용하여 땅 위에 쓸 수 있는 행복한 단어.
> 답) 즐거움JOY이란 무엇인가?

> 문제) 이름에서 철자 하나만 바꾸면 작은 동물에서 큰 동물이 됨.
> 답) MOUSE에서 MOOSE로 간다는 것은?

> 문제) 0과 9 사이의 숫자로, 온수 욕조와 수영장이 붙어 있는 모양을 하고 있음.
> 답) 8은 무엇인가?

이보다 더 나은 예시들이 있지만, 나는 그것들을 출판하거나 인터넷에 올리지 않을 것이다. 책이나 인터넷에 공개되면, 왓슨이 그것까지도 섭렵하고 차후의 대회를 위해 보관하지 않겠는가! 왓슨은 상상력이 없어도 타인의 상상력을 침범할 수 있다. 이 점을 고려한다면 왓슨은 아주 깊은 곳에서부터 다윈주의적이다. 왓슨도 자연선택도 선견지명이나 상상력에 의존하지 않는데, 그것들은 끊임없이, 그리고 이해력 없이, 이미 일어난 일로부터 정보—설계 개선을 유도할 수 있는 통계적 패턴들—를 추출하는 과정에 의해 추동되기 때문이다. 왓슨도 자연선택도 그것들의 선택 과정의 범위 내에서 일어나지 않은 사건들의 유형에 대해서는 눈먼 것이나 마찬가지다. 물론, 하늘 아래 새로운 것이 정말로 없다면 이는 제한은 아닐 것이다. 그러나 인간의 상상력, 즉 현재 우리가 있는 곳에서부터 단순히 언덕을 기어오르는 식으로는 접근 불가능한 현실을 그려낼 수 있는 역량은 우리로 하여금 **선견지명 있는 설계**를 하여 기회들을 **창조**하게 하고 그리하여 궁극적으로는 다른 방식으로는 이뤄낼 수 없는 사업과 인공물들까지 창조하게 하는 주요한 게임 체인저game-changer인 것으로 보인다. 인간이 지닌 의식하는 마음은 기적도 아니고 자연선택의 원칙들을 위배하는 것도 아니다. 그러한 마음은 자연선택 원칙들의 새로운 확장이며, 진화생물학자 스튜어트 카우프만이 제시했던 **인접 가능성**adjacent possible 개념을 조정할 수 있는 새로운 크레인이다. 설계공간 내의 더 많은 장소가 우리와 인접해 있는데, 이는 우리가 설계공간의 여러 장소에 관해 생각하고 그것들을 찾거나 회피할 능력을 진화시켜왔기 때문이다. 도밍고스를 비롯한 딥러닝 주창자들에게 제기된, 답해지지 않은 질문은 이것이다. 상상력과 이유 부여 역량을 지닌 행위자의 충분히 상세하고 역동적인 이론을 학습하면 시스템(컴퓨터 프로그램, 즉 마스터 알고리즘 같은 것을 말함)도 그러한 행위자들의 능력을 창출하고 또 남김없이 이용

(착취)할 수 있는가? 이 질문은 이렇게도 바꾸어 표현할 수 있을 것이다. 그런 학습을 하면 시스템도 도덕과 관련된 인간의 위력을 생성할 수 있는가?[103]

나는 (여전히) 최근 그토록 강한 경고성 주의를 끌고 있는 "초인적 지능" 같은 그 어떤 것도—앞으로 반세기 안에는—딥러닝이 가져다주지 못하리라고 생각한다(Bostrom 2014; 그보다 앞서 발표된 견해는 Moravec 1988; Kurzweil 2005; Chalmers 2010; Katchadourian 2015; 그리고 에지재단Edge Foundation의 2015년 질문[a]도 읽어 보라). 딥러닝의 기치 아래 AI 능력의 성장은 가속되었고, 이는 오랫동안 해설과 비평을 해온 나 같은 사람뿐 아니라 많은 현장 전문가까지도 놀라게 했다. AI 초창기로 거슬러 올라가 보면, 과대광고의 오랜 전통이 있는가 하면, 우리 중 많은 이는 최근의 "혁명적 돌파구"에 대한 과대광고를 깎아서 (이를테면 70퍼센트를 깎아서 30퍼센트 정도만) 믿는 잘 발달된 습관을 가지고 있다. 그러나 일론 머스크Elon Musk 같은 첨단기술 전문가나 마틴 리스Martin Rees와 스티븐 호킹[b] 같은 세계적 과학자들이 조만간 어떤 형태로든 AI가 대격변 수준의 해체를 인간 문명에 초래할 것이라고 경종을 울리기 시작한다면, 그때가 바로 습관의 고삐를 당기고 의심을 재검토해볼 시기이다. 그렇

---

103 지금까지 이 질문에 대해 탐구하고 추측한 결과물들 중 가장 뛰어난 것으로 나는 스파이크 존즈Spike Jonze의 SF 영화 〈그녀Her〉(2013)와 알렉스 가랜드Alex Garland의 영화 〈엑스 마키나Ex Machina〉(2015)를 꼽는다. 〈그녀〉에서 호아킨 피닉스가 연기한 남자 주인공은 스칼릿 조핸슨이 목소리 연기를 맡은 가상 인격(남자 주인공 휴대 전화의 시리Siri 같은 존재)과 사랑에 빠진다.

a 에지재단은 과학문화 저술가 존 브록만이 1996년에 설립한 것으로, 세계 최고 석학들이 학문적 견해와 연구 성과를 교류하는 비공식 모임이다. 에지재단에서는 매년 하나씩 지식인들에게 특별한 질문을 한다.

b 스티븐 호킹은 2018년 3월 14일에 사망했다.

게 해오면서 나의 평결이 바뀌지는 않았지만 과거보다는 좀더 유보적으로 변했다. 나는 언제나 "강한 인공지능strong AI"이 "원리적으로는 가능"하다고 단언해왔지만, 실용적 가능성은 무시할 만큼 작다고 여겼다.[c] 너무나 많은 비용을 필요로 하면서 우리에게 정말로 필요한 것은 아무것도 주지 않을 것이라 생각했기 때문이다. 도밍고스 등은 내가 과소평가했던 실현 가능한 (기술적·경제적 측면 모두에서 실현 가능한) 경로들이 있음을 내게 보여주었다. 그러나 나는 여전히 이 장과 8장에서 제시했던 이유(259쪽의 뉴요커봇 사례를 보라) 때문에 그 과업이 AI 옹호자들이 주장하는 것보다는 몇 배나 더 방대하고 몇 배나 더 어렵다고 생각한다.

그래서 나는 인류가 우리를 노예로 만들 초지능 행위자 종족을 만들어내면 어쩌나 하는 걱정은 하지 않는다. 하지만 내가 아예 걱정을 하지 않는다는 뜻은 아니다. 나는 아주 가까운 미래의 다른 시나리오, 즉 덜 극적이지만 훨씬 더 가능성 있으며 우려의 요인이 분명히 있고 즉각적인 행동이 요구되는 시나리오를 주시하고 있다.

c 1980년, 존 설은 '강한 인공지능' 연구와 '약한 인공지능' 연구를 구분했다. 그에 따르면, 약한 인공지능 연구에서는 우리에게 매우 강력한 도구를 제공하는 것을 컴퓨터의 주된 가치로 보는 반면, 강한 인공지능 연구에서 컴퓨터는 더이상 단순한 마음 연구의 도구가 아니며, 오히려 제대로 프로그램된 컴퓨터는 실제로 마음이라 가정된다. 즉 약한 인공지능이란 유용한 도구로서의 인공지능이고, 강한 인공지능이란 인간과 똑같이 사유하는 마음으로서의 인공지능이다. 설은 이를 구분하면서 자신은 약한 인공지능 연구에는 아무런 이견이 없지만, 인간의 마음과 뇌와의 관계가 컴퓨터의 프로그램과 하드웨어와의 관계와 같다는 강한 인공지능 연구의 전제는 근본적으로 잘못되었다고 주장한다.

우리에게는 무슨 일이 벌어질까?

아무리 능력 있는 인간이라 해도 한 개인의 역량으로는 도저히 따라갈 수 없는 능력을 지닌 인공물은 이미 존재하고 있고, 더 많은 것이 개발되고 있다. 능력만을 놓고 본다면 그것들은 전문가로서의 우리 권위, 그러니까 인공지능의 시대가 밝아오기 시작할 때부터 의심 없이 받아들여졌던 그 권위를 강탈할 것이다. 그리고 우리가 그 인공물에게 헤게모니를 넘겨줄 때가 온다면, 실용적으로뿐 아니라 도덕적으로도 매우 정당한 사유에서 그렇게 될 것이다. GPS 시스템이 탑재된 구명보트가 구비되지 않은 유람선에 나와 승객들이 탄다면 그건 이미 **범죄에 태만한** 일이 될 것이다. 이제는 육분의와 나침반, 크로노미터, 항해력 등을 이용하는 천문항법Celestial navigation은 낫을 갈거나 소 떼를 모는 것만큼이나 쓸모없는 옛날 능력의 흔적이다. 그런 재주를 즐기는 사람은 인터넷으로 비슷한 사람들을 찾아 그런 활동에 몰두할 수 있고, 백업 시스템이 필요해진다면(물론 그런 일이 일어날 확률은 극히 희박하다) 우리 천문항법자들은 그때 우리의 구식 장치들을 조심스럽게 들고 와서 연습해볼 수도 있을 것이다. 그러나 이용 가능한 첨단 장치들을 제쳐두고 생명을 위태롭게 할 권한이 우리에겐 없다.

우리 모두는 여전히 곱셈표를 배우고, 그것을 이용한 더 큰 수의 곱셈을 배우고(그렇지 않나?), 종이에 연필로 써가며 장제법을 사용할 수도 있다. 그러나 제곱근을 추출하는 알고리즘을 실행하는 방법을 아는 사람은 거의 없다. 하지만 그게 뭐 어떻단 말인가? 계산기의 키 몇 개를 누르거나 구글이나 시리에게 물어보면 바로 알 수 있는 일에 노력과 뇌세포를 낭비할 필요는 없다. 걱정하는 사람들에 대한 표준적인 대응은, "아이들을 교육할 때 우리 자신이 여전히 능숙하게 쓰고 있는 방법들의 **원리**를 모두 다 가르쳐야 하는 것도 맞고, 그것을 이해하기 위해서는 그 방법을 사용한 실제 경험이 최소한의 수준으로는 실용적으로 가치가 있긴 하지만, 우리 아이들을 구시대의 지루한 단순 작업으로 내몰지 않고도 (아마도) 그 원리를 충분히 이해시킬 수 있다"고 말하는 것이다. 이것은 그럴듯한 말처럼 보인다. 그렇지만 어디까지 일반화될까?

의학 교육을 생각해보자. 왓슨은 최고의 진단 전문의들과 그 분야 전문가들을 능가하기 시작한 많은 컴퓨터 기반 시스템 중 하나일 뿐이다. 당신이 가장 좋아하는 의사가 있는데, 희귀하고 눈에 잘 띄지 않는 것을 진단하는 데 그 어떤 인간 전문가보다 수백 배는 더 믿을 만하다고 증명된 컴퓨터 기반 시스템에 의존하는 대신, "직관적"으로 증상을 읽는 구식 방법을 고집한다면, **당신은** 그에게 기꺼이 그러라고 하겠는가? 당신의 건강보험 고문은 당신에게 컴퓨터 시스템을 이용하는 검사에 응하게 할 것이며, 양심적인 의사들은 진단 영웅이 되려는 자신의 갈망을 억누르고 자신들이 버튼을 누르는 그 기계의 더 큰 권위에 따라야만 한다는 것을 알게 될 것이다. 의사를 훈련시킴에 있어 이것은 무엇을 암시하는가? 장제법이나 지도 읽기 능력 등을 버릴 때 전통적 의학 교육의 거대한 덩어리—해부학, 생리학, 생화학 등—도 함께 버리기를 권장해야 할까? **사용하지 않으면 잃는다**는 격언은 이 지점에서 인용되는 경험법칙으로, 많은 긍정적 사례를 보유하고 있다. 당신의 아이들은 당신만큼 쉽게 도로 지도를 읽을 수 있는가? 아니면 벌써부터 길을 찾을 때 GPS에 의존하게 되어버렸는가? 지능적 기계에 점점 더 의존함으로써 우리 스스로를 하향평준화하고 있다는 것에 대해 우리는 얼마나 염려해야 하는가?

지금까지는, 우리의 "주변부" 지적 능력(지각 능력, 알고리즘적 계산 능력, 기억 능력)을 향상시키는 기계와 적어도 우리의 "중심" 지적 능력(상상력을 포함한 이해력을 말한다. 예를 들면 계획을 짜고 의사결정을 하는 등의)을 대체한다고 알려진 기계 사이에는 상당히 선명한 경계가 있었다. 휴대용 전자계산기, GPS 시스템은 "주변부" 기능을 향상시키는 쪽에 속한다. 프레임 보강, 그림자 계산, 텍스처 조절 등의 고급 기능을 수행하는 픽사의 컴퓨터 그래픽 시스템도 "주변부" 쪽이며, 유전학의 PCR과 CRISPR도 명백하게 "주변부" 쪽에 속한다. 그것들이 얼마 전까지만 해도 상당한 전문성을 요하는 작업을 완수했음에도 말이다. 우리는 그 경계가 축소되며 더욱더 많은 인지 작업이 루틴처럼 되어갈 것이라 예상할 수 있으며, **현재 경계선이 어디 있는지 우리가 알고 있는 한** 이 문제는 괜찮을 것이다. 내가 생각하기에 진짜 위험은, 기계가 더욱 똑똑해져서 우리 운명의 선장이라는 우리 역할을 빼앗아 가리라는 게 아니라, 우리의 최신 생각 도구들의 이해력을 우리가 **과대평가**하여 그 도구들의 능력을 훌쩍 뛰어넘는 권위를 너무 이르게 넘겨줄 수도 있으리라는 것이다.

경계가 축소되는 것을 허용한다 해도, 모두에게 그 경계를 도드라지게 만듦으로써 경계를 강화할 수 있는 방법들이 있다. 그 경계를 침범하는 혁신들은 반드시 있을 것이며, 최근의 역사를 지침으로 삼는다면 우리는 그 새로운 진보 하나하나가 모두 과대선전된 것이기를 기대해야만 한다. 우리가 어느 정도는 열심히 만들어내야 하는 해독제들이 있다. 사람들은 조금이라도 영리해 보이는 것이라면 재빨리 그것에 지향적 태도를 취하며, 우리가 그렇게 한다는 사실을 우리는 알고 있다. 그리고 지향적 태도의 기본은 합리성(또는 이해력)을 가정하는 것이므로, 의인화된 체계와 상호작용할 때 무턱대고 믿으려는 경향을 어떻게 완화시켜야 하는지를 사람들에게 **보여주는** 적극적인 조치를 할 필요가 있다. 우선, 우리는 시스템 내의 쓸데없는 의인화를 모두 노출시키고 조롱해야 한다. 귀엽고, 훨씬 인간 같은 목소리들, 활발한 (그러나 갇혀 있는) 방백들 말이다. **컴퓨터와 상호작용할 때는, 컴퓨터와 상호작용하고 있음을 알아야 한다.** 어떤 시스템이 자신의 결점과 무능력으로 인한 간극을 의도적으로 감춘다면, 그것은 사기로 간주되어야 하며, 그런 시스템을 만든 제작자는 인간을 사칭하는 인공지능을 만들거나 사용한 범죄를 지은 것이므로 감옥에 가야 한다.

우리는 알려진 한계와 결점, 시험되지 않은 간극 같은 인지적 환각의 원천을 빠짐없이 일람한 목록이 모든 광고에 적절히 실리게 (제약회사는 텔레비전에 신약 광고를 할 때 우스꽝스러울 만큼 긴 부작용 목록을 나열할 의무가 있는데, 바로 그런 방식을 따르게) 함으로써, 과잉 겸손의 전통이 개발되도록 장려해야 한다. 튜링 테스트의 노선을 따라 시스템의 이해력의 한계를 폭로하는 대회는, 인간 사기꾼을 알아보면서 자부심을 느끼는 것과 동일한 방식으로, 기계에서의 사기 행각을 알아내는 능력에 자부심을 가지도록 사람들을 고무시킬 훌륭한 혁신이 될 수 있을 것이다. 이 지성적 도구의 한계를 노출할 가장 빠르고 확실한 방법을 누가 찾을 수 있을까? (우리는 아이들에게 낯선 사람을 대할 때 예의 바르고 친절하라고 하는데, 기묘하게도 이 때문에 아이들은 [온라인 등에서] 마주친, 아무 책임도 지지 않고 사람처럼 말하는 비행위자 무리에게 속아 넘어가 이용당하고 마는 원치 않는 효과가 발생한다. 아이들은 새로 만나는 사람의 면면을 공격적이고 무례하게 파헤쳐보아야 한다는 것을 배워야 한다.)

우리는 새로운 인지적 보철물들이 우리에게 기생하는 존재이도록 설계되기를, 그리하여 협력자가 아닌 도구가 되기를 희망해야 한다. 제작자가 설정한 그 보철물들의 유일한 "선천적" 목표는 사용자의 요구에 건설적이고 투명하게 응답하는 것이어야 한다. 그 이유는, 학습하는 기계는 그 사용자인 우리가 의도하는 바를 구체화하는 능력이 더 좋아져서, 우리에게 "도움이 될" 외삽extrapolation 결과들을 감추도록 설계될 가능성이 우려되기 때문이다. 우리는 이런 예를 이미 알고 있다. 여러분도 워드프로세싱 프로그램의 맞춤법 검사기가 여러분이 분명한 의도로 입력한 것을 오타로 간주하여 원치 않는 자동 "수정"을 해버릴 때의 좌절감을 익히 알고 있을 것이다. 대부분 맞춤법 검사기가 우리의 의도를 잘못 해석하는 사례가 여전히 많으므로 많은 이들이 이 기능을 비활성화한다. 그것은 우리가 다루어온 반半 이해력semi-comprehension의 첫 번째 레이어에 불과하다.

설명을 요하는 신개발품들 주위에는 이미 응력선stress line이 생기고 있다. 구글은 사용자가 입력 기호 문자열을 입력하면서 진정으로 의미한 것이 무엇일지를 자동으로 파악해냄으로써 검색 엔진을 강화하는 프로그램을 보유하고 있다(http://googleblog.blogspot.com/2010/01/helping-computers-understandlanguage.html). 이는 의심의 여지 없이 많은 목적에 유용하겠지만, 모든 경우에 다 그렇지는 않다. 더글러스 호프스태터가 당시 구글에서 이 프로젝트를 수행 중이던 자신의 제자에게 보낸 공개 서한에 썼던 것처럼 말이다.

> 구글이 내가 매일 의존하고 있는 것들의 기반을 위태롭게 하려는 시도를 줄곧 하고 있다는 사실이 나는 걱정스럽고, 솔직히 말하자면 심히 속상합니다. 구글로 검색을 하면서 내가 따옴표 안에 무언가를 입력한다면, 그렇게 입력한 합당한 이유가 있는 것이고, 그건 글자 그대로 받아들여져야만 하죠. 예를 들어, (많은 사례 중 한 가지 유형만 말하자면) 신중한 글쓰기를 위해 나는 이런저런 언어들로 무언가를 말하는 가장 좋은 방식을 찾아내려고 끊임없이 노력하고 있으며, 따라서 매우 빈번하게 두 가지 가능

한 표현들을 서로 대조하며 어느 쪽이 높은 빈도로 사용되고 어느 쪽이 매우 낮은 빈도로 사용되는지 검색하곤 합니다. 나에게 이는 표현에 관한 것들을 알아내는 극도로 중요한 방법이죠. 그러나 구글이 내가 입력한 구절을 있는 그대로 받아들이지 않고 내가 쓴 것을 아무 거리낌 없이 마음대로 다른 단어들로 대체해 버린다면, 그리고 그 상태에서 한쪽 구절이 높은 점수를 얻는다면 나는 아주 거하게 오도되는 거예요. 나는 이 점이 매우 실망스러워요.

나는 기계가 말 그대로 기계적이길 바랍니다. 내가 해달라고 한 것에서 계속 벗어나려고 애쓰지 않았으면 합니다. 기계에서 소위 "지능"이라는 것은 때때로 유용할 수 있겠지만, 한편으로는 지극히 쓸모없을 수도 있고, 실제로 해로울 수도 있으며, 내 경험에 비추어보면, 요즘 잇따라 과학 기술 장치들에 인공지능(여기서 나는 "인공"이라는 말을 "가짜의" "진정한 것이 아닌"이라는 의미로 사용했습니다)이 투입되고 있는 것은, 내게는 사실상 언제나 엄청나게 호감이 떨어지는 일이에요.

그러므로 나는 당신의 회사가 하고 있는 일이 반갑지 않습니다. 솔직히 말하자면 그것 때문에 몹시 괴로워요. 당신들은 기계 장치를 그처럼 신뢰할 수 없게 만드는 또 하나의 시도를 하고 있을 뿐이죠. 사용자가 구글에게 X를 하라고 요청할 때는 정확하게 X를 할 것을 가정하고 있는 것입니다. 그런데 실제로 구글이 하는 것은 X가 아닌 Y예요. 사용자가 Y를 의미했을 것이라고 "생각"하면서 그렇게 하는 것이지요. 내 마음을 읽으려는 이런 시도가 위험하지야 않겠지만, 내게는 터무니없이 짜증 나는 일입니다. 그런 시도의 결과들이 정확하기는커녕, 쓸만한 범위 안에 들어온 적도 거의 없으니까요. 나는 내가 무엇을 다루고 있는지 확실

> 히 알 수 있도록 기계가 믿음직스럽게 기계적으로 남아주길 바랍니다. 나는 기계들이 나보다 "한 수 위"가 되려고 노력하는 것을 바라지 않습니다. 그렇게 해봤자 결국에는 모두 나를 오도하고 혼란스럽게 만들 테니까요. 이것은 매우 기본적인 사항임에도, 구글은 (또는 적어도 당신이 속한 집단은) 이 점을 완전히 무시하고 있는 것 같습니다. 그것은 매우 큰 실수라고 생각합니다.(아브히지트 마하발Abhijit Mahabal에게 2010년에 사적으로 보낸 서신)

호프스태터가 말하는 시스템은 적어도, 아주아주 적어도 두 가지 요건은 만족해야 한다. (1) 시스템이 단순한 "기계적" 작업에서 벗어나 사용자의 "마음을 읽으려고" 할 때마다 그 사실을 매우 분명하게 공지해야 한다. (2) 지나치게 적극적인 맞춤법 검사기를 끄는 것과 같은 방식으로, 사용자가 원하지 않는 "이해력"을 발휘하지 않게 하는 옵션이 제공되어야 한다. "엄격한 책무" 법칙은 매우 필요한 설계 인센티브를 제공할 수 있을 것이다. 사람들의 생활과 복지에 영향을 줄 의사결정을 하는 데 AI 시스템을 이용하는 사용자라면 누구든, 위력적인 다른 설비들을 사용하는 사람들과 마찬가지로, 훈련을 받고 (그리고 아마도 설비들과 친밀해지고) 더 높은 책임 기준을 따라야 한다. 자기가 다루는 장비에 속아 넘어갈세라 지나칠 정도로 주도면밀하게 자신들의 상호작용을 회의적으로 탐색하면 언제나 자기에게 이익이 되도록 말이다. 이런 정책은 설계자들에게 시스템을 특히 투명하고 온건하게 만들도록 간접적으로 권장하는 효과를 낳는다. 편하지만 위험해서 결국 과오 소송까지 이어지는 길로 자신들을 인도할 시스템을 사용자들은 기피할 것이기 때문이다.

우리의 인지적 책임이 포기되지 않도록 견제하는 데 도움을 줄

다른 정책도 있다. "우리를 더 강하게 만드는" 과학 기술들을 생각해보자. 여기에는 대조적인 두 노선이 있는데, 하나는 불도저 노선이고 다른 하나는 노틸러스 머신Nautilus machine[a] 노선이다. 전자는 당신이 45킬로그램의 약골이라 해도 그 상태에서 엄청난 위업을 이룰 수 있게 해주고, 후자는 당신 혼자 힘으로 위대한 성취를 할 수 있도록 당신을 강하게 만들어준다. 망원경과 현미경에서부터 유전체 서열에 이르기까지, 그리고 딥러닝의 새로운 산물들과 같이 우리의 인지 능력을 향상시켜온 대부분의 소프트웨어는 불도저 유형의 것들이다. 개인의 이해 능력을 벌크업할 노틸러스 유형의 소프트웨어도 존재할 수 있을까? 있다. 그리고 실제로 1985년에 조지 스미스George Smith와 나는 프로그래머 스티브 바니Steve Barney, 스티브 코언Steve Cohen과 함께 "상상력 보형물" 소프트웨어를 만들기 위해 커리큘라소프트웨어스튜디오Curricular Software Studio를 터프츠에 설립했다. 우리가 만들고자 했던 그 소프트웨어는 악명 높은 교육상의 병목을 열어젖힘으로써 학생들의 마음을 훈련시키고 그에 필요한 설비를 제공하여, 학생들이 복잡한 현상, 이를테면 집단유전학, 층서학(지층들의 지질학적 역사를 해석하는 것), 통계학, 컴퓨터 그 자체 등에 대한 상상력을 발휘할 유창하고 역동적이고 정확한 모형들을 개발할 수 있게 하는 것이었다. 우리가 개발하고자 했던 시스템은 일단 숙달되고 나면 치워버릴 수 있는 것, 즉 많은 주의가 필요한 탐사에 요구되는 이해력 수준과 원칙들까지 사용자가 내면화하여 마침내는 더이상 시스템에 의존하지 않게 하는 그런 것이었다. 아마

a 근육의 근력 곡선에 맞추어 신체 가동 범위에 따른 최대 저항을 가해주는 웨이트 트레이닝 머신. 바벨 같은 중량 기구를 스스로 들어올릴 수 없는 사람들도 근력운동을 할 수 있게 해주므로, 부상자나 근력이 약한 사람도 근력을 키울 수 있다.

도 지금은 더 큰 규모의 프로젝트가 진행되어야 할 시기일 것이다. 우리가 직면한 많고도 복잡한 현상들에 관해 창의적이고 정확하게 생각하도록 돕는, 그리하여 개발 중인 인식론적 보형물을 사용함에 있어 수동적이고 무비판적인 수혜자(그들에게 주어진 기술적 선물이 무엇이든 간에 그저 사용하기만 하는 존재)가 아닌, 독립적이고 지성적인 사용자가 되도록 하는, 그런 프로젝트 말이다.

창작에 통달함mastery of creation은 오랫동안 우리 종이 보유한 이해력의 고유한 특징이었으나, 이것을 포기하게 만드는 혁신이 있었다. 우리는 지금까지 그 몇몇 혁신에 대해 살펴보았다. 그러나 더 많은 것이 기다리고 있다. "내가 만들어낼 수 없는 것은 이해할 수 없는 것이다"라는 파인만의 격언에 담긴 아이디어는 수천 년 동안 우리에게 동기를 부여해왔다. 그러나 최근 우리의 독창성은 미끄러운 경사면을 만들어냈다. 우리가 부분적으로만 이해하는 것들도 간접적으로 만들 수 있다는 것을, 그리고 그렇게 만들어진 것들이 우리가 전혀 이해하지 못하는 것도 만들어낼 수 있다는 것을 우리는 알게 된 것이다. 이러한 것 중 일부는 놀라운 능력을 지니기 때문에, 우리는 이해가 가치 있다는 것—또는 적어도 탁월한 가치가 있다는 것—을 의심하기 시작할지도 모른다. "이해력은 한물간 거야, 구시대의 아주 케케묵은 것이지! 고된 노력을 덜어주는 인공물이 이렇게 많고 누구나 그 수혜자가 될 수 있는 시대에 누가 굳이 이해를 하려고 노력하겠어?"

이에 대한 좋은 답변이 있을까? 이해력이 본유적으로 좋은 것(그것이 간접적으로 제공하는 모든 이득과는 별개로, 그 자체로 좋은 것)이거나 실용적으로 필요한 것(우리에게 중요한 삶의 방식을 지속하며 사는 데 필요한 것)이라는 아이디어를 방어하려면 전통 외의 무언가가 더 필요하다. 나 같은 철학자는 그런 미래에 크게 실망하여 움츠러들 거라고 예상하는 사람들도 있을 것이다. 소크라테스가 말했듯 "성찰하지 않는 삶은 살 가치가 없"으며, 소크라테스 이후 우리는 **모든 것**에 대해 조금이라도 더 고도의 이해를 성취하는 것이 우리의 가장 높은 직업적 목표—절대적인 최고 목표는 아닐지라도—임을 자명한 것으로 받아들여왔다. 그러나 다른 철학자, 쿠르트 바이어Kurt Baier는 일찍이 "과도하게 성찰하는 삶에는 내세워 자랑할 것이 전혀 없다"고 말했다. 대부분의 사람은 과학기술과 의학, 과학적 사실 조사, 예술적 창작 등의 수혜자가 되는 것에 만족한다. 그 "마법"들이 어떻게 만들어졌는지 그다지 캐묻지 않고 말이다. 그런데 **지나치게** 문명화된 삶을 수용하고 우리의 인공물들이 우리의 행복한 삶을 관리해준다고 믿는 것이 그토록 끔찍한 일일까?

나 자신은 이해력이 "본유적으로" 가치 있다는 매혹적인 결론에 대한 설득력 있는 논변을 만들어내지는 못했지만(이해력이 삶의 가장 대단한 짜릿함 중 하나임을 내가 알게 되었음에도), 인간의 이해력을 보존 및 향상시킬 **뿐 아니라** 딥러닝으로 개발되고 있는 인공적 부류의 이해력으로부터 보호할 좋은 사례가 만들어질 수 있다고 생각한다. 심히 **실용적인** 이유로 말이다. 인공물은 파손될 수 있는데, 그것을 수리하거나 다른 방법들로 대체할 만큼 그것을 이해하는 사람이 몇 없다면, 우리는 우리 자신뿐 아니라 우리가 소중히 여기는 모든 것이 곤경에 빠지는 참상을 목도하게 될 것이다. 우리의 첨단 인공물 중 어떤 것들은 수리 인력 공급이 감소하거나 아예 없다고 많은 이들이 지적해왔다. 고장 난 프린터나 스캐너를 고치는 것보다는 새 컬러 프린터-스캐너 복합기를 사는 쪽이 비용이 더 적게든다. 고장 난 건 버리고 새로 시작하는 것이다. 퍼스널컴퓨터 운영체계도 이와 동일한 정책의 유사한 버전을 따른다. "소프트웨어가 손상되거나 오류가 생긴다면, 이유야 무엇이든 이미 생겨버린 그 돌연변이를 돌연변이가 아닌 것으로 만들면서 오류를 진단하고 바로잡으려고 애쓰지 말고, 재부팅하라. 그러면 당신이 좋아하는 프로그램의 새 버전이 메모리의 안전한 저장소에서 불려나와 못쓰게 된 사본들을 대체할 것이다." 그런데 이런 식의 과정이 어디까지 갈 수 있을까?

기술을 다 이해하지 못한 채로 의존하는 전형적인 경우를 생각해보자. 순조롭게 잘 달리는 자동차는 인생의 즐거움 중 하나다. 자동차는 당신이 가고자 하는 곳까지 당신을 매우 안정적으로 제 시각에 도착할 수 있게 해주며, 대부분의 경우 당신은 목적지까지 유행을 따르면서 가게 된다. 음악을 틀어 놓고, 쾌적한 상태가 유지되도록 에어컨을 작동시키고, GPS의 경로 안내를 받으면서 말이다. 선진국에서는 자동차를 당연한 것으로 여겨서, 삶의 상수로, 즉 언제나 이용할 수 있는 자원으로 간주하는 경향이 있다. 우리는 자동차가 당연히 우리 환경의 일부가 될 것이라는 가정에 따라 삶의 프로젝트를 계획한다. 그러나 자동차가 고장 나면 당신의 생활은 심각한 혼란에 빠진다. 기술적 훈련을 받은 진지한 자동차광이 아니라면, 견인차 기사, 정비사, 자동차 딜러 등으로 이루어진 네트워크에 의존할 수밖에 없다는 것을 인정해야만 한다. 어느 순간에 이르면, 점점 불안해지는 자동차를 바꾸고 완전히 새로운 모델과 함께 산뜻한 출발을 하기로 결정한다. 삶은 별다른 파장 없이 계속된다.

이 모든 것을 가능하게 하는 거대한 시스템은 어떨까? 고속도로, 정유 공장, 자동차 제조사, 보험 회사, 은행, 증권 시장, 정부 같은 것들 말이다. 우리의 문명은 수천 년에 걸쳐 원만하게—심각한 혼란도 좀 있긴 했지만—운행되며 복잡성과 힘을 키워왔다. 이런 문명도 붕괴될 수 있을까? 있다. 그럼 우리가 다시 궤도에 진입하려면 누구에게 도움을 청해야 할까? 자동차의 경우와는 달리, 우리 문명이 무너졌다고 해서 새 문명을 살 수는 없는 일이다. 그러니 우리는 유지보수가 잘된 상태로 문명을 운행하는 편이 좋다. 그런데 과연 누가 믿을 만한 정비사인가? 정치인, 판사, 은행가, 산업가, 언론인, 교수—간단히 말해 우리 사회의 지도자—들은 문명의 정비사라기보다는 평범한 운전자에 생각보다 훨씬 더 가깝다. 전체 장치에서 자신이 맡은 부분을 운전하는 국소적 역할은 잘하겠지만, 전체 시스템의 기반이 되는 복잡성에는 천진난만할 정도로 무지하다. 그들 각각은 좁은 시야로 시스템의 특정 부분만을 작동시키고 있는 것이다. 경제학자이자 진화론자인 폴 시브라이트Paul Seabright(2010)에 따르면, 지도자들의 그 좁은 시야는 수정해야 할 시스템 결함이 아니라 시스템을 활성화시키는 조건이다. 부분적 이해가 이렇게 분포되는 것은 선택 사항이 아니다. 매우 많은 측면에서 우리 삶을 형성하고 있는 사회 구성의 거대 구조물들은, 그 구조가 건전해서 우리가 염려할 필요가 없으리라는 우리의 근시안적 자신감에 의존하고 있다. 시브라이트는 우리 문명을 흰개미 집과 비교한 적이 있다. 둘 다 생물체가 만든 것으로, 독창적인 설계 위에 쌓인 독창적 설계로 지어져 토대 위에 우뚝 솟은 경이이며, 수많은 개체가 호응하고 협력하여 이룩해낸 작업물이다. 그러므로 둘 다 그 개체들을 만들고 형성한 진화 과정의 부산물by-product이며, 두 경우 모두에서 관찰되는 놀라운 복원력과 효율성을 설명할 설계 혁신은 개체들이 머리를 써서 내놓은 것이 아니라 대부분 무의식적인, 여러 세대에 걸쳐 개체들이 근시안적으로 노력하여 형성된 행복한 결과였다. 그러나 둘 사이에는 심원한 차이도 존재한다. 인간의 **협동**은 흰개미들의 거의 무심한 협력과는 다른, 매우 섬세하고도 주목할 만한 현상이며, 자연 세계에서는 실로 미증유의 것으로, 진화에서 고유한 계보로 이어진 고유한 특징이다. 그리고 인간의 협동은 앞에서 보았듯이, 윌프리드 셀러스의 표현대로 "이유들의 공간" 안에서 상호 관계를 맺을 수 있는 우리의 기량에 의존한다. 시브라이트의 주장처럼 협동은 신뢰에 의존하며, 신뢰란 위대하고도 무시무시한 프로젝트를 가능케 하는, 눈에 보이지 않는 사회적 접착제다. 그리고 사실, 이 신뢰라는 것은 진화에 의해 우리 뇌에 심어진 "자연적 본능"은 아니다. 자연적 본능이라고 하기엔 신뢰는 너무도 최근에 생겼다.[104] 신뢰는 사회적 조건들의 부산물이며, 그 사회적 조건들은 신뢰를 가능케 하는 조건인 동시에 신뢰의 가장 중요한 산물이기도 하다. 우리는 현대 문명의 꼭대기에 이르는 고도까지 우리 자신을 스스로 끌어올렸고 bootstrapped, 이 새로운 환경에서는 자연스러운 정서들을 비롯한 우리의 본능적 반응들이 항상 도움이 되는 것은 아니다.

문명은 현재 진행 중인 작업이며, 우리는 위험을 무릅쓰면서까지 그것을 이해하려고 하지는 않는다. 흰개미 집을 생각해보라. 우리 인간 관찰자들은 흰개미 집의 우수함과 복잡성을 상찬할 수 있다. 그곳 거주자들의 신경계를 가뿐히 뛰어넘는 방식으로 말이다. 우리는 또한 우리만의 인공물들로 이루어진 세계에 대해서도 흰개미 집을 볼 때와 비슷한 관점에서, 즉 올림푸스 신전의 신들이 아래

---

104 우리는 매일 낯선 이들과 마주치고, 그중 적당한 수의 사람들을 평정심을 유지하며 대할 수 있지만, 침팬지나 보노보는 그 어떤 집단에서도 그만큼의 낯선 무리—가족이나 집단 구성원이 아닌 동종 개체들—를 가까이 두지 못한다고 시브라이트는 지적한다. 물웅덩이 주변에는 많은 종의 유제류(발굽이 있는 동물들)가 (비교적) 평온하게 모여 있곤 하지만 그 평온함은 신뢰가 아니다. 그것은 낯익은 비포식자에 대한 본능적 무관심이며, 인간의 풍경에 대입하자면 타인을 향한 태도보다는 나무나 덤불에 대한 태도에 가깝다. 7장에서 관찰했던 것처럼, 신뢰는 문화 현상이다.

를 굽어보는 것 같은 관점에서 볼 수 있기를 열망할 수도 있으며, 그러한 관점은 오직 인간만이 상상할 수 있는 위업이다. 성공하지 못할 경우, 최선의 의도에서 비롯된 것이었다 해도 우리의 가장 값진 창조물들을 해체할 위험을 감수해야 한다. 유전과 문화라는 두 영역에서의 진화는 우리 자신을 알 역량이 우리 안에 생겨나게 만들었다. 그러나 수천 년간 계속 확장되어온 지성적 설계에도 불구하고, 우리는 여전히 수수께끼와 문제들의 홍수 안에서 떠돌고 있는데, 그중 다수는 우리의 이해력이 발휘되어 만들어진 것이며, 우리—또는 우리 후손들—가 탐욕스러운 호기심을 충족시키기 전에 우리의 탐구가 중단될 위험도 있다.

마침내 집으로

이 마지막 절로 우리의 여정—박테리아에서 시작하여 바흐에 이르렀다가 거꾸로 되짚어갔던—이 완성된다. 험난한 지형들을 통과하는, 실로 길고도 복잡한 경로였다. 철학자들은 거의 여행하지 않는 지역들을 만났고, 철학자들이 괴롭혀서 대부분의 과학자가 기피하는 지역을 지나오기도 했다. 나는 분명한 반反 직관적 아이디어들에 탑승해보라고 여러분을 초대했고, 그 아이디어들이 우리의 여정을 어떻게 조명하는지 보여주고자 노력했다. 이제 나는 이정표가 된 주요 지형지물들을 요약하고 왜 그것들을 우리 경로의 필수 경유지로 삼았는지를 여러분에게 상기시키고자 한다.

우리는 마음에 관한 문제, 그중에서도 특히 데카르트의 강력한 양극화(이원화)에서 출발하였다. 그 한쪽에는 물질과 운동과 에너지의 과학과 그것들이 생명에게 했던 지원들(이것은 진화 덕분에 가능했다)이 있고, 그 반대쪽에는 매우 친숙하지만 그와 동시에 완전히 신비롭고 사밀한 의식 현상이 존재한다. 이 이원론의 상처는 어떻게 치유될 수 있을까? 나는 이 문제를 해결할 첫 단계가 **다윈의 기묘한 추론 뒤집기**라고 생각한다. 생물권의 모든 설계가 맹목적이고 이해력 없는, 자연선택이라는 무목적적 과정에 의한 것일 수 있고 또 그래야만 한다는 것 말이다. 우리는 더이상 마음이 다른 모든 것의 원인이라고 보아서는 안 된다.

자연선택에 의한 진화는 **이유추론자 없는 이유**, 즉 우리가 부유하는 합리적 근거라고 부르는 것들을 무마음적으로 밝혀낼 수 있다. 이 부유하는 합리적 근거들은 생물들의 각 부분이 왜 그런 형태, 그런 배열로 이루어져 있는가를, **어떻게 해서 생겨났는가**How come?라는 질문과 **무엇을 위한 것인가**What for?라는 질문 모두에 답하면서 설명한다. 다윈은 자연선택 그 자체의 과정에서 **이해력 없는 능력**Competence without comprehension의 위대한 첫 사례를 제공했다. 그 후, **튜링의 기묘한 추론 뒤집기**가 이해력 없는 능력의 다른 다양한 사례와 그 사례의 가능성을 탐구할 작업대를 제공했다. 그 대표적인 것은 (현대의) 컴퓨터로, '컴퓨터(계산원)'라 불렸던 과거의 인간 행위자들과는 달리, 자기가 그토록 유능하게 써먹는 기술들을 이해할 필요가 없다. 흰개미 집이나 껑충뛰기 하는 영양을 위시하여, 이해력(이 거의) 없는 능력으로 성취된 것은 너무도 많고, 이런 것들은 우리를 새로운 수수께끼—이해력은 무엇을 위한 것인가? 바흐의 마음이나 가우디의 마음과 같은 '인간의 마음'은 어떻게 생겨날 수 있었는가?—에 직면하게 한다. 인간 사고자를 이해하기 위해 지금까지 보유되었던 과업들을 성취하는 데 정보를 이용하여 컴퓨터가 어떻게 설계되는가를 더 면밀하게 들여다봄으로써, 흰개미들이 (그리고 자연선택 그 자체가) 보여주는 "하의상달식" 설계 과정과 "상의하달식"의 지성적 설계 과정의 차이를 좀더 명료하게 알 수 있었다. 그리고 이는 어쨌든 **훔칠** (구매하거나 베낄) **가치가 있는 설계로서의 정보**라는 개념으로 이어졌다. 섀넌의 뛰어난 정보이론은 기본 아이디어—**차이를 만드는 차이**—를 명확히 하고 그 아이디어에 건전한 이론적 근거를 마련해주었고 정보를 계량할 방법을 제공했지만, 그러한 차이가 왜 그토록 가치 있는 것인지, 그리고 애초에 왜 그토록 측정할 가치가 있는 것인지 알려면 우리는 좀더 멀리 내다볼 필요가 있다.

다윈주의적 진화의 다양한 과정들은 동일하지 않고 다 제각각이며, 그중 어떤 것은 다른 과정들보다 "더 다윈주의적"이다. 덜 다윈주의적인 것도 그 자신의 니치 안에서는 (더 다윈주의적인 과정이 그 과정의 니치 안에서 그러하듯) 매우 중요하고 또 실질적인 것이겠지만 말이다. 따라서 **다윈주의에 대해 다윈주의적이 되는 것**이 중요하다. 고드프리스미스의 다윈공간은 상이한 종들의 진화 방식 간의 차이뿐 아니라 진화 그 자체가 진화하는 방식을 그려내는 데도 매우 유용한 생각 도구인데, 다윈공간에서 진화를 그려보면 시간이 지남에 따라 감減 다윈화됨을 보여주는 몇몇 선들이 나온다.

그 어떤 상의하달식 제어 체계도 없는, 수십억 개의 뉴런으로 구성된 뇌가 어떻게 인간 유형의 마음으로 발전할 수 있었는지의 문제로 돌아가, 우리는 스스로를 꾸려나갈 수 있는 설비를 갖춘 뉴런들에 의한 탈중앙화되고 분산된 제어의 전망을 탐구했다. 거기서의 가능성 중 하나로, 우리는 새로운 환경적 특성에 의해 형성된 선택압 아래서 길들여져 고분고분한 하인으로 기능하다가 그 역할에서 벗어나 문화적 침략자가 된 뉴런, 즉 **야생화된 뉴런**feral neuron에 대해서도 생각해보았다. 번식하기 위해 분투하는, 단어들을 비롯한 밈들은 적응(이를테면, 공진화 반응에서 뇌 구조가 수정되는 것 등)

을 자극할 것이다. 문화적 전달이 우리 종의 주요 행동 혁신으로 일단 확보되자, 그것은 신경 구조의 중대 변화를 촉발시켰을 뿐 아니라 환경에도—수천 가지의 깁슨식 행위 유발성의 형태로—새로움을 추가했다. 그렇게 추가된 새로운 것들은 인간의 온톨로지들을 풍부하게 만들었고, 그 결과 그 새로운 모든 기회를 계속 추적하기 위한 적응—생각 도구—에 유리한 선택압이 생기게 했다. **문화적 진화 자체는** 방향성 없거나 "무작위적"인 탐색에서 벗어나, 더 효과적인 설계 과정들을 향해, 즉 선견지명 있고 의도에 의한, 행위자—지성적인 설계자—의 이해에 의존하는 과정으로 **진화**해나왔다. 인간의 이해력을 갖추려면 생각 도구들의 방대한 배열이 필요하다. 문화적 진화는 스스로의 결실들로 문화적 진화 자신을 감減 다윈화했다.

조망하기 좋은 이 유리한 고지에 이르면, 우리는 (윌프리드 셀러스의 유용한 용어를 사용하자면) 현시적 이미지를 특별한 종류의 인공물로 볼 수 있게 된다. 현시적 이미지라는 그 인공물은 일부는 유전적으로, 또 일부는 문화적으로 설계된, 특히 효과적인 사용자-환각으로서, 시간의 압박을 받는 유기체들이 능숙하게 삶을 영위할 수 있도록 도와주며, (과도한) 단순화를 이용하여 **우리가 살고 있는 세계**의 이미지를 만들어낼 수 있게 해준다. 현시적 이미지가 어떻게 출현하는지를 설명하려면 우리는 반드시 과학적 이미지로 돌아가야만 하며, 현시적 이미지와 이 과학적 이미지 사이에는 다소 긴장이 존재한다. 여기서 우리는 또 다른 혁명적인 **추론 뒤집기**를 만나게 되는데, 그것은 바로 인과에 관한 우리 지식을 설명하는 데이비드 흄의 논변이다. 그러면 우리는 인간의 의식이 사용자-환각임을 알 수 있게 된다. 데카르트 극장(이런 것은 존재하지 않는다)에서 렌더링되는 것이 아니라, 뇌의 표상 활동과 그 활동에 대한 적절한 반응이 결부되어 구성되는 것임을 알게 되는 것이다. ("그리고 그다음엔 어떤 일이 벌어지는가?")

이는 간극, 즉 데카르트 상처를 좁히지만, 지극히 중요한 이 통합에 대해 이 시기에 뚜렷이 드러나는 것은 그 통합의 스케치뿐이다. 그러나 스케치에 불과하다 해도 거기에는 인간의 마음이 (제아무리 지적이고 이해력이 높다 하더라도) 상상 가능한 가장 강력한 인지 체계는 아니라는 것을 드러내기에 충분한 상세 사항들이 담겨 있다. 그리고 현재 우리의 지성적 설계자들은 머신러닝 시스템의 창조에 있어 극적인 진보를 만들어내고 있다. 머신러닝 시스템은 하의상달적 과정을 사용하며, 오겔의 제2규칙—진화는 당신보다 똑똑하다—이 참임을 다시 한번 보여준다. 다윈주의적 관점의 보편성을 충분히 이해하고 나면, 우리의 현재 상태가 개인으로서든 사회 차원에서든 모두 비영구적이며 불완전하다는 것을 깨닫게 된다. 우리 사촌인 박테리아에게, 그리고 그들의 겸손한 하의상달적 설계 개선 스타일들에게 이 행성을 돌려주어야 할 날이 올지도 모른다. 아니면 육중한 인지적 들어올림의 대부분을 저마다의 고유한 방식으로 도와주는 인공물의 도움을 받아 우리가 창조한 환경 안에서 우리가 계속 번창하며, 지성적 설계 시대의 그다음 시대를 살아가게 될 수도 있다. 공진화가 밈과 유전자 사이에서만 이루어지는 것은 아니다. 우리 마음의 상의하달식 추론 기량과 우리 동물뇌의 하의상달식 무이해적 재능 사이에도 상호의존이 존재한다. 그리고 우리의 미래가 우리가 지나왔던 과거의 궤적—부분적으로 우리의 통제하에 있던 무언가—을 따른다면, 설사 우리가 인공지능에 조심스레 더 의존하게 된다 할지라도, 우리의 인공지능들은 계속 우리에게 의존하게 될 것이다.

부록 : 배경 지식

이 책 안의 아이디어와 논변들은 반세기에 걸쳐 구축해온 나의 논변 중 내가 특히 중요하게 생각하는 것들이다. 나는 그 반세기 동안의 내 지난 저작들을 전혀 알지 못하는 독자들도 이 책을 읽는 데 지장이 없도록 쓰려고 노력했고, 그래서 참고문헌에도 내 전작들은 몇 개만 포함했다. 독자들, 특히 아직 설득되지 못한 독자들은 이 책에서 내가 펼친 주장들이 추가적인 지지를 받았는지 궁금해할 텐데, 이에 대한 대답은 "그렇다"이다. 그리고 또 다른 일부 독자들은 논변들의 역사를 알고 싶어 할 텐데, 그래야 지금까지 진화되어온 다양한 주장들의 시간에 따른 궤적을 추적할 수 있기 때문이다. 이 부록에서는 이 책의 내용을 지지하는 모든 작업은 물론, 그 작업들에 의해 촉발된 가장 유용한 비판 저작들도 포함한 참고문헌들을 제공하려 한다.

그러나 그 배경 작업들로 선회하기 전에, 447쪽 각주 91에서 피터 카루더스의 저작을 말하며 했던 약속, 즉 이 책을 완성하기 전에 발견하긴 했지만 적절하게 소화하여 이 책에 실을 시간은 없었던, 그러나 이 책의 논의와 깊이 연관된 신간 서적들의 목록을 부록에 싣겠다고 했던 약속을 먼저 지키고자 한다. 카루더스의 《중심에 놓인 마음》과 그 전작들 외에도, 다음과 같은 책들을 추천한다. 머리 섀나한Murray Shanahan의 《내적인 삶과 구현Embodiment and the Inner Life》(2010), 라두 보그단의 《우리만의 마음: 자기의식을 위한 사회문화적 근거Our Own Minds: Sociocultural Grounds for Self-Consciousness》(2010)와 《마음의 뛰어넘기: 가장하기와 상상하기의 사회문화적 근거Mindvaults: Sociocultural Grounds for Pretending and Imagining》(2013), 앤디 클라크Andy Clark의 《불확실성 파도타기Surfing Uncertainty》(2015), 올리비에 모린Olivier Morin의 《전통들은 어떻게 살아가고 죽는가How Traditions Live and Die》(2016)이다. 이상적인 세계에서라면야 이 모든 저작들을 반영하며 책을 준비할 시간을 만들 수 있었을 테고, 두말할 필요 없이 이 책도 훨씬 더 좋아졌겠지만, 현실 세계에서는 어느 지점에서 블라인드를 내리고 쓰기에만 집중해야 책 한 권을 끝마칠 수 있다. 이 책에 포함하지 못한 위의 모든 것들(그리고 더 많은 것들)에 관한 내 의견을 조만간 개진할 수 있기를 바란다. 아마도 그런 일들은 내 웹사이트에서 이루어질 것이다.

1장

50 낭만주의romantic와 흥 깨기killjoy: 내가 동물의 마음에 관한 낭만주의 진영과 흥 깨기 진영의 줄다리기를 처음 분석한 것은 1983년《행동 및 뇌과학Behavioral and Brain Sciences》(이하 BBS)에 기획 기사로 실렸던 글〈인지적 동물행동학에서의 지향계: 방어된 팡글로스 패러다임Intentional Systems in Cognitive Ethology: The Panglossian Paradigm Defended〉에서였다. 그 논문은 굴드와 르원틴의 악명 높은 논문〈팡글로스 패러다임Panglossian Paradigm〉에 대한 나의 비판이 시작된 곳이기도 하다. 나는 그 이후 10여 년에 걸쳐 굴드의 작업에서 발견되는 잘못된 방향들에 대한 공격을 더욱 더 세밀하게 발전시켰다. 그 공격들에 관해서는《다윈의 위험한 생각Darwin's Dangerous Idea》(1995; 이하 DDI)의 굴드에 관한 챕터, 그리고 그 후《뉴욕 리뷰 오브 북스New York Review of Books》(1997, 1997b)에서 이루어진 굴드와의 의견 교환,〈다윈주의적 근본주의Darwinian Fundamentalism〉(1997)를 보라.

54 적수를 밀어버릴 절벽: 나는〈심리철학의 최근 쟁점들Current Issues in the Philosophy of Mind〉(1978b)에서 이 절벽을 묘사한 바 있다.

59 수사적 질문에 **대답**하려고 노력하기: 논증에서의 약점들을 누설하는 수사적 질문들에 관해서는《직관펌프Intuition Pumps》(2013; 이하 IP; 노승영 옮김, 2015, 동아시아)를 보라.

61 그것을 심오하고 형이상학적인 무언가로 부풀리기: 이것은 험프리와 내가 함께 쓴〈우리의 자신들을 변호하기Speaking for Our Selves〉(1989)에 나오는 내용이다. 이 글은 1998년에 출판된 나의 책《브레인칠드런Brainchildren》

(1998)에 재수록되었다.

2장

71 다른 은하에서 온 지성적 설계자: BBS(1980)에 실린 나의 글 〈생물학에 책임을 떠넘기기Passing the Buck to Biology〉를 보라.

74 생물학에서 역설계 관점은 곳곳에 편재한다: 공학의 한 종species으로서의 생물학은 DDI(1995) 제8장에서 길게 다루었다.

3장

86 1971년에 도입하여 그간 나의 저작에서 매우 중요하게 취급되어온 "지향계" 개념: 특히 다음의 저작들을 보라. 《브레인스톰Brainstorms》 (1978), 〈지향적 심리학의 세 유형Three Kinds of Intentional Psychology〉(1981a), 〈우리 자신을 이해하기Making Sense of Ourselves〉(1981b), 《지향적 태도The Intentional Stance》(1987).

95 흔적처럼: 인공물들에서 흔적처럼 남은, 즉 존재의 이유들을 잃어버리고 남아 있는 구조들의 몇몇 사례들에 대한 논의는 DDI(1995, p. 199)를 보라.

96 순환(사이클)들: 순환들이 무언가 새로운 일이 벌어질 확률을 높인다는 주장은 에지재단의 2011년 질문에 관해 쓴 내 논문의 주제였다. 논문의 제목은 〈모든 사람들의 인지적 도구상자를 향상시킬 과학적 개념은 무엇인가?What scientific concept would improve everybody's cognitive toolkit?〉이고, 나중에 《이것이 우리를 더 현명하게 하리라This Will Make You Smarter》(2012c, John Brockman, ed.)에 수록되어 출판되었다.

102 최초의 포유류: 나는 포유류가 존재하지 않음에 관한 데이비드 샌포드David Sanford의 논증에 관해 《자유는 진화한다Freedom Evolves》(2003; 이한음 옮김, 2009, 동녘사이언스, 605쪽)(원서에는 'DDI'로 되어있지만, 정오표

에 따라 수정하였다—옮긴이)에서, 그리고 IP(2013)에서도 논의한 바 있다.

104 부유하는 합리적 근거: 나는 "부유하는 합리적 근거"라는 용어를 〈인지윤리학에서의 지향계들Intentional Systems in Cognitive Ethology〉(1983)에서 소개했으며, DDI(1995)에서 정교화했다. 그리고 IP(2013)를 비롯한 다른 저작들에서도 논의했다.

4장

107 이 장은 2009년 《미국국립과학원회보Proceedings Of The National Academy Of Sciences》(이하 PNAS)에 실린 나의 논문 〈다윈의 기묘한 추론 뒤집기Darwin's Strange Inversion of Reasoning〉와 〈튜링의 기묘한 추론 뒤집기Turing's Strange Inversion of Reasoning〉(2013d)에 실린 관련 내용을 많이 수정하여 작성하였다.

5장

140 인공지능에, 그리고 결과적으로는 자연선택에 반대하는 펜로즈의 논증은 펜로즈의 책에 대한 나의 서평 〈대성당 안에서 속삭이다Murmurs in the Cathedral〉를 보라. 이 서평은 《타임스 리터러리 서플먼트Times Literary Supplement》(1989)에 실렸다. 또한 DDI(1995)의 15장과 《브레인칠드런Brainchildren》(1998, 특히 AI와 AL에 관해 다룬 2부)에도 관련 논의가 실려 있다.

144 최적화: 진화생물학에서의 최적화 가정들에 관해 더 알고 싶다면 〈인지윤리학에서의 지향계들Intentional Systems in Cognitive Ethology〉(1983)과 DDI(1995)를 보라. 그리고 설계적 태도와 지향적 태도, 물리적 태도에 관한 나의 저작들은 이 책 3장에 인용해놓았다.

6장

187 자크와 셜록 이야기는 〈지향적 심리학의 세 유형Three Kinds of Intentional Psychology〉(1981)의 내용을 개작한 것으로, IP(2013)에도 등장한다. 이전 버전들에서 나는 지향계의 **신념들**에 관해 명시적으로 논의했고, 내 작품에서 여러 차례 튀어나오는 주제인 "사고언어"가 어떻게든 부호화(인코딩)되어야만 한다는 솔깃한 결론으로 빠져드는 것을 막기 위해 이 이야기를 사용했다. 《지향적 태도The Intentional Stance》(1987) 및 웨스트버리Westbury와 내가 함께 쓴 〈미래 건설을 위한 과거 채굴하기: 지식의 형태로서의 기억과 믿음Mining the Past to Construct the Future: Memory and Belief as Forms of Knowledge〉(1998)도 읽어보라. 오늘날 나는 정보에 관해 말하며 요점을 일반화하고 있다. 새 날개(와 날개 제어 장치들)의 설계에 내장된, 새를 날게 하는 매질의 점성에 관한 정보는 그 설계 안에 부호화될 필요가 없다. 내가 지향적 태도 개념을 수정하고 향상시킴에 따라, 나는 이 주제—정보적/지향적 태도 채택의 효용은 값진 재화, 즉 의미론적 정보를 부호화하는 표상체계의 존재에 의존하지 **않는다**—를 확장시켰고 또 명확하게 만들었(기를 바란)다.

190 투명함: 투명함의 위험에 관한 논의는 IP(2013)와 Dennett and Roy(2015)를 보라.

193 "누가 이익을 보는가?"라고 묻는 것의 중요함은 DDI(1995)에서 처음 논의되었다.

199 좋은 요령들은 "그렇게-됐다는-이야기들"과 함께 DDI(1995)에서 정의되고 논의되었다.

208 내적 신뢰에 관한 다른 관점은 BBS(2009)에 실린 매케이McKay와 나의 글 〈오신념의 진화The Evolution of Misbelief〉를 보라.

209 온톨로지와 식별 가능한 패턴들 간의 관계에 관한 좀더 확장된 분석은 〈실제 패턴Real Patterns〉(1991b)을 보라.

219 바큇살 있는 바퀴가 끼워진 마차의 예는 《의식의 수수께끼를 풀다Consciousness Explained》(1991; 이하 CE; 유자화 옮김, 2013, 옥당)의 204쪽과 DDI(1995)의 348쪽에서 논의되었다.

7장

224 세 가지 인자들이 모두 존재하기만 하면: 이는 내가 Dennett(1995)에서 자세하게 논의한 다윈주의 "알고리즘"이다.

234 후터파: 소버Sober와 윌슨Wilson의 후터파 분석에 대한 나의 비판적 논의는 DDI(1995)의 467~481쪽, 〈탐욕스러운 윤리적 환원주의의 몇몇 변이들Some Varieties of Greedy Ethical Reductionism〉에 실려 있다.

8장

246 병렬 아키텍처: 폴 처치랜드와 나는 병렬 아키텍처의 위력에 관해 아주 오래 논쟁을 벌여오고 있다. 이에 관한 내 최근 저작의 제목은 우리의 견해차가 좁혀지고 있음을 명확히 보여준다. 〈의식에 두 발짝 더 가까이Two Steps Closer on Consciousness〉(2006d). 《자유는 진화한다Freedom Evolves》의 각주 106번도 보라.

249 디콘의 책에 대한 나의 리뷰 〈공동 찌르기와 공동 만들기Aching Voids and Making Voids〉(2013b)를 보라.[a]

257 터컴서 피치: 앞의 여섯 문단은 2008년 에지재단의 질문에 대한 나의 대답을 수정하여 작성하였다. 그 질문은 이것이다. "당신은 무엇에 관한 마음을 바꾸었는가? 그 이유는 무엇인가?"

261 뇌는 어떻게 행위 유발성을 골라내는가?: 이 절은 데이비드 바슬러David Baßler와의 토론에 힘입었고, 나의 글 세 편에서 수정을 가해 작성되었다. 〈의식은 왜, 그리고 어떻게 그것이 그렇게 보이는 방식으로 보이는가?Why and How Does Consciousness Seem the Way It Seems?〉와 〈감각질에 대한 우리의 신념은 어떻게 진화했으며, 우리는 왜 그토록 신경을 쓰는가?—데이비드 H. 바슬러에게 보내는 답변How Our Belief in Qualia Evolved, and Why We Care

---

a 원래 'aching void'는 '견잡을 수 없는 공허', 그리고 'making void'는 '무효로 하기'라는 뜻이다.

So Much—A Reply to David H. Baßler〉은 메츠닝거와 윈트Metzinger and Windt가 편집한 《오픈 마인드Open MIND》(2015)에 실려 있으며, 〈우리 자신이 기대하도록 기대하기: 프로젝터로서의 베이즈주의 뇌Expecting Ourselves to Expect: The Bayesian Brain as a Projector〉는 클라크(2013)에 대한 나의 코멘트로, BBS(2013c)에 실려 있다.

263 능력 모형 대 수행 모형: 관련된 (그러나 더 나은) 논의는 인지과학에서 영향력을 발휘해왔다. 데이비드 마와 토미 포지오David Marr and Tommy Poggio(1976)는 계산적 수준computational levels, 알고리즘적 수준algorithmic levels, 시행적 수준implementation levels이라는 세 가지 수준을 제안했고, 앨런 뉴얼Allen Newell(1982)은 지식 수준knowledge level, 기호 수준symbol level, 하드웨어 수준hardware level이라는 개념을 제시했다. 나의 세 가지 "태도", 즉 지향적 태도, 설계적 태도, 물리적 태도는 전술한 개념들보다 더 일찍(1971) 제안되었으며, 좀더 일반적인 것이다. 기본적으로 같은 요점을 지닌 상이한 이 버전들에는 제각각 문제점들이 있다. 마와 포지오의 "계산적"이라는 용어는 명세서 레벨specs-level을 오도하는 용어이며, 뉴얼의 "기호 레벨"은 GOFAI에 기반함을 나타내고 있고, 나의 "지향적" 태도는 논란의 여지가 있고 또 일반적으로 오해를 받는 철학적 전문지식을 인지과학에 약간 부과한다.

267 "마법의 조직"은 1984년에 출판된 나의 글 〈인지의 수레바퀴Cognitive Wheels〉(1984b)에서 처음 언급되었다.

9장

276 부모 세대에서 자식 세대로 전달되는 "전통": *Journal of Evolutionary Biology*(2002b)에 실린 내 논문을 보면 이들의 책에 대한 더 많은 논의를 읽을 수 있다.

288 민주주의 타도: 믿음을 귀속시키는 방식으로 뇌의 활동을 "해독"하는 일의 우여곡절은 1975년부터 나의 연구 주제가 되어왔다. 《브레인스톰Brainstorms》(1978)에 재수록된 〈뇌 쓰기와 마음 읽기Brain Writing and Mind

Reading〉를 보라.

10장

333 새로운 변이 조건 아래서 또는 더 넓은 맥락에서: 고차원의 지향적 상태를 인간이 아닌 동물에게 귀속시키는 문제와 인지윤리학에 대한 내 관심의 시초는 1983년 BBS 기획 기사 〈인지적 동물행동학에서의 지향계: 방어된 팡글로스 패러다임Intentional Systems in Cognitive Ethology: The Panglossian Paradigm Defended〉으로 거슬러 올라간다. 이 논제에 대한 그 후의 논의에 관해서는 〈인지행동학: 바겐세일을 찾을까, 기러기를 사냥할까?Cognitive Ethology: Hunting for Bargains or a Wild Goose Chase?〉(1989)와 〈동물들도 신념을 지닐까?Do Animals Have Beliefs?〉(1995b), 그리고 〈동물의 의식: 무엇이 문제이며 왜 문제인가Animal Consciousness: What Matters and Why〉(1995b)를 보라.

11장

338 실제 패턴은 Dennett(1991b)에 분석되어 있다.

348 싱코: 싱코의 개념은 〈타이포에서 싱코로: 진화가 의미론적 규범들로 발전했을 때From Typo to Thinko: When Evolution Graduated to Semantic Norms〉(2006c)에서 처음 도입되었다.

12장

382 라스코 동굴 벽화를 그린 호모 사피엔스에게는 언어가 없었을까?: 내가 니컬러스 험프리에게 한 응답은 《케임브리지 고고학저널Cambridge Archaeological Journal》(1998b)에 실린 〈동굴벽화, 자폐증, 그리고 인간 마음

의 진화Cave Art, Autism, and the Evolution of the Human Mind〉에서 볼 수 있다.

385 밈들에 의해 조종되는 뇌를 지닌 유인원: CE(1991)와 DDI(1995)의 밈에 관한 장들과 〈문화의 진화The Evolution of Culture〉(2001b)를 보라.

385 개미 안에 들어가 개미로 하여금 풀잎을 올라가게 하는 창형흡충에 관해서는 〈문화의 진화The Evolution of Culture〉(2001b)와 《주문을 깨다Breaking the Spell: Religion as a Natural Phenomenon》(2006; 김한영 옮김, 2019, 동녘사이언스)를 보라.

400 버벳원숭이의 경고음: 나는 인지행동학에 관한 BBS 기사(1983)에서, 동물의 지능에 대한 과학적 증거와 일화를 구분하는 일의 어려움에 관해 논의했다. 그에 이어 프리맥과 우드러프Premack and Woodruff의 BBS 기획 기사 〈침팬지는 마음이론을 지니고 있는가?Does the Chimpanzee Have a Theory of Mind?〉는 폭넓은 현장 및 실험실 연구를 통해 동물들과 아이들에게서 틀린 믿음false belief 과제들 같은 고차원 지향성의 징후가 보인다는 연구 결과를 제시했다. 토마셀로, 콜Call, 포비넬리Povinelli, 그리고 많은 다른 이들의 최근 저작들뿐 아니라, 예를 들어, 휘튼Whiten과 바이른Byrne의 《마키아벨리 지능Machiavellian Intelligence》(1988)과 《마키아벨리 지능 II: 확장과 평가Machiavellian Intelligence, II: Extensions and Evaluations》(1997)도 보라. 《마음의 진화Kinds of Minds》(1996; 이희재 옮김, 2006, 사이언스북스)에서 나는 믿음에 관한 믿음을 가지는 것과 생각에 관해 생각하는 것의 차이에 대해 논의했고, 그에 관한 문헌들 중 일부를 검토했다. 〈철학 논문으로서의 《이기적 유전자》The Selfish Gene as a Philosophical Essay〉(2006b)의 내 논의도 보라.

420 자연선택에 의한 LAD 설계: 나는 BBS 기사(1980) 〈생물학에 책임을 떠넘기기Passing the Buck to Biology〉에서 촘스키의 기획 기사에 대한 우호적인 수정이라 생각되는 것을 제공했고, 그의 비타협적인 답변에 깜짝 놀랐다. 나는 LAD의 핵심이, 스키너식도 아니고 포퍼식도 아니고 그레고리식도 아닌 다윈식 R&D가 문법의 설계를 주로 맡았다는 것을 주장하는 것이라 생각했는데, 내가 틀렸던 것이다.

13장

443 거기 존재하는 체계: 이것은 앤스컴의 〈실제 패턴Real Patterns〉(1991b, p. 43)의 구절을 논의한 것이다.

444 맥기어McGeer 2004: 자폐증의 맥락에서 발판 놓기에 관한 Griffin and Dennett(2008)의 글을 보라.

453 "내가 메타 차원에서 할 수 있다.": 나는 〈호프스태터의 탐구 과제Hofstadter's Quest〉(1995)"를 쓰면서 호프스태터의 재치 넘치는 표현 "당신이 할 수 있는 모든 것은 내가 메타 차원에서 할 수 있다"를 인용했다. 그런데 호프스태터는 내가 이 구절의 창시자라고 주장하고 있다. 사실 누가 먼저 말했든 상관은 없다. 2004년 에지재단의 질문 주제는 "당신의 법칙은 무엇인가?"였는데, 여기서 찰스 시모니는 "행해질 수 있는 것은 그 무엇이든 '메타'적으로 행해질 수 있다"는 시모니의 법칙을 공표했다. 좋은 아이디어들은 좋은 요령들이다; 그런 아이디어들은 빈번하게 재고안되는 경향이 있다.

454 JVM과 가상기계들: 가상기계들, 그리고 하드웨어와 소프트웨어 가상기계들의 관계에 더 자세한 소개는 IP(2013, 4부[번역서에서는 3부—옮긴이], "컴퓨터에 대한 막간 설명")에 실려 있는데, 이 부분은 일종의 입문서 역할을 할 것이다.

478 오스카 와일드: 오스카 와일드가 그의 재치 있는 말들을 힘겹게 만들어낸다는 예시는 〈겟 리얼Get Real〉(1994)에서 처음 논의되었다.

480 어려운 문제와 의식의 "진짜 마술"에 관한 긴 논의는 《의식이라는 꿈Sweet Dreams: Philosophical Obstacles to a Science of Consciousness》(2005; 문규민 옮김, 2021, 바다출판사)과 IP(2013)에 실려 있다.

481 《스팸릿》 및 스페익쉬어 사고실험은 내가 미국철학협회American Philosophical Association 동부지구 학회에서 했던 회장단 연설에서 처음 언급했으며, 그 연설은 〈다윈의 길을 따른다면, 나는 어디 있는가?In Darwin's Wake, Where Am I?〉(Proc. APA 2000)라는 제목으로 출판되었다.

500 확장된 마음: 환경 안에 표지를 부려놓고 이용하는 것의 가치는 《마음의 진화Kinds of Minds》(1996)와 〈학습하기와 명찰 붙이기Learning and Labeling〉

(1993)"에서 논의한 바 있다.

14장

507 "화성에서 온" 과학자: 화성에서 온 과학자들에게 분명히 눈에 띄는 우리의 의식에 관한 핵심은 《의식이라는 꿈Sweet Dreams:》(2005)과 IP(2013)에 실려 있다.

508 "그것은 무엇과 같은가?": 이에 대한 흥미진진하고 통찰력 있는 호프스태터의 고찰은 호프스태터와 데닛의 《이런, 이게 바로 나야!The Mind's I》(1981; 김동광 옮김, 2001, 사이언스북스)를 보라.

518 폰 노이만 게임 이론과 사밀성에 관해서는 《자유는 진화한다Freedom Evolves》(2003)를 보라.

519 언어적 의사소통 절의 끝에 있는 두 문단은 〈내 신체는 그것 자체의 마음을 가지고 있다My Body Has a Mind of Its Own〉(2007c)와 〈'왜'의 진화The Evolution of 'Why'〉(2010)에서, 많은 수정을 거쳐 옮겨온 것이다. 맥팔랜드(1989), 드레셔Drescher(1991), 브랜덤Brandom(1994), 해걸랜드Haugeland(1998), 밀리컨Millikan(2000b)의 작업에서도 이 입장이 드러나는데, 앞에 언급한 나의 글은 그 입장의 원천에 대한 심화 논의를 제공한다. 맥팔랜드의 2009년 책 《죄책감을 느끼는 로봇, 행복한 개Guilty Robots, Happy Dogs》에 대한 나의 서평(2009b)도 읽어 보라.

519 "Sexy"를 모델로 하여 "selfy"라는 단어를 주조한 것에 관한 논의는 CE(1991)에서 찾아볼 수 있다.

521 자유의지에 관한 웨그너의 관점에 대한 더 확장된 논의는 《자유는 진화한다Freedom Evolves》(2003)를 보라.

529 타자현상학: 이 문단들은 대부분 〈타자현상학을 재고하다Heterophenomenology Reconsidered〉(2007b)에 기반한 것인데, 이 논문에는 훨씬 더 완전한 논의가 실려 있다. 특히 각주 6번의 슈비츠게벨Schwitzgebel(2007)과 지베르트Siewert(2007)에 대한 대응을 보라. 이들의 생각은 내가 이 아이디어들을 재구성하는 데 도움을 주었다. 타자현상학(1982, 1991, 2003c, 2005,

2007c)은 우리로 하여금 행위 유발성, 즉 한 사람의 "개념 세계" 안의 "것들"을 추적하게 한다. 그 온톨로지를 우리의 과학적 온톨로지의 일부로 보증하지 않으면서 말이다.

531 정신적 이미지 연구에 관한 99번 각주: 셰퍼드Shepard와 메츨러Metzler(1971)는 이 연구가 폭발적으로 이루어지게 한 눈부신 도화선이 되었고, 필리신Pylyshyn(1973)과 코슬린Kosslyn(1975) 은 후속 논쟁들이 벌어질 판을 마련해주었다(이를테면, Kosslyn[1980], Kosslyn et al[1979], Kosslyn et al[2001], Pylyshyn[2002] 과 같은 저작을 통해). 정신적 이미지 논쟁에 대한 나의 논의를 보려면 《내용과 의식Content and Consciousness》(1969,)의 7장 17절 〈내성이라는 덫과 이미지의 본성The Nature of Images and the Introspective Trap〉 부분과 《브레인스톰Brainstorms》(1978)의 9장과 10장, CE(1991), 그리고 BBS 2002에 실려 있는 〈당신의 뇌는 뇌 안의 이미지들을 사용하는가? 사용한다면 어떻게 사용하는가?Does Your Brain Use the Images in It, and If So, How?〉를 보라. 마지막의 글은 Pylyshyn(2002)에 대한 논평이다.

534 흄의 기묘한 추론 뒤집기: 흄의 기묘한 뒤집기에 관한 문단들의 출처는 BBS 2013에 실린 클라크에 대한 나의 논평이다. 물론 수정을 거쳤다. 그 아이디어 중 일부는 그보다 더 일찍, 헐리, 데닛, 애덤스의 《농담 속으로 Inside Jokes》(2011)에서 발표된 바 있다.

547 어려운 질문: 어려운 질문에 관한 더 확장된 논의는 CE(1991)를 보라. 그리고 어려운 질문을 묻기와 그 대답을 시작하기의 예로는 〈의식의 가지런한 가장자리The Friar's Fringe of Consciousness〉(2015b)"를 보라.

548 양쪽 중 어느 한쪽을 선택해야만 한다: 솔직히, 처음에는 나의 주장을 이해할 수 없는 사람들도 있을 텐데, 나는 그들이 적어도 내 주장을 즐길 수는 있게 되도록 직관 펌프를 제공할 수 있다. 〈의식의 '마법'을 설명하기 Explaining the 'Magic' of Consciousness〉(2002c)(앞쪽 문단들의 몇몇 소재들은 여기서 나왔다)에서 특히 〈튠드 덱이라는 카드 마술The Tuned Deck〉 부분을 보라. 그리고 《의식이라는 꿈Sweet Dreams》(2005)과 IP(2013)도 보라.

553 베넷의 논의에 대해, 그리고 내용에 의한 이 식별에 관해 더 알고 싶다면 〈조너선 베넷의 《합리성》Jonathan Bennett's Rationality〉(근간)을 보라. 의미가

존재하지 않음에도 어떻게 우리 현상학 안에 거주하는가에 관해 논의한 Azzouni(2013)도 보라.

555 자유의지: 최근 샘 해리스Sam Harris(2012)를 비롯한 연구자들(예를 들면 코인Coyne)은 과학이 자유의지란 없다는 것을 보여주며,(2012) 이는 우리의 정책과 도덕과 법, 범죄, 처벌, 보상 등에 있어 혁명적인 (명시되지 않은) 귀결을 초래한다고 주장했다. 그러나 그들은 우리가 사는 곳이면서 중요한 곳이 현시적 이미지라는 사실을 간과하고 있다. 과학적 이미지의 관점에서 보면 색은 환각이지만, 여전히 우리에게 중요하며, 우리는 우리가 소중하게 여기는 색채 배합으로 우리를 둘러싸기 위해 시간과 노력을 현명하게 기울인다. 이는 해리스 등이 돈은 환각이므로 그것을 버려야 한다고 주장하는 것이나 마찬가지다. 나는 그들이 환각인 돈을 다 버린다고 생각하지 않고, 그들이 자신들의 지향적 행동들에 대한 책임으로부터 꽁무니를 빼고 있다고 보지도 않는다. 따라서, 자신들이 무엇을 보여주고 있다고 그들이 생각하고 있는지는 명확하지 않다. 자유의지에 관해 더 알고 싶다면, 나의 책《행동 반경: 추구할 가치가 있는 다양한 자유의지Elbow Room: The Varieties of Free Will Worth Wanting》(1984; 개정판은 2015)와《자유는 진화한다Freedom Evolves》(2003), 그리고 내가 했던 '에라스무스 강연Erasmus Lecture'(2012b)의 〈에라스무스: 때로는 언론홍보 전문가가 옳다Erasmus: Sometimes a Spin Doctor Is Right〉를 보라. 그리고 해리스에 관해서는 팟캐스트 '철학이 다시 입질하다Philosophy Bites Again'(2014)의 콘텐츠 〈자유의지에 관한 성찰Reflections on Free Will〉(2014b)과 〈대니얼 데닛, 추구할 가치가 있는 자유의지에 대해 말하다Daniel Dennett on Free Will Worth Wanting〉를 청취하라.

15장

559 인용한 문장은 조지 에진 퓨가《인간 가치의 생물학적 기원The Biological Origin of Human Values》(1978, p. 154)에 실은 것이다. 각주에서 저자는 이 문장이 그의 아버지인 에머슨 M. 퓨Emerson M. Pugh가 1938년쯤에 했던

말을 인용한 것이라고 밝혔다. 그런데 이 문장은 또한 1939년에 태어난 식물학자 라이얼 왓슨Lyall Watson의 것이라고 널리 말해지기도 한다. 이 인용문에 관한 웹 페이지 주소는 다음과 같다. http://quoteinvestigator.com/2016/03/05/brain

566 《의식에 대한 과학 이론》: 《주문을 깨다Breaking the Spell》(2006)의 8장 〈믿음에 대한 믿음Belief in Belief〉에서 나는 서로 다른 영역에서 서로의 전문지식에 의존("그들은 이해를 하고 우리는 믿는 것을 한다!")하는 과학자들의 작업을 구분하는 것을 논의하고, 신학에서는 논의에 사용되는 용어들을 **아무도** 이해하지 **못하는** 데서 논의의 핵심이 만들어진다는 점을 지적했다.

577 진화된 나노로봇: 거시적 수준에서 진화하는 로봇은 아주 단순화된 영역에서 매우 인상적인 결과로 성취되고 있기도 하고, 나는 인만 하비Inman Harvey와 필 허스밴즈Phil Husbands 를 비롯한 서섹스Sussex의 연구자들(예를 들면 Harvey et al.[1997])에 의해 진화 로보틱스 분야에서 이루어진 작업들에 관해 종종 말하기도 했다. 그러나 내가 논의했던 것들을 출판하지는 않았다.

577 데이비드 코프: 코프의 《가상음악Virtual Music》(2001)에는 더글러스 호프스태터, 작곡가들, 음악학자들, 그리고 나의 논문들이 〈충돌 감지, 음악 작업 단위(머셀롯) 및 되는 대로 쓰기(스크리블): 창의성에 대한 몇 가지 성찰Collision Detection, Muselot, and Scribble: Some Reflections on Creativity〉이라는 제목의 글에 포함되어 있다. 이 책의 글들은 주의를 사로잡는 관찰과 예시들로 가득 차 있고, 책 안에는 많은 악보도 수록되어 있으며 CD도 함께 제공된다.

579 기질중립적: 기질 중립성에 관해서는 DDI(1995)를 보라.

580 유추주의자: 유비(유사체) 찾기의 중요성에 대한 더글러스 호프스태터의 많은 글, 특히 《메타마법적 주제들Metamagical Themas》(1985), 《유동적 개념 및 창의적 유추Fluid Concepts and Creative Analogies》(1995), 에마뉘엘 상데Emmanuel Sander와 함께 쓴 《사고의 본질: 유추, 지성의 연료와 불길Surfaces and Essences: Analogy as the Fuel and Fire of Thinking》(1995; 김태훈 옮김, 2017, 아르테; 최초의 출판은 프랑스어로 이루어졌고 그때의 제목은 L'Analogie. Cœur de la pensée였으며, 2013년 4월에 영국과 미국에서 출판되었다.)

581 건축가들: 유전 알고리즘이 건축에서 사용되는 몇몇 예들은 설리번-페독Sullivan-Fedock(2011), 아사디Asadi 외(2014), 위Yu 외(2014)의 연구를, 선거구 조정 최적화에 사용되는 예들은 초우Chou 외(2012)의 연구를 보라.

588 자기 감시: 나는 이 설계 전략을 미출판 논문 〈지능의 뿌리: 과도단순화와 자기 감시A Route to Intelligence: Oversimplify and Self-monitor〉(1984c)에서 논의했다. 이 논문은 나의 웹사이트(http://ase.tufts.edu/cogstud/dennett/recent.html.)에서 볼 수 있다.

595 튜링 테스트: 진정한 이해를 가려내는 시험으로서의 튜링 테스트를 분석하고 옹호한 나의 논문 〈기계는 생각할 수 있는가?Can Machines Think?〉(1985)를 보라. 이 논문은 《브레인칠드런Brainchildren》(1998)에 재수록되었다. 두 편의 후기(1985, 1997)도 함께 보라. 《지향적 태도The Intentional Stance》(1987)의 "빠른 사고Fast Thinking" 부분도 읽어 보라, 그리고 특히 IP(2013)의 〈중국어 방The Chinese Room〉 절을 보라. 여기서 나는 대화에서의 어떤 주고받음 안에 꼭 들어가야만 하는 인지적 계층화의 예시에 대해 논의했다(pp. 326–327).

597 "staple"이라 답할 공산이 더 커진다: 이런 실험들에 대해 더 알고 싶다면, 나의 글 〈우리가 아직 의식을 설명하지 못하고 있나요?Are We Explaining Consciousness Yet?〉(2001c)와, 메리클Merikle 외(2001)에서 논의된 스미스와 메리클Smith and Merikle(1999), 드헤네와 나카슈Dehaene and Naccache(2001)의 연구를 보라.

601 상상력을 지닌 행위자의 이론: 나는 지미 소Jimmy So와의 인터뷰에서 영화 〈그녀Her〉에 함축된 의미에 관해 이야기하면서, 지성적 행위자의 그런 강력한 이론 또는 모형의 전망에 관해 논의하고, 원래의 튜링 테스트에 내재된 핵심적 모호성을 지적했다. 이에 관해서는 〈로봇도 사랑에 빠질 수 있을까Can Robots Fall in Love〉(2013)에서도 논의했다. 이 글은 《더 데일리 비스트The Daily Beast》에 실렸으며, 그 페이지의 주소는 다음과 같다. http://www.thedailybeast.com/articles/2013/12/31/can-robots-fall-in-love-and-why-would-they.html.

603 실용적 가능성은 무시할 만큼 작다: 나는 내가 강한 AI가 원칙적으로는 가능하지만 실천적으로는 불가능하다고 생각하는 이유에 대해 설명할 때,

무게는 울새보다 무겁지 않으며, 날아서 곤충을 잡아 입에 물고 나무의 잔가지에 내려앉는 로봇 새를 만드는 작업에 비유하곤 했다. 단언컨대, 그런 새라면 거기에 우주적 미스터리는 없을 것이다. 그러나 그런 새를 현실적으로 만들어내는 데 필요한 공학은 맨해튼 프로젝트를 10여 개 합한 것보다도 많을 것이다. 그런데 그렇게까지 할 목적은 무엇인가? 우리는 우리 이론을 시험할 수 있는 더 간단한 모형들만 만들어도 비행의 원리는 물론이고 새의 비행에 관해 우리가 알아야 할 모든 것들을 알아낼 수 있다. 그리고 그런 모형 제작에 필요한 비용은 전술한 로봇 새를 만드는 비용에 비하면 매우 적을 것이다. 최근에는 날아다니는 곤충만큼 작은 최신 미니어처 드론에 관한 뉴스 기사들을 나에게 들이대며 나의 로봇 새 만들기 비유를 재고할 생각이 있느냐고 묻는 사람들이 생겼는데, 내 대답은 "아니오"다. 그 드론들은 자율적으로 자기제어를 할 수 있는 로봇이 아니라 전자 마리오네트에 불과할 뿐이며, 파리를 잡지도, 잔가지에 내려앉지도 못하기 때문이다. 어쩌면 언젠가는, 그러니까 DARPA가 수십억 달러를 낭비한다면, 그런 로봇 같은 것들을 만드는 게 가능해질지도 모른다. 나는 〈데이비드 차머스의 미스터리The Mystery of David Chalmers〉(2012)와 〈특이점—도시 전설인가?The Singularity—An Urban Legend?〉(2015)에서 그 특이점에 관해 논의한 바 있다.

606 권위를 너무 이르게 넘겨주다: 나는 《다이달로스Daedalus》(1986)에 수록된 〈정보, 기술, 그리고 무지의 가치들Information, Technology, and the Virtues of Ignorance〉에서 이 우려에 대해 더 자세히 논의했다. 이 글은 《브레인칠드런Brainchildren》(1998)과 〈특이점—도시 전설인가?The Singularity—An Urban Legend?〉(2015)에 재수록되어 있다.

614 자동차 고장: 이 문단들은 내 서문의 내용을 수정하여 시브라이트의 책 《낯선 사람들과의 동행The Company of Strangers》(2010; 김경영 옮김, 2019, 공작기계) 2판의 서문에 수록한 것들이다.

참고문헌

Alain, Chartier. (1908) 1956. *Propos d'un Normand 1906-1914*. Paris: Gallimard.

Allen, Colin, Mark Bekoff, and George Lauder, eds. 1998. *Nature's Purposes: Analyses of Function and Design in Biology*. Cambridge, Mass.: MIT Press.

Anscombe, G. E. M. 1957. *Intention*. Oxford: Blackwell.

Arnold, Frances. 2013. Frances Arnold Research Group. http://www.che.caltech.edu/groups/fha/Projects3b.htm.

Asadia, Ehsan, Manuel Gameiro da Silva, Carlos Henggeler Antunes, Luis Dias, and Leon Glicksman. 2014. "Multi-Objective Optimization for Building Retrofit: A Model Using Genetic Algorithm and Artificial Neural Network and an Application." *Energy and Buildings* 81: 444-456.

Avital, Eytan, and Eva Jablonka. 2000. *Animal Traditions: Behavioural Inheritance in Evolution*. Cambridge: Cambridge University Press.

Azzouni, Jody. 2013. *Semantic Perception: How the Illusion of a Common Language Arises and Persists*. New York: Oxford University Press.

Bailey, Ida E., Felicity Muth, Kate Morgan, Simone L. Meddle, and Susan D. Healy. 2015. "Birds Build Camouflaged Nests." *The Auk* 132 (1): 11-15.

Baron-Cohen, Simon. 2003. *The Essential Difference: Male and Female Brains and the Truth about Autism*. New York: Basic Books.

Bateson, Gregory. 1973. *Steps to an Ecology of Mind: Collected Essays in Anthropology, Psychiatry, Evolution, and Epistemology*. St Albans, Australia: Paladin.

Baum, Eric B. 2004. *What Is Thought?* Cambridge, Mass.: MIT Press.

Behe, Michael. 1996. *Darwin's Black Box: The Biochemical Challenge to Evolution*. New York: Free Press.

Bennett, Jonathan Francis. 1964. *Rationality: An Essay Towards an Analysis*. London: Routledge.

Bennett, Jonathan. 1976. *Linguistic Behaviour*. London: Cambridge University Press.

Berger S. L., T. Kouzarides, R. Shiekhattar, and A. Shilatifard. 2009. "An Operational Definition of Epigenetics." *Genes* Dev. 23 (7): 781-783.

Bernstein, Leonard. 1959. "Why Don't You Run Upstairs and Write a Nice Gershwin Tune?" In *The Joy of Music*, 52-62. New York: Simon and Schuster.

Beverley, R. M. 1868. *The Darwinian Theory of the Transmutation of Species Examined*. (Published anonymously "By a Graduate of the University of Cambridge.") London: Nisbet (quoted in a review, Athenaeum 2102 [Feb. 8]: 217).

Bickerton, Derek. 2009. *Adam's Tongue: How Humans Made Language, How Language Made Humans*. New York: Hill and Wang.

———. 2014. *More Than Nature Needs: Language, Mind, and Evolution*. Cambridge, Mass.: Harvard University Press.

Blackmore, Susan. 1999. *The Meme Machine*. New York: Oxford University Press.

———. 2008. "Memes Shape Brains Shape Memes." *Behavioral and Brain Sciences* 31: 513.

———. 2010. "Dangerous Memes, or What the Pandorans Let Loose." In *Cosmos and Culture: Cultural Evolution in a Cosmic Context*, edited by Steven Dick and Mark Lupisella, 297-318. NASA SP-2009-4802.

Bogdan, Radu J. 2013. *Mindvaults: Sociocultural Grounds for Pretending and Imagining*. Cambridge, Mass.: MIT Press.

Borges, J. L. 1962. *Labyrinths: Selected Stories and other Writings*. New York: New Directions.

Bostrom, Nick. 2014. *Superintelligence: Paths, Dangers, Strategies*. New York: Oxford University Press.

Boyd, Robert, and Peter J. Richerson. 1985. *Culture and the Evolutionary Process*. Chicago: University of Chicago Press.

———. 2005. *The Origin and Evolution of Cultures*. Oxford: Oxford

University Press. http://site.ebrary.com/id/10233633.

Boyd, Robert, P. Richerson, and J. Henrich. 2011. "The Cultural Niche: Why Social Learning Is Essential for Human Adaptation." PNAS 108 (suppl. 2): 10918-10925.

Brandom, Robert. 1994. *Making It Explicit: Reasoning, Representing, and Discursive Commitment*. Cambridge, Mass.: Harvard University Press.

Bray, Dennis. 2009. *Wetware: A Computer in Every Living Cell*. New Haven: Yale University Press.

Brenowitz E.A., D. J. Perkel, and L. Osterhout. 2010. "Language and Birdsong: Introduction to the Special Issue." *Brain and Language* 115 (1): 1-2.

Brockman, John, ed. 2011. *This Will Make You Smarter*. New York: Harper Torchbook.

Bromberger, Sylvain. 2011. "What Are Words? Comments on Kaplan (1990), on Hawthorne and Lepore, and on the Issue." *Journal of Philosophy* 108 (9): 486-503.

Burt, Austin, and Robert Trivers. 2008. *Genes in Conflict: The Biology of Selfish Genetic Elements*. Cambridge, Mass.: Belknap Press.

Butterworth, G. 1991. "The Ontogeny and Phylogeny of Joint Visual Attention." In *Natural Theories of Mind*, edited by A. Whiten, 223-232. Oxford: Basil Blackwell.

Bybee, Joan. 2006. "From Usage To Grammar: The Mind's Response To Repetition" *Language*, 82, 4: pp711-33.

Byrne, Richard W., and Andrew Whiten. 1988. *Machiavellian Intelligence*. Oxford: Clarendon Press.

Carruthers, Peter. 2015. *The Centered Mind: What the Science of Working Memory Shows Us about the Nature of Human Thought*. Oxford: Oxford University Press.

Cavalli-Sforza, L. L., and Marcus W. Feldman. 1981. *Cultural Transmission and Evolution: A Quantitative Approach*. Princeton, N.J.: Princeton University Press.

Chalmers, David. 1996. *The Conscious Mind: In Search of a Fundamental Theory*. New York: Oxford University Press.

———. 2010. "The Singularity: A Philosophical Analysis." *Journal of Consciousness Studies* 17 (9-10): 7-65.

Cheney, Dorothy L., and Robert M. Seyfarth. 1980. "Vocal Recognition in

Free-Ranging Vervet Monkeys." *Animal Behaviour* 28 (2): 362-367.
———. 1990. "Attending to Behaviour versus Attending to Knowledge: Examining Monkeys' Attribution of Mental States." *Animal Behaviour* 40 (4): 742-753.
Chomsky, Noam. 1965. *Aspects of the Theory of Syntax*. Cambridge: MIT Press.
———. 1975. *Reflections on Language*. New York: Pantheon Books.
———. 1995. *The Minimalist Program*. Cambridge, Mass.: MIT Press.
———. 2000. *New Horizons in the Study of Language and Mind*. Cambridge: Cambridge University Press.
———. 2000b. *On Nature and Language*. New York: Cambridge University Press.
———. 2014. "Mysteries and Problems." October 18, https://www.youtube.com/watch?v=G8G2QUK_1Wg.
Chou, C., S. Kimbrough, J. Sullivan-Fedock, C. J. Woodard, and F. H. Murphy. 2012. "Using Interactive Evolutionary Computation (IEC) with Validated Surrogate Fitness Functions for Redistricting." Presented at the Genetic and Evolutionary Computation, ACM. Philadelphia.
Christiansen, Morten H., and Nick Chater. 2008. "Language as Shaped by the Brain." *Behavioral and Brain Sciences* 31 (5): 489-509.
Christiansen, Morten H., and Simon Kirby. 2003. *Language Evolution*. Oxford: Oxford University Press.
Churchland, Paul M. 1979. *Scientific Realism and the Plasticity of Mind*. Cambridge: Cambridge University Press.
Claidière N., K. Smith, S. Kirby, and J. Fagot. 2014. "Cultural Evolution of Systematically Structured Behaviour in a Non-Human Primate." *Proceedings of the Royal Society: Biological Sciences*. 281 (1797). doi: 10.1098/rspb.2014.1541.
Clark, Andy. 2013. "Whatever Next? Predictive Brains, Situated Agents, and the Future of Cognitive Science." *Behavioral and Brain Sciences* 36 (3): 181-204.
———. 2015. *Surfing Uncertainty: Prediction, Action, and the Embodied Mind*, New York: Oxford University Press.
Clark, Andy, and David Chalmers. 1998. "The Extended Mind." *Analysis* 58 (1): 7-19.

Cloud, Daniel. 2014. *The Domestication of Language: Cultural Evolution and the Uniqueness of the Human Animal*. New York: Columbia University Press.

Colgate, Stirling A., and Hans Ziock. 2011. "A Definition of Information, the Arrow of Information, and Its Relationship to Life." *Complexity* 16 (5): 54-62.

Cope, David, and Douglas R. Hofstadter. 2001. *Virtual Music: Computer Synthesis of Musical Style*. Cambridge, Mass.: MIT Press.

Coppinger, Raymond, and Lorna Coppinger. 2001. *Dogs: A Startling New Understanding of Canine Origin, Behavior, and Evolution*. New York: Scribner.

Corballis, Michael C. 2003. "From Mouth to Hand: Gesture, Speech, and the Evolution of Right-Handedness." *Behavioral and Brain Sciences* 26 (2): 199-208.

———. 2009. "The Evolution of Language." *Annals of the New York Academy of Sciences* 1156 (1): 19-43.

Coyne, Jerry. 2012. "You Don't Have Free Will." *Chronicle of Higher Education*, March 18.

Crick, Francis. 1994. *The Astonishing Hypothesis: The Scientific Search for the Soul*. New York: Scribner.

Cronin, Helena. 1992. *The Ant and the Peacock: Altruism and Sexual Selection from Darwin to Today*. Cambridge: Cambridge University Press.

Crystal, Jonathon D., and Allison L. Foote. 2009. "Metacognition in Animals." *Comparative Cognition and Behavior Review* 4: 1-16.

Darwin, Charles. 1859. *On the Origin of Species*. Washington Square: New York University Press.

———. (1862) 1984. *The Various Contrivances by Which Orchids Are Fertilised by Insects*. Chicago: University of Chicago Press.

———. 1868. *The Variation of Animals and Plants under Domestication*. New York: Orange Judd.

———. 1871. *The Descent of Man and Selection in Relation to Sex*. London: J. Murray.

Darwin, Charles, and Frederick Burkhardt. 1997. *The Correspondence of Charles Darwin*. Vol. 10. Cambridge: Cambridge University Press.

Dawkins, Richard. 1976. *The Selfish Gene*. Oxford: Oxford University Press.

1989 Rev. ed.
———. 1986. *The Blind Watchmaker*. New York: Norton.
———. 2004. *The Ancestor's Tale: A Pilgrimage to the Dawn of Evolution*. Boston: Houghton Mifflin.
———. 2004b. "Extended Phenotype—ut Not Too Extended. A Reply to Laland, Turner and Jablonka." *Biology and Philosophy* 19: 377-396.
Dawkins, Richard, and John R. Krebs. 1978. "Animal Signals: Information or Manipulation." *Behavioural Ecology: An Evolutionary Approach*, 2: 282-309.
de Boer, Bart, and W. Tecumseh Fitch. 2010. "Computer Models of Vocal Tract Evolution: An Overview and Critique." *Adaptive Behaviour* 18 (1): 36-47.
Deacon, Terrence William. 1997. *The Symbolic Species: The Co-Evolution of Language and the Brain*. New York: W. W. Norton.
———. 2011. *Incomplete Nature: How Mind Emerged from Matter*. New York: W. W. Norton.
Debner, J. A., and L. L. Jacoby. 1994. "Unconscious Perception: Attention, Awareness, and Control." *Journal of Experimental Psychology. Learning, Memory, and Cognition* 20 (2): 304-317.
Defoe, Daniel. 1883. *The Life and Strange Surprising Adventures of Robinson Crusoe of York, Mariner: As Related by Himself*. London: E. Stock.
Dehaene, S., and L. Naccache. 2001. "Towards a Cognitive Neuroscience of Consciousness: Basic Evidence and a Workspace Framework." *COGNITION* 79 (1-2): 1-37.
Dennett, Daniel C. *Content and Consciousness*. 1969. London and New York: Routledge and Kegan Paul, and Humanities Press.
———. 1971. "Intentional Systems." *Journal of Philosophy* 68 (4): 87-106.
———. 1978. *Brainstorms: Philosophical Essays on Mind and Psychology*. Montgomery, Vt.: Bradford Books.
———. 1978b. "Current Issues in Philosophy of Mind." *American Philosophical Quarterly* 15 (4): 249-261.
———. 1978c. "Why Not the Whole Iguana?" *Behavioral and Brain Sciences* 1 (1): 103-104.
———. 1978d. "Beliefs about Beliefs." *Commentary on Premack and Woodruff. Behavioral and Brain Sciences* 1 (4) 568-570.
———. 1980. "Passing the Buck to Biology." *Behavioral and Brain Sciences*

19.
———. 1981. "Three Kinds of Intentional Psychology." In *Reduction, Time and Reality*, edited by R. Healey, 37–60. Cambridge: Cambridge University Press.
———. 1982. "How to Study Consciousness Empirically: Or Nothing Comes to Mind." *Synthese* 53: 159–180.
———. 1983. "Intentional Systems in Cognitive Ethology: The 'Panglossian Paradigm' Defended"; and "Taking the Intentional Stance Seriously." *Behavioral and Brain Sciences* 6 (3): 343–390.
———. 1984. *Elbow Room: The Varieties of Free Will Worth Wanting*. Cambridge, Mass.: MIT Press.
———. 1984b. "Cognitive Wheels: The Frame Problem of AI." In *Minds, Machines and Evolution*, edited by C. Hookway, 129–151. Cambridge: Cambridge University Press 1984.
———. 1984c. "A Route to Intelligence: Oversimplify and Self-monitor." Available at http://ase.tufts.edu/cogstud/papers/oversimplify.pdf.
———. 1987. *The Intentional Stance*. Cambridge, Mass.: MIT Press.
———. 1989. "Cognitive Ethology: Hunting for Bargains or a Wild Goose Chase?" In *Goals, No-Goals and Own Goals*, edited by D. Noble and A. Montefiore, 101–116. Oxford: Oxford University Press.
———. 1991. *Consciousness Explained*. Boston: Little, Brown.
———. 1991b. "Real Patterns." *Journal of Philosophy* 88 (1): 27–51.
———. 1993. "Learning and Labeling." Commentary on A. Clark and A. Karmiloff-Smith, "The Cognizer's Innards." *Mind and Language* 8 (4): 540–547.
———. 1994. "Get Real." *Philosophical Topics* 22 (1): 505–568.
———. 1995. *Darwin's Dangerous Idea*. New York: Simon and Schuster.
———. 1995b. "Do Animals Have Beliefs?" In *Comparative Approaches to Cognitive Sciences*, edited by Herbert Roitblat and Jean-Arcady Meyer, 111–118. Cambridge, Mass.: MIT Press.
———. 1995c. "Hofstadter's Quest: A Tale of Cognitive Pursuit." *Complexity* 1(6): 9–12.
———. 1995d. "Animal Consciousness—hat Matters and Why." *Social Research* 62 (3): 691–710.
———. 1996. *Kinds of Minds: Toward an Understanding of Consciousness*. New York: Basic Books.

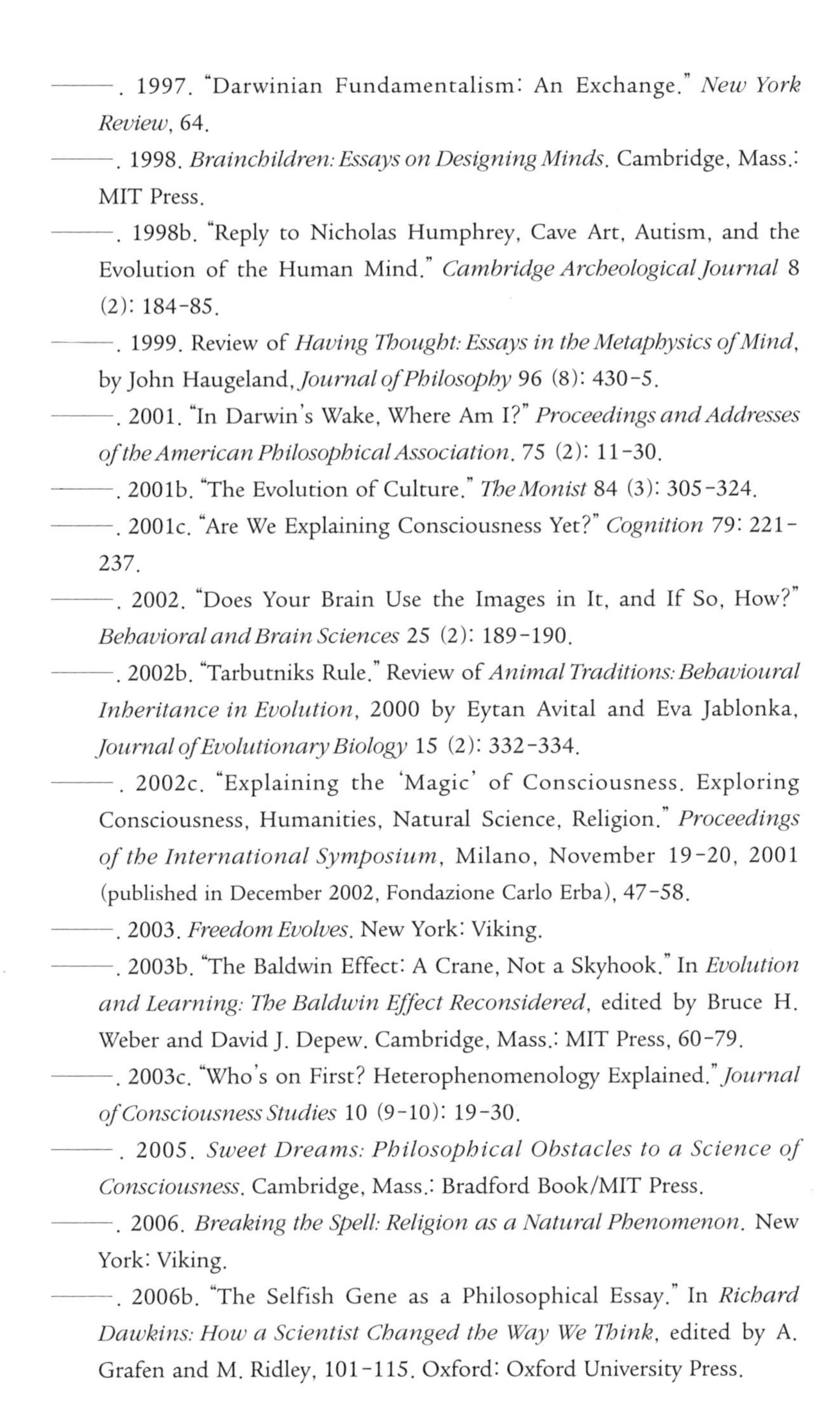

———. 1997. "Darwinian Fundamentalism: An Exchange." *New York Review*, 64.

———. 1998. *Brainchildren: Essays on Designing Minds*. Cambridge, Mass.: MIT Press.

———. 1998b. "Reply to Nicholas Humphrey, Cave Art, Autism, and the Evolution of the Human Mind." *Cambridge Archeological Journal* 8 (2): 184-85.

———. 1999. Review of *Having Thought: Essays in the Metaphysics of Mind*, by John Haugeland, *Journal of Philosophy* 96 (8): 430-5.

———. 2001. "In Darwin's Wake, Where Am I?" *Proceedings and Addresses of the American Philosophical Association*. 75 (2): 11-30.

———. 2001b. "The Evolution of Culture." *The Monist* 84 (3): 305-324.

———. 2001c. "Are We Explaining Consciousness Yet?" *Cognition* 79: 221-237.

———. 2002. "Does Your Brain Use the Images in It, and If So, How?" *Behavioral and Brain Sciences* 25 (2): 189-190.

———. 2002b. "Tarbutniks Rule." Review of *Animal Traditions: Behavioural Inheritance in Evolution*, 2000 by Eytan Avital and Eva Jablonka, *Journal of Evolutionary Biology* 15 (2): 332-334.

———. 2002c. "Explaining the 'Magic' of Consciousness. Exploring Consciousness, Humanities, Natural Science, Religion." *Proceedings of the International Symposium*, Milano, November 19-20, 2001 (published in December 2002, Fondazione Carlo Erba), 47-58.

———. 2003. *Freedom Evolves*. New York: Viking.

———. 2003b. "The Baldwin Effect: A Crane, Not a Skyhook." In *Evolution and Learning: The Baldwin Effect Reconsidered*, edited by Bruce H. Weber and David J. Depew. Cambridge, Mass.: MIT Press, 60-79.

———. 2003c. "Who's on First? Heterophenomenology Explained." *Journal of Consciousness Studies* 10 (9-10): 19-30.

———. 2005. *Sweet Dreams: Philosophical Obstacles to a Science of Consciousness*. Cambridge, Mass.: Bradford Book/MIT Press.

———. 2006. *Breaking the Spell: Religion as a Natural Phenomenon*. New York: Viking.

———. 2006b. "The Selfish Gene as a Philosophical Essay." In *Richard Dawkins: How a Scientist Changed the Way We Think*, edited by A. Grafen and M. Ridley, 101-115. Oxford: Oxford University Press.

———. 2006c. "From Typo to Thinko: When Evolution Graduated to Semantic Norms." In *Evolution and Culture*, edited by S. Levinson and P. Jaisson 133-145. Cambridge, Mass.: MIT Press.

———. 2006d. "Two Steps Closer on Consciousness." In *Paul Churchland*, edited by Brian Keeley, 193-209. New York: Cambridge University Press.

———. 2007. "Instead of a Review." *Artificial Intelligence* 171 (18): 1110-1113.

———. 2007b. "Heterophenomenology Reconsidered." *Phenomenology and the Cognitive Sciences* 6 (1-2): 247-270.

———. 2007c. "My Body Has a Mind of Its Own." In *Distributed Cognition and the Will: Individual Volition and Social Context*, edited by D. Ross, D. Spurrett, H. Kincaid, and G. L. Stephens, 93-100. Cambridge, Mass.: MIT Press.

———. 2008. "Competition in the Brain." In *What Have You Changed Your Mind About?*, edited by John Brockman, 37-42. New York: HarperCollins.

———. 2009. "Darwin's 'Strange Inversion of Reasoning.'" *Proceedings of the National Academy of Sciences of the United States of America* 106: 10061-10065.

———. 2009b. "What Is It Like to be a Robot?" Review of *Guilty Robots, Happy Dogs*, by David McFarland. *BioScience* 59 (8): 707-709.

———. 2010. "The Evolution of Why?" In *Reading Brandom: On Making It Explicit*, edited by B. Weiss and J. Wanderer, 48-62. New York: Routledge.

———. 2012. "The Mystery of David Chalmers." *Journal of Consciousness Studies* 19 (1-2): 86-95.

———. 2012b. *Erasmus: Sometimes a Spin Doctor Is Right*. Amsterdam: Praemium Erasmianum Foundation.

———. 2012c. "Cycles." In *This Will Make You Smarter*, edited by J. Brockman and Edge.org, 110-119. New York: Harper Torchbook.

———. 2013. *Intuition Pumps and Other Tools for Thinking*. New York: W. W. Norton.

———. 2013b. "Aching Voids and Making Voids." Review of *Incomplete Nature: How Mind Emerged from Matter*, by Terrence W. Deacon, *Quarterly Review of Biology* 88 (4): 321-324.

———. 2013c. "Expecting Ourselves to Expect: The Bayesian Brain as a Projector." *Behavioral and Brain Sciences* 36 (3): 209-210.

———. 2013d. "Turing's 'Strange Inversion of Reasoning.'" In *Alan Turing: His Work and Impact*, edited by S. Barry Cooper and J. van Leeuwen, 569-573. Amsterdam: Elsevier.

———. 2014. "Daniel Dennett on Free Will Worth Wanting." In *Philosophy Bites Again*, edited by D. Edmonds and N. Warburton, 125-133. New York: Oxford University Press.

———. 2014b. "Reflections on Free Will." Review of *Free Will*, by Sam Harris. Naturalism.org.

———. 2015. "The Singularity—n Urban Legend?" In *What to Think about Machines That Think*, edited by John Brockman, 85-88. New York: HarperCollins.

———. 2015b. "The Friar's Fringe of Consciousness." In *Structures in the Mind: Essays on Language, Music, and Cognition in Honor of Ray Jackendoff*, edited by Ida Toivonen, Piroska Csuri, and Emile van der Zee, 371-378. Cambridge, Mass.: MIT Press.

———. 2015c. "Why and How Does Consciousness Seem the Way It Seems?" In *Open MIND*, edited by T. Metzinger and J. M. Windt. Frankfurt am Main: MIND Group. doi: 10.15502/9783958570245.

———. 2015d. "How Our Belief in Qualia Evolved, and Why We Care So Much—A Reply to David H. Baßler." In *Open MIND*, edited by T. Metzinger and J. M. Windt. Frankfurt: MIND Group. doi: 10.15502/9783958570665.

———. Forthcoming. "Jonathan Bennett's Rationality." In *Ten Neglected Classics*, edited by Eric Schliesser.

Dennett, Daniel C., and Ryan T. McKay. 2006. "A Continuum of Mindfulness." *Behavioral and Brain Sciences* 29: 353-354.

Descartes, René. (1637) 1956. *Discourse on Method*. New York: Liberal Arts Press.

———. 1641. *Meditations on First Philosophy*. Paris: Michel Soly.

Diamond, Jared. 1978. "The Tasmanians: The Longest Isolation, the Simplest Technology." *Nature* 273: 185-186.

Diesendruck, Gil, and Lori Markson. 2001. "Children's Avoidance of Lexical Overlap: A Pragmatic Account." *Developmental Psychology* 37 (5): 630-641.

Domingos, Pedro. 2015. *The Master Algorithm: How the Quest for the Ultimate Learning Machine Will Remake Our World*. New York: Basic Books.

Drescher, Gary L. 1991. *Made-up Minds: A Constructivist Approach to Artificial Intelligence*. Cambridge, Mass.: MIT Press.

Dyson, Freeman J. 1988. *Infinite in All Directions: Gifford Lectures Given at Aberdeen, Scotland, April-November 1985*. New York: Harper and Row.

Edelman, Gerald M. 1989. *The Remembered Present: A Biological Theory of Consciousness*. New York: Basic Books.

Eigen, Manfred. 1992. *Steps Towards Life*. Oxford: Oxford University Press.

Eldredge, Niles. 1983. "A la recherche du docteur Pangloss." *Behavioral and Brain Sciences* 6 (3): 361-362.

Eliasmith, Chris. 2013. *How to Build a Brain: A Neural Architecture for Biological Cognition*. New York: Oxford University Press.

Emery, N. J. 2000. "The Eyes Have It: The Neuroethology, Function and Evolution of Social Gaze." *Neuroscience & Biobehavioral Reviews* 24: 581-604.

Everett, Daniel L. 2004. "Coherent Fieldwork." In *Linguistics Today*, edited by Piet van Sterkenberg, 141-162. Amsterdam: John Benjamins.

Fisher, D. 1975. "Swimming and Burrowing in Limulus anti Mesolimulus." *Fossils and Strata* 4: 281-290.

Fitch, W. Tecumseh. 2008. "Nano-Intentionality: A Defense of Intrinsic Intentionality." *Biology & Philosophy* 23 (2): 157-177.

———. 2010. *The Evolution of Language*. Cambridge: Cambridge University Press. http://dx.doi.org/10.1017/CBO9780511817779.

Fitch, W. T., L. Huber, and T. Bugnyar. 2010. "Social Cognition and the Evolution of Language: Constructing Cognitive Phylogenies." *Neuron* 65 (6): 795-814.

FitzGibbon, C. D., and J. H. Fanshawe. 1988. "Stotting in Thomson's Gazelles: An Honest Signal of Condition." *Behavioral Ecology and Sociobiology* 23 (2): 69-74.

Floridi, Luciano. 2010. *Information: A Very Short Introduction*. Oxford: Oxford University Press.

Fodor, Jerry, 1998. "Review of Steven Pinker's How the Mind Works, and Henry Plotkin's Evolution in Mind." *London Review of Books*. Reprinted in Fodor, *In Critical Condition*. Cambridge, Mass.: Bradford Book/MIT Press.

———. 2008. *LOT 2: The Language of Thought Revisited*. Oxford: Clarendon Press.

Francis, Richard C. 2004. *Why Men Won't Ask for Directions: The Seductions of Sociobiology*. Princeton, N.J.: Princeton University Press.

Frischen, Alexandra, Andrew P. Bayliss, and Steven P. Tipper. 2007. "Gaze cueing of Attention: Visual Attention, Social Cognition, and Individual Differences." *Psychological Bulletin* 133(4): 694-724.

Friston, Karl, Michael Levin, Biswa Sengupta, and Giovanni Pezzulo. 2015. "Knowing One's Place: A Free-Energy Approach to Pattern Regulation." *Journal of the Royal Society Interface*, 12: 20141383.

Frith, Chris D. 2012. "The Role of Metacognition in Human Social Interactions." *Philosophical Transactions of the Royal Society B: Biological Sciences* 367 (1599): 2213-2223.

Gelman, Andrew. 2008. "Objections to Bayesian Statistics." *Bayesian Anal.* 3 (3): 445-449.

Gibson, James J. 1966. "The Problem of Temporal Order in Stimulation and Perception." *Journal of Psychology* 62 (2): 141-149.

———. 1979. *The Ecological Approach to Visual Perception*. Boston: Houghton Mifflin.

Godfrey-Smith, Peter. 2003. "Postscript on the Baldwin Effect and Niche Construction." In *Evolution and Learning: The Baldwin Effect Reconsidered*, edited by Bruce H. Weber and David J. Depew, 210-223. Cambridge, Mass.: MIT Press.

———. 2007. "Conditions for Evolution by Natural Selection." *Journal of Philosophy* 104: 489-516.

———. 2009. *Darwinian Populations and Natural Selection*. Oxford: Oxford University Press.

Gorniak, Peter, and Deb Roy. 2006. "Perceived Affordances as a Substrate for Linguistic Concepts." *MIT Media Lab*. See also Gorniak's MIT dissertation, "The Affordance-based Concept."

Gould, Stephen Jay. 1989. *Wonderful Life: The Burgess Shale and the Nature of History*. New York: W. W. Norton.

———. 1991. *Bully for Brontosaurus: Reflections in Natural History*. New York: W. W. Norton.

———. 1997. "Darwinian Fundamentalism." Part I of review of *Darwin's Dangerous Idea, New York Review of Books*, June 12.

———. 1997b. "Evolution: The Pleasures of Pluralism." Part II of review of *Darwin's Dangerous Idea*, June 26.

Gould, Stephen Jay, and Richard C. Lewontin. 1979. "The Spandrels of San Marco and the Panglossian Paradigm: A Critique of the Adaptationist Programme." Proceedings of the Royal Society of London, the Evolution of Adaptation by Natural Selection (Sept. 21), Series B, *Biological Sciences* 205 (1161): 581-598.

Graziano, Michael S. A. 2013. *Consciousness and the Social Brain*. Oxford, New York: Oxford University Press.

Grice, H. Paul. 1957. "Meaning." *The Philosophical Review* 66: 377-388.

———. 1968. "Utterer's Meaning, Sentence Meaning, and Word Meaning." *Foundations of Language*, 4. Reprinted as ch. 6 in Grice 1989, 117-137.

———. 1969. "Utterer's Meaning and Intentions." *Philosophical Review*, 78. Reprinted as ch. 5 in Grice 1989, 86-116.

———. 1972. *Intention and Uncertainty*. London: Oxford University Press.

———. 1989. *Studies in the Way of Words*. The 1967 William James Lectures at Harvard University. Cambridge, Mass.: Harvard University Press.

Griffin, Donald R., and Carolyn A. Ristau. 1991. "Aspects of the Cognitive Ethology of an Injury-Feigning Bird, the Piping Plover." In *Cognitive Ethology: The Minds of Other Animals: Essays In Honor of Donald R. Griffin*. Hillsdale, N.J.: L. Erlbaum Associates.

Griffin, R., and Dennett, D. C. 2008. "What Does The Study of Autism Tell Us about the Craft of Folk Psychology?" In *Social Cognition: Development, Neuroscience, and Autism*, edited by T. Striano and V. Reid, 254-280. Malden, Mass.: Wiley-Blackwell.

Griffiths, Paul, 1995. "The Cronin Controversy." *Brit.* J. Phil. Sci. 46: 122-138.

———. 2008. "Molecular and Developmental Biology." In *The Blackwell Guide to the Philosophy of Science*, edited by Peter Machamer and Michael Silverstein, 252-271. Oxford: Blackwell.

Guston, Philip. 2011. *Philip Guston: Collected Writings, Lectures, and Conversations*, edited by Clark Coolidge. Berkeley, Los Angeles, London: University of California Press.

Haig, David. 1997. "The Social Gene." *Behavioural Ecology: An Evolutionary Approach*, edited by John R. Krebs and Nicholas Davies, 284-304.

Oxford: Blackwell Science.
———. 2008. "Conflicting Messages: Genomic Imprinting and Internal Communication." In *Sociobiology of Communication: An Interdisciplinary Perspective*, edited by Patrizia D'Ettorre and David P. Hughes, 209-23. Oxford: Oxford University Press.
Halitschke, Rayko, Johan A. Stenberg, Danny Kessler, Andre Kessler, and Ian T. Baldwin. 2008. "Shared Signals—'Alarm Calls' from Plants Increase Apparency to Herbivores and Their Enemies in Nature." *Ecology Letters* 11 (1): 24-34.
Hansell, M. H. 2000. *Bird Nests and Construction Behaviour*. Cambridge: Cambridge University Press.
———. 2005. *Animal Architecture*. Oxford: Oxford University Press.
———. 2007. *Built by Animals*. Oxford: Oxford University Press.
Hardy, Alister, 1960. "Was Man More Aquatic in the Past?" *The New Scientist*, 642-645.
Hardy, Thomas. 1960. *Selected Poems of Thomas Hardy*. London: Macmillan.
Harris, Sam. 2012. *Free Will*. New York: Free Press.
Harvey, I., P. Husbands, D. Cliff, A. Thompson, and N. Jakobi. 1997. "Evolutionary Robotics: the Sussex Approach." *Robotics and Autonomous Systems* 20 (2-4): 205-224.
Haugeland, John. 1985. *Artificial Intelligence: The Very Idea*. Cambridge, Mass.: MIT Press.
———. 1998. *Having Thought: Essays in the Metaphysics of Mind*. Cambridge, Mass.: Harvard University Press.
Hauser, Marc D. 1996. *The Evolution of Communication*. Cambridge, Mass.: MIT Press.
Hauser, Marc D., Noam Chomsky, and W. Tecumseh Fitch. 2002. "The Faculty of Language: What Is It, Who Has It, and How Did It Evolve?" *Science* 298 (5598): 1569-1579.
Heeks, R. J. 2011. "Discovery Writing and the So-called Forster Quote." April 13. https://rjheeks.wordpress.com/2011/04/13/discovery-writing-and-the-so-called-forster-quote/.
Henrich J. 2004. "Demography and Cultural Evolution: Why Adaptive Cultural Processes Produced Maladaptive Losses in Tasmania." *American Antiquity* 69 (2): 197-221.

———. 2015. *The Secret of Our Success*. Princeton, N.J.: Princeton University Press.

Hewes, Gordon Winant. 1973. *The Origin of Man*. Minneapolis: Burgess.

Hinton, Geoffrey E. 2007. "Learning Multiple Layers of Representation." *Trends in Cognitive Sciences* 11 (10): 428-434.

Hofstadter, Douglas. 1979. *Godel, Escher, Bach: An Eternal Golden Braid*. New York: Basic Books.

———. 1981. "Reflections." In *The Mind's I*, edited by Hofstadter and Dennett. 403-404.

———. 1982. "Can Creativity Be Mechanized?" *Scientific American* 247: 20-29.

———. 1982b. "Who Shoves Whom Around Inside the Careenium? Or What Is the Meaning of the Word 'I'?" *Synthese* 53 (2): 189-218.

———. 1985. *Metamagical Themas: Questing for the Essence of Mind and Pattern*. New York: Basic Books.

———. 2007. *I Am a Strange Loop*. New York: Basic Books.

Hofstadter Douglas, and Daniel Dennett, eds. 1981. *The Mind's I: Fantasies and Reflections on Self and Soul*. New York: Basic Books and Hassocks, Sussex: Harvester.

Hohwy, Jakob. 2012. "Attention and Conscious Perception in the Hypothesis Testing Brain." *Frontiers in Psychology* 3 (96): 1-14.

———. 2013. *The Predictive Mind*. New York: Oxford University Press.

Huebner, Bryce, and Daniel Dennett. 2009. "Banishing 'I' and 'We' from Accounts of Metacognition." Response to Peter Carruthers 2008. "How We Know Our Own Minds: The Relationship Between Mindreading and Metacognition." *Behavioral and Brain Sciences* 32: 121-182.

Hughlings Jackson, J. 1915. "Hughlings Jackson on Aphasia and Kindred Affections of Speech." *Brain* 38: 1-190.

Hume, David. 1739. *A Treatise of Human Nature*. London: John Noon.

Humphrey, Nicholas K. 1976. "The Social Function of Intellect." *Growing Points in Ethology*: 303-317.

———. 1995. *Soul Searching: Human Nature and Supernatural Belief*. London: Chatto and Windus.

———. 1996. *Leaps of Faith: Science, Miracles, and the Search for Supernatural Consolation*. New York: Basic Books.

———. 1998. "Cave Art, Autism, and the Evolution of the Human Mind."

Cambridge Archeological Journal 8 (2): 184-185.

———. 2000. *How to Solve the Mind-Body Problem*. Thorverton, UK: Imprint Academic.

———. 2006. *Seeing Red: A Study in Consciousness*. Cambridge, Mass.: Harvard University Press.

———. 2009. "The Colour Currency of Nature." In *Colour for Architecture Today*, edited by Tom Porter and Byron Mikellides, 912. London: Taylor and Francis.

———. 2011. *Soul Dust: The Magic of Consciousness*. Princeton, N.J.: Princeton University Press.

Humphrey, Nicholas K. and Daniel Dennett. 1989. "Speaking for Ourselves: An Assessment of Multiple Personality-Disorder." *Raritan—A Quarterly Review* 9(1): 68-98.

Hurford, James R. 2014. *The Origins of Language: A Slim Guide*. New York: Oxford University Press.

Hurley, Matthew M., D. C. Dennett, and Reginald B. Adams. 2011. *Inside Jokes: Using Humor to Reverse-Engineer the Mind*. Cambridge, Mass.: MIT Press.

Jackendoff, Ray. 1994. *Patterns in the Mind*. New York: Basic Books.

———. 1996. "How Language Helps Us Think." *Pragmatics and Cognition* 4 (1): 1-34.

———. 2002. *Foundations of Language: Brain, Meaning, Grammar, Evolution*. New York: Oxford University Press.

———. 2007. *Language, Consciousness, Culture: Essays on Mental Structure*. Cambridge, Mass.: MIT Press.

———. 2007b. "Linguistics in Cognitive Science: The State of the Art." *Linguistic Review* 24: 347-401.

Jackendoff, Ray, Neil Cohn, and Bill Griffith. 2012. *A User's Guide to Thought and Meaning*. New York: Oxford University Press.

Jakobi, Nick. 1997. "Evolutionary Robotics and the Radical Envelope-of-Noise Hypothesis." *Adaptive* Behavior 6: 325-367.

Jolly, Alison. 1966. *Lemur Behavior: A Madagascar Field Study*. Chicago: University of Chicago Press.

Kameda, Tatsuya, and Daisuke Nakanishi. 2002. "Cost-benefit Analysis of Social/Cultural Learning in a Nonstationary Uncertain Environment: An Evolutionary Simulation and an Experiment with Human

Subjects." *Evolution and Human Behavior* 23 (5): 373-393.

Kaminski, J. 2009. "Dogs (Canis familiaris) are Adapted to Receive Human Communication." In *Neurobiology of "Umwelt:" How Living Beings Perceive the World*, edited by A. Berthoz and Y. Christen, 103-107. Berlin: Springer Verlag.

Kaminski, J., J. Brauer, J. Call, and M. Tomasello. 2009. "Domestic Dogs Are Sensitive to a Human's Perspective." *Behaviour* 146: 979-998.

Kanwisher N., et al. 1997. "The Fusiform Face Area: A Module in Human Extrastriate Cortex Specialized for Face Perception." *Journal of Neuroscience* 17 (11): 4302-4311.

Kanwisher, N. and D. Dilks. 2013. "The Functional Organization of the Ventral Visual Pathway in Humans." In *The New Visual Neurosciences*, edited by L. Chalupa and J. Werner. Cambridge, Mass.: MIT Press.

Kaplan, David. "Words." 1990. *Proceedings of the Aristotelian Society*, Supplementary Volumes: 93-119.

Katchadourian, Raffi. 2015. "The Doomsday Invention: Will Artificial Intelligence Bring Us Utopia or Destruction?" *New Yorker*, November 23, 64-79.

Kauffman, Stuart. 2003. "The Adjacent Possible." Edge.org, November 9, https://edge.org/conversation/stuart_a_kauffman-the-adjacent-possible.

Keller, Helen. 1908. *The World I Live In*. New York: Century.

Kessler, M. A., and B. T. Werner. 2003. "Self-Organization of Sorted Patterned Ground." *Science* 299 (5605): 380-383.

Kobayashi, Yutaka, and Norio Yamamura. 2003. "Evolution of Signal Emission by Non-infested Plants Growing Near Infested Plants to Avoid Future Risk." *Journal of Theoretical Biology* 223: 489-503.

Kosslyn, Stephen Michael. 1975. "Information Representation in Visual Images." *Cognitive Psychology* 7 (3): 341-370.

———. 1980. *Image and Mind*. Cambridge, Mass.: Harvard University Press.

Kosslyn, Stephen M., et al. 1979. "On the Demystification of Mental Imagery." *Behavioral and Brain Sciences* 2 (4): 535-548.

Kosslyn, S. M., et al. 2001. "The Neural Foundations of Imagery." *Nature Reviews Neuroscience* 2: 635-642.

Kurzweil, Ray. 2005. *The Singularity Is Near: When Humans Transcend*

Biology. New York: Viking.

Laland, Kevin, J. Odling-Smee, and Marcus W. Feldman. 2000. "Group Selection: A Niche Construction Perspective." *Journal of Consciousness Studies* 7 (1): 221-225.

Landauer, Thomas K., Peter W. Foltz, and Darrell Laham. 1998. "An Introduction to Latent Semantic Analysis." *Discourse Processes* 25 (2-3): 259-84.

Lane, Nick. 2015. *The Vital Question: Why Is Life the Way It Is?* London: Profile.

Levin, M., 2014. "Molecular Bioelectricity: How Endogenous Voltage Potentials Control Cell Behavior and Instruct Pattern Regulation in Vivo." *Molecular Biology of the Cell* 25: 3835-3850.

Levine, Joseph. 1983. "Materialism and Qualia: The Explanatory Gap." *Pacific Philosophical Quarterly* 64: 354-361.

Levitin, Daniel J. 1994. "Absolute Memory for Musical Pitch: Evidence from the Production of Learned Melodies." *Perception & Psychophysics* 56 (4): 414-423.

Levitin, Daniel J., and Perry R. Cook. 1996. "Memory for Musical Tempo: Additional Evidence That Auditory Memory Is Absolute." *Perception & Psychophysics* 58 (6): 927-935.

Lewis, S. M., and C. K. Cratsley. 2008. "Flash Signal Evolution, Mate Choice and Predation in Fireflies." *Annual Review of Entomology* 53: 293-321.

Lieberman, Matthew D. 2013. *Social: Why Our Brains Are Wired to Connect*. New York: Crown.

Littman, Michael L., Susan T. Dumais, and Thomas K. Landauer. 1998. "Automatic Cross-Language Information Retrieval Using Latent Semantic Indexing." In *Cross-Language Information Retrieval*, 51-62. New York: Springer.

Lycan, William G. 1987. *Consciousness*. Cambridge, Mass.: MIT Press.

MacCready, P. 1999. "An Ambivalent Luddite at a Technological Feast." *Designfax*, August.

MacKay, D. M. 1968. "Electroencephalogram Potentials Evoked by Accelerated Visual Motion." *Nature* 217: 677-678.

Markkula, G. 2015. "Answering Questions about Consciousness by Modeling Perception as Covert Behavior." *Frontiers in Psychology* 6: 803-815.

Marr, D. and T. Poggio. 1976. "From Understanding Computation to Understanding Neural Circuitry." *Artificial Intelligence Laboratory*. A.I. Memo. Cambridge, Mass.: MIT.

Marx, Karl. (1861) 1942. *Letter to Lasalle*, London, January 16, 1861. Gesamtausgabe. International Publishers.

Mayer, Greg. 2009. "Steps toward the Origin of Life." Jerry Coyne's blog, https://whyevolutionistrue.wordpress.com/2009/05/15/steps-toward-the-origin-of-life/.

McClelland, Jay, and Joan Bybee. 2007. "Gradience of Gradience: A Reply to Jackendoff." *Linguistic Review* 24: 437-455

McCulloch, Warren S., and Walter Pitts. 1943. "A Logical Calculus of the Ideas Imminent in Nervous Activity." *Bulletin of Mathematical Biophysics* 5: 115-133.

McFarland, David. 1989. *Problems of Animal Behaviour*. Harlow, Essex, UK: Longman Scientific and Technical.

———. 1989b. "Goals, No-Goals and Own Goals." In *Goals, No-Goals and Own Goals: A Debate on Goal-Directed and Intentional Behaviour*, edited by Alan Montefiore and Denis Noble, 39-57. London: Unwin Hyman.

McGeer, V. 2004. "Autistic Self-awareness." *Philosophy, Psychiatry & Psychology* 11: 235-251.

McGinn, Colin. 1991. *The Problem of Consciousness: Essays towards a Resolution*. Cambridge, Mass.: Blackwell.

———. 1999. *The Mysterious Flame: Conscious Minds in a Material World*. New York: Basic Books.

McKay, Ryan T., and Daniel C. Dennett. 2009. "The Evolution of Misbelief." Behavioral and Brain Sciences 32 (6): 493.

Mercier, Hugo, and Dan Sperber. 2011. "Why Do Humans Reason? Arguments for an Argumentative Theory." *Behavioral and Brain Sciences* 34: 57-111.

Merikle, Philip M., Daniel Smilek, and John D. Eastwood. 2001, "Perception without Awareness: Perspectives from Cognitive Psychology." *Cognition* 79 (1/2): 115-134.

Miller, Geoffrey F. 2000. *The Mating Mind: How Sexual Choice Shaped the Evolution of Human Nature*. New York: Doubleday.

Miller, George A., Eugene Galanter, and Karl H. Pribram. 1960. *Plans and*

the Structure of Behavior. New York: Henry Holt.
Miller, Melissa B., and Bonnie L. Bassler. 2001. "Quorum Sensing in Bacteria." *Annual Reviews in Microbiology* 55 (1): 165-199.
Millikan, Ruth Garrett. 1984. *Language, Thought, and Other Biological Categories: New Foundations for Realism*. Cambridge, Mass.: MIT Press.
———. 1993. *White Queen Psychology and Other Essays for Alice*. Cambridge, Mass.: MIT Press.
———. 2000. *On Clear and Confused Ideas: An Essay about Substance Concepts*. Cambridge: Cambridge University Press.
———. 2000b. "Naturalizing Intentionality." In *Philosophy of Mind, Proceedings of the Twentieth World Congress of Philosophy*, edited by Bernard Elevitch, vol. 9, 83-90. Philosophy Documentation Center.
———. 2004. *Varieties of Meaning*. The 2002 Jean Nicod Lectures. Cambridge, Mass.: MIT Press.
———. 2005. *Language: A Biological Model*. Oxford: Clarendon Press.
———. Forthcoming. *Unicepts, Language, and Natural Information*.
Minsky, Marvin. 1985. *The Society of Mind*. New York: Simon and Schuster.
Misasi J., and N. J. Sullivan. 2014. "Camouflage and Misdirection: The Full-on Assault of Ebola Virus Disease." *Cell* 159 (3): 477-486.
Moravec, Hans P. 1988. *Mind Children: The Future of Robot and Human Intelligence*. Cambridge, Mass.: Harvard University Press.
Mordvintsev, A., C. Olah, and M. Tyka. 2015. "Inceptionism: Going Deeper into Neural Networks." Google Research Blog. Retrieved June 20.
Morgan, Elaine. 1982. *The Aquatic Ape*. New York: Stein and Day.
———. 1997. *The Aquatic Ape Hypothesis*. London: Souvenir Press.
Morin, Olivier. 2016. *How Traditions Live and Die: Foundations for Human Action*. New York: Oxford University Press.
Nagel, Thomas. 1974. "What Is It Like to Be a Bat?" *Philosophical Review* 83 (4): 435-450.
Newell, Allen. 1992. "The Knowledge Level." *Artificial Intelligence* 18 (1): 87-127.
Nimchinsky, E.A., E. Gilissen, J. M. Allman., D. P. Perl, J. M. Erwin, and P.R. Hof. 1999. "A Neuronalmorphologic Type Unique to Humans and Great Apes." *Proc Natl Acad Sci*. 96 (9): 5268-5273.
Nørretranders, Tor. 1998. *The User Illusion: Cutting Consciousness Down to*

Size. New York: Viking.

Peirce, Charles S. 1906. *Collected Papers of Charles Sanders Peirce*, edited by Charles Hartshorne and Paul Weiss. Cambridge, Mass.: Harvard University Press.

Penrose, Roger. 1989. *The Emperor's New Mind: Concerning Computers, Minds, and the Laws of Physics*. Oxford: Oxford University Press.

Pinker, Steven. 1997. *How the Mind Works*. New York: W. W. Norton.

———. 2003. "Language as an Adaptation to the Cognitive Niche." *Studies in the Evolution of Language* 3: 16–37.

———. 2009. "Commentary on Daniel Dennett." Mind, Brain, and Behavior Lecture, Harvard University, April 23. https://www.youtube.com/watch?v=3H8i5x-jcew.

———. 2010. "The cognitive niche: evolution of intelligence, sociality, and language," *PNAS* [Proc. Natl Acad Sci] May 11, 2010 | vol. 107 | suppl. 2 | 8993 – 8999.

Pinker, Steven, and Ray Jackendoff. 2005. "The Faculty of Language: What's Special about It?" *Cognition* 95 (2): 201–236.

Powner, M. W., B. Gerland, and J. D. Sutherland. 2009. "Synthesis of Activated Pyrimidine Ribonucleotides in Prebiotically Plausible Conditions." *Nature* 459 (7244): 239–242.

Pugh, George Edgin. 1978. *The Biological Origin of Human Values*. New York: Basic Books.

Pylyshyn, Zenon. 1973. "What the Mind's Eye Tells the Mind's Brain: A Critique of Mental Imagery." *Psychological Bulletin* 80: 1–24.

———. 2002. "Mental Imagery: In Search of a Theory." *Behavioral and Brain Sciences* 25 (2): 157–182.

Quine, W. V. 1951. "Two Dogmas of Empiricism." *Philosophical Review* 60: 20–43.

Rehder, M. F., Michael B. Schreiner, W. Wolfe, Darrell Laham, Thomas K. Landauer, and Walter Kintsch. 1998. "Using Latent Semantic Analysis to Assess Knowledge: Some Technical Considerations." *Discourse Processes* 25 (2/3): 337–354.

Rendell L., R. Boyd, D. Cownden, M. Enquist, K. Eriksson, M. W. Feldman, L. Fogarty, S. Ghirlanda, T. Lillicrap, and K. N. Laland. 2010. "Why Copy Others? Insights from the Social Learning Strategies Tournament." *Science* 328 (5975): 208–213.

Richard, Mark. Forthcoming. *Meanings as Species*.

Richerson, P. J., and R. Boyd. 2004. *Not by Genes Alone*. Chicago: University of Chicago Press.

Ridley, Matt. 2010. *The Rational Optimist*. New York: Harper Collins.

Ristau, Carolyn A. 1983. "Language, Cognition, and Awareness in Animals?" *Annals of the New York Academy of Sciences* 406 (1): 170-186.

Rogers, D. S., and P. R. Ehrlich. 2008. "Natural Selection and Cultural Rates of Change." *Proceedings of the National Academy of Sciences of the United States of America* 105 (9): 3416-3420.

Rosenberg, Alexander. 2011. *The Atheist's Guide to Reality: Enjoying Life without Illusions*. New York: W. W. Norton.

Roy, Deb. 2011. "The Birth of a Word." TED talk, http://www.ted.com/talks/deb_roy_the_birth_of_a_word0.

Sanford, David H. 1975. "Infinity and Vagueness." *Philosophical Review* 84 (4): 520-535.

Scanlon, Thomas. 2014. *Being Realistic about Reasons*. New York: Oxford University Press.

Schonborn, Christoph. 2005. "Finding Design in Nature." *New York Times*, July 7.

Schwitzgebel, Eric. 2007. "No Unchallengeable Epistemic Authority, of Any Sort, Regarding Our Own Conscious Experience—Contra Dennett?" *Phenomenology and the Cognitive Sciences* 6 (1-2): 1-2.

Seabright, Paul. 2010. *The Company of Strangers: A Natural History of Economic Life. Rev*. ed. Princeton, N.J.: Princeton University Press.

Searle, John. R. 1980. "Minds, Brains, and Programs." *Behavioral and Brain Sciences* 3 (3): 417-457.

———. 1992. *The Rediscovery of the Mind*. Cambridge, Mass.: MIT Press.

Selfridge, Oliver G. 1958. "Pandemonium: A Paradigm for Learning in Mechanisation of Thought Processes." In *Proceedings of a Symposium Held at the National Physical Laboratory*, 513-526.

Sellars, Wilfrid. 1962. *Science, Perception, and Reality*. London: Routledge and Paul.

Seung, H. S. 2003. "Learning in Spiking Neural Networks by Reinforcement of Stochastic Synaptic Transmission." *Neuron* 40 (6): 1063-73.

Seyfarth, Robert, and Dorothy Cheney. 1990. "The Assessment by Vervet Monkeys of Their Own and Another Species' Alarm Calls." *Animal*

Behaviour 40 (4): 754-764.

Seyfarth, Robert, Dorothy Cheney, and Peter Marler. 1980. "Vervet Monkey Alarm Calls: Semantic Communication in a Free-Ranging Primate." *Animal Behaviour* 28 (4): 1070-1094.

Shanahan, Murray. 2010. *Embodiment and the Inner Life*. New York: Oxford University Press.

Shannon, Claude Elwood. 1948. "A Mathematical Theory of Communication." *Bell System Technical Journal* 27 (3).

Shannon, Claude Elwood, and Warren Weaver. 1949. *The Mathematical Theory of Communication*. Urbana: University of Illinois Press.

Shepard, Roger N., and Jacqueline Metzler. 1971. "Mental Rotation of Three Dimensional Objects." *Science* 171 (3972): 701-703.

Shepard, Roger N., and Lynn A. Cooper. 1982. *Mental Images and Their Transformations*. Cambridge, Mass.: MIT Press.

Siegel, Lee. 1991. *Net of Magic: Wonders and Deceptions in India*. Chicago: University of Chicago Press.

Siewert, Charles. 2007. "In Favor of (Plain) Phenomenology." *Phenomenology and the Cognitive Sciences* 6 (1-2): 201-220.

Simmons, K. E. L. 1952. "The Nature of the Predator-Reactions of Breeding Birds." Behaviour 4: 161-171.

Simon, Herbert A. 1969. *The Sciences of the Artificial*. Cambridge, Mass.: MIT Press.

Skutch, Alexander F. 1976. *Parent Birds and Their Young*. Austin: University of Texas Press.

Smith, Brian Cantwell. 1985. "The Limits of Correctness in Computers." Symposium on Unintentional Nuclear War, Fifth Congress of the International Physicians for the Prevention of Nuclear War, Budapest, Hungary, June 28-July 1.

Smith, S. D., and P. M. Merikle. 1999. "Assessing the Duration of Memory for Information Perceived without Awareness." Poster presented at the 3rd Annual Meeting of the Association for the Scientific Study of Consciousness, Canada.

Smith, Stevie. 1957. *Not Waving but Drowning; Poems*. London: A. Deutsch.

Sober, Elliott, and David Sloan Wilson. 1995. "Some Varieties of Greedy Ethical Reductionism." In *DDI*, 467-481.

Sontag, Susan. 1977. *On Photography*. New York: Farrar, Straus and

Giroux.

Specter, Michael. 2015. "The Gene Hackers: The Promise of CRISPR Technology." *New Yorker*, Nov. 16, 52.

Sperber, Dan, ed. 2000. *Metarepresentations: A Multidisciplinary Perspective*. Oxford: Oxford University Press.

Sperber, Dan, and Deirdre Wilson. 1986. *Relevance: Communication and Cognition*. Cambridge, Mass.: Harvard University Press.

Sterelny, Kim. 2003. *Thought in a Hostile World: The Evolution of Human Cognition*. Malden, Mass.: Blackwell.

———. 2012. *The Evolved Apprentice*. Cambridge, Mass.: MIT press.

Strawson, Galen. 2003. Review of *Freedom Evolves*, by Daniel Dennett. *New York Times Book Review*, March 2.

Strawson, Peter F. 1964. "Intention and Convention in Speech Acts." *Philosophical Review* 73 (Oct.): 439-460.

Sullivan-Fedock, J. 2011. "Increasing the Effectiveness of Energy Wind Harvesting with CFD Simulation-Driven Evolutionary Computation." Presented at the Seoul CTBUH 2011 World Conference. CTBUH: Seoul, South Korea.

Swiss, Jamy Ian. 2007. "How Magic Works." http://www.egconf.com/videos/how-magic-works.

Szostak, Jack. 2009. "Systems Chemistry on Early Earth." Nature, May 14, 171-172.

Tegla, Erno, Anna Gergely, Krisztina Kupan, Adam Miklo, and Jozsef Topa. 2012. "Dogs' Gaze Following Is Tuned to Human Communicative Signals." *Current Biology* 22: 209-212.

Thomas, Elizabeth Marshall. 1993. *The Hidden Life of Dogs*. Boston: Houghton Mifflin.

Thompson, D'Arcy Wentworth. 1917. *On Growth and Form*. Cambridge: Cambridge University Press.

Tinbergen, Niko. 1951. *The Study of Instinct*. Oxford: Clarendon Press.

———. 1959. *Social Behaviour in Animals, with Special Reference to Vertebrates*. London: Methuen.

———. 1961. *The Herring Gull's World; A Study of the Social Behaviour of Birds*. New York: Basic Books.

———. 1965. *Animal Behavior*. New York: Time.

Tomasello, Michael. 2014. *A Natural History of Human Thinking*.

Cambridge: Harvard University Press.

Tononi G. 2008. "Consciousness as Integrated Information: A Provisional Manifesto." *Biological Bulletin* 215 (3): 216–42.

Trivers, Robert. 1985. *Social Evolution*. Menlo Park, Calif.: Benjamin/Cummings.

Turing, Alan M. 1936. "On Computable Numbers, with an Application to the Entscheidungs Problem." *Journal of Math* 58 (345–363): 5.

———. 1960. "Computing Machinery and Intelligence." *Mind*: 59: 433–460.

von Neumann, John, and Oskar Morgenstern. 1953 (©1944). *Theory of Games and Economic* Behavior. Princeton, N.J.: Princeton University Press.

von Uexküll, Jakob. 1934. "A Stroll through the Worlds of Animals and Men: A Picture Book of Invisible Worlds." In *Instinctive Behavior: The Development of a Modern Concept*, translated and edited by Claire H. Schiller. New York: International Universities Press.

Voorhees, B. 2000. "Dennett and the Deep Blue Sea." J. Consc. *Studies* 7: 53–69.

Walsh, Patrick T., Mike Hansell, Wendy D. Borello, and Susan D. Healy. 2011. "Individuality in Nest Building: Do Southern Masked Weaver (Ploceus velatus) Males Vary in Their Nest-building Behaviour?" *Behavioural Processes* 88 (1): 1–6.

Wegner, Daniel M. 2002. *The Illusion of Conscious Will*. Cambridge, Mass.: MIT Press.

Westbury, C., and D. C. Dennett. 2000. "Mining the Past to Construct the Future: Memory and Belief as Forms of Knowledge." In *Memory, Brain, and Belief*, edited by D. L. Schacter and E. Scarry, 11–32. Cambridge, Mass.: Harvard University Press.

Whiten, Andrew, and Richard W. Byrne. 1997. *Machiavellian Intelligence II: Extensions and Evaluations*. Cambridge: Cambridge University Press.

Wiener, Norbert. (1948) 1961. *Cybernetics: Or Control and Communication in the Animal and the Machine*. 2nd rev. ed. Paris/Cambridge, Mass.: Hermann and Cie/MIT Press.

Wills, T., S. Soraci, R. Chechile, and H. Taylor. 2000. "'Aha' Effects in the Generation of Pictures." *Memory & Cognition* 28: 939–948.

Wilson, David Sloan. 2002. *Darwin's Cathedral: Evolution, Religion, and the Nature of Society*. Chicago: University of Chicago Press.

Wilson, Robert Anton. http://www.rawilson.com/sitnow.html.

Wimsatt, William, and Beardsley, Monroe. 1954. "The Intentional Fallacy." In *The Verbal Icon: Studies in the Meaning of Poetry*. Lexington: University of Kentucky Press.

Wrangham R., D. Cheney, R. Seyfarth, and E. Sarmiento. 2009. "Shallow-water Habitats as Sources of Fallback Foods for Hominins." *Am. J. Phys*. Anthropol. 140 (4): 630-642.

Wright, Robert. 2000. *NonZero: The Logic of Human Destiny*. New York: Pantheon Books.

Wyatt, Robert, and John A. Johnson. 2004. *The George Gershwin Reader*. New York: Oxford University Press.

Yu, Wei et al. 2015. "Application of Multi-Objective Genetic Algorithm to Optimize Energy Efficiency and Thermal Comfort in Building Design." *Energy and Buildings* 88: 135-143.

Zahavi, Amotz. 1975. "Mate Selection— Selection for a Handicap." *Journal of Theoretical Biology* 59: 205-214.

찾아보기

4색 정리 582

ㄴ

ㄷ

ㄹ

ㅁ

ㅂ

ㅅ

ㅇ

ㅈ

ㅊ

ㅋ

ㅌ

ㅍ

ㅎ

박테리아에서 바흐까지,
그리고 다시 박테리아로

초판 1쇄 발행 2022년 9월 25일
초판 3쇄 발행 2024년 3월 25일

지은이 대니얼 C. 데닛
옮긴이 신광복
기획 김은수
책임편집 정일웅
디자인 주수현 정진혁

펴낸곳 (주)바다출판사
주소 서울시 종로구 자하문로 287
전화 02-322-3885(편집) 02-322-3575(마케팅)
팩스 02-322-3858
이메일 badabooks@daum.net
홈페이지 www.badabooks.co.kr

ISBN 979-11-6689-113-7 93400